U0511616

THE ELEMENTS OF DESIGN

世界室内装饰元素设计百科

“十三五”国家重点图书出版规划项目

齐 康 主审

THE ELEMENTS OF DESIGN

世界室内装饰元素设计百科

［英］诺埃尔·赖利 主 编
［英］帕特丽夏·拜耳 副主编
唐 建 邱 进 孙 丽
朱德全 孙毅超 译

辽宁科学技术出版社
沈 阳

First published in 2003
under the title *Elements of Design*
by Mitchell Beazley, an imprint of Octopus Publishing Group Ltd
Endeavour House, 189 Shaftesbury Avenue, London WC2H 8JY

图书在版编目（CIP）数据

世界室内装饰元素设计百科 /（英）诺埃尔・赖利主编；唐建等译. —沈阳：辽宁科学技术出版社，2022.5
ISBN 978-7-5591-1378-8

Ⅰ. ①世… Ⅱ. ①诺… ②唐… Ⅲ. ①室内装饰设计－建筑史－世界 Ⅳ. ①TU238-091

中国版本图书馆CIP数据核字（2019）第248409号

出版发行：辽宁科学技术出版社
（地址：沈阳市和平区十一纬路25号 邮编：110003）
印 刷 者：辽宁新华印务有限公司
经 销 者：各地新华书店
幅面尺寸：215mm × 275mm
印 张：34
插 页：4
字 数：1200 千字
出版时间：2022 年 5 月第 1 版
印刷时间：2022 年 5 月第 1 次印刷
选题策划：宋纯智
特约编辑：符 宁
责任编辑：闻 通 董 波 张歌燕
专业审读：郭 健
封面设计：周 洁
责任校对：黄跃成

书 号：ISBN 978-7-5591-1378-8
定 价：498.00元

联系编辑：024-23284740
邮购热线：024-23284502
投稿信箱：605807453@qq.com
http://www.lnkj.com.cn

目录

历史复兴时期 210
（约1820—1900年）

唯美主义运动时期 250
（约1870—1890年）

工艺美术运动时期 274
（约1880—1920年）

新艺术运动时期 298
（1890—1914年）

早期现代主义时期 330
（1900—1930年）

前言

本书的编撰是希望以简要的形式呈现过去500多年间装饰艺术发展的主要历程，目标可谓雄心勃勃。地域涵盖欧洲大陆、英国和美国，时间横跨文艺复兴至后现代主义时期。尝试去囊括如此巨大的范围或许是愚勇的表现，但本书的价值正在于其所涉类型之广：可以追踪各类设计风格潮涨潮落的原因，亦能探寻多种风格之间的交叉影响；具体内容关乎室内装饰几个主要的学科领域，包括家具、陶瓷制品、玻璃制品、银制品和其他金属制品以及纺织品等。本书是一本关于设计风格演变的实用性指导图书，以各个历史时期的风格形式和装饰特征为核心，涉及不同作品的样式和装饰的主题，以此区分特色各异的风格形式。本书回顾了各种风格发展变化的过程，包括审美趣味和流行样式的改变、技术工艺的培育和进步以及材料引发的各种灵感，此外，设计师带来的影响也包含在内，毕竟所有因素正是在设计师的掌控下才能创造出所需要的效果。书中的文字和图片并重。

本书是*The Elements of Style*的续编。*The Elements of Style* 1991年出版至今，已被证明是一部关于以英国和美国为代表的世界居住建筑风格和细节的极有价值的参考资料，其关注的是居住建筑中的固定装置和辅助设施，而本书则集中探讨建筑内部的家具陈设和装饰元素。这两本著作连同建筑本身共同刻画出各个历史时期建筑艺术的完整图画。

依据书中所涉及的不同历史时期，我们能够清楚地看到先期的装饰艺术风格如何持续成为后期新风格成长的滋养源泉，而旧的风格又总能在新的时期展现出一副新的面孔。例如：19世纪早期的新古典主义风格在明暗对比和富丽堂皇的感觉上呼应了巴洛克风格；18世纪洛可可风格中的自然主义灵魂依然存活在19世纪90年代的新艺术运动之中；简洁优雅的比德迈式风格也在20世纪20年代的装饰艺术运动风格中重新露面。有时，经由那些才华出众的设计师之手，新的设计形式会因其匠心独运而熠熠生辉。蜻蜓点水的设计则总是多少会呈现出历史的周期性影响。追求创新的精神贯穿了整个设计发展史，特别是在19世纪，不仅国家与地区之间的竞争成为发展变化的动力，商业和市场的引导也促进了流行品位的不断更新。在17—18世纪，装饰艺术的新理念经由设计样式图集广泛传播，而19世纪以来，大型展览也在创新设计的商业传播中扮演了重要角色。

书中着重对20世纪的设计风格予以强调，同时也通常将其作为相对独立于更早风格的历史时期来看待。本书后面的章节中时间标度有所变化，前几章中涉及的一些主导性风格时间跨度极大，如巴洛克和新古典主义风格，而20世纪的有关章节仅覆盖20年甚至短短10年。

前几章中大多核心问题的讨论多集中于皇家或贵族的用

品，主要由于这些作品往往代表着当时的风格前沿，因此相关讨论往往不可避免；而社会地位相对低下的人群通常获得的是低版本的作品，且时间常有滞后。即便在后期的各历史阶段中，设计大师们也倾向于最先向上层社会展现其创新作品，而上层精英第一时间拥有的新式作品尽管令人惊叹，但最终也会成为普通民众的必备物品。因此，书中的一些图片即使在许多年后看上去也像现代作品：因为在其所处的年代这些作品无疑十分前卫。

出于个人偏好，相比其他风格，会有一些人特别喜欢某种特定的装饰艺术风格，尽管如此，如能了解该风格之前和之后历史时期的特点，认识到材料和工艺的发展对风格的影响，理解相关设计师及其创作灵感来源，也能为明智选择某一种历史风格提供至关重要的背景。

本书是对不同设计风格的简要介绍，其中某些设计也许看起来丑陋不堪，也许夸大其词显得荒谬，或者比例夸张，或是不切实际。还有的设计则或以其美貌外观迷惑世人，或以其风趣的形式让人忍俊不禁，或以其不加掩饰的实用功能引人注目。威廉·莫里斯曾有一句令人极其震撼的格言——在你的住宅中，没有任何物件你会不清楚它的用途或认为它不美，意即应为个人的主观喜好留下一些空间。因此，对每一位使用此书的读者而言，都很可能会在书中找到自己特别喜爱的历史时期和风格。针对任一风格相对极端的表现形式，也会经常听到各种反馈，如：“我可以接受这样的风格”，或者“我不会在家里给它提供任何位置”。同时，由于本书旨在展示不同时期的历史风格在室内环境中如何得以诞生，一定会采用更抓人眼球、更新颖独特且更为宏伟壮观的作品图例来说明某一特定的外观形式。

尽管并不特别倾向于成为一部历史珍品的收藏指南，本书仍希望通过对各历史时期设计风格的分析成为一本重要的参考手册，不仅针对当今的设计师、装饰师和学习艺术史的学生，也面向各类收藏家。无论是出于个人特别的热情还是艺术类职业的需求，对形式和装饰细部的清晰理解都能为横跨多个领域提供一个必要的知识框架。

书中的每一章包含一种独立的设计风格，首先是引论，然后按固定顺序依次介绍家具、陶瓷制品、玻璃制品、银制品和其他金属制品以及纺织品等。在各部分内容中，论述重点会随着国家、群体或技术的不同影响而有所变化。书后还给出了术语解释，便于快速查阅。对于那些对设计领域资料感兴趣的读者，本书还提供了各个时代的延伸阅读资料以及曾在正文中提及的其他风格指南。

诺埃尔·赖利
Noël Riley

文艺复兴时期

1400—1600年

引论

艺术创新要根植于古代艺术，这一理念主导着15—16世纪欧洲各类艺术形式的设计创作。模仿古代成为艺术创作的基础，同时还结合了当时新发明的材料技术，如新的玻璃制造技术、陶器制造的锡釉工艺以及新的纺织工艺等。同时，文艺复兴时期的人文主义者，复兴了由希腊哲学家亚里士多德倡导的设计原则，认为具有良好道德修养的统治者应当投入资金支持艺术创作，并通过艺术品去展现宏伟壮丽的艺术效果，而这些努力反过来又能够提高统治者的声誉。

随着王侯们迅速统治了意大利的城邦，建立了王朝的世袭制度，统治者都试图通过艺术品来展现他们的富有、慷慨和对艺术的态度。他们修建起宏伟的纪念碑和建筑，鼓励艺术家来到宫廷并给予资助，创立了一批新的奢侈品制作工坊。

初期对古典纪念碑的研究引发了复制其特定装饰图案的风潮，如旋涡形叶饰、帷幕、花环饰、天使饰等，特别是枝状大烛台主题图案。最后一种是出自花瓶或烛台的垂直枝叶形装饰形式。多那太罗（Donatello，1386—1466年）设计了佛罗伦萨大教堂的唱诗廊（1433—1439年），在该作品中他向世人展现了如何将古典造型元素进行多样化组合的设计方法。到15世纪末，这些元素已经被大多数艺术家所采用，以各种组合方式应用于室内装饰、家具、陶瓷制品、玻璃制品和金属制品之中。

在威尼斯，由于和伊斯兰国家的接触而产生了另外一种装饰形式，即几何形或交织形图案，有时也会出现极具风格化的卷曲图案，这类扁平的装饰图案十分适合于书籍装帧、金属制品和纺织品装饰。16世纪20年代，在威尼斯出现了摩尔风格主题的样式图集。1530年弗朗西斯科·佩莱格里诺（Francesco Pellegrino）出版了极具影响力的图书《花卉学探索》。

建筑师们开始分析从罗马挖掘出土的建筑，从中更完整地了解了古典设计的法则。通过对过去的理解和模仿两种途径，产生了一种“古代风格”的概念（古代世界的精神）。多纳托·迪·安吉洛·布拉曼特（Donato di Angelo Bramante，1444—1514年）和拉斐尔（Raphael，1483—1520年）在罗马设计了当地宫殿的建筑立面和布局方式，遵从了古罗马建筑论著中的详尽论述，其中最为重要的是维特鲁威（Vitruvius）的著作。这些建筑师设计建造的建筑都创造出了协调和均衡的完美效果，如布拉曼特约1510年设计的卡普里尼宫，或拉斐尔设计的布兰科内·戴拉奎拉宫（1520年之前）。建筑物外观设计均基

左图：样式精美的镀银小箱子，材料为天青石和水晶片，专为红衣主教亚历桑德罗·法尔内塞（Alessandro Farnese）制作，1543—1561年制成，用于收藏珍贵的手稿。这件作品可能由弗朗西斯科·萨尔维亚蒂（Francesco Salviati）设计，布局和人物形象的复杂安排显然受到米开朗琪罗（Michelangelo，1475—1564年）的影响。巴斯蒂亚诺·萨巴利（Bastiano Sbarri，逝于1563年）负责金属工艺部分，乔瓦尼·贝尔纳迪（Giovanni Bernardi，1496—1553年）雕刻了神话场景。高49cm。

对页：“圣尤苏拉之梦”（细部），维托雷·卡尔帕乔（Vittore Carpaccio，约1450—1520年）的作品，1495年设计完成。描绘了一幢意大利建筑的室内布局，包括一张四柱大床和摆放在墙边的装饰简单的家具，能够看出此时室内的基本类型格调，另外，还包括一个卡索奈长箱（衣柜）。如图所示，雕塑形象位于门的上部，搁架上也是如此。

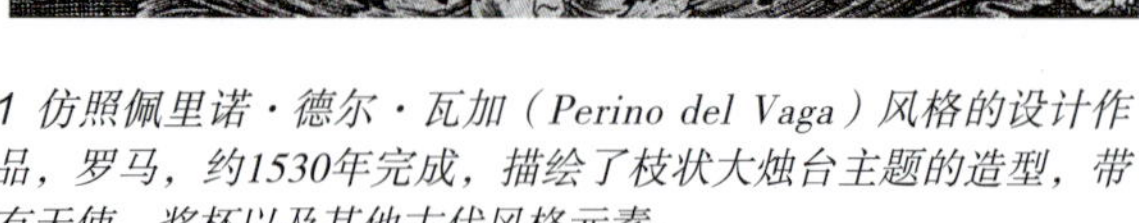

1 仿照佩里诺·德尔·瓦加（Perino del Vaga）风格的设计作品，罗马，约1530年完成，描绘了枝状大烛台主题的造型，带有天使、奖杯以及其他古代风格元素。

2 科内利斯·弗洛里斯（Cornelis Floris，1514—1575年）的设计作品，雕刻由耶罗尼米斯·科克（Hieronymus Cock）完成，安特卫普，1556年完成，采用了涡卷形装饰的牧神、居于山林水泽的仙女，以及希腊神话中的半人半兽形象，外圈为纽带装饰的边框，是北方装饰艺术重要的源泉。

3 洛伦佐·罗托（Lorenzo Lotto，约1480—1556年）约1530年的绘画作品，表现一名在书房中的神职人员。注意桌子上摆放的各种勋章以及架子上的物件。

于古典的比例并采用相似单元重复的方法。

拉斐尔约1516—1517年为布拉曼特设计的梵蒂冈钟楼平台加了装饰，模仿了古罗马建筑的室内绘画，这一绘画手法是在发现“尼禄黄金屋”之后才被文艺复兴时期的艺术家所了解。此种绘画形式被贴上“奇异风格”的标签，因为人们认为这些画是为地下洞穴而创作的。奇异风格的装饰包含一些神话中的动物形象，如半人半羊的牧神和森林之神等，这些形象与带状植物和花环图案构成的边框有机地组合在一起。因此，该风格拥有胜过枝状大烛台主题的优势，不仅适用于垂直形设计，而且可用于任何尺寸和装饰类型的外观形式中。

1519年，拉斐尔曾盛赞“风格”这一概念。30年之后，画家、建筑师兼传记作家乔尔乔·瓦萨里（Giorgio Vasari，1511—1574年）在其《大艺术家传》（又译《艺苑名人传》，1550年）一书中，将“风格”一词单列出来作为当代艺术的基本要素。当时的人们相信，16世纪的设计艺术将精湛的技巧与优雅而精致的品质结合在一起，取得的卓越成就已经超越了之前所有时代的前辈艺术家，甚至包括古罗马。他们认为，拉斐尔最著名的学生朱里奥·罗马诺（Giulio Romano，约1499—1546年）不仅可以和古代的艺术家相提并论，而且还以其想象力和技巧超越了前人。同样，米开朗琪罗打破了古典建筑和雕塑的创作法则，表现出丰富多样的全新创作手法。此时，多个设计领域也受到影响，设计强调新奇性和独具一格，创作的图案主题密集而精细，且纹样复杂。这些特点构成了一般称为“矫饰主义”（Mannerism，又译“风格主义”）的风格流派。此类作品面向的受众往往能够理解那些被打破的法则，并且欣赏艺术家用以实现其艺术理想的精巧技艺。

意大利文艺复兴思想被欧洲广泛接受，在一定程度上可以解释为王公贵族和统治者需要通过古典艺术来表达其个人的统治思想，并将其纳入中世纪的体制之中，而这个体制完全依赖于上帝的权威。这些最早发端于意大利的思想观念，经由15—16世纪一些具有人文主义思想的教师和作家传播至整个欧洲。观念传播的速度除了取决于不同统治者各自的抱负外，还受到政治和经济因素的影响，但到了16世纪中叶，古典风格的复兴则通常作为既定的诸多设计风格之一为人们所普遍接受。印刷品形式的设计图也促进了这些理念的传播。如果没有印刷机的发明，这些图案也不可能会传播得如此迅速。此外，由于政治疆界的改变、战争所引起的各种运动或不断变化的宗教信仰联盟，整个欧洲形成了一系列相互影响、相互作用的发展路径。贸易路线也成为另一种传播时尚和品位的方式。文艺复兴时期设计的同质性就是人们最终接受一种古典主义装饰语汇的结果，其丰富多样的表现则源自所有观念与本土固有传统的相互融合。

法国是第一批接受意大利文艺复兴理念的国家之一。查理八世（Charles Ⅷ）在1495年征服那不勒斯之后，凯旋回朝时为法国带回了22名意大利工匠。之后的继承人弗朗西斯一世（Francis Ⅰ）是一位立志成为真正人文主义者的国王，把莱昂纳多·达·芬奇（Leonardo da Vinci，1452—1519年）、本韦努托·切利尼（Benvenuto Cellini，1500—1571年）、弗朗西斯科·普里马蒂乔（Francesco Primaticcio，1504—1570年）和罗索·菲奥伦蒂诺（Rosso Fiorentino，1495—1540年）邀请到了枫丹白露宫。他还在意大利最伟大的艺术家中聘请了一批画家和雕塑家。枫丹白露宫的装饰（1530—1547年由普里马蒂乔和菲奥伦蒂诺督造）为法国带来了意大利式的优雅和多变。此外，在弗朗西斯一世画廊中出现了新的装饰形式。绘画作品的边框被设计成三维立体的带状图案，带有金属效果的旋涡形装饰，后来称为纽带装饰。这一新的装饰风格源自意大利的涡卷形边饰，在之后的半个世纪一直受到设计师的喜爱。荷兰的设计师，如科内利斯·弗洛里斯、科内利斯·博斯（Cornelis Bos，活跃于1540—1554年）和科内利斯·马西斯（Cornelis Matsys，活跃于1531—1560年）发展出一种富有想象力、形式怪异的人物图案，外圈环绕着金属工艺制成的饰边。汉斯·维瑞德曼·德·弗里斯（Hans Vredeman de Vries，1526—约1604年）出版的著作获得了极大成功，后来由他的儿子再版，确保了纽带装饰成为北欧国家装饰语汇的一部分，影响到荷兰、德国和英格兰，并一直延续到17世纪。

佛兰德和法兰西的图案也成为英格兰设计灵感的重要源头，特别是在16世纪末期。亨利八世（Henry Ⅷ）已经在其室内空间中采用了意大利文艺复兴装饰风格。随着意大利的彼得罗·托里贾尼（Pietro Torrigiani）和瑞士的汉斯·霍尔拜因（Hans Holbein，1497/1498—1543年）等外国艺术家的到来，他的宫廷丝毫不亚于当时欧洲其他王室的设计水平。

英格兰成为来自荷兰和法国逃亡者的避风港，这些人也带来了文艺复兴风格的图案知识以及技术工艺。来自外国的银匠、家具匠和纺织品工艺师聚集在伦敦、诺威奇和坎特伯雷，改变了当地的工业状况，尽管当地曾经出现过行业公会的抗议活动，但这些工艺师还是得到了英国王室的保护。

4 枫丹白露宫弗朗西斯一世画廊，罗索·菲奥伦蒂诺和弗朗西斯科·普里马蒂乔设计，开创了北欧新式意大利设计风格。大量主题绘画固定在雕刻有女像柱、天使和大量花环的灰泥框中。此处第一次出现了纽带装饰图案，这种图案成为整个欧洲16世纪晚期装饰的主导元素。

4

家具·意大利家具

古典图案的使用

1 索多马（Sodoma，也就是乔瓦尼·巴齐，Giovanni Bazzi）的壁画作品《亚历山大与罗克珊娜的婚礼》细部，约1517年完成，位于罗马法尔内西纳别墅的卧室中，描绘了造型突出的古代风格四柱大床。

2 文艺复兴风格宫殿客厅内靠墙而放的矮木椅（靠背椅）。这把椅子约1550—1590年由胡桃木制成，属于典型的威尼斯样式，带有高高的、类似蕾丝花边的靠背和胸像雕刻。高74cm。

15世纪，室内空间中家具的数量依然很少。衣柜和椅子是主要的家具类型，床属于最昂贵的家具，上面悬挂着大量的丝绸和刺绣制品，这些饰品连同相配套的椅子，经常用作结婚礼物。同样重要的是那些装饰元素丰富的可移动家具，如书写柜。家具上饰以来自意大利的装饰工艺，称为“细木镶嵌装饰”：一种将彩色木片或其他材料插入或嵌入背景板中的工艺。

16世纪，无论是家具的类型还是装饰的丰富性均有明显提高，对于实现富丽堂皇的设计理念非常重要。当时还没有单独的房间专门作为餐厅，所以往往将餐具橱（陈列餐具柜）设计成建筑风格的橱柜，上面摆放一些贵重的器具。一些顶尖建筑师，如波利多罗·达·卡拉瓦乔（Polidoro da Caravaggio）、佩里诺·德尔·瓦加和贾科莫·达·维尼奥拉（Giacomo da Vignola），在16世纪中叶均活跃于罗马，多是从古典装饰元素中发展出极尽奢华的新装饰形式。作品中雕塑形的胸像柱会用作支撑体以及桌子和椅子的装饰。基于米开朗琪罗作品的瘦长人物形象出现在家具的基座部分或者涡卷形装饰框中，创造出典雅的装饰效果。胡桃木是人们偏爱的材料，用来制作精美的雕刻，通常加上染色或局部鎏金。对手法概念（风格）的关注导致人们对奇异风格的装饰有了越来越多样化的解读。这种风格可以与阿拉伯风格装饰元素结合起来，在威尼斯和北方城市十分流行。

罗马教皇朱利叶斯五世（Pope Julius Ⅴ）在朱莉娅别墅（始建于1551年）的室内设计中引入了斑岩（一种偏红的紫色石材）设计，该风格被诸多统治者仿效，如佛罗伦萨维奇奥宫（1555—1565年）的科西莫一世（Cosimo Ⅰ）。罗马风格的复兴促成了硬石镶板和大理石台面的出现，16世纪中叶首次出现在罗马，为法尔内塞家族所使用。1588年弗朗西斯科·德·美第奇（Francesco de' Medici）则在佛罗伦萨建立了工作坊，这些工作坊后来变成了今天的硬石艺术品博物馆。第一批设计多为几何形和风格化图案，而到16世纪末，佛罗伦萨的装饰设计变得更加倾向于自然主义风格。

3

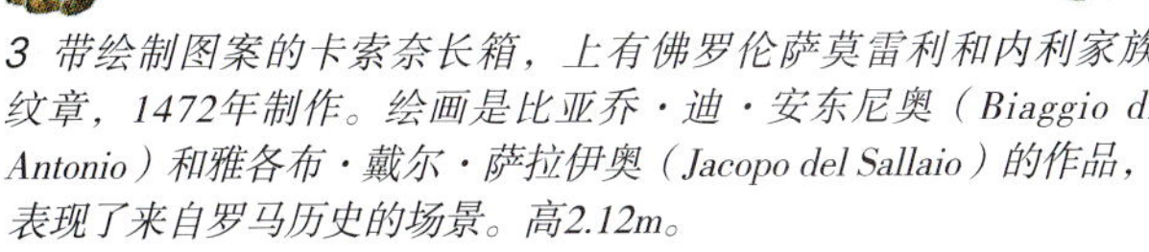

3 带绘制图案的卡索奈长箱，上有佛罗伦萨莫雷利和内利家族纹章，1472年制作。绘画是比亚乔·迪·安东尼奥（Biaggio di Antonio）和雅各布·戴尔·萨拉伊奥（Jacopo del Sallaio）的作品，表现了来自罗马历史的场景。高2.12m。

5 16世纪后半叶佛罗伦萨的胡桃木餐具柜，既可用作陈列，也具有存放物品的功能。简单的造型和建筑式的框架是典型的佛罗伦萨风格。高1.13m。

4

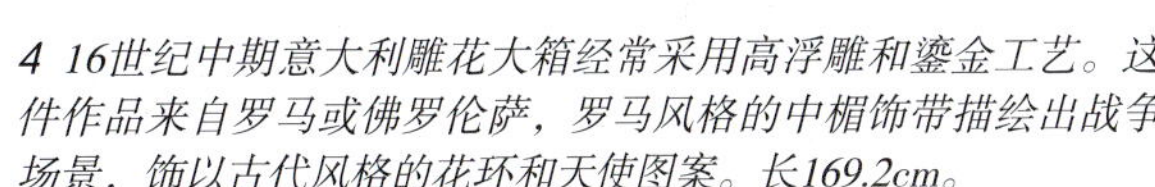

4 16世纪中期意大利雕花大箱经常采用高浮雕和鎏金工艺。这件作品来自罗马或佛罗伦萨，罗马风格的中楣饰带描绘出战争场景，饰以古代风格的花环和天使图案。长169.2cm。

5

新形式的发明

1

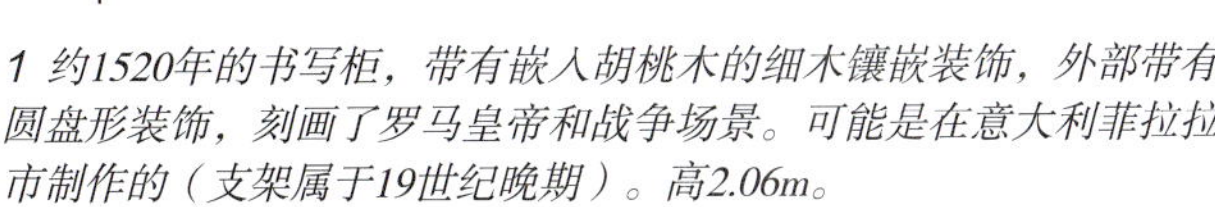

1 约1520年的书写柜，带有嵌入胡桃木的细木镶嵌装饰，外部带有圆盘形装饰，刻画了罗马皇帝和战争场景。可能是在意大利菲拉拉市制作的（支架属于19世纪晚期）。高2.06m。

2 建筑样式的胡桃木橱柜，带有红衣主教亚历桑德罗·法尔内塞的徽章，由佛兰德橱柜制造商弗拉米尼奥·布朗热（Flaminio Boulanger）约1580年设计制作。高2.30m。

3 这张桌子的重要性体现在其几何形式的大理石台面，可能为美第奇家族的科西莫一世制作，当时他任罗马的红衣主教。带旋涡形雕刻图案的狮爪形桌腿反映出伯纳多·布翁塔伦蒂（Bernardo Buontalenti）的设计风格。直径5.18m。

2

3

欧洲宫廷家具

法国

1

2

3

4

1 16世纪下半叶的法国胡桃木桌子，端部融入了出自罗马教堂祭坛的古代图案，中间的栏杆是建筑风格的栏柱形装饰。高83cm。

2 法国橡木雕刻梳妆台，约1500—1525年制作，哥特式造型饰以奇异风格的装饰图案，吸收了早期意大利文艺复兴风格的设计。高1.42m。

3 大衣橱，一般认为是乌格斯·桑班（Hugues Sambin）的作品，1549—约1580年他在勃艮第的第戎工作。在其出版的《胸像柱的多样化形式》一书中，桑班将装饰这款衣柜的胸像柱称为“法国定制”，声称这是对古典装饰元素的扩展。高2m。

4 连体橱柜的设计图，雅克·安德鲁埃·杜·塞尔索约1580年的作品，巴黎。这类精心的设计反映出法国对意大利建筑形式的借鉴。

法国的弗朗西斯一世将意大利的艺术家带到了枫丹白露，这些艺术家的影响或许是法国家具设计亦步亦趋模仿意大利风格的原因。早期的一些家具类型一直沿用下来，如餐具柜和大衣橱等。这些家具起初保留着同样的形式，但在装饰图案上发生了变化，从中世纪的布褶纹雕饰镶板变为新型的文艺复兴风格图案，即基于古典勋章形肖像的圆盘图形和枝状大烛台主题。大约1550年之后基本形式也开始发生变化，在设计中融入了新型古代风格的图案和雕塑形象。法国橱柜发展出了更具个性化的风格，不再仅仅作为一种独立的可移动式家具，而是常常成为放置在双门矮柜之上的柜体。这种分体式家具属于法国家具中最具特色的类型。雅克·安德鲁埃·杜·塞尔索（Jacques Androuet Du Cerceau，1515—约1584年）的设计图中有大量各式各样的陈列柜和橱柜，计划用带雕刻的胡桃木制作，通常镶嵌矩形小理石板。

西班牙拥有自身不同于意大利的重要传统，源自阿拉伯和摩尔工匠在当地的创作，使用了阿拉伯风格或摩尔式图案。这两种图案风格虽然也基于古典主义的文物，但在家具设计中演变为高度图案化的线形装饰，同时在家具坚固的架体上嵌入了小块的象牙。

修道士椅是西班牙独有的座椅类型之一，在16世纪下半叶，这种椅子成为欧洲使用的标准扶手椅。椅子为木质结构，靠背和椅座带有皮革镶边，后来逐渐发展成为带扶手的软垫座椅。西班牙另一类重要的家具是带有写字台板的橱柜（书写柜），在19世纪被称为“雕花立柜”。

安特卫普是最重要的设计中心。一些设计师，如汉斯·维瑞德曼·德·弗里斯将法国和意大利图案相结合，形成了大型的几何图案，包括八边形、方形和矩形图案。橱柜和箱子通常装饰有胸像柱，而桌子的特征是使用球形大桌腿。佛兰德风格的独特做法是在橡木中镶嵌（进口）黑檀，反映出安特卫普作为商贸中心的地位。

西班牙

1 带摩尔式装饰风格的可移动式写字柜，卢卡斯·荷内博尔忒（Lucas Hornebolte）约1525—1527年的作品，胡桃木镶嵌象牙制成。前面的面板落下时可以用作写字台，而隐藏在其后的抽屉可以收藏小型贵重物品。高1.52m。

2 修道士扶手椅，胡桃木制作的前排座椅，带有绣花椅背和坐垫。这种椅子成为整个欧洲的标准座椅样式，约1550—1650年制成。高1.13m。

荷兰

1 汉斯·维瑞德曼·德·弗里斯设计的床，设计图出自其著作《细木工的不同种类》（约1580年），显示了对意大利北部文艺复兴图案的借鉴。兽形腿的设计来自法国，参考了古罗马风格的桌椅。

2 双层碗柜是北欧储藏家具的常见类型。这款佛兰德式橱柜用橡木制成，约1500—1550年出品。柜体的风格化装饰元素包括枝状大烛台主题、插有鲜花的花瓶以及圆盘饰（圆形或椭圆形装饰）。高1.19m。

在德国，有些艺术家住在离意大利最近的城市，他们起初在家具中融入文艺复兴风格的理念，到了16世纪中期则开始使用古典图案和三维的古典主义雕塑形象。在奥格斯堡，橱柜制造商将细木镶嵌装饰写字箱改造为双门橱柜，再饰以镶嵌工艺饰面制成废墟和枯萎的树等象征场景。德国一些地区创作的镶嵌工艺成为家具工艺发展过程中最重要的贡献之一。

德国最重要的家具始终是衣柜和箱子。晚期的作品装饰有矫饰主义建筑风格的设计，包括螺旋形图案和断山花，以及无处不在的纽带装饰，这些图案通常出自一些样式图集。装饰风格一旦确立，其形式则会一直持续到下个世纪，毫无疑问，其中有城市里行业公会中的保守主义在出力。

在英国，中世纪的传统一直持续到16世纪。大厅是社会活动的中心，大尺寸的连体桌子用于一些大型宴会，附带的椅子或其他家具在不用时会收纳到桌子下

德国

1 这款风格化的意大利矮木椅制作于德国德累斯顿，约1600年为萨克森的克里斯汀五世制作，由意大利的乔瓦尼·玛丽亚·诺森尼（Giovanni Maria Noseni）设计，他在1575年来到德累斯顿。靠背饰以蛇形装饰面板。

2 来自德国奥格斯堡的写字柜，约1575—1600年制作，用镶嵌细工工艺将梨木、白蜡木和桑木饰面贴在松木框架上。镶嵌细工技术由意大利细木镶嵌装饰工艺发展而来。宽1m。

3 洛伦兹·斯托尔（Lorenz Stoer）1567年在奥格斯堡的设计作品，别出心裁地将纽带装饰、旋涡形图案和几何形式融合在一起，构成了废墟场景。

1

2

3

面。扶手椅通常带有木制座椅和雕花靠背，旋刻的椅腿则出现于16世纪下半叶。使用旋刻凳腿的方凳、折凳成为最为普通的坐具。橡木依然是制作家具的主要木材，常常涂上颜色。装饰形式包括风格化的几何图案、宝石图案和纽带装饰。16世纪末出现了一种新形式——使用了源自法国和佛兰德样式图集的装饰设计：带动物形象的纹章、胸像柱以及带盖杯的图案。一般认为是在伦敦萨瑟克区工作的德国工匠将镶嵌细工装饰变为当时的时尚，通常使用风格化的城堡和小尖塔来装饰衣柜，后来被人们称为“楠萨奇衣柜”。

4 双门衣柜（碗柜）一直是16世纪德国储存式家具的重要类型。这件作品于1541年用橡木和白蜡木制作。该设计基于纽伦堡艺术家皮特·弗罗纳（Peter Flötner，约1490—1546年）的设计图，表现出他对意大利文艺复兴时期图案和构图秩序的理解。高2.35m。

4

1

2

3

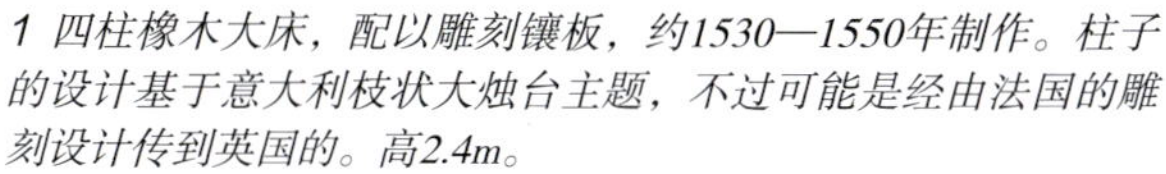

1 四柱橡木大床，配以雕刻镶板，约1530—1550年制作。柱子的设计基于意大利枝状大烛台主题，不过可能是经由法国的雕刻设计传到英国的。高2.4m。

2 写字台，曾属于亨利八世，约1530年制作。艺术家采用了来自意大利的天使形象，而战神和维纳斯的形象则基于奥格斯堡的汉斯·布克迈尔（Hans Burgkmair）所创作的雕刻设计。宽40.5cm。

3 橡木制成的楠萨奇箱，约1590年制作，以镶木细工制作的建筑风格场景，由细木镶嵌装饰工艺和染色木制成的几何镶板发展而来。这种工艺或许来自德国。此类箱子可能是由在伦敦南华克区工作的德国工匠制作而成的。高74cm。

4 橡木桌，约1590年制作，显示了来自佛兰德风格雕刻的“带盖杯”图案。高81cm，长6.4m。

4

5

5 橡木雕刻的陈列矮柜，带有镶嵌装饰和带盖杯形支腿，约1590—1600年制作。“陈列柜”（court）一词来自法语的“低”（low）一词，将其和带门的标准橱柜区分开来。高1.85m。

陶瓷制品

西班牙-摩尔风格陶器和早期锡釉传统制品

1 15世纪翅膀形把手的花瓶，是进口到意大利的西班牙-摩尔风格虹彩陶的代表。上面的盾徽属于皮耶罗·德·美第奇（逝于1469年）或其子“伟大的洛伦佐”。高57cm。

2 锡釉陶器多用于制作药房的广口瓶。这件有两个把手的作品是为圣玛丽亚纽瓦医院制作的，约1425—1435年在佛罗伦萨或其周边地区制成。高20cm。

3 药房广口瓶的另一种形式，约1470—1500年制成。这件作品上绘有蓝色、橙色、绿色和紫色图案，带有典型的风格化羽毛带状装饰和一个男子的头像。高28.5cm。

早期伊斯托里亚多陶器

1 图中的碗于约1515—1525年在法恩扎生产，这一地区是早期伊斯托里亚多风格最具活力的中心。中央的图案场景描绘的是一个士兵如何对耶稣暴力相向，出自阿尔布雷特·丢勒（Albrecht Durer，1471—1528年）的木版画。直径为19cm。

2 约1525年制成的圆盘，绘制了伊莎贝拉·德·埃斯特家族的盾徽，该家族是文艺复兴时期最伟大的艺术赞助商之一。场景再现了《变形记》中菲德拉和希波吕托斯的故事。直径为27.5cm。

16世纪的陶瓷制品由意大利锡釉陶器所主导。锡釉陶器（*maiolica*）一词的含义是上釉的陶土坯体，使用氧化锡使其呈不透明状，形成适合着色的白色光滑表面。起初这个词汇用来描述带精美绘制图案的光面陶器，在15世纪经由马略卡岛从西班牙南部进口到意大利。这些奢侈的器物通常由富有的意大利家族委托制作，作为陈列品提高了陶瓷器皿的地位。后来，这个术语用来描述意大利所有的锡釉陶制品，无论是不是光面，同时也作为一种工艺广泛传播至欧洲各地，并且被赋予其他名称（*majolica*）而为人所知，这一点将在后面章节中讨论。

意大利锡釉陶器早期设计最突出的特点是在风格化的橡树叶中以厚实的钴蓝色料绘制动物纹章图案。在这一时期，颜料会直接绘制在生料釉上，必须经得起釉料灼烧时的高温，颜色只限于钴蓝色、铜绿色、锑黄色、锰紫色以及铁橙色。早期多彩陶器极具特色的图案是风格化的孔雀羽毛和圆盘形的人物头像，后者源自古代的硬币和勋章，成为文艺复兴风格图案中传播最为广泛的形式之一，几乎出现在装饰艺术的每一个领域之中。

16世纪，人们对古代遗物产生了压倒一切的兴趣，加上印刷材料变得更加广泛易得，再结合日益精进的绘画技能，锡釉陶器画师开始在整个陶器表面绘制有故事内容的图案，包括圣经和神话故事，这种设计被称为伊斯托里亚多（*istoriato*）风格。尽管具有实用性，但带有这些绘画图案的作品应该主要是用于陈列展示或收藏，并且经常是由富有的赞助者委托制作。创作灵感有两个重要源头：一个是奥维德的作品《变形记》中的木刻图系列（1497年出版于威尼斯）和马尔坎托尼奥·雷蒙迪（Marcantonio Raimondi，约1480—约1534年）仿照拉斐尔作品风格创作的版画。有时，陶器师会从几种不同的版画作品中借鉴故事形象，进而重新组合成新的形式。

另一个创作灵感的来源是1488年在尼禄黄金宫里发现的古罗马壁画。这种“奇异风格”的绘画在旋涡形叶

设计源泉

1

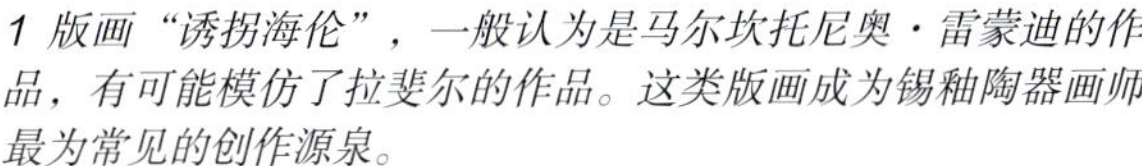

1 版画“诱拐海伦”，一般认为是马尔坎托尼奥·雷蒙迪的作品，有可能模仿了拉斐尔的作品。这类版画成为锡釉陶器画师最为常见的创作源泉。

2 1533年在意大利乌尔比诺制作的圆盘，带有弗朗西斯科·夏恩托·阿韦里（Francesco Xanto Avelli）的签名，他是一位最为著名和高产的锡釉陶器画师。绘画的主题为亚历山大和罗克珊娜的婚礼，源自拉斐尔的一幅油画作品。盾徽属于曼托瓦公爵费德里戈·贡扎加。

3 带签名的大浅盘，乌尔比诺出产的历史纪实性作品，标注时间为1543年，带有奥拉齐奥·丰塔纳（Orazio Fontana，1638—1714年）绘制的战争场景，他也是多产且十分成功的锡釉陶器画师。

2

3

旋涡饰和交织形装饰

1

1 约1510—1540年制作的储物用广口瓶，绘有蓝色、黄色和绿色图案，中间有奇异风格的装饰带，荒诞的怪兽形象用叶状旋涡饰环绕起来。这种装饰设计称为“古代风格”，反映出人们对古罗马风格的广泛兴趣。高34.5cm。

2 蓝底圆盘，1536年制作于意大利法恩扎，称为“花朵风格”，在法恩扎和威尼托使用得尤为广泛。盘子的圆边绘有交织形装饰，中间穿插海豚形象。直径31cm。

2

其他流行装饰图案

1

2

1 卡斯特尔·杜兰特盘，对称排列的军用奖杯图案作为边饰，围绕着中间的圆形框，正中央是定制人个人的盾徽。

2 本尼迪克特大师工坊的作品，锡耶纳，约1510年制成。中间的场景描述了荒野中的圣杰罗姆，周围环绕着称为阿拉伯风格的交织形装饰形式。直径24.5cm。

虹彩陶及其工艺的复兴

1

2

3

1 1524年出品的盘子，绘画图案是自然景色中的河神。盘子中增添了金色和微红的光泽，是意大利古比奥市乔尔乔大师工作坊使用的工艺。直径24cm。

2 约1540年出品的"美女盘"，刻有"Cassandra Bella"的字样。边框上饰有叠瓦状的鱼鳞形图案，这是文艺复兴时期广泛使用的图案形式，也是德鲁塔陶瓷器皿的常见特征。直径34.5cm。

3 "美女盘"的另一种类型，底部较低，绘有妇人的肖像，配以旋涡形图案。这个虹彩陶盘是意大利古比奥市乔尔乔大师工作坊的作品。直径22.5cm。

饰间加入了造型新奇怪异的生物和怪物形象，被许多艺术家和设计师所采用，最有名的是拉斐尔在梵蒂冈敞廊中采取的装饰手法（1518—1519年），该风格影响到了装饰艺术的所有分支类型。在设计中采用的其他古代风格装饰还包括带盾徽的奖杯图案、月桂叶和天使图案，一般与阿拉伯风格交织形装饰手法结合出现。

带金属光泽的虹彩绘制工艺具有早期西班牙-摩尔风格陶器的特点，从西班牙南部进口，在16世纪引入意大利，特别是德鲁塔和古比奥两地。这种工艺将银或铜的氧化物用在二次烧制的陶器上，在烟熏的环境中以较低温度再次烧制，由此产生闪光的金属表面，颜色从淡白色、银黄色到宝石红色等多种多样。虹彩工艺一般用于装饰大尺寸的盘子，其上绘有女性肖像，并配以旋涡形的铭文，称为"爱之盘"，有时也称作"美女盘"，传统上用作订婚礼物。

16世纪中期新开发了两种陶器，表明流行时尚开始远离伊斯托里亚多陶器的风格。其中之一是在意大利北部法恩扎出品的陶器，几乎整体保留了白色，仅有少量的色彩形成轻微的素描效果，称为"纲要风格"。同一时期在乌尔比诺开发的是另一种时尚，在白底上用小型奇异风格的图案装饰整件陶器，受到拉斐尔作品的极大影响。

文艺复兴时期锡釉陶艺师使用的多种不同装饰手法都用图示记录在奇普里亚诺·皮科帕索（Cipriano Picolpasso）的《陶艺师的艺术三集》中，大约出版于1557年。书中描述的一种设计涉及中国的青花瓷对欧洲设计带来的巨大影响，这一内容将在之后章节中详述。

文艺复兴风格的后期发展

1

2

1 在这个镂空盘子的中部，带有蓝色、黄色和橙色的绘画图案，以白色为背景用纤细手法绘制了丘比特裸像。这是16世纪法恩扎生产的陶器的典型装饰。直径23.5cm。

2 16世纪晚期在意大利乌尔比诺制作的盘子，中间绘制着丽达与天鹅的故事场景，外圈是由奇异风格装饰图案组成的宽边，以白色为底色凸显了作为主色调的黄色。直径25cm。

皮科帕索手稿中绘制的图案

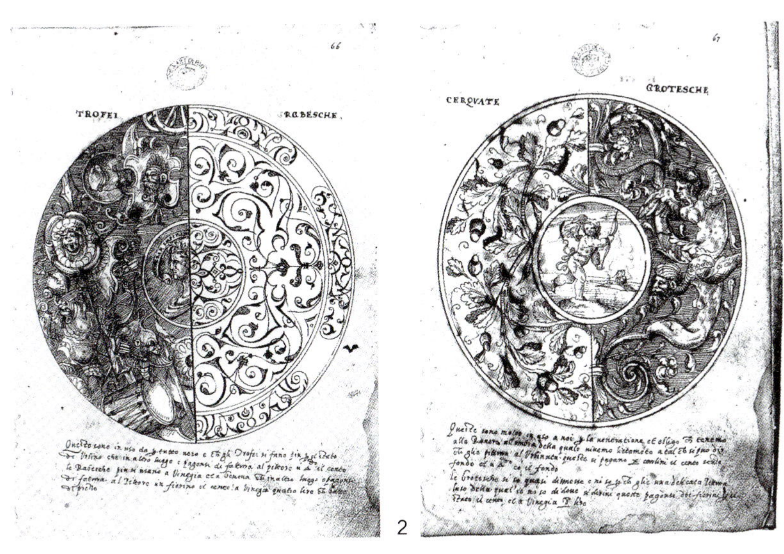

1 2

3

1~3 皮科帕索的手稿大约创作于1557年，可以在其中找到以下图案样式：奖杯和阿拉伯风格装饰，橡树叶和奇异风格装饰，以及仿瓷器图案和纽带装饰图案。这些都是诸多锡釉陶器画师常采用的设计样式。

5 皮科帕索手稿中的绘画，上面绘有一个画笔把和两支画笔。图中文字说明了画笔的制作材料和绘图的方法。

4

4 约1510年于卡法吉奥罗制作的盘子，装饰图案描绘的场景是一位锡釉陶器画师在装饰一个盘子的边缘，一对夫妻在一旁观看，他们的肖像可能会出现在盘子的中央。注意6个碟子里分开放置着使用不同颜料的画笔。直径23.5cm。

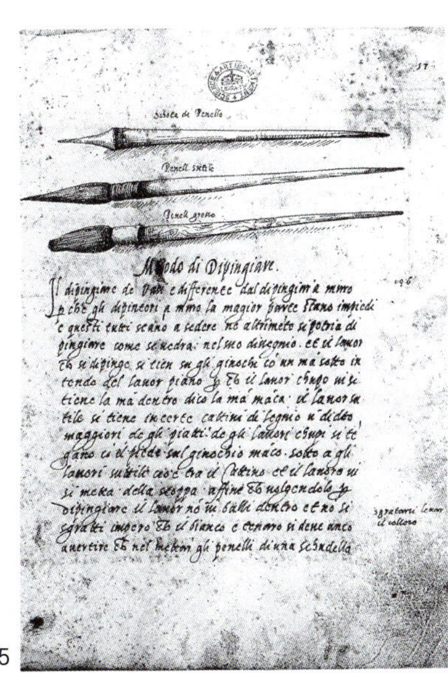

5

6

6 约1510—1525年于卡法吉奥罗制作的宽边碗，尽管边饰是阿拉伯风格的交织形图案，但是蓝色和白色的装饰反映了中国瓷器日益增强的影响。直径24.5cm。

法国锡釉陶器和帕利西陶器在格式上的发展

1

2

1 药房的广口瓶，约1570年制成。尽管产于法国尼姆，这件作品却是意大利风格。图案主题是一个侧影头像，上下各有一条奇异风格的饰带，类似于意大利的作品，但“气泡状”的绿色图案是这家工厂的特殊手法。高24cm。

2 1582年出品的盘子，类似生产于乌尔比诺的伊斯托里亚多盘子，但图案主题是亚伦将一根棍子变成蛇，源自里昂印刷的圣经插图。直径41.5cm。

3 伯纳德·帕利西或他的一个信徒约1580—1620年制作了这个铸型陶器盘。中央拉长的人像象征着生殖力，是典型的法国宫廷风格，这种风格产生于枫丹白露宫。直径50cm。

4 椭圆形的盘子，伯纳德·帕利西田园风光陶器的典型风格，1556—1590年生产，使用了绿色、黄色和棕色铅釉和铸型的动物图案。直径53cm。

3

4

16世纪，到法国、西班牙和低地国家定居的意大利陶艺师带来了锡釉陶器制作工艺，并帮助当地建立了新的制陶传统。这些陶器沿袭了同时期意大利作品的风格，很难与原版区分开来。深具文艺复兴特色的图案包括侧影头像以及圣经和神话中的事物，采用伊斯托里亚多风格进行处理。各个国家逐渐形成了自身的风格，这将在之后章节加以讨论。

更特别的是法国陶艺师伯纳德·帕利西（Bernard Palissy，约1510—1590年）的作品，他制作了铅釉陶器，还开发了一系列半透明的彩色釉料。帕利西因生产陈列盘而闻名于世，盘子上的浮雕根据同时代印刷品中的神话主题用模具浇铸而成；此外也有“田园风光陶器”，盆和盘子里有青蛙、蜥蜴和甲壳类动物的图案，多按其自然形象制作，周围环绕着水、贝壳和岩石。后面这类图案也可以在同时代金属制品中见到，代表对花园中洞穴的兴趣，而且这种喜好从意大利蔓延到了法国。帕利西的作品风格一直延续到了17世纪，在19世纪又得到复兴。

在一批浅奶油色陶器上也可以看到文艺复兴时期特有的装饰元素，包括源自雕刻制品和同时代金属制品的纽带装饰和阿拉伯风格的图案，这些陶器上有铸型、印花和镶嵌工艺的设计，被称为圣波谢尔彩陶（*Saint-Porchaire wares*），约1525—1570年产于法国。这些精致的作品，包括大口水壶、烛台和盐罐，都是反映法国宫廷品位的奢侈品。

德国盐釉炻器是16世纪陶器的另一种类型。经过高温煅烧和玻璃化的坯体部分不透水，适合制作酒瓶和饮用器皿。科隆陶瓷（*Cologne wares*）是一种带有金棕色薄涂层的水罐，罐身是与众不同的大圆肚，饰以一个假面图案，称作“胡须男瓷器”（*Bartmannkrug*）。其他地区生产浅灰色的坯体，有时涂上局部缀有钴蓝色的釉彩，以雕刻工艺施以纽带装饰、盾形徽章饰和侧影头像等装饰图案。这类作品一直到17世纪都还在继续生产。

圣波谢尔彩陶

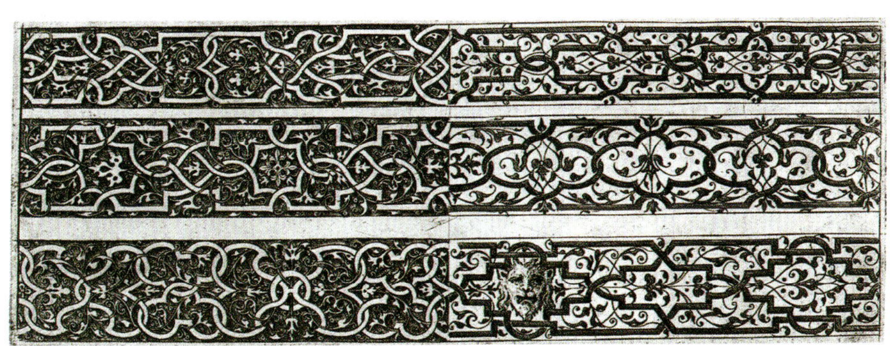
1

2

1 德国雕刻师巴尔萨泽·西尔维厄斯（Balthasar Sylvius，1518—1590年）设计的3条阿拉伯风格装饰带，发表于1554年。这种文艺复兴风格装饰于16世纪中期在欧洲广泛传播，使用不同材料的设计师都将这类装饰应用到其作品中。

2 1545—1560年制作的水壶，可以看出做工极为精致。这件作品来自一组制作精良的法国陶器，被称作圣波谢尔彩陶。装饰有复杂的交织形饰带，源自同时代出品的印刷品。高34cm。

德国盐釉炻器

1

2

1 精美的铸型炻器壶，1588年制作于德国拉朗，有着拉朗和韦斯特瓦尔德陶瓷制品的典型特征。这类作品经常展现源于雕刻作品的文艺复兴风格图案。高35.5cm。

2 球茎状的瓶子，盐釉下带有淡淡的棕色铁质薄涂层，被称为“胡须男瓷器”，约1540年在科隆制作。瓶子上的长胡须假面图案，是16—17世纪科隆和弗莱亨陶艺师最具特色的装饰设计图案之一，可能起源于罗马或北欧民间传说中的野人。高（左）16.5cm，高（右）25cm。

玻璃制品

文艺复兴时期的威尼斯

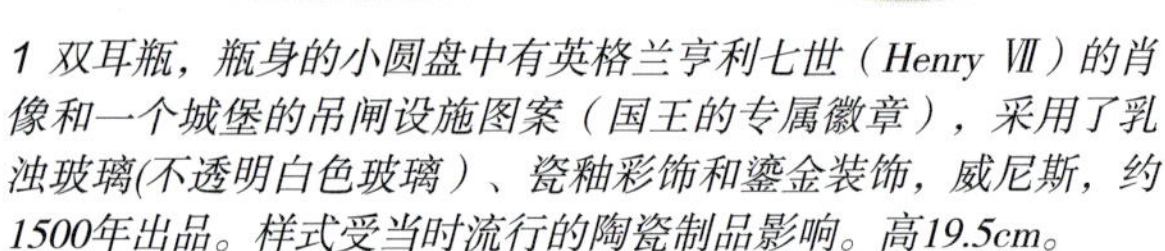

1 双耳瓶，瓶身的小圆盘中有英格兰亨利七世（Henry Ⅶ）的肖像和一个城堡的吊闸设施图案（国王的专属徽章），采用了乳浊玻璃(不透明白色玻璃）、瓷釉彩饰和鎏金装饰，威尼斯，约1500年出品。样式受当时流行的陶瓷制品影响。高19.5cm。

2 人造玉髓玻璃大口水壶，威尼斯，约1500年出品。这种大理石效果模仿了硬质石材。高30.5cm。

3 千花玻璃高脚杯，威尼斯，16世纪早期出品。样式源自金属器皿。高18cm。

4 蕾丝玻璃大口水壶，使用嵌线和搓捻装饰工艺，带有白色的饰带，朴素的乳浊玻璃丝与细线交织，排列成格子图案，威尼斯，16世纪晚期出品。坯体为模具吹制而成，带有直角钻石形凸起和凸条花纹。高27cm。

5 卡拉瓦乔的绘画《酒神巴克斯》（细部），1593—1594年绘制，描绘了一个喝酒用的威尼斯浅酒杯。杯脚的灵感源自文艺复兴时期建筑楼梯的栏杆柱。

6 提香（Titian）的绘画《酒神祭》（细部），约1518年绘制，画的是一个大口水壶。其经典形式受到希腊陶瓷器皿的影响。

威尼斯共和国是中世纪晚期和文艺复兴时期早期世界上非常强大的贸易国。12世纪以来威尼斯共和国在小小的慕拉诺岛发展出了奢侈的玻璃品制作工业，让全世界为之倾慕。这个行业由玻璃制造商协会严密组织和管理，取得成功的因素包括强有力的质量控制、对技术发展的鼓励、对商业机密的保护以及庞大的贸易船队提供的绝妙市场机会。

玻璃领域最重要的技术发展是生产出一种几乎完全无色的玻璃，比之前见过的任何玻璃都要清透纯净，被称为“克里斯塔洛”（即“天然水晶”），名称来自天然形成的水晶。这种玻璃大约发明于1450年，归功于先锋玻璃工艺师安杰洛·巴罗维尔（Angelo Barovier）。“克里斯塔洛”几乎成为威尼斯玻璃的代名词，将玻璃材料最基本的特性——清澈和透明与其延展性结合起来，使材料能够塑造出各种复杂的外形。

技术的发展总是与新形式和作品种类的创新相伴而行。玻璃制品的形式经常借鉴于其他材料，如金属制品和陶瓷制品。哥特式线条持续到16世纪，逐渐被更为古典和流畅的形式所取代，该形式是文艺复兴风格的特色（见本页图4、图6）。

在装饰方面，威尼斯的玻璃工艺师借鉴了一系列的技术，一些是新发明的，一些是基于罗马工艺进行的再创造，还有一些是效仿了拜占庭或中东的玻璃制造工艺。

威尼斯工艺最典型的装饰手法是“热”装饰技术，装饰的形式构成了玻璃制品制作中不可或缺的一部分，由玻璃工艺师在熔炉中为作品塑型时直接操作而成。威尼斯的玻璃工艺师经常使用浸渍模具来制作螺纹图案。

玻璃工艺师可以在热玻璃上施加各种细节，用工具加工出复杂的装饰，从而进一步巩固玻璃制品微妙流畅的线条。

威尼斯的装饰工艺

2 高脚杯，用无色玻璃描绘了河神，使用了珐琅和鎏金工艺，威尼斯，16世纪前25年的作品（杯脚已替换）。高20cm。

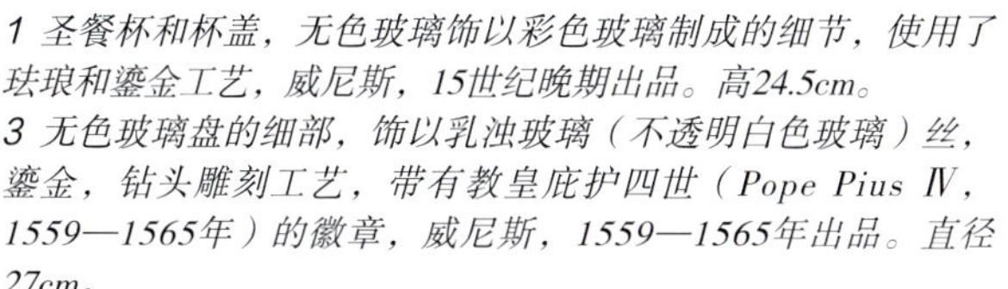

1 圣餐杯和杯盖，无色玻璃饰以彩色玻璃制成的细节，使用了珐琅和鎏金工艺，威尼斯，15世纪晚期出品。高24.5cm。
3 无色玻璃盘的细部，饰以乳浊玻璃（不透明白色玻璃）丝，鎏金，钻头雕刻工艺，带有教皇庇护四世（Pope Pius Ⅳ，1559—1565年）的徽章，威尼斯，1559—1565年出品。直径27cm。

威尼斯工艺师还擅长将装饰元素融入玻璃本身。例如，人造玉髓玻璃即是通过混合不同颜色的玻璃后再经过热处理这一复杂过程而制成的，有着类似大理石的外观效果。这种工艺发明于1460年左右，所生产的制品形似玛瑙玉髓之类的半宝石，因此得名人造玉髓。

为了制作千花玻璃，要将吹管中的热熔无色玻璃泡翻滚倾倒在一个平整的表面，上面预先分区放置彩色玻璃细丝，随机散开。色彩丰富的玻璃丝附着在玻璃泡表面，滚动玻璃泡直至表面变得平展，之后玻璃泡会进一步膨胀成型。最终的效果是带有鲜艳图案的彩色斑点融入透明无色玻璃之中。千花玻璃和人造玉髓玻璃都是稀有而珍贵的工艺玻璃。蕾丝玻璃是一种应用非常广泛的热成型玻璃制品，其工艺是将薄而不透明的白色玻璃丝融入无色玻璃中。由此制成的玻璃（嵌线玻璃，*a fili*）会有简单的条纹装饰。如果使用的是拧在一起的玻璃丝制成的玻璃（搓捻玻璃，*a retorti*），则可以有更多复杂的变化。若与有图案的模具结合使用，在热膨胀过程中白色玻璃丝会扭曲变形，其效果还可以变得更为复杂。

“冷加工”工艺是指一种在现有玻璃制品上增加装饰的方法。钻头雕刻工艺需要用锋利的钻石碎片在玻璃表面刻画装饰图案，包括阿拉伯风格和奇异风格的图案，通常以轮廓线绘制，再填充平行的嵌套。冷加工工艺的玻璃背画可以用在碗和盘子上，图案效果很精细，但也很脆弱，容易划坏和剥落。

珐琅画可以使用不同的釉彩颜料画在毛玻璃表面。通过低温加热待装饰的玻璃制品将图案烧制在其表面后，将玻璃制品再次放入熔炉中，直到玻璃和瓷釉变软融凝到一起。粗制珐琅瓷膏体只能用于粗糙的绘画，最适合简单的点状图案。金箔可以用一种黏性物质粘在玻璃的表面，再与珐琅一起烧制。

1

2

3

2 无色玻璃高脚杯，带有钻头雕刻工艺图案、垂直乳浊玻璃线和鎏金的线条，贾科莫·韦尔泽利尼工坊出品，安东尼·德·莱尔雕刻，伦敦，1586年出品。高17cm。

3 铃铛形无色玻璃高脚杯，饰以模具制成的假面图案和粘花装饰、绿松石的珠子和鎏金工艺，带有镀银的底座，约1575年出品，可能产于安特卫普。高19cm。

1 大口水壶，加入了灰色调的无色玻璃，冷加工绘制工艺和鎏金工艺制作，出产于奥地利沃尔夫冈威特的泰洛小镇玻璃工坊，1535—1538年出品。高31.5cm。

5

4

4 奥西亚斯·贝尔特（Osias Beert）的画作《静物》（细部），17世纪早期绘制，描绘了装有红白葡萄酒的威尼斯风格高脚杯。杯脚带有做工精致的热成型空心球装饰。

5 加入了黄色调的无色透明玻璃浅酒杯，带有珐琅装饰，约1560—1600年出品。浅绿色、黄褐色和白色的色彩搭配方式是巴塞罗那玻璃制品的典型特点。直径22.5cm。

随着威尼斯玻璃声望的提高，外国的统治者越来越渴望仿效威尼斯风格生产自己的玻璃奢侈品。尽管威尼斯玻璃行业公会试图对生产工艺保密，但当地的玻璃工艺师常会受到高薪诱惑而离开家乡定居异国。到16世纪末期，慕拉诺岛的玻璃工艺师已经在阿尔卑斯山北部地区的一些国家建起了玻璃窑。由于他们努力尝试生产威尼斯风格的玻璃，力求使用与故乡相同的工艺，其作品与慕拉诺岛出产的玻璃制品几乎难以分辨。

位于奥地利西部泰洛小镇的玻璃工坊是意大利本土之外最先出现的威尼斯风格玻璃工坊。一些玻璃制品可以看出产地，是因为作品外层的涂漆上带有工坊的盾形纹章。泰洛小镇玻璃工坊似乎擅长特殊的冷加工玻璃绘制工艺，但其产品的形式完全是威尼斯风格。

安特卫普成为北欧威尼斯风格玻璃制品主要的制作中心之一。大多数在那里工作的玻璃工艺大师都是威尼斯人，制作的也是威尼斯风格的玻璃制品。当然，他们也创作出了一些有当地特色的形式，尤其是在17世纪。

威尼斯玻璃制作工艺从安特卫普传播到了其他许多地区，例如意大利的贾科莫·韦尔泽利尼（Giacomo Verzelini，1522—1606年）就去了伦敦。16世纪80年代，一些格外精美的玻璃制品就出自他的工坊。这些作品上的雕刻工艺几乎可以肯定是由法国人安东尼·德·莱尔（Anthony de Lysle）在伦敦完成的。意大利西北部阿尔塔雷也是一个颇具竞争力的玻璃制作中心，这里的玻璃工艺师将威尼斯风格的玻璃制作工艺带到了法国。但他们的产品形式略有不同，往往棱角分明，用珐琅装饰的人像形式图案画得天真烂漫。

在西班牙，强大的当地传统使得威尼斯风格仅产生了部分影响。这里出品的玻璃制品通常使用浓烈的黄褐色。1525年之后，珐琅在威尼斯玻璃制作中已不再流行，但西班牙却依旧继续使用这种工艺，且发展出其独具特色的风格，即加入了亮绿色的树叶图案，并配以风

1 浅绿色粘花工艺大口杯，极具创意的边缘设计，产自德国或瑞士，13世纪晚期或14世纪早期出品。高17.5cm。

2 伯克迈耶杯（左）和锥脚球形酒杯（右），绿色玻璃制成，带有粘花装饰，其中两个使用了钻头雕刻工艺，产自德国或荷兰，1590—1675年出品。伯克迈耶杯的杯脚用了带褶边的底足圈。高（最高）23cm。

3 纯净绿色玻璃制成的克劳特施特龙克杯，德国，15世纪出品。高4.5cm。

4 皮特·克拉斯（Pieter Claesz）的画作《锥脚球形酒杯和鲱鱼静物图》（细部），1647年绘制。浅绿色玻璃制成的球形酒杯为白葡萄酒增添了金黄色的效果。17世纪的荷兰绘画作品喜欢挑战如何用玻璃来表现色彩和反射效果。

格化的动物形象。

欧洲中部和北部遍布森林的地区出现了一种与众不同的玻璃制作风格，源自中世纪晚期且一直在继续使用。森林提供了燃料，每当玻璃工坊周遭的树木砍光用尽之后，工坊就会搬到其他地方。主要的原料是在当地搜集的沙子以及山毛榉和蕨类植物的灰烬。这些材料含有丰富的氧化铁成分，制成的玻璃器皿会带有浓烈的绿色，称为森林玻璃。

森林玻璃工坊主要生产喝葡萄酒和啤酒的玻璃器皿，类型有限。其中，大多数源自中世纪最基本的大口杯，形式为圆锥形或筒形，底足用了镶边，杯身通常饰以钳子拉出的尖角装饰。这种玻璃器皿带有粘花装饰，也就是将小块的玻璃粘到玻璃制品表面形成有规律的图案。这些粘花既有装饰作用又有其特定的功能，即握住玻璃杯时不容易打滑。

15—16世纪，饮用玻璃器皿最为常见的类型是所谓的麦格雷（*Maigelein*），即一种矮胖的筒形广口杯，饰以模具制成的蜂巢或螺纹图形。

在16世纪，出现了几种由粘花装饰广口杯发展而来的玻璃器皿。克劳特施特龙克杯（*Krautstrunck*，甘蓝叶柄）就是一种带有大粘花装饰的筒形广口杯，粘花用钳子拉出形成尖角状。另一种类型是伯克迈耶杯（*Berkemeyer*），一种低脚广口杯，杯体下部类似圆柱形，杯体上部则为外翻的形式。

德国锥脚球形酒杯（*Roemer*）是17世纪最常见的饮用器皿，在17世纪早期由伯克迈耶杯发展而来。酒杯的上部为球形或卵形，1620年以后杯脚变为高高的斜脚，这种设计是用一段热熔玻璃丝绕木制模板旋转而成的。德国锥脚球形酒杯特别适合用来喝白葡萄酒，绿色的玻璃为杯中美酒增添了色彩。

银制品和其他金属制品

建筑背景

1 镀银祭坛烛台，安东尼奥·詹蒂莱（Antonio Gentile）于1581年在罗马制作完成，其建筑和雕塑风格的构图深受米开朗琪罗的矫饰主义风格影响，米开朗琪罗可能是这个烛台的设计者。高1m。

2 雕刻家瓦莱里奥·贝利（Valerio Belli）在1532年为教皇克莱门特七世（Pope Clement Ⅶ）制作了这个镀银水晶骨灰盒。古典主义主题的雕刻和比例严格的基座集中体现了文艺复兴风格。高15cm。

3 安东尼奥·波利奥罗在1457—1459年为佛罗伦萨大教堂制作了这个巨大的祭坛十字架。该设计是过渡时期的风格：基座和十字架部分为哥特式风格，柄脚则为文艺复兴风格。高2.6m。

4 文艺复兴时期佛罗伦萨鉴赏家皮耶罗·德·美第奇收藏的珍贵硬石花瓶，请人制作了镀银基座。基座的设计依旧是哥特式风格，但某些细节具有前瞻性。高42cm。

在中世纪的欧洲，艺术家和金匠之间并不存在明显的差别。既然艺术家是那些从事艺术工作或具备某种技能的人，那么金匠则被理所当然地认为是工艺领域的女王。他们用来创作的材料是金和银，价格昂贵，作品不仅有实用的餐具，还包括华丽精美的器件，能够彰显拥有者的身份和地位，有时也为教堂这个最大的主顾服务。

这种情况并没有因为文艺复兴运动的到来而有所改变。王公贵族和高级教士依旧是出价阔绰的委托人，许多著名画家和雕塑家在其艺术生涯中都接受过职业训练，进而当过金匠，如劳伦佐·吉贝尔蒂（Lorenzo Ghiberti ，1378—1455年）、安德里亚·德·韦罗基奥（Andrea del Verrocchio ，约1435—1488年）和安东尼奥·波利奥罗（Antonio Pollaiuolo，约1432—1498年）。在阿尔卑斯山以北的地区，著名的艺术家如阿尔布雷特·丢勒、汉斯·霍尔拜因和尼古拉斯·希利亚德（Nicholas Hilliard，约1547—1619年）等，也都学过金匠工艺或具有从事金匠方面工作的背景。职业背景方面是一个因素，再加上常常需要熔化贵重金属来重新制作最为流行的制品，金匠的作品中出现了诸多在设计上极具意义的创新。这类艺术品留存至今的数量几乎可以忽略不计，尤其是15—16世纪早期的作品以及产自意大利的作品，但是许多画作得以留存，其中显示了文艺复兴时期的设计原则如何应用到容器和其他物品的制作之中。

文艺复兴时期建筑以理性的比例作为创作的基础，通过古罗马建筑语汇和古典柱式语汇进行表达。然而，从利昂·巴蒂斯塔·阿尔贝蒂（Leon Battista Alberti，1404—1472年）和菲利普·伯鲁乃列斯基（Filippo Brunelleschi，1377—1446年）等建筑师留存下来的作品中可以明显看出其最终作品的风格与古代的灵感源泉有多么不同。对他们来说，建筑物的外观装饰在整体效果上与合理的比例及古典的细节一样重要。这种对于古典风格设计和比例的关注在银器的设计中也显而易见，但

从哥特式到文艺复兴：北欧

1 2 3

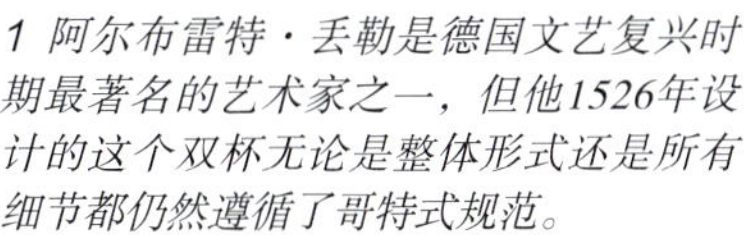

1 阿尔布雷特·丢勒是德国文艺复兴时期最著名的艺术家之一，但他1526年设计的这个双杯无论是整体形式还是所有细节都仍然遵循了哥特式规范。

2 杯子的设计图，汉斯·布罗萨默（Hans Brosamer）于1540年在富尔达发表，设计中细致的横向分区和所有细节在构思上都属于文艺复兴风格。

3 鹦鹉螺贝壳镶嵌的镀银船形桌饰或船模，1528年制作于巴黎，这是在重要仪式上使用的盐罐，其仍然具有哥特式风格的特点，尽管爪和球脚等细节属于文艺复兴风格。

4 5

4 用来喷洒香水的罕见铸造瓶，1553年在伦敦为中端市场制造。作品并没有体现霍尔拜因宫廷风格的设计特点，反而可以看出其受到了汉斯·布罗萨默版画的影响。高14.5cm。

5 路德维希·克鲁格（Ludwig Krug）是16世纪早期纽伦堡最著名的金匠之一，同时也是新风格的先锋人物。这个带盖杯依旧有着哥特式风格的细节，但其形式上强调的横向分区属于文艺复兴风格。高44cm。

汉斯·霍尔拜因和英国的文艺复兴

1 霍尔拜因于1526年来到英格兰，推广了一种复杂的宫廷文艺复兴风格。他设计了一个用于庆祝亨利八世与简·西摩1536年婚礼的金杯，集中体现了这一风格。金杯上融合了古典大奖章、摩尔风格枝叶、天使和花瓶的形式。

2 用金子、珐琅和水晶制成的碗盖，霍尔拜因仅存的几件设计作品之一，碗盖上密布着纽带装饰、古典人物形象、摩尔风格枝叶和珠宝。直径16cm。

1

2

切利尼和罗马诺

1

2

3

1 本韦努托·切利尼1543年为弗朗西斯一世制作的精致的盐碟。赋予两个人形象征意义，分别代表大海和土地二神，动态的构图集中体现了矫饰主义风格。高6cm。

2和3 矫饰主义风格最早的一批银器设计图出自朱里奥·罗马诺之手。他是曼图亚公爵的建筑师、画家，同时也是金器、珠宝和挂毯设计师。这个烛台和盐罐的设计可以追溯到1525—1540年，使用了罗马建筑的词汇——莨苕叶形装饰、狮面像和笛子图案，但这些图案以一种全新的、有趣的形式呈现。

意大利矫饰主义

1

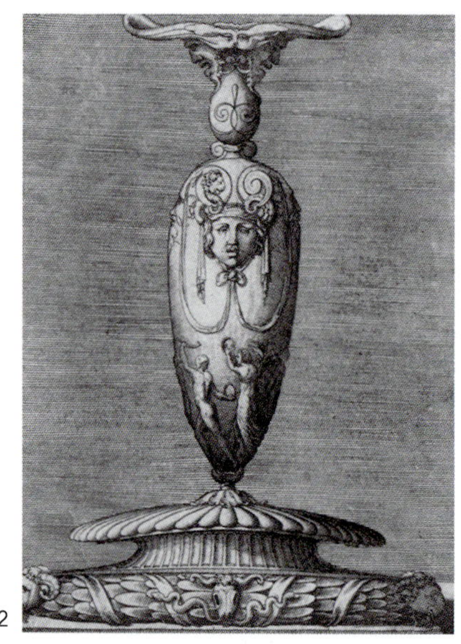
2

3

1和2 一些最有影响力的意大利矫饰主义装饰风格作品包括伊内亚·维柯（Enea Vico）16世纪40—50年代设计的大口水壶、花瓶和烛台系列。这些设计使用了古典主义的罗马风格图案，但大口水壶看上去不稳定的基脚、怪异的半人半兽把手，以及烛台基脚和柄连接处的精美设计，都属于典型的矫饰主义风格。

3 大多数委托定制的特殊作品都是基于工匠画出的设计图，但设计偶尔也会通过三维模型实现。这个用赤陶制作的大口水壶模型就是一个留存下来的罕见代表。

4 16世纪中期的银盆设计图，佛罗伦萨学派金匠弗朗西斯科·萨尔维亚蒂的作品，表明密集的人像构图是其作品的核心风格，但饰边的设计也提供了多种处理方式。

4

1

1 1540年左右，罗索·菲奥伦蒂诺和弗朗西斯科·普里马蒂乔为枫丹白露宫弗朗西斯一世画廊设计的涡卷饰。这种装饰通过版画得以传播，比如这个牌匾的设计图即为雷内·博伊文（René Boyvin）模仿莱昂纳尔·蒂里（Léonard Thiry）的作品。

2 16世纪的巴黎银器几乎绝迹，这个带鎏金和珐琅底座的缟玛瑙大口水壶使用了精致的仿宝石工艺，约1560年出品，展示了它卓越的品质。高27cm。

2 3

4

5

3 安德鲁埃·杜·塞尔索是活跃于1540年左右最重要的法国设计师，这个盐罐的设计体现了他严谨清晰的风格。

4 杜·塞尔索为餐桌喷泉所绘制的设计图，不仅特别清晰，而且还有密集复杂的装饰和幽默感，这些都是矫饰主义的重要元素。

5 背面与这面镜子类似的作品现存有雕花黄杨木的版本。巴黎艺术家艾蒂安·德拉恩（Etienne Delaune）1561年设计的这面镜子极为精巧复杂，应该是由贵重金属制作而成的。

文艺复兴时期的金匠在试图模仿古典容器的形式时遇到了一个问题，那就是当时他们从来没亲眼见过古代的盘子。因此，杯子、广口瓶、烛台等大多数作品的基本灵感都来自花瓶的形式，再结合来自建筑的装饰细节。设计中的理性体现在比例均衡的构造，将建筑物划分为边界清晰的几个水平区域，与其组成部分相吻合。装饰元素也局限于一系列特定的图案，包括长笛、齿形、茛苕叶形装饰和融合了古典大奖章的圆盘饰。波利奥罗1457年在佛罗伦萨设计的祭坛十字架（见p.30）就几乎完全是建筑风格，虽然基本形式类似于其哥特式的前身，但设计师设置了一系列明显的水平分区来确定其垂直度。

在北欧地区，文艺复兴的影响来得较晚，形式也有所不同。已经发展完善的意大利风格对一些来访的艺术家，如丢勒，产生了深刻的影响（见p.31），结果在16世纪早期出现了一种混合的过渡型风格，融合了文艺复兴风格和哥特式风格的特点。到16世纪第一个25年结束时，德国纽伦堡的路德维希·克鲁格和皮特·弗罗纳等艺术家已经将两种风格结合得非常完美（见p.31）。这种风格保留了哥特式装饰的某些特点，但主要特征还是水平分区的结构，绝大多数装饰图案都是笛子和圆模雕刻装饰（装饰性的叶形边缘）、中楣饰带装饰以及古代或神话故事中的典故。银器中还常加入皇帝的半身像或年代更久远的银币图案，体现了主顾们对古代历史的兴趣及其作为王侯对罗马帝国的认同。

王侯身份的主顾在促进设计风格的发展中起到了重要的作用，最明显的就是英国国王亨利八世和法国国王弗朗西斯一世提供的赞助。两位国王都野心勃勃，想打造欧洲最耀眼的王宫，因而竞相展示各自王室的奢华和富丽堂皇，由此也引发了“金缕地”（Field of the Cloth of Gold，1520年）这类重大事件，为那些有能力在设计中突出国王形象且具有创新精神的艺术家提供了创作机会，也成为整个欧洲大陆国与国之间外交派遣的主题。

安特卫普的矫饰主义

1

1 16世纪中期的安特卫普银器是欧洲最为杰出的银器制品。这个约1550年出品的大口水壶和水盆有着矮胖的比例和奇异风格的细节，显示出安特卫普对矫饰主义的贡献。水壶高34cm。

2

2 银制鎏金带盖浅酒杯，1558年在安特卫普制作，装饰着象征水的图案。其比例为文艺复兴风格，但象征主义手法和装饰元素属于矫饰主义。高38.5cm。

3

4

3 安特卫普艺术家科内利斯·弗洛里斯在16世纪40年代创作了一系列新颖的水罐设计，融合了奇异风格的人物形象、纽带装饰和别出心裁的抽象舰船形式。

4 汉斯·维瑞德曼·德·弗里斯是另一位颇具影响力的安特卫普艺术家，其作品包括一系列银器，如图中这个1563年出品的浅酒杯。

5

5 阿德里安·科莱尔特（Adriaen Collaert）的装饰图案广为流传，这个香料盘的设计显示了他对虚构海怪形象的兴趣。

与亨利八世相比，弗朗西斯一世赢了颇具象征意义的一分，他争取到了年迈的达·芬奇来为自己服务（更准确地说，是撑门面），后来又请到了雕刻家兼金匠本韦努托·切利尼。不过更重要的是，他还聘请了两位佛罗伦萨的艺术家，菲奥伦蒂诺和普里马蒂乔。在亨利八世这边，最杰出的宫廷艺术家是德国画家汉斯·霍尔拜因，他从16世纪20年代开始在伦敦工作了几十年，直到1547年国王去世。其主要角色是设计师，既为宫廷休闲娱乐设施的装饰提供设计，也承担广义上的家居设计工作。他设计制作了大量华丽的金银制品，虽然几乎没有一件保存下来，但一些设计本身却得以留存，比如1536年为亨利八世和简·西摩的婚礼而制作的金杯（见p.31）。这些作品表明，设计者能够驾轻就熟地使用文艺复兴风格的比例以及各种装饰图案，包括某些最新的元素，尤其是摩尔风格的树叶图案，这种图案源自撒拉逊人的金属制品。

这一新特点的出现说明，文艺复兴时期的设计师在尽力开发更多装饰元素时涉猎很广。16世纪早期，大量黄铜制作的大口水壶、碟盘和其他装饰器物显然是通过威尼斯进入欧洲的，其典型装饰是密集雕刻的抽象旋涡形图案，这很快成为遍及北欧大部分地区的惯用装饰手法。

像这类宫廷制作的物品，或者如切利尼设计制作的盐碟（见p.32）这样留存下来的罕见作品，其设计也提醒人们，即便是最出色的金匠往往也需要协作来完成作品。为皇室制作的物品通常也加入其他珍贵或奇异的材料，如天然水晶雕刻或热带地区稀有的贝壳。同样，珐琅也被用来增强装饰性餐具的效果，通常情况下仅限于简单的不透明珐琅或乌银（硫、银、锡和铜的混合物，用于填充雕刻装饰），用于盾形纹章或铭文的涂层，偶尔也会加入装饰性或带图案的珐琅嵌板。

在霍尔拜因完善北欧文艺复兴风格表达手法的同时，意大利的朱里奥·罗马诺、伊内亚·维柯和弗朗西

1

2

3

1 纽伦堡金匠公会要求有抱负的工艺大师在成为正式会员之前，必须制作出一种特定形状的杯子。这是约1600年由保罗·弗林特（Paul Flindt）按规定形式设计的作品，但增加了新的装饰设计来显示其高超技巧。

2 16世纪下半叶最具影响力的德国金匠是温泽尔·詹尼泽尔（Wenzel Jamnitzer）。这个巨大的默克尔中央摆件制作于1549年，密密地挤满了带有准哲学象征主义意味的复杂装饰。高1m。

3 符合建筑比例的珠宝首饰盒，詹尼泽尔的作品，约1570年出品。该作品技艺精湛，是典型的矫饰主义风格，装饰元素则具有象征主义的特征。宽54cm。

4

5

6

7

4 这款水壶是詹尼泽尔最杰出的作品之一，用两个贝壳作为骨架，将不同的元素组合在一起，抛开了所有外观形式方面的法则，甚至鹰和蜗牛之间正常的比例关系也被摒弃。高33cm。

5 汉斯·佩佐德（Hans Petzold）是詹尼泽尔之后纽伦堡金匠的领军人物。这个杯子是为纽伦堡贵族伊姆霍夫家族制作的，杯子的支架和尖顶上加入了该家族的饰章。高46.5cm。

6 佩佐德是纽伦堡哥特式风格复兴运动中的先锋人物，这款17世纪早期出品的杯子就是其典型代表，饰以一串葡萄。高50cm。

7 这个做工精细、技艺精湛的杯子是克里斯托弗·里特尔（Christoph Ritter）的作品，属于纽伦堡中央摆件杯的一种变形样式。许多精美的铸造图案均源自詹尼泽尔。高25.5cm。

1

2

1 纽伦堡的马提亚斯·扎特（Matthias Zündt）于1551年设计的杯子，其组织有序的造型和装饰元素体现了最优秀的金匠所能达到的工艺水准。扎特的作品被广泛传播，这种设计元素也出现在p.37中的英国杯子上。

2 伯纳德·赞（Bernard Zan）于1581年设计的葫芦形杯子，其形式是中世纪风格的复兴，带有同时代的纽带装饰。这种设计广为流传，制作英国葫芦杯的工艺师可能对它很熟悉（见p.37）。

3 纽伦堡的维吉尔·索利斯（Virgil Solis）是16世纪一位多产的装饰艺术家，为许多金匠创作了大量的细节图案，比如这幅带有纽带装饰和树叶图案的中世纪镶板。

4 华丽的镀银水晶大啤酒杯，约1560年由法国斯特拉斯堡的迪博尔特·克鲁格（Diebolt Krug）制作，借鉴了多种国际上的印刷图形资源。高26cm。

3

4

斯科·萨尔维亚蒂等艺术家也在为金匠的工作进行设计，其作品反映了矫饰主义风格中截然不同的全新关注焦点。这种风格的两个主要特点是创造性和精湛的技艺，意大利语中的“*difficultà*”（难度）一词就包含了这种观念。由于不好确定哪一个特点应优先考虑，矫饰主义风格很难依照某一具体特征来定义，但是的确可以辨认出一些广泛存在的设计原则。其中一个原则是以特定的手法来使用古典主义设计和建筑的语汇，由此产生一种非古典的效果，比如朱里奥·罗马诺的烛台设计（见p.32）就体现了这一特点：丘比特和狮子是古典主义风格的图案，但他们努力逃离莨苕叶形装饰的意象则不是古典主义。再比如伊内亚·维柯设计的大口水壶（见p.32），装饰元素密集，小脚造成头重脚轻的不平衡感，手把的比例缩小，这些都是矫饰主义设计的特征。随着时代的发展，这些特征将不断走向极端。

矫饰主义风格传到北欧的速度要比文艺复兴风格的传播速度快得多。部分原因是弗朗西斯一世在枫丹白露装饰其画廊的伟大工程，另外也要归功于菲奥伦蒂诺和普里马蒂乔极具革命性的设计（见p.33）。用灰泥制出精致的纽带装饰（一种装饰图案，类似于切割的卷曲皮带条）和细长人物形象，以及原本用来制作画布的框架，如今成了整个画廊的突出特色。这种设计在当时引起了轰动，短短几年内，纽带装饰已经红遍整个北欧，无处不在。

新的设计在16世纪下半叶得以迅速传播，其主要原因是装饰版画市场的增长，欧洲主要的金匠都使用这种装饰版画。大约在16世纪中叶，欧洲流行的纽带装饰与其说是仿造弗朗西斯一世画廊的作品，不如说是法国艺术家雷内·博伊文和安德鲁埃·杜·塞尔索对其的诠释（见p.33）。16世纪中后期，安特卫普、奥格斯堡和纽

1 2

1 这款水晶带盖杯于1568年在伦敦制作，带有一位皇家金匠的标志，显示出对欧洲大陆最新样式图集的了解。高43cm。

2 1573年于伦敦制作的香料盘，是六件套中的一个，其设计差不多是基于阿德里安·科莱尔特的设计图。直径15.5cm。

3 现存的英国伊丽莎白时期银器中，很多都无法与欧洲大陆上最好的作品相媲美，这个1581年出品的盐罐上带有纽带状的浮雕装饰，并不能很好地反映出同时代设计的发展，或许是借鉴自二手材料，而不是直接来自样式图集。高27.5cm。

4 与图1中的水晶杯类似，这个葫芦形杯子具有伊丽莎白时期银器罕有的卓越品质，也许是由在国外接受训练再回到伦敦的金匠制作完成的。其制作者很可能熟悉p36中伯纳德·赞的版画，或其他类似的作品。高30cm。

3

4

西班牙：埃里拉风格

1

1 这个镀银圣餐杯具有形成于17世纪早期西班牙的典型风格。这种风格以建筑师胡安·埃里拉（Juan Herrara）命名，将丰富的材料和装饰与其他风格中没有的朴素形式相结合。高28cm。

伦堡是印刷品生产和金匠制作的中心。科内利斯·弗洛里斯、汉斯·维瑞德曼·德·弗里斯和维吉尔·索利斯等多产的艺术家和雕刻家发表了大量设计图（见p.34、p.36），在很大程度上确定了16世纪接下来的时间里北欧高级金匠作品的特点。

在16世纪，平面艺术家的版画并不是唯一的创新源泉。在德国行会制度下，设计艺术是金匠职业训练的重要组成部分，最出色和最熟练的金匠都将负责自己作品大部分的设计工作。纽伦堡金匠温泽尔·詹尼泽尔和汉斯·佩佐德的大量作品得以留存至今，足以证明他们生前享有的辉煌声誉。詹尼泽尔的作品，如约1549年的默克尔中央摆件（见p.35），集中体现了工艺的精湛和过量的风格元素：尽管整体比例可能失调，但细节精致出众，结合了大量密集排列的装饰和知识性内容。

然而，文艺复兴时期的金匠既是潮流的领导者，也是潮流的跟随者，在各种复杂的相互作用中成就了欧洲的艺术风貌。波利奥罗和切利尼等艺术家的背景确保了一些金匠制作作品时应用的工艺也用于制作铜器。这一时期所有意大利金属制品中，工艺最精湛的是用波纹钢制成的雕塑式游行盔甲，技艺高超，由米兰的尼格洛利工坊制作。在北欧，矫饰主义装饰风格的传播也是基于贱金属制品，尤其是法国锡匠弗朗索瓦·布里奥（François Briot）及其在纽伦堡的模仿者卡斯帕·恩德林（Caspar Endelein）制作的大口水壶和盘子，极为引人注目。这些器皿由价格比较低廉的锡镴铸造而成，并不追求设计上的个性化内涵，由此满足了更庞大的市场需求，也带来了更广泛的社会影响力。

纺织品

风格化的网格图案

1 色织真丝面料，可能是印度西部用来出口的产品，1400—1600年出品。古典主义的S形曲线形式，每一排向下的泪滴形图案都形成了一个中间的过渡行。

2 丝绸织锦，西班牙，16世纪作品。精细的S形曲线图案是间断不连续的。在整个哈布斯堡王朝，西班牙一直影响着这一时期设计风格。

3 带有金属线的手织丝绒，奥斯曼土耳其帝国，1550—1600年出品。该设计表明大胆的大规模双曲线式构架和风格化的石榴图案是典型的文艺复兴图案类型。

4 丝绒，意大利，16世纪作品。小尺寸的图案让几何平面更加明显，而纹理细节则显示出当时的纺织品与金属制品设计间的密切关系。

5 丝绸锦缎，意大利，16世纪晚期作品。设计中的欧洲血统一般是通过加入一个易识别的物体来指明的，此处是图案中的一个花瓶。精致的双曲线式框架带有叶形装饰，类似建筑物的细节。

1

2

3

1 丝绒礼服（牧师穿的外袍），热那亚，16世纪晚期出品。蜿蜒的藤蔓是文艺复兴时期后期图案中的突出元素。

2 佐皮诺（Zoppino）所著《所有美丽的设计、收藏品和现代作品的普遍性》（威尼斯，1532年）一书中的设计图。这些出自刺绣图集的图案展示了文艺复兴时期奇异风格的图案、纽带形装饰带以及由阿拉伯风格图案变化而来的饰带。

3 绣边镶板，英国，16世纪晚期作品。这条镶边刺绣手法业余，以蜿蜒的藤蔓图案为特色，为设计注入了流畅的效果，但仍保留了强烈的视觉结构。

4 绣帷幔（祭坛前挂饰），马耳他的瓦莱塔，约1600年出品。蜿蜒的藤蔓图案与阿拉伯风格的装饰元素交织在一起。

4

文艺复兴时期纺织品的图案既有保守的元素，又有新颖的元素。图案被采用的速度有时可能很慢，取决于布料流通的速度，有时又会由于图书和单幅木刻设计图的出版，传播相对迅速而广泛。然而，无论是织机编织布、花边，还是刺绣，其样式图案无论大小都有着结实耐用的外观和标记清晰的结构。

纺织品上的图案从重复的小型几何图案到横跨整匹布、大约51cm宽的大尺寸图案，不一而足。后者是最为人所知的，实物留存不多，但在许多画作中都有描绘。锦缎和天鹅绒等布料通常带有高度风格化且颇具多面性的典型母题，其中最常见的是经过变化的石榴图案，出现频率不那么高的则有花瓶图案，这些图案通常排列在一个泪滴形的框架之中。这种所谓的S形曲线图案其实早已经在纺织品的设计中出现，然而在文艺复兴时期经历了许多的变形：如精美的藤蔓、卷叶状图案或类似宽缎带的饰边等。这些风格化的网格图案如果是尺寸较小的重复性设计，则能更清楚地揭示其几何式特征，特别是那些用作亚麻衬衫和宽松睡袍上的蕾丝花边和刺绣图案，因为这两种装饰设计都需要利用布料本身特有的网格状结构来逐一确定图案的位置。

S形曲线图案的变体强调的是带树叶和花藤，这些藤蔓可能会以常规的方式从左向右蜿蜒展开，或者直接缠绕在一起。在更正式的图案中，会加入细节修饰来突出枝干部分，比如交叉缠绕和填充图案，可以是鳞片图案、盘绕的藤蔓或得益于金属凸纹制作工艺的显著纹理标记。简化的葡萄藤也经常成为纽带装饰图案的基础，其中那些最引人注目的花色显示了中东和摩尔文化的影响力。人文主义和古典主义的影响也很明显，尤其是在刺绣作品中，因为是纯手工制作，刺绣最容易显示出透视法的发展对工艺的影响。

巴洛克时期

约1600—1730年

引论

巴洛克这个词指的是16世纪最后几年在罗马发展出的一种艺术和建筑风格，后来使用更为宽泛，用来描述17世纪所有的艺术，不久以后又在不同国家有了不同的表达形式。巴洛克艺术最开始是作为重新肯定罗马天主教堂吸引力和反宗教改革的手段，但其影响逐渐从意大利转移到法国，17世纪上半叶法国的经济和艺术地位正处于日益增长的重要阶段，而巴洛克也被用来强调君主专制的概念。

在17世纪，来自宗教人士和世俗大众的赞助仍然至关重要，但艺术作品的主顾并不局限于教会和君主。在荷兰，有钱有权的商人阶层也开始追求奢侈品，因而也不能忽略他们的惠顾。一般来说，很难给装饰艺术品贴上标签，接下来的内容中提及的作品也并非全部都可以描述为纯粹的巴洛克风格，但这些作品的确也会反映出该时期建筑、绘画和雕塑的特征。

作为一种风格，巴洛克反映了对古典艺术的赞赏和熟稔，特别是富丽堂皇又高大雄伟的罗马建筑，17世纪的教堂和宫殿也是如此。国宾楼上描绘着巨大的奇幻场景，人物是古典男神和女神，充满了古色古香的雕刻，反映出主人的品位和地位。装饰艺术经常表现出与建筑和雕塑作品相似的细节，即都是基于对古代经典相似的兴趣和了解，此时装饰的尺寸常常有意放大。风格上普遍偏好大胆而硬朗的形式以及丰富的色彩对比，使用的材料昂贵而奇特，且具有异国情调。意大利巴洛克风格的室内整体效果富丽奢华，充满戏剧性，而法国的室内效果虽然同样华丽奢侈，却往往更拘泥于形式规则和平衡效果。

这个时期反映在装饰艺术上的另一个特点是对光的迷恋，在荷兰静物画中尤为明显。其他表现形式还包括将镜子运用到室内设计中，设计师渴望使用高反射效果的表面元素。人们对动感设计也非常着迷，例如，偏好用螺旋状柱子的样式来制作家具的支柱部分。螺旋状支柱的使用以及对波浪形雕刻饰条的偏好，表明大众普遍喜欢曲线设计，而且对光在起伏表面产生的效果十分迷恋。

在17世纪早期耳式风格的荷兰银器中，也可以看出设计师对光和动感设计的喜好。耳式风格装饰因与人耳相似而得名，包括抽象的肉质形式和水波的效果，有时还夹杂着怪兽形象，反映出16世纪下半叶奇异幻想风格装饰元素的流行。光线照射在银器起伏的表面，会产生一种令人不安的延展性，就好像金属真的在熔化一样。虽然耳式风格装饰几乎只用于荷兰的银制品设计，但确实也曾出现在家具中，偶尔在纺织品和陶瓷制品中也能看到。

左图：银质大口水壶，1613年由保罗·范·维亚宁（Paul van Vianen，约1568—1613年）在乌得勒支制作，装饰图案的场景与月亮和狩猎女神戴安娜有关，但是足部、颈部和壶嘴奇妙抽象的形式是典型的耳式风格。高34cm。

对页：模仿夏尔·勒·布兰（Charles Le Brun，1619—1690年）风格的挂毯，其细节表明路易十四在1667年访问了巴黎的哥白林工坊。哥白林工坊雇用熟练的工匠如织工、金匠、木工和雕塑师来制作皇家宫殿的奢侈品。挂毯的图案展现了国王与部分华丽奢侈的物品。

3 17世纪晚期的荷兰代尔夫特陶板，上面的蓝色和白色显示出受到中国出口瓷器的影响，但莨菪叶形装饰和纽带装饰组成的边框源自丹尼尔·马罗特（Daniel Marot, 1663—1752年）的雕刻作品。高60cm。

1 静物图，桌子上摆着奶酪和水果，荷兰画家弗洛里斯·范·迪克（Floris van Dijck）的作品，约1615年绘制。可以看出17世纪的艺术家们痴迷于光线在不同表面移动的表现方式。需要特别注意的是图中的中国青花瓷、绿色锥脚球形酒杯和精致的白炻器壶。

2 英国建筑师伊尼哥·琼斯（Inigo Jones，1573—1672年）为格林威治皇后宫奢华壁炉所绘制的设计图，基于让·布拉比特（Jean Barbet）的设计。注意图中的各种丘比特形象。

17世纪装饰艺术发展中的另一个关键要素是与远东各国建立了繁荣的贸易往来。17世纪初成立的各种贸易公司开始向欧洲市场供应漆器、瓷器和丝绸，这有助于形成一种适应一切异域风格的全新品位。尽管这些货品价格昂贵，只有富人才买得起，但由于需求变得日渐旺盛，廉价的仿制品开始在欧洲生产，特别是漆器和青花瓷。刚开始，这些仿制品亦步亦趋地模仿其来自东方的原型，但慢慢地，开始离原型越来越远，尽管还保留着一些异国情调。由此发展出了现在被称为“中国风”的作品。因为西方对远东的了解非常粗略，设计师在涉及某一装饰题材时不得不运用其想象力，自由表达越来越多，因此逐渐发展出了一种奇妙的、极富创造性的装饰语汇，对17—18世纪装饰艺术的发展产生了深远的影响。青花瓷反过来也逐渐遵循更传统的欧洲形式。

这一时期另一个广受欢迎的元素是花卉，这一点在装饰艺术中也一次又一次得以体现。新的异域品种引入欧洲，各地建起了植物园，同时，各种草本植物图示也开始大量出现，不仅开创了切花展示的潮流，激发了人们对新式花瓶的需求，也为艺术家和设计师提供了一个巨大的装饰主题宝库。17世纪上半叶，郁金香贸易达到鼎盛时期，因此也出现了各种精准写实和高度风格化的郁金香图案，要么刻在银器上，要么织入纺织品中，要么镶嵌在家具上，要么绘制在陶器上。

17世纪另一个极为重要的装饰主题是莨菪叶形装饰，既源自自然，也源自古代器物。有裂片的锯齿状莨菪叶形装饰一直是运用最为广泛的一个装饰元素，并不局限于任何一个特定的时期。尽管如此，这种图案似乎特别吸引巴洛克风格的设计师，在每一处建筑细节和几乎装饰艺术的每一个分支中总是反复出现，成为最重要的巴洛克风格装饰元素。

17世纪最后25年的装饰设计以巴洛克式古典主义更为内敛而正式的风格为主导。这种风格被法国宫廷所采用，也特别受到法国设计师和装饰师的认可。设计师的作品以版画的形式广泛传播，特别是雕刻的装饰板，可以转换成不同的装饰材料，成为装饰艺术领域强大的灵感来源，一直持续到18世纪早期。《南特法令》（1685年）的撤销进一步促进了法国宫廷风格的传播。这一新的裁决意味着法国胡格诺派教徒不能再自由地信仰宗教或承担任何权威职务，结果成千上万的新教徒从法国逃往荷兰和英格兰等新教国家。在这些难民中有许多技艺纯熟的设计师和工匠，他们带来了当时法国最新的时尚品位。

17世纪末18世纪初，法国装饰家作品的一个重要特点是奇异风格装饰的复兴。这类设计包含莨苕叶形卷须、垂纬和奇幻生物的形象，对称排列在由精致带状装饰构成的边框内。尽管来源于16世纪的作品，但这些设计往往更加精致，更强调线条，同时引入了一种轻盈和优雅的新元素，在许多方面都预示了洛可可式风格的到来，这种风格将在下一章节讨论。

4 罗马科隆纳宫美术馆，于1654—1665年建成，其庞大的寓言式天花板画、大量的镜面玻璃，以及大胆镀金雕刻的木制边桌，集中体现了宏伟的巴洛克室内装饰的特征。

4

佛罗伦萨的早期发展

1 约1620年制作的佛罗伦萨风格银盒，比例优雅，显示了对建筑形式和立方体形式的重视——很多同时期的欧洲设计都体现了这一特点。

2 佛罗伦萨顶尖雕塑家兼建筑师詹巴蒂斯塔·福吉尼约1709年设计的作品。桌面上是由硬石制作工艺制成的鸟类和花朵图案，这是在佛罗伦萨地区发展出来的一种工艺，用石头薄片来打造马赛克镶嵌图案，"pietra dura"的意思是"硬石镶板"。

3 带雕刻的镀金边框，约1640年在佛罗伦萨制作。明显源自阿戈斯蒂诺·米泰利（Agostino Mitelli）约1643年发表的涡卷形装饰设计图，这位设计师在皮蒂宫工作。整个17世纪，在佛罗伦萨地区的边框设计中一直流行图中的耳式风格元素。高96cm。

意大利的家具设计师率先对16世纪末矫饰主义更为夸张、奇巧的表现形式做出了回应。在吉安·洛伦佐·贝尔尼尼（Gian Lorenzo Bernini，1598—1680年）和亚历桑德罗·阿尔加迪（Alessandro Algardi，1598—1654年）等艺术家的影响下，意大利家具设计开始出现树叶和人物雕刻装饰。罗马是新风格的中心，罗马宫殿内的接待厅十分宽敞，需要与之相称的华丽家具，特别是桌子和橱柜。巴尔贝里尼、博尔盖塞、基吉、卢多维西以及潘菲利等家族都使用了大量欧洲其他地方无法匹敌的豪华家具。卡洛·丰塔纳（Carlo Fontana，1638—1714年）和约翰·保尔·舒尔（Johann Paul Schor，1615—1674年）设计了一种叫作"第一形式"的雕刻形式，特别为桌子而设计，将来自文物和建筑图案的人物和各种纪念物雕饰相结合，象征着权力和力量。

这种纯巴洛克式风格于17世纪下半叶在整个意大利发展起来。在热那亚，多梅尼科·帕罗迪（Domenico Parodi，1672—1742年）创造了丰富的有机形态雕塑杰作。17世纪末，佛罗伦萨的顶尖雕塑家兼建筑师詹巴蒂斯塔·福吉尼（Giambattista Foggini，1652—1725年）负责设计在佛罗伦萨生产的大型建筑风格橱柜。他在制作中将乌木、象牙、镀金青铜器、宝石和雕木结合起来，营造一种华美壮观的效果。然而，在采用建筑形式时，佛罗伦萨风格往往比意大利其他地方内敛一些。威尼斯雕刻家兼家具制造商安德·布卢斯特龙（Andrea Brustolon，1662—1732年）以制作雕工精细的黄杨木台座和椅子而闻名。他的雕刻将优雅的人像与自然主义的树木或植物茎叶装饰结合在一起。

意大利家具制作工艺广泛采用宝石等珍贵材料。佛罗伦萨的硬石工坊为美第奇家族的统治者制作桌子和橱柜，作为礼物送给其他王侯或者像约翰·伊夫林（John Evelyn）这样前往意大利旅行的人。佛罗伦萨风格设计的特点是将鲜花、鸟类和植物形状的花瓶饰以传统的阿拉伯风格花饰。

皇家收藏

1

2

3

1 设计简单的古典橱柜，约1630年用硬石镶板在佛罗伦萨的大公爵工作坊制成。于佛罗伦萨制作的作品开发了多种多样的鸟类和花卉图案，而罗马则强调几何图案。长68.5cm。

2 带有人物全身雕像的桌子，约1660—1690年出品，由贝尔尼尼的学生约翰·保尔·舒尔设计而成，体现了罗马家具设计中强烈的巴洛克风格。

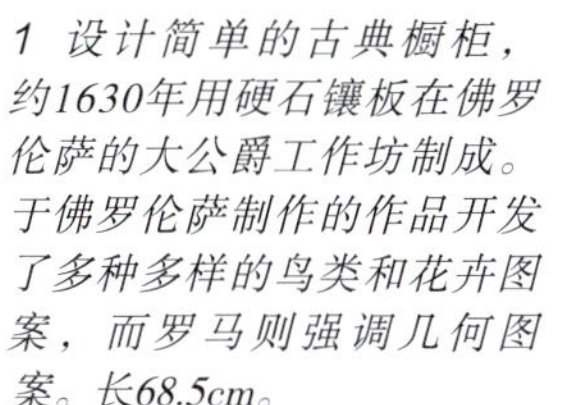

3 马车后视图，1716年在罗马制造，为葡萄牙大使丰特斯侯爵设计的三驾马车之一。马车是17世纪显赫地位的象征，通常由贝尔尼尼、彼得罗·达·科尔托纳（Pietro da Cortona）等艺术家设计。这驾马车很有可能是由桌椅雕刻家和雕塑家制作而成的。高接近7.28m。

4 约1684—1696年制作的雕塑，装饰着树木、花朵等来自大自然的图案。威尼斯家具制造商兼雕塑家安德·布卢斯特龙的作品。布卢斯特龙以其精细雕工而闻名，尤其是其黄杨木雕刻作品。高2m。

4

5 来自热那亚的雕花镀金穿衣镜（于1690—1710年制作），多梅尼科·帕罗迪的作品，专为大画廊设计，以给人留下深刻印象。这幅作品刻有大量旋涡形叶饰和丘比特裸像。高5.25m。

5

法国家具

立体对称

1 亚伯拉罕·博塞（Abraham Bosse，1602—1676年）约1640年的室内雕刻作品，带有柱形、立方体形状和几何设计，这些都是1620—1650年典型的北欧家庭装饰风格。配套的椅子很可能会带有丝绸或天鹅绒面料的衬套。

2 用象牙、乌木和有色木料雕刻而成的花卉饰面工艺橱柜，皮埃尔·戈莱在1660年前后为路易十四的兄弟腓力一世（Philippe，Duc d'Orleans）制作。戈莱的工作让花卉镶嵌工艺风靡欧洲各地。高1.26m。

3 早在1620年法国就已经开发了这种橱柜台座。这件1645—1650年出品的作品由当时前往佛兰德斯学习乌木饰面技术的让·梅斯（Jean Mace，1602—1672年）或者皮埃尔·戈莱制作。台架的粗琢立柱模仿了卢森堡宫正面的立柱，后者是1615年左右专为玛丽·德·美第奇王后（Marie de' Medici）设计的。高2.12m。

17世纪上半叶，法国的家具设计表现出了一种新的平衡感和比例规则，强调弗朗索瓦·芒萨尔（François Mansard，1598—1666年）等建筑师所拥护的古典主义。雕刻师们在橱柜上刻以各种奖杯图案和自然主义的水果与花卉图案，而桌子和椅子的腿部流行设计成栏柱形。早在16世纪30年代，曲线设计就已经出现在椅子腿和横档设计中，有时也用于橱柜设计。乌木橱柜成为地位和财富的象征，制成比以前更大的尺寸。橱柜虽然只是一个简单的矩形，却饰以丰富的雕刻图案，且带有与之相配的台座。

西蒙·武埃（Simon Vouet，1590—1649年）和夏尔·勒·布兰从意大利旅行回来之后，法国的设计开始变得更加奢华、精致和华丽。意大利的多梅尼科·库奇（Domenico Cucci，活跃于1660—1698年）因其硬石镶板制作方面的造诣而被带到哥白林工坊中，负责雕刻为路易十四制造的一些具有建筑外形的橱柜。在荷兰出生和学习技艺的皮埃尔·戈莱（Pierre Gole，1620—1684年）发展了花卉和金属镶嵌工艺。家具设计除了采用以上两种新的工艺，还开发了新的外观形式，如马萨林办公桌。这些新的尝试在安德烈·夏尔·布勒（André Charles Boulle，1642—1732年）的设计中达到了巅峰水平，这位设计师专为法国国王、王储和王室的主要成员工作，开发的玳瑁和黄铜镶嵌工艺至今仍以他本人的名字命名，叫作“布勒镶嵌”。他发表的设计图展示了1700年前后出现的新型家具，特别是写字台和斗柜。

到17世纪末，家具设计已经从勒·布兰式的粗放外形转变为更为内敛的线性轮廓。因为新的潮流向古典设计看齐，人们开始愈加忠实地模仿石棺形斗柜等古典形式。王室设计师让·贝兰（Jean Bérain，1640—1711年）创造了一种新的纽带装饰图案，其从古典主义和文艺复兴时期奇异风格的设计中衍生而来，将带状装饰与茛苕叶形装饰、人面装饰、贝壳和C形旋涡形装饰结合在一起。

1

2

3

1 这套桌子和台座当时会放置在窗户之间墙壁旁边的镜子下方。这件作品可能是由皮埃尔·戈莱在1671年为法国国王制作的。皮埃尔·戈莱制作了金属镶嵌的桌面，马蒂厄·雷斯巴纳德勒（Mathieu Lespagnandelle）雕刻了外框，大卫·杜普雷（David Dupré）则负责镀金工作。

2 让·贝兰约1690年发表的边桌图，采用了古典建筑中的栏柱和尖顶立柱设计。这种类型的桌子于1690年前后被放置在凡尔赛宫镜厅内，用来替换已经熔掉的银质家具。

3 约1700年制作的法国雕花镀金凳子。优雅的比例、精细的雕刻基于让·贝兰发表的设计图。

布勒镶嵌

1

2

1 这个斗柜（原为一对）是唯一一件留存于世、可以肯定是安德烈·夏尔·布勒创作的作品，在1708年被送到了大特里亚农宫。其外形源于罗马石棺。高87cm。

2 安德烈·夏尔·布勒和同时代的伯纳德·凡·里森伯格（Bernard van Risenburgh）擅长于这种钟表外壳雕刻，如图中这件布勒约1695年制作的作品。采用黄铜镶嵌饰面制作，镶嵌工艺做工精美。高2.23m，宽37.5cm。

英国家具

雕刻装饰

2 这件外形传统的橡木雕椅可追溯到约1620—1650年，椅腿和扶手为柱状，采用立体的比例，椅背上雕有花枝。高接近73cm。

1 矮木椅（1625年），由一位意大利人或英国人为彭布罗克伯爵制作而成。伊尼哥·琼斯复兴了这种16世纪意大利风格的设计，这是查理一世时期典型的宫廷风格。高1.10m。

3 约1680年制作的胡桃木椅，带有花卉图案装饰的侧面镶板、横档和螺旋环绕的支撑腿，采用大胆的雕刻工艺，椅背和椅座上的藤条设计源自印度。到了17世纪末，伦敦本地也有了许多专业的藤椅编织工。高1.15m。

查理一世（Charles Ⅰ）约1625—1640年这段统治时期的宫廷风格家具与17世纪英格兰生产的传统橡木家具和同一时期荷兰制造的家具不同，遵循的是意大利和法国样式。这一点在16世纪矮木椅的复兴中显而易见。当时推广的带衬套扶手椅，不论是带有X形椅腿还是箱形横档，都与伊尼哥·琼斯的主张一样，强调立方体造型，与路易十三（Louis Ⅻ）的法国宫廷风格也极为相似。查理一世还拥有以象牙和琥珀等异域材料制成的外国橱柜。

17世纪下半叶的家具吸收了同时代荷兰和法国设计的巴洛克风格特点。桌子、台架和椅子上自然主义的树叶图案中间带有雕刻的小天使，这种设计受到了荷兰雕刻艺术的启发。同时，带弯曲设计的螺旋形和栏柱形桌腿非常流行。椅子结合了这些设计母题，又从东方引入了藤条，装饰在椅背和座椅上。胡桃木是时尚家具的首选木材，配以山毛榉木或松木作为镀金家具的底座。另外，欧洲还采用涂漆和涂色技术模仿东方漆器家具的风格。箱式家具毛坯用胡桃木、西阿拉黄檀木和其他外国木材来装饰，配以牡蛎饰面。花卉镶嵌工艺在17世纪70年代出现，典型的英式设计和制作风格是在镶嵌工艺中采用分离的镶片，以方便制作时确定镶片的数目。

丹尼尔·马罗特和佩尔蒂埃家族这样的法国新教徒移民工匠凭借其影响力将法国风带入英国。比如，1700年前后为汉普顿宫制作的雕花镀金家具，外形源于法国古典风格，纽带装饰和奇异风格的图案则沿袭了让·贝兰的风格。或许是受到中国家具的影响，英国家具当时还出现了一种更为朴素的新外形。带有弯曲椅背的椅子，俗称“印度背椅”，也采用了新式家具的卡布里弯腿和山羊脚。写字台橱柜是一种上面带有橱柜的直边前盖式写字台，装饰着朴素的胡桃木四开饰面，或者饰以五颜六色的涂漆。

花卉镶嵌工艺

1

2

1 这件带有螺旋形腿和X形横档的胡桃木桌在1670—1680年制成。顶部装饰有花卉镶嵌工艺，并配有牡蛎饰面。木材被切割为椭圆形，放在表面起装饰作用。高73cm。

2 像这样的长壳钟颇具名气，一般由富商和贵族购买。这件作品基于法式风格设计，饰有花卉镶嵌工艺、鸟类、瓶饰和旋涡形叶饰。高2m。

法国的影响力

1

2 这把椅背弯曲的胡桃木椅子被称为“印度背椅”。其形状源自中国的椅子，而椅腿则设计为卡布里弯腿，末端呈山羊脚形状。关于这些椅子最早的论述是1717年曾用于汉普顿宫乔治一世（George Ⅰ）的餐厅中，由托马斯·罗伯茨（Thomas Roberts）提供。

2

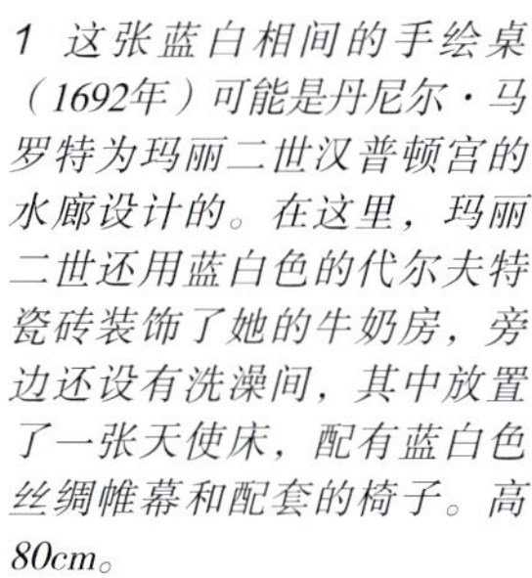

1 这张蓝白相间的手绘桌（1692年）可能是丹尼尔·马罗特为玛丽二世汉普顿宫的水廊设计的。在这里，玛丽二世还用蓝白色的代尔夫特瓷砖装饰了她的牛奶房，旁边还设有洗澡间，其中放置了一张天使床，配有蓝白色丝绸帷幕和配套的椅子。高80cm。

3

3 勒内-佩尔蒂埃（René-Pelletier）于约1690—1700年为蒙塔古公爵制作的石膏桌，使用了雕刻和镀金工艺。蒙塔古公爵作为国王服装保管库的主人，在为威廉三世和玛丽二世的王宫引入法国设计和法国工匠方面起到了举足轻重的作用。高81cm，长1.27m。

荷兰和佛兰德家具

安特卫普和阿姆斯特丹

1 一位佛兰德商人宅邸的内部装饰，由弗朗斯·小弗兰肯（Frans Francken Ⅱ，1581—1642年）在1620年前后完成。可以看到墙上色泽艳丽的纺织品和桌子上的毡毯，这两者在17世纪都获得了很高的赞誉。墙边的橱柜基于汉斯·维瑞德曼·德·弗里斯的设计打造，是当时最受欢迎的类型之一。

2 带有绘图内饰的橱柜，这种作品是安特卫普木工的专长，显示出与画家行业公会的密切联系。这件诞生于1620年的作品外表是朴素的黑色乌木，刻有波纹饰条。

签订《威斯特伐利亚和约》后，荷兰北部省份在1648年从西班牙的控制中获得了独立。在荷兰南部和北部省份，整个17世纪传统形式的家具包括桌子、碗橱和橡木制成的五斗橱。这些家具上雕有叶饰图案和几何图形，有时这些图案会由上了色的橡木或乌木反衬出来。这一时期的家具继续保留了桌椅的球茎状支柱、胸像柱雕像和大螺旋饰形状等特点。

在荷兰南部，早期人们会使用诸如乌木、象牙、玳瑁、金属底座等异域材料来装饰橱柜，反映出安特卫普作为这些商品国际贸易中心的重要性。橱柜也以彼得·保罗·鲁本斯（Peter Paul Rubens）的方式加了涂色。波纹雕刻饰条构成小巧的几何图案，用来装饰橱柜外部，而内部一打开，则可以看到做工更精致、颜色更多样的场景。

耳式风格因形状与人耳相似而得名，是最具影响力的装饰形式之一。它与水果、鲜花雕刻所呈现的非凡现实主义风格相结合，在阿姆斯特丹尤为流行。花卉镶嵌工艺在设计上也同样模仿了大自然。荷兰北方省份使用红木和乌木制作橱柜，为室内装饰增加了不少严肃的基调。阿姆斯特丹的赫尔曼·杜默尔（Herman Doomer，约1595—1650年）擅长制作嵌有珍珠母花朵的乌木饰面。到17世纪末，花卉镶嵌工艺成为流行，比如扬·凡·梅克伦（Jan van Mekeren，约1690—1735年）高度模仿自然的作品就体现出这一元素。

1685年，法国的丹尼尔·马罗特来到威廉三世和玛丽二世的王宫，把法国凡尔赛的设计首先带到了荷兰，之后又带到了英国。在荷兰，更多垂直线条形式往往与逼真的雕像相结合。不管是椅子的椅背还是镜子都加到了新高度，17世纪末还在上方增加了饰章装饰。

3

4

3 彼得·德·洛斯（Pieter de Loos）和米海尔·韦尔比斯特（Michel Verbiest）于1689年打造的华丽桌子，是安特卫普做工最精巧的成品之一。玳瑁和金属镶嵌桌面的工艺由法国的布勒镶嵌工艺发展而来。

4 这个橡木碗橱是佛兰德商人家中典型的普通家具。与早期的家具形式不同，这些带有自然主义深雕装饰的家具风格比较保守。高1.42m。

5

6

5 这张桌子显示了荷兰家具典型的球茎状桌腿和极为抽象的设计。沿栎制成的矩形饰面模仿了16世纪法国流行的风格。高81cm。

6 上层有胸像柱雕像的精雕橡木碗橱，约1620—1630年出品。在17世纪整个北欧到处可以看到这种类型的家具。高2.20m。

7

8

7 一幅关于室内装饰的画作，彼得·德·霍赫（Pieter de Hooch，1629—1684年）17世纪下半叶的作品，描绘了一个由乌木和红木制作的乌特勒支大衣柜。这是阿姆斯特丹富商家中的典型家具。

8 这张桌子有明显的耳式风格特征。该风格用在阿姆斯特丹制造的家具中，通常与深雕的现实主义水果和鲜花帷幕相结合。高84cm。

德国和伊比利亚家具

奢华的德国家具

1

1 1630年制作的玩具小屋，来自纽伦堡，其细节展示了一位富商房屋的一部分内部装饰。此处门厅中的橱柜是重要的家具，里面放着家庭日用织品。

2 精心装饰的镜柜，来自波梅尔斯费尔登城堡，约1714—1718年出品，费迪南德·普列茨纳（Ferdinand Plitzner，1678—1724年）的作品。地板是精美的镶木细工地板，桌子和镜子的设计基于让·勒·博特尔（Jean Le Pautre）的桌子雕刻作品。

2

3

3 约1630年制作的衣橱，来自德国的黑森，匈牙利梣木和西克莫木制成的饰面，用胡桃木雕刻而成。保留了早期作品复杂的建筑式处理手法，也受到汉斯·维瑞德曼·德·弗里斯设计的影响。高2.24m。

4 17世纪90年代，写字台橱柜非常流行。这件约1690年的作品使用了布勒镶嵌工艺，基于让·贝兰的雕刻。然而，其巨大而夸张的形式是典型的德国风格。高2.05m。

4

1 果阿和东印度群岛对葡萄牙的家具设计产生了强烈影响，比如这件带支撑脚的多斗橱（橱柜），用柚木、乌木、象牙和印度檀香打造而成。虽然形式化的设计源于印度的模式，但使用的雕刻式支撑脚则反映了巴洛克风格对人形装饰元素的兴趣。高1.26m。

2 乌木于16世纪首次出现在葡萄牙的家具中，后来统治了欧洲市场。这件17世纪末的橱柜装饰着波纹饰条和雕刻的斜纹。红木基座中的球茎状支柱源自荷兰家具，说明了当时贸易往来的重要性。高1.5m。

3 葡萄牙椅子受到英国设计的强烈影响，其独特之处在于椅子有浮雕图案的皮质靠背。这件17世纪末的作品用胡桃木雕刻而成，靠背上有饰章装饰，横档较高。高1.2m。

4 从16世纪开始，西班牙开始使用一种特殊的折叠桌，由连接桌腿的金属杆支撑。这件约1680年出品的作品绘有风格化的花卉装饰，借鉴的是印度印花布上模仿东方漆器的图案。

1648年，欧洲的“三十年战争”结束后，德国主要城镇的富豪们以及希望展示其财富和权力的贵族统治者开始大批量订购奢华的巴洛克风格作品。此时，制作出的成品特点是在胡桃木饰面上用象牙、乌木或锡镴加上镶嵌工艺，形式通常大胆而极具动感，在欧洲是独一无二的风格。奥格斯堡的工匠擅长用象牙和乌木打造奢华无比的镶嵌工艺橱柜，整个德国的宫廷家具工匠都擅长高质量的镶嵌工艺。

德国北部州通常较为保守，遵循荷兰和英国的风格，其家具一般使用螺旋形转腿或胡桃木饰面，或者重视雕花装饰。在法兰克福、美因茨等城市，家具工匠的专长是制作大型衣橱，有时用红木和乌木打造。

德国南部州的设计则追随做工更精美的法国家具风格——让·贝兰的设计是其装饰风格的重要来源。波梅尔斯费尔登的费迪南德·普列茨纳和安斯巴赫的约翰·马图施（Johann Matusch，活跃于1701—1731年）等宫廷家具工匠发明了一种越来越活跃的、具有个人风格的形式，将巴洛克风格带入18世纪。

与大多数欧洲国家相比，西班牙的家具风格更接近16世纪早期的橱柜形式，如放文件的小橱或装饰性书写柜，到了17世纪末才出现了雕刻形式的家具和高背椅。皮革背椅制作仍然是西班牙和葡萄牙家具工匠的专长。

葡萄牙家具工匠利用贸易路线的优势，使用来自南美的红木以及非洲或东印度群岛的乌木等异域材料进行制作。在葡萄牙，球茎状、复杂的螺旋形转腿很常见，可能是与荷兰贸易往来的结果。有一种形式独特的橱柜叫“多斗橱”（*contador*，音译“康塔多”），有许多小抽屉，用特殊的波纹式雕刻图案装饰，称为波纹雕刻。

美国家具

威廉三世和玛丽二世风格与安妮女王风格

1

1 这把带衬套的躺椅约1720—1735年于费城制造，其拱形靠背和旋转式床腿是美式巴洛克风格家具的特征。躺椅的背部支柱、横档和床腿由槭木制成，座椅框架的栏杆则由橡木制成。躺椅常常有配套的椅子，带有进口面料制成的衬套，图案丰富。高97cm，长1.75m。

2 这把有着椭圆形桌面、门框式桌腿的桌子于1749—1763年在纽约制造，代表了17世纪晚期和18世纪变得不那么正式的用餐习惯。

3 带椭圆形活动桌板的卡布里弯腿桌，胡桃木材质，1730—1750年制作于纽约。这样的桌子可以根据需要在房间里到处移动。高68.5cm，直径1.24m。

2

3

和其他装饰艺术一样，美国主要的家具设计通常也受到欧洲的影响。从威廉三世和玛丽二世统治时期（1688—1702年）开始，巴洛克风格设计趋势的影响从英国和荷兰的皇室扩展到了英美殖民地，预示着家具设计将明显变得更为繁荣，装饰元素也将更为精美，尤其是在一些城市中心区，如波士顿、纽约、纽波特和费城。

起初，殖民地居民的房屋是简单的清教徒样式，只有最简单朴素的必需品，如床、桌子和箱子等，到18世纪初，美国的家具设计逐渐脱离了这种风格。虽然许多美国家具仍按民间风格制作，往往反映出与英国或其他北欧家具不同的地域特色，但在1700—1730年纽约和新英格兰地区制造的拱形高椅背和喇叭形旋转桌椅腿中，也可以看出淡淡的巴洛克宫廷风格。这些家具有着明显的垂直线条，配以带曲线图案的装饰以及大量精美的雕刻和旋转设计，表明巴洛克风格，通常也称为威廉三世和玛丽二世风格，在18世纪早期就已出现。

当时人们喜欢的图案是对称背景下的叶饰和旋涡形装饰。后来，到了所谓的安妮女王时期（约1720—1750年），则在桌子和椅子的设计中引入了卡布里弯腿。新的古典主义设计语汇包括克制地使用雕塑形式以及各种建筑元素，比如贝壳、羽毛、花瓶形装饰、旋涡形装饰和螺旋饰，而带有抓球爪式脚的家具是当时最受人喜爱的款式。人们常常认为，这些受到欧洲启发而产生的形式代表着美国当时的繁荣境况。

胡桃木是流行的木材，但槭木、樱桃木以及后来的桃花心木都被用于制作最新款式的家具，其中许多都带有饰面设计。在家具上绘制图案或上色作为独特的美式装饰手法仍在继续发展，但设计最显眼的橱柜（主要产自波士顿）都饰以涂漆，有的还模仿了东方漆器极为精致的工艺。

4

5

4 山毛榉木扶手椅，约1700—1715年在波士顿制造，带有雕刻的上横档、旋转支柱和皮革垫套，显示出受到了17世纪荷兰家具的影响。高2.09m。

5 桃花心木无扶手椅，1750—1765年产自纽约，其优雅的曲线形卡布里弯腿、瓶状背板和圆形座椅都属于典型的巴洛克晚期风格。高1m。

8

6
7

6 1745—1765年间在北卡罗来纳州生产的扶手椅，其卡布里弯腿、透雕细工背板和弯曲的扶手具有早期洛可可风格的特点。高99.5cm。

7 这把有趣的吸烟椅由黑胡桃木制成，1740—1750年产自弗吉尼亚东部，设计成适合放在房间某一角落的样式。花瓶状的背板是典型的巴洛克晚期风格。高84.5cm。

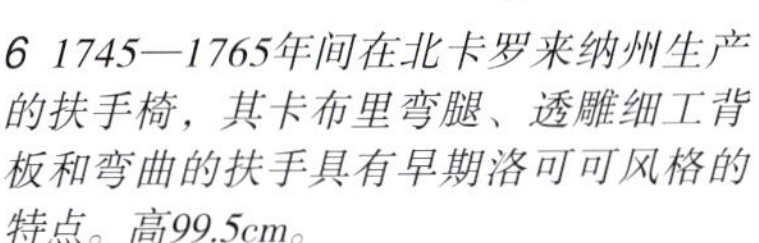

8 这个由槭木和松木制成的高五斗橱由约翰·皮姆（John Pimm）于1740—1750年在波士顿制成，由一位匿名的装饰师涂漆。该设计结合了贝壳图案、末端是爪式底脚的卡布里弯腿以及带有花瓶形叶尖饰的断山花。高2.43m。

9 这张约1715—1725年制作于费城的梳妆台裙板很高，桌腿的弯折很复杂，呈现出威廉三世和玛丽二世王室巴洛克风格设计的简化特征。高75.5cm。

10 这款约1745—1760年制作于宾夕法尼亚东南部的胡桃木碗橱（或衣柜）镶板形式大胆，装饰线条很深，体现了荷兰和德国北部的民间传统。高2.13m。

9

10

家具工艺

饰面镶嵌工艺

1

2

1 这个大约于1700年出品的橱柜由阿姆斯特丹的扬·凡·梅克伦制作。它是用各种雕有花卉饰面工艺的木材嵌在西阿拉黄檀木和胡桃木上制成的。荷兰花卉镶嵌工艺以极其逼真的设计而闻名。高2.05m。

2 安德烈·夏尔·布勒制作的桌子，细部显示出他是如何把最高品质的花卉镶嵌工艺与锡镴、玳瑁和黄铜以更古典的风格结合起来的。

3 这个胡桃木写字台橱柜由雅各布·阿伦（Jacob Arend）和约翰内斯·维塔林（Johannes Wittalin）于1716年在维尔茨堡制造，用乌木和各种木材的镶板装饰，顶部碗橱中有锡镴和角板。高1.80m。

4 这个大约制作于1590年的橱柜是精细镶嵌家具的最早代表之一，由在那不勒斯工作的雅各布·弗阿明戈（Jacopo Fiammingo）制作。饰面由雅各布·柯蒂斯（Jacopo Curtis）在乌木上用象牙镶板雕刻而成。其黑白色的装饰在那不勒斯深受人们喜爱。高87.9cm。

5 这张为英国国王威廉三世制作的写字台（1694年）以西阿拉黄檀木为基底，用颜色更浅的木材上的阿拉伯风格花饰镶嵌而成。人们认为，该技术是由宫廷家具木工格利特·詹森（Gerrit Jensen，约1668—1714年）开发的。

3

4

5

17世纪，随着时间的推移，越来越多的顾客想要购买更为奢华的家具，通常是雕刻和镀金的制品。比如，雕刻家会用精美的雕刻装饰桌子的底座和橱柜的台座。螺旋形的桌椅腿变得大受欢迎，一般用车床来加工。因为路易十四为凡尔赛宫订购银制家具，其他国家也纷纷效仿，用银制凸纹制作工艺薄板来包裹家具的木制构架。

除了家具形式出现了新趋势以外，17世纪，欧洲还从非洲、东方和西印度群岛进口各种外国材料。产自亚洲和非洲的乌木首先出现在葡萄牙和西班牙的领地——包括荷兰、西西里岛和那不勒斯。法国、德国南部和安特卫普的家具木工也学会了用乌木以外的材料来加工饰面，包括西印度玳瑁（俗称龟甲）、金属、象牙和彩色木材。在北欧，木工则使用不同木材制成镶面，特别是胡桃木、橄榄木或西阿拉黄檀木（一种红木）。

木工使用一种称为牡蛎饰面的工艺，即将小木枝

表面绘色

1 约1700年制成的英国镜子背面，这件贝兰设计风格的家具细部采用了让·巴普蒂斯特·格鲁米（Jean Baptiste Glomy，逝于1786年）发明的一种法国工艺，称为夹金玻璃画屏（verre 'églomisé'）。先在镜子背部镀上一层金叶，再把这层金箔刮掉，然后绘上某一种颜色，如红、黑、蓝、绿等。

2 17世纪的家具经常使用绘色和镀金工艺，有时绘有精美的场景，正如这件17世纪晚期瑞典皇家马车的细部所示。

切成椭圆形再组合成几何图案。还有一种工艺是花卉镶嵌工艺，即组合各种色彩反差较大的天然彩木或者染色木材，可以将木材边缘放入热沙中，让颜色变暗，也可以用雕刻工艺在木材上制出静物构图。在法国，人们使用金属饰面或图案有强烈对比的玳瑁和黄铜来做镶嵌工艺，偶尔会结合使用动物角或者珍珠母等材料。

在佛罗伦萨和罗马，桌子和橱柜都用硬石（碧玉、玛瑙和大理石这类硬石头）镶板来装饰。佛罗伦萨工匠发展了16世纪的工艺，把石头切割开，再将其组装在家具的表面上，以起到与镶嵌工艺相似的效果。该工艺被称为“马赛克镶嵌”。意大利工匠开发的另一种工艺称为“仿云石”，即将碾碎的大理石和透明石膏（一种石膏）粉末制成彩色膏状物，几乎像涂料一样涂在底材上。荷兰、佛兰德和英国的工匠都使用这种模仿大理石镶嵌的工艺。

进口的日本漆器柜、橱柜和屏风对欧式家具产生

硬石饰面

1 一位收藏家收藏的橱柜，约1680年出品，用象牙制作，饰以镀银镶嵌和青金石。可能是奥格斯堡家具工匠梅尔基奥·鲍姆加特纳（Melchior Baumgartner）的作品，装饰有佛罗伦萨硬石镶板。高80.5cm。

2 仿云石是使用大理石碾成的粉末和胶黏物来填充中空基座，或者覆盖在家具整个表面的材料。开发这种材料是为了找到硬石镶板的替代品。这块镶板一般被认为是卡皮的西蒙·赛蒂（Simone Setti，活跃于1650—1700年）的作品。宽1.37m。

3 卢浮宫阿波罗长廊中的桌子，精美的硬石镶板桌面可能由夏尔·勒·布兰设计。

2 巴洛克工匠用金箔装饰家具。先将底料涂在木料上，再用红土或红玄武土绘制图案，然后在上面加上金箔。装饰细节事先在底料上切割出来，抛光金箔后即可制造出纹理和低浮雕图案。这张约1710年出品的桌子是詹姆斯·摩尔（James Moore）的作品。

1 银制家具极尽奢华。路易十四在1670年左右为凡尔赛宫的镜厅定制了一套，后来熔毁了。其他的银制家具，比如这套桌子、镜子和台架，是在1700年前后为卡塞尔的统治者制作的。表面覆有镜面玻璃，使用了雕刻、镀银和镀金工艺。桌高82cm，台架高1.15m。

了深远的影响。这些家具因其黑色外观特别适合用在巴洛克风格的室内，高度抛光而闪耀着光泽的漆器也十分受人喜爱。日本漆是用来自漆树汁液的糖浆状物质制成的。出口商品描绘的通常是山脉和寺庙的景观，并用莳绘（*maki-e*，金片或金屑）装饰。通常用原创的日本漆器柜来配欧式的底座，而日本漆器镶板则经常在切割后镶在最豪华的欧式家具上。

西方无法获取漆树天然的汁液，于是，在17世纪下半叶，整个欧洲都采取一种称为“涂漆”的方式来仿制东方漆器。除了日本家具外，欧洲的版画也是流行的设计灵感来源，如简·尼乌霍夫（Jan Nieuhoff）在1655年出版的作品。在英国，约翰·斯托克（John Stalker）和乔治·派克（George Parker）于1688年出版了《论涂漆和上漆》，这是一本专门论述涂漆主题的技术手册。涂漆的方法各有不同，但都包含一些共同的原料成分，比如虫胶、树脂紫胶或颗粒虫胶。通常会上很多层漆，有时直接上在木材表面，有时上在带底料的底材上。多上几层漆可以产生浮雕的效果，有时会加上镀金装饰制造强光效果，偶尔还会利用珍珠母模仿日本的鲍鱼壳。

涂漆以黑色为主，但红色也很受欢迎。柏林的葛哈·达格理（Gerhard Dagly，约1687—1714年）擅长制作以绿色、红色和其他颜色为背景的白色漆器。皮埃尔·戈莱可能是最早一批制作仿制漆器的工匠之一，尽管他没有用过东方的图案母题。英国的格利特·詹森制作了很多日本漆器家具呈送给王室，尤其是玛丽二世，她对日本漆器的热忱绝不亚于她对东方陶瓷的热爱。

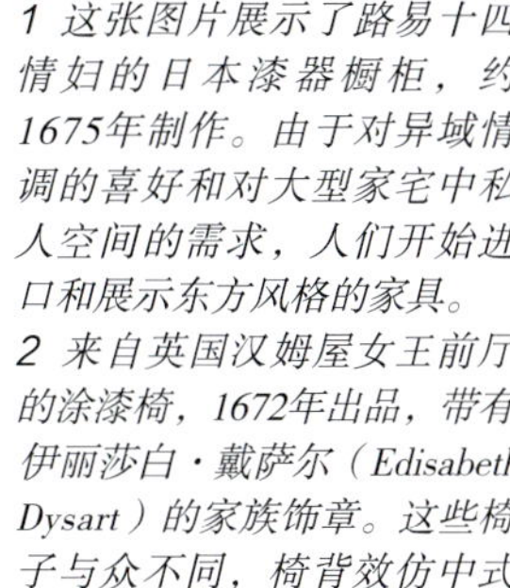

1 这张图片展示了路易十四情妇的日本漆器橱柜，约1675年制作。由于对异域情调的喜好和对大型家宅中私人空间的需求，人们开始进口和展示东方风格的家具。

2 来自英国汉姆屋女王前厅的涂漆椅，1672年出品，带有伊丽莎白·戴萨尔（Edisabeth Dysart）的家族饰章。这些椅子与众不同，椅背效仿中式图案，但总体仍属于欧式风格。高1.23m。

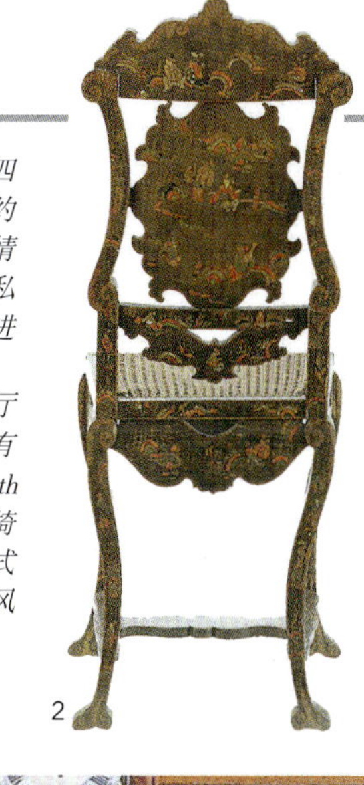

3 家具工匠经常把纯正的东方漆器切割成适合欧洲人口味的形式。比如这件格利特·詹森大约在1690年制作的家具。腿部和饰边都涂上了漆来配合整体设计。高74cm。

4 带台架的橱柜，约1700年制作，一般认为是在柏林工作的德国著名涂漆家具制造师葛哈·达格理的作品。高60cm。

5 皮埃尔·戈莱约1673年打造的独特桌子，绘有彩色清漆。随后将镶板嵌在珍珠母中，以模仿日本的鲍鱼壳。

家具衬套和床

带衬套的椅子和长靠椅

1 17世纪上半叶，椅子经常如图中所示带有皮革衬套，约1630年出品，上面饰以画家彼得·保罗·鲁本斯的密文。大颗的铆钉也属于装饰的一部分。

2 宫廷椅，又称X形框架椅，从意大利文艺复兴风格的原型发展而来。这件英国皇室家具可能是专门为詹姆斯一世定制的，用热那亚丝绸做衬套，经裁剪后缝制到丝质的背景上。椅子饰以银色镶边和红色挂穗。

3 一件留存下来的罕见原创衬套作品。尼尔斯·比尔科伯爵（Nils Bielke，1644—1716年）1680年从雅克·赫里福（Jacque Heref）和安妮·杜·福尔（Anne du Four，可能就是制作软垫的工匠）那里购买了一套组合家具，这把椅子是其中的一件。

4 法国皇室躺椅的设计图，约1690年绘制，又名大沙发，衬套装饰中加了镶板设计，每一块镶板都饰以反差色的镶边，可能是金银线材质。

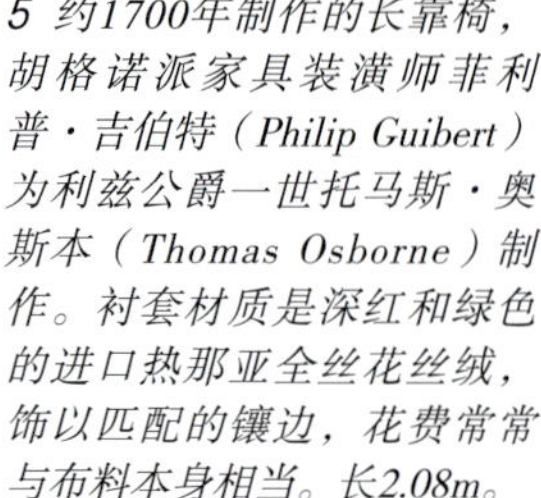

5 约1700年制作的长靠椅，胡格诺派家具装潢师菲利普·吉伯特（Philip Guibert）为利兹公爵一世托马斯·奥斯本（Thomas Osborne）制作。衬套材质是深红和绿色的进口热那亚全丝花丝绒，饰以匹配的镶边，花费常常与布料本身相当。长2.08m。

奢侈的花费

1 让·贝兰1672年为凡尔赛宫特列安农瓷宫设计的天使床，使用了精致的飞帘来设置私人空间。丹尼尔·马罗特将其发展为床顶饰有精巧饰章的英国宫廷床。
2 法国宫廷床有着简单的几何外形，但是却和极尽奢华的布料相结合。这张床是1673年在法国为詹姆斯二世和摩德纳的玛丽大婚专门制作的。
3 胡格诺派家具装潢师弗朗西斯·拉皮埃尔（Francis Lapierre）约1700年为第一代梅尔维尔伯爵乔治制作的宫廷床，其细节展示了布料如何粘在带雕刻设计的床头架上，以创造出精巧的形状。床帏加了填充物，以呈现出更大的体积感，上面满满地装饰着镶边和刺绣。

1

2

3

4

4 与床一样，马车也是展示权力的重要形式，其内饰也是由皇家家具装潢师设计而成的。这一宫廷马车的刺绣是让·贝兰为瑞典的查尔斯十一世（Charles XI）所设计的，约1696—1699年制作完成。

16—17世纪，大量花费在家宅和宫殿内部装饰上的金钱都是花在了纺织品和镶边上。房间挂满了华美的丝绸和天鹅绒，上面装饰着金银线刺绣和镶边，还有用昂贵布料作为衬套装饰的床和椅子。当时的库存清单显示，在16世纪下半叶的罗马，家具都是整套出售的——连挂饰都包含在内。这一做法在17世纪20年代引进法国，当时的法国人争相效仿德·朗布依埃侯爵夫人（Madame de Rambouillet，1588—1665年）著名的蓝色房间，侯爵夫人和法国皇后一样是意大利人。

宫廷椅方形的外观一直流行到1800年。在法国，为了装点私人房间和特列安农瓷宫这样的花园楼阁，工艺师创作了诸多更加精妙的家具形式。丹尼尔·马罗特反过来又从中汲取灵感，在1700年左右为英国皇室宫殿设计了做工精致的宫廷床。带有饰章的床头和饰以雕刻设计的华盖都用奢华的布料包裹装饰，其设计亦步亦趋地模仿让·贝兰的作品。

以罗马指挥椅为基础设计的X形框架椅总能让人联想到地位身份，所以格外适合装饰宫殿和贵族的宅院。第二流行的椅子是扶手椅，通常称为“修道士的扶手椅”，这个西语名称可能是因为椅子方形的正面源自西班牙。16世纪，这种椅子整个椅身都由布料包裹着，坐垫和扶手由粗麻布和马毛包裹，大颗的钉子头既是装饰又起固定作用。丝绸和金镶边从椅子两侧和后背中央垂落下来。这一形式直到17世纪中期几乎都没有什么变化。

17世纪下半叶，随着椅背逐步加高，构架的雕刻愈发精美繁复，衬套越来越成为巴洛克风格椅子设计的重要部分。椅背用马毛填充成了立体的形状。扶手椅也发展成更加有建筑感的形式，左、右两侧都有翼状装饰，底部是旋涡形设计。

陶瓷制品

后期锡釉陶器的设计来源

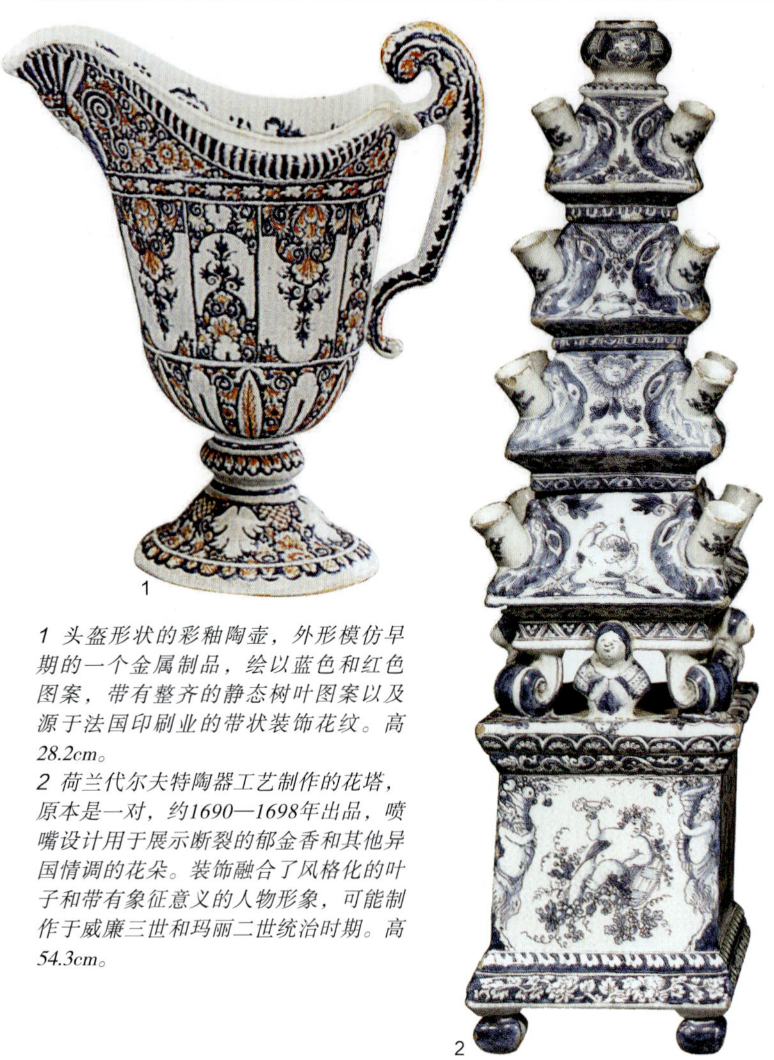

1 头盔形状的彩釉陶壶，外形模仿早期的一个金属制品，绘以蓝色和红色图案，带有整齐的静态树叶图案以及源于法国印刷业的带状装饰花纹。高28.2cm。

2 荷兰代尔夫特陶器工艺制作的花塔，原本是一对，约1690—1698年出品，喷嘴设计用于展示断裂的郁金香和其他异国情调的花朵。装饰融合了风格化的叶子和带有象征意义的人物形象，可能制作于威廉三世和玛丽二世统治时期。高54.3cm。

3 刻字的伦敦代尔夫特大酒杯，1638年制作。中央的图案来自传统上被称为"石上鸟"的中国明代晚期设计，是中国青花瓷影响英国陶瓷最早的范例之一。高14cm。

16世纪时，意大利的制陶工匠将工艺带到了法国、低地国家（即荷兰、比利时和卢森堡——译者注）和英国，用到的材料后来在法语中称为"彩釉陶"，在荷兰语中称为"代尔夫特（蓝陶）"，英文中则是"代尔夫特陶器"。17世纪，锡釉陶器在欧洲的制陶业中继续占据主导地位，但工艺开始偏离意大利的文艺复兴时期风格，开创出了独具一格的新形式。16世纪40年代，法国纳韦尔陶器厂的制陶工人还在继续生产装饰性的陶碟，图案延续了意大利式的伊斯托里亚多风格，但受到了同时代法国艺术家作品的影响。后来的法国装饰师则倾向于使用小型的重复性图案，灵感源自雕刻艺术。这种排列整齐的蕾丝状设计有静态树叶形花纹和垂纬，是17世纪末法国设计的标志性特色。

从中国进口的青花瓷也给17世纪制作锡釉陶器的工匠带来了灵感，其中大多数都致力于模仿中国瓷器使用的材料和配色方案，同时改变图案的样式或主题，以适应欧洲人的品位。后期荷兰陶器的特色是为威廉三世和玛丽二世特别创造的大花塔，融合了17世纪人们对青花瓷的热衷以及当时流行的异国情调花朵图案。郁金香成为17世纪广泛流行的主题，也出现在了英国的代尔夫特陶器和施釉陶器上。而英式陶器的特色则是带有皇室成员肖像的餐盘。

炻器在17世纪的制陶业中也风靡一时，包括模仿中国宜兴陶瓷的无釉红陶以及盐釉炻器。当时德国韦斯特瓦尔德地区生产一种特殊的盐釉炻器，通身覆盖有印花图案，用钴蓝色釉绘制而成。但科隆地区仍然继续生产棕色炻器瓶。这些陶器在16世纪就进口到英国，1672年伦敦的约翰·德怀特（John Dwight，1635—1703年）被授予专利之后，才开始在英国本土制造。德怀特也制作红色炻器，在探索过程中，他创制了一种更为精细的薄胎白色盐釉炻器，除了可以用来做餐具外，还可以用来制作巴洛克风格的半身和全身雕像。

郁金香狂潮

1

1 英式代尔夫特餐盘或托盘，中央是插有郁金香的花瓶图案，1661年出品，欧式风格，但其边缘图案风格的灵感则来自早期中国出口的陶器。直径48.5cm。

2 郁金香作为时尚工艺设计图案覆盖了装饰艺术的所有分支，因此也成为图中这个英式施釉陶器奶酒罐或纪念杯的主要图案，1709年出品。其上刻有“世间最美，你值得拥有”。直径21.5cm。

3 玫瑰、郁金香和橙色花朵静物画，安特卫普的丹尼尔·塞格斯（Daniel Seghers, 1590—1661年）的作品，类似的画作为使用各种制陶材料的设计师提供了丰富的灵感。

2

3

炻器

1 莱茵河的鲁普莱希特亲王（1619—1682年）灰白色的半身像，伦敦的约翰·德怀特制作，约1673—1675年出品。高75cm。

2 英式红色炻器茶壶，带有环形壶把和圆形壶盖，约1690年制成，其红色材料模仿了从中国进口的一种茶壶，凸显了当时17世纪与远东地区的贸易对欧洲装饰艺术的巨大影响。高12.5cm。

3 摇摇篮的女孩，荷兰画家尼古拉斯·梅斯（Nicholas Maes）的作品，约1654—1659年绘制，画上的图案突出了有规则的蓝色菱形印花，是后期德国韦斯特瓦尔德地区炻器工艺的风格。

4 英式盐釉炻器瓶，约1675年在伦敦制作，可以明显看出受到了德国制陶风格的影响。高21.5cm。

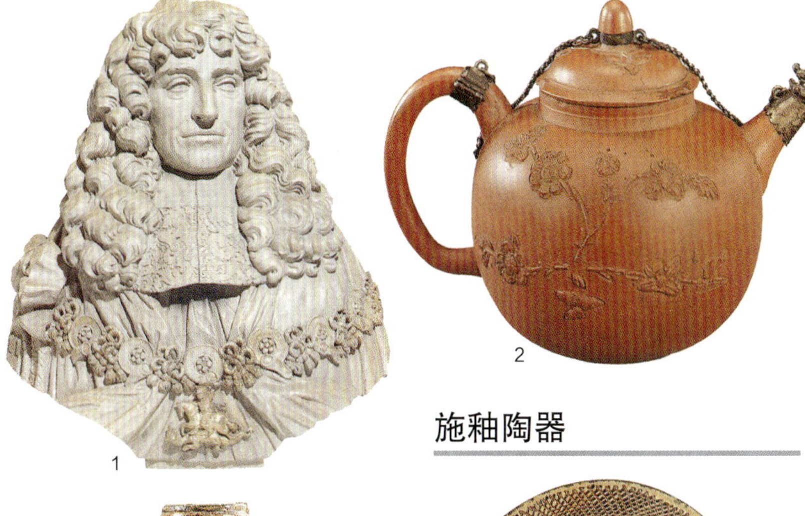

1

2

3

4

施釉陶器

1

1 英式施釉陶器餐盘，托马斯·托夫特（Thomas Toft）的作品，完成于1660—1675年，图案描绘的是后来的查理二世躲在橡树上逃避圆颅党人追捕的情景，图案主题及其粗犷的风格都是这一时期的典型特色。直径50cm。

瓷器

红炻器和早期瓷器

1 伯特格约1710—1715年制作的红炻器茶叶罐，使用了最早的迈森陶瓷材料。简单的外形模仿的是中国陶瓷和同时代的银器。高10.4cm。

2 伯特格制作的带盖白瓷花瓶，约1715年出品，约翰·雅各布·艾尔明格的设计，外形是仿建筑风格，配有巴洛克风格的凸嵌线装饰。高51.5cm。

3 杜·帕基耶约1725—1730年制作的花瓶，纺锤状的外形配以动物假面装饰的手柄，效仿巴洛克风格，带有穗状图案的花纹也属同一风格。

中国风和海港风景

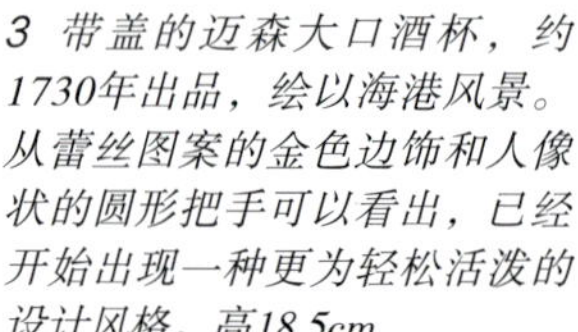

1 迈森茶壶，壶身借鉴德国巴洛克风格的银器，上面涂有彩色瓷漆，中国风的图案结合了巴洛克风格的叶子和带状图案边饰。高11.5cm。

2 迈森茶碗和茶碟，约1725年出品，可以看出约翰·格雷戈尔·赫罗尔特高品质的设计风格源于约1720年的舒尔茨手稿（即“中国场景”的欧洲译文）。

3 带盖的迈森大口酒杯，约1730年出品，绘以海港风景。从蕾丝图案的金色边饰和人像状的圆形把手可以看出，已经开始出现一种更为轻松活泼的设计风格。高18.5cm。

16世纪晚期，第一件手工瓷器在佛罗伦萨附近的美第奇工厂制成。在18世纪初，得益于波兰国王、萨克森王朝的统治者奥古斯都大力王（Augustus the Strong）的资助，炼金术士约翰·弗里德里希·伯特格（Johann Friedrich Böttger，1682—1719年）和他的老师埃伦费里德·瓦尔特·凡·奇恩豪斯（Ehrenfried Walter von Tschirnhaus，1651—1708年）经过多年试验，终于在萨克森的迈森制成了比较精细的红炻器。一些炻器借鉴了装饰艺术家让·贝兰的设计，饰以巴洛克风格的图案，还有一些模仿了同时代的金银艺术制品，同时受德国德累斯顿的茨温格宫皇家雕塑大师巴尔塔扎·佩莫瑟（Balthasar Permoser，1651—1732年）的启发，作品上饰以面具装饰。另一位雕刻家本杰明·托梅（Benjamin Thomae）则效仿象牙雕像和意大利即兴喜剧中的人物制出了陶器半身像和浮雕。

经过进一步的试验，第一件硬瓷，也就是真正意义上的瓷器于1710年1月在迈森的瓷器工厂制成。1713年，迈森首次出现了半透明白瓷。这种瓷器用煅烧后呈白色的德国科尔迪茨高岭土混合类似中国瓷漆的长石瓷土烧制而成，再涂上薄薄一层长石釉，可用来制作茶具、咖啡器具，同时受雅克·卡洛特（Jacques Callot，1592—1635年）的雕刻作品或进口中国德化白瓷启发，也可制成形状奇特的小型瓷偶。

约翰·格雷戈尔·赫罗尔特（Johann Gregor Höroldt，1695—1775年）在18世纪20年代利用金属氧化物制出了明亮的珐琅色，主要用于制作中国风的餐具和花瓶、东方风味的异国情调花朵图案和海港风景，以及模仿日本柿右卫门（*Kakiemon*）风格瓷器设计，往往用彩色作为底色来凸显效果。

1727年，奥古斯都大力王要求约翰·戈特洛布·基希纳（Johann Gottlob Kirchner，生于1706年）制作和原型同等大小的鸟类和动物像，其助手是年轻的雕塑家约翰·约阿希姆·肯德勒（Johann Joachim Kaendler，1706—1775年），他于1731年加入迈森瓷器厂。

其他流行的装饰图案

1

2

3

1 迈森热牛奶罐，是送给彼得罗·格里曼尼（Pietro Grimani）的外交礼物，约1723年制作，壶身是对称而华丽的巴洛克式涡卷形装饰花纹，上面绘有盾形徽章。高17.3cm。

2 迈森汤碗和汤盘，约1740年制作，外形的灵感来自同时代的德国银器。上面所绘的静物花朵图案称为“木刻花朵”，模仿的是植物图案木刻制品。

3 杜·帕基耶制作的（维也纳）花瓶，图案是对战争场景的大胆渲染，是石墨瓷漆装饰（黑色）中常见的历史主题，设计是典型的巴洛克风格。

雕塑制品

1

1 早期的迈森中国风瓷偶组合，早期的瓷偶以及上面绘制的装饰性图案风格有点儿幼稚，是格奥尔格·弗里切约1725年的作品。设计显然受到中国瓷器的影响，是德国艺术家眼中的中国风格。

2 手拿大啤酒杯的滑稽人物哈勒昆瓷偶，来自意大利即兴喜剧中的丑角，约翰·约阿希姆·肯德勒的作品，约1733年出品。人像充满活力，生动逼真，可以明显看出雕塑家接受过巴洛克风格的训练。明艳的珐琅色作为主色调，也是典型的巴洛克风格。高16.1cm。

2

3

3 这只秃鹫的大胆着色是典型的巴洛克风格。大尺寸的制作表明早期的瓷器制品在寻找一种对自身特色的定位。

1719年，两名迈森瓷器厂的工匠潜逃至维也纳，克劳迪乌斯·英诺森·杜·帕基耶（Claudius Innocentius du Paquier）在那里建了一个新的瓷器厂，与迈森瓷器厂相抗衡。这家工厂制作的器皿采用的是近东金属制品的外形，而其他类型的瓷器则是模仿建筑物的风格，并绘有巴洛克风格的图案。

玻璃制品

威尼斯以及威尼斯式工艺

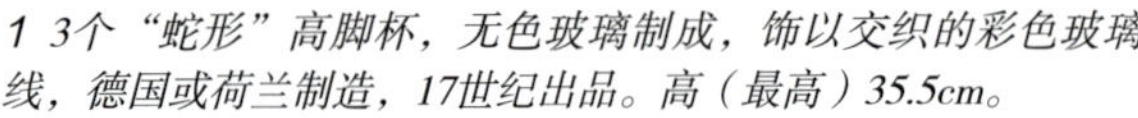

1 3个“蛇形”高脚杯，无色玻璃制成，饰以交织的彩色玻璃线，德国或荷兰制造，17世纪出品。高（最高）35.5cm。
2 一件精巧容器的设计图，斯蒂法诺·德拉·贝拉（Stefano della Bella）约1650—1675年的作品，佛罗伦萨。象鼻用作壶嘴，可以由此倒出液体或直接饮用。
3 静物与鹦鹉（细部），加布里埃尔·萨尔奇（Gabriele Salci）1716年的作品，意大利。高脚杯与哥本哈根罗森堡宫中保存的藏品类似。
4 轮雕工艺制作的无色玻璃高脚杯，荷兰南部或波希米亚，约1680年出品。高44.3cm。

17世纪，玻璃变得越来越广泛易得。由于使用了更便宜的制作材料和更简单的图案设计，这一时期制作的无色玻璃数量达到了前所未有的规模。但与此同时，针对奢侈品市场的玻璃制品外形更复杂，装饰也更精致。大部分北欧和中欧国家当时已经可以成功制作威尼斯风格的玻璃了。

在荷兰，高脚“蛇形酒杯”带有精心雕琢的海蛇形杯脚，其华丽和适于陈列的设计迎合了巴洛克风格。毫无疑问，这些酒杯仅用于特殊场合和公开展示，因此其中相当一部分都得以留存。德国和波希米亚也制作了类似的复杂玻璃制品。

由于许多国家成功复制了威尼斯玻璃，慕拉诺岛当地工厂采取了相应对策，开始为玻璃制品设计日益复杂的形状和图案。例如，在传统的罗辛家族人造玉髓玻璃上添加用铜粉制成的砂金玻璃图案来加强设计感。在美第奇家族所有的佛罗伦萨玻璃厂中，工匠都是威尼斯人，宫廷艺术家设计了美不胜收的高脚杯和餐桌摆饰，用于在宴会上进行豪华铺张的展示。

1700年左右，威尼斯玻璃开始从巅峰走向没落，外形精美繁复的超薄式玻璃制作工艺在整个欧洲已经过时，取而代之的是更为粗野的风格。正是在这一时期，慕拉诺岛的玻璃工匠制出了一些设计最为精美复杂的玻璃制品。

用于陈列的高脚杯将吹制的蕾丝玻璃与嵌网玻璃工艺结合起来，或者配以使用大量热加工工艺细节设计的精细网状图案，再饰以花束的图案。丹麦国王弗雷德里克四世在1708—1709年访问威尼斯时，收到了许多这种玻璃制品作为礼物，其中大部分至今仍存放在哥本哈根罗森堡宫内专为这些收藏品设计的一个特殊房间里。

1 （一般认为是）玻璃雕刻师克里斯托弗·韦格尔（Christoph Weigel）的作品，德国，约1680年出品。雕刻师将一个高脚杯放在一个铜轮下方，铜轮本应由脚踏板驱动，但是创作这幅作品的艺术家没有画出脚踏板。桌子上还有几个轮子和几个装着研磨膏的碗。

2 卡斯帕·莱曼的作品，一块镶板，图案是一只带有寓言意味的狮子（细部），轮雕工艺制作的无色玻璃，有制作者的签名，1620年出品。长23cm。

3 （一般认为是）赫尔曼·施恩格（Hermann Schwinger）约1660—1670年的作品，高脚杯和杯盖都是轮雕工艺制成的无色玻璃，纽伦堡。高31.8cm。

4 无色玻璃高脚杯和杯盖，弗里德里希·温特的作品，以高浮雕装饰轮雕工艺雕刻而成，图案是沙夫戈奇家族的盾形纹章，西里西亚彼得斯多夫，约1700年制作。高38cm。

5 轮雕工艺制作的红宝石色玻璃茶壶，带有镀银底座，德国南部，约1700年制作。这一时期制作了少量玻璃茶壶，但显然很不实用。高21cm。

新的玻璃雕刻工艺以飞速旋转的小型铜制轮盘作为辅助工具，加以磨料进行研磨，这种技术在布拉格宫廷首次使用。卡斯帕·莱曼（Caspar Lehmann，1565—1622年）是一名在那里工作的宝石和水晶雕刻师，于1600年左右首次在玻璃上使用了这种雕刻技术。装饰图样直接在玻璃上切割而成，创造出一种呈亚光的阴雕，与玻璃表面未经装饰部分形成对照。

莱曼的学生乔治·施万哈特（Georg Schwanhardt）将轮雕工艺传到纽伦堡，这一技术在整个17世纪得到了蓬勃发展。威尼斯式的附盖高脚杯上雕刻了精致的陆地和海洋景观，有时还融入寓言的场景。该项工艺到17世纪末才得以充分发挥潜力，当时开发了一种新的玻璃材料，可以吹制出更厚的玻璃制品，由此可以设计出更深刻、更有立体感的浮雕装饰。

柏林附近的波茨坦有一座玻璃厂从1674年开始就受到勃兰登堡选举团成员的保护。著名的玻璃工匠约翰·孔克尔（Johann Kunckel）正是在这里进行了诸多试验。他在原材料中加入金粉制成了深红宝石色的玻璃。勃兰登堡选举团成员还雇用了两名当时最有名的雕刻师，即马丁·温特（Martin Winter，逝于1702年）和戈特弗里德·斯皮勒（Gottfried Spiller，约1663—1728年）。他们雕刻出了极为厚实的附盖大口玻璃杯和带有清晰的丘比特和葡萄藤浮雕的立式玻璃杯。

17世纪最后25年出现了皇家赞助的其他雕刻工艺中心，例如黑森州的卡塞尔以及西里西亚。马丁·温特的兄弟弗里德里希·温特（Friedrich Winter）在西里西亚的赫尔斯多夫有一架水力切割机，以此制作了一些精美非凡的巴洛克式玻璃制品。这种玻璃吹制出来很厚，整个表面都用了雕刻工艺，切得很深的部分作为背景，衬托出高高凸出的主体装饰设计。这种切割工艺称为高浮雕装饰，经常使用大胆的不对称花卉装饰。设计风格逐渐变得更为简约，但是不对称设计和深割工艺直到1750年左右在西里西亚仍然很受欢迎。

1 由无色铅玻璃制成的玻璃碗和水壶，乔治·雷文斯克罗夫特（George Ravenscroft）的玻璃厂生产，伦敦，约1676—1677年制成。碗上有一个乌鸦头的印章。尽管雷文斯克罗夫特只在他认为表面没有“裂子”或瑕疵的玻璃上加盖印章，但几个世纪以来这些玻璃制品的质量一直都在变差，如图作品所示。水壶高27.6cm。

2 “托马斯·萨姆维尔爵士和他的朋友”，菲利普·默西尔（Philip Mercier）的作品，约1733年创作。图中的粗曲柄高脚杯大约早于这幅画作一二十年出现。中间的男人拿着一个稍大的玻璃杯，可能是聚会时敬酒与喝酒用的。

3 无色铅玻璃高脚杯和杯盖，上有用钻头雕刻工艺刻画的铭文——“圣西蒙·卜思顿”，英格兰，约1700年出品。高37.4cm。

4 无色铅玻璃曲柄高脚杯，底部的球形把手内有一个装饰气泡，英格兰，18世纪早期作品。高24.7cm。

5 英式无色铅玻璃曲柄杯，约1740年制成。在18世纪，玻璃杯的高脚变得不那么重。像这样的曲柄玻璃杯，其高脚由几个厚实的瓶状或球形把手一起组成。高25cm。

荷兰

1 带有钻头雕刻工艺图案的无色玻璃高脚杯，威廉·莫利斯特（Willem Mooleyser）的作品，鹿特丹，其上签有制作者姓名首字母缩写“WM”，1685年制成。高16.4cm。

2 带有钻头雕刻工艺图案的绿蓝色玻璃酒瓶，威廉·凡·海姆斯凯尔克的作品，莱顿，荷兰西部，有制作者签名，1677年制成。高23.5cm。

3 带有钻头雕刻工艺图案的无色铅玻璃高脚杯，阿特·舒曼的作品，其上带有威廉四世的肖像，并有制作者签名，1750年出品。玻璃可能是英国制造的。高25cm。

4 大口玻璃杯和杯盖，涂层上刻有城市剧院主管的盾形纹章，阿姆斯特丹，荷兰，1731年出品。玻璃可能是英国制造的。高39.1cm。

1

2

5 轮雕工艺制造的无色铅玻璃高脚杯，雅各布·桑（Jacob Sang，逝于1783年）的作品，刻有阿姆斯特丹两个家族的纹章，可能是1748年一对夫妇的结婚纪念品。阿姆斯特丹制造，荷兰，有制作者签名。高22.4cm。

3

4

5

尽管威尼斯式玻璃制作工艺16世纪末期已经在伦敦有了一席之地，但英国直到17世纪仍继续从威尼斯进口玻璃。从16世纪70年代开始，似乎欧洲各地都想要更厚、更坚固的玻璃。人们纷纷尝试制作“像水晶石的特殊水晶玻璃”，其中最成功的一次试验来自乔治·雷文斯克罗夫特。

1677年左右，他在原材料中添加氧化铅，克服了玻璃不稳定的初始问题，由此制作出了一块重质无色玻璃，比以前的玻璃更清澈、更纯净。雷文斯克罗夫特制造的玻璃很快被英国其他的玻璃厂效仿，但他们生产的产品仍然是威尼斯风格。这种新型玻璃在吹制成型时具有不同的性质。它耐热时间更长，不适合用来制作有精细装饰图案的薄玻璃。典型英国风格的玻璃诞生于1700年左右，外形简单，更注重优质透明铅玻璃的折射率。生产的高脚杯有厚质玻璃制成的粗曲柄高脚。

在17世纪的荷兰，玻璃雕刻成为一种受欢迎的艺术形式，这项工艺主要是富有的业余爱好者在使用。他们用钻头雕刻工艺刻出线条状的装饰，在闪光的玻璃表面凸显出亚光效果。除了纹章和寓言主题，跳舞和喝酒这样欢乐场景的主题也深受欢迎。书法装饰特别适用于饮水杯和玻璃酒瓶的曲面。莱顿的布商威廉·凡·海姆斯凯尔克（Willem van Heemskerk）在业余时间雕刻了成百上千件这样的玻璃制品。

18世纪英式铅玻璃开始流行时，钻头雕刻工艺也做出了相应调整，以适应新材料的需要。平滑闪亮的玻璃表面适合做点刻处理，每幅图由数千个点组成。点刻工艺的中心地是多德雷赫特，包括画家阿特·舒曼（Aert Schouman）在内的一批艺术爱好者都聚集在这里。轮雕工艺则主要是由从波希米亚或德国来到荷兰的专业雕刻师继续使用。在荷兰，玻璃雕刻制品一直供不应求。

银制品和其他金属制品

威尼斯与威尼斯风格

1 乌特勒支的亚当·范·维亚宁是有史以来最具独创性、技艺最精湛的金匠之一。1650年，他的儿子克里斯蒂安以“人体模型”为标题出版了其制作的大口水壶和其他器皿的设计图，古怪的耳式风格由此引起了广泛关注。

2 丹尼尔·拉伯尔（Daniel Rabel）的这张设计图取自《各种发明中的涡卷形装饰》（约1625年）。底部中央的人面装饰保留了丰满的耳式风格，但也在构图上融入了结构更严谨的巴洛克风格元素。

3 为皇帝鲁道夫二世制作的圆盘，保罗·范·维亚宁的作品，1613年制作，结合了流畅的耳式风格装饰与高超的图案压花技艺。

4 为查理一世制作的镀银圆盘，鲁本斯约1630年设计的作品，设计工艺堪比亚当·范·维亚宁的作品，但缺少抽象的装饰图案。设计中的高凸浮雕与对人物形象的凸显属于巴洛克风格。

艺术史上被称作巴洛克的这段时期不单指一种风格，而是指一个阶段。它包含了多种大致相似的风格类型。与发生在它前后的那些伟大的风格革命相比，不论是17世纪前25年巴洛克风格从矫饰主义中发展起来，还是18世纪早期它被洛可可风格最终取代，都算不上引人注目、旗帜鲜明的大事件。17世纪，金匠最早发起的与过去分道扬镳的运动，当数17世纪20年代的荷兰耳式风格的兴起。在某种程度上，这种风格是矫饰主义注重创新、注重技巧的原则的一种延续。

巴洛克风格的其他方面各有偏重，常常不能彼此兼容。比如流行于意大利，后又在德国北部受到青睐的雕塑式手法，1650—1675年流行于法国、荷兰与英国的植物装饰，以及17世纪末风格正式、灵感源于建筑的装饰元素，在胡格诺派艺术家的推广下得以流行。

耳式风格与某一个金匠家族有着千丝万缕的联系，远非其他风格所能比拟，具体来说主要涉及两个人物。这两人是一对兄弟，即乌得勒支的保罗·范·维亚宁与亚当·范·维亚宁（Adam van Vianen）。保罗遍览欧洲，曾在慕尼黑的宫廷作坊中工作过，也曾在皇帝鲁道夫二世（Emperor Rudolf II）的布拉格王宫中效力，直至皇帝1613年驾崩。他制作的大圆盘（见上图3）和大口水壶在比例与选用的神话题材方面，都带有典型的矫饰主义风格，但饰边、脚和手柄的造型丰满而抽象，颇有新意，也确实极具开创意义。保罗的兄弟亚当在1614年制作的大口水壶（见上图1）精妙非凡，将这种造型的抽象特点与蕴含的精湛技艺又推进了一步。不过，这种风格的传播一方面得益于17世纪30年代查理一世对亚当之子克里斯蒂安（Christian）的资助，另一方面则源于后者

雕塑式的巴洛克风格

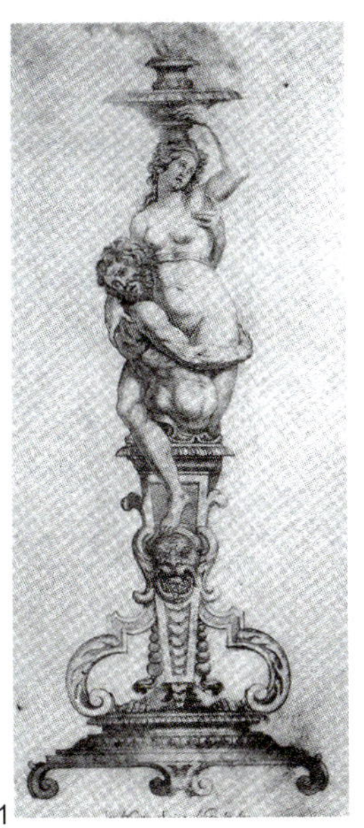

1

2

3

4

1 女像柱人物是烛台和壁灯座设计中广受欢迎的巴洛克风格元素。这个1642年由拿破仑时代金匠奥拉齐奥·斯科帕（Orazio Scoppa）设计的作品包含两个挣扎的人物，增加了作品的实际高度和戏剧性，让人联想到詹波隆那（Giambologna）的雕塑作品。

2 桌上喷泉是巴洛克风格金匠最华丽的作品之一。在意大利，这些作品通常是巨型公共喷泉的微缩版。设计中的雕刻和建筑艺术元素属于典型的巴洛克风格。

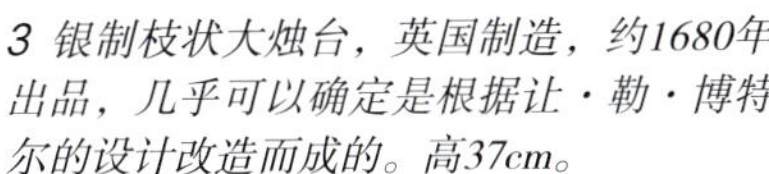

3 银制枝状大烛台，英国制造，约1680年出品，几乎可以确定是根据让·勒·博特尔的设计改造而成的。高37cm。

4 让·勒·博特尔的一套女像柱壁灯座设计图作品，约1660年在巴黎出版，1674年于伦敦再版。这些设计正式的雕塑式风格对银匠产生了巨大影响。

17世纪的花饰风格

1

1 巴洛克风格设计的一个重要特征是在法国和荷兰兴起的自然主义花饰风格，在家具、陶瓷制品和银器上都可以见到。图中带有花卉装饰图案的版画体现了这种设计的科学研究性特征。

2 17世纪法国银器大都已被熔化。这套1670年由皮埃尔·普雷沃斯特（Pierre Prevost）制作的盥洗室用具出口到了英国，因而得以保存。其装饰着威廉三世和玛丽二世的盾徽，上面雕刻有花卉装饰。

2

1

2

3

4

1 斯蒂法诺·德拉·贝拉的中楣饰带装饰版画，1648年在巴黎出版，应用于浮雕与雕刻装饰及铸造模型设计中。
2 带有华丽装饰的盘子，伦敦金匠本杰明·派恩（Benjamin Pyne）制作，1698年出品。带浮雕的边饰仿照了50年前德拉·贝拉的版画，但中间精致的涡卷形装饰图案可能是按照法国雕刻师西蒙·格里伯兰（Simon Gribelin）的设计而制成的。
3 带华丽雕刻的镀银茶叶罐，1706年由伦敦工匠艾萨克·利格尔（Isaac Liger）制作，其雕刻工艺或许也是出自格里伯兰之手。高11.5cm。
4 巴洛克风格雕刻的一个特点是其密集的图案。这个盘子来自胡格诺派金匠皮埃尔·哈拉什（Pierre Harache）制作的美轮美奂的盥洗室用具系列。于1695年在伦敦制成。

5

5 《装饰艺术新作》中的一页，格里伯兰著，1704年出版于伦敦。其中包含生动人物造型与旋涡形叶饰的设计被银器雕刻师和钟表盒雕刻师借鉴与抄袭。

参照父亲的设计于1650年出版的一系列版画。完全展现耳式风格需要设计师具有很高的技艺，而且这种风格品位奇特、剑走偏锋，无法得到大部分赞助者与金匠的青睐，但该风格以一种更为潜移默化的方式对整个欧洲产生着重大影响，直至17世纪的第3个25年。

保罗·范·维亚宁制作的圆盘表面上的图案处理也同样具有新意和前瞻性。矫饰主义风格金匠通常是以圆盘中心为基准开展设计的，用宝石一般的精准度来雕镂图案场景。而保罗·范·维亚宁将盘子作为一个平面，使内容像图画一样沿纵轴分布。与16世纪常用的方法相比，这种制作工艺采用高浮雕和更为微妙的空间透视方法，更像是画家的风格。就这两个手法而言，该圆盘体现了典型的巴洛克主流设计风格。彼得·保罗·鲁本斯在为查理一世设计银盘所创作的油画速写中采纳了这种设计，银盘大约制成于1630年（见p.70）。

在巴洛克艺术的大本营罗马，最重要的委托任务都是来自宏大的教堂装饰工程，如耶稣会教堂和圣母大殿。在这些工程中，贵金属与铜鎏金制品占重头戏，许多当时的顶尖艺术家都参与其中，如吉安·洛伦佐·贝尔尼尼与乔瓦尼·贾尔迪尼（Giovanni Giardini）。这些作品集中在建筑与雕塑式的设计上，而且由于目的不同，它们与同时期北部的作品相比表现出截然不同的特点。但尽管如此，佛兰德和意大利的艺术家与工匠之间依然有大量交流。虽然意大利民间的巴洛克风格银器几乎没有一件留存至今，但我们从现存于佛罗伦萨皮蒂宫的一套银盘石膏模型中可以很好地了解其设计特点。这套已经遗失的银盘是为托斯卡纳大公（Grand Duke of Tuscany）而制作的。这些作品在制作工艺上与17世纪

其他巴洛克风格元素

1 

2 

3

1和2 C. 德·莫尔德（C. de Moelder）所著的《用于餐盘雕刻的装饰艺术》一书于1694年在伦敦出版，为英国金匠提供了各式各样的装饰题材，不仅用于雕刻，还可用于铸造模型。
3 被称为蒙泰钵的器皿出现于17世纪80年代，用来盛放冷水，冷却酒杯。图中的蒙泰钵于1684年在伦敦制成，碗壁上饰以浅浮雕花样的中国风场景。这是一种东方设计风格的夸张手法，在英国的银器设计中流行了一段时间。直径29cm。

法国建筑风格

1

1 1697年尼古拉斯·德劳奈（Nicolas Delaunay）在巴黎制作的镀银大口水壶，展现了17世纪晚期法国巴洛克风格银器的新古典主义特征以及对古典时代的关注。这是留存至今的一件罕见作品。德劳奈为路易十四制作了一套精美的餐具，在1707年被熔化。高33cm。

丹尼尔·马罗特

1 

2 

3 

1和2 威廉三世宫廷建筑师丹尼尔·马罗特的作品，两个设计都体现了他1700年左右提出的严谨风格：外形与装饰结合紧密，设计正式而刻板，主题大多取材于古典建筑。右边的书页是他极具影响的著作《金银制品新作》的扉页，出版于1712年。

3 胡格诺派金匠保罗·德·拉梅利（Paul de Lamerie，1688—1751年）从事该职业大约40年。这个镀银壁式烛台（原本是一对）约1717年制成，可能参照了马罗特的设计。高55.5cm。

英国胡格诺派银器

1 保罗·德·拉梅利1717年制作的双耳带盖杯，浓缩了胡格诺派设计的特点，比例高贵庄严，平滑表面与雕花表面平衡分布，巧妙运用了铸造装饰。高29cm。

2 这个所谓的朝圣瓶来自17世纪后期法国最华美壮观的一系列陈列银器。图中的作品出自胡格诺派金匠皮埃尔·哈拉什之手，1699年制成于伦敦。它融合了风格鲜明的雕塑装饰艺术与典型的胡格诺派特色，如底座周围的“切卡”凹槽。高52cm。

法国摄政风格

1 法国艺术家让·贝兰（Jean Berain）引入的一系列艺术制品形式与装饰图案缓和了庄重的巴洛克风格。这个餐具柜的设计展现了许多流行于18世纪初的艺术制品形状。

2 克劳德·巴兰（Claude Ballin）的作品银汤碗，1714年制成于巴黎，表明装饰风格在让·贝兰的影响下愈加淡化。

20—30年代产自热那亚的许多大口水壶和银盘相似，后者可能是一位安特卫普银匠的作品。

虽然传承了意大利巴洛克风格的基本雕塑特点与明暗对照手法，但北欧大部分国家和地区在政治和经济因素的影响下，都产生了各具特色的地域风格。在德国北部与汉莎城邦中发展出了一种浓重的雕刻风格，尤其表现在大啤酒杯和其他陈列性容器上。这种风格更多是源自德国传统的象牙雕刻，而不是青铜雕塑与石雕，因此呈现出与众不同的特点。该风格也由移民过来的金匠带到了英国，其中最著名的是德国人雅克布·博登迪克（Jacob Bodendick）。

在法国、荷兰和英国，巴洛克风格设计出现了截然不同的特征。法国皇室的资助集中在1663年路易十四创立的哥白林工坊，这让装饰艺术具有了很强的同质性。花饰风格反映了当时人们对植物学的兴趣，也十分适合彩饰家居镶嵌工艺。1650—1675年流行于北欧大部分地区的高浮雕图案银器装饰，也用到了这种风格。其灵感来源于可观测的自然，因此与其他风格相比，对版画的依赖性可能更小。不过，该风格中有一种设计是将天使与动物图案置于旋涡形叶饰中，这一设计后来通过斯蒂法诺·德拉·贝拉及其模仿者的版画传播开来（见p.72）。

此类风格的一个高潮是1650—1675年在布洛瓦和其他中心城市发展到顶峰的彩绘画珐琅装饰。这种专门的艺术形式主要应用于表盒设计，但随着18世纪手表制造技术的改变，这些表盒最终失去意义。不过由于其艺术价值已经得到普遍认可，许多表盒在18世纪中叶被改制成金鼻烟盒，由此流传至今。

到17世纪最后25年，主要受哥白林工坊主管夏尔·勒·布兰的影响，一种新的古典主义观念在法国确

1

2

2 埃萨亚斯·布施三世（Esaias Busch Ⅲ）1729年制作的镀银茶壶，奥格斯堡。平包纽带装饰与古典肖像圆形浮雕的组合是奥格斯堡法国摄政风格的典型代表。

1 在18世纪，成套大规模艺术制品的陈列展示仍是皇室银器的一个重要用途。在这张1707年埃奥桑德·冯·哥德（Eosander von Goether）为普鲁士国王腓特烈一世设计的餐具柜设计图中，每件器物的设计都服从于整体的建筑艺术型展示风格。

3 1721年，奥格斯堡的金匠约翰·埃尔哈德·海格莱因（Johann Erhard Heiglein）出版了一系列实用装饰类家用银器设计图，为确立德国南部的摄政风格做出了很大贡献。

3

立。这一时期流传至今的法国银器为数不多，或许1697年尼古拉斯·德劳奈制作的一个大口水壶最能体现它们的特点（见p.73）。这个水壶精雕细琢，一丝不苟，装饰元素全部取自古典建筑，经精心设计制作成二维的几何图案。

这种风格在国外的传播很大程度上归因于丹尼尔·马罗特（见p.73）。他在弗兰德和英国都曾作为宫廷建筑师效力于奥兰德的威廉。但与此同时，成千上万的法国胡格诺派难民也来到英国，这些难民大多具有相关技能和背景，极大地推动了新的风格和设计的发展，给马罗特的工作带来了便利。

这种源自建筑艺术的风格同样在金属制品的其他领域中也有所体现，部分原因是这一时期与巴洛克风格相关联的装饰印刷品极为丰富。马罗特的设计不仅为银匠所采用，还受到制表匠和铜匠的欢迎。与英国和法国银器极为类似的设计方案也出现在诸多完全不同的领域，如托架时钟、仿金铜照明器具和铸铁庭园家具等。设计理念的流通并不只是单向进行，金匠与其他工匠也反过来积极借鉴其他不同领域中的设计和图案。17世纪末最具影响力的装饰出版物之一是胡格诺派艺术家让·第戎（Jean Tijou，活跃于1689—1712年）的熟铁门系列设计图。他最著名的作品是汉普顿宫大门，但其设计细节在18世纪的头20年里被大肆抄袭，转用在各种二维和三维作品的设计之中。

纺织品和壁纸

活力型设计

1 丝绒，意大利，约1600年生产。早期巴洛克风格舍弃了文艺复兴时期设计清晰的结构特征。这种天鹅绒的表面图案保留了几何设计，并引入了一种新的排列规则。

2 镂空花边亚麻布，意大利，约1635年出品。这种针织花边的透雕织物强调背景和图案之间的明显对比，远至英国、佛兰德和斯堪的纳维亚半岛等地都广泛效仿。

3 “爱尔兰”刺绣，伊丽莎白·帕克（Elizabeth Parker）的作品，宾夕法尼亚州，1763年出品。这个带有火焰形针迹图案的包袋以其生动明快的满地花纹图案展示了巴洛克风格。宽15cm。

4 亚伯拉罕·普赖斯（Abraham Price）的壁纸公司“蓝纸仓库”的商业名片，约1715年出品。仓库位于英国阿尔德曼布里，正面绘有火焰形针迹图案和满地花纹图案。

纺织品表面的巴洛克风格纹样分为四大类：活泼而充满活力的设计，具有异国风情的设计，从前一时期发展而来的藤蔓设计，鲜明的轮廓线条设计。尽管有不同分类，但这些图案都很有规律，而且一般会有满地花纹图案的效果。

最具活力的巴洛克图案用于尺寸相对较小的纺织品上。最典型的是17世纪早期呈对位分布的穗状叶、花卉、豆荚、昆虫和动物刺绣。从14世纪以来就为人所知的阶梯式图案名称各异，其精美绣花此时也变得更有动感，但直到17世纪才成为标准图案，并且从那时起就广受欢迎，比如火焰形针迹图案。蕾丝花边的设计（现在已经是一种独立工艺，与布边相对）到1640年左右也呼应了这些趋势，有一边是独特的锯齿形（另一边用于连接，所以是直线形）。17世纪中期制作出了更宽的蕾丝，与之前织布机织出的布和刺绣一样，这种蕾丝使用的是打旋缠绕的花藤图案。这样的图案长期用于壁纸设计，16世纪左右在欧洲仅仅是小范围使用，直到17世纪后期才广泛用于各种设计。

对位分布的满地花纹图案设计在1650年后继续发展，但在印度和东方文化的影响下有所改变。从进口纺织品（最著名的是印花棉布）、瓷器、漆器或真实的植物标本中借鉴了颇具异域风情的花朵图案，这些花朵紧紧挨在一起或者附着在弯曲的花茎或树干之上。与散布在其中的人物或鸟类图案相比，花朵图案往往尺寸惊人，给人一种不太协调的感觉。除了这些趋势之外，同时期还有来自铜版雕刻的影响，成为丝绸和壁纸的设计来源。极其精巧的阴影半色调效果被巧妙运用到设计之中，尤其受到纺织工人和蕾丝制作工人的青睐，用来扩大单色或双色织锦和全白色蕾丝在视觉效果中的色调范围。

1

2

1 手绘真丝，法国，约1680年出品。到了17世纪60年代，受印度和远东启发的模式应运而生。有些看起来像是旅行者笔记中的草图组合，即用一种看似随意排列的花卉或图形覆盖整个表面，使用普通的中国丝绸作为画布来绘制图案，如图所示。

2 铜版印刷壁纸，英国，17世纪晚期出品。印在布或壁纸上时，图案通常让人联想起书商的烫印或雕版印刷。

3 提花蕾丝，可能来自西班牙，约1670年出品。在构造出来的纺织图案中，如蕾丝和织布机织出的布料中，绘画式的图案设计十分罕见。相反，不整齐但密集的设计本身包含了图案。

4 法国锦缎丝绸，约1690—1695年出品，其中花卉母题的图案排列密集，与图3类似。

5 一套床幔的绣花帘幕，棉和亚麻质地（细部）。可能来自英国贝里圣埃德蒙兹附近的沃蒂斯菲尔德大厅，1700—1710年出品，其内部的图案是典型的绒线刺绣，本身受到进口印度纺织品的直接影响。

6 羊毛绒灯（复合织造），法国，约1680—1700年出品。这种室内的正式大型设计通常包括颇具异国风情的锯齿状或叶状图案，分布在母题图案内部及周围。

3

4

5

6

蜿蜒的藤蔓形设计

1 链形缝法和倒缝刺绣床罩，葡属印度，1650—1700年出品。S形曲线和波形仍然是奢华纺织品设计的基础，如地毯和墙帷，但具有活力的盘绕藤蔓带来了生动的对比，如图所示。

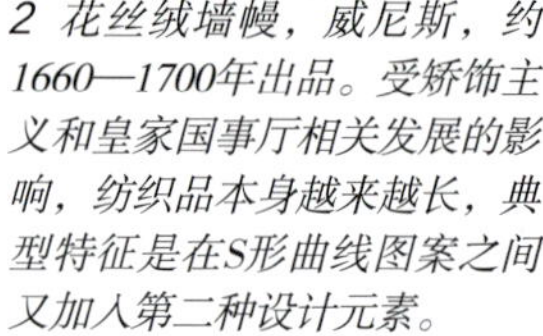

2 花丝绒墙幔，威尼斯，约1660—1700年出品。受矫饰主义和皇家国事厅相关发展的影响，纺织品本身越来越长，典型特征是在S形曲线图案之间又加入第二种设计元素。

3 丝绒，意大利，17世纪中期到晚期出品。大尺寸的图案凸显了异域情调花朵图案和内部图案设计带来的有力影响，通过强烈的色彩对比凸显效果。

巴洛克时期藤蔓设计的特点是将各种图案结合在一起产生一种轻柔或近乎浪漫抒情的动感。尽管如此，这些图案在构图上仍然整齐而有条理，垂直镜像图案清晰可辨。在诸如刺绣、贴花和多色线轴织布机生产的织物上，还可能存在水平镜像的重复性图案。17世纪晚期，垂直镜像（或点状）设计通常也加入了尺寸不协调的图案元素，但主要变化集中在纺织品和壁纸中重复性图案的大小上。这些纺织品和壁纸长度惊人，常常可以达到重复性图案宽度的3~4倍。

尽管上面提到的所有设计在18世纪初仍然存在，但1700—1715年新出现的典型图案有着鲜明的轮廓线条，其中填充的图案通常十分精细。这种图案因两大设计来源而引领风潮。其一是蕾丝，这一时期变得非常流行，也出现在机器印花布料和印花的天鹅绒上（平绒用木块压花），蕾丝元素可能结合半色调丝绒效果和异国元素，或者以错视法呈现出艺术效果。其二是受到室内装饰艺术的影响，因响应早期皇家国事厅的出现而发展，特别是早期胡格诺派的雕刻家及其装饰设计师丹尼尔・马罗特的作品。马罗特从17世纪80年代起活跃在荷兰（从90年代起有时也在英国），他在1709年和1713年发布的大量作品在国际上产生了很大影响。之前提到的超长纺织物流行趋势也源自他的设计。此外，马罗特将原有的趋势融合成为一种独特的风格，将实心的轮廓线条转化成建筑物的形式。对于饰以古典意象的壁龛，以及对于柱子、拱门和花彩，他的演绎方式都颇具影响力，这种影响一直持续到18世纪40年代。

1 带刺绣的祭坛罩布正面，意大利，约1735年出品，银线丝绸绒布。在这一时期末，大尺寸的设计非常强调内部的图案和盘绕的华美藤蔓。长约1.12m。

2 蕾丝风格的丝绸锦缎，里昂，约1700年出品，显示了梭结花边对同时期法国审美的影响。

3 梭结花边，布鲁塞尔，1700—1715年出品。1700年左右，蕾丝开始展现精巧雅致、轻薄透明的填充图案，以及花彩和皇家国事厅内部装饰的其他元素。

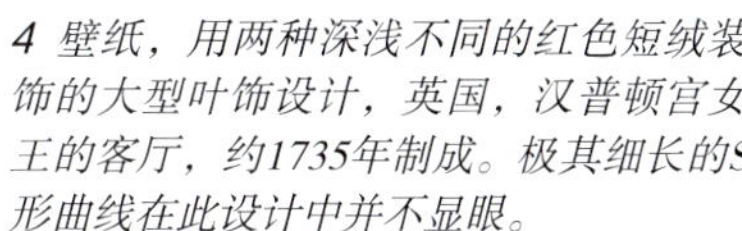

4 壁纸，用两种深浅不同的红色短绒装饰的大型叶饰设计，英国，汉普顿宫女王的客厅，约1735年制成。极其细长的S形曲线在此设计中并不显眼。

5 乌特勒支印花羊毛丝绒，法国东北部，约1700年出品。商业财富扩大了人们对时尚纺织品的需求，体现在对普通面料的精心设计上。

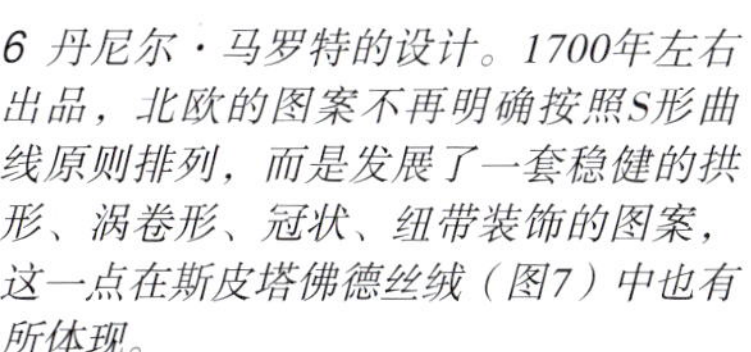

6 丹尼尔·马罗特的设计。1700年左右出品，北欧的图案不再明确按照S形曲线原则排列，而是发展了一套稳健的拱形、涡卷形、冠状、纽带装饰的图案，这一点在斯皮塔佛德丝绒（图7）中也有所体现。

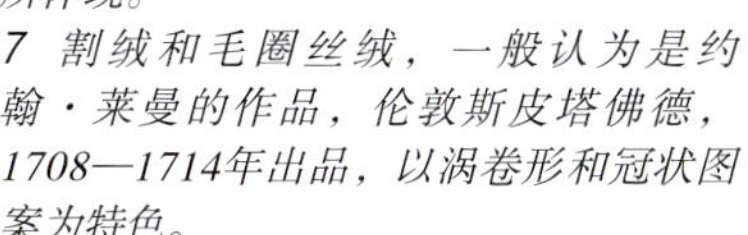

7 割绒和毛圈丝绒，一般认为是约翰·莱曼的作品，伦敦斯皮塔佛德，1708—1714年出品，以涡卷形和冠状图案为特色。

8 刺绣床幔镶板，法国，17—18世纪初出品。这一设计包含的图案既描绘了同时代的建筑，又受到建筑设计风格的影响。

洛可可时期

约1715—1770年

引论

洛可可风格于18世纪上半叶起源于法国，其特点是包含有机性质的图案及其构成的曲线造型所形成的蜿蜒动感。图案的基形是贝壳和岩石（法语为*rocaille*，即“岩状装饰”）。此外，也有波浪形或火焰形的图案，往往可以创造出闪烁不定和不对称的感觉。洛可可风格基本上是一种室内设计风格，而不是与建筑相关的理论，这种风格的图案对于设计师和工匠而言可以有更多的个人解读。

有些人认为，洛可可风格在1715年路易十四的统治结束之前就已出现。在1690年，夏尔·勒·布兰去世后，效力于法国宫廷的第二代建筑师从凡尔赛宫晚期风格隐含的理念中发展出了自己的想法。约1703年，由皮埃尔·勒·波特（Pierre Le Pautre）设计的“牛眼厅”通常被认为属于新风格的第一批代表作品。这个大厅用涂成白色和金色的木构件装饰，窗户、门框和壁炉架的侧面都设计成曲线式。洛可可风格更进一步的灵感来源是让·贝兰的奇异风格设计。贝兰采用的C形或S形旋涡形装饰设计形成了图案的外框，而中间的花形卷须和波形图案则来源于克劳德·奥德安三世（Claude Audran Ⅲ，1658—1734年）或让-安东尼·华托（Jean-Antoine Watteau，1684—1721年）等早期设计师。

洛可可风格的第三种灵感来源是17世纪末意大利北部的石膏装饰图案，这种图案用不对称或不规则的涡卷形边框作为装饰的一部分。金匠托马斯·热尔曼（Thomas Germain，1673—1748年）和吉尔斯-玛丽·奥彭诺尔（Gille-Marie Oppenord，1715—1723年法国摄政王奥尔良公爵的设计师）将意大利巴洛克设计中包含的雕塑式特征和自然主义元素带回法国并加以改良。

发展成熟的洛可可风格设计于1723年在法国出现，一般被称为“如画”风格，与路易十五开始其统治几乎是同一时间。在摄政时期，上流社会贵族回归巴黎，设计师们于是有了为路易十四时期被遗弃的老旧酒店和宫殿设计新套房的机会。朱斯特-奥雷勒·梅索尼耶（Juste-Aurèle Meissonnier，1695—1750年）创造了洛可可风格设计中最戏剧化的一些形式，作为主要内容在他出版的版画（1723—1735年）中推出。这些作品展示出了基于自然主义装饰来实现完全不对称和雕塑式动感的可能性。尼古拉斯·皮诺（Nicolas Pineau，1684—1754年）创作了风格更轻盈的内饰，为木制面板绘制比例优雅的设计，即用植物卷须、水波纹和石贝装饰图案轻柔地扫过整个表面。自然、儿童、水中仙女和牧羊女等元素常常出现在弗朗索瓦·布歇（François Boucher，1703—1770年）的画作之中，许多作品都成为洛可可风格室内设计的组成部分。

左图：查尔斯·克里桑（Charles Cressent）设计的卡特尔时钟，约1747年出品，不对称设计和石贝图案母题是洛可可风格装饰的精髓。赤裸的时间之父手拿大镰刀横在前方，而代表爱的年轻丘比特从上面朝下俯瞰。高1.35m。

对页：巴黎苏比斯公馆的公主沙龙，由热尔曼·博夫朗（Germain Boffrand）设计，约1737—1740年出品。拱肩装饰着各种来自古典神话场景的绘画，出自布歇、纳迪埃和其他画家之手。天花板和墙壁装饰的融合是岩状装饰自然主义最高级的一种表达手法。

1 “猿的苗圃”，一般认为是克劳德·奥德安三世的作品，用红色粉笔和铅笔画成，约1709年出品。猴子的形象放在装饰着鲜花和C形旋涡形装饰的格子之内，强调非正式和自然的感觉。高69.7cm。

2 伦敦金匠托马斯·加德纳的铭牌，显示出法国洛可可风格设计在英国的影响力。铭牌上列出了加德纳所能提供的商品类型。这种铭牌通常由伦敦的知名设计师负责雕刻。

3 弗朗索瓦·布歇约1740年的作品《早餐》描绘了室内装饰场景。人们聚集在桌边，桌上摆放着喝咖啡或吃巧克力的餐具。时钟是查尔斯·克里桑典型的高浮雕样式和不对称风格。

东方的异国情调为洛可可风格设计引入了奇幻元素——一般认为这种设计适合于私人房间。克里斯托弗·于埃（Christophe Huet，1700—1759年）创作了尚蒂伊内阁会议厅的室内设计，装饰的彩绘板描绘着猴子模仿人类活动的图案（猴戏图）。异国情调的另一种形式是中国风。贝兰根据中国宫廷的版画来描绘东方形象，稍加调整以适应欧洲人的品位。在设计贝里公爵夫人的壁橱时，华托采用了中国女神的形象，拓宽了洛可可风格图案的范围。布歇设计的挂毯则将洛可可风格从偶然的装饰元素扩展到了绘画的规模。

早在1737年，雅克-弗朗索瓦·布隆代尔（Jacques-François Blondel，1705—1774年）就发表了《娱乐建筑的分布以及建筑装饰》一文，他在文中批评了洛可可风格的过度矫饰，主张一种更为内敛的风格。此后，他在设计中保持了自然主义的曲线动感，但装饰元素却用得很少且变得更加克制。

18世纪20—30年代，洛可可风格的设计开始影响欧洲不同地区本土的巴洛克传统。法国的生活方式和习惯引领了欧洲宫廷的潮流，私密的小房间越来越多。欧洲皇室和贵族以前所未有的建筑规模来彰显自己的财富，瓷器室、茶室和其他异域风格的设计也出现在装饰奢华的宫殿之中。

建筑外立面的风格仍然明显地受到17世纪流行时尚的影响。内部空间也仍然表现出强烈的巴洛克风格，特别是保留了楼梯、会客室和天花板上绘制着魔幻画作的大厅。然而，这些房间的装饰主题却越来越受到法国岩状装饰的影响，且往往比法国的同类作品更具表现力和个性。

这一时期的意大利设计有时被称为巴洛克式，强调了罗马巴洛克风格设计师的持续影响力，例如吉安·洛伦佐·贝尔尼尼和彼得罗·达·科尔托纳。意大利设计即便是采用法国的形式，也保留了其丰富的雕塑式特征。都灵郊外的皇家狩猎别宫斯图皮尼君堡垒是西西里建筑师菲利波·尤瓦拉（Filippo Juvarra，1678—1736年）最令人印象深刻的一件作品。高耸的中央大厅是典型的尤瓦拉风格，结合了巴洛克式的空间设计和富丽奢华的法国洛可可式外观装饰。在那不勒斯卡塞塔（1751—1756年为查理五世建造）的设计中，路易吉·万维泰利（Luigi Vanvitelli）将巴洛克式的力量感转向了古典主义的和谐感。但是装饰中包含了大量自然主义和异国情调的元素。马德里皇家宫殿（约1761—1766

年建造）的设计也重复了这种风格，所有房间的装饰由意大利设计师完成，如马蒂亚·加斯帕里尼（Mattia Gasparini，活跃于1765—1780年）、詹巴蒂斯塔·福吉尼以及负责绘制天花板的詹多梅尼科·蒂耶波洛（Giandomenico Tiepolo）。

1713年西班牙王位继承战争结束后，神圣罗马帝国的建筑活动激增。卢卡斯·冯·希尔德布兰特（Lukas von Hildebrandt，1668—1745年）是第一批采用洛可可风格元素的设计师之一，他将这种元素用到了为萨伏依欧根亲王建造的维也纳上美景宫之中。后来，玛丽亚·特蕾西亚皇后（Empress Maria Theresa，1717—1780年）在她的美泉宫（1745—1749年）中创作了成熟的洛可可风格室内装饰。许多房间都用东方漆器装饰，因为皇后酷爱这种异国情调的材料。

第一个采用法国洛可可风格设计的德国亲王是马克斯·埃马努埃尔（Max Emanuel），他是巴伐利亚选帝侯，曾流亡巴黎。其宫廷建筑师约瑟夫·埃夫纳（Joseph Effner，1687—1745年）以及更出名的弗朗索瓦·屈维利埃（François Cuvilliés，1695—1768年）都曾在巴黎学习。屈维利埃设计的室内装饰和家具都贴近法国渊源，但结合了表达更为直接的自然主义。宁芬堡皇宫花园内的阿美连堡狩猎宫（1734—1739年）或许是洛可可风格室内设计的一个最完美的范例。屈维利埃还在更远的地方做过设计，比如布雷城堡（1728—1740年）和威赫马斯堡（1743—1749年）。在维尔茨堡，巴尔塔扎·诺伊曼（1687—1753年）建造了一栋宏伟的宅邸。一系列的议会厅都以充满活力而又描绘生动的灰泥作品装饰，出自安东尼奥·博西（Antonio Bossi）之手，楼梯间和皇帝大厅（1752年）装饰的绘画则属于蒂耶波洛最伟大的作品。

最晚的洛可可风格作品出现在普鲁士，是建筑师格奥尔格·冯·克诺贝尔斯多夫（Georg von Knobelsdorff，1699—1753年）和设计师约翰·奥古斯特·纳尔（Johann August Nahl，1710—1785年）的作品，他们曾在柏林的夏洛特滕堡、波茨坦的桑索西和新皇宫为腓特烈大帝工作，直到1746年。这些宫殿室内装饰的特点是图案设计稀疏、轻盈，极具自然主义风格。然而，在其继任者约翰·米夏埃尔·赫本豪特（Johann Michael Hoppenhaupt，生于1709年）和约翰·克里斯蒂安·赫本豪特（Johann Christian Hoppenhaupt，1719—1780年）的作品中，则出现了新的结构感和秩序感，反映出设计趋势正在朝着偏古典主义理念的方向转变。

在英国，洛可可风格是若干流行风格中的一种。洛可可风格设计更可能出现在装饰艺术中，而不是用在建筑设计之中，不过室内装饰也可能使用岩状装饰的石膏装饰图案。但是，古典主义以回归的意大利文艺复兴风格形式出现，在建筑设计中有着至高无上的地位，帕拉弟奥派风格至少在1740年之前一直主导着人们的品位。当时出现了展示法国风格的样式图集，很快被银匠和雕刻师所采用，而新成立的陶瓷工厂则生产模仿欧洲大陆餐具或人物形象的产品。设计师对于复兴哥特式和东方风格也表现出一定的兴趣，这些都是法国自然主义风格的别样表达。

4 维尔茨堡镜室由建筑师巴尔塔扎·诺伊曼约1740年设计，颜色和材料体现了德国人对构思宏伟、做工精致的室内设计的热爱。

4

家具 · 法国家具

设计者的角色

1 鲁伊勒酒店大陈列室中一面墙壁的设计图，来自让·马里耶特（Jean Mariette）1727年出版的《法国建筑》一书，蜗形腿台桌置于镜子下方，其外形与墙体装饰设计融为一体。

2 雅克-弗朗索瓦·布隆代尔约1730年设计的一对蓝漆局部镀金三脚烛台（小圆桌），表现了在洛可可早期作品中仍然可以见到的正式外形。三脚底台的设计受到17世纪晚期作品极大的影响。高1.6m。

3 为凡尔赛宫皇帝寝室设计的斗柜（于1739年交付）。皇家雕塑家安托万-塞巴斯蒂安·斯洛茨（Antoine-Sebastien Slodtz，约1695—1754年）设计，由安托万·罗伯特·戈德罗（Antoine Robert Gaudreau，约1680—1751年）用西阿拉黄檀木镶木细工地板制作而成，镶嵌由著名雕塑家雅克·卡菲瑞（Jacques Caffieri，1673—1755年）完成。高89cm。

18世纪早期出现了几种新型家具，于1697—1730年，在安德烈·夏尔·布勒的版画作品中出现，包括写字台、斗柜以及矮书柜或矮橱柜。1737年，评论家布隆代尔描述了3种房间：展览室或会客厅，娱乐室或社交室，以及私人房间。每一种房间都需要反映其地位功能的配套家具。社交生活需要茶几和边几、牌桌和椅子，而椅子也应该适合沙龙或者小型私人功能厅使用。由此催生了大量新型设计，如小梳妆台和书桌、女用写字台或特定类型的椅子，如高背扶手椅和安乐躺椅。

桌子和椅子被设计成室内装饰的一部分，有时还包括斗柜，旨在呼应镶板的图案和形状。最早的一批桌子，如奥彭诺尔或者皮诺的作品所示，形式线条逐渐变得柔和，从17世纪使用的建筑风格形式变成弯曲的蛇形。在桌子的角落可能会出现龙或女性头像的装饰，随着这种风格不断发展，这些装饰又被更加抽象的树叶和贝壳图案所取代。到18世纪60年代，新的设计变得更为刚硬，同时将洛可可风格的主题与古典主义装饰元素结合起来。

椅子有两种主要类型：一种是靠墙摆放的，所以要和镶板的设计相匹配；还有一种则可以随处移动，方便使用。舒适性是关键要素，椅套设计也因此获得关注。日间床最后演变成舒适的长靠椅，一般配有可拆卸的脚凳。洛可可风格椅的主要特征是18世纪早期引入的卡布里弯腿以及用于装饰的贝壳和C形旋涡形装饰。到18世纪40年代，扶手开始出现，与椅子的背板构成连续的整体。

椅子由设计整体轮廓形状的细木工匠制作。装饰则由专业人员雕刻而成，很多都是雕塑家或者在设计和雕刻领域受过专门训练的人。一旦各部分组合完毕，椅子会刷上与镶板相匹配的颜色或者直接镀金。法国工匠行会内部严格区分实木工和饰面工这两种不同工种，其专业程度可见一斑。

斗柜在18世纪发展成为室内装饰中最重要的家具之

两张蜗形腿台桌

1

1 约1755年出品的桌子，带有繁复的雕刻和统一的设计，是洛可可后期家具的典型风格。狩猎的主题来自让-巴普蒂斯特·乌德里（Jean-Baptiste Oudry，1686—1755年）的画作。高88cm。

2 约1720年制作的桌子，虽然主题是自然主义风格，外形也是新型的曲线式，但仍保留了17世纪晚期的设计元素，如平直的桌面、中楣饰带和中间的女性面具装饰。高80.5cm。

2

椅子

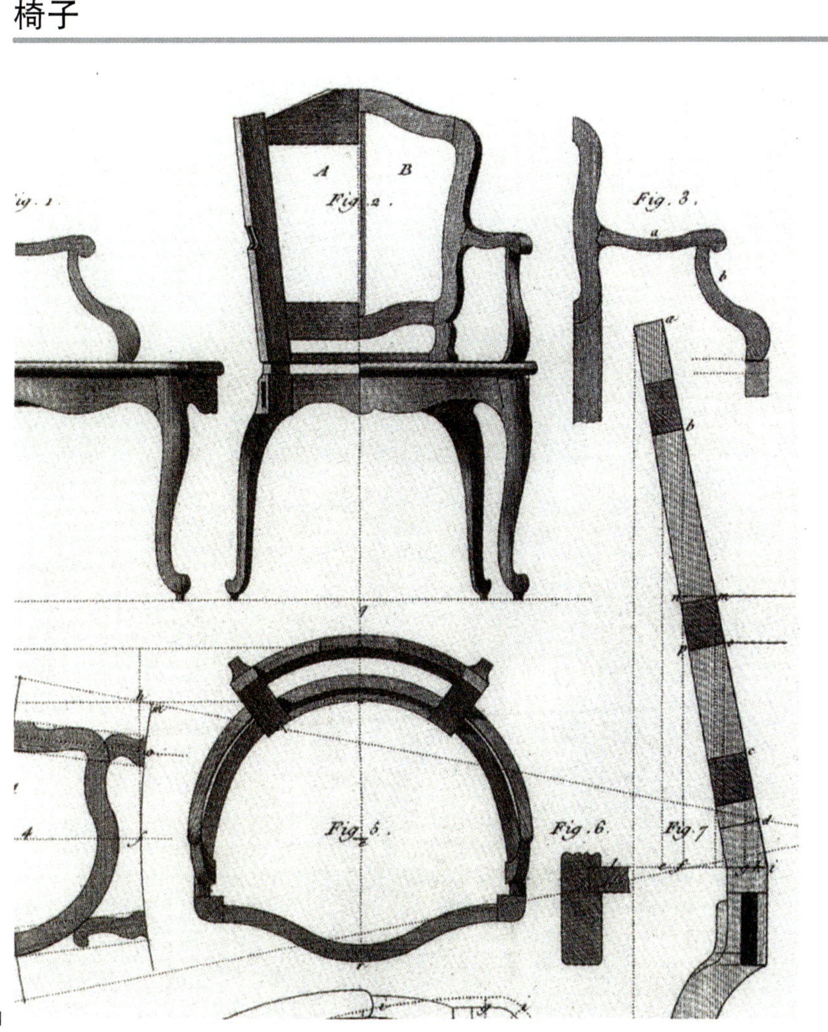

1

2

3

1 敞篷椅的设计图，来自安德烈-雅各布·柔波（Andre-Jacob Roubo）1772年出版的《实木工艺术》。每一部分都是由9mm厚的薄木板切割而成，用来制作形状各不相同的各个部位。

2 约1720年出品的椅子，为富豪收藏家皮埃尔·克罗扎（Pierre Crozat，1661—1740年）定做而成。雕刻框架和卡布里弯腿已然是洛可可风格，不过椅背笔直的线条表明它仍属于早期的设计。带有原配的皮质椅套。

3 约1730年出品的雕刻镀金榉木扶手椅。涡卷形的椅背是典型的法国风格。椅子带有"女王式椅背"（a la reine，即笔直而非曲线形的椅背），有一个可替换椅座，方便更换软垫。

镀铜镶嵌设计

1 约1720年由查尔斯·克里桑设计的图书馆书柜，主体使用了红木，边框使用了紫檀木。克里桑自主设计了镶嵌装饰，不仅树立了自己的风格，也掌控了设计和制作的统一性。雕刻的人形柱是他的典型风格，分别代表着4个大陆。高1.64m，长2.72m。

2 这款写字台又叫“平面办公桌”，约1720年出品，用缎木制作，采用女性人形柱桌角设计，保留了拘谨正式的风格，与平直的桌面相呼应。高78cm。

3 这款由约瑟夫·鲍姆豪尔设计的写字台展示了18世纪50年代连续的整体设计风格。这样的家具饰有日本漆器镶板，在当时的法国极为流行。高83cm。

一，这种柜子起初是有3～4个抽屉，从上到下一直排到地面。布勒和贝兰设计了一种基于古典形式的石棺造型，随后演变成了两斗橱柜（法国摄政时期橱柜）。到18世纪30年代，这已经成为两斗曲形面板橱柜的标准形式。

18世纪初，橱柜工匠开始使用来自殖民地带有异国情调的新木材来制作饰面。洛可可初期经常使用的家具材料包括西阿拉黄檀木（一种红木）、绸缎木和紫心木，郁金香木在18世纪30—40年代比较流行。最早的装饰主要是几何图案的镶木细工，主要作为镀金青铜的陪衬。到了18世纪40年代，花卉图案的镶嵌装饰重新出现。带有花朵的小树枝图案盖满整个表面，凸显了家具的光泽和装饰效果。镀金的镶嵌和涂漆的黄铜（青铜用得要少一些）都用来制作表面装饰，通常是开放的涡卷形图案。

橱柜工匠查尔斯·克里桑为家具开发出了一种新形式。因为曾受训成为一名雕刻师，他往往亲自为家具和立钟制作镶嵌装饰，且擅长制作具有雕刻风格的小配件。另外一位工匠戈德罗，主要设计皇室家具。他的作品形式通常比较内敛，但是镶嵌装饰设计极为繁复奢华。很多橱柜工匠主要为普瓦里耶（Poirier）或格朗谢（Granchet）这样的经销商工作，负责设计很多潮流家具，如女用写字台以及其他运用了日本漆器或者塞夫尔瓷器镶嵌工艺的新型装饰。许多顶尖的巴黎橱柜工匠也都为这些经销商效力，如伯纳德·凡·里森伯格二世（Bernard van Risenburgh Ⅱ，B.V.R.B.，约1696—1766年）和约瑟夫·鲍姆豪尔（Joseph Baumhauer，逝于1772年）。

1

2

1 这一斗柜由马蒂厄·吉拉尔（Mathieu Criaerd，1689—1776年）为路易十四情妇梅利夫人的“梅利套间”制作，于1738年交付使用。模仿了东方漆器效果，中间的涡卷形装饰是洛可可鼎盛时期斗柜的典型特征。

2 约1760年由伯纳德·凡·里森伯格二世设计的活动面板写字台，带有镶嵌工艺的绸缎木嵌入中央的郁金香木镶板之中，边缘饰以紫心木。

3

4

5

6

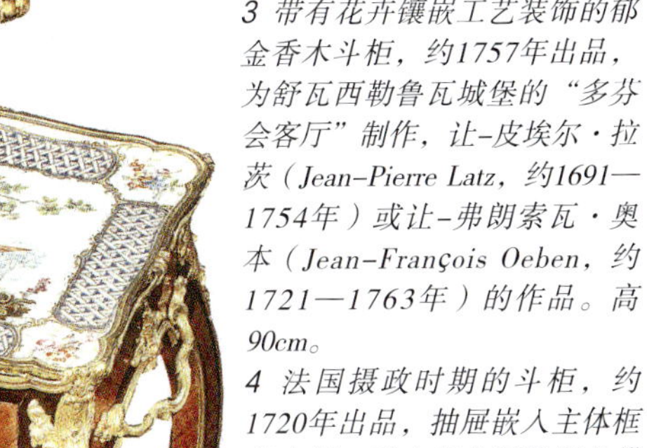

3 带有花卉镶嵌工艺装饰的郁金香木斗柜，约1757年出品，为舒瓦西勒鲁瓦城堡的“多芬会客厅”制作，让-皮埃尔·拉茨（Jean-Pierre Latz，约1691—1754年）或让-弗朗索瓦·奥本（Jean-François Oeben，约1721—1763年）的作品。高90cm。

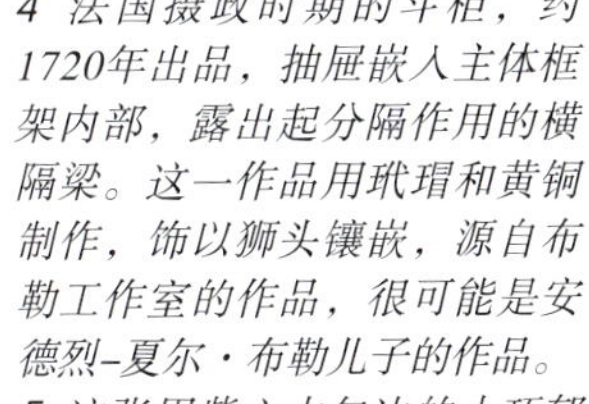

4 法国摄政时期的斗柜，约1720年出品，抽屉嵌入主体框架内部，露出起分隔作用的横隔梁。这一作品用玳瑁和黄铜制作，饰以狮头镶嵌，源自布勒工作室的作品，很可能是安德烈-夏尔·布勒儿子的作品。

5 这张用紫心木包边的小巧郁金香木写字台是18世纪私人房间的典型物件，盒式镶木细工和简洁的轮廓是洛可可晚期的典型特征。高74cm。

6 将塞夫尔陶瓷镶嵌于家具之中是最奢侈的设计。这张小巧的郁金香木和紫檀木工作桌由伯纳德·凡·里森伯格二世为经销商普瓦里耶设计，约1760—1764年完成。高67.5cm。

德国家具

洛可可鼎盛时期的设计

1 波茨坦“无忧宫”中的房间，摆设有约翰·米夏埃尔·赫本豪特二世约1760年设计的椅子和出自施平德勒兄弟之手、用花卉镶嵌工艺装饰的斗柜，彰显了其饰面技术。

2 蜗形腿台桌的设计图，约翰·米夏埃尔·赫本豪特二世约1760年的作品，带有明显的曲线线条和自然主义装饰，这些都是德国家具典型的特征。在底座上使用的冰柱主题也常常出现在设计师的画作中。

3 文策斯劳斯·米罗夫斯基（Wenzeslaus Miroffsky，约1733—1734年）制作的雕刻镀金蜗形腿台桌。由弗朗索瓦·屈维利埃为慕尼黑的王宫所设计，保持了雕刻式的装饰和强有力的曲线。直径1.73m。

德国有很多邦国，所以德国家具展现了运用法国洛可可风格装饰和形状的多样风格。18世纪初，安德烈·夏尔·布勒仍然十分有威望。来自巴伐利亚的约翰·普奇韦泽（Johann Puchweiser，逝于1744年）和来自安斯巴赫的约翰·马图施及其徒弟马丁·舒马赫（Martin Schumacher，1695—1781年）擅长制作金属（黄铜和锡镴）以及玳瑁材质的镶嵌工艺，后者可以营造一种特别的异国情调。德国家具中关键的物件是写字台橱柜，上半部分是斗柜的设计，中间是斜面的书桌，底下还有抽屉。桌子的设计由行会控制，整体保守古旧，尽管装饰往往非常华美。慕尼黑的家具常因其雕刻、绘画和镀金工艺闻名，并不采用饰面薄板。弗朗索瓦·屈维利埃是慕尼黑最早设计法国洛可可风格家具的工匠之一。约翰·亚当·皮希勒（Johann Adam Pichlers）这类宫廷橱柜工匠制作的家具都采用丰富的自然主义雕刻装饰。亚伯拉罕·伦琴（Abraham Roentgen，1711—1793年）无疑是最出名的德国橱柜工匠。他出生于摩拉维亚，约1750年在新维德定居。因为常去英国，他经常将英国工艺与德国富于动感的典型形式相结合。其作品质量极高，他又开发了制作桌子和书写柜的复杂工艺，因此受到广泛认可。

在德累斯顿，日式装饰因为选举人对于日本艺术的兴趣而兴起。一开始很多造型都来自英国家具，后来法国品位又占了上风。宫廷橱柜工匠马丁·屈梅尔（Martin Kummel，1715—1794年）则借鉴巴黎的家具原型，在制作中使用郁金香木和西阿拉黄檀木，同时模仿其镀金青铜镶嵌工艺。在柏林和波茨坦，洛可可晚期风格的中心，赫本豪特兄弟（即约翰·克里斯蒂安·赫本豪特和约翰·米夏埃尔·赫本豪特）设计出了流线型的高雅风格。1764年，施平德勒兄弟，即约翰·弗里德里希·施平德勒（Johann Friedrich Spindler）和海因里希·威廉·施平德勒（Heinrich Wilhelm Spindler）也来到了这里。除了花卉镶嵌，他们还跟雕塑家梅尔希奥·坎布利（Melchior Kambli，1718—1783年）合作，将玳瑁和银应用到家具设计之中，坎布利则负责制作镶嵌工艺部分。

橱柜

1

2

3

1 这件1730年出品的写字台橱柜上金色和蓝色的涂漆为英国风格，可能是出自这一时期在德累斯顿非常活跃的马丁·施内尔（Martin Schnell，活跃于1703—1740年）或者克里斯蒂安·赖诺（Christian Reinow，1685—1749年）之手。

2 来自一位收藏家的胡桃木橱柜，1725—1730年为布伦瑞克公爵位于萨尔士德罗莫街的城堡制作。其惊艳的镀青铜浮雕细工装饰门基于让·贝兰的设计。

3 德国美因茨地区以生产写字台橱柜著称。这件胡桃木橱柜是1738年的作品，带有象牙和异国木材的镶嵌工艺和雕刻装饰。强有力的线条发展了早期的巴洛克风格。

椅子

1 弗朗索瓦·屈维利埃约1730年为慕尼黑王宫的主要房间设计的椅子，有着法国家具独有的比例和平衡感。高84cm。

1

2

3

2 图中的椅子有可能是根据赫本豪特兄弟之一的设计图雕刻而成，约1760年出品。设计独特的扶手及其强调的自然主题都是典型的赫本豪特兄弟风格。

3 这把椅子有机的不对称装饰充分体现了其自然主义的设计根源，专为富尔达的法圣瑞宫而设计。

1

2

3

1 这张优雅的雕刻镀金桌约1769年由威廉·戈特利布·马瑞兹（Wilhelm Gottlieb Martitz）设计，彰显了洛可可时期的自然主义线条和花卉装饰。

2 这张桌子体现了独具匠心的工艺。饰面材料使用具有异国情调的木材、象牙和珍珠母。亚伯拉罕·伦琴的作品，约1760年为特里尔的选举人制作。高1.49m。

3 约1741年制作的壁钟，基本外形是英国风格，但其复杂的雕刻和镀金装饰却是地道的德国风格。出自C.M.马特恩（C.M.Mattern，活跃于1733—1770年）之手，制作者以其镶嵌工艺而闻名。高3.1m。

4

4 18世纪中叶在德累斯顿制作的桌子，仿金铜雕刻装饰，带有萨克森选举人的家徽和首字母缩写。在花纹繁复的胡桃木上加了饰面设计。高81.5cm。

东欧、北欧和西班牙家具

不同的工艺

1

2

1 约1750年制作的木制涂金镀银西班牙蜗形腿台桌（见p.92）。充满活力的外形与断断续续的雕刻装饰似乎并不相配，可能受到了那不勒斯设计的影响。高78cm。

2 皇室收藏的俄国沙发，约1760年出品，反映了皇室建筑师拉斯特列利（Rastrelli，1700—1771年）的雕刻式洛可可风格。

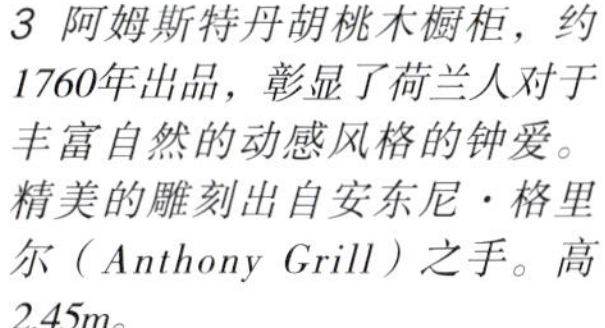

3 阿姆斯特丹胡桃木橱柜，约1760年出品，彰显了荷兰人对于丰富自然的动感风格的钟爱。精美的雕刻出自安东尼·格里尔（Anthony Grill）之手。高2.45m。

4 丹麦办公橱柜，C.F.莱曼约1755年制作。虽然源自德国风格，但是因为使用了多种元素而显得更加奢华，如异域木材、栩栩如生的镀金青铜镶嵌、不同金属制成的花卉镶边、象牙和珍珠母。高2.65m。

5 约1750年制作的丹麦胡桃木斗柜，基于法国摄政风格的形式设计而成，但是两侧的设计稍显夸张，底座带有雕刻装饰。瑞典的斗柜有3个抽屉，外形与其他国家作品类似，抽屉之间往往以金边装饰。高1.25m。

3

4

荷兰家具结合了法国和英国的设计，但是还残留着一丝巴洛克时期的特征，主要特点是它突出的线条感和强有力的藤条，最主要的作品是橱柜。荷兰的椅子和英国的相近，但是经常混杂着更早期的设计特征。1750年出现了法国安乐椅，不过主要是用胡桃木或桃花心木制作而成的。具有典型风格特征的是带花卉镶嵌工艺的橱柜、抽屉柜，1750年之后又有了法国风格的斗柜。

在斯堪的纳维亚，巴洛克风格一直延续到了18世纪30年代。来自英国、荷兰和德国的影响在其中都起了重要作用，主要体现在落地钟、前盖式写字台和椅子的设计中。马蒂亚斯·奥特曼（Mathias Ortmann）和C.F.莱曼（C.F. Lehmann）等丹麦橱柜工匠的作品都颇具日耳曼风格。瑞典的宫廷热衷于法国品位，像卡尔·哈勒曼（Carl Harleman，1700—1753年）这样的设计师都在巴黎接受过专业训练。18世纪70年代，瑞典的橱柜工匠尼尔斯·达林（Nils Dahlin，活跃于1761—1787年）为路易莎·乌尔丽卡王后（Queen Louisa Ulrika）制作了一个文件柜，由法国的写字台演变而来。

5

意大利和伊比利亚家具

威尼斯的装饰元素

1 约1750年制作的蜗形腿台桌，上面是芝麻金理石，在淡绿色的漆面上绘以中国风的狩猎场景。这一工艺在威尼斯极为流行。高83cm。

2 威尼斯的半镀金胡桃木椅，约1750年出品，体现出受多种风格的影响。椅背整体的造型源自法国，但是椅背中间的长条木板显然是从英国椅子的设计中借鉴而来的。

巴洛克形式

1 雕刻精美的镀金蜗形腿台桌，可能是1725—1750年在罗马制成的，雕刻师对于桌面雕刻形式的兴趣一直延续到18世纪。绿色的斑岩台面和镀金边缘是典型的罗马风格。

2 佛罗伦萨的镜子，将C形旋涡形装饰、花卉、贝壳和女性面具头像等多种岩状装饰元素与传统的雕刻花纹相结合，展现了18世纪中期意大利雕刻的精细工艺。

意大利的家具直到18世纪仍然使用大胆的巴洛克雕刻装饰和动感设计。雕刻师制作的家具做工精细，带有花纹装饰，如威尼斯的安东尼奥·科拉迪尼（Antonio Corradini，1668—1752年）。橱柜工匠则将巴洛克形式的大胆醒目保持到了18世纪60年代，比如都灵的皮耶罗·皮菲帝（Pietro Piffetti，约1700—1777年）。雕刻镀金的蜗形腿台桌还保留着前一个世纪的雕刻式设计形式。

新型家具在18世纪变得流行，如雕刻精美的小型家具，专为时髦的复式公寓设计，包括基于英国风格的办公书橱（在威尼斯被叫作“屏风柜”），以及从法国设计发展而来的斗柜。椅子结合了英国产品的雕刻式框架和法国的软垫安乐椅。胡桃木是制作饰面家具的首选，但热那亚的橱柜工匠也使用进口的郁金香木和紫檀木。在都灵，皮菲帝用异域木材、象牙和珍珠母打造了精美的镶嵌工艺。意大利家具装饰的另一个突出类型是彩绘家具。在威尼斯，有一项新的工艺称为“贫穷艺术”，即将版画装饰切割后粘贴到家具表面，然后再上色涂漆。

在西班牙，洛可可风格几乎只能在皇室家具中找到。菲利波·尤瓦拉为马德里的皇宫设计了一些极富野心的作品，体现了巴洛克雕刻风格形式的延续。菲利普五世在马德里的丽池公园设立了皇家工作室，在1768年邀请了那不勒斯的马蒂亚·加斯帕里尼加盟。制作的家具带有繁复的装饰和雕刻设计，体现了设计者对于岩状装饰形式和装饰元素的理解。

值得一提的是，葡萄牙家具大量使用异域木材，除了桃花心木外，还有巴西黑黄檀木和紫檀木。抽屉柜模仿了过去圣器收藏柜的曲线设计，但是更高，有4个抽屉和向上弯曲的八字形桌腿。英国风格在葡萄牙北部有着重要地位。在里斯本，在约瑟夫一世（Joseph I）1750—1777年这段统治时期，法国风格变得流行，家具刻有洛可可风格的图案，同时借鉴了英国设计，将中国主题或哥特式主题加入设计之中。

1 米兰胡桃木斗柜，饰面设计是在圆盘中间嵌入一颗星星。其外形明显受到英国家具的启发。

2 皮耶罗·皮菲帝的作品，约1760年出品，特点是运用象牙和珍珠母的镶嵌工艺，表现的场景是基于《特洛伊之围》的版画。

3 约1730年制作的办公书橱，将狩猎场景粘贴在彩绘背景之上，再用一种称为“贫穷艺术”的工艺上漆。

4 热那亚家具经常基于法国风格的形式，正如这张办公书橱的下半部分所示，约1705年出品。中间的四叶图案是典型的热那亚风格。高2.44m。

英国家具

雕工和座椅类家具

1 穿衣镜边框的设计图，马赛厄斯·洛克的作品，该设计于1744年在《六个壁式烛台》一书中发表。弯曲的线条和自然主义的细节体现了1740年开始引入英国雕刻工艺的洛可可风格。

2 英斯与梅休的烛台设计图，1762年在《家庭家具的普遍体系》一书中发表。越来越细腻的设计和自然主义的细节都体现了大胆的洛可可风格。

3 由雕刻镀金松木制作的窗间矮几，来自詹姆斯·帕斯卡尔（James Pascall）1745年为约克郡里兹纽塞姆寺庙展览馆设计制作的一整套家具，包括桌子、边桌和壁式烛台。

国际上的洛可可风格设计从约1745年开始给英国家具带来了显著影响，一直持续到18世纪60年代后期。最早引入又最为持久的洛可可风格装饰用在了雕刻之中，尤其是用于画框、镜框、窗间矮几、烛台和椅子。马赛厄斯·洛克（Matthias Lock，约1710—1765年）是英国最早一批采用这种风格的雕刻工匠和镀金工匠之一，在1744—1746年出版了这类家具的设计图。

18世纪中叶，设计师和雕刻工匠将洛可可风格发展为更加轻盈蜿蜒的形式，运用了娇嫩的花卉、叶子、树枝、岩石、动物、鸟类和人物等装饰元素。整体效果轻盈而优雅，给人带来梦幻和喜悦之感。设计中引入了许多小型的元素，一些最为精细的做工用石膏粉完成。由于夜间使用的房间需要用蜡烛照明，因此设计了专门的镀金家具，或者涂上白漆配以局部镀金。

1750年之后，英国的洛可可风格特色更为鲜明，加入了中国风格和哥特式风格的图案母题以及法式“如画”风格中的不对称设计和自然主义特征。霍勒斯·沃波尔（Horace Walpole，1717—1794年）位于特威克纳姆浪漫奇幻的草莓山庄别墅体现了最成熟的哥特式风格设计。

这一风格的流行还要归功于托马斯·奇彭代尔（Thomas Chippendale）富于创新性的样式图集《绅士与橱柜工匠指南》（1754年初版，1755年、1762年分别再版），书中加入了中国风格和哥特式风格以及“现代”或者法国风格的设计。随后出版的样式图集有英斯与梅休（Ince & Mayhew）所创作的《家庭家具的普遍体系》（1762年）和家具装饰商协会的《上流社会家庭家具》（1760—1762年）。特别突出的是托马斯·约翰逊（Thomas Johnson）在1755—1761年间的设计，在法国极度自然主义风格的基础上加以夸张，且添加了尖刺的设计元素。

用桦木和松木制作的全软垫扶手椅、躺椅和边椅都称为法式椅。软垫做成曲线形，用中空、团状的填充物定形，再用小巧的镀黄铜小钉固定到椅子的框架上。用来制作软垫座套的布料包括印有正式图案的意大利绸

4

5

4 马赛厄斯·达利设计的镜子边框，1754年在《中国设计新作》一书中发表。浓厚的中国风人物形象和装饰细节源自中国瓷器、漆器和壁纸，混合着法国的风格。

5 雕刻镀金松木镜，约1762年为威尔特郡科斯汉姆的梅休因勋爵制作。灵感来自伦敦出版的《150种新设计》一书中托马斯·约翰逊的设计。高2.67m。

6 带丝绸软垫的镀金桦木扶手椅，约1755年出品，一般认为是马赛厄斯·洛克的作品。这把椅子属于艺术家理查德·科斯韦（Richard Cosway），曾出现在他的一些自画像中。

7 八把扶手椅套系中的一把，专为萨塞克斯郡阿帕克庄园的马修·费瑟斯通豪爵士（Sir Matthew Featherstonhaugh）制作。雕刻和镀金桦木框架是约翰·布拉德韦尔（John Bladwell）的作品，而绘有伊索寓言场景的织锦椅罩则出自保罗·桑德斯（Paul Saunders）之手。

6

7

8 托马斯·奇彭代尔约于1760年设计了这些休闲椅，1762年制成版画，在《绅士与橱柜工匠指南》第三版中发表。每一把椅子都可以在椅背、椅腿和座椅横档上设计私人定制的装饰和细节，以满足客户和雕刻师的个人喜好。

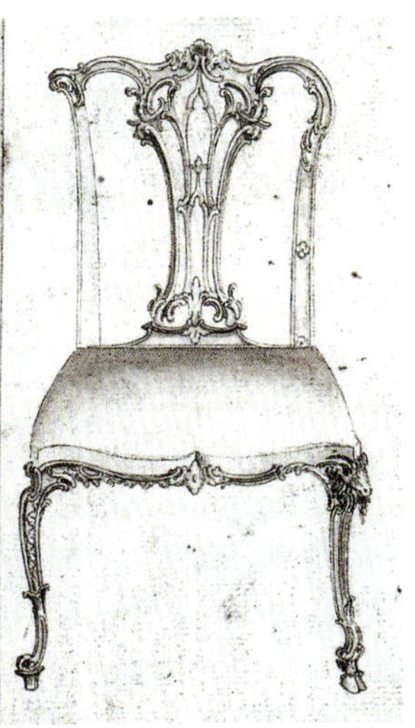

8

1

1 约1760年制作的雕花桃花心木长靠椅，细节采用托马斯·奇彭代尔1754年的设计。精美的莨菪叶形装饰、旋涡形装饰图案和椅脚以及卡布里弯腿都是典型的洛可可风格细节设计。

2 休闲椅椅背和拱肩的设计图，罗伯特·曼纳林（Robert Manwaring）的作品，1766年在《椅子制作指南》一书中发表。简约的风格适合比较朴素的客户需求，细致入微的雕刻工艺价值不菲。

3 约1760—1765年制作的斗柜，体现了低调的洛可可风格，但仍然通过柔化的蛇形装饰图案和精美的仿金铜镶嵌工艺表现出来。

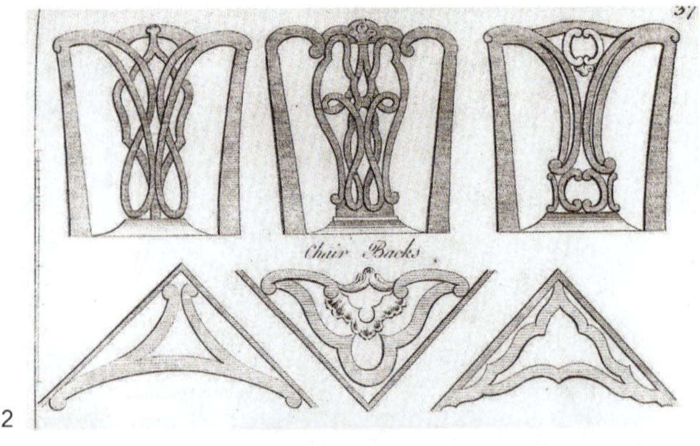

2

3

4

4 雕花镀金宫廷床，约1760年出品，由诺曼和惠特尔为萨塞克斯郡佩特沃斯宅第的艾格蒙特伯爵制作，模仿了托马斯·奇彭代尔的设计。软垫主要是现代风格。

缎、刺绣和锦织镶边。

18世纪50—60年代，最有特色的家具设计是饰以交错图案、带镂空椅背的椅子，为设计工匠展示多姿多彩的装饰艺术和自身精湛的技艺带来了无限可能。

英国传统的独立四柱床得以继续流行。床架上面刻有最昂贵的洛可可装饰，包括“如画”风格的树干、树枝、树叶、花卉、动物、鸟类图案，还有一些设计从中国和哥特式风格中获得灵感。与床相匹配的椅子、凳子和长靠椅则延续同样的风格，为每个房间确定了主题。

总的来说，英国洛可可风格橱柜作品比欧洲大陆的一些同类家具更为内敛。餐厅和图书馆中橱柜的设计原则和用途以及制作中桃花心木材料的使用，都影响了书架、桌子和餐具柜等物品的设计。最明显的洛可可风格作品是精致的斗柜（抽屉柜），灵感来自法国家具，用于卧室和休息室。有些家具的正面和侧面都采用了法式蛇形装饰设计，饰以极具装饰性的镀金黄铜或青铜镶嵌，但与法国家具不同，这些装饰很少会掩盖木工手艺本身的光芒。曾在法国学艺的家具工匠皮埃尔·朗格卢瓦（Pierre Langlois）制作的斗柜与法国作品最为相似，但托马斯·奇彭代尔和约翰·科布（John Cobb）在18世纪60年代制作的斗柜则偏于内敛，主要依靠细致的雕刻、带有精致花纹的桃花心木以及高质量的镀金镶嵌工艺来达到效果。

其他大型的橱柜作品在整体轮廓上都保持含蓄柔和，但是在雕刻细节中往往包含了大量洛可可风格的装饰。小件作品，如茶几、折叠桌、瓷器架、床头柜和梳妆台，则装饰着细腻的中国格子图案或哥特式卷叶形凸雕，同时为抛光的栏柱配以带尖顶的花饰窗格设计。然而，到了1765年左右，大多数洛可可风格的不对称设计或者扭曲的雕刻风格已经开始消退，同时一种更为克制内敛的装饰风格逐渐兴起，出现在大多数时尚的英国家具之中。

5 英斯与梅休的女士书桌设计图，收录于1762年出版的《家庭家具的普遍体系》一书中。哥特式和中国风的装饰元素经常用于样式标准但尺寸较小的橱柜设计中。

5

6

7

8

6 桃花心木镶乌木的书桌和书橱，称作"小提琴书橱"，是托马斯·奇彭代尔约1760年为威尔顿庄园设计的作品。上层中间部位的雕刻镶片受洛可可风格设计中的边框启发。

7 约1765年制作的桃花心木折叠桌，桌面下方的浮雕细工笼子使用了格子框架设计，赋予了这件作品浓厚的东方风情。

8 桃花心木材质的三腿茶桌，约1760—1765年出品。桌面的波浪形边缘类似同时代洛可可风格瓷盘的形状。高接近71.5cm。

9 约1765年制作的中国漆器橱柜，桃花心木材质的底座配以精美的格子浮雕细工工艺。

9

美国家具

独立战争前的殖民地风格

1 这件桃花心木木椅是本杰明·伦道夫或托马斯·阿弗莱克在费城的作品，1760—1775年制作。雕刻着旋涡形树叶，卡布里弯腿配以抓球爪式脚，属于洛可可风格的设计。充满活力的细节雕刻和椅座的造型都体现了费城最优秀匠人的技艺。高94cm。

2 托马斯·奇彭代尔出版的《绅士与橱柜工匠指南》（1745年）一书中的第16号插图。这样的设计对于费城高级家具的制作有着直接影响。

3 流苏状椅背或者流苏褶皱设计的椅子只在纽约制作。这种设计效仿英格兰和爱尔兰的原型，是非常流行的图案。密集的雕刻和沉重的卡布里弯腿上突出的线条都体现了典型的北美家具风格。高97cm。

1　2

3

4

4 费城詹姆斯·雷诺兹（James Reynolds）设计的松木墙架，制作于1765—1775年，因其精细的雕刻过于脆弱，这种家具很少能保存至今。这件作品装饰着旋涡形装饰、树叶以及鸟儿头顶的钟乳石。高41.5cm。

北美家具的洛可可风格在雕刻师的技艺中体现得最为淋漓尽致，该风格的标志性特征莫过于写实的自然元素，如贝壳、岩石、旋涡形树叶、花卉和果实，这些图案均与C形、S形的旋涡形装饰相结合。有时也用三叶式或四叶式图案来体现哥特式风格，用镂空和“素压印”浮雕细工彰显中国韵味。最主要的影响来自奇彭代尔的著作《绅士与橱柜工匠指南》（1754年初版，1755年和1762年再版），在这本书的启发下，出现了大量带有繁复雕刻和卡布里弯腿（*cabriole legs*，又译“猫脚形弯椅脚”）的椅子、形状独特的上横梁和镂空的长条模板设计。

在美国独立战争前北美殖民地的主要城市中，橱柜工匠创造出了鲜明的地方特色，有时候主要是受到移民手工匠人的启发。其中一位是1763年从英国来到费城的托马斯·阿弗莱克（Thomas Affleck，1740—1795年）。他和其他橱柜工匠共同制作了称为“新法国风格”的箱式家具，最有名的合作者是本杰明·伦道夫（Benjamin Randolph）。该设计奠定了费城在美国洛可可时期精品家具制造业的领先地位。这一风格从18世纪60年代开始，一直持续到了18世纪80年代。

大多数的家具都采用桃花心木制作，带有雕刻的镶板，常用材料有贝壳等，镶板置于抽屉柜中央或者用在卡布里弯腿的弯膝处。镜子、壁式烛台以及其他雕刻师制作的样品经常跟欧洲一样，全部或者部分镀金。高脚斗柜又名“高脚橱”，具有典型的美国特征，断山花弯度很深，配以旋涡形顶端或尖顶饰，用来支撑的卡布里弯腿带有活泼的雕花设计。

从纽波特到罗德岛，广泛流行的是带有正面凹口的书桌。不管是简洁的容膝桌还是高大的写字台橱柜都具有共同特征，镶片上带有贝壳雕刻装饰，下面是S形曲线式托架脚。波士顿地区的设计要平实一些，边柱刻有凹槽，有时受荷兰风格影响，将底部设计成隆起的曲形面板，下面用来支撑的卡布里弯腿很短，配以抓球爪式脚的设计。

5 1755—1775年，在南卡罗来纳州查尔斯顿制作的桃花心木图书馆书橱。灵感得益于托马斯·奇彭代尔出版的《绅士与橱柜工匠指南》（1754年）一书中的第93号插图。高1.05m。

6 在北美被称作“高脚橱”的高脚斗柜。断山花呈旋涡形，裙板造型独特，下面是卡布里弯腿，一般认为是康涅狄格州伊利法莱特·蔡平（Eliphalet Chapin）的作品。高2.22m。

6

5

7

7 1765—1775年制作的陶瓷桌，其设计受英国影响极其明显。一般认为是由在英国汉普郡朴次茅斯工作的英国橱柜工匠罗伯特·哈罗德（Robert Harrold）制作，该地区是新英格兰木材贸易的中心。

8 这件三脚圆茶桌体现了洛可可风格作品中最为典雅的设计。不使用的时候，桌子可以垂直折叠起来放至角落。高72.5cm，直径76cm。

9 雕工精美的蛇形装饰主题牌桌，一般认为出自托马斯·阿弗莱克在费城的工作室，1770—1771年出品。后腿向后旋出，支撑着可折叠式桌面。裙板的旋涡形装饰是典型的洛可可风格。高71cm。

8

9

早期洛可可风格

1 迈森茶壶，约翰·约阿希姆·肯德勒的作品，约1740年出品，其立体感强而逼真的错视法是典型的洛可可风格，以当时流行的轻松风格模糊了幻想与现实、自然与艺术之间的界限。高14cm。

2 迈森喜剧瓷偶组合，意大利即兴喜剧中的丑角哈勒昆和科伦拜恩，约翰·约阿希姆·肯德勒的作品，约1741年出品。浓重的色彩仍然是巴洛克风格，但是制作同时代戏剧中的一对人物本身已经体现了这一时期瓷器制作的轻松风格。高15cm。

3 迈森咖啡杯和瓷碟，来自专门为布吕尔伯爵设计的“天鹅餐具组”，约翰·约阿希姆·肯德勒和约翰·弗里德里希·埃伯莱因的作品，约1737—1740年出品。伯爵的名字是“沼泽”的意思，因此餐具的主题都与“水”有关，带有贝壳、水、芦苇的图案——所有这些元素都是洛可可风格。

洛可可风格的发展期

1 迈森瓷偶“卖地图的人”，约1745年出品，是“巴黎的叫卖者”系列瓷偶中的一件，来自古玩家凯吕斯的版画，模仿的是埃德蒙·巴沙尔登（Edmé Bouchardon）的画作，约翰·约阿希姆·肯德勒的作品。由多个模制小型零部件构成，用液体泥釉黏合而成。高16.5cm。

2 一对迈森马拉巴尔音乐家瓷偶，约1750年出品，F.E.迈耶的作品，可以看出其洛可可风格的异国情调。18世纪中叶，瓷偶已经可以制作得更精致，带有更多细节，例如用打旋的长袍制造动感。底座上不对称的C形羽毛状旋涡形装饰进一步突出了其洛可可式的风格。女性瓷偶高17.5cm。

18世纪30年代末，华美的巴洛克风格完成了使命，取而代之的是更为俏皮、女性化的洛可可风格，带给人一种新的轻松感、活力和动感。这种风格非常适合瓷器，因为瓷器虽然易碎，但具有可塑性，又容易着色。诸多小型作品出自约翰·约阿希姆·肯德勒之手，包括宫廷场景、意大利即兴喜剧（一种即兴民间戏剧）中的人物、农民、工匠、矿工、乞丐、街头小贩、土耳其人、波斯人、中国人等，都是用蜡或陶土制成的。在此基础上出现了大量巴黎石膏模具，用来制作各种瓷偶，以代替之前使用的蜡、杏仁糖或糖浆，用来装饰桌面的塑像。由此，瓷器不再需要与硬石、金属和大理石雕塑制品竞争，而是有了自己的发展平台。

早期的瓷偶都有扁平的圆形厚底座，加上鲜花图案装饰，以掩盖烧制过程带来的瑕疵。底座的洛可可风格变得日渐明显，配以华丽的镀金旋涡饰。到18世纪60年代，瓷偶的底座变高，带有旋涡饰和镂空装饰，给人一种精致脆弱的感觉。珐琅色从浓重的巴洛克风格色系转变为一系列较为浅淡的颜色，如粉红色、淡紫色、淡黄色、绿松石蓝等。人物着装上则绘制着东方风格的花朵图案。

1737—1741年，肯德勒和约翰·弗里德里希·埃伯莱因（Johann Friedrich Eberlein，生于1696年）为奥古斯都三世首席大臣布吕尔伯爵设计了一整套带有盾形徽章式样的餐具组合，共有超过1000件餐具，每一件都饰有天鹅图案的浅浮雕。到18世纪50年代，餐具上开始出现了镂空的格子或编织物设计，同时模仿画家华托和大卫·特尼斯（David Teniers）的作品，绘有花卉、鸟类、狩猎场景和爱情主题的图案。

以前由金匠和搪瓷工匠包揽的小型时尚配饰（小玩意儿）现在都可以用瓷器制作，比如香水瓶、鼻烟盒和嗅盐瓶。

不久之后，迈森瓷器厂严防死守的秘密已经在德国流传开来，因此在皇室的赞助下又新开了很多相互竞争的瓷器厂。然而，所有工匠的光芒都不及宁芬堡的弗朗茨·安东·布斯泰立（Franz Anton Bustelli，约1720—1763年），他制作的一系列意大利即兴喜剧瓷偶集中体现了洛可可风格的精髓。

1　这款钟表有着高高的旋涡形外壳，上方是水中仙女像，侧面是设计成C形旋涡形的水中芦苇，底部的S形旋涡形则是鱼尾的形状，可以明显看出整个设计在一种自然形态中散发出的不安分、不对称的感觉。中间模仿华托风格的恋人图案绘画和镀金风格加强了整体效果。高40.5cm。

2　迈森香水瓶，约1750年出品，典型的洛可可风格不对称形状设计，瓶身也不对称。画家华托、帕特和特尼斯为迈森瓷器上的图案设计带来了诸多灵感。高14.5cm。

3　一对迈森花瓶，设计受到了同时代银器的启发，约1750年。创造性地使用了C形和S形旋涡形装饰设计，配以单色图案和镀金，以营造出一种高贵淡雅的效果。高12cm。

4　一对制作时间偏晚的迈森花瓶，约1755年出品，成熟期的洛可可风格，约翰·约阿希姆·肯德勒的作品。带有华丽的旋涡形装饰和镂空装饰。与上图中的花瓶相比，既不淡雅也不高贵。花瓶表现的是由一组元素代表的大地和天空。高42cm。

5　迈森雪花球茶杯和茶碟，可以看出洛可可风格对自然形态的钟爱，约制作于1745年。两件茶具表面均饰有五月花图案。

6　放在托盘上的一对迈森巧克力杯，约制作于1750年。紫色或深粉色是洛可可时期单色绘画的一种标志性颜色（模拟浮雕的单色画作），增加了这对巧克力杯的女性化气质。曲线形的托盘设计、镂空的防抖设计（为了方便颤抖的手握住杯子时保持平稳）和华托风格的小装饰图案也是为了加强这一效果。宽28.5cm。

法国和意大利瓷器

万塞讷地区的早期发展

1 万塞讷花瓶。其隆起的曲形面板设计和环绕瓶身的莨菪叶是典型的洛可可风格，体现了该风格对曲线形状和自然形态的喜爱。镀金仅限于在万塞讷（塞夫尔）瓷器厂使用。

2 万塞讷瓷器厂制作的瓷花，下面是铁制的花茎和叶子，表明洛可可风格喜爱模仿自然。这样的瓷花从约1745年开始生产，是早期瓷器成品中最成功的范例，由于尺寸较小，看不出烧制过程带来的瑕疵。当时为了生产这种瓷花，该瓷器厂专门成立了一个特别工作室，雇用成年女性和女孩制作每一片单独的花瓣和雄蕊。

法国的瓷器首先是在鲁昂、圣克卢、尚蒂伊、梅讷西和万塞讷等地制造的。法国瓷器与德国和东方的硬质瓷器不同，因为直到1768年高岭土才在利摩日附近的圣伊里耶被人们发现，但是法国人自己发明了一种软质瓷，也称人工瓷，用一种类似玻璃的沙砾混合煅烧白黏土制成，但容易出现裂缝和瑕疵。

万塞讷瓷器厂（即后来的塞夫尔瓷器厂）在1759年由皇家行政机构接管，其花了6年时间才掌握用素坯（瓷）制作本色瓷器（素烧瓷）和铅釉的烧制工艺，并于1748年发明了一种窑炉来烧制搪瓷。工厂聘请了搪瓷工匠来开发新的颜色，用来与颜色较深的翻糖（糊）混合，并与釉料相熔合。1748年又开发了烫金工艺。最早的瓷器制品之一是装在铁制花茎上面栩栩如生的瓷花。1751年开始，小型瓷器制品开始以釉下蓝作为底色，在预留分区中绘制花卉和鸟类图案，配上带镀金旋涡形设计的洛可可风格边饰。后来又陆续开始使用其他颜色，包括绿松石蓝、玫粉色和绿色等。

路易十五的情妇蓬巴杜夫人于1756年负责将万塞讷瓷器厂搬迁至塞夫尔。她关心工厂的发展，帮助工厂雇用顶尖的法国设计师和工匠，包括名匠朱斯特-奥雷勒·梅索尼耶和雕塑家艾蒂安-莫里斯·法尔科内（Etienne-Maurice Falconet，1716—1791年），两人的影响体现在制作汤碗和花瓶时使用旋涡状的自然形态设计，用素坯（瓷）制成的人偶装饰餐桌，有的人偶形象是从弗朗索瓦·布歇的画作中挪用而来的。布歇作品中的场景也被塞夫尔瓷器厂的画工用到各种器具和花瓶的制作中，通过丘比特、牧羊女和水中仙女的形象表现出洛可可风格。这些昂贵的器具反映了大革命前法国贵族奢侈的生活。

法国其他的瓷器厂中，圣克卢地区最擅长使用以釉下蓝为底色的优雅图案，而尚蒂伊地区的专长则是在白色锡釉上绘制受日本柿右卫门风格瓷器启发的图案。由于只有塞夫尔瓷器厂才允许使用镀金，因此梅讷西地区使用黄色、蓝色和紫色来给瓷器镶边，突出色彩柔和的花朵图案。

法国洛可可风格的兴盛

1 这套大口水壶和瓷盆使用了甜美绮丽的颜色作为底色，是18世纪50—60年代塞夫尔瓷器制品的特色。这种图案展现了洛可可风格典型的运动感。

2 塞夫尔玫瑰水壶和瓷盆，约1755年出品，强调了洛可可风格瓷器设计的曲线特征。这种绿松石蓝的底色是在1753年发明的，非常昂贵，部分原因是其含铜量高，容易损坏窑炉中的其他瓷器。

4 梅纳西瓷偶组合，厚厚的底座和细节难辨的制作工艺凸显了软质瓷器存在的一些问题，如易碎以及容易在窑炉中碎裂坍塌。高14cm。

5 跳舞的女子瓷偶，卡波迪蒙特瓷器厂（那不勒斯国王卡洛斯三世创建）出产，朱塞佩·格里奇（Giuseppe Gricci）的作品，约1750年出品。这一成品明确暴露了软质瓷器过于柔软、易熔的特点及其给工匠带来的不便。高14.5cm。

3 用作釉底的深蓝色是万塞讷瓷器厂1752年发明的第一种底色，可以和大量镀金的图案搭配，通常会涂多达3层。图案的形状模仿的是这一时期浴缸上绘制的橙色树枝。高14cm。

4

5

3

与德国瓷器的对比

1 做工精美的中国风组合瓷器，1765年在德国赫斯特制成。制作工艺和镂空设计细致入微，硬质瓷器才能达到这种效果。相比较而言，软质瓷器制成的瓷偶（见本页图4和图5）看起来模糊不清。

1

英国瓷器

早期软质瓷器

1 山羊和蜜蜂图案瓷壶，以切尔西工厂创始人尼古拉斯·斯普里蒙（Nicholas Sprimont，1716—1771年）制作的银器为原型。和所有瓷器厂最早的产品一样，这个瓷壶的制作工艺缺少上色和鎏金技术，仅仅靠细腻的软质陶土达到某种美学效果。高11.9cm。

2 这件切尔西小瓷偶是“四季系列”中的一个，象征着冬天，约制作于1755年。底座采用迈森风格的花卉进行装饰，可以掩盖软质瓷器烧制过程中常见的小缺陷。和许多早期的英国瓷偶一样，这件作品看起来有点粗糙，缺少动感。高13.5cm。

1　　2

装饰艺术的影响

1

1 切尔西餐盘，约制作于1755年，绘有带旋涡形花纹的装饰图案，来自伊索寓言中的场景，效仿杰弗里斯·哈米特·奥尼尔（Jeffreyes Hammet O'Neale，逝于1801年）的风格。分散的花朵和小树枝图案是迈森风格，用来遮盖黑斑、气泡和烧制过程中产生的裂纹。直径43cm。

2 鲍瓷器厂约1755—1756年生产的树叶形状瓷盘，图案直接仿自日本柿右卫门瓷器或者借鉴了迈森瓷器厂的仿制品。餐盘外形凸显了洛可可风格对自然形态的钟爱。

3 朗顿瓷器厂约1755年生产的瓷茶壶，通身饰以藤蔓图案，是洛可可风格的幻想作品。山楂树树枝式样的壶把和喷嘴出现在18世纪中叶的陶瓷制品中。此壶把模仿的是山楂树的枝条，相对于整个茶壶的重量而言很不结实，但非常时尚。高13.5cm。

2

3

后期发展中的成功与失败

1 英国对陶瓷界最大的贡献之一是转印工艺，即将铜版雕刻的印刷制品转印到瓷器和陶器上，这就加快了装饰过程，装饰图案可以是釉下彩或釉上彩，瓷器由此更方便中产阶级购买。图中约1757年出品的伍斯特杯上印有普鲁士王的肖像。高10.2cm。

2 鲍瓷器厂生产的一对瓷偶，意大利即兴喜剧中的丑角哈勒昆和科伦拜恩，约制作于1765年，带有17世纪60年代末广受欢迎的洛可可风格旋涡形高底座。尽管这些设计完全模仿迈森瓷器厂的原型，但与原件相比仍然显得粗糙和幼稚。

3 中国风伍斯特茶壶，制作于约1755—1760年，伍斯特瓷器厂在胎土中加入皂石之后，瓷身变得更匀整而坚固。加入皂石的瓷胎是实用性瓷器的理想材料，图中作品实用的设计是其典型特征。高12cm。

4 鲍瓷器厂生产的咖啡壶，约制作于1760年，壶身覆盖有洛可可风格的模制C形和S形旋涡形纹饰。过大而显得笨拙的蛇形壶嘴、蛇颈下方的人脸像、壶把以及向外张开的旋涡形底座看起来就是为了追求复杂的工艺，尽管具有一定吸引力，但不够成功。高30.5cm。

如果说大陆瓷的风格高贵优雅，那么同时代的英国瓷器则平淡无奇。一部分原因在于英国生产的是软质瓷器，而且英国人在艺术上本来就偏保守，除此之外则是因为瓷器厂没有得到皇室的赞助，不能支付试验费用。和法国瓷器一样，英式软质瓷器是由煅烧白黏土与玻璃料混合以后烧制而成的。由于瓷窑中的材料不稳定，往往容易导致瓷器变形，烧制过程中也容易产生裂纹。同时，釉料也过厚，难以控制。

英国第一家瓷器厂位于伦敦切尔西。早期的瓷器由来自比利时列日的胡格诺派银匠尼古拉斯·斯普里蒙设计，受到胡格诺派洛可可风格银器的影响。18世纪50年代的餐具上，绘制的是迈森风格的花卉、自然景观和港湾风景，同时也效仿日本柿右卫门风格瓷器的图案。杰弗里斯·哈米特·欧尼乐将伊索寓言中的故事绘制在茶具和咖啡器具上。瓷器厂还制作了一系列带有植物图案的器具，以汉斯·斯隆爵士的名字命名，因其奔放华丽的风格而闻名。模制边饰成为流行，出现的叶子和花朵形状的餐盘以及制作成的水果、蔬菜、鸟类和各种动物形状的瓷盒和瓷碗，都体现了洛可可风格对自然形态的偏好。人物图案也受到迈森风格的影响，约瑟夫·威廉斯（Joseph Willems，1715—1766年）制作了许多这样的瓷偶。到18世纪60年代中期，大型瓷偶的设计中都加入了带花卉外壳装饰的坚固背撑，或者辅以树木花草背景。18世纪60年代流行的瓷器风格是在甜美的底色上绘制异国情调的鸟类和花卉图案，再加上洛可可风格工艺的鎏金边框。尽管工匠们一直尝试发展更熟练的工艺，但总是不得其法，同时还受到技术问题的困扰。1769年，切尔西工厂在成立短短24年之后就关闭了。鲍瓷器厂成立于1744年，专为中产阶级客户提供服务。日本柿右卫门风格的图案和中国风的青花瓷既便宜又时髦，模仿中国德化白瓷的白色瓷具也是如此。鲍瓷器厂在胎土中添加骨灰以提高产品稳定性，由此才能够制作大型瓷偶中洛可可风格的高底座。其他工厂制作的是软质瓷器，但是伍斯特瓷器厂发现了一种新的配方，即沃尔博士（Dr. Wall）制作的瓷身加入了皂石，生产的瓷器制品功能性更强，外形既匀整又耐热。

陶器

继续流行的青花瓷

1 绘有钴蓝色图案的法国彩釉陶托架，可以看出结合了浮雕和旋涡形纹饰的细腻线性图案，约1720年出品。该设计紧跟同时期法国版画的风格。直径21cm。

2 装饰用瓷板，让·贝兰约1690—1720年的作品，这个设计令人联想到16世纪的奇异风格装饰，但又具有洛可可风格的淡雅特征。

3 葡萄牙瓷砖镶板，制作于1720—1730年，颜色是蓝白色，图案却是欧洲人像，带有一个曲形边框。

1

2

3

欧洲陶器品位的改变

2

1 这款餐盘绘有分散的自然主义花束图案，在餐盘表面呈不对称分布，斯特拉斯堡制造，约1755年出品。占主导地位的玫粉色是18世纪中叶法国彩釉陶的经典特征，反映出受德国瓷器的影响。直径24.5cm。

2 卡特尔座钟，斯特拉斯堡制造，约1750—1760年出品。设计元素结合了断裂的曲线和生动、弯曲的女性半身像，让人联想到早期法国家具的底座和设计师朱斯特-奥雷勒·梅索尼耶的作品。高1.10m。

1

3 生动活泼的现实主义风格瓷汤碗和碗盖，在马赛制造，约1770年出品，外形是一只火鸡，表明后期洛可可风格对自然形态的兴趣已经广泛流行，在每一种装饰艺术中都有所体现。高38.5cm。

3

英国炻器

1 斯塔福德郡红炻器咖啡壶，外形仿自银器制品，刻有约瑟夫·埃奇的名字，1760年出品，壶把和壶嘴是自然主义设计风格，不对称的花朵图案分散在壶的表面，这些都是英国陶器的典型特征。高21.3cm。

2 薄胎盐釉炻器船形酱油壶，斯塔福德郡制造，约1755年出品，有旋涡形线条和自然主义的花卉图案，配以玫粉珐琅色。

3 大尺寸的盐釉炻器潘趣酒壶，斯塔福德郡制造，约1755年出品，自然主义风格的花枝形壶嘴、壶把，结合了用浓烈玫粉色突出的中国人像。高18.5cm。

奶油色陶器的出现

1 奶油色陶器茶壶，乔赛亚·韦奇伍德（Josiah Wedgwood，1730—1795年）约1763年的作品，呈现出现实主义的花椰菜形状，下半部分绘以浓郁的绿色釉料。有的陶器还制作成甜瓜和菠萝形状。高12cm。

2 奶油色陶器汤碗、碗盖和碗托，可以看出使用了洛可可风格的装饰，包括带有贝壳和丝带状花纹的花枝手柄，利兹或斯塔福德郡制造，约1770年出品。

18世纪法国彩釉陶的发展体现了大众对新兴的洛可可风格的认知。早期的陶器继续直接在未经煅烧的釉上用高温颜色绘制图案，特别是钴蓝色，偏好源自雕刻艺术的对称式设计，但已发展成更淡雅、更细腻的风格。18世纪中叶，高温颜色被低温颜色所取代，用在经过煅烧的釉上，且需要在马弗窑（*muffle kiln*，也译作“隔焰窑”）中进行第3次烧制。由于采用了这种技术，陶器制作中使用的色系范围可以更广、更为细腻，特别是制出了衍生自黄金氯化物的玫粉珐琅色。这种更柔和、更细腻的配色方案与自然主义装饰艺术随意分布的图案相结合，再加上对不对称外形的明显偏好，共同反映了这一时期陶器的流行时尚。当时的设计风尚是模仿动物和鸟类的外形制造各种实用型器具，反映了当时人们对自然形态的兴趣。

在英国，18世纪下半叶斯塔福德郡生产的炻器和陶器中，仍然可以看到源自欧洲大陆银器和瓷器制品的洛可可风格形状和图案。这样的设计往往在其他材料制成的物品过时10多年以后才出现在陶器中。

英国瓷器厂早已经开始使用S形和C形曲线，偏好不对称图案以及自然形态的形状，这些设计特点在18世纪50—60年代复兴的红色炻器中再次出现，同时上一章（p.62）约翰·德怀特早期试验中开发的薄胎白色盐釉炻器也体现了这样的设计。虽然经常完全依赖模制的装饰，但是这些白色陶器偶尔会饰以珐琅色的图案，同时再次从欧洲和东方瓷器的设计中寻找配色方案和主题。

18世纪下半叶英国陶器的主流材料是精致的奶油色陶器，本书后面章节将展开更全面的讨论。这种陶器进一步表明洛可可式设计风格一直持续到18世纪60年代。

玻璃制品

东欧与荷兰

1

2

1 波希米亚式玻璃夹金（玻璃下的黄金）带盖玻璃杯，两层玻璃之间装饰着珐琅彩画以及银箔和金箔，还有一位骑在马背上的狩猎人，约1740年制成。高21cm。

2 有着扇形饰边的“仙馐”甜食杯，理论上是为了供众神饮用仙酒而设计的，典型的洛可可风格器皿，西里西亚，约1750年制成。上面刻有旋涡形装饰和盾形徽章，两侧是狮子图案。高15cm。

3 伊格纳茨·普赖斯勒（Ignaz Preissler）制作的甜食杯，饰以石墨瓷漆绘制的饮酒场景，约1730年制成。普赖斯勒的装饰母题通常来自同时代的版画作品，往往装饰有铁红色、镀金和划刻出的亮点部分。高12cm。

3

玻璃被证明是洛可可风格装饰的完美载体，尤以珐琅、金器，以及雕刻制品上温馨怡人、绚丽多彩、高贵典雅、如梦似幻的图像为代表，主要涵盖典雅爱情、乡村、船只、遗迹，以及大约源自中国、印度和土耳其的场景，充满异国情调。

玻璃器皿不能塑造出巴洛克风格和洛可可风格的曲线轮廓和格栅结构。事实上，标准玻璃杯、大口杯、高脚杯、玻璃瓶和普卡兰杯（*Pokalen*，带杯盖的高脚杯）的形状在18世纪的大部分时间内一直保持不变。然而，脱胎于中世纪的水晶且有着扇形饰边的“仙馐”甜食杯，则确实是典型的洛可可风格玻璃器皿。

许多洛可可风格的图案，包括旋涡形装饰、纽带装饰、网格图案，都选自各种样式图集，尤其是巴黎建筑绘图师让·贝兰的设计。其作品经保罗·德克（Paulus Decker）抄袭后于1759年在英国发表，后者所著的《中国式民用建筑与装饰》和《哥特式建筑装饰》后来一起成为洛可可风格装饰的圣经。

在贵族的资助下，包括波希米亚和西里西亚在内的小地区成为欧洲最具影响力的精美玻璃器皿主产地。为了迎合哈布斯堡帝国贵族的偏好，玻璃器皿逐渐从沉闷的巴洛克风格转变为主题轻松、轻佻的洛可可风格。波希米亚的玻璃设计师凭借其数百年传承下来的经验，成为洛可可风格装饰三大主要形式的集大成者，这三大形式是珐琅、镀金和雕刻工艺（见p.110），其作品最终使柏林、纽伦堡、图林根和德累斯顿等之前卓越的玻璃雕刻中心地黯然失色。

波希米亚地区的洛可可风格玻璃装饰极具吸引力，以至于到了18世纪中期，波希米亚玻璃装饰在欧洲大部分地区随处可见。意大利、西班牙、葡萄牙、俄罗斯、荷兰和法国等国家的玻璃工业几乎成为波希米亚人的“领地”，当地的玻璃生产和装饰工作都由来自波希米亚的移民负责监管。到了1750年左右，波希米亚人在欧洲和北美地区经营了50家外国玻璃制品厂，实际上控制了整个国际市场。

4

4 凹槽切割的波希米亚式大口玻璃杯，装饰着一个牧羊女打扮的女子、一个像狩猎人的男子和他的狗，另外还有一个方尖纪念碑，边框是以多彩珐琅釉绘制的洛可可风格贝壳，约1760年制成。高9.5cm。

5 3只高脚杯，装饰着典型的波希米亚式洛可可多彩珐琅，上面有一个小丑、一个身着粉红色长袍的女人和一个戴着头巾的男人，可能是由一位家庭画师制作而成的，1735—1740年出品。高14cm。

5

6 波希米亚式玻璃夹金带盖高脚杯，针对荷兰市场制作，装饰有房屋、船舶和港口的连续场景，还带有用作纪念的题字，约1730年制成。高27cm。

7 品质普通的波希米亚圆柱形玻璃酒瓶，带有一个球形瓶塞，装饰着一个男子遛狗的洛可可风格镀金图案，边框是树木和旋涡形装饰，约1770—1780年制成。高25cm。

8 威尼斯玻璃杯，装饰着波希米亚风格的多彩珐琅彩绘，带有达蓬特家族的徽章“里亚托桥”，还有一顶属于奥斯瓦尔多·布鲁（Osvaldo Brussa）的小王冠，约1770年制成。高11.5cm。

9 两个波希米亚风格的玻璃酒瓶，由波希米亚移民工匠在西班牙制造和/或装饰，带有洛可可风格花卉镀金和凹陷的球面“挖痕”切割（如同指甲按压出的凹陷切割）。左：高20cm。右：高23cm。

6

7

8

9

1 战争英雄是玻璃器皿中常用的装饰图案。图中是约1740年在波茨坦雕刻的镀金高脚杯，图案是一个取得胜利的指挥官，用完美的深雕工艺雕刻而成，再加上金线装饰突出效果。高30cm。

2 让·贝兰样式图集中的典型设计。他的画作是对巴洛克风格和洛可可风格产生最大影响的几种来源之一，广泛应用于装饰艺术。

3 以《女士们的消遣或涂漆的艺术》（1762年）双标题出版的样式图集，涵盖了成千上万种设计理念，包括中国风图案、鸟类、花卉、昆虫和废墟等。

4 西里西亚高脚杯，约1745年制成，将“希望”雕刻为一位少女的形象，配以在海上航行的船只以及题字“现在希望即将实现”，带有贝兰式风格的交织纽带装饰和旋涡形装饰。高19.5cm。

洛可可风格玻璃雕刻的灵感来源于约1600年卡斯帕·莱曼在布拉格开创的工艺和主题。玻璃比以前的矿物水晶材料更便宜、更稳定，确实非常适合洛可可风格轻松且肤浅的特征。

雕刻师将研磨膏粘贴在一系列约40个不同的轮盘上，用笔直和弯曲的线条慢慢划刻出图案，这些图案经常来自贝兰和其他作者的样式图集。通过细致的抛光、镀金和切割，配以从浅擦痕到深纹路的不同设计，装饰效果得到进一步提高。巴洛克风格和洛可可风格雕刻的主要特点是大量使用旋涡形装饰以及叶状和纽带装饰。

中欧贵族将带有雕刻装饰的玻璃器皿看作相对廉价的财富象征，无意间促进了水晶风格华丽雕刻制品的发展，尤其是带盖玻璃杯或普卡兰杯。这一类型的雕刻很受欢迎，1733—1743年，10年之间在温布伦西里西亚温泉镇工作的雕刻师从6人增加至40多人。

技艺高超的工匠人数剧增，激励了许多人来到丹麦、挪威、瑞典、波兰、西班牙、俄罗斯、匈牙利、保加利亚和英国追名逐利。这种迁移导致欧洲的玻璃器皿在1700—1770年间制造风格大体一致。英国和荷兰的玻璃雕刻是例外：前者过于平淡无奇；后者质量上乘且富有个性。

弗兰斯·格林伍德（Frans Greenwood，1680—1761年）、大卫·沃尔夫（David Wolff，1732—1798年）等工匠继承了17世纪荷兰金刚石书画雕刻的传统，制作了一系列独特的点刻肖像和具象作品。不过，最著名的荷兰风格轮雕雕刻师是波希米亚人西蒙和雅各布·桑，两人来自同一个玻璃设计师世家，这个家族从约1753年开始就在阿姆斯特丹工作，其洛可可风格轮雕工艺主要用于荷兰制造的英式含铅曲柄高脚杯，包括一些有制作者签名的纪念品和装饰品。

5 淡紫色的西里西亚高脚杯，使用了雕刻、切割和镀金工艺，约1760年制成。酒杯被切割成V字形和花瓣形，刻有洛可可风格旋涡形装饰和树叶的图案。高20cm。

5

6

7

6 两个用中国风雕刻装饰的英国饮用玻璃杯，杯柄是切面设计，作品稚拙的魅力比其完成质量更富吸引力。高15.3cm。

7 荷兰带盖高脚杯，刻有一艘扬帆远航的船只，杯柄和杯体下部用盎格鲁（英式）切割图案装饰，约1765年制成。高35.6cm。

8 英式曲柄杯，饰以弗兰斯·哈尔斯的点刻肖像，带有弗兰斯·格林伍德的签名，标记的时间是1745年。点刻工艺是指使用尖锐的工具反复敲击玻璃来创建图像。高25cm。

9 精美的图灵根附盖大高脚杯，雕刻着一位骑手在树林里骑行的连续场景，由雅各布的父亲或兄弟安德烈亚斯·桑（Andreas Sang）绘制，有制作者的签名，时间是1727年。高18cm。

8

9

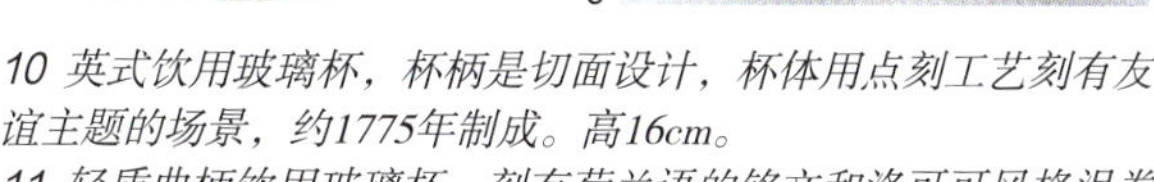

10 英式饮用玻璃杯，杯柄是切面设计，杯体用点刻工艺刻有友谊主题的场景，约1775年制成。高16cm。

11 轻质曲柄饮用玻璃杯，刻有荷兰语的铭文和洛可可风格涡卷饰，在底部有“雅各布·桑制作，阿姆斯特丹，1760年”的字样。高 18.2cm。

10

11

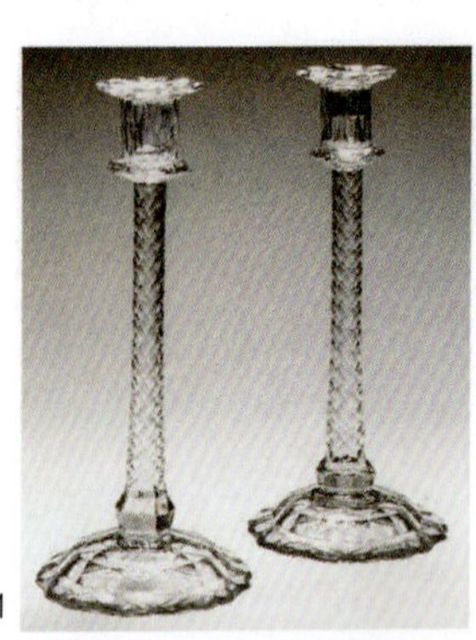

1

2

1 一对高烛台，约1765年制成，英国洛可可风格切割工艺的典范。烛台柄切割成中空钻石切面，底座和喷嘴切割成浅切口，形成一系列扁平的菱形图案。高36.8cm。

2 钴蓝色大口水壶，约1765年制成，典型的洛可可时期英式切割。英国工匠还没有开发出曲线切割工艺，在风格上仍然限于使用直线、浅切片和大星星图案。高23.5cm。

3

4

5

6

3 带有空心螺旋杯柄的高脚杯，比尔比夫妇用多彩珐琅装饰杯口。涡卷形装饰框内部嵌入了田园风光图案。高8.2cm。

4 倒锥形的玻璃酒瓶，刻着带BEER（啤酒）字样的洛可可风格涡卷饰，比尔比夫妇使用啤酒花、大麦和一只不透明的白色蝴蝶以及绿松石色的珐琅作为装饰。高28cm。

5 栏柱形大玻璃杯，可能是由荷兰人制作的，使用了多彩珐琅，刻有威廉·奥兰治的家族纹章和洛可可风格的边饰，有“比尔比，纽卡斯尔”的签名，约1766年制成。高36cm。

6 英式饮用杯，有不透明白色杯柄，比尔比夫妇用果藤装饰杯体。高15.2cm。

7

7 比尔比夫妇使用不透明白色珐琅来装饰糖碗，上面绘有一位牧羊人，一边在树下乘凉，一边看守着羊群，约1765年制成。高10cm。

英国对法国和天主教都缺乏信任，因此一开始很抵制与这两者都有关联的洛可可风格。此外，大约在1710年，巴洛克风格在英国已经被素净的安妮女王风格取代，新教人士喜欢的是简朴或浅切口的玻璃器皿，而不是波希米亚风格的玻璃装饰，人们认为后者铺张招摇又华而不实，而且是舶来品。即便是洛可可风格在英国最受欢迎的一段时期，评论家罗伯特·莫里斯（Robert Morris）在1755年左右也写了篇文章讽刺其异想天开的特征，“基于土耳其和波斯的风味……高贵的猪圈、美丽的鸡舍和可爱的牛栏……”。

一些英国的银器早在1730年就采用了不对称的旋涡形装饰，这比洛可可风格最先应用于这个国家玻璃器皿的时期早了至少10年。即使是在当时，切面和切片设计以及珐琅和空心螺旋的饮用杯杯柄也只是少量顺应了这种设计，前者比波希米亚风格更具英式风味，后者让人回想起威尼斯风格。

最精致的英国洛可可风格玻璃装饰使用的是珐琅和黄金。顶尖的英国珐琅工艺师是纽卡斯尔的威廉和

8 比尔比夫妇不是英国仅有的洛可可风格珐琅工匠。这个小高脚酒杯制作于1770年左右，一位身份不明的苏格兰人在上面绘制了不雅的珐琅图案，刻有“乞丐的祝福”字样，这是一家位于爱丁堡的绅士饮酒俱乐部。高13cm。

9 英式不透明白色烛台和茶罐，使用多彩珐琅作为装饰，可能是在南斯塔福德郡制作的，约1760年出品。1777年税法的变化导致不透明白色玻璃价格升高，由此这种玻璃便不再那么流行了。烛台高22.8cm，茶罐高12.7cm。

8

9

10

10 彩色的雕花玻璃嗅盐瓶，装饰工作在詹姆斯·吉尔斯的工作室完成，约1760—1765年出品。鸭子、花朵、虚构的风景、中国风装饰和供捕猎的鸟类图案是标准的英国洛可可风格图案。高约8cm。

11 翡翠绿的花瓶，形状是中国瓷器的风格，使用金箔作为装饰，主题是年轻的恋人在翻晒干草，詹姆斯·吉尔斯的作品，约1760—1765年出品。高40cm。

12 一个过渡时期的作品：新古典主义风格的瓮形玻璃酒瓶，使用金色洛可可风格旋涡形设计和格子框架作为装饰，詹姆斯·吉尔斯制作，约1765—1770年出品。高21.7cm。

玛丽·比尔比夫妇（William and Mary Beilby），他们在1760—1778年比较活跃，主要是将彩色和蓝白色的颜料用于制作饮用器皿，使用各种洛可可风格的图案，包括盾形饰章、船只、牧羊人、废墟等，作品质量至少可与欧洲最好的产品相媲美。

不透明的白色玻璃本身是典型的英国洛可可风格，布里斯托和斯塔福德郡等多个制作中心的工艺师在上面绘制了多彩玻璃珐琅，于1743—1767年广泛宣传开来。常采用的主题包括样式图集中的花和昆虫，用于花瓶和茶罐设计。

英国最多才多艺的玻璃装饰师是伦敦的詹姆斯·吉尔斯（James Giles，1718—1780年），他也是瓷器画家中的佼佼者。吉尔斯在1755—1776年制作了各种玻璃器皿，使用了一系列独特的洛可可风格元素，后来还将新古典主义主题应用于黄金和珐琅的玻璃制品中。吉尔斯的主要特色包括独特的几何式马赛克图案以及典型的英国洛可可风格花枝、旋涡形装饰、中国式装饰和异国情调的图案。

11

12

银制品和其他金属制品

梅索尼耶与早期的法国洛可可风格

1

2

3

1 冷酒器的设计图，制作于1723年，朱斯特-奥雷勒·梅索尼耶专为波旁大公设计。风格介于摄政风格与洛可可风格之间。有些装饰元素遵循了传统设计，如盾徽后面的编织图案，而涡卷饰和手柄更有活力。

2 船形桌饰，或船体模型，传统上用来标示国王或显赫贵族在餐桌上的位置。梅索尼耶于1725年左右为路易十五制作的这件桌饰是曲线设计，带有雕刻装饰。

3 梅索尼耶设计的烛台，1728年出品。两个天使簇拥在上升的旋涡形设计之中。构造非常复杂，设计师不得不从3个不同的角度绘制该作品的设计图。

1720年前后，在法国、英国与北欧大部分地区，艺术设计由一种现在称为“摄政式”的装饰风格主导。这个名称来自路易十五年幼时辅佐朝政的摄政王奥尔良公爵。与以丹尼尔·马罗特等为代表的设计师设计的巴洛克建筑风格相比，这种风格更为轻盈淡雅。领军人物包括让·贝兰等艺术家，贝兰广为流传的装饰版画影响了装饰艺术各个领域的设计。

在这种相对稳定的环境中，新的洛可可风格横空出世，成为设计史上最突然、最惊人的事件之一。该风格在装饰艺术上的应用主要与朱斯特-奥雷勒·梅索尼耶有关。梅索尼耶是都灵一位著名金匠的儿子，于1715年来到巴黎，并在1726年被任命为国王的商会设计师。这一任命以及来自波旁公爵等赞助人的委托为他那充满原创性且富于新意的设计带来极高的知名度。

洛可可风格主要风行于法国。其名称来自*rocaille*这个词，意思是“岩状装饰”，但这种风格的根源却是在意大利。洛可可风格部分源自晚期巴洛克式建筑，尤其是卡洛·博罗米尼（Carlo Borromini） 和菲利波·尤瓦拉的作品；部分源自自然中的不规则形式，人们长久以来一直用这些形式装饰喷泉和岩洞。正如梅索尼耶所著《作品全集》（1748年）的扉页与其1728年的烛台设计所展示的那样，洛可可风格的精髓是对人们熟悉的基础装饰元素进行彻底重塑——包括旋涡饰、涡卷饰、经典建筑母题以及贝壳图案，同时将其与自然主义题材相结合。该风格摒弃了对称性，整体构图表达了活泼的动感与活力。虽然洛可可风格表面上不拘一格，但若要在无拘无束的表象与将之维系在一起的必要张力之间达成平衡，敏捷的才思实际上必不可少。

梅索尼耶的金银器制品极少能留存至今，因此很难全面衡量他的影响。但巴黎艺术圈中接触过晚期意大利巴洛克风格的并非只有他一个人。曾在罗马受训的伟大金匠托马斯·热尔曼也是在1715年前后返回巴黎。他曾

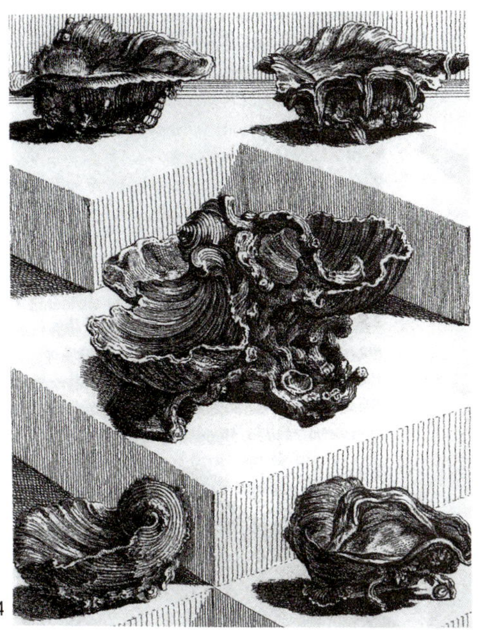

4

5

4 这一系列盐碟的设计图展示了梅索尼耶惊人的创造力。设计中特别使用了贝壳、岩石与珊瑚等题材。尽管这些设计主要针对的是金制品，但也被用来制作瓷器制品。

5 梅索尼耶所著《作品全集》的扉页本身就是一件杰出的洛可可风格设计作品。其三维效果令人叹服，但同时又不可能出现在现实世界中。

6和7 银制桌面中心装饰物加两个汤盘的套系。1735年为金士顿公爵二世设计，之后的几年中制作完成了一部分。这是为数不多留存下来的梅索尼耶重要作品。汤盘完全不对称，毫无传统古典主义装饰元素的痕迹，仅仅将抽象的旋涡形装饰和贝壳与详细研究过的蔬菜和动物形式结合在一起。中心装饰物可能从未开始制作。汤盘高37cm。

8 三枝枝状大烛台，梅索尼耶为金士顿公爵设计，克劳德·迪维维耶（Claude Duvivier）于巴黎制作，1734—1735年出品。如上图的汤盘一样，这一设计摒弃了古典主义的装饰元素，代之以富有活力而又风格统一且彼此呼应的旋涡形装饰和贝壳母题。高38.5cm。

6

7

8

托马斯·热尔曼与弗朗索瓦-托马斯·热尔曼

1 金制枝状大烛台的设计图，托马斯·热尔曼1739年为国王所作，描绘的场景是天使高举着花枝。该作品是明显的洛可可风格，但比梅索尼耶的设计更为对称，结构也更传统。

2 与后期的设计相比，热尔曼早期的作品更彻底地打破了传统。这件1727年出品的冷酒器受皇室委托制作，全部由程式化的贝壳与藤蔓元素构成。

3 风格华丽的镀银汤盘。弗朗索瓦-托马斯·热尔曼1757年为葡萄牙的约瑟夫一世制作。这件作品结合了风格强烈的大面积洛可可旋涡形装饰设计、古典主义母题以及对称设计。雕花托盘直径58.5cm。

4 葡萄牙皇室餐具套系的一部分，弗朗索瓦-托马斯·热尔曼的作品。制作于1757年的水壶结合了洛可可风格装饰与中国风元素，如龙形壶嘴所示。高47.5cm。

5 带盖的汤盆，托马斯·热尔曼的作品，1733—1734年制成。这件作品将古典主义元素、雕塑风格与洛可可风格装饰结合在一起，同时，形式和比例又给人设计精准的感觉。直径48.5cm。

6 葡萄牙皇室用具中的金盐罐，弗朗索瓦-托马斯·热尔曼1764年制作。这件作品可能复制了其父亲的设计，将大汤盘的设计风格转换到较小的器物上。高5.5cm。

跟随乔瓦尼·贾尔迪尼装饰耶稣教堂，其早期的银器制品就是激进洛可可雕塑风格的产物，比如1727年出品的冷酒器。

然而，任何一种风格的成功都不仅依靠艺术家的创造力，而且还取决于顾客对它的接受程度。洛可可风格发展盛期极具活力的“有机风格”通常并不受所有人青睐，以此就能证明这一点。再比如，热尔曼早期作品的风格并没有贯穿他整个创作生涯，后期的作品以及他的儿子弗朗索瓦-托马斯·热尔曼（François-Thomas Germain，1726—1791年）的作品，总体而言更容易被人所接受。

各种式样的洛可可风格风靡于欧洲大部分地区，尽管在某些地区，尤其是东欧和俄罗斯，人们对这种风格的接受要晚于英国和法国。欧洲各处都在发行洛可可风格的样式图集，以供金匠、橱柜工匠与其他工艺师使用。梅索尼耶1734年所著的《作品全集》是这类图书的开山之作。尽管洛可可风格在很大程度上与法国有着紧密联系，但仍然存在明显的地域特色。在德国南部，弗朗索瓦·屈维利埃与巴尔塔扎·诺伊曼等建筑师开创了该风格的一种式样，而卡斯帕·戈特利布·艾斯勒（Caspar Gottlieb Eissler，约活跃于1750年）的图集则展示了如何利用该风格来适应金匠的需求。最壮观的银器设计，如伯恩哈德·海因里希·魏厄（Bernhard Heinrich Weyhe，1701—1782年）在奥格斯堡为希尔德斯海姆大主教制作的汤碗用具与餐桌中心装饰物豪华套系，与梅索尼耶和热尔曼的作品相比少了一些有机形态的图案，多了一些非连续性设计。

作为洛可可风格主要特色的流动式旋涡形装饰图案与贝壳形状的美学元素同样适用于其他金属器具，且尤为仿金铜工匠所钟爱。精致的仿金铜青铜器物难以铸造，且加工和镀金环节极为昂贵，因此，人们认为这类制品与银器同样奢华。但是由于其制作材料并不是贵金

克劳德·巴兰二世

1

2

3

1 做工精致的银制中心装饰物，或称桌面装饰，18世纪早期在法国开始流行。克劳德·巴兰二世（1661—1754年）的这一设计将蜡烛、调味罐、盐瓶和中央雕刻的树冠结合在一起，体现了源自让·贝兰的过渡期摄政式风格。

2 巴兰二世制作的餐桌中心摆件描摹画，现收藏于爱尔米塔什艺术博物馆。它与旁边的设计图相似，但中心树冠被换成了汤盆状的碗。

3 冷酒器，巴兰二世1744年制作，与热尔曼的野猪头汤盘（见p.116）出自同一套用具。这件作品将保守的摄政风格装饰元素（编织设计和芦苇结装饰线条）与芦苇枝上方别出心裁的狮子狗状手柄结合在一起。

洛可可风格后期的法国设计

1

1 汤盘的设计图，出自《金银器元素》，皮埃尔·热尔曼（Pierre Germain）著。这本样式图集在很大程度上传播了一种稍经淡化的巴黎高水平洛可可风格。皮埃尔·热尔曼与当时著名的同姓金匠没有任何关系。

2 雅克·德·拉让（Jacques de Lajoue，1686—1761年）的设计，1734年在巴黎出版。虽然是船形设计，但可能要用作涡卷饰。

2

德国南部的洛可可风格

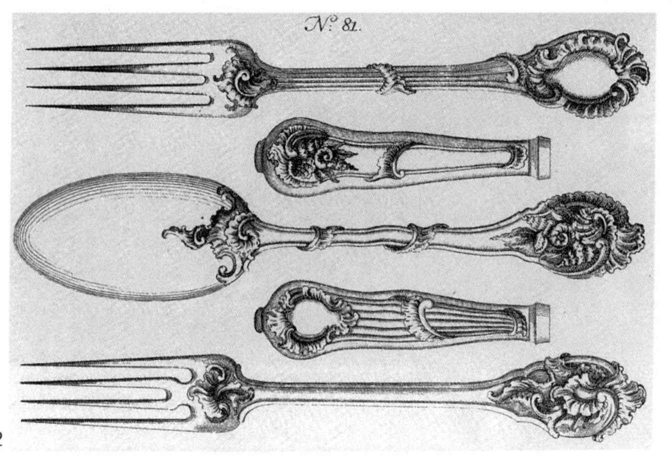

1 乡村大庄园中花瓶的设计图，作者未知，仿照了J.B.费舍尔·冯·欧利希（J.B. Fischer von Ehrlach）的风格。

2 这张扁平餐具的设计图来自约翰·鲍尔（Johann Baur, 1681—1760年）的一系列设计。与本页中其他更大型的作品一样，这些设计表现了德国对洛可可风格的典型解读。

3 中央装饰物中的一件，来自伯恩哈德·海因里希·魏厄为希尔德斯海姆大主教制作的晚餐用具，约1759—1761年出品，设计中紧密交织的旋涡形装饰和透雕细工与法国洛可可风格特征有显著不同。高54cm。

4 这张大口水罐的设计图是奥格斯堡艺术家克里斯蒂安·弗里德里希·鲁道夫（Christian Friedrich Rudolph，1692—1754年）约1750年出版的样式图集扉页，这种密集排列的设计与尖刺造型是德国对洛可可风格的典型诠释。

5 卡斯帕·戈特利布·艾斯勒的大口水罐设计图在纽伦堡发表，与鲁道夫样式图集的出版大约是同一时间。表面看上去与鲁道夫设计的水罐类似，但总体上更具奇幻色彩。夸张的高浮雕呼应了亚当·范·维亚宁（见p.70）的耳式风格设计，而手柄又带有矫饰主义风格。

保罗·德·拉梅利与英国的洛可可风格

1 1731年制作的银篮子，是保罗·德·拉梅利最早的洛可可风格尝试性作品之一，模仿了简单的编织物式样，但盾形徽章周围是稍微不对称的旋涡形设计构成的小块镶板。

2 极具创造力的双耳杯，1737年由德·拉梅利制作。借鉴了法国洛可可风格（底座上的奇异风格假面像）与17世纪耳式风格的元素。高36cm。

3 制作于1735年左右的奶油罐，没有签名，可能出自德·拉梅利之手，包含了拉梅利最典型的一些题材：鳞状排列装饰和旋涡状手柄，手柄末端是一个咧嘴笑的假面像。高12cm。

4 大口水罐与圆盘，德·拉梅利1742年制作。这两件作品上装饰着大量赞助人的家族徽章和象征土地与大海富饶资源的元素。圆盘直径75.5cm。

属，所以与银器相比，留存至今的这类器具往往数量更大，且更具代表性。镀金青铜除了用于制作纯雕塑，还常用作家具与东方瓷器的底座，但这种材料也用在整件器物的制作之中，比如花瓶、烛台与枝形吊灯。由于人们通常不在青铜上签名，青铜工匠的名字并不如银匠那样家喻户晓。但这一领域也涌现了一批像雅克·卡菲耶里（Jacques Caffiéri，1673—1755年）这样的杰出艺术家，卡菲耶里1751年制作的枝形吊灯保存在华莱士收藏馆，是洛可可风格最伟大的作品之一。

英国的洛可可风格也与法国截然不同，不过与德国相比，伦敦胡格诺社区的艺术风格因源自法国，仍然不可避免地带有法国风味。保罗·德·拉梅利与保罗·克雷斯潘（Paul Crespin）等著名金匠对巴黎当下的潮流了如指掌，而且明显使用过法国的样式图集。但他们选材的来源不拘一格且范围极广。伦敦的金匠并不是清一色都借鉴法国风格，也有尼古拉斯·斯普里蒙、查尔斯·坎德勒（Charles Kandler）和詹姆斯·施鲁德（James Shruder）这样的工匠为来自其他国家的影响打开了大门，包括比利时与德国。威廉·贺加斯（William Hogarth，1697—1764年）等本土艺术家也同样渴望开创英国自己的洛可可风格，他的圣马丁艺术学院成为本土理念的催化剂与散播平台。然而，许多英国洛可可风格最具原创性作品的创作者并不为人所知，因为这些作品出自模具工匠之手，既没有留下画作，也没有留下名字。比如保罗·德·拉梅利在18世纪30年代晚期和18世纪40年代早期最具野心的作品，其艺术特征就主要来自一位匿名的模具工匠。若不是这位工匠创作的浮雕装饰赋予了作品生命，这些作品的形式不过是循规蹈矩而已。

英国洛可可风格银器的另一个重要元素是雕刻装饰，主要由专业技师完成，其中大多数人的名字已经无从知晓。1725—1750年，欧洲各地都出版了关于涡卷饰

银器雕刻

1 大多数英国银器的洛可可风格体现在其雕刻装饰中。大部分雕刻由匿名工匠完成，但保罗·德·拉梅利1728年制作的这件银盘中心的雕刻一般认为出自威廉·贺加斯之手。

1

斯普里蒙与莫泽

1

2

3

1 弗兰德金匠尼古拉斯·斯普里蒙对英国洛可可风格银器与瓷器的贡献颇为显著。这个未签名的盐碟设计图体现了斯普里蒙作品形式上典型的雕塑式风格。

2和3 另一个重要人物是移民艺术家、雕镂工艺师兼珐琅工匠乔治·迈克尔·莫泽。这件银质烛台本为一对，莫泽的设计图和烛台都描绘了月桂女神达芙妮与太阳神阿波罗的神话故事，故事中的达芙妮被变成了一棵树。莫泽敏锐地抓住了这一时刻，将人物形象与形状不规则的旋涡形装饰融合在一起。烛台高37cm。

设计和其他二维装饰的书籍，大多数雕刻师都广泛利用了这些资源。然而，也有一些富有独创性的艺术家选择用银器来雕刻。比如威廉·贺加斯以盾形徽章雕刻师的身份开始了其职业生涯，尽管他觉得太受限制。偶尔也能发现约瑟夫·辛普森（Jeseph Sympson）等雕刻师的签名作品。

英国洛可可风格繁荣发展的一个特定领域是金银雕镂工艺，尤其是在高档手表盒的制造方面。这些盒子上面通常没有签名，制作工匠也往往默默无闻，但也有不少例外，其中最著名的一位是因制作手表盒和金鼻烟盒而为人所知的移民艺术家乔治·迈克尔·莫泽（George Michael Moser，1706—1783年）。尤其让人感兴趣的是，莫泽不仅是一位雕镂工艺师，也是一位珐琅工匠。他绘制的珐琅图案场景精美绝伦，可归入英国18世纪最成功的作品之列。

在欧洲很多地区，珐琅艺术都在洛可可时期迎来了明显的复兴。熟练技工在伦敦、巴黎、维也纳以及德国的多个制作中心工作，其行业与人们对金鼻烟盒的需求紧密相关。装饰珐琅和图画珐琅都是用不透明的彩绘瓷漆和半透明的瓷漆制作而成的。

然而洛可可风格并不符合所有人的品位。早在18世纪50年代，希腊风格（*Goût Grec*）就开始在法国出现。在英国，这一重任交给了贺加斯的宿敌威廉·肯特（William Kent，约1685—1748年）。在伯灵顿公爵的资助下，肯特促成了帕拉弟奥风格形式的流行，在很多方面，这一风格都是18世纪70年代新古典主义的先驱。伯灵顿伯爵大屋的设计以及肯特出版于18世纪40年代的餐盘设计图都展现了这种风格，避开了洛可可风格的装饰语汇和构图原则，转而展现出一种更为肃穆的庄严感。在其他国家，尤其是俄罗斯，洛可可风格与传统装饰形式相去甚远，因而也几乎从未渗透到皇家客户有限的小圈子之外。伊丽莎白女王对洛可可风格的热衷很快就被凯瑟琳大帝钟爱的新古典主义风格所替代。

威廉·肯特的古典主义

1

2

1和2 金杯与中心装饰物的设计图，建筑师威廉·肯特的作品。1744年威廉·瓦尔内（William Vardy）出版了肯特设计的银器与家具作品。这些作品严谨端庄的古典主义特征在某些方面可与洛可可风格分庭抗礼，受到某些英国主顾的青睐。

晚期英国洛可可风格

1

2

1 银质中心装饰物，或者称为分层饰盘，是洛可可风格银器中最华丽的一种形式。图中作品于1763年由托马斯·皮茨（Thomas Pitts）制作。其设计以一系列碟子和篮子为基础，从旋涡形的枝杈上悬垂下来，簇拥在中心的宝塔结构周围。高66cm。

2 带盖杯，刘易斯·赫恩（Lewis Herne）与弗朗西斯·布蒂（Francis Butty，从约1757年开始进入事业活跃期）制作。代表着晚期英国洛可可风格装饰的独特形式。其特点是带有德国样式图集设计风格的旋涡形手柄和明显的具象主义捏雕装饰。高33.5cm。

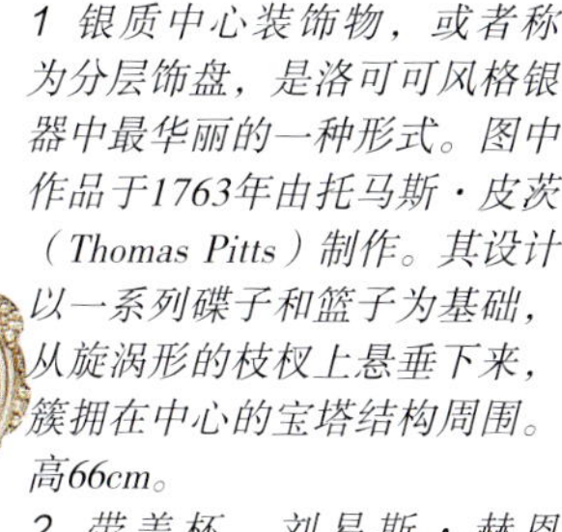

3 皇家金匠托马斯·赫明（Thomas Heming，1726—1795年）的职业生涯经历了从洛可可风格到新古典主义风格的转变。这套制作于1768年的盥洗室用具包含了两种风格的元素。镜子高71cm。

4 伦敦金匠詹姆斯·施鲁德出身不详，可能是德国人。这个1752年制作的热水瓮带有钉状把手，很明显受到当时德国样式图集的影响。高56cm。

3

4

纺织品和壁纸

中国风和日本风

1

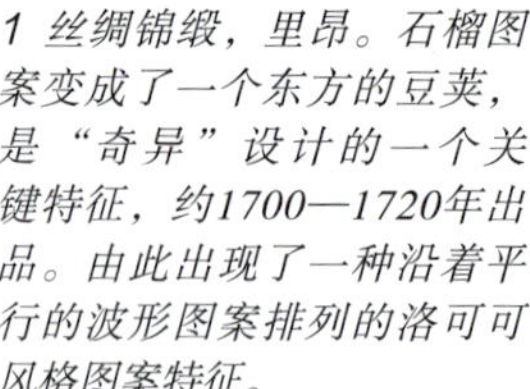

1 丝绸锦缎，里昂。石榴图案变成了一个东方的豆荚，是“奇异”设计的一个关键特征，约1700—1720年出品。由此出现了一种沿着平行的波形图案排列的洛可可风格图案特征。

2 丝绸设计，丹尼尔·马罗特18世纪初的作品。受建筑风格启发的图案中包含了东方元素。由于单幅图案相连接，这里也出现了平行的波形图案。

3 梭结花边垂饰（女性头饰的一部分），布鲁塞尔，约1725年出品。随着优雅庄重的巴洛克风格曲线发展为洛可可风格的C形，图案排列也变得更加不对称。

2

3

4

4 斯皮塔佛德织锦丝绸的设计，莱曼家族的作品，约1715—1725年出品。从大约1725年开始，日本风格的风景图案开始变大。

5

5 金丝织锦丝缎，里昂，约1735年出品。图案场景逐渐变得更分散，比例的不一致仍然是其典型特征。

由于洛可可风格纺织品的成功率显著提高，此类设计的发展历程也可以记录得比以往更加精确。生产的发展伴随着消费群体的增长，也意味着前所未有的各种需求都可能得到满足。从现存的大量设计中，通过关注东方元素的使用及其规模、自然主义的图案母题以及仿印度纺织品的特征及其图案分布，我们可以了解到这一时代（设计发展）的总体趋势。

中国风在整个18世纪的设计中随处可见，是洛可可风格的重要元素。所有真正地道的洛可可风格图案具有一个典型特征，即流动的非对称曲线，这种故意反传统的倾向与大部分东方设计元素相协调，甚至有可能受后者启发。洛可可风格设计的又一特征是奇思妙想的处理手法，同样也得益于非西方来源的影响。这一特征体现在过渡图案和所谓的“奇异”图案之中，他们既表现出巴洛克风格的外形，又结合了奇异的形状和不寻常的特征，如细长的豆荚形、伞形和昆虫图案。人物或建筑这类更明显的东方元素也从18世纪初开始出现，作为视觉上连续的图案组合应用到设计之中。到18世纪30年代，这样的图案往往是唯一的组成部分，像漂浮的岛屿那样排布。

就尺寸及其在设计背景上的分布而言，图案的发展趋势是逐渐摆脱18世纪初密集的满地花纹特征。到了18世纪30年代，越来越多的背景都不加修饰。与此同时，中国风的一树繁花或是花满枝杈成为流行，前者在壁纸设计中尤其受欢迎。到了18世纪中叶，这些图案排列得越来越稀疏，纤细的藤蔓或装饰性的缎带设计也可以带来连续的动感，常常结合各式带花的小树枝图案向相反角度延伸。这些小树枝的出现受到让-巴普蒂斯特·皮耶芒（Jean-Baptiste Pillement，1728—1808年）极大的影响，他是最后一位著名的洛可可风格的中国风画家、室内装饰家、设计师。在约1750—1760年，他在法国和英国发行了总计200多张雕刻印版图，用来向丝绸和印花棉布的

更轻盈的风格

1

2

3

1 金银织锦缎，里昂，约1735年出品。约1725—1785年，东方图案以及纺织品和壁纸设计普遍变得更加空阔和精致。

2 彩绘真丝，中国，1740—1750年出品，可能是欧洲市场专供，与上图中的织锦缎有着类似的空阔和轻盈风格图案。

3 伯克利城堡的沃顿厅，约1740年设计完成，格洛斯特郡沃顿-安德埃奇。这个有松木墙裙的房间装饰着最初的东方风格壁纸，从墙裙顶部到天花板的图案一直没有重复。

更轻盈的花卉设计

1 锦缎丝绸，里昂，1750—1760年出品。雕版印刷的设计广为流传，甚至影响到了镜像重复的图案，现在通常在教堂中使用。
2 盘子上的伞形花卉设计，让-巴普蒂斯特·皮耶芒约1755—1760年发布的作品。这类设计资源和相近时期的雕版印刷作品对18世纪60—70年代英国和法国的繁荣产业，即棉布或棉麻印花厂商来说非常重要。

1

2

走向自然主义

1 亚麻丝绸绣样，纽伦堡，德国，18世纪初出品。这一时期大多数纺织工艺中固有的写实能力逐渐显现出来。在这之前，现实主义的图像需要通过将一股一股的纱线反复交织来完成，就像挂毯、蕾丝、刺绣的制作方法，这件作品也是如此。
2 织锦丝缎，西班牙，1720—1730年出品。风景图案的流行推动了机织布的产生，自然主义微妙的明暗对照和不加拘束的花朵排布又加强了设计效果。
3 布伦特福德大街一所住宅的花卉壁纸，英格兰的米德尔塞克斯郡，1755年出品。彩色印花来自木制雕版。印花厂商很容易就能利用其图画方面的资源，经常在花瓶和旋涡形装饰等更为风格化、极受欢迎的主题中展示花团锦簇的混合花束设计。
4 手工木刻板印花棉布，A. 奎内尔（A. Quesnel）的作品，鲁昂附近的达纳塔尔，18世纪80年代出品。印度印花、织造和绣花纺织品的持续影响削弱了自然主义的倾向。

制造商说明中国的装饰图案，特别是中国风格的花朵图案。这些雕刻使用了同样出现于18世纪30年代的三维立体和明暗对照工艺，该工艺是真正的洛可可风格图案的另一特征，一直到18世纪80年代都是中国风设计的基础，中国风设计也变得越来越轻盈和空阔。不过皮耶芒的图案母题本身直到1808年才出现在生产的纺织品上。

中国风图案中的变化，如漂浮的岛屿、开花的枝杈、藤蔓、三维立体图案、蜿蜒的装饰以及愈发精巧的设计，同样也出现在这一时期其他风格的纺织品和壁纸中。然而，在约1700—1790年，花卉图案的处理大体趋向于自然主义。虽然18世纪30年代现实主义的元素开始变得引人注目，但图案之间的比例往往并不协调。随着这一趋势逐渐减弱，它在18世纪中叶被引进的附属图案所取代，或是造型简洁的自然主义装饰，或是不同种类花朵、藤蔓、树木的混合图案，或者直接加入花瓶、缎带、戏剧场景等。

此类创造性的组合是洛可可风格的另一个关键特征。这一时期末也采用了衍生自印度刺绣或印花棉布的图案。所谓仿印度图案，尤其是嵌入内部的花瓣图案、舒展的蕨类等，要么自身构成了整个设计，要么以洛可可风格的手法加入其他设计之中。这种叶状的元素在波形设计中得到了很好的运用，在18世纪40—70年代极为流行。在一些壁纸和纺织品中，这类图案尺寸可能较大。波形图案之后逐渐被树状图案所取代，主要是受印度生命之树图案的影响，也代表着设计走向自然主义的最后一步。

波形设计

1

2

1 萨克斯角或德累斯顿蕾丝，德国，1750—1800年出品。波形是洛可可风格图案的基础，可以采取多种形式。从逻辑上讲，这种图案出现在饰边或者突出横向设计的纺织品上，如蕾丝。

2 来自《圣奥邦的刺绣艺术》（1770年出版）一书的版画设计图，展示了波形设计如何能够融合更多新颖奇特的图案。

3

4

5

5 仿植绒纸，阿尔伯马尔街17号，伦敦，约1760年出品。大型装饰性图案往往放弃了波形带来的秩序感。图中藤蔓的出现仅仅是为了将具有异国情调的大叶子连接在一起。

3 英国印版印刷的纺织品设计，来自米德尔塞克斯郡的布罗姆利公馆，18世纪70年代出品。一般来说，如果插入起伏幅度不同的第二条饰带，平行的波形图案会显得更加活泼，这些设计通常用于描画缎带和蕾丝。

4 手工雕版印染的暹罗印花，法国，17世纪70年代出品，展示了花卉和旋涡形图案中间受中国风启发的图案场景。

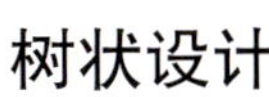

树状设计

1

1 手工木刻板印花印度棉布，法国或英国，1775—1800年出品。在后来的树状图案中，扭曲的树枝上展现了一整组的花鸟图案。

新古典主义时期

约1760—1830年

引论

新古典主义是在古代（此处“古代”一词在欧洲指中世纪之前的时期，尤其是古埃及、古希腊、古罗马时期——译者注）艺术品的启发下发展起来的，是针对普遍认为装饰过度的洛可可风格进行的一场有意识的改革。这个词（*Neoclassicism*）创造于19世纪80年代，一般认为其涵盖的时期为约1760—1830年。新古典主义既是一种对历史的复兴，也是对永恒风格的探索，因此这一时期出版的著作都强调“真实风格”的概念。最终，以上概念都被纳入关于宏伟历史的一整套浪漫观念体系之中，古代的各个时期也都成为历史主义复兴中可供选择的目标。

新古典主义最早的一批理论家强调灵感的重要性，而不是模仿。罗马的约翰·约阿希姆·温克尔曼（Johann Joachim Winckelmann）在其著作《古代艺术史》（1764年）中以希腊艺术为例，让人们认识到古典艺术的高贵庄严。乔瓦尼·巴蒂斯塔·皮拉内西（Giovanni Battista Piranesi，1720—1778年）出版了其关于古罗马艺术品的版画作品《古罗马艺术》（1756年）和《游览古罗马》（1748—1778年），极具影响力。新古典主义的理论还融入启蒙哲学思想之中。让-雅克·卢梭（Jean-Jacques Rousseau，1712—1778年）和德尼·狄德罗（Denis Diderot，1713—1784年）都强调要重建当时社会的道德价值观，这种理念也体现在阿贝·洛吉耶（Abbé Laugier）的《建筑学随笔》（1753年）一书中，在书中他将原始社会的小屋看作是纯粹建筑艺术的来源。

赫库兰尼姆（自1738年）和庞培（自1748年）发掘出的古代作品为艺术家提供了一整套新的设计资源库。18世纪50年代，罗伯特·伍德（Robert Wood）和詹姆斯·道金斯（James Dawkins）出版的《意大利南部和中东庙宇的发现》也不遑多让。未来潜在的客户在游学旅行中纷纷来到罗马、那不勒斯和希腊等地。馆藏的文物和艺术家绘制的草图为室内装饰创建了一个巨大的古典思想宝库，以此模仿古物的形式创作艺术作品，或者为家居、银器和瓷器提供装饰。

在罗马学习的诸多艺术家决定了早期新古典主义设计师创造的形式。18世纪40年代，圣·鲁克学院的法国设计师受乔瓦尼·巴蒂斯塔·皮拉内西的启发回到了巴黎。建筑师雅克-安吉·加布里埃尔（Jacques-Ange Gabriel，1698—1782年）前往罗马，接触到了罗马建筑的第一手资料。当时在罗马的一批英国人中，有罗伯特·亚当（Robert Adam，1728—1792年）、詹姆斯·“雅典人”·斯图尔特（James "Athenian" Stuart）以及威廉·钱伯斯（William Chambers，1723—1796年）。英国和法国的设计师都在1760年之前首次尝试了经过改良的古典风格。

左图：皮埃尔·古蒂埃（Pierre Gouthière，1732—约1813年）1774年左右创作了图中碧玉和青铜鎏金香水燃烧器的设计图，基于古代三腿桌的造型，借鉴了约瑟夫-玛丽·维安（Joseph-Marie Vien）1763年的画作《丘比特销售者》。图中这一版本的作品由弗朗索瓦-约瑟夫·贝朗热（François-Joseph Bélanger，1744—1818年）为奥蒙公爵设计，1782年公爵死后卖给了玛丽·安托瓦妮特（Marie Antoinette，法国国王路易十六的王后——译者注）。高48.3cm。

对页：雅克-路易·大卫（Jacques-Louis David）约1800年的画作《书房中的拿破仑》（细部），表现了由设计师查尔斯·佩西耶（Charles Percier，1764—1838年）和皮埃尔-弗朗索瓦-莱昂纳尔·方丹（Pierre-François-Léonard Fontaine，1762—1853年）在19世纪伊始引入的新型装饰风格。

1 这幅版画是新古典主义风格的一个早期代表，1769年由乔瓦尼·巴蒂斯塔·皮拉内西发表。钟和桌子的图案源自不同的古典作品。

2 约克郡哈伍德宫圆形更衣室天花板的水彩设计，约1767年设计完成，体现了罗伯特·亚当在室内设计中充满活力的处理手法，他允许客户从一系列颜色中选择自己喜欢的种类。

3 佩西耶和方丹为马德里城外阿兰胡埃斯皇宫中拉布拉多之家珠宝室设计的小壁橱。镜面镶板用作彩绘圆形装饰的背景，源自罗马的内部装饰。

法国新古典主义设计最早的类型称为希腊风格，强调几何形式和装饰元素要符合“古代希腊建筑师简约而宏伟的风格”。让-弗朗索瓦·诺弗斯（Jean-François Neufforge，1714—1791年）于1757年在《建筑基础汇编》中开始发表古典风格的设计。希腊风格的图案包括螺旋形、月桂叶帷幕、波状涡纹、棕榈叶装饰以及扭索状图案。

18世纪70年代，设计开始变得更加流畅、优雅。室内装饰中使用的木镶板要么带有古典的图案，要么绘制着模仿文艺复兴时期拉斐尔复兴的奇异风格装饰元素（在法国通常称为“阿拉伯风格”）。设计中融入了自然主义的主题、花卉以及旋涡形的藤蔓，图案色彩为浅色。

另外一种图案系列称为伊特鲁里亚风格，灵感来自希腊花瓶上的装饰，当时人们认为这种元素来自伊特鲁里亚。弗朗索瓦-约瑟夫·贝朗热和让-德莫斯代纳·迪古尔克（Jean-Démosthène Dugourc，1749—1825年）两人在设计中都表现了古代文物的复兴，线条清晰、轮廓分明。法国1789年革命前旧制度下的最后一段时期（约1780—1792年），建筑物的外观设计强调几何风格和简约形式，但在室内设计中仍然保留着优雅的装饰。

1792—1803年革命政府时期的设计被称为督政府时期风格和执政府时期风格，灵感来自更简单的罗马艺术形式。这种英雄主义式的简约设计在一定程度上得益于雅克-路易·大卫的画作，例如《荷拉斯兄弟之誓》（1785年）。1798年拿破仑入侵埃及也成为装饰理念的一个设计来源。

对古典源流作品的重新评价导致人们纷纷开始模仿罗马建筑和设计，在查尔斯·佩西耶和皮埃尔-弗朗索瓦-莱昂纳尔·方丹的创作中表现得最为充分。两人都是拿破仑的首席建筑师，共同出版的作品《室内装饰集》（1801年）构成了19世纪初诸多欧洲设计的基础。他们认为“模仿古典在于其精神，在于其原理，也在于其准则，这是永恒的”。此外，“模仿古典原型时不能盲目，而要具有洞察力”。建筑形式回归到早期希腊和罗马遗迹的简约设计，但内部装饰丰富，颜色对比强烈。大理石、镀金青铜家具、丝绸和天鹅绒锦缎等都适合皇帝使用，拿破仑帝政风格由此传遍整个欧洲。

在英国，詹姆斯·“雅典人”·斯图尔特在斯宾塞庄园（约1761年）的彩绘室中首次借鉴罗马壁画作为房间的装饰元素。罗伯特·亚当则综合了源自古罗马建筑的古典图案，在设计中加入一种优雅和轻盈的感觉，同时注重比例的和谐。亚当还于1773年在德比酒店创建了第一个伊特鲁里亚风格的房间。作为一位多产的建筑师，他在18世纪80年代前一直主导着英国的设计。

亚当的风格由他的学生约瑟夫·博诺米（Joseph Bonomi，1739—1808年）加以继承，在沃里克郡的帕金顿大厅（约1780年），博诺米首次在室内设计中创造性地复原了庞培古城的壁画并将其作为装饰。詹姆斯·怀亚特（James Wyatt，1746—1813年）也发展了亚当的装饰艺术，使用的是更为简朴的形式，强调线性设计和纯粹的空间。卡尔顿府邸专为威尔士亲王乔治（1783—1796年）建造，亨利·霍兰（Henry Holland，1745—1806年）在设计时不但采用法国的图案母题和装饰形式，还雇用了法国的移民工匠。威尔士亲王乔治后来成为摄政王（1811—1820年），之后又成为乔治四世（1820—1830年）。由于这位亲王对装饰艺术各个方面都产生了巨大的影响，约1790—1830年这段时期通常被称为英国的摄政时期。

“如画”风格的发展对新的建筑理论具有重要意义，该风格强调自然的伟大和人在完善自然中所起的作用，由此产生了两种相互冲突的倾向：一种主张对称性和规律性；另一种则拥护不对称性。“如画”风格还促进了反古典风格的发展，如哥特式、中国风和印度风。

在19世纪早期，设计中的主导理念是寻求考古学意义上的可靠逼真。托马斯·霍普（Thomas Hope，1769—1831年）在其《民用家具和室内装饰》（1807年）一书中，对佩西耶和方丹最先提倡的设计形式和装饰元素进行了提炼和发展。

在拿破仑战争和随后欧洲重新划定领土疆域之前，欧洲版图基本上保持着18世纪初的样子。不同王国、公国和地区的设计往往有所不同，取决于各个统治者的关系网和品位，同时又紧跟英国和法国设计的发展。罗马的朱塞佩·瓦拉迪耶（Giuseppe Valadier，1762—1839年）在作品中表现了考古学古典主义的宏伟，无疑对佩西耶和方丹的设计产生了影响。19世纪，佩拉吉奥·帕拉吉（Pelagio Palagi，1775—1860年）在都灵宫殿内部装饰中采用了古典复兴式设计，将伊特鲁里亚风格发挥到了极致。

新古典主义风格在德国各邦国中主要伴随着重要的政治变革和民族意识的崛起，但其第一次出现是在腓特烈大帝的普鲁士宫廷设计上，早期新古典主义的建筑师让-洛朗·勒·热艾（Jean-Laurent Le Geay，1710—约1786年）于18世纪60年代在此设计了波茨坦的新宫。后来，在签订《凡尔赛条约》（1815年）之后，德国各邦国的领土重新划分，新修的民用建筑都使用了成熟的新古典主义风格。

“帝政风格”从1805年左右开始盛行。建筑师卡尔·弗里德里希·申克尔（Karl Friedrich Schinkel，1781—1841年）保留了法国空想建筑风格不朽的简约风格，但赋予了建筑强烈的光感来加强效果。他对于简约宏伟风格的想象和对室内空间的重视都在柏林旧博物馆（1826—1836年）的设计中得到了最充分的体现。与莱奥·冯·克伦泽（Leo von Klenze，1784—1864年）设计的室内装饰风格类似，集中体现了19世纪的大众品位，在没有内饰的墙壁采用大胆的彩绘装饰画，取材于庞培古城的室内设计。

4 玛丽·安托瓦内特位于枫丹白露宫的内室，由卢梭·德·拉·茹提尔（Rousseau de la Routière）于1790年设计，装饰元素基于拉斐尔在1510年左右为梵蒂冈凉廊设计的奇异风格内饰。家具出自让-亨利·里厄泽纳（Jean-Henri Riesener，1734—1806年）和让-巴普蒂斯特-克劳德·塞内（Jean-Baptiste-Claude Sené，1748—1803年）之手。

4

家具·法国家具

希腊风格

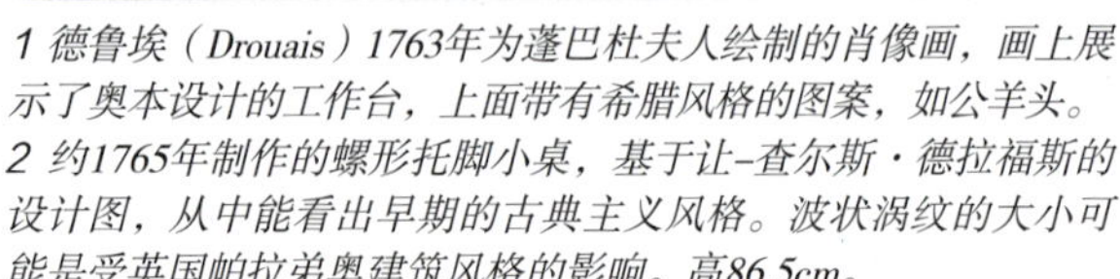

1 德鲁埃（Drouais）1763年为蓬巴杜夫人绘制的肖像画，画上展示了奥本设计的工作台，上面带有希腊风格的图案，如公羊头。

2 约1765年制作的螺形托脚小桌，基于让-查尔斯·德拉福斯的设计图，从中能看出早期的古典主义风格。波状涡纹的大小可能是受英国帕拉弟奥建筑风格的影响。高86.5cm。

3 为拉里夫·德·朱利打造的平面办公桌，勒·洛兰（Le Lorrain，1715—1759年）的设计，镶嵌工艺是雅克·卡菲耶里的作品。黑色和金色的装饰让人想起路易十四时期庄重壮观的风格。这套家具于1756—1757年制成，是巴黎首件带有古典风格装饰的家具。

第一套新风格的家具是1756—1757年为拉里夫·德·朱利（Lalive de Jully）打造的橱柜，被法国人称为希腊风格。从让-弗朗索瓦·诺弗斯和让-查尔斯·德拉福斯（Jean-Charles Delafosse，1734—1791年）的设计中可以看出，这种风格倾向于使用明显的直线形式，偶尔会保留少量简单的曲线，大量饰以波状涡纹或扭索饰图案的醒目镶嵌。另外，作品的边角常出现面具装饰或胸像柱雕像。座椅家具和桌子体积庞大，通常桌腿和椅腿是直线形或柱状，带有凹槽。

与这套建筑师设计的家具同时代的还有蓬巴杜夫人最喜欢的家具大师让-弗朗索瓦·奥本为其设计的作品。后者相对较为保守，表明家具正逐渐从洛可可风格过渡到古典主义理论家所要求的新直线风格。这种过渡时期风格的座椅家具通常保留了洛可可风格的涡卷饰椅背和卡布里弯腿，但横档上则装饰着新古典主义风格中的图案和帷幕。

奥本为王室打造了许多新型家具，比如卷盖式桌子和机械洗手台。他把斗柜和其他框架家具改造成新古典主义风格形式，由三部分构成，中间呈浅断层式，饰以带写实图案的镶板，同时还制作了前盖式写字台。他引入了新的镶嵌工艺，其他家具制作者也相继吸收借鉴了这一工艺，包括他的妹夫罗杰·范德克鲁斯（Roger Vandercruse，1728—1799年，常被叫作拉克鲁瓦）和两个学生让-亨利·里厄泽纳和让-弗朗索瓦·勒勒（Jean-François Leleu，1729—1807年）。

里厄泽纳在1767年娶了奥本的遗孀后接管了工作坊，完成了许多奥本之前受委托的工作。他继续作为“国王的木匠”为王室工作，直到1780年因试图节约开支而遭到解雇。里厄泽纳在工作坊中设计制作了风格辨识度很高的花卉镶嵌工艺面板、格子结构图案和花卉镀金青铜镶嵌。

优雅的装饰

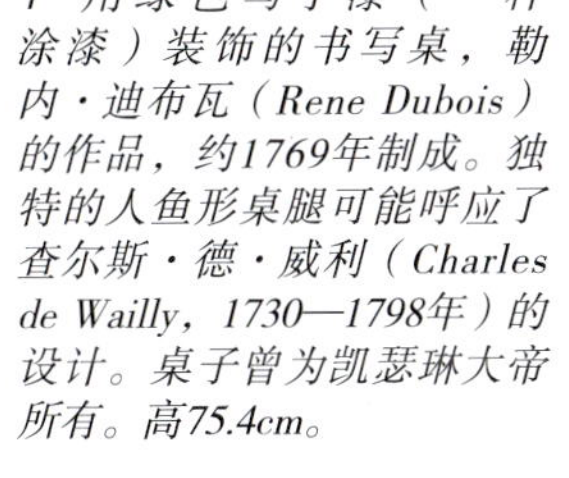

1 用绿色马丁漆（一种涂漆）装饰的书写桌，勒内·迪布瓦（Rene Dubois）的作品，约1769年制成。独特的人鱼形桌腿可能呼应了查尔斯·德·威利（Charles de Wailly，1730—1798年）的设计。桌子曾为凯瑟琳大帝所有。高75.4cm。

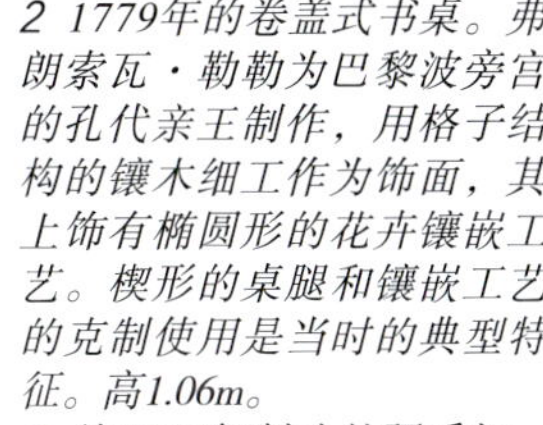

2 1779年的卷盖式书桌。弗朗索瓦·勒勒为巴黎波旁宫的孔代亲王制作，用格子结构的镶木细工作为饰面，其上饰有椭圆形的花卉镶嵌工艺。楔形的桌腿和镶嵌工艺的克制使用是当时的典型特征。高1.06m。

3 约1780年制造的硬币柜，让-亨利·里厄泽纳为普罗旺斯女伯爵玛丽·安托瓦内特制作，桃花心木的饰面上饰以镀金青铜的镶嵌设计。女伯爵的房间里还出现了女像柱和箭状柜腿的设计。高2.65m。

4 里厄泽纳的继任者让-费迪南·施韦德费格尔（Jean-Ferdinand Schwerdfege，活跃于约1760—1790年）1788年制作了这个橱柜，可能是按让-德莫斯代纳·迪古尔克的设计图制作而成的。韦奇伍德陶器饰版和水粉绘画源自罗马。高2.46m。

布勒的影响

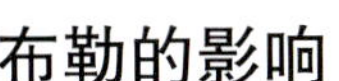

1 乌木长壳天文钟，巴尔萨泽·利厄托（Balthazar Lieutaud）约1770年为普拉兰-舒瓦瑟尔公馆制造，镶嵌工艺非常突出，模仿了菲利普·卡菲耶里（Philippe Caffieri，1714—1774年）的古典风格装饰。钟的形状源自布勒的设计。高2.6m。

2 艾蒂安·勒瓦瑟尔（Etienne Levasseur，1721—1798年）约1790年制作的书柜，根据布勒的原创设计改造而成，创新之处在于醒目的乌木镶边。

新形式

1

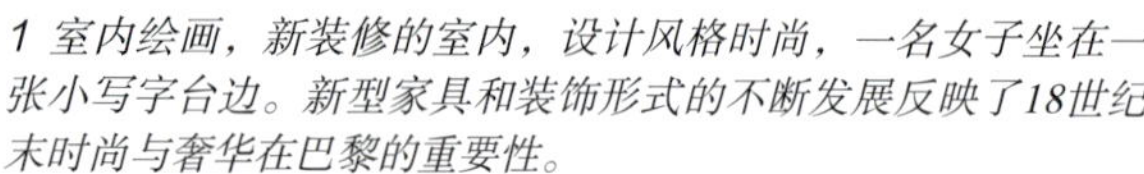

2

3

1 室内绘画，新装修的室内，设计风格时尚，一名女子坐在一张小写字台边。新型家具和装饰形式的不断发展反映了18世纪末时尚与奢华在巴黎的重要性。

2 罗杰·范德克鲁斯约1760年制作的女用写字台。弯曲的桌腿是过渡时期的风格。高71cm。

3 卷盖式书桌，奥本约1760年为路易十五的书房设计。镶嵌工艺设计由奥本完成，镀金青铜的镶嵌设计出自让-克劳德·杜普雷斯（Jean-Claude Duplessis，逝于1774年）之手。

路易十六时期（1774—1789年）的设计常常被人们等同于法国整个新古典主义时期的设计，其实不太恰当。这一阶段继续强调装饰元素的优雅性。源自古典作品的图案母题通常与花卉图案、花环或带状图案组合在一起。装饰设计日益精美，尺寸越来越小，图案越来越密集，比如里厄泽纳晚期设计的质量上乘的作品，或者弗朗索瓦·瑞蒙德（François Rémond，约1747—1812年）和皮埃尔·古蒂埃的镀金铜饰。主要经销商提供的家具都使用颇具创新性的材料。普瓦里耶和达盖尔（Daguerre）委托塞夫尔瓷器厂制作瓷砖，同时购买17世纪的日本漆器和意大利硬石镶板，将这些材料镶嵌到约瑟夫·鲍姆豪尔、马丁·卡琳（Martin Carlin，1730—1785年）和亚当·威斯威勒（Adam Weisweiler，约1750—1810年）设计的写字台和橱柜之中。

椅子一般都是方形靠背、矩形座椅，正面通常由弯曲的座椅横档来修饰。乔治·雅各布（Georges Jacob，1739—1814年）和让-巴普蒂斯特-克劳德·塞内为玛丽·安托瓦内特重新装饰了许多公寓，创作了具有各种各样装饰细节的家具。图案设计变得更加直挺而密集，饰以小小的尖叶、紧密的旋涡形缎带或者串珠和卷轴设计，以此代替早期的花环图案。

18世纪80年代设计的家具开始呼应这种日趋精细和优雅的设计趋势，变得更加坚固，同时引入了罗马壁画和希腊花瓶中的古典图案。贝朗热和迪古尔克用这种新风格设计家具，两侧的基座都饰以优雅的女像柱，柱脚模仿装满箭的箭筒形状。扶手以直角与背部相连，下面用细细的柱状腿支撑，偶尔也使用古典风格的狮身人面像。装饰设计的特点是模仿罗马式浮雕图案，有时使用彩绘，有时采用韦奇伍德陶器饰版。然而，越来越多的镶嵌工艺面板被普通的桃花心木板（首次在法国广泛使用）或金钟柏木板所取代。

初期的古典主义与迪古尔克的伊特鲁里亚品位息

斗柜

1 这个由三部分构成的斗柜是让-亨利·里厄泽纳的作品，1778年为国王位于枫丹白露的公寓制作，饰以郁金香木和西克莫木的饰面。作品保留了奥本发明的原始形式。雕刻着水仙花的格子镶板是典型的里厄泽纳风格。高95cm。

2 让-奥特（Jean-Haure，活跃于1774—1796年）设计的半圆形或鼓形斗柜，用红木、西阿拉黄檀木和郁金香木制成，1786年由让-古勒劳姆·贝内曼（Jean-Guillaume Benneman，活跃于约1784—1811年）为国王在贡比涅的卧室制作。新的风格引入了更具活力的形式和装饰元素。高92.2cm。

椅子

1 过渡风格的椅子，制作于1760—1770年。其形式保留了洛可可风格特征，而装饰元素则更多采用了与新古典主义风格相关的古典图案。高1.12m。

2 椭圆形背椅大约从1768年开始变得越来越受欢迎。这件让-巴普蒂斯特·蒂亚尔（Jean-Baptiste Tilliard，1723—1798年）制作的家具显示了高质量法国细木工的古典风格和均衡比例。高1.1m。

3 到18世纪80年代，家具设计强调精致的装饰和精确的形式，正如这把椅子所示。该作品由埃尔韦（Herve）为玛丽·安托瓦内特位于圣克卢的公寓设计，由让-巴普蒂斯特-克劳德·塞内在1787年制作。高81cm。

伊特鲁里亚风格

1 新古典主义风格的椅子，饰以镰刀形和麦束形图案，让-巴普蒂斯特-克劳德·塞内的作品，体现了英式设计的影响力。"崇英狂"（anglomanie，对所有英国事物的狂热）在法国旧制度政权末期是个时髦的概念。

2 桃花心木椅，休伯特·罗伯特（Hubert Robert）为玛丽·安托瓦内特位于朗布依埃的小农场设计，1787年由乔治·雅各布制作。这一作品是伊特鲁里亚风格，因为椅背和座椅上有源自希腊花瓶装饰的菱形图案。高95cm。

督政府时期和执政府时期

1 露卡米埃夫人为自己的卧室委托制作的家具，基于雅克-路易·大卫为其画作绘制的设计图。这把椅子简单的设计风格源自克里斯莫斯椅的早期罗马风格形式。雅各布·弗雷雷（Jacob Freres）于1798年制成，柠檬树木的材质与其紫杉木的镶边形成鲜明对比。高85cm。

2 约1795年的凳子，设计风格源自罗马共和国时期的折叠凳。凳子涂成黑色，上有镀金。设计者故意为作品选用了早期的样式，折叠凳早在文艺复兴时期就是椅子设计的参考形式。高72cm。

息相关，后者受到了伊特鲁里亚风格的启发，但这种风格后来因法国大革命而被毁之殆尽。最明显之处在于家具中不再有装饰元素出现。与此同时，以希腊克里斯莫斯椅为代表的古典形式得到复兴，尽管这种趋势在旧制度时期已经开始，但新共和政府建立之后就变得更受欢迎。后来又继续发展出了督政府时期（1795—1799年）和执政府时期（1799—1804年）的家具，反映了政府的更迭，作品形式继续追求考古学意义上逼真可靠的风格。

乔治·雅各布是这一时期著名的家具大师，和几个儿子一起模仿了罗马的沙发、三腿桌和凳子。他推出了一种新型的桌子，或者说是小圆桌。这种桌子桌面为圆形，有圆形的支柱或三脚支撑物。前盖式写字台是当时主要的书写用家具。伯纳德·莫利托（Bernard Molitor，1755—1833年）开发的橱柜、抽屉柜和写字台保留了上一代的形式，但设计更为朴素，唯一的装饰是柱子或简单的建筑图案。从古代座椅家具衍生出的简约兽爪撑脚代替了伊特鲁里亚风格弯曲的楔形撑脚。拿破仑1798年入侵埃及之后，埃及风格的图案也加入设计之中，进一步增强了家具作品中几何图案固有的克制感。

由于法国处在战争时期，通常难以获得进口的外国木材。除了奢侈品外，一般家具制品都使用天然果树。桃花心木仍然非常流行，但现在也开始在橱柜外部使用柠檬树木（浅黄色椴木），这种材料曾由威斯威勒这样的家具工匠用在橱柜内部。装饰方面采用了桂冠或花状平纹（忍冬）构成的对比式嵌花图案。

革命政府在1791年废除了制造业中的镀金结构，因此家具制造公司可以提供雕刻和饰面工艺的家具。雅各布·德斯马特公司（1803年由乔治·雅各布的儿子成立）为拿破仑的住宅制作了大部分家具。镀金青铜装饰在皮埃尔-菲利普·托米尔（Pierre-Philippe Thomire，1751—1843年）等雕刻镀金师的作品中达到了巅峰，而

从简单到华贵

1 伯纳德·莫利托约1811年制作的前盖式写字台，反映出19世纪初对正面设计的重视。块状脚是后帝政时期家具的典型特征。高1.37m。

2 佩西耶和方丹《室内装饰集》一书中的设计图，展现了帝政时期设计高大威严的风格，装饰元素计划用镀金青铜完成。

乔治·雅各布和早期帝政风格

1 这把天鹅椅由佩西耶和方丹设计，雅各布·弗雷雷于1803年为马尔梅森的约瑟芬皇后制作。椅子的形状取自希腊风格的克里斯莫斯椅，从罗马皇家家具中借鉴的天鹅图案让这把椅子更显奢华。高77cm。

2 有活动书写板的桃花心木办公桌，让-古勒劳姆·贝内曼制作，佩西耶和方丹约1800年设计。在这个时期，胸像柱雕像呈一定角度放置在角落里，而桌脚设计仍然是基于动物形式。

3 这件约1800年制成的长沙发是埃及风格，由桃花心木和椴木制成，带有镀金青铜的镶嵌设计，其上印有“雅各布·弗雷雷”字样，是1796—1803年这家公司的名称，这段时间乔治·雅各布与他的两个儿子一起工作。高1.1m。

1 马尔梅森的图书馆，佩西耶和方丹于1800年按照庞培风格为约瑟芬皇后设计。

2 1810年的青铜鎏金乌木边柜（低碗柜），雅各布·德斯马特公司制作，拿破仑大部分家具都由该公司提供。高98cm。

3 桃花心木和青铜鎏金的螺形托脚小桌，背部有一面镜子，可以看出用仿乌木制成的狮身人面像支撑。根据佩西耶和方丹的设计图于1807年左右制成。高1.03m。

巴黎仍然是富有欧洲阶层订购钟表、烛台和其他镀金青铜家具的中心。

拿破仑的两位首席建筑师是查尔斯·佩西耶和皮埃尔-弗朗索瓦-莱昂纳尔·方丹，他们的家具设计理念以罗马的形式为基础，亦步亦趋地模仿罗马家具，从中汲取更简单、更大胆的设计元素。埃及的图案也非常受欢迎，转角底座上的人物形象经常表现出埃及的穿着风格。皇室风格的装饰元素常常出现在简单的背景之上，如月桂花冠、权杖或人像侧影的纪念章图案。

座椅家具回归到方形的正面设计，通常使用星星或球形等简单图案装饰。桌椅腿和扶手往往比以前的时期更为结实，椅背更平坦。最具创新性的一个设计是带有天鹅式扶手支撑的软垫圈椅。另一类受人喜爱的形象是狮身人面像。床具有了新的重要意义，嵌在壁凹中，上面加上华盖，这种设计源自罗马沙发。座椅套的设计强调朴素的造型，大大的绲边和重重的流苏让家具显得更加富丽堂皇。

桌子和餐具柜的独脚架饰以风格化的豹头、狮身人面像或者埃及面具雕像，放置在底座的正面，上面是装饰简洁的中楣饰带，由此强调了几何图案设计的稳固性。窗间矮几上的镜子现在向下延伸，形成桌子本身的背板。家具的不同部位要么镀金，要么染成乌木色，与火红色的桃花心木饰面形成鲜明对比。写字台和抽屉柜也用类似的方法加工。

皮耶·拉·梅森杰（Pierre La Mésangére）在1802—1835年分期出版的《高雅家具和物品集》有效地总结了法国帝政风格的特征，确保这一风格在整个欧洲一直延续到了19世纪中期。

走向时代末期

1 让-巴普蒂斯特·吉勒·尤夫（Jean-Baptiste Gilles Youf, 1762—1838年）约1834年制作的中心桌，显示了帝政风格设计的持续影响。这一时期的设计特点是越来越重视沉重庞大的装饰。高82cm。

2 桃花心木桌子，桌腿以埃及风格装饰，伯纳德·莫利托约1810年为圣克卢的城堡制作。高1m。

外国材料的使用

1 约1820年的梳妆台，由水晶、夹金玻璃和钢铁制成。佩西耶和方丹为巴黎一家专业玻璃店的主人德萨蒙-沙尔庞捷女士（Mme Desamond-Charpentier）设计的作品。高92.7cm。

2 人们对日本漆器的热爱从来没有消失，正如玛丽·安托瓦内特委托制作的这张精美写字台所示。威斯威勒制作，镶嵌设计出自瑞蒙德之手，约1784年制成。高73.7cm。

3 这件青铜鎏金装饰品是19世纪初著名雕刻师皮埃尔-菲利普·托米尔的作品。高58.5cm。

英国家具

考古学的影响

1 带有胸像柱雕像的桃花心木窗间矮几，罗伯特·亚当的作品，可能是由托马斯·奇彭代尔于1715年制作。桌子的胸像柱雕像由花彩连接起来，表现出更加轻盈纤细的新古典主义风格，这是18世纪70年代亚当喜爱的风格。

2 皇家文艺学会会长的椅子，威廉·钱伯斯1759—1760年设计的作品。椅子的轮廓是更明显的直线形，上面的雕刻装饰准确使用了古物的细节。高1.37m。

3 为伦敦斯宾塞庄园彩色会客厅设计的沙发，由詹姆斯·“雅典人”·斯图尔特设计，用雕刻和镀金的松木制成，1759—1760年制成。构成沙发两侧的有翼动物直接源自考古遗迹，深红色的锦缎床罩是现代风格。

1775—1830年，新古典主义风格成为英国家具设计的主流。这种风格始于18世纪50年代，当时新发现了一些古代遗迹，尤其是挖掘出了庞培和赫库兰尼姆古城的遗址，激发了人们对更纯粹的古典风格重新燃起兴趣，使得欧洲各地的设计都受到了影响。这一时期，法国和英国的设计师反对过度使用洛可可风格，转而依托帕拉弟奥和洛可可时期遗留下来的古典风格为主要原则，开始把淡雅朴素的古典装饰元素引入到家具设计中。

建筑师威廉·钱伯斯和詹姆斯·“雅典人”·斯图尔特被认为是1760年之前最早制作新古典主义风格家具的人。他们在设计中采用更明显的直线线条形式，通过直接观察希腊和罗马作品的原件，在考古学意义上准确使用其中的装饰细节。新古典主义风格早期践行者中最著名的是建筑师罗伯特·亚当和詹姆斯·亚当兄弟，他们从18世纪60年代末至18世纪80年代后期引领着英国的家具设计领域，许多作品都由家具制造商托马斯·奇彭代尔、威廉·林内尔（William Linnell）与约翰·林内尔（John Linnell）以及英斯与梅休制作完成。

用亚当兄弟自己的话来说，其独特新颖的古典风格“把握了古代的精神”，但同时也给这种精神赋予了全新的现代诠释。他们的作品风格轻巧，装饰性强，通常尺寸较小，重点使用线性和二维装饰，不用过多的雕刻。图案母题包括三足腿和花瓶、狮身人面像和狮鹫等神话动物、古典人像、怪状人面像和牛头骨装饰，也有小一些的图案，如希腊回纹和古罗马波状涡纹边饰、谷壳状花彩、月桂花冠、圆盘饰和花束状装饰。这些装饰可以用镶嵌工艺设计在底色反差大的木材上，也可用雕刻或石膏制成浮雕图案。

英国细木工家具业逐渐适应了18世纪60年代引进的新古典主义风格，随后通过有节制地使用直线形状、熟

4

5

6

4和5 谢尔本府邸一张凳子的设计图，罗伯特·亚当1768年的作品。亚当的设计是朴素淡雅的新古典主义风格，他经常在大厅的装饰和家具设计中采用这种风格。

6 一对桃花心木制成的英国瓮形刀盒，标准的叶形边缘上刻有花彩和饰带，约1780年制成。桃花心木为新古典主义风格的细雕形式和图案细节提供了完美的材料。

7

8

7 詹姆斯·“雅典人”·斯图尔特为伦敦斯宾塞庄园设计的窗间矮几和三足鼎，约1757年制成。矮几是直线形风格，桌上的三足鼎香炉则直接采用古代形式和古代装饰风格，这些都明显体现出考古学的影响。

8 乔治·理查德森（George Richardson）1793年在《花瓶与三足鼎设计》中发表了这款烛台架的设计图。计划用镀金金属或木材将这款设计制成成品，其细长的设计中包含了许多源自考古文物的元素。

9

11

9 由桃花心木和其他装饰性木材饰面制成的写字台，家具制造师克里斯托弗·富勒洛克（Christopher Fuhrlohg）的作品，约1775年制成。虽然桌子的外形是现代风格，桌腿和描绘古典人物、棕榈叶和花彩的镶嵌工艺却是纯粹的新古典主义风格。宽1.49m。

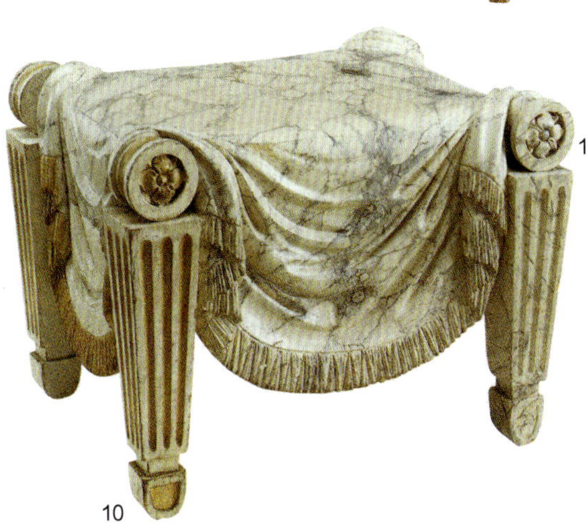
10

10 山毛榉木凳子，用彩绘模仿了大理石雕刻出的垂幔和木工工艺，可能是由Marsh & Tatham公司制造的。基于查尔斯·希思科特·泰瑟姆（Charles Heathcote Tatham，1772—1842年）绘制的罗马原型复制而成，设计图发表在1799年出版的《古代装饰性建筑中的蚀刻》上。

11 一张床的设计图，1816年绘制，发表在鲁道夫·阿克曼（Rudolph Ackermann）的月刊《艺术宝库》上。古典主义的希腊和罗马风格垂幔在19世纪初是纺织品装饰的主流。

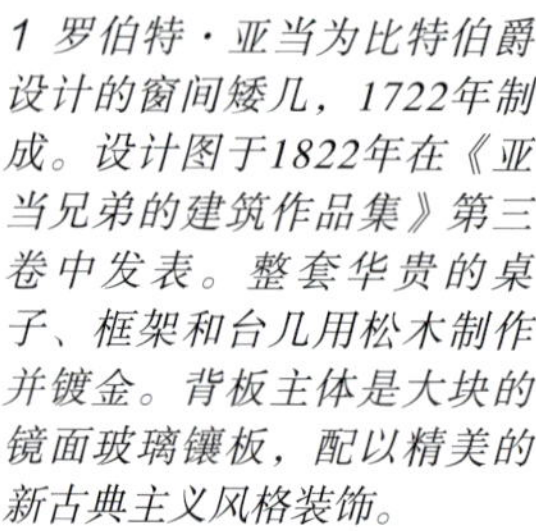

1 罗伯特·亚当为比特伯爵设计的窗间矮几，1722年制成。设计图于1822年在《亚当兄弟的建筑作品集》第三卷中发表。整套华贵的桌子、框架和台几用松木制作并镀金。背板主体是大块的镜面玻璃镶板，配以精美的新古典主义风格装饰。

2 窗间壁玻璃框的版画设计图，B.帕斯托里尼（B. Pastorini）的作品，在1775年出版的《枝形烛台和玻璃框架设计新著》中发表。该设计遵循了亚当兄弟在1772—1778年发表的设计风格。

3 用椴木镶饰的窗间矮几饰面，带彩绘装饰，约1790年制成。椴木制成的银色图案反映了18世纪晚期人们对淡雅颜色的喜爱，彩绘装饰遵循了镶嵌工艺中的现代风格。高79cm。

4 约翰·卡特（John Carter）设计的大理石雕塑桌，嵌有日本绘画图案，设计图在1777年的《建筑师》杂志上发表。做工精致的桌面将配上镀金或彩绘的框架以及笔直的桌腿和横档。

练的木工技术和精美的金属镶嵌工艺发展出更为自信的设计。《亚当兄弟的建筑作品集》（1773—1779年）、乔治·赫伯怀特（George Hepplewhite）的《家具工匠和家具装饰商指南》（由其遗孀爱丽丝在1788年出版）等正式出版的著作使这种风格在英国、欧洲其他国家和地区以及美国得到了普及。

在整个这一时期，细木家具工艺的突出特点是使用精美镶嵌工艺，在古典人物、神话形象、象征符号周围设计精致的古典圆形、椭圆形、盾形徽章，外围再环绕一圈建筑风格的装饰带。家具制作师还使用了相似风格的浅色彩绘装饰，有时布满整件家具，有时只出现在镶板或边饰上。

大约到了1770年，直角方形截面或柱状的桌椅腿开始取代家具的卡布里弯腿。精雕的椅背融入了古典主义风格的形式，如里拉琴、椭圆形和盾形，上面饰以小型图案，比如扇贝形装饰、圆盘饰、谷壳状和月桂图案。最豪华的作品则继续使用镀金，但是流行在山毛榉椅的框架上大量绘制绿色、蓝色、白色、灰色等多种颜色的装饰图案。豪华的座椅家具放在客厅和最好的卧室，椅面铺的是丝质锦缎，有时也用彩绘的丝绸镶板。马尾衬和皮革用于制作餐椅和书房椅。轻便的卧室椅越来越流行使用印花棉布，用来和窗帘、床帷搭配。家具上棉布的图案一般喜欢用古典圆盘饰、花卉和饰带。

椅子上的镀金框架呈规则的椭圆形或矩形，边缘较窄，中央是较大块的镀银玻璃。搭配的窗间矮几与其设计风格一致，通常采用柱状桌腿、直条饰带，桌面是大理石、彩绘木板或饰有精美古典图案的镶嵌工艺面板。用来书写、饮茶、玩纸牌游戏的休闲桌设计得简洁而优雅，桌腿笔直细长，边缘饰以椴木、染色槭木等浅色木材制成的装饰性镶嵌工艺面板。桃花心木仍在使用，但

5

6

5 乔治·赫伯怀特设计的折叠桌，设计图在1788年出版的《家具工匠和家具装饰商指南》上发表。赫伯怀特指出，这样的桌子“证明在工艺和装饰中可以达成相当优雅的效果”。

6 这张折叠桌由桃花心木制成，带有椴木和其他木材制成的饰面，约1780年制成。边缘精美的装饰加了染色，镶嵌了树叶、卷须等新古典主义风格图案。高73cm。

7 希腊和埃及风格鉴赏家托马斯·霍普设计了这款带柱式支撑的圆桌，形状是19世纪初流行的样式。镶边装饰是典型的新古典主义晚期风格。

8 这张沙发桌有着新古典主义风格的直线形外观和细长的桌腿，镶边嵌在颜色较浅的木材中。侧面支架和单根横档从19世纪初开始使用。高76cm。

7

8

9 这张椴木写字台在中间的圆榫和桌子的上半部集中装饰了帷幕。细长的桌腿呈锥形，支撑在轮脚上。18世纪中叶开始，为了能够轻松移动家具，人们越来越多地使用轮脚。圆形把手配以背板上的古典图案作为装饰。高90cm。

9

10

10 乔治·史密斯（George Smith）设计的镜子，设计图于1808年在其《民用家具和室内装饰图集》中发表，凸面镜和雕刻镀金的框架受古典主义风格启发，蝙蝠象征着夜晚。

1 雕刻和镀金的山毛榉木沙发，配有深红色丝质锦缎软垫，托马斯·奇彭代尔于1765年为劳伦斯·邓达斯爵士（Sir Lawrence Dundas）制作。虽然轮廓仍然是曲线形，但框架上的雕刻更像是考古文物衍生出的风格。长2.18m。

2 带椴木镶嵌装饰的桃花心木扶手椅，配以藤制座椅、软坐垫和仿金铜镶嵌设计。约翰·林内尔为米德尔赛克斯奥斯特利公园大厦的罗伯特·柴尔德（Robert Child）制作，约1767年制成。这把椅子融入了新古典主义风格图案装饰，比如椅背上有里拉琴图案，座椅横档上有波状涡纹。

1

2

3

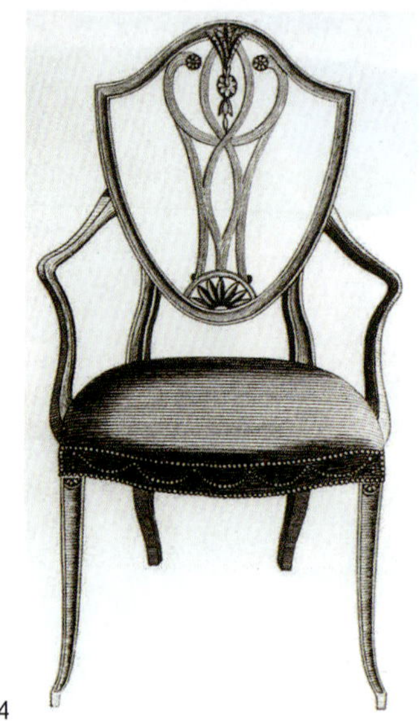
4

3 亚当兄弟在1770年前后设计的涂漆法式高背扶手椅，由托马斯·奇彭代尔为演员大卫·加里克（David Garrick）制作。其造型受到了法国风格的启发，但装饰元素是典型的英国风格。

4 乔治·赫伯怀特创作的客厅椅设计图，来自1788年出版的《家具工匠和家具装饰商指南》。盾牌式造型在18世纪70—80年代非常流行。

颜色稍浅的木材更受青睐。鎏金青铜或仿金铜制成的铸造合金镶嵌工艺与家具相辅相成。扶手是椭圆形或圆形，背板上装饰有扇贝形装饰、麦麸或向日葵等图案。

这一时期英国制造的家具质量上乘，由此人们越来越热衷于设计隔层、弹簧滑道和隐形抽屉等机械装置。托马斯·谢拉顿（Thomas Sheraton）在著作《家具工匠与家具装饰商图集》（1791—1794年）中设计了造型典雅又复杂的桌子，体现了这类家具的风格。这本图集和他的《橱柜词典》（1803年）极为重要，向更多公众展示了当时的风格。《家具制造与装饰图集》包含了摄政王及其建筑师亨利·霍兰喜爱的偏法式风格，《橱柜词典》则反映了19世纪初期大众对考古风格重新产生的兴趣。

由于出版了源自查尔斯·希思科特·泰瑟姆罗马原作的古代形式及其装饰细节图集，考古元素对家居设计的影响在18世纪90年代得到进一步发展。1800年以后，这种影响在家具的三足腿、石棺形状与兽形元素设计中体现得最为明显，只是风格比亚当兄弟时期更为坚固而厚重。

除了标准的罗马原型，许多设计师和顾客还越来越被希腊装饰所吸引。中国和哥特式风格有着不同于古典主义的异国情调，也被用来创作具体的装饰主题，而埃及和印度的风格也在摄政王的热情领导下得以引进。

希腊和埃及风格的主要倡导者是鉴定家托马斯·霍普，他在《民用家具和室内装饰》（1807年）一书中发表了自己家中的家具设计。这本书问世后不久，乔治·史密斯的《民用家具和室内装饰图集》（1808年）也得以出版。鲁道夫·阿克曼的月刊《艺术宝库》

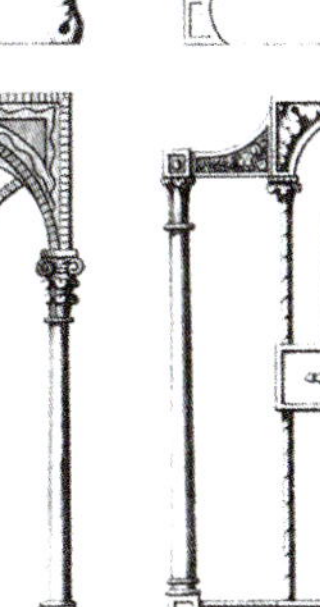

5

5 椅背的版画设计图，托马斯·谢拉顿的作品，在1793年出版的《家具工匠与家具装饰商图集》第一版中发表。椅背的正方形形状反映了18世纪80年代末至90年代初从法国引入的新风格。

6 这对约1780年制成的客厅椅靠背是椭圆形，上面雕有花状平纹图案，椅腿截面为方形。镀金镶边突出了椅子的框架。

7 这把仿乌木色镀金椅来自19世纪初制作的一套家具。设计师对希腊风格的X形椅腿进行了调整。

8 这把镀金榉木扶手椅的设计受1807年托马斯·霍普出版的《民用家具和室内装饰》启发，1808—1810年制作。椅身涂上深绿色的漆来模仿青铜，配上藤制座椅和软坐垫。框架设计在扶手部分使用了有翼动物作为支撑，体现了当时盛行的希腊风格。

6

7

8

9 雕刻镀金的山毛榉皇室床，带绿色丝质锦缎帷幔，托马斯·奇彭代尔1773年为约克郡哈伍德宫的第一代哈伍德伯爵制作。做工精细的雕刻细部和帷幔是新古典主义风格最华丽的表现。

10 床的版画设计图，乔治·赫伯怀特的作品，在1788年出版的《家具工具和家具装饰商指南》上发表。赫伯怀特建议给檐板上的装饰品涂漆，并在帷幔的下半部分使用带有花彩装饰物的布料。

9

10

1

2

3

1 罗伯特·亚当于1764年为考文垂勋爵绘制了这张衣橱设计图。庞大的体积反映了之前的帕拉弟奥古典风格，但前面镶板上的装饰是新古典主义风格。

2 斗柜和高灯架，斗柜原本是一对，约翰·科布1772年为威尔特郡科西姆宫的梅休恩勋爵设计。作品的形式是洛可可风格，但其装饰属于新古典主义风格。斗柜高95cm。

3 带有椴木和镶嵌工艺饰面的桃花心木写字台，托马斯·奇彭代尔1768年为约克郡的哈伍德宫设计。其形式是法国风格，但镶板属于英国新古典主义风格。高1.41m。

（1809—1828年）也影响了19世纪初的设计。

19世纪初期，为了应对客厅布局的变化，桌子设计也出现了新的形式，包括中间是圆形的三脚桌。有时桌腿为柱状，用黄铜或乌木饰以典雅的镶嵌图案。此时，也有长方形的沙发、游戏桌和带折板的折叠书桌，支撑腿是希腊里拉琴的形状，或是由一根横档连接、彼此相连的柱状。红木、斑木、深色桃花心木以及仿制乌木等颜色更深、更鲜艳的木材成为非常时尚的家具制作材料，与镀金镶嵌设计或黄铜镶饰形成鲜明对比。大多数桌子和许多椅子都配有便于移动的轮脚。

1800—1830年，镀金工艺继续广泛用于镜框的制作，上面的装饰线条和其他雕刻图案尺寸变大。此外，新研制出来的凸面镜常常配以圆形的镜框。

从18世纪90年代起，英国椅子设计使用了更多直线形的椅背和座椅，用直角边或“法式的”填充物代替了之前的圆形座椅和椅背衬套，体现出了法国的影响。1800年后，椅子的设计又适应了时尚的希腊风格，采用方形椅背和弯刀形或X形椅腿，扶手支撑上饰以古典人物或兽形图案。座椅上松软的藤条设计可以使椅子更为轻巧灵便，但衬套的织物材料更偏好极其素淡的颜色。

床的时尚设计也顺应了现代古典主义的理念，引入了沙发床，或者“船床”，配有做工精巧的床裙，不过带精致古典床腿的传统四柱床在这个时期仍在继续使用。

19世纪初，受英国殖民地扩张的影响，应士兵和水手的需求，旅行家具设计也取得了突出的进展。人们制作出造型紧凑的多功能家具和便于打包上路的可拆卸家具，制作精巧又简洁优美。

4

5

4 卷盖式椴木桌，这张特写凸显了在诸多新古典主义风格家具上打造精细镶嵌工艺时需要的高超工艺。
5 茶叶盒的设计图，乔治·赫伯怀特的作品，在1788年出版的《家具工匠和家具装饰商指南》中发表。赫伯怀特建议这些小盒子可以镶嵌彩木，也可以涂上黑色亮漆和清漆。
6 约1795年制作的椴木写字台书柜，形式是直线形，不再是洛可可风格的曲线。抽屉和下面的橱柜门上有带对比色的桃花心木饰面。这种写字台书柜在三角楣饰内装有时钟，因伦敦机械珍品博物馆的主人托马斯·威克斯（Thomas Weeks）而得名为威克斯书柜。

6

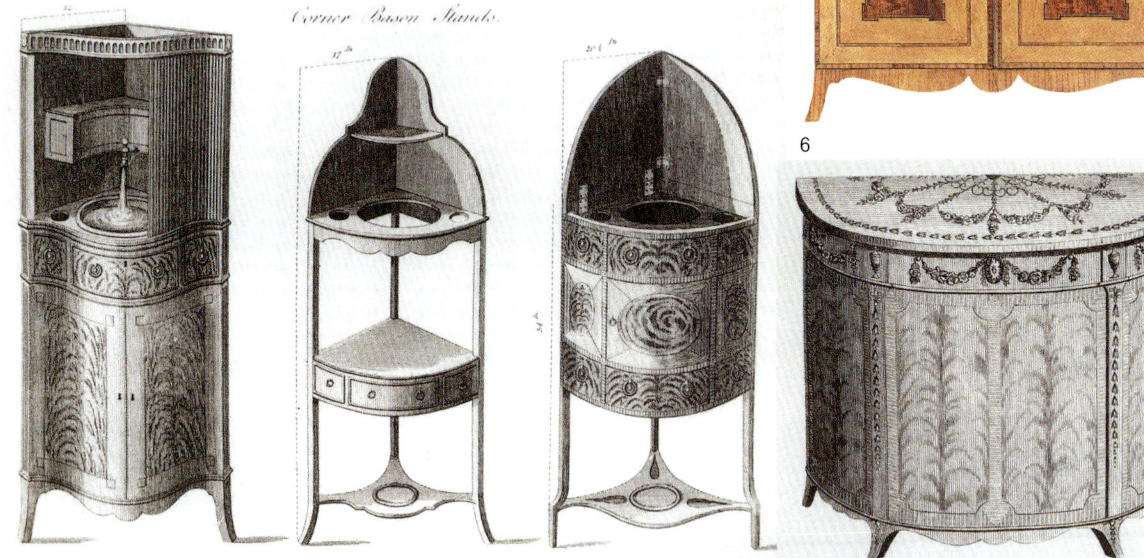

7

8

7 托马斯·谢拉顿创作的角落盆架设计图，在1793年出版的《家具制造与装饰图集》中发表。谢拉顿表示，这些作品用装饰精美的木材打造，“外形有点像橱柜，放在雅致的房间里不会有碍观瞻。”
8 赫伯怀特1788年创作的斗柜设计图，与罗伯特·亚当18世纪70年代设计的更加精巧的新古典主义斗柜风格一致，只是造型更简单。
9 家具制造师乔治·布洛克（George Bullock，活跃于1804—1818年）为苏格兰布莱尔·阿索尔（Blair Atholl）设计的橱柜，使用了与乌木成对比色的当地落叶松木，强调了风格化的植物装饰图案和边饰。高1.44m。

9

来自德国的家具

18世纪的多样家具

1 雕刻镀金的山毛榉木椭圆形椅子，约1770年在科布伦茨制作。框架上装饰有波状涡纹和希腊风格的交织花纹。高117.3cm。

2 过渡风格的镶嵌式写字台书柜，亚伯拉罕·伦琴和大卫·伦琴（David Roentgen，1743—1807年）的作品，制成于约1768—1770年，下半部分是洛可可风格，但上半部分则强调新古典主义风格的明晰线条和条理。花卉镶嵌工艺装饰用雕刻工艺制成，做了上色处理。高185cm。

3 带有镶嵌工艺面板的郁金香木斗柜，普鲁士人约翰·戈特利普·费德勒（Johann Gottlob Fiedler）的作品，约1786年制成。作品中几何图形的镶嵌工艺和镶板的分区都属于典型的德国风格设计。高89cm。

4 海因里希·威廉·施平德勒设计的斗柜，金属加工部分由梅尔希奥·坎布利（Melchior Kambli）完成，配以玳瑁、珍珠母和象牙等材料和银制底座，18世纪70年代在普鲁士为腓特烈大帝而作。

1

2

3

4

5

5 18世纪70年代卡尔·奥古斯特·格罗斯曼（Karl Auguste Grossmann）创作的沙发设计图，展示了希腊风格能够达成的效果。帷幕的威严与沙发背的精致形成反差。

6

6 这张典雅的胡桃木写字台约1770年在图林根州制作。融合了18世纪初的桌面风格与几何形态更明显的新古典主义基座。高2.6m。

1 卡尔·弗里德里希·申克尔为奥古斯特王子设计的帝政风格客厅，建于1815—1817年。模仿古罗马设计风格的壁画和为宫殿制作的大型家具都借鉴自佩西耶和方丹的室内设计。申克尔1801—1813年在意大利和巴黎旅行。

2 申克尔为柏林皇家宫殿鹿皮室创作的椅子设计图，计划用桃花心木制作，约1807年制成。这是他受王室委托创作的最早设计之一，深受法国风格的影响。

德国各邦国的许多统治者在18世纪70年代将自己的宫殿改装成了稍加调整的洛可可风格，而德国新古典主义风格直到18世纪末才得以发展起来。由于受到来自法国和英国两种风格的影响，18世纪德国的新古典主义设计呈现出多种多样的形式。在德国工作的首席家具制造师是大卫·伦琴。他开发了一种绘画式镶嵌工艺，每一块镶板都单独着色，然后镶嵌在饰面中。如此一来，镶板每一部分的颜色或纹理共同构成了整个设计。这种“马赛克”工艺打造出了良好的绘画效果。

伦琴去过巴黎、柏林和俄罗斯，使用精密的机械装置来打造建筑风格的家具。他在18世纪90年代诸多丰碑式的作品都从古典建筑风格中发展而来。那时，伦琴已经放弃了之前由皮埃尔·瑞蒙德（Pierre Rémond）提供的那类装饰配件，转而在设计中采用简单的高品质镶嵌工艺，偶尔饰以带有古代场景的浅浮雕，与火红色的桃花心木饰面形成对比。

在普鲁士，弗里德里希·威廉·冯·埃德曼斯多夫（Friedrich Wilhelm von Erdmannsdorff，1736—1800年）为柏林皇家宫殿、波茨坦的大理石宫以及德累斯顿附近的沃利茨宫设计了家具。皇家家具制作师约翰·克里斯蒂安·费德勒（Johann Christian Fiedler）从1775年左右开始设计洛可可风格家具，只有装饰元素采用古典主义母题。他后来的风格变得更加朴素，仅使用少量装饰图案。赫伯怀特和谢拉顿的设计很受欢迎，在他们的带动下，设计师都开始重视优雅细长的家具形式。

1805年之后，法国帝政风格风靡德国所有的邦国。卡塞尔的威廉高地宫专门为拿破仑的胞弟热罗姆（Jérome）配备了家具，一部分来自巴黎，一部分由弗里德里希·威廉（Friedrich Wichman）在1810年前后制作，风格更为繁复。《高雅家具创意设计》（莱比锡）这样的出版物直接借用了佩西耶和方丹的设计。这个时期，一些德国家具倾向于使用较轻的木材，比如椴木、桦木或槭木。卡尔·弗里德里希·申克尔的设计灵感来自古物，他还尝试用金属和大理石制作家具。

奥地利家具

比德迈式风格设计

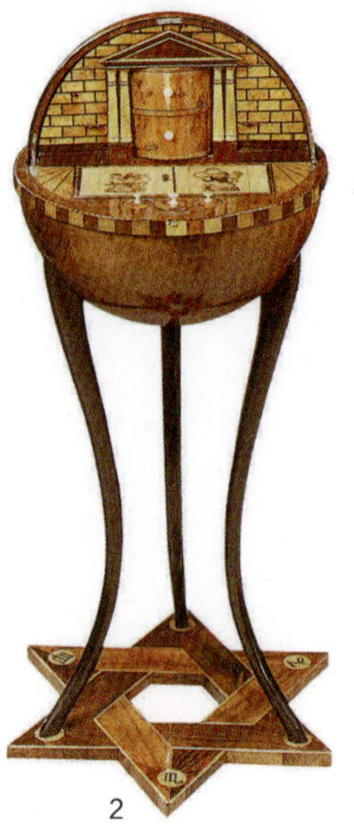

2

3

1

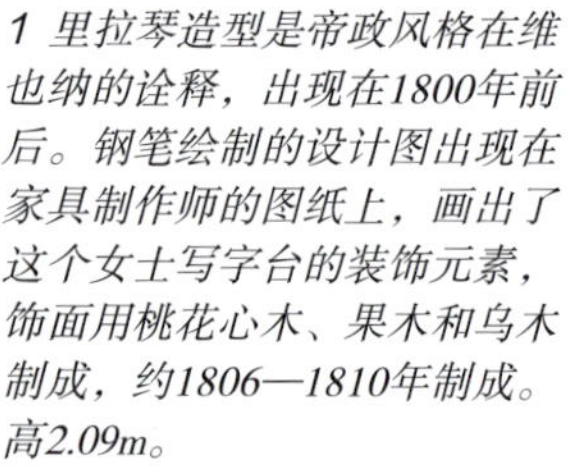

1 里拉琴造型是帝政风格在维也纳的诠释，出现在1800年前后。钢笔绘制的设计图出现在家具制作师的图纸上，画出了这个女士写字台的装饰元素，饰面用桃花心木、果木和乌木制成，约1806—1810年制成。高2.09m。

2 毛边桃木和仿乌木工作台，约1825年制作，打开它会发现其中暗藏着建筑景观。高96cm。

3 约1805年制成的桃花心木写字台，一般认为是约瑟夫·豪普特（Josef Haupt）的作品，内侧使用的是桦木和染成乌木色的梨木，外侧则是精美的青铜鎏金镶嵌设计。这件作品的台座装饰复杂，而内饰则是优雅整齐的几何形式。

4

5

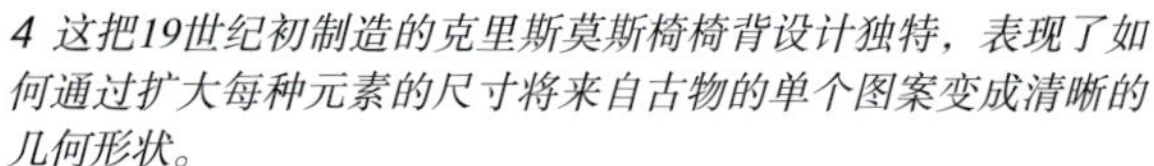

4 这把19世纪初制造的克里斯莫斯椅椅背设计独特，表现了如何通过扩大每种元素的尺寸将来自古物的单个图案变成清晰的几何形状。

5 1820—1825年的半圆形书桌，约瑟夫·丹豪森的作品，其几何形式极为朴素，没有任何装饰图案，这是比德迈式风格设计师和后来的新古典主义设计师所主张的理念。高129cm。

19世纪初有一部分最有创意的家具是在奥地利创作的。这里的古典资产阶级风格称为“比德迈式风格”，1815年左右在奥地利扎根，很快就蔓延到东欧和德国的其他地区。这一趋势一直持续到了19世纪50年代。比德迈式风格设计借鉴吸收了法国帝政风格和英国摄政风格，将其发展为采用圆形或几何状造型的优雅设计，极少使用装饰图案。桦木、槭木、果木以及桃花心木等浅色图案的木材备受青睐，装饰性的图案和边饰使用呈对比色的乌木或象牙，或者是染成黑色。所有家具都方便舒适、工艺精湛，大部分由工匠设计，其中最重要的设计来自维也纳的约瑟夫·丹豪森（Joseph Danhauser，活跃于约1804—1830年）。其典型作品包括内部布局精巧的宽敞书桌、多功能桌和背部为扇形的椅子，装饰元素有柱形、里拉琴形、帷幕垂彩和螺旋形等设计。比德迈式风格家具实用性强，线条清晰简洁，外表具有显著的现代风格。

西班牙和葡萄牙家具

精致的风格

1 这张雕刻镀金的木质沙发是为1807年葡萄牙皇室逃往巴西时乘坐的船制作的家具。中央椭圆形的帆布根据让-皮勒蒙（Jean-Pillement）画的海港景色而设计。

2 用乌木和黄杨木制作的椅子，迪古尔克为西班牙阿兰胡埃斯的拉布拉多之家设计，约1790—1795年制成。设计椅背上的图案时，迪古尔克使用了1759年出版的《古迹目录》中查理三世时期的雕刻作品。

西班牙新古典主义风格家具吸收了来自意大利、法国和英国的特征，发展出独特的风格。1768年由那不勒斯的马蒂亚·加斯帕里尼带领的皇家工作坊专为西班牙皇宫制作椅子、螺形托脚小桌和斗柜，使用的是更为大胆和略微夸张的意大利风格。箱式家具则装饰着米兰风格的庞培人像镶嵌工艺面板或涂色嵌板，有时还在装饰中加入小镜子或者陶器饰版。

19世纪早期，设计师让-德莫斯代纳·迪古尔克（Jean-Démosthène Dugourc）来到西班牙，从此确立了法国风格在西班牙至高无上的地位。法国风格喜欢使用天鹅、狮身人面像和人物等雕塑式图案。

在葡萄牙，家具制造师紧紧追随法国风格，不过英国风格对椅子设计的影响最为重要。一种独特的断层式斗柜带有镶嵌工艺面板和高裙板，被称为“唐娜·玛丽亚斗柜”。约瑟·阿尼切托·拉波索（José Aniceto Raposo）擅长使用奖杯雕饰、箭形和花卉镶嵌。

3 带有镶嵌工艺面板的西班牙角桌，制作于18世纪末或19世纪初，根据朱塞佩·马焦利尼（Giuseppe Maggiolini，1738—1814年）的设计制作而成。高81cm。

4 里卡多·杜斯皮里托基金会中唐娜·玛丽亚房间里的镜子、螺形托脚小桌和椅子，体现了葡萄牙人对新古典主义风格的阐释，比例有所不同，装饰极其丰富。斗柜是法国风格，约1790年制成。

意大利家具

18世纪的家具

1

2

3

1 带有各类木材饰面的小型斗柜，约1800年制成，家具制造师乔瓦尼·马费佐尼（Giovanni Maffezzoli）的作品，反映了朱赛佩·马焦利尼对于意大利北部设计趋势的强大影响力。作品顶部镶嵌着古老的铜绿色大理石，饰带上镶有花瓶和叶状旋涡形装饰图案。高93cm。

2 局部镀金雕刻的斗柜，涂有浅绿色漆，由朱塞佩·玛丽亚·邦扎尼戈制作。上面有月桂树叶边饰，与酒神杖、帷幕、圆盘饰、珠饰和扇贝形装饰交织在一起。长1.28m。

3和4 雕刻工艺制作的镜子和桌子，约1795年制成，漆成白色且加了镀金，上面有花卉图案的帷幕和鹿头装饰，与那不勒斯阿瓦洛斯宫中为皇室打造的家具类似，可能是专为狩猎用的小屋制作的。壁缘饰带的设计取自乔瓦尼·巴蒂什·沃尔波内（Giovanni Battista Volpone）的雕刻作品，后者模仿的是拉斐尔在梵蒂冈凉廊的设计。桌高94cm。

4

5

5 雕刻精细的木制镀金边桌，来自罗马的博尔盖塞宫，约1775年由安东尼奥·拉杜奇（Antonio Landucci）雕刻而成。其过渡时期风格的造型反映出受到皮拉内西设计的影响。高93.5cm。

6

6 带有全身雕像和雕刻装饰的长桌，约1790—1793年制成，在建筑师朱塞佩·马焦利尼的领导下为罗马的阿尔铁里宫制作。这件作品表明人们意识到古物可以作为设计来源，佩西耶和方丹等后来的设计师也受到了影响。高98cm。

1 佩拉吉奥·帕拉吉1834年为都灵的拉科尼基城堡的伊特鲁里亚房间设计了这把椅子。加布里埃莱·卡佩洛（Gabriele Capello）让意大利已完全消失的镶嵌技术得以复兴。

3 乔瓦尼·索基约1807年设计的机械式写字台，椭圆形的设计造型典雅，表明几何图案在19世纪初的设计中的重要性。椅子装进桌子后便可以合上。

2 佛罗伦萨和罗马在18-19世纪继续生产硬石家具。这个罗马风格的桌面显示了微型马赛克工艺呈现的古典建筑和遗迹的建筑场景，上面有"B. 博斯凯蒂，1829年"这样的字迹。

新古典主义在欧洲各国的发展有很大区别：18世纪末，这种风格在威尼斯、西班牙和葡萄牙才刚开始萌芽，而此时罗马、都灵、热那亚和那不勒斯的设计已开始逐渐朝着古典的形式演变。新古典主义风格主要源自法国。都灵皇宫的首席设计师朱塞佩·玛丽亚·邦扎尼戈（Giuseppe Maria Bonzanigo，1745—1820年）模仿了18世纪70年代的法国形式。他曾接受过微型雕刻的专业训练，因此设计的家具装饰极为精美，通常为雕刻和彩绘的木制家具。

桌子、椅子、斗柜和镜子等雕刻家具都带有镀金和彩绘装饰。罗马的家具仍继续强调醒目大胆的形式，雕刻繁复，其中朱赛佩·瓦拉迪耶的设计尤其如此。罗马的桌子饰面由厚厚的大理石制成，通常镶有鎏金青铜边。椅子则首次实现了大规模的设计，给后来的设计也带来了影响。

伦巴第是家具制造中心，最著名的饰面家具代表是米兰的家具制造师朱塞佩·马焦利尼。他设计的斗柜和橱柜形状是从英国的矩形家具中发展而来的，正面镶嵌了精美的图画。阿比亚蒂（Abbiati）等马焦利尼的追随者将这些设计带到罗马，镶嵌工艺的传统由此一直延续到了下个世纪。

在19世纪，法国帝政风格以及佩西耶和方丹的影响占主导地位。波伦亚设计师佩拉吉奥·帕拉吉和威尼斯人朱塞佩·博尔萨托（Giuseppe Borsato，1770—1849年）都为拿破仑政权的领导阶层效力，设计出的家具品质上乘，是中规中矩的古典主义风格，却往往是非凡的经典作品。保罗·莫奇尼（Paolo Moschini，生于1789年）模仿玳瑁壳以及精细的机械制造家具，用镶嵌工艺创造出复杂的装饰效果。拿破仑的妹妹埃莉萨·巴西奥克希（Elisa Baciocchi）在佛罗伦萨建立了一个皇家制造厂，由巴黎的让-巴普蒂斯特-吉勒·尤夫担任主管。该厂是乔瓦尼·索基（Giovanni Socch，活跃于1807—1839年）等佛罗伦萨家具制造师的培训基地。设计师们赋予经过简化的法国设计以建筑的力量感，选用樱桃木或桃花心木等进行制作，采用纹理丰富的乌木作装饰。

东欧和北欧的家具

荷兰、斯堪的纳维亚和俄罗斯

1 瑞典哈加宫的大客厅，路易·麦绥莱勒（Louis Masreliez）1786年左右设计。其灵感源自文艺复兴时期朱里奥·罗马诺设计的得特宫。家具由埃里克·欧哈马克（Eric Ohrmark）按古典风格制作。边桌是法国风格。

2 镀金的山毛榉木制克里斯莫斯椅，由N.A. 阿比尔高（N.A. Abildgaard）约1790年为丹麦阿美琳堡宫王储设计。设计来自1755—1792年出版的《赫库兰尼姆的古代设计》一书中的罗马壁画，该书是赫库兰尼姆出土文物的官方报告。

荷兰家具像德国家具一样保持着保守的新古典主义风格，长期以来仅在装饰上用更时尚的古代图案来稍稍改变以前的作品形式。直到18世纪90年代，因为采用了古典建筑中的元素，才创造了20年前就已在法国和英国发现的直线形设计。斗柜上的柜子仍然是荷兰室内装饰的重要部件，仍用桃花心木作为原材料，并装饰有雕刻设计。海牙马泰斯·霍瑞克斯（Matthijs Horrix）的公司制作的饰面家具在法国和英国风格的基础上加以调整，质量优良，其镶嵌工艺装饰使用了对比鲜明的乌木镶板和轻木。

瑞典的古斯塔夫风格因热爱法国风格、紧跟法国设计发展进程的古斯塔夫三世（GustavusⅢ）而得名。法国希腊风格最重要的一些代表作是在瑞典设计的，设计师让-弗朗索瓦·诺弗斯受邀在此为私人宅邸和卓宁霍姆宫设计家具。家具制造师耶奥里·豪普特（Georg Haupt，1741—1784年）在巴黎待过一段时间，可能在里厄泽纳手下工作，之后又在伦敦逗留了一年，于1769年回到瑞典成为一名皇室家具制造师。

18世纪末，在凯瑟琳大帝的资助下，俄罗斯的家具制造业开始繁荣发展。苏格兰建筑师查尔斯·卡梅伦（Charles Cameron，约1740—1812）将亚当的庞培风格引入皇家宫殿，大卫·伦琴在18世纪80年代也带着他精美的机械家具来到圣彼得堡，他还继续影响了克里斯·梅尔（Christian Meyee）和海因里希·冈布（Heinrich Gambs）的作品，一直持续到19世纪。俄罗斯也从法国进口家具。19世纪初，俄罗斯设计师安德烈·尼基福罗维奇·沃罗尼欣（Andrei Nikiforovich Voronikhin，1760—1814年）回溯了乔治亚·雅各布的家具风格，但使用的还是自己设计的图案，如椅背上缠绕的毒蛇。俄罗斯家具制造师在新古典主义时期继续创造品质卓越、设计多样的家具。特别具有俄罗斯特色的是使用孔雀石、天青石和象牙来装饰精美的家具。在图拉市，传统的钢加工工艺也用到了家具制造中。

北部国家的镶嵌艺术

1 马泰斯·霍瑞克斯在荷兰海牙工作，创造了自己特有的斗柜形式，即侧面弯曲的弧度逐渐与中央带有镶嵌装饰的正面相接。高1.46m。

2 让·埃里克·雷恩（Jean Eric Rehn）设计的矿物质材料橱柜，由耶奥里·豪普特制作，1774年由瑞典的古斯塔夫三世赠送给孔代亲王。镶嵌工艺显示了豪普特独特大胆的长方形镶板设计。高质量的青铜鎏金镶嵌设计基于法国希腊风格形式，在斯德哥尔摩制作完成。

1 2

俄罗斯的想象力

1

2

3 沃罗尼欣在1805年前后为靠近圣彼得堡的巴甫洛夫斯克宫中设计了大部分的家具，比如图中带有雕刻和彩绘装饰的镀金椅子，由卡尔·赛伯（Karl Scheibe）的工作坊打造。

3

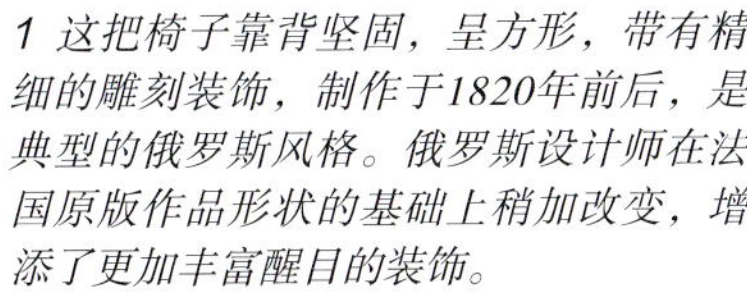
1 这把椅子靠背坚固，呈方形，带有精细的雕刻装饰，制作于1820年前后，是典型的俄罗斯风格。俄罗斯设计师在法国原版作品形状的基础上稍加改变，增添了更加丰富醒目的装饰。

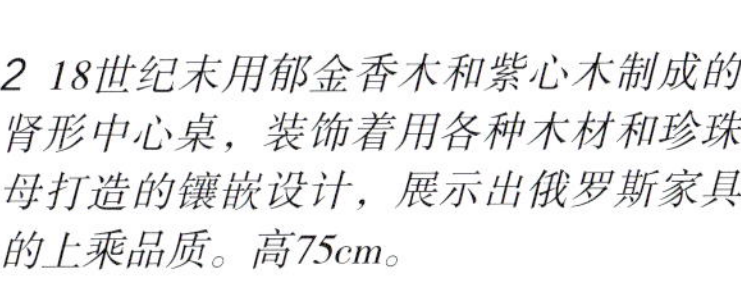
2 18世纪末用郁金香木和紫心木制成的肾形中心桌，装饰着用各种木材和珍珠母打造的镶嵌设计，展示出俄罗斯家具的上乘品质。高75cm。

4

5

4 这套家具使用了卡累利阿桦木制作的饰面，配上镀金青铜的镶嵌设计，展示了俄罗斯帝政风格后期的特点。这套家具可能是当时在俄罗斯工作的意大利人卡罗·罗西（Carlo Rossi）约1820年设计制作的。

5 沃罗尼欣约1807年设计的仿乌木小桌子，完全参照18世纪末法国的造型而设计，反映了玛丽亚·费奥多罗芙娜皇后（Maria Feodorovna）的品位。桌腿上的鸟头图案是设计师钟爱的形式。

美国家具

简化的线条和新的形式

1 塞缪尔·威拉德（Samuel Willard）约1822—1830年制作的钟表，其简化的线条根据新英格兰航海象征——灯塔而设计。威拉德的工作坊在波士顿附近马萨诸塞州的罗克斯伯里。直径75.6cm。

2

3

1

4

2 1760—1770年制作的胡桃木椅，盾形椅背中央是基里克斯陶杯图案以及叶形帷幕和圆花饰。这把椅子可能是根据罗伯特·亚当的设计而制作的。高95.3cm。

3 1795—1810年生产的巴尔的摩女士写字桌，由桃花心木制成，嵌有椴木和雪松木装饰，属于18世纪末设计的新形式。每块镶板都装饰着身穿托加长袍的古典女性形象。高158cm。

4 半月形牌桌，制作于1800—1820年。像这样有着丰富纹理的饰面半月形牌桌经常成对出售，对称放置在房间里。高69.8cm。

18世纪独立战争之后，美国人忙于建设新的国家，希望这个国家是一个遵循罗马传统的理想共和国。早期的古典复兴风格和联邦风格家具为这个年轻的国家提供了一种极为适合的理想身份。到18世纪的最后25年，美国人已经抛弃了洛可可风格的繁重装饰，包括其精细的雕刻元素和曲线形式，转而采用清晰干脆的新古典主义线条和装饰。这一时期设计的家具看起来既轻巧又雅致。直线形设计的细长椅子、桌子和箱式家具常常显得精巧脆弱，甚至一点也不牢固。

雕刻的装饰由异国木材制成的几何式镶嵌装饰和饰面代替。桃花心木或椴木最适合用来制作精美的家具，有时也采用樱桃和胡桃木，桦木和槭木则是新英格兰地区常用的替代品，有时会染成类似桃花心木的颜色。桃花心木、椴木或桦木加工而成的矩形、正方形、椭圆形和带有木材涟漪纹理的镶嵌装饰条让家具看起来更加平滑、富有平面感，古典图案则展示出了这一时期家具的风格，如瓮形、莨菪叶形、谷壳状、帷幕、螺旋形装饰以及新共和国宝贵的象征图案——老鹰和盾牌。

赫伯怀特的《家具工匠和家具装饰商指南》（1788年）以及谢拉顿的《家具工匠与家具装饰商图集》（1791—1794年）等进口的家具样式图集为在美国普及古典设计做出了巨大贡献。从欧洲涌入美国的移民中有工匠也有顾客，再加上从英国和法国引进的家具，这些因素丰富了美国的家具设计理念和风格。费城的约翰·艾特肯（John Aitken，约1790—1840年）和伊弗雷姆·海恩斯（Ephraim Haines，约1775—1837年）、波士顿的约翰·西摩（John Seymour，约1737—1818年）和塞缪尔·麦金太尔（Samuel McIntyre，1757—1811年），以及纽约的邓肯·法夫（Duncan Phyfe，1768—1854年）都是顶尖的家具制造师，也有其他许多制造师专门满足越来越富足的顾客日渐热切的需求。

费城和波士顿仍然是时尚家具的主要制作中心，

1

1 早期古典家具光滑平整的表面是用有光泽的异国木材加工的镶嵌装饰和饰面。图中是1813年于新罕布什尔州朴次茅斯制作的书桌和书架，桃花心木表面嵌有红木装饰，配以带象牙装饰的桦木饰面。

2 欧洲移民工匠给美国带来了新古典主义的新图案和设计。苏格兰人邓肯·法夫1810—1825年制作了这个桃花心木餐具柜。他在纽约城有家规模庞大的工作坊。高152cm。

2

3

3 图中写字台书柜门的玻璃窗上有孔隙，显示出18世纪末家具的几何形装饰。

联邦风格的优雅

1

2

1 桃花心木靠背长椅，镶嵌有桦木装饰，1805—1810年由约翰·西摩工作坊制作，约翰·西摩最初定居缅因州，后来搬到了波士顿。高107.3cm。

2 塞缪尔·格拉格（Samuel Gragg）的无扶手椅，1808—1815年在波士顿制造，是对希腊克里斯莫斯椅的阐释性创作。该作品是第一件使用曲木作为结构元素的美国家具。高85cm。

后革命时期的座椅家具

1

1 美国独立革命之后，英国和欧洲大陆的设计引领了美国时尚，特别是在费城。图中是1785—1815年制作的扶手椅，其软垫靠背、双柄扶手和对比鲜明的彩绘及镀金椅面体现出受到了法国和英国的影响。高92.1cm。

2 用桃花心木和桦木制成的沙发，1805—1815年在马萨诸塞州的塞勒姆制造。在19世纪头几十年，这一作品是客厅中最时尚的样式。高97.2cm。

2

但巴尔的摩和马萨诸塞州的塞勒姆现在也具有了重要地位，前者主要是因为生产引人注目的彩绘“豪华”椅，后者则生产玻璃柜和台式桌一体的优雅写字台。康涅狄格河谷生产的抽屉柜种类越来越丰富。

联邦风格或早期新古典主义风格流行的时间很短。到1815年，家具设计领域对古典风格的解读从重视装饰转变为重视形式，受拿破仑时期风格启发的帝政风格开始变得流行。尽管存在来自其他复兴风格的竞争，美国的帝政风格设计一直都能够满足当时的设计品位，直到19世纪中叶。随着夏尔-奥诺·朗尼（Charles-Honoré Lannuier，1779—1819年）等家具制造师移民到纽约，再加上人们哲学理念上的偏好，大部分美国帝政风格的家具都深受法国风格的影响。

与联邦风格的家具相比，源自古代作品的庞大体积和雕塑装饰是帝政风格的特征。工匠充分利用有光泽的玻璃、金属镶嵌和镀金等材料，强调大胆醒目的雕塑式装饰，与高度抛光的桃花心木饰面闪亮的表面形成对比。一些家具的形式直接复制了古代原型，比如贵人凳和克里斯莫斯椅，但通常，大多数家具融合了女像柱、栏柱形、瓮形和里拉琴等装饰元素，为橱柜、桌子和椅子等家具增添了古典而又时尚的韵味。

进口的设计类图书以及欧洲最新风格的家具都促进了对古典复兴风格的直接模仿和混合式表达。1800年以后家具样式图集的传播甚至给美国城市中心规模最小的工作坊带来了影响。拿破仑的设计师佩西耶和方丹1798年发表了自己的设计理念。其他材料来源还包括托马斯·霍普的《民用家具和室内装饰》（1807年）、鲁道夫·阿克曼的期刊《艺术宝库》（1809—1828年）以及皮耶·拉·梅森杰的《高雅家具和物品集》（1802—1835年），这些作品都极具影响力。

地中海国家的影响

1

1 贵人凳是借鉴自古物的重要设计。家具制造商邓肯·法夫1810—1820年制作的纽约贵人凳将凳子的造型与椅子的侧面支撑融合在一起。高82.1cm。

2 意大利马赛克式镶嵌桌面完整体现了古典的罗马风格。这张1825—1835年制作的桃花心木三脚中心桌出自费城的安东尼·凯尔韦勒（Anthony Quervelle）之手，可能是为了满足顾客购买游学旅行纪念品的需求。高76.8cm。

2

令人印象深刻的帝政风格

1

2

1 镶嵌有乌木和黄铜的写字台，约瑟夫·巴里（Joseph Barry）的作品，约1810—1820年制成。深色的桃花心木和令人印象深刻的形式代表了帝政风格的典型特点。高167cm。

2 古希腊的克里斯莫斯椅在18—19世纪被称为希腊椅。图中的无扶手椅出自费城本杰明·亨利·拉特罗布（Benjamin Henry Latrobe）之手，1808—1810年制作，不仅深刻地表现了克里斯莫斯椅的弯刀形椅腿设计，其平板椅背上还装饰有彩绘的古典图案。高81.3cm。

朗尼的法国风格

1

1 法国移民工匠夏尔-奥诺·朗尼在纽约制作的床，其异域椴木制成的饰面、带有铜绿的海豚脚和青铜鎏金镶嵌工艺都令人赞叹。高114cm。

2 夏尔-奥诺·朗尼将镀金的有翅女神柱融合在窗间矮几、牌桌、长椅和扶手椅中，图中1810—1819年制作的作品就是典型代表。19世纪初便出现了古典图案的印刷品。

2

材料与工艺

异国材料和老练的工匠

3 1780年前后用桃花心木制作的英国客厅椅，制作工匠创造了新古典主义时期流行的细长设计。

4 让-弗朗索瓦·勒勒1772—1774年制作的写字台，表面布满了用多种异国木材制成的精美镶嵌工艺装饰，再配上新古典主义风格的仿金铜镶嵌设计。高1.3m。

1 西印度群岛的桃花心木板材价格低廉，为英国家具木工和雕刻家提供了制造所有类型优质家具的理想材料。

2 马丁·卡林的工作坊1777—1785年制作的法国乐谱架兼写字桌，橡木架上带有郁金香木、椴木和其他木材制成的饰面，配上仿金铜的镶嵌设计和塞夫尔陶瓷饰板。高78cm。

新古典主义家具采用顶级的工艺和材料，以复杂的构造和精心的装饰为特征。在英国，从西印度群岛进口的桃花心木数量充裕，为家具制造商制造各种类型的新古典主义风格家具提供了稳定耐用且功能多样的材料，适合为橱柜、桌子和椅子打造极为细长却又足够牢固的框架。

东印度群岛和南美洲的木材也出口到英国和欧洲其他各地，用于制作原本要涂上鲜艳色彩的装饰性饰面。木材被精确地切割成小块，再拼接组合成复杂的图案、画面和边饰。象牙、珍珠母、观赏石和华丽的金属也都用来镶嵌在木质表面。

新古典主义风格的彩绘和涂漆装饰使用广泛，常用来装饰易腐烂的软木。工艺包括在木材上涂一层底料、用油基涂料涂上颜色以及用清漆给表面抛光等。在法国和德国，漆板和陶器饰面可以加到桌子和橱柜的表面，用来替代镶嵌工艺和油漆。

专业铸工负责用明亮的仿金铜或鎏金黄铜打造铸造金属镶嵌装饰，他们有时为特定的设计师和工匠工作。镜子、画作、桌子和椅子框架上的镀金仍然是制作豪华家具的重要元素。专业工匠受聘用油基或水基工艺涂抹石膏底料、粘贴金箔。镀金工人经常与玻璃磨光工人和镀银工人紧密合作，后两者则打造出越来越大的镜面玻璃镶板。

新古典主义时期的家具装饰非常复杂，人们用精湛的工艺和精美的材料来填充和包裹椅子。1800年后，家具装饰师的工作变得更加重要，当时，人们将希腊风格的精美纺织品用在床、沙发和细木工家具的制作中，使用了丰富的面料和复杂的镶边装饰。

5 镶嵌面板的细部，来自托马斯·奇彭代尔1773年为英格兰哈伍德庄园打造的斗柜，显示了这种复杂工艺所需的精确性。

6 彩绘桌的设计图，罗伯特·亚当约1775年为伦敦阿普斯利邸宅的巴瑟斯特爵士绘制。图中精细的装饰元素是亚当典型的新古典主义风格，非常适合于用作家具上的彩绘装饰。

7 英国折叠桌的细部，约1780年用橡木和椴木制作，镶嵌工艺装饰用桃花心木和染色木材制成，带有黄铜把手和薄板。熟练的细木工制作工艺、装饰性木材和金属镶嵌共同打造了精巧的新古典主义风格家具。

5

6

7

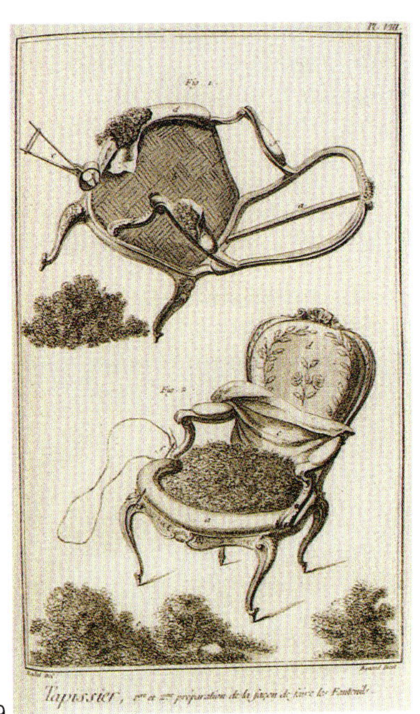

9

8

8 四柱床的设计图，指明了样品所需的材料，1816年由伦敦的约翰·斯塔福德（John Stafford）设计。做工精美的丝质和棉质装饰布料上带有复杂精致的边饰和流苏，这是晚期新古典主义家具的重要特征。

9 狄德罗1771年出版的《艺术科学专业百科词典》中对家具装饰工艺做了阐述。家具装饰商采用纯熟的工艺为座椅家具打造出精巧的造型。

陶瓷制品・欧洲大陆的主要瓷器

一种新艺术

1

1 “帕里斯的评判”，大型素坯瓷偶组合，路易-西蒙・布瓦佐（Louis-Simon Boizot）约1780年的作品。得益于硬质瓷器的发展才能够制作这种大尺寸的瓷器组合。17世纪60年代，塞夫尔瓷偶组合大部分是儿童瓷偶，但到了18世纪80年代则以古典主义风格主题为主。素坯瓷器用硬石进行抛光。高42cm。

新古典主义风格图案

1

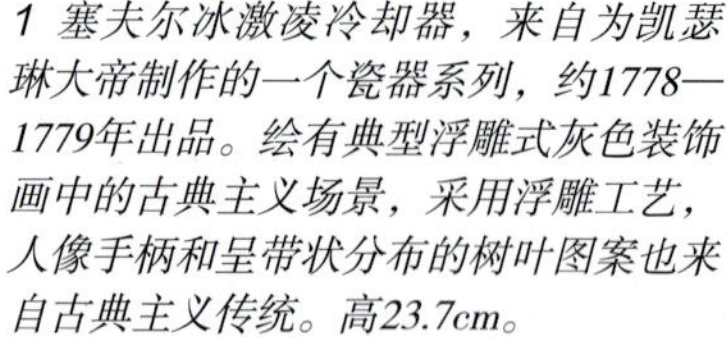

1 塞夫尔冰激凌冷却器，来自为凯瑟琳大帝制作的一个瓷器系列，约1778—1779年出品。绘有典型浮雕式灰色装饰画中的古典主义场景，采用浮雕工艺，人像手柄和呈带状分布的树叶图案也来自古典主义传统。高23.7cm。

2 塞夫尔“新蓝色”带盖花瓶，约1765年制作，绘有大型徽章、帷幕装饰和希腊回纹图案，是典型的新古典主义风格图案。高35cm。

3 塞夫尔花瓶，约1771年制成，可以看出造型比较正式，饰以一圈呈带状分布的丘比特像。手柄是简单的环状，瓶盖设计为镂空的古典棕叶饰和月桂树图案。高45.7cm。

2

3

新古典主义风格设计于17世纪60年代首次在陶瓷制品上出现，当时法国塞夫尔瓷器厂推出了带有强烈新古典主义风格的花瓶。尽管仍绘有洛可可风格的主题图案，如花卉、孩童或恋人等，外形却已经是新古典主义风格。这些制品外观一般是带凹陷或鹅卵形的瓮状，对称设计，饰有大量模具制作或直接绘制的立体细节图案，包括莨苕叶形、花簇形、玫瑰花环、月桂花环、扭索饰、缎带、指环、带帷幕的窗帘和大勋章图案等，由此显得更有活力。侧边可以装饰凹槽纹、芦苇纹、凸嵌线装饰或带状花纹，带有珍珠纹、凸雕纹、饰钉纹、波状涡纹、希腊回纹（又译希腊钥匙、希腊键纹——译者注）或者静物树叶形的边饰。手柄用模具制成，侧面有时装饰着层叠的叶子，有时设计成狮身人面像、肩带状，甚至女性人像。底座是彩色，尤其是浓郁的釉面蓝（*bleu nouveau*，“新蓝色”），突出一种内敛的华丽感。

1769年，塞夫尔瓷器厂首次制成了硬质瓷器，从此可以制作威严壮观的大尺寸瓷器制品。18世纪60—70年代制作了大量素坯瓷偶，外形出色，不是用来装饰餐桌，而是作为微型雕塑制品。18世纪70年代开始流行古典主题。1778—1779年，专门为热衷于收集古典浮雕和宝石的俄罗斯凯瑟琳大帝制作了“俄皇之蛙”系列瓷器，制作过程中，浮雕绘画艺术发挥了很大的优势，甚至使用了立体浮雕工艺。圆柱形咖啡杯取代了传统的杯子形状。17世纪80年代，约瑟夫・科托（Joseph Coteau，1740—1801年）引入了一种新工艺，即在彩色箔上使用珐琅“压铝”技术，同时结合丰富而精致的鎏金设计。

法国大革命之后的帝政风格是新古典主义的华丽表现，反映了拿破仑光复古典时代帝国地位的愿望。1800年，A.T.布龙尼亚（A. T. Brongniart，1739—1813年）开始掌管塞夫尔瓷器厂。他停止生产软质瓷器，转而制作大型花瓶和瓷器系列作为外交礼物或者献给拿破仑本人。1806年制作的奥斯特利茨花瓶模仿古希腊的“双耳喷口杯”（一种罐子），饰以伊特鲁里亚风格的图案，使用黑色底色配红色人像，并绘有头戴桂冠、驾着战车去夺取胜利的拿破仑形象。

18世纪末，巴黎建立了好几家瓷器制造工厂。制作

历史主题的展示

1

2

3

1 绘有拿破仑形象的塞夫尔冰激凌桶，来自1810—1812年制作的一个瓷器系列，是送给约瑟芬皇后的礼物。埃及风格的绘画是基于德农（Denon）1802年写的一本关于埃及的书。高30.3cm。

2 瓮形巴黎花瓶，制作于1790年左右，显示了最正式而又内敛的新古典主义简洁风格。连续的自然景观、抛光鎏金工艺和静态树叶装饰图案都体现了新古典主义风格。高43cm。

3 巴黎餐盘，以“美惠三女神和悲伤的丘比特”为主题，约1810年制作。亚光鎏金工艺配上古典主义风格的边饰图案。在帝政风格的作品中，亚光、抛光和鎏金工艺常常形成鲜明对比。高23.5cm。

边饰

3
2

1 塞夫尔瓷器厂首次推出硬质瓷器时，制作了这套咖啡杯和咖啡碟，约1787年制成。中间绘有浮雕式灰色装饰画的椭圆形徽章设计和旋涡形的莨苕叶形图案都是古典主义风格。

2 这套咖啡杯和咖啡碟上的烫金是典型的新古典主义风格元素，碟子上的旋涡饰和非写实的花朵图案类似于古典主义时期的方格天花板。

3 塞夫尔咖啡杯和咖啡碟，约1781—1782年制作，钻石漆装饰图案是在瓷器表面带模压印花的金属箔上滴上液态珐琅珠而制成的，以此模拟珍珠和其他珠宝。

受出土文物启发的花瓶形状

1

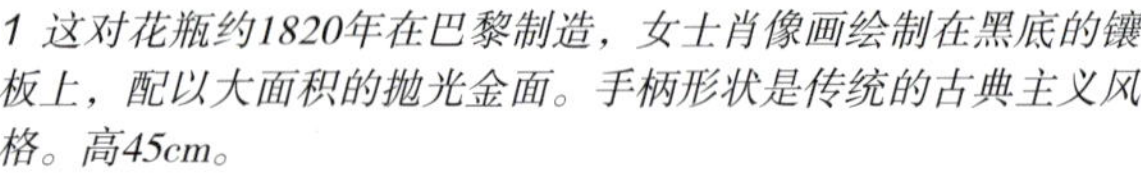
2

3

1 这对花瓶约1820年在巴黎制造，女士肖像画绘制在黑底的镶板上，配以大面积的抛光金面。手柄形状是传统的古典主义风格。高45cm。

2 这对帝政风格的巴黎花瓶约制作于1830年，绘以符合地貌特征的景观。抛光的鎏金工艺和形状独特的手柄是这一时期花瓶设计的典型特色。方形底座受到庞培和赫库兰尼姆出土文物的启发。高39.5cm。

3 以绿色为底色的花瓶，约1825年在巴黎制造，上面绘制的花朵图案几乎和花瓶本身的一样华美。直立天鹅头手柄是典型的帝政风格。

4 这对蓝底花瓶上的浮雕人像侧影是新古典主义风格画家喜欢的主题。高33cm。

4

茶具和咖啡器具系列时使用的是浮雕式灰色装饰画风格（模仿石雕的风格，主要是黑色、白色和灰色）的精美绘画，价格不贵的瓷器则绘上散落分布的矢车菊花枝图案。一些茶具和花瓶将素坯瓷器和釉面瓷器与抛光鎏金工艺结合起来，配以形状新颖独特的手柄。

与此同时，在法国各省，尼德维拉瓷器厂制作出了坚硬的新古典主义风格人偶，1793年创立的克雷伊瓷器厂则将英式奶油色陶器改为黑色，绘以古典主义风格的图案和边饰。

在“七年战争”期间（1756—1763年），萨克森州被普鲁士军队占领，迈森瓷器厂的生产几乎完全停滞。战后，法国雕塑家米歇尔·维克托·阿西耶（Michel Victor Acier）受命推出“现代”风格的瓷器来与塞夫尔瓷器厂竞争，后者在战争期间的瓷器生产中地位举足轻重。10年以后，也就是1774年，卡米洛·马尔科利尼伯爵（Count Camcol Marcolini）被任命为迈森瓷器厂的总监。

到了18世纪60年代，受到庞培和赫库兰尼姆古城遗迹挖掘的启发，新古典主义风格开始流行。阿西耶设计了大量裸体丘比特瓷偶和人像组合描绘恋爱中的追求场景，采用方形底座，带有模制花簇纹饰，边缘配上希腊回纹。他把多愁善感的恋人和儿童瓷偶组合设计成坐在新古典主义风格的椅子上或坐在古典主义风格瓷瓮边的形象，椭圆形的底座上刻有镀金的波状涡纹或凸嵌线装饰，类似路易十六时期的仿金铜镶嵌设计。

在德国各地，工匠调整了瓷器餐具的外形来适应新的风格，制作出松塔、朝鲜蓟形状的瓷器，还有不实用的月桂花环形状把手。瓮形花瓶使用公羊头像和假面作为双耳，扁平的瓷器则流行使用建筑结构中的凸嵌线装饰。到了18世纪80年代，整个欧洲已经用圆柱形咖啡杯取代了碗状的杯子。预留分区的装饰瓷板流行绘制椭圆形的大徽章，带有镀金边框，中间是字母图案、轮廓剪影或侧面肖像，后者看起来像是一个框起来的微型人像挂在蝴蝶结或花环上。

弗兰肯塔尔是德国最好的瓷器厂，那里的工匠效仿

掌握媒介——模具师的技巧

1

1 迈森瓷偶组合，约1765年出品，可以看出新古典主义风格对神话人物的偏好，不过仍然保留了不少洛可可风格的元素。

2 迈森寓言人物瓷偶组合，米歇尔·维克托·阿西耶和约翰·卡尔·勋海特（Johann Carl Schonheit）的作品，约1774年制作，代表着“爱的考验”。新古典主义风格的大壶旁边靠着一对恋人，下面有底座，这种带凸嵌线装饰的底座取代了洛可可时期看起来像岩石的坚硬底座。高50cm。

2

3

3 马尔科利尼时代的迈森丘比特瓷偶，米歇尔·维克托·阿西耶约1775年的作品，用一个古典主义风格的圆柱取代了洛可可风格的树干。苍白的主色调、长方形基座以及主题都是典型的新古典主义风格，带有一种被感性柔化的严谨。高14.7cm。

从曲线到直角

4

1

4 腓特烈大帝的柏林素坯瓷偶组合，约1780年制成，腓特烈大帝像一位古典时代的皇帝一样骑在马背上。白色釉面瓷器凸显了该组合的雕塑式特征。高35.5cm。

1 马尔科利尼时代的迈森带盖巧克力杯和碟子，约1775年出品，带尖角的把手不再是洛可可风格的弯曲曲线。图案中狮鹫和缠绕的花环都是古典主义风格。

德国瓷器的内敛装饰

1 弗兰肯塔尔咖啡杯和瓷碟，约1775年制作，艺术家创造了错视法雕刻工艺，将其固定在木板上，表现了其出色的技巧。

2 弗兰肯塔尔咖啡杯和瓷碟，约1780年制作，装饰性图案几乎完全限制在风景中央的镶板之上，没有了洛可可风格的奢华感。

3 弗兰肯塔尔咖啡杯和瓷碟，1785年制作，饰有缎带的纪念章中央有姓名首字母缩写，配以散落的鲜花图案，这些都是典型的新古典主义元素。

自然主义绘画

1 维也纳椭圆形托盘，约瑟夫·尼格于1809年在上面绘制了一篮鲜花的图案，表现出一种将瓷器视为画布作画的倾向。直径42cm。

2 柏林的双耳慕尼黑花瓶，典型的新古典主义风格瓮形，浓郁的底色偏红，绘有符合地貌特征的柏林景观。高61cm。

法国版画中的寓言或神话主题，将精美细致的画作绘制在“单人或双人餐具套系”上，这是为一到两个人准备的茶和咖啡套具，配有成套的瓷托盘。瓷盘尺寸较大，表面扁平，方便瓷器艺术家设计图案。

帝政风格开始于1800年左右，并不局限于法国，其影响遍及整个欧洲。圆柱形咖啡杯边缘变成喇叭形，底座是三个鎏金的狮爪。仿珍珠图案的边饰出现，手柄开始设计为弯曲的镀金天鹅颈和龙头形状。镀金装饰经抛光达到黄铜色的亮度，可以制成亚光、镀上青铜或加入雕刻工艺来实现不同的装饰效果。中产阶级人数快速增长，为绘制精美的单个橱柜杯带来了市场，与之前贵族订购的大型正餐餐具套系不同。19世纪20—30年代，去往欧洲旅行越来越便利，进一步刺激了这个市场，因为各个美丽景点和温泉疗养地都需要高档瓷器作为纪念品。椭圆形或钟形的茶壶和咖啡壶变得时尚，牛奶罐和咖啡壶则采用古典主义风格大口壶的外形。

来自德国柏林和奥地利维也纳瓷器厂的纯白色瓷器为技艺高超、精确细致的微型绘画提供了理想背景。此时，在弗里德里希·威廉三世（Friedrich WilhelmⅢ，1770—1840年）的影响下，柏林瓷器厂生产了“柏林城市景物画瓷器”，绘以符合地貌特征的精美城市风景，品质无与伦比。鲜花图案和肖像画上也增加了细致入微的自然主义细节，与底色形成对照，底色包括明亮的普鲁士蓝、黑色和浅黄色。在维也纳，康拉德·泽格尔·冯·佐尔格塔尔（Konrad Sorgel von Sorgenthal）于1784年被任命为瓷器厂的总监，他特别热衷于新古典主义风格。1792年，他旗下的优秀工匠安东·格拉西（Anton Grassi）专程去罗马研究学习出土罗马艺术品的设计样式。瓷器厂生产了大量带有多彩底色和精美边饰的瓷盘，模仿女画家安杰莉卡·考夫曼（Angelica Kauffmann）画作的风格绘以各种场景。约瑟夫·尼格（Joseph Nigg，活跃于1800—1843年）在壮观的纪念匾额、花瓶和托盘上绘制鲜花图案。

丰富的色彩和镀金

1 2

1 柏林橱柜杯和瓷碟，约1815年制作，上面的棕榈叶形图案经浓烈的粉红底色对比后显得更为鲜明，是一种当时流行的新古典主义风格图案。杯子的外形、柱脚形底座以及直立的壶把都是典型的古典风格形状。
2 宁芬堡亚光蓝底橱柜杯和瓷碟，约1815年制作，克里斯蒂安·阿德勒（Christian Adler）在上面绘制了奥地利巴伐利亚王子路德维希的肖像画。
3 柏林金底咖啡套具，约1815年制作，采用压花和抛光鎏金工艺制作，表面闪亮耀眼。柱脚形底座和直立的壶把是典型的新古典主义风格。

3

优雅的风格和简约的外形

1 2

1 柏林双耳纪念花瓶，约1810年制作，采用了镀青铜工艺和鎏金工艺，饰以俄罗斯路易斯王后（Queen Louise of Russia）和孩子们的素坯半身像。花瓶外形的灵感来自古典时期的瓮，帷幕装饰和天鹅形把手都是新古典主义风格元素。高48.5cm。
2 除了一条镀金带，这款咖啡壶不带任何装饰，外形是真正的新古典主义风格——包括柱脚形底座、直立壶把、优雅的壶嘴和顶端的旋钮。

英国的陶器和瓷器

模制和镂空的新古典主义装饰艺术

1 板栗篮，韦奇伍德（或利兹陶器）制作的皇后御用瓷器或乳白陶，制作于约1775—1785年，篮盖是镂空设计，方便让热板栗的蒸汽散发出去。帷幕图案和下垂的叶形图案显示出受到新古典主义风格的影响。

2 1774年韦奇伍德乳白陶图集中一幅图的仿作，可以看出其中明显的新古典主义风格元素，如顶部设计成菠萝状，中央呈瓮形的主体部分带有凸嵌线装饰和模制花彩图案，外形整体对称。

内敛的新古典主义风格装饰

1 韦奇伍德乳白陶色拉碗，来自为俄罗斯凯瑟琳大帝专门制作的“俄皇之蛙”系列瓷器，约1778—1779年制成。浮雕式灰色装饰画风格的图案和凸嵌线设计的边饰都是新古典主义风格元素。直径31.5cm。

2 约1790年制作的韦奇伍德乳白陶汤碗，外形类似压扁的瓮形，体现了新古典主义风格的简约优雅。棕榈叶形的边饰效仿了在古希腊花瓶上发现的图案。高16.6cm。

新古典主义时期的陶瓷制作天才是乔赛亚·韦奇伍德。他改良了斯塔福德郡奶油色的陶器（或乳白陶）来满足不断扩大的中产阶级需求。在17世纪60年代，韦奇伍德在制作皇后御用器具时加入康沃尔黏土和瓷石，制出了浅白而窄瘦的陶坯。工厂开始制作大型陶器系列，18世纪90年代推出了鹦鹉螺外壳形状。陶器上零星绘制着各种新古典主义风格的图案，配上风铃草、卵形与箭形装饰、花簇和带状叶子边饰，图案颜色是棕褐色、绿色或蓝色。1779年，韦奇伍德还开发出了珍珠陶，用来制作颜色更白的陶器。除了氧化钴之外，陶坯中同时加入了更多白色黏土和火石，再给釉料增加一点儿蓝色色调，制出的陶器看起来显得更白。白色陶器上用釉下蓝或彩色瓷漆绘制图案，为19世纪蓝陶的发明制作铺平了道路。

韦奇伍德接下来还开发出一种质地精细的硬质炻器，称为“黑玄武岩”。这种材料既有硬度又有光泽，极其适合制作花瓶上的模制半人半兽头像、桂冠形帷幕、徽章和公羊头。1775年，韦奇伍德又制出了“碧玉细炻器”，这是一种质地细腻的白色炻器，坯身可以用一种矿物氧化物染成蓝色、绿色、黄色、淡紫色和黑色等不同颜色。韦奇伍德开发的其他材料还包括一种叫作“蔗色陶”的浅黄色炻器以及受罗马萨摩斯陶器启发制作出的无釉红炻器，统称“干坯陶”。

1770年，威廉·杜斯伯里（William Duesbury）买下了切尔西瓷器厂，成立了切尔西-德比瓷器厂，生产古典风格的瓷花瓶。该工厂也制作甜品瓷器套具，绘以花彩和谷壳状纹饰、瓮形图案、希腊回纹和浮雕式灰色装饰画中的古典主题。18世纪末，该瓷器厂制造的花瓶采用古典卵形、瓮形和大口水壶形。与当时斯塔福德郡制作的陶器类似，这一时期同时也制作带方形斜面底座的瓷偶。德比餐具达到了优雅风格的巅峰，生产的茶具套系借鉴同时代银器的外形。图案包括军事、海军、花卉、

来自韦奇伍德的新材料

1 韦奇伍德珍珠陶大花瓶，原本是一对，制作于约1790—1800年，采用了典型的新古典主义风格瓮形。凸嵌线装饰和帷幕图案都是白色，与黑色底色形成了鲜明对比。高36cm。

2 约1775—1785年制作的韦奇伍德花瓶，表面是斑岩釉，用白色的赤陶炻器制成，饰以镀金浮雕。高30.5cm。

3 约1770—1775年制作的韦奇伍德花瓶，由不同颜色的大理石黏土制成，下面带有大理石底座。双耳是半人半兽头像，模仿了一件古典的石制原型。高27.2cm。

内敛的干坯陶

1 韦奇伍德飞马座花瓶，采用碧玉细炻器制成，约1786年出品，描绘的是“荷马飞升成神”的场景。蓝色通常让人联想到韦奇伍德瓷器。高46cm。

2 韦奇伍德蔗色陶茶杯和茶碟，约1790年出品，带有一点隐晦的中国风，带凹槽的侧边和内敛的冷色调是典型的新古典主义风格。

3 无釉红炻器花瓶，约制作于1785年，红色和黑色的组合灵感来自罗马萨摩斯陶器，浮雕装饰源自埃及的设计。高32cm。

受古典主义风格启发的人像

1 神的使者墨丘利半身像，18世纪末韦奇伍德用黑色玄武岩制作。古典时期的人物是广受欢迎的主题。

2 素坯白瓷德比瓷偶组合，约1775年制成，图案是“美惠三女神和悲伤的丘比特”，模仿的是新古典主义风格女画家安杰莉卡·考夫曼的画作。素坯瓷器给人一种微型大理石雕塑的感觉。高22.9cm。

3 主题为“秋”的瓷偶，来自“四季”瓷器套具，钱皮恩的布里斯托尔瓷器厂制作，可以从中看出当时某些工厂的制作工艺不够成熟。高25.5cm。

实用器具

1 约1799年制作的茶器套具，约西亚·斯波德的作品，镀金线边框结合棒印工艺的浮雕式灰色装饰画风格图案营造出一种柔和之感，“新椭圆”的外形灵感来自银器制品。茶壶宽（从壶把到壶嘴）27cm。

2 新霍尔瓷器厂制作的瓷器套具，制作于约1795—1780年，分散的小花枝图案效仿同时代纺织品的风格，乳白色瓷壶采用倒立的古典头盔形——这些都是该瓷器厂典型的设计元素。

2

1

3

3 优质的伍斯特瓷碟，来自为克拉伦斯公爵制作的“希望”系列瓷器套具，约1790—1792年制成。柔和的配色方案、圆盘饰和笛子图案的边饰以及碟子中央的古典人像都强化了其新古典主义风格特征。直径24.6cm。

新古典主义外形和自然主义

1 船形酱汁盖碗，约1797—1800年在德比制造，其新颖的外形在新古典主义时期很受欢迎，耳形手把也是如此。图案是航海场景，衬以明亮的黄色底。瓷碗直径23.5cm。

1

2

3

2 这件花瓶上的现实主义自然景观有自然主义绘画的味道。花瓶带有一个大理石花纹的底座，让人想起古典的花瓶。高25cm。

3 伍斯特水罐，Barr, Flight & Barr瓷器厂制造，表现了这一时期典型的现实主义贝壳绘画。彩绘背景模仿了古典时代的大理石设计。高28.5cm。

鸟类、神话场景和自然景观，底色是淡黄色、粉红色、橙红色和蓝色，甜品瓷器套具中则带有时尚的水果盘和瓮形冰桶或水果冷藏器。

1768年，普利茅斯化学家威廉·库斯沃西（William Cookworthy）调制出了硬质瓷器的配方。这个配方并不完美，因此普利茅斯瓷器厂很快就倒闭了。1770年，理查德·钱皮恩（Richard Champion）的布里斯托尔瓷器厂买下了库斯沃西的配方，不久之后就制作了新古典主义风格的成品。茶具和甜品器具上绘以谷壳状的帷幕或浮雕式灰色装饰画风格的鲜花和徽章图案，同时还制作了大量瓷偶。1781年，布里斯托尔瓷器厂将硬质瓷器的专利卖给了斯塔福德郡新霍尔瓷器厂。这个瓷器厂主要生产茶具和咖啡器具。头盔形状的奶油色水壶和瓮形咖啡壶带有简单的装饰图案，诠释了新古典主义风格。

其他使用混合硬土的工厂包括伍斯特、迈尔斯·梅森、科尔波特和达文波特。设计简单的茶具上带有螺旋形凹槽，装饰着镀金的带叶小枝图案和带状青花边饰。不久，瓷器制品开始全面受到英国摄政风格的影响，花瓶外形采用古典瓮的形状，绘有符合地貌特征的景观、鲜花图案、寓言中的场景以及贝壳和羽毛图案，底色用现实主义手法模拟灰色或黑色的大理石。抛光的镀金手柄采用独特造型，仿珍珠的边饰用手工添加。工匠还设计出了法国帝政风格的新外形，如橱柜杯。张伯伦的伍斯特瓷器厂制造了类似的优质产品，而科尔波特瓷器厂则生产花瓶以及餐具和甜点瓷器套系。

这一时期最重大的发展是斯塔福德郡陶匠约西亚·斯波德（Josiah Spode）发明的骨瓷。他将骨灰添加到标准的硬质瓷器配方中，制成坚固而又高度半透明的白色坯体，成为制作茶具和咖啡器具以及扁平餐具和花瓶的绝佳材料。

棒印法的出现特别适合新古典主义风格，这种新技术将原本用于铜盘制作的点刻工艺用到瓷器制作中，图案主题包括神话场景、绿地上的乡间别墅以及母亲和孩子在一起的场景。

神话和其他来源的人物形象

1

2

1 英式青花瓷盛肉盘，约1820年制作，印有受古代花瓶启发的希腊人像。
2 一对斯塔福德郡陶瓷大花瓶，约1800年制作，绘有带寓意的古典主义人物图案，代表农业和商业。寓意高尚的主题是典型的古典艺术风格，D形或半圆壁形外观也常出现在同时期桌子、顶窗和石膏制品的设计中。高20cm。
3 张伯伦的伍斯特瓷器厂约1805年出品的带盖巧克力杯和杯托，描绘希望之神为小爱神哺乳的新古典主义风格场景。寓意高尚的主题带有少许英国人多愁善感的风格，反映了模仿女画家安杰莉卡·考夫曼的巴尔托洛齐版画风格。杯高12cm。

3

英国新古典主义摄政风格的巅峰

1

1 科尔波特茶具套系，约1810年出品，绘制着典型英国风格的盾形徽章，但装饰华丽的条纹背景是英国新古典主义摄政风格的典型特征。

2

2 迈森铁矿石蓝底带盖大花瓶，原本是一对，约1820年制成。外形是新古典主义风格，但加入了中国风。高54cm。

其他欧洲国家或地区的陶器和瓷器

北欧早期新古典主义影响

1 一对瑞典马林贝格花瓶，约1785年出品，由珍珠陶制作而成，类似于同时代的韦奇伍德花瓶。材质本身简单低调，但瓮状外形、耳状把手、模制徽章图案、谷壳状的帷幕纹饰增加了华丽的效果。高40.5cm。

2 哥本哈根冰激凌冷却器，来自为俄罗斯凯瑟琳大帝制作的“丹麦之花”瓷器套系，约1789—1802年制成。花卉图案的绘制手法具有植物学的精确性，是新古典主义时期流行的风格。这一套系中的每件作品都绘制了不同的花朵图案。高26.5cm。

3 圣彼得堡瓷杯和瓷碟，约1790年制成，绘制着穿传统服饰的农民形象。带状装饰和直角形手柄受新古典主义风格的启发。高5.5cm。

马林贝格瓷器厂是唯一一家在亨里克·斯滕（Henrik Sten）政府统治时期（1769—1782年）采用新古典主义风格设计的瑞典彩陶厂，之后该工厂被皇家罗斯兰陶瓷厂收购。其出品的著名的“阶梯花瓶”制成瓮形，外围饰有一圈弯曲的阶梯，瓶身采用转印工艺或直接绘制浮雕式灰色装饰画风格的古典奖杯图案，整体设计风格仍然是洛可可风格。但是到了17世纪80年代，卵形瓮开始变成带耳状高柄的古典外形，配有谷壳形花环纹饰和缎带蝴蝶结下悬挂的椭圆形徽章。

斯堪的纳维亚瓷器最著名的成就，是1789年专门为俄罗斯凯瑟琳大帝制作的近2000件的“丹麦之花”瓷器套系，绘以不同的丹麦花卉图案，仿自格奥尔·克里斯蒂安·厄德（Georg Christian Oeder）的版画。在某些方面，这套瓷器仍然是洛可可风格，但在其他方面又迎合了新古典主义风格，带有镂空设计和镀金圆钮边饰。用来装饰餐桌中心的瓷器是装满花朵的花篮，下面是矩形底座，每一件器具都饰有浮雕式灰色装饰画风格的古典旋涡形边饰。此外，细致入微的植物标本图案也给纯白的瓷器带来了科学理性的色彩，这种风格在德比、维也纳和柏林都很受欢迎。

在俄罗斯，凯瑟琳大帝的赞助推动了圣彼得堡皇家瓷器厂的发展。18世纪60年代，工厂开始生产新古典主义风格的瓷器，特别是为女皇制作餐具套系，也为女皇的顾问格里戈里·耶维奇·奥尔洛夫伯爵（Grigory Grivozovich Orlov）制作了一套瓷器套具。这些瓷器的特点是带有长方形手柄和凸嵌线装饰的镀金边框，配以绿色的月桂叶帷幕，镀金的椭圆形大徽章内有伯爵名字的首字母缩写，有的瓷器两侧有月桂树和棕榈树枝纹饰。1767年，一个英国人在莫斯科附近的韦尔比尔基创建了加德纳私人瓷器厂，在1777—1783年，这家工厂为俄罗斯四项最高奖的年度欢庆晚宴设计了一系列华美壮观的瓷器套系，均带有葡萄藤和桂冠花环图案的模制边饰。

俄罗斯瓷器厂主要生产受古典主义启发的餐具套系，在沙皇亚历山大一世统治时期（1801—1825年），帝政风格开始成为最流行的时尚，尤其见之于古典主义母题的镀金和抛光边饰以及纯色带状边框。

新古典主义图案

1

2

1 加德纳瓷器厂制作的瓷盘，约1777—1778年出品，来自为“屠龙勇士圣乔治勋章”设计的瓷器套具，微微弯曲的缎带图案缠绕着叶状花环，表现了俄罗斯风格对新古典主义风格的解读。直径24cm。

2 作为瓷盘边饰一部分的圆盘图案中间是人物头像，瓷盘中央绘有盾形纪念徽章图案，这些元素都体现出了其受古典主义风格的影响。直径24cm。

北欧晚期新古典主义的发展

1

2

3

1 哥本哈根瓷盘，约1835年制成，装饰着精美的满地儿花纹图案，是晚期新古典主义花卉图案的风格。仿真的浮雕圆盘装饰是唯一暗示其古典风格的设计。直径20cm。

2 波波夫瓷盘，约1825—1827年制作，在俄罗斯尤苏波夫王子的工作室里绘制而成，玫瑰图案模仿了皮埃尔-约瑟夫·雷杜德（Pierre-Joseph Redouté）的作品。抛光的边饰和月桂树叶纹饰体现了其受法国帝政风格的影响。直径22cm。

3 加德纳瓷器厂制作的瓷杯和瓷碟，约1810—1815年出品，绘有沙皇尼古拉一世的肖像。肖像画是新古典主义时期的流行图案。

瓷偶制作的灵感

1 加德纳瓷器厂制作的瓷偶组合，是帝俄时代的农民形象，约1860年出品，人物的静态姿势和简洁的椭圆形底座带有晚期新古典主义风格的一些痕迹。人物类型瓷偶组合在19世纪中叶的俄罗斯很受欢迎。高24cm。

1

意大利的新古典主义

2 一对卖花人瓷偶，来自意大利多西亚家族，约1775年制成，完全没有早期洛可可风格瓷偶的戏剧化元素，浅色的服饰带有小花枝图案，显得沉静内敛。高14cm。

3 那不勒斯瓷盘，来自赫库兰尼姆瓷器套具系列，制作于约1781—1782年，是费迪南多四世献给父亲西班牙国王卡洛三世的礼物。作为中心装饰物，盘子周围装饰着赫库兰尼姆最新考古发现中的素坯纹饰，中央人像的灵感来自挖掘出的一幅壁画。直径25cm。

2

3

1

1 诺夫瓷器厂生产的大力神赫尔克里斯瓷偶组合，制作于约1780—1790年，其主题、栏柱、单调的色彩和雕刻的拉丁文题词“此处之外，再无一物”都给人古典主义雕刻作品的印象。高26.5cm。

意大利瓷器制造商受新古典主义风格影响的进程很慢，这一点也许颇令人惊讶。卡波堤蒙特瓷器厂于1743年由西西里国王卡洛三世在那不勒斯城外建立，生产以卡拉布里亚的富斯卡尔多黏土为原材料的软质瓷器。早期的瓷器制品是洛可可风格，后来卡洛三世在1759年继承西班牙王位，而这家皇家瓷器厂在1773—1806年被卡洛三世之子费迪南多四世作为“皇家费迪南多瓷器厂”而得到复兴，之后新古典主义风格才成为流行规范。工厂总部一开始设在波蒂奇，后来搬到那不勒斯皇宫，专门生产晚餐、咖啡和茶具瓷器套系，上面绘以古典遗迹、自然景观和穿农民服饰的人物。工厂同时也制作了一些别具一格的水壶，采用希腊陶酒坛或红酒壶外形，配以三叶式壶嘴。

那不勒斯最重要的瓷器套具之一是由费迪南多四世委托制作、献给父亲西班牙国王卡洛三世的礼物，这是1779年多梅尼科·韦努蒂（Domenico Venuti）担任瓷器厂总监后生产的首批瓷器套具。韦努蒂的父亲是一位考古学家，曾经是那不勒斯市的古代文物鉴定总监。韦努蒂是新古典主义风格的代表人物，这种风格体现在庞培和赫库兰尼姆出土的文物中，但韦努蒂为自己的设计融入了现实主义风格和一种英雄主义的戏剧化元素。这套瓷器的装饰元素采用的是点绘设计，由画家画廊的总监贾科莫·米拉尼（Giacomo Milani）和曾担任卡波迪蒙特瓷器厂画师的安东尼奥·乔菲（Antonio Cioffi）完成。瓷器套具中的中央装饰品是素坯陶瓷偶组合，描绘的是国王卡洛三世如何鼓励儿子继续开展古迹的挖掘。按照韦努蒂的建议，后来成立了一所听起来不可思议的裸体像艺术学院，菲利波·塔廖内（Filippo Taglione）担任院长，在他的鼎力支持下，瓷器厂制出了釉面瓷和素烧瓷的古典瓷偶。

1787年，那不勒斯又为英格兰的乔治三世制作了另一套重要的新古典主义风格瓷器系列，称为“伊特鲁里亚瓷器套系”，绘以红色和黑色的图案场景，效仿的是早期的伊特鲁里亚花瓶。

典型的新古典主义风格元素

1

2

1 多西亚咖啡瓷器套具中的一部分，约1790年制成。糖碗是凹陷的瓮形，顶部是一个直立的戒指形把手，这种新古典主义风格的外形功能性不强。绘图是典型的新古典主义风格，体现了这一时期人们对单一色系的喜爱。

2 富仕登堡花瓶，约1785年制成，手柄是这一时期典型的直立型直角设计，甚至瓶身最顶端也是直立的矩形设计。花瓶的形状是卵形，配的图案是缎带蝴蝶结下悬挂的模制圆形彩绘纪念章，比例完美，设计柔和。高39.5cm。

3

3 这件尼永瓷托盘约制作于1780年，外观是简洁的圆形，饰以镀金的谷壳状圆环，结合单一配色的蓝色鲜花图案边饰。图中的栏柱状牛奶壶装饰着流动的镀金浮雕细工和花环图案，中央是圆形的涡卷饰边框，里面绘制着鸽子图案，刻有爱情主题的字样。尼永这家小型的瑞士瓷器厂成功地接受了新古典主义风格。托盘直径接近34.7cm，瓷壶高接近18.5cm。

外形的探索

1

1 这件荷兰花瓶约1782—1784年在鲁斯德雷奇瓷器厂制成，瓶身是古典的卵形，采用华丽的模制山羊头作为手柄，这些都是古典建筑和装饰艺术中不断出现的设计元素。高17.5cm。

2 这套带盖瓷碗和瓷托是新古典主义风格，图案是浮雕式灰色装饰画风格的古代人物形象，碗盖的把手设计成鹰的形状，瓷碗手柄则是耳形。

3 新古典主义风格的酒杯清洗器，西班牙布恩来提罗瓷器厂制造，约1770年出品。依靠其彩绘装饰而不是外形来达到新古典主义风格效果。带缎带蝴蝶结的彩色花彩是18世纪末常用的主题。直径25cm。

2

3

美国陶瓷

外来的影响和美国本土装饰

1 红陶制成的惠比特犬瓷偶，所罗门·贝尔（Solomon Bell）的作品，产自弗吉尼亚州温彻斯特，约1831年出品，设计源于古典主义风格的文物，美国工匠为瓷偶设计了古典主义风格的姿势。高16cm。

2 釉面炻器壶，大卫·亨德森（David Henderson）的作品，新泽西州泽西城约1830年出产。猎狗形的手柄设计首次出现在英国，但丹尼尔·贝克巴赫（Daniel Beckbach）访问美国并出售其模具之后，这种设计在美国各州产生了多种变体。高16.5cm。

1

2

3

3 18世纪末的瓷壶，花环图案的帷幕、圆盘饰和谷壳状纹饰都是新古典主义风格的图案，尽管瓷壶本身的形状更像洛可可风格。

4

4 新古典主义风格外形的19世纪瓷壶，上方最显著的位置是带有盾形徽章的美国鹰图案，下面是美国风景，建筑物上飘扬着美国国旗。

在美利坚合众国成立之前的两个世纪里，美洲殖民地陶瓷的外观和功能都经历了明显的变化。许多早期的殖民地家庭用木制餐盘或锡镴（锡铅合金）盘子作餐具，使用锡镴、皮革、动物角制成的饮具，在极为特殊的场合则使用玻璃制品或银器。但是在18世纪下半叶，陶瓷变得越来越常见，其使用范围也发生了变化。大量美国家庭开始使用更精细的陶瓷制品。不过，美国人拥有的大多数陶瓷制品仍然是外来产品。18世纪末期，美国出口的陶瓷与英国和欧洲大陆使用的产品类似，但装饰设计可能包含美国特色的图案，如盾形徽章和老鹰。

尽管美国的陶瓷制品数量相对有限，大多数都是从欧洲进口，但在陶瓷生产和销售方面却进行了一些尝试。独立战争之前曾经出现过少数几个瓷器厂，不久就关闭了。这些工厂生产的产品与进口陶瓷相比数量极少。独立战争之后美国陶瓷不仅使用了当地的材料，而且还迎合了受诸多美国人欢迎的古典主义风格。无论瓷器厂位于何处、规模如何，其目标都是与欧洲瓷器相抗衡，即便在数量和经济效益方面无法匹敌，在设计和时尚方面也要一较高下。

1812—1815年的战争（又称为第二次独立战争——译者注）之后，严重的反英情绪导致美国人更为偏好法国设计风格。这一时期生产的瓷器促成了19世纪中期古典复兴风格设计的诞生，与同时代的法国瓷器极为相似。双耳细颈椭圆花瓶是最受欢迎的样式。这样的花瓶常常饰以民众喜爱的当地景观，有些产品带有镀金的手柄和细节设计，还有一些则带有镀金青铜材质的镶嵌和手柄。美国制造商巧妙地将欧洲古典风味加以转化，目的是迎合本土市场。英国工厂专门针对美国市场推出了转印工艺的陶瓷制品，价格实惠，广受欢迎。尽管美国古典陶瓷本质上衍生自其他国家，但还是可以与英国陶瓷在激烈的竞争中一较高下的。

5

5 一对镀金瓷花瓶，Tucker & Hemphill瓷器厂或者费城的约瑟夫·亨普希尔（Joseph Hemphill）制造，制作于约1833—1838年。瓶身是传统的新古典主义风格双耳细颈，融合了美国鹰形状的手柄，配以美国风景和花状饰纹。高56cm。

6 双耳细颈瓷瓶，1816年制作于纽约。除了奇形怪状的手柄几乎没有其他任何装饰，手柄设计成带翅膀的女性身体，部分类似狮身人面像。高33cm。

7 铅釉红陶餐盘，宾夕法尼亚州蒙哥马利县乔治·哈伯纳（George Hubener）1786年的作品。风格化的鸟类和郁金香是德裔宾夕法尼亚人（指在宾夕法尼亚州定居的德国和其他北欧移民团体）喜欢的图案。直径接近32cm。

8 1827年制作的铅釉红陶餐盘，装饰图案与上图类似，但是风格化的鸟类图案已经变成了美国鹰，鹰爪抓紧月桂树，再加上盾形徽章装饰，这一美国图案母题很受欢迎。直径接近35.5cm。

6

7

8

玻璃制品·英国和法国玻璃

亚当风格

1

2

1 玻璃酒瓶展示了英国玻璃工匠采用的一系列新古典主义形状和图案，约1770—1780年制成。从左至右分别是球棒形、锥形、曲柄形（图中有两个）、瓮形和“普鲁士”风格的形状，这些形状与各种各样的表面图案结合使用。球棒形用垂直的宽面凹槽切割，与1775年的一个声明有关，即“在奇怪的筒状玻璃酒瓶上切割出一整个新图案”。

2 大杯口的朗姆酒杯利用其“柠檬榨汁机”形的底座保持平衡，仍然是英国早期新古典主义风格的典型代表。这一雕刻作品制作于1775年左右。高15cm。

3 水果碗，装饰有典型的早期英国新古典主义风格切割图案，包括帷幕、星星和一个设计成斜面的凡·戴克饰边，以艺术家凡·戴克所画诸多人物肖像穿戴的蕾丝领命名。直径 26.7cm。

3

4

5

4 詹姆斯·吉尔斯的作品横跨了洛可可和新古典主义两个时期，从图中装饰有镀金马赛克水壶的倒锥形玻璃酒瓶即可看出，约1770年制作。高28.5cm。

5 不透明的白色大口玻璃杯，詹姆斯·吉尔斯以金箔为装饰，绘以骷髅头和轮状圆盘饰，借鉴自乔瓦尼·巴蒂斯塔·皮拉内西或威廉·钱伯斯关于罗马建筑的带插图著作，约1765—1770年制作。

6 刻有圆盘饰、人像侧面剪影和花彩的玻璃杯，边缘处用浅切割工艺间断缀以“橄榄枝”，底座使用了中空的凹槽切割，当时也称作“手指底部”，约1780年制成。高14cm。

7 华丽壮观的大型英国新古典主义风格枝形吊灯，约1775—1780年制成，符合罗伯特·亚当在《建筑作品集》（1773—1778年）中确立的原则。高1.8m。

8 新古典主义风格的枝状大烛台，底座样式是商人兼切割工匠威廉·帕克（William Parker）于1781年获得专利的作品。仿金铜的公羊头和圆盘饰中使用了镀金的钴蓝色玻璃，可能是詹姆斯·吉尔斯的作品。高50cm。

9 一个褐黄色的亚当风格罐子，固定在柠檬榨汁机形状的底座上，约1775年制成。在制出装饰性的刻痕之前，罐身需在模具中吹制成型。高10cm。

7

8

9

新古典主义风格是英国最受欢迎的装饰风格，持续时间也最长。自从这种风格于1760年左右进入英国，其使用素净几何图案来表现帝政主题的设计就以飞快的速度大规模席卷了全国。尽管明显的新古典主义风格最初是出现在雕刻与切割的组合设计中，但其最终表现形式是英国摄政时期（约1790—1830年）斜拼接的切割图案，英国玻璃由此摇身一变，从死气沉沉的落后分子成为世界玻璃制造领域的佼佼者。

英国新古典主义风格玻璃器皿的成功主要在于1676年由乔治·雷文斯克罗夫特完善的“水晶”铅玻璃。与欧洲的玻璃相比，这种材料具有更强的折射光和分散能力，有光泽的铅或“燧石”玻璃可以在太阳光或火光中分解光谱，尤其是在切割的时候。

英国新古典主义风格受到的影响来源众多，包括乔瓦尼·巴蒂斯塔·皮拉内西的版画《罗马建筑雕刻品》（1743年）、威廉·钱伯斯的样式图集《土木工程论》（1759年）以及达卡维尔男爵以威尼斯·汉密尔顿爵士古典花瓶收藏为原型绘制的版画《伊特鲁里亚、希腊和罗马文物集》（1766—1767年）。不过，新古典主义风格取得的巨大成功几乎完全可以归功于苏格兰建筑师罗伯特·亚当，他在1758年结束游学旅行后返回伦敦，其设计让人想起罗马帝国的雄伟辉煌，激起了首都人民的狂热追捧，后来他又在设计中增加了希腊主题。在当时盛行的雕刻风格中，亚当的主导地位是显而易见的，约1760—1790年的英国新古典主义风格作品形式甚至被人们简称为“亚当式”。亚当兄弟在《建筑作品集》（1773—1778年）中大量采用亚当的主题，这一做法也支持了詹姆斯本人的观点，即罗伯特“给这个国家……给这种实用且优雅之艺术的整个系统带来了一场革命”。

巴洛克风格和洛可可风格在玻璃雕刻领域的表现形式主要都浮于表面。与此相比，新古典主义风格同时影响了玻璃雕刻的形式和装饰设计，且在各种形式玻璃器皿的制造中都占据着主导地位，特别是枝形吊灯、大酒杯、调味瓶和玻璃酒瓶。所有这些制品的装饰设计在之后几十年中变得日益华丽，在19世纪20年代的帝政风格时期达到巅峰。

爱尔兰和英裔爱尔兰玻璃

1 一个在爱尔兰浸塑成型的普鲁士风格玻璃酒瓶，刻有新古典主义风格的丝带花彩和园艺工具。这个酒瓶底部三分之一处是在标准尺寸的桶形模具中吹制完成的，其垂直棱纹装饰也由此制成。高26cm。
2 普鲁士风格玻璃酒瓶，用英裔爱尔兰新古典主义风格的浅切割工艺加以装饰，1810年制成。高29cm。
3 新古典主义风格的大酒杯，装饰采用英裔爱尔兰切割工艺，约1820年制成。杯身有切割成中空的圆形"印章"、倾斜的梳状"火焰形装饰"和精致的菱形花纹，杯脚是放射状的星形。高12.7cm。
4 大底座的锥形玻璃酒瓶，由科克玻璃公司制造，使用了浅刻工艺，带有一个"夹紧目标"瓶塞，约1800年制成。爱尔兰浸塑玻璃酒瓶比较简陋，有人认为应该是从制瓶工厂招募的工人完成了玻璃的吹制工作。高21.5cm。
5 典型的沃特福德普鲁士风格玻璃酒瓶，刻有新古典主义风格的柱子和拱门。高 24cm。
6 爱尔兰玻璃酒瓶，可从其夸张的壶嘴、棱形的深层切割、草莓状菱形图案和扁平的凹槽中辨别其风格，约1820年制成。高28.5cm。

1780年，爱尔兰获得自由贸易许可，这对振兴沉寂的玻璃工业产生了深远的影响。之前爱尔兰没有一家投入使用的玻璃厂，但在接下来的几十年里，这里建立了多达10家新工厂。爱尔兰的玻璃制造业传统上反映了英国的总趋势。此外，随着英国大陆的玻璃制品开始按重量缴纳消费税，生产越来越受到相关规定的遏制，许多新兴的爱尔兰企业都雇用了从爱尔兰海对岸过来的移民，甚至有的移民直接成为企业雇主。因此，爱尔兰企业的玻璃制品反映英国的流行趋势也就不足为奇了。

由于新古典主义风格在都柏林和伦敦占据了主导地位，18世纪末至19世纪初爱尔兰玻璃器皿的主要特点是雕刻简单、切割较浅。然而，除了少数制品值得一提，这些器皿形状和主题大部分都与英国本土制造的产品相差无几，由此也就出现了统称英裔爱尔兰风格的一类玻璃器皿。

普遍认为切割工艺华丽的英国摄政风格玻璃器皿是爱尔兰的发明，其实这是毫无根据的。蒸汽驱动切割机对于深层切割至关重要，而第一台蒸汽驱动切割机直到1818年才在爱尔兰安装使用，比英国引进该机器已经晚了30年。尽管爱尔兰玻璃颇有些浪漫的名声，但令人惊讶的是，实际上只有很少的玻璃制品是在这里制作的。统计数据表明，整个国家的产量才勉强与苏格兰的产量相当，而且很大一部分产品出口到美国、西印度群岛和加拿大。此外，爱尔兰玻璃也并不像人们曾经以为的那样带有特殊的蓝色色调。

最具特色的爱尔兰玻璃制品是一系列浸塑成型的锥形杯和普鲁士风格玻璃酒瓶，有些制品的底部会刻上工匠的名字。红酒瓶有着夸张的壶嘴，冰激凌碗带有长柄，另外还有一系列独特的杯身设计，形如独木舟或定音鼓，有些还有半圆形镶边。尽管住在沃尔福德的切割大师——英国人塞缪尔·米勒（Samuel Miller）靠其绘制的样式图确保了新古典主义形式一直延续到18世纪30年代，但1825年爱尔兰消费税的增长和美国保护主义关税的增加最终断送了爱尔兰的玻璃产业。

7 以长壶嘴为特色的爱尔兰淡黄色水壶，深层切割工艺制作出独特的垂直棱镜花纹和带有扇形细部的凡·戴克式斜面边缘，约1820年制成。高20.6cm。

8 长柄玻璃碗，据说是用作盛奶油或牛奶的碗，通常认为是爱尔兰样式，但这个重质玻璃制品其实是英国风格，带有深层切割工艺制出的平头钉形花纹，约1820年制成。

9 大型爱尔兰独木舟形杯身固定在可拆卸的底座上，配有英裔爱尔兰风格的切割图案，包括凡·戴克式边饰、扇形、菱形和凹槽。梯田形的底座使用了浇铸工艺和切割工艺。产自都柏林或科克，约1790年制成。高50cm。

10 一种独特的爱尔兰风格杯碗形式，称作定音鼓形，固定在柠檬榨汁机形状的底座上，饰以一系列典型的英裔爱尔兰风格切割图案，约1825年制成。高21.6cm。

11 同一个主题的多重变化。一幅圆柱形玻璃酒瓶样式图的蒙太奇作品，出自沃特福德切割大师塞缪尔·米勒之手，制作于约1825—1835年。

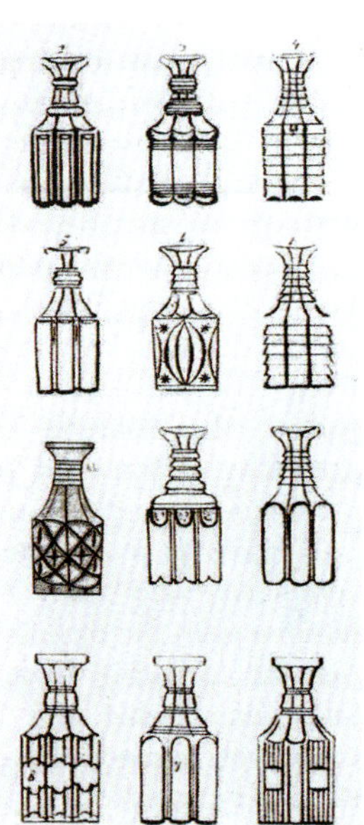

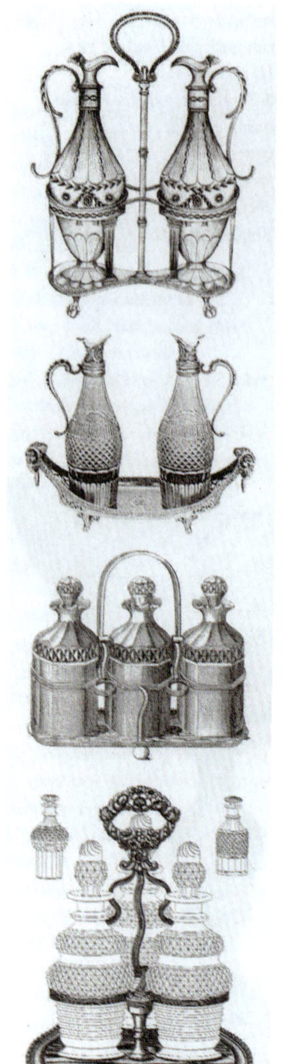

1 当时的设计图说明新古典主义风格促进了英国玻璃切割工艺的发展，约1770—1820年绘制完成。从上至下：豆形底座和带浅槽的雕刻玻璃瓶，约1770年制成；带凹槽和钻石切割的玻璃瓶，船形底座，两端是公羊头，Wakelin&Taylor泰勒公司的作品，1776年制成；带深切割菱形花纹的抛光玻璃酒瓶，有底座，Walker&Ryland公司的作品，约1805—1810年制成；带底座，有夸张菱形和棱柱切割的玻璃酒瓶，约1815—1820年制成。

2 两个船形或罗德尼玻璃酒瓶，展示了英国玻璃器皿的风格演变，约1775—1830年制成。左：风格朴素，锚的图案和刻印的首字母"PR"代表在1773年首次下水的"皇家公主号"巡洋舰，高25.4cm；右：使用深层切割工艺制出钻石花纹，约1815年制成，高24.2cm。

3 新古典主义风格设计原则适用于各种形式的玻璃器皿。这是一个包含8个杯子的镀银蛋杯搁架，采用了亚当式宽凹槽切割工艺，带有亨利·查尔纳（Henry Chawner）的标志，1790年制成。高21cm。

从大约1710年开始，英国的玻璃切割业已经发展出了一条独特的道路，在约1790—1830年英国摄政时期，其表现出的新古典主义风格达到了卓越的最高标准，几乎对所有人都具有普遍的吸引力。

英式切割工艺摒弃了波希米亚风格的设计，以扁平而略微中空的图案取而代之，在几十年时间里逐步发展起来。1789年蒸汽驱动切割技术的引入加快了这一发展趋势，亚当式玻璃器皿典型切割工艺中制出"宽凹槽"的做法逐渐被切割得更深的图案所取代，典型设计是将钻石形图案进行多样化排列。

1780—1820年，切割图案的应用越来越深入和复杂，工匠对这种工艺也愈加熟悉，由此可以满足人们对更多装饰元素的需求。棱柱形、扇形、柱形、浮雕和"草莓状"菱形的组合被统称为斜切工艺（*mitre-cutting*）。这一时期，雕刻工艺仍保留了一席之地，最常见的形式是饰边、盾形徽章和铭文。

1800年前后，一部分人开始转向法国帝政风格（见p.183），打破了对英国摄政时期新古典主义风格的普遍认同。更重要的是，约1820年开始出现了明显的分歧，一些民众更偏好素净的装饰，而其他人则要求工艺师制作绚烂耀眼、珠光宝气的复杂装饰，与帝政风格相呼应。为东北地区一群贵族制作的产品就体现了这种分歧。一方面，1825年左右为诺森伯兰公爵打造的作品采用垂直的棱柱支柱、精美的菱形以及亚当式宽凹槽进行切割，装饰素净。另一方面，桑德兰的佩尔·弗林特（Wear Flint）则为当地贵族提供了一系列日益包罗万象的玻璃制品，使用了完全不同的菱形、柱形、扇形和拱形构成的复杂图案。

到1830年，设计品位又重新趋于一致。约1790年以来，以分层装饰和棱柱切割为代表的水平式外形和装饰一直占据统治地位，但如今这种风格已经过时，人们开始偏向于垂直式装饰。宽凹槽切割工艺和垂直型的器皿在19世纪30年代出现，预示着维多利亚时代哥特式风格的到来。

4

5

4 一组英式水壶，表面切割出宽凹槽和带状或块状菱形花纹。最前面一个最早完成，约1790年；右后方的那个最晚制成，约1810年。高（最高）22.4cm。

5 覆银铜板镀金小船，用于餐后在餐桌上传递玻璃酒瓶。圆柱形玻璃酒瓶上切割出菱形和棱柱花纹，约1815—1820年制成。高26.5cm。

6 冰桶，用深层切割制出菱形和棱柱花纹，是使用蒸汽驱动切割机进行英式玻璃切割的典型作品，约1815—1820年制成。高28cm。

6

7

8

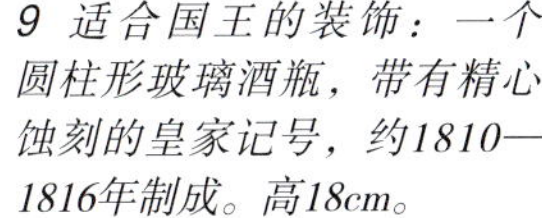

9

7 宽底座的锥形玻璃酒瓶，约1810—1815年制成，采用切割工艺制出浮雕式的凹槽、菱形、弓形和斜角，彰显了切割工匠日益增长的信心和勇气。高36cm。

8 典型的英国新古典主义风格带盖瓮，约1810年制成，瓮身布满了大菱形切割花纹。高35.2cm。

9 适合国王的装饰：一个圆柱形玻璃酒瓶，带有精心蚀刻的皇家记号，约1810—1816年制成。高18cm。

10

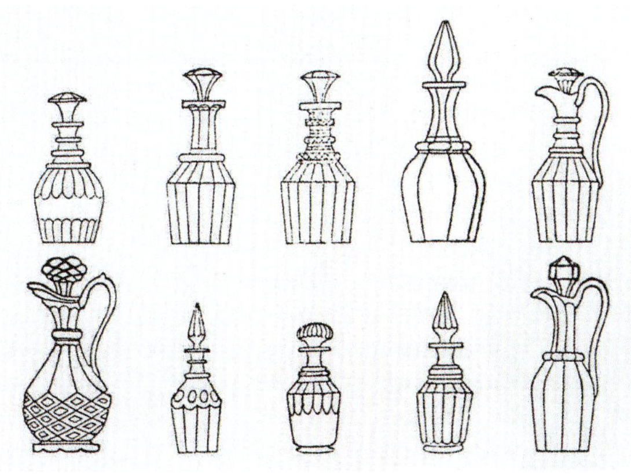

11

10 甜瓜形蜜罐表面切割出柱状和草莓状菱形的精细花纹，盘子带有菱形切割花纹，第二个蜜罐带有仿金铜镶嵌设计，这些制品都在约1820—1825年制成。高（最高）13.7cm。

11 这些设计图均出自一份价格目录表，来自乔治时代晚期、维多利亚时代早期一流玻璃工匠阿普斯利·柏拉特（Apsley Pellatt）的猎鹰玻璃厂，约1837年制成，展现了许多带宽凹槽的玻璃酒瓶。

1

2

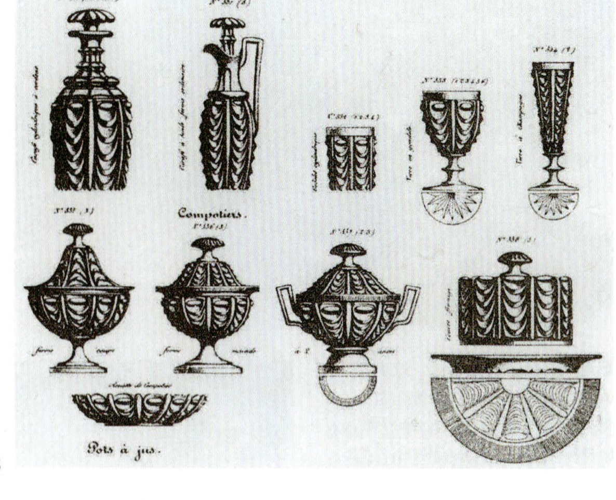

3

1 钴蓝色片状切割的球棒形玻璃酒瓶，带有新古典主义风格的镀金花彩和丝带。通常认为出自法国人之手，但也可能是波希米亚人针对法国市场使用英式切割工艺制作而成，约1810年制成。高31cm。

2 巴卡拉全玻璃膜压成型工艺高脚杯，切割工艺的亮点包含一尊拿破仑·波拿巴的彩色陶瓷全身像。高9.6cm。

3 28件全玻璃膜压成型工艺制成的巴卡拉餐具套组之一。直到1844年，通过选择性切割工艺，深层内成型的菱形、竹节、帷幕、树叶、盾牌和点状图案的组合才出现在各种巴卡拉玻璃器皿上。

4　　5

4 新古典主义的瓮形花瓶，使用乳白色的水晶玻璃制作，配以鎏金仿金铜镶嵌工艺。玻璃可能是来自巴卡拉玻璃厂，底座和整体设计来自克勒索，约1820年制成。高44.4cm。

5 由紫色玻璃和乳白色玻璃制成的法国浅酒杯，带有一只镂刻仿金铜底足圈，配上一对鹰作为手柄，约1830年制成。高11cm。

法国玻璃工业是欧洲最古老的产业，经常因为宗教迫害和战争失去许多工匠，因此其18世纪的产品也往往缺乏独创性。1767年，波希米亚风格的作品在法国失去其主导地位，包括圣路易斯、圣克劳德和弗内歇的铅玻璃在内，取而代之的是新古典主义风格的英式水晶铅玻璃。在制作帝政风格的新古典主义器皿时，法国进行了多种创新，包括掺入硫化物、充分压模、使用乳白玻璃等，从1810年开始终于在玻璃制造领域重新奠定了自己的特殊地位。

含有素坯瓷硫化物的玻璃器皿由塞弗勒的雕塑家巴泰勒米·德普雷（Barthelemy Desprez）于1796—1798年率先开创。这些发明与伊斯梅尔·罗维内特（Ismael Robinet）约1820年发明的全玻璃膜压成型工艺有着千丝万缕的联系，巴卡拉、圣路易斯和圣朗博等玻璃厂先后将其用于大规模制造人造水晶餐具系列。

与波希米亚风格中类似的趋势相呼应，法国制造工匠也在20年的时间里率先制出了乳白玻璃：1823年制出乳白色，1827年制出翠蓝色，1828年制出玫瑰色和紫灰色，1844年又制出了石膏色。

6

7

6 法国帝政风格的时钟，用薰衣草蓝色玻璃制成，带有仿金铜镶嵌装饰，约1825年制成。乳白玻璃因从透射光中观察时会出现金黄色而得名。高33cm。

7 一套法式蓝色乳白玻璃杯和杯碟，杯子带有蛇形的仿金铜手柄，约1825年制成。高13.5cm。

法英混合式帝政风格

1 一盏帝政风格枝形吊灯的设计图，加入了来自托马斯·霍普《民用家具与室内装饰》样式图集的狮鹫和莨苕叶形装饰。

2 模仿威尔士亲王形象的玻璃酒瓶，来自佩林和格迪斯1808年为亲王制作的一整套餐具，是英国帝政风格玻璃器皿最奢华的代表作之一。高 24cm。

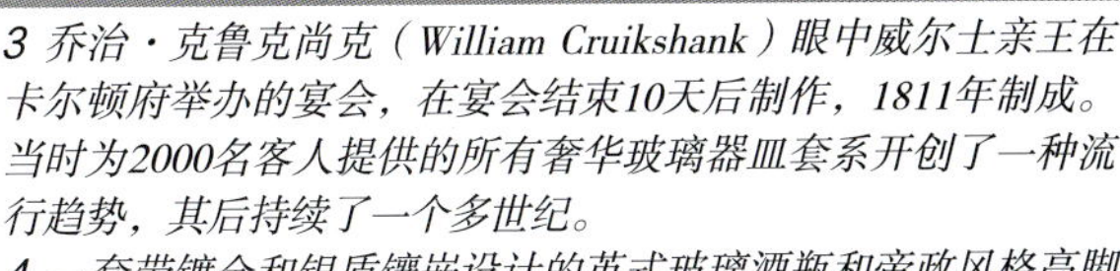

3 乔治·克鲁克尚克（William Cruikshank）眼中威尔士亲王在卡尔顿府举办的宴会，在宴会结束10天后制作，1811年制成。当时为2000名客人提供的所有奢华玻璃器皿套系开创了一种流行趋势，其后持续了一个多世纪。

4 一套带镀金和银质镶嵌设计的英式玻璃酒瓶和帝政风格高脚杯套装，设计独特，切割出菱形、凹槽和拱形凸起花纹，该玻璃酒瓶套装带有公爵冠冕形状的瓶塞。制作者不详，约1815—1820年制成。高（玻璃酒瓶）17.2cm。

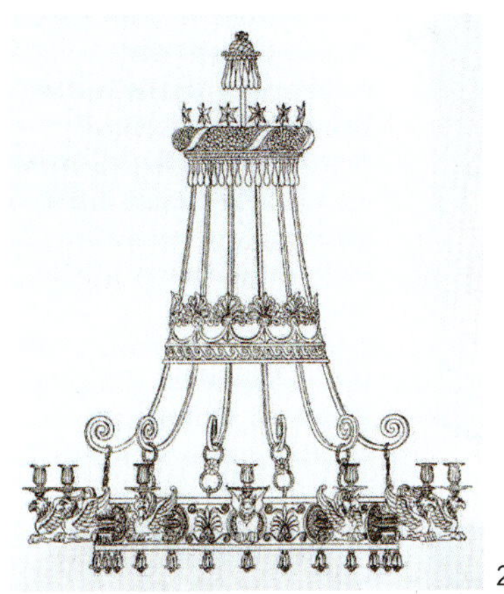

1

2

3

4

5

5 带巨大瓶塞的圆柱形玻璃酒瓶，切割出大量菱形、凹槽和棱柱花纹，配上寓言场景的珐琅彩绘和代表亚洲的骆驼和代表非洲的狮子，可能来自伦敦河岸街的威廉·柯林斯（William Collins），约1820—1825年制成。高23cm。

6 三枝枝状大烛台安装在黑色的青铜底座上，底座刻了一只狮子，配以仿金铜镶嵌设计。其上刻印了Messenger & Phipson的字样，约1825—1830年制成。高61cm。

7 阿普利斯·柏拉特约1825年制作的烛台，切割图案丰富，带有惠灵顿公爵的陶瓷半身像。玻璃硫化物由德普雷于1818年在巴黎获得专利，但次年被柏拉特剽窃。高18.8cm。

拿破仑战争并没有阻止英国大量采用佩西耶和方丹的法国帝政风格。威尔士亲王是亲法派，以其骄奢淫逸和大手大脚的作风而闻名，在亲王的狂热资助下，设计师托马斯·霍普在其样式图集《民用家具与室内装饰》（1807年）中宣传了这种风格。

最早的法英混合式帝政风格玻璃器皿可以追溯到大约1800年，但最著名的是1806年由利物浦公司委托沃灵顿制造工匠佩林和格迪斯为威尔士亲王制作的一整套餐具。其深切割工艺和华丽的凸起不符合当时的主流风格，但得到了亲王所在富有阶层的赞赏。

英国帝政风格玻璃器皿设计师中的领军人物有约翰·布拉斯（John Blades）、其后继者阿普利斯·柏拉特以及技艺精湛的金属工匠马修·博尔顿（Matthew Boulton，1728—1809年），博尔顿在其于伯明翰设计制作的作品中将仿金铜、青铜以及玻璃切割结合到了一起。

6

7

德国和波希米亚玻璃

比德迈式新古典主义

1

2

3

1 典型的波希米亚英式饮水杯，包括使用斜切工艺的杯柄和新古典主义风格的镀金帷幕、花彩、丝带和蝴蝶结以及风格化的郁金香，约1790年制成。高（最高）20cm。

2 新古典主义风格的英式锥形玻璃酒瓶设计图，来自一本未具名的波希米亚作品样式图集，约1790年制成，该作品带有切割出的中空凹槽，刻有链形饰边、镀金的丝带、流苏和花。

3 英式锥形玻璃酒瓶，饰以拉格兰哈西班牙皇家玻璃制品厂制作的波希米亚新古典主义风格镀金，约1810年制成。高20cm。

4

5

4 无色大口玻璃杯，带有珐琅装饰，描绘的是一位奥地利骑兵将拿破仑赶回法国的情景，骑兵手里挥舞着一支勿忘我草，安东·科特加赛尔（Anton Kothgasser）的作品，约1815年制成。此场景来自奥地利民间故事。高9.5cm。

5 新古典主义主题在中欧的一系列变体。左起：大口玻璃杯，古希腊主题和花彩出自弗兰茨·安东·里德尔（Franz Anton Riedel）之手，约1810年制成；黑色玉滴石大口玻璃杯，带有镀金几何装饰，布奎玻璃厂制作，约1820年制成；弗朗茨·安东·西贝尔（Franz Anton Siebel）设计的珐琅彩绘，1824年制成，描绘了正在解救落难女子的伊万纽，出自瓦尔特·斯科特（Walter Scott）的同名小说《伊万纽》。高（从左到右）11.5cm、10cm、10cm。

波希米亚玻璃器皿以巴洛克风格和洛可可风格的表面装饰为代表，其国际领先地位在1775年被英国新古典主义风格取代，并因拿破仑战争引起的混乱而中断。有些工匠选择照抄英国的设计样式。然而，随着1820年政治和经济得到稳定恢复，波希米亚有约170家工厂再次开始运营。

波希米亚有丰富的细沙、耐火黏土、木材和水资源，从13世纪开始利用德国和当地技术生产玻璃。以前依靠的是贵族阶级的资助，但19世纪的产出主要集中在哈布斯堡帝国富裕的工业资产阶级，其中一大部分生活在维也纳。结合波希米亚和奥地利几个世纪累积下来的经验，在保证质量等级的前提下，工艺师创造出大批量各式各样、光彩夺目的复古风格制品，同时又采用了领先的工艺、形式和颜色。

国内外的波希米亚工匠和装饰师接受新古典主义风格的过程很慢，早期仅仅是在呼应英国风格。虽然他们自然而然就倾向于使用奢侈的装饰，但是在拿破仑战争余波中感受到的苦涩使其远离了帝政风格，由此留下的空白最终被新古典主义风格主题种类繁多、非比寻常的设计所填补，这些装饰元素通常应用到严肃的比德迈式风格外形之上，后者约1815—1840年占主导地位。

在奥地利，约翰·米尔德纳（Johann Mildner）恢复和完善了镶金玻璃工艺，而莫恩思·科特加赛尔（Mohns Kothgasser）和安东·科特加赛尔在透明珐琅上绘制了无与伦比的现实主义风格图案。在北部，约翰·西格斯蒙德·门泽尔（Johann Sigismund Menzel）回应了米尔德纳的形式和主题，冯·布奎伯爵（Count von Buquoy）和弗里德里希·埃格曼（Friedrich Egermann，1777—1864年）则改变了玻璃的调色工艺。

中欧最有影响力的贡献是1803—1840年布奎的新赫拉迪玻璃厂和1828—1840年诺维·博尔玻璃厂的埃格曼开发的调色工艺。布奎在1803年引进了红色大理石质地的玉滴石，1817年引进黑色玉滴石以及一系列精美的装饰技术。埃格曼则在1828—1840年发明了黄色和红色的新染色剂以及可染色的大理石质地玉滴石。波希米亚的色彩和工艺在欧洲被广泛采用，以此重新奠定了波希米亚风格的优势。

6 新古典主义风格的高脚杯，绘有奥地利国王利奥波德二世的头像，约翰·米尔德纳的作品，有制作者的签名，1801年制成。高12.5cm。

7 带有精美透明珐琅装饰的高脚杯，绘有一座矗立山顶的城堡，戈特洛·莫恩（Gottlob Mohn）的作品，制作者是德累斯顿一个玻璃吹制家庭的儿子，有制作者的签名，1816年制成。高20cm。

8 带装饰的大口玻璃杯，安东·科特加塞尔制作。这件1818年前后的作品有一个象征爱情的新古典主义风格标志。高 10.5cm。

6

7

8

9

9 红色玉滴石杯子和杯碟，带有镀金的中国风装饰元素，由冯·布奎的玻璃厂约1820—1837年制造。布奎还开发了一系列其他大理石色彩效果的玻璃。杯碟直径14.5cm。

10 带盖高脚杯，固定在柠檬榨汁机形的底座上，杯面上嵌入一对老年夫妇的侧面头像，与约翰·米尔德纳的作品相呼应，由瓦姆布伦的约翰·西格斯蒙德·门泽尔制作，约1795年制成。高26.5cm。

10

11

11 波希米亚哈拉霍夫玻璃厂制作的玻璃器皿，装饰设计师是弗里德里希·埃格曼。左：精致的库尔姆高脚杯，1835年制造，纪念俄罗斯1813年在库尔姆战役中的胜利，高41cm；右：高大威严的新古典主义风格瓮，由三部分构成，埃格曼将其染成红宝石色，高44.5cm。

美国玻璃

古典形式与装饰

5 1845—1865年制作的青绿色海豚形玻璃烛台，晚期古典主义风格的惯用手法，灵感来自英国制造的陶瓷烛台，但最终来源是古代世界的设计。高26.5cm。

1 这款于1791—1793年出品的高脚展示杯一般认为是由约翰·弗雷德里克·阿梅隆（John Frederick Amelung）的新不莱梅玻璃厂制造的。该作品是独立战争后在美国生产的少数几件成品之一。它有古典的外形，但不对称的雕刻是洛可可风格。高30.2cm。

2 平底玻璃杯，由位于匹兹堡的Bakewell, Page & Bakewell玻璃厂约1821年制造，带有古典的装饰图案，描绘的是一只侧卧的灵缇犬被锁链锁在瓮上，仿照欧洲玻璃器皿制作而成。高8.6cm。

3 芹菜瓶，可能是约1815—1835年在宾夕法尼亚州制作。该作品呈瓮形，带有喇叭形的饰边和凸嵌线装饰以及一个风格化的棕榈叶纪念章，所有这些元素都是古典风格的设计。高28cm。

4 这个美国水罐是在1820—1840年用模具制作而成的。玻璃切割工艺制出古典的风扇装饰图案，从整体形状到装饰图案上的芦苇和螺纹，都借鉴自同时代的银器。高16.3cm。

独立战争后美国玻璃厂的数量急剧增加。即便已经脱离英国获得政治上的独立，少数能够进行大规模投资开展玻璃制造的厂商仍然不得不与进口商品竞争。美国早期的玻璃制造工业遇到了许多挑战，例如对大量燃料的需求、对技术知识的依赖以及巨大的经济压力。尽管如此，这一时期玻璃制品仍向大众传播了古典设计风格。从东海岸的中心到中西部，美国各地的玻璃制造业都在蓬勃发展，生产了一系列实用又时尚的玻璃器皿。

玻璃制品的设计采用了古典形式或来自古物的图案母题，19世纪中叶，这些产品面向人口激增的地区销售。玻璃器皿通过雕刻、切割、压制、上釉、镀金或绘画工艺进行装饰，以增强视觉吸引力。18世纪末和19世纪初的装饰设计经常带有对称的帷幕、流苏、老鹰和带状花卉图案等新古典主义元素。18世纪20—40年代，在后期新古典主义风格玻璃的制品上，丰饶羊角（艺术作品中装满水果和鲜花、形似动物角的装饰物——译者注）、里拉琴、老鹰和果篮则成为诸多模制玻璃餐具和瓶子的装饰图案。此外，还出现了海豚形烛台这类新奇的形式，与家具设计中相同的主题相呼应。

美国在19世纪初引进机器压制技术，模制和压制玻璃成为劳动密集型玻璃切割工艺的经济型替代品。一些新古典主义风格玻璃器皿的设计基于进口陶瓷，而其他形式的玻璃制品则只是家具设计的微缩版本。带盖的盒状玻璃器具用来盛放各种调味品，例如古典风格的冷却箱以古代石棺为原型设计而成。由于玻璃制品摆放的位置从餐具柜转移到了餐桌，变成不那么昂贵的用具，新古典主义风格的玻璃设计由此也将古希腊和古罗马的装饰形式带给了更多需求不同的顾客。

6

6 虽然有许多帝政风格或晚期新古典主义风格的玻璃器皿都是从陶瓷和银器中获得的灵感，但是帝政风格的家具才是这种设计灵感的真正来源。杯柄上的C形旋涡形装饰、圆形和螺纹饰边以及爪脚的特征都体现了帝政风格。高14.4cm。

7 这个配有托盘的带盖小盒产于美国中西部地区，1830—1840年制成。石棺状的外形源自古代世界，这里的托盘设计成微型版本，在餐桌上用作装黄油或调味品的容器。高12.7cm。

8 1810年在法国新发明的星空无影灯，照明时没有阴影。美国玻璃制造商生产装饰性的切割灯罩来阐明这种新技术，特别是新英格兰玻璃公司。高44.6cm。

8 9

7

9 这款油灯带有乳白色不透明的玻璃柄，形状类似于同时代新古典主义风格的银制烛台。高44.5cm。

10 1828年制作的玻璃酒瓶，原本是一对，由R.B. 科林父子在匹兹堡的玻璃厂制作出品。形状源自英裔爱尔兰玻璃制品，但低调的装饰风格有别于这一时期装饰繁复的雕花玻璃。高26.7cm。

10

银制品和其他金属制品

英国银器的转型

1 镀银里士满赛马奖杯，罗伯特·亚当1763年设计，伦敦的Daniel Smith & Robert Sharp公司1765—1775年制造。这种新古典主义风格的早期形式极具装饰性，女像柱手柄呼应了40年前的风格。高48.5cm。

2 因为试图脱离浮华的洛可可风格，这款银花瓶的瓶体与瓶盖部分装饰较少。银器的装饰由伦敦的John Parker & Edward Wakelin公司于1770—1771年完成。高21.3cm。

3 斯蒂法诺·德拉·贝拉的这幅蚀刻画中，展示了几个花瓶的设计图。选自《多样容器收藏集》，p6，1639—1648年出品。这幅经典的原始素材为罗伯特·亚当和其他设计师提供了灵感。

从业最早、具有影响力又最多产的英国新古典主义银器设计师当属苏格兰建筑家罗伯特·亚当。他将银器看作大型住宅整体室内装饰设计的一部分，其设计由丹尼尔·史密斯（Daniel Smith）、罗伯特·夏尔普（Robert Sharp）、约翰·卡特和托马斯·赫明等一流金匠制成实物。从18世纪50年代晚期开始，亚当参照希腊和罗马近期出土文物图，设计了带花瓶的餐具柜与成套的晚餐盘。晚餐盘与天花板的石膏装饰图案相配，雕刻着叶形旋涡横饰带、花状平纹、圆盘饰和谷壳状花彩。他天马行空又颇具创意地将这个“装饰元素宝库”与17世纪意大利印刷画中的古典主义原始素材相结合，如金匠斯蒂法诺·德拉·贝拉的作品就是一个典型的例子。瓮和花瓶的形式尤为流行，在家用银器和展示性银器中都有应用。

英国新古典主义风格的另一个灵感源泉来自法国人。他们创造了更为厚重、更偏重自然主义的新古典主义风格，这与源自意大利文艺复兴和亚当式设计的新古典主义风格有很大不同。作品来源有些出自印刷画册，如朱斯特-奥雷勒·梅索尼耶的《蔬菜图集》，有些来自法国银器，尤其是罗伯特-约瑟夫·奥古斯特（Robert-Joseph Auguste，1723—1805年）设计的银器，由亲法的英国贵族运回英国。最著名的英国古典主义银器设计师是建筑师威廉·钱伯斯爵士。他为马尔堡大公设计了一对银汤碗，尖顶饰为洋蓟形，手柄仿效梅索尼耶的设计，呈芹菜梗状，碗盖为高穹顶，带有大量凸嵌线装饰。这些特点都在法国新古典主义风格银器中反复出现。18世纪末，源自法国而又简洁朴素的希腊风格影响了英国银器。这类银器的特点是采用脆模铸造的古典时期或埃及风格元素，有些区域配上素银板作为装饰。Digby Scott & Benjamin Smith公司（1807年解体）生产的许多作品代表了晚期新古典主义银器的风格。1800年前后，皇家金器商Rundell, Bridge & Rundell公司购买了由巴黎金匠亨利·奥古斯特（Henri Auguste，1759—1816年）制作、让-雅克·波瓦洛（Jean-Jacques Boileau）设计的一对银汤盘，一般认为这是晚期新古典主义风格银器传入英国的开端。波瓦洛后来移民到英

受法国启发的古典主义风格

1

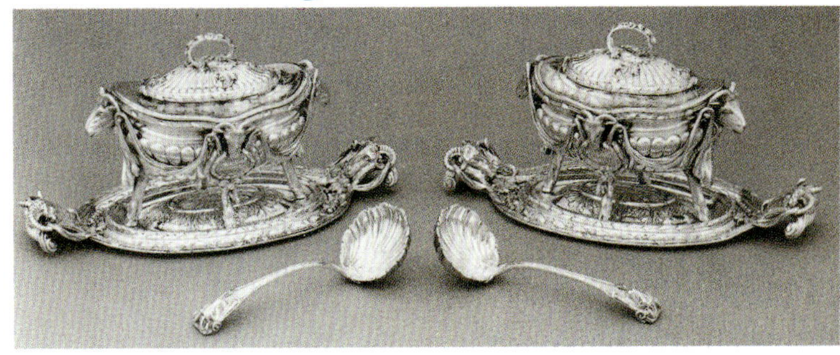
2

3

4

1 约翰·扬（John Yenn）约1767年绘制的汤碗设计图，模仿了威廉·钱伯斯爵士的作品。芹茎状手柄和洋蓟状的顶端装饰物展现了自然主义元素。高接近27.2cm。

2 这些酱碗出自伦敦的托马斯·赫明之手，1769—1770年出品。扭索状的饰边部分隐藏在古典风格的公羊头后面，而公羊头装饰着做工更为精致的底座。与之前洛可可风格的作品不同，这些酱碗为对称设计。高16cm。

3 一对银制狮面烛台，Boulton & Fothergill公司1774—1775年制造，展示了新古典主义风格的特征，比如月桂头环、帷幕以及希腊回纹图案。高31.7cm。

4 赛马奖杯的设计图，让-雅克·波瓦洛的作品，1800年制成。展现了带有肉质宽叶的花萼设计，直立的把手形状对称、棱角分明，配以纹路清晰的装饰带。

亚当的影响

1

2

3

4

1 成对烛台中的一个，约翰·卡特1767年的作品。烛台柄周围是莨苕叶形装饰，底座附近是扭索饰、卷边与刻槽。高34.3cm。

2 伦敦肯伍德别墅的设计图，罗伯特·亚当的作品。这个设计在《亚当作品集》中有图示说明，包含了餐厅餐具柜中的瓮形容器（在左右两侧的基座上）、刀具盒、盘子、花瓶和大口水壶。注意设计的对称性。

3 一对酱汁碗中的一个。Matthew Boulton & John Fothergill公司制作，伯明翰，1776—1777年出品。手柄带有凹槽，向上倾斜，配上叶形旋涡饰边，碗盖和碗身雕刻着凸起的风铃草图案。

4 典雅的酱汁碗，原本是一对，仿照罗伯特·亚当的设计，约翰·卡特1774年于伦敦制作。碗身装饰有花彩、珠帘卷边、硬叶与简洁环形把手。高36.8cm。

科技对设计的影响

1 机器加工的茶叶罐，上面有赫斯特·贝特曼（Hester Bateman）的亮切雕刻，1788—1789年制成。圆顶状盖子带有凸嵌线装饰，罐身带有凹槽。

2 伦敦的Louisa Courtauld & George Cowles公司1773年制作了这个银质茶叶罐，由平银板加上刻痕再折叠制成，装饰着希腊回纹图案和中国人像的亮切雕刻。采用了杏花尖顶饰，形状源自从中国进口茶叶的箱子。高8.9cm。

1

2

3

3 安德鲁·福格尔伯格（Andrew Fogelbert）1778年设计的茶壶，只有一个圆盘装饰和两圈串珠饰边。高12.7cm。

4 谢菲尔德样式图集中的插图，是许多烛台设计中的一个，约1780年制成。设计由几个标准模具打造的图案排布而成，可以组合在一起，有各种各样的变化。

5 这个茶瓮在马修·博尔顿的一本样式图集上有图示说明，约1780年制成。瓦德汉姆（Wadham）为茶瓮申请了专利，一个经加热的圆柱体就可以制成这个茶瓮，不再需要外部加热的工具。这样就可以创作出更优雅、更流畅的设计。

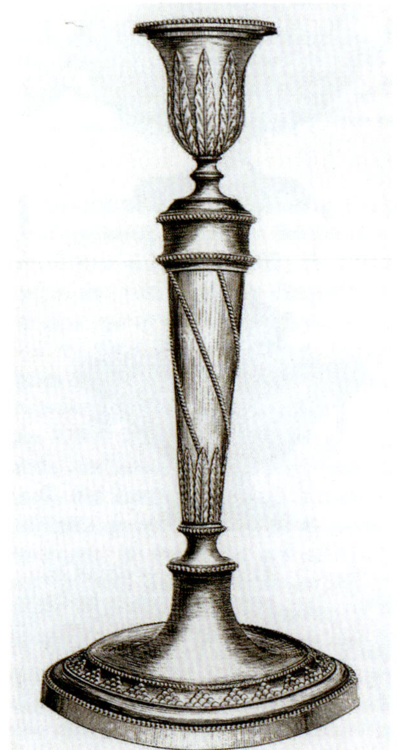
4

5

1 出自《装饰圆盘设计》中一件中央装饰品的设计图，查尔斯·希思科特·泰瑟姆（Charles Heathcote Tatham）1806年绘制。该设计表明人们对带有古典形象的宏大设计产生了新的兴趣。

2 镀银茶瓮，Digby Scott & Benjamin Smith公司1806年制作，这是埃及风格的典型作品，有一个巨大的三脚架基座，由3个铸造而成的单足狮身人面像构成，上面嵌着圣甲虫形状的宝石。高37cm。

3 特拉法加尔花瓶，约翰·弗拉克斯曼设计，Digby Scott & Benjamin Smith公司为Rundell, Bridge & Rundell公司制作，伦敦，1805—1806年出品。花瓶的设计基于阿提卡风格的水瓮，有铸雕与捏雕工艺的装饰。高43.8cm。

4 唐卡斯特镀银赛马奖杯，利贝加·埃姆斯与爱德华·伯纳德1828年于伦敦制造。蛇形手柄和酒神浮雕装饰既用于家用银器，也用来设计展示性银器。高39.4cm。

国，为朗德尔与加勒德（Garrard）工作。

在18世纪中期，新的机械化工艺促进了组合式对称轻银器的生产，贝特曼家族的银器是典型代表。压扁机的出现意味着大量的薄金属板可以经刻制、折叠、卷曲和焊接打造成立方体和柱形（这些几何形状都是新古典主义的核心），而成本只是手工制作的一小部分。薄钢板可以用新型加硬钢制成的模印来加工，简易而有效。标准化的铸造和串珠加工比手工雕刻更便宜，机器切割和拉丝代替了手工装饰，用来加工蛋糕筐和调味品容器。银片愈发轻薄，所需劳动越来越少，这意味着轻便优雅的商品数量激增，市场规模空前扩大。伯明翰的马修·博尔顿和谢菲尔德的当地银匠首次开始在种类日趋繁多的茶叶和餐具供应上与伦敦的制造商们竞争。到18世纪80—90年代，英国新古典主义风格银器变得更为朴素，经常装饰着简单的铸章，有些出自塔西（Tassie）之手，还有的银器则装饰着仿自约翰·弗拉克斯曼（John Flaxman）的低浮雕人像。

在18世纪末和19世纪的头10年里，英国新古典主义风格银器进入了一个新的发展阶段。这一时期的银器规模更大，常常配上镀金，而且总体上来说体积更为庞大。银器设计常常取自18世纪晚期在希腊和罗马挖掘出来后卖给英国贵族的陶瓷或大理石文物（或是其版画）。华威花瓶、白金汉花瓶和波特兰花瓶这类文物都由利贝加·埃姆斯（Rebeccah Emes）和爱德华·伯纳德（Edward Barnard）等金匠制成银器，随即成为设计的标杆。查尔斯·希思科特·泰瑟姆1806年出版的《装饰性圆盘设计》主张银器设计应回归到正统宏伟的建筑风格上，预示着银器制造领域帝政风格的出现。

法国人为新古典主义风格奠定了基础。查尔斯-尼古拉·科尚（Charles-Nicolas Cochin，1715—1790年）在他发表于1754年的《恳求银匠》一文中呼吁人们回归到“良好品位掌控下的简单规则”、回归到“旧的风格”——古典主义。银器设计由此又重新强调对称和比例，莨菪叶形装

1 *1760年出版的《仿古风格花瓶》的扉页，约瑟夫-玛丽·维安的作品。花瓶带有向上倾斜的手柄和月桂叶帷幕，这些都是法国新古典主义风格的典型题材。*

2 *带有重工装饰的汤碗、碗盖、底座与烛台，来自Orloff Service公司，巴黎的雅克-尼古拉·卢特斯制作。据说这些作品标志着法国希腊风格的终结。高33.7cm。*

3 *勃兰登堡汤碗，1801—1803年出品。给人更为轻盈的感觉，有一个大放脚和向上弯的手柄，这种设计将人们的视线向垂直方向引导，而不是水平方向。*

4 *路易十六的汤碗、托架和碗盖，罗伯特-约瑟夫·奥古斯特制作。公羊头、谷壳状帷幕、橡子把手、树叶和旋涡形底座比左图中的装饰更为立体，让人感觉更厚重、更有质感。汤碗直径33cm，托架直径49cm。*

饰、扭索饰、圆盘饰和月桂叶帷幕等古典的建筑式主题也再次出现。

很难评价法国新古典主义风格银器的早期发展，原因是“七年战争期间”法国熔化了大量银质餐盘来提供军费。然而，这种风格的影响可以从其传播范围之广中可见一斑。新古典主义风格通过1760年巴黎出版的花瓶版画设计图等印刷品从法国传播到其他欧洲国家，特别是英国、意大利、俄罗斯和斯堪的纳维亚国家。罗伯特-约瑟夫·奥古斯特是早期新古典主义风格设计师中一位颇具影响力的巴黎金匠。从1756年开始，他为丹麦皇室制作了一套带有明显希腊风格的汤盘。这一风格的最后一批代表作之一是雅克-尼古拉·卢特斯（Jacques-Nicolas Roettiers，生于1736年）于1770年为俄罗斯王子奥洛夫制作的银器。另外，意大利都灵瓦拉迪耶工作室有设计图和银器留存至今，从中可以看出其他国家如何迅速采用法国设计的历程。

早期新古典主义风格银器厚重而有力的形式在18世纪70年代被更轻巧而又朴素的银器所取代，比如罗伯特-约瑟夫·奥古斯特之子亨利·奥古斯特的作品，这种倾向预示着督政府时期风格和帝政风格的到来。银器上的大片区域不加任何装饰，有时表面打造出亚光效果，与建筑上的装饰带形成对比。查尔斯·佩西耶和皮埃尔-弗朗索瓦·莱昂纳尔·方丹发表了大量希腊、埃及和罗马的图案题材，如鹰头和狮身人面像。这类设计昭示了拿破仑的帝国野心，其中的代表作有让-巴普蒂斯特-克劳德·奥迪特（Jean-Baptiste-Claude Odiot，1763—1850年）为拿破仑设计的银器以及奥迪特的对手马丁-纪尧姆·比昂内（Martin-Guillaume Biennais，1764—1843年）的作品，后者仿照了让-纪尧姆·莫埃蒂（Jean-Guillaume Moitte，1746—1810年）设计的样式图。像奥迪特作品那样的法国银器体积庞大，采用了雕塑形式，被其他国家纷纷效仿，葡萄牙出产的晚餐用具就属于这一风格。

风格化、朴素、无花纹的装饰

1和2 大口水罐与水盆，亨利·奥古斯特的作品，巴黎，1789—1790年出品。这两件器物的设计是基于雕塑家让-纪尧姆·莫埃蒂的样式图，属于优雅的希腊风格。简朴的装饰仅限于饰边与一些小焦点设计，银器表面很大一部分未加任何装饰，亚光设计。

1 2

3 朱塞佩·瓦拉迪耶圆形汤碗的设计显示了他对形式的关注。除了小型凸嵌线设计以外，装饰元素仅限于狮头和谷壳状帷幕，视线更着眼于碗身简洁而优雅的曲线。

3

1 三枝枝状大烛台的设计图，佩西耶和方丹的作品，取自《室内装饰集》，巴黎，1812年出版。三角形的底座与角状灯枝清晰可见。

2 一对1814年出品的奥地利卧室烛台，设计基于奥迪特的作品原型。两个烛台都有正方形的扁平底座，边缘是一圈水叶装饰。方形茎状台柱上雕镂着棕榈叶装饰，外框是亚光设计，台柱托着一个古典女性头像。高21cm。

1

2

帝国野心

1 咖啡壶，马丁-纪尧姆·比昂内1799—1809年的作品。壶身为花瓶形状，三脚架底座上装饰着女性面具。下部镂刻着一圈带凹槽的亚光棕榈叶饰边，肩部装饰着一圈月桂叶。高32cm。

1

2

2 葡萄牙正餐套系的一部分，专为惠灵顿公爵制作，目的是庆祝滑铁卢战役的胜利。多明戈斯·安东尼奥·德·塞凯拉（Domingos Antonio de Sequeira）设计的桌面中心装饰物受到法国风格的影响。

3

3 拿破仑的设计师让-巴普蒂斯特-克劳德·奥迪特的肖像，出自罗伯特·勒菲弗尔（Robert Lefèvre）之手。画中设计师正拿着他的草图，背景中有一件他设计的作品。

简洁的美国银器

1 展示用潘趣瓮，波士顿银匠保罗·里维尔1796年制作，是呈现给波士顿公共剧院的4件展品之一。这件作品是简单的瓮形，底座是张开的圆形，手柄自莨苕叶形装饰开始向上弯，高拱形的瓮盖带有球形顶饰。

2 尽管这个由保罗·里维尔于1795—1800年制作的奶油罐没有任何装饰，但简单的瓮形罐身有多个侧面，辅以简约的上弯式带状把手。高16.3cm。

1

2

凹槽和华饰

1

1 茶与咖啡用具套系的一部分，费城的小约瑟夫·理查德森1799年制作。这套作为新婚贺礼的用具装饰简洁，采用了亮切雕刻与串珠设计。花瓶形糖罐高27cm。

2 约1790年出品的茶壶，保罗·里维尔制作，壶体呈椭圆形，带凹槽。圆柱状壶嘴向上收成锥形。底座呈扇贝形，用来搭配带凹槽的壶身。茶壶上点缀着亮切工艺打造的椭圆形雕花和垂花帷幕。高15.3cm。

3 带凹槽的糖罐，保罗·里维尔约1790年制作。采用亮切雕刻工艺打造出垂花帷幕与流苏形装饰。高22.8cm。

2

3

1775—1783年，美国独立战争导致银制品的进口和国内生产都被中断。战争之后，不管政治形势如何，仍然有大量新古典主义风格的形式和装饰图案通过进口的银制品、样式图集和贸易产品目录从英国借鉴过来。之前一直没有成立过对银器进行鉴定和加盖法定印记的体制，虽然从1753年开始在费城有过几次尝试，但直到1814年才在巴尔的摩有了这样的机构。

有一些美国制造的展示性银器甚为精美，但主导市场的却是家用银器，尤其是茶与咖啡用具。直到1793年的黄热病爆发之前，许多新古典主义的银器都在费城制造，这个城市在品位和优雅方面独领风骚。制作工匠包括约瑟夫·理查德森（Joseph Richardson，1711—1784年）和他的儿子小约瑟夫·理查德森（Joseph Richardson Jr.，1752—1831年）等金匠。许多人在瘟疫爆发后逃到了巴尔的摩，其中也不乏金匠，而巴尔的摩也由此取代费城成为时尚中心。波士顿银匠保罗·里维尔（Paul Revere，1735—1818年）1795—1800年制作的奶油罐有着朴素的罐身、六边形的底座和向上弯曲的把手，反映了人们对简洁优雅的花瓶形状的需求，这也要求设计师改造古典风格的形式以适应新的时代要求。美国银匠用18世纪70年代英格兰流行的亮切雕刻来装饰银器，通常是精致的花彩。这些轻型银器用薄板制成，有时嵌有沟槽，与贝特曼家族等制作的伦敦银器遥相呼应。

在世纪之交，样式更为简单朴素的银器变得大为流行，器身大部分都是经过抛光的素银。到19世纪早期，银器形式更具活力，帝政风格的图案形象也开始出现，例如约翰·麦克马林（John McMullin，1765—1843年）1820年左右制成的茶与咖啡用具上的鹰头喷嘴就是这个时期典型的雕塑式铸造作品。

从19世纪初开始，规模较小的作坊开始面临来自大型制造企业和零售企业的竞争，随着竞争日益激烈，银器的形式和装饰图案也变得更加标准化。

从简洁到日趋宏伟庄严

1 带咖啡壶的三件套茶具，马萨诸塞州的威廉·莫尔顿（William Moulton）1800—1810年制作。尽管装饰简单，但带有棱角的把手和逐渐变细的S形喷嘴等装饰元素都暗示了一种更华丽的风格。

2 茶叶罐，费城的约翰·麦克马林1790—1810年制作。罐体为简洁的椭圆形，唯一的装饰是底座与盖子边缘的少量串珠装饰以及简洁的盾形徽章。高16.5cm。

3 三件套茶具与咖啡壶，可能由纽约的Joel & John Sayre公司于1802—1818年制作。带凹槽的椭圆壶身根据古典风格茶瓮的形式而设计，带有高圆顶的壶盖。咖啡壶高33.5cm。

4 咖啡瓮或茶瓮，巴尔的摩的查尔斯·L. 伯梅（Charles L. Boehme）约1800年制作。瓮身呈花瓶形，除了串珠状的边缘以及盖子上装饰着雄鹰的瓮形顶部，其余部分没有装饰。高37.5cm。

帝政风格的影响

1 四件套茶与咖啡用具，费城的约翰·麦克马林约1820年制作。这套用具体现了帝政风格。其主题包括壶嘴的鹰头装饰和一圈雕镂棕榈叶装饰。咖啡壶高27.3cm。

2 一套潘趣酒具中的球状碗，出自费城的托马斯·弗莱切（Thomas Fletcher）和西德尼·加德纳（Sidney Gardiner）之手，约1816年制作。银质表面有的区域没有花纹装饰，但底座下的支撑是鹰形设计。

覆银铜板与烛台的重要性

1 一对覆银铜板烛台中的一个，约1775年制成。该烛台受法国新古典主义风格的影响，带有希腊回纹图案、公羊头以及带凹槽的烛台插座。高29.5cm。

2 Matthew Fenton公司约1780年设计的烛台。将新古典主义风格的众多特征结合在一起，包括瓮形托座、印有古典风格人像与帷幕的烛台柄以及与装饰图案遥相呼应的底座。高29.3cm。

3 约1774年出品的烛台，仿照詹姆斯·怀亚特的设计，伯明翰的马修·博尔顿制作。可以看出形式从前一时期的方形变为了三角形。

4 马修·博尔顿约1780年出版的样式图集中的一页，可以看到各种各样新古典主义风格银制与覆银铜板烛台的设计，包括带有凹槽、尖端变细的烛台柄以及风格朴素的烛台柱。所有作品的设计都带高脚底座，有些简单朴素，其他的则带有装饰元素。

5 从出自R.M.赫斯（R. M. Hirst）作品的这一页图中可以看出，覆银铜板工匠对古典建筑的原则了然于心。左侧的烛台是形式最简单的多立克式，中间是爱奥尼亚式，最右边的则是最具装饰性的柯林斯式。

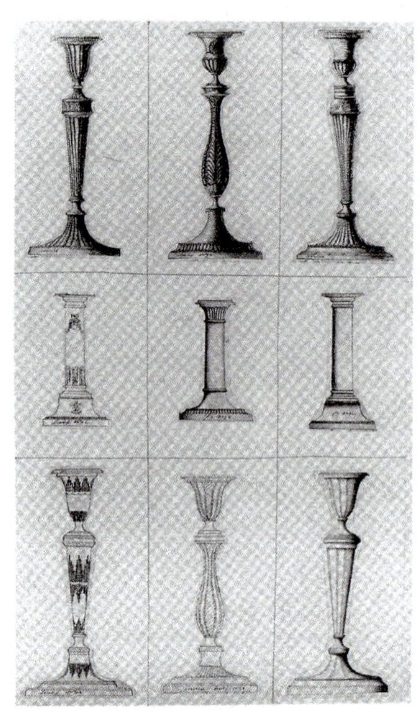

1742年，谢非尔德的切割工匠托马斯·博尔索弗（Thomas Bolsover，1705—1788年）发明了谢非尔德覆银铜板（又译“谢非尔德制品”——译者注）。他发现在高温和压力下熔合时，铜与银两种金属都会均匀地延展。与其他电镀工艺相比，这种覆银铜板的制作非常独特，电镀过程在作品成型之前进行。然而，直到另一位切割工匠约瑟夫·汉考克（Joseph Hancock，1711—1790年）用这种工艺来制作烛台时，覆银铜板的生产才开始有了一定的商业规模。铜片被夹在两块银板之间，经锤打、加热、卷曲和钢模压印等一系列操作过程后，打造出各种各样的图案。洛可可风格的谢非尔德制品几乎没有，但新古典主义风格银器的对称性、组合式结构及其重复性的建筑装饰特点都非常适合这一生产过程。银板和覆银铜板都可以用同样的钢模来制作，后者只有在银层被磨掉，里面的铜露出来时，才能被辨认出来。制作覆银铜板与制作银板的工艺流程相同，当然，铸造环节除外。银制圆片被放在覆银铜板上加以雕刻，还会镶上银边来保护铜板，以免磨损。

覆银铜板制品的价格只有银制品的五分之一，因而十分受欢迎。这方面的贸易商品目录最早出现于18世纪70年代末，谢非尔德的Matthew Fenton公司和伯明翰的马修·博尔顿以此展示了各种可供选择的覆银铜板设计。许多设计出口到欧洲，尽管法国人尝试仿效，但没有什么能比博尔顿的覆银铜板制品质量更为精良。到18世纪80年代，覆银铜板制品衍生出了更多种类，从汤盘到碗盖到茶瓮到吐司架，无所不包。但最壮观的作品或许是带底座的茶咖一体机，让人联想到克劳德-尼古拉·勒杜（Claude-Nicolas Ledoux）简洁却又震撼人心的几何建筑结构。覆银铜板制品在设计上并没有任何创新，但它的流行使得银器装饰图案得到空前广泛的传播。直到1840年埃尔金顿兄弟公司推出更便宜的电镀工艺时，覆银铜板制品才退出了历史舞台。

“仿金铜”这个词来源于法语，意为“地上的黄

多种多样的形式

1

2

3

4

1 墨水台，约1780年制成。中央是一个吸墨粉盒。简单的镂空装饰让这个墨水台看上去轻盈而优雅。高19.5cm。

2 调味汁碟与底座，18世纪80年代制作。细长的形状、凹槽装饰、无花纹的部位以及上弯的把手都是典型的新古典主义风格。

3 William Spooner 公司的商业名片，约1860年出品。上面画有多种形式的覆银铜板制品，包括烛花剪（顶端中央）与五味瓶架（右下角）。

4 蒙泰钵，1780年制成。它的边缘为独特的波浪形，酒杯柄可以挂在上面。环形的把手从狮头形状的镶嵌设计中垂下。直径25.4cm。

5 在这个茶咖一体机的广告中，许多新古典主义风格元素显而易见，包括凸嵌线装饰、托架的球状脚与瓮上的狮爪脚、狮面手柄以及带凹槽的球形机身。

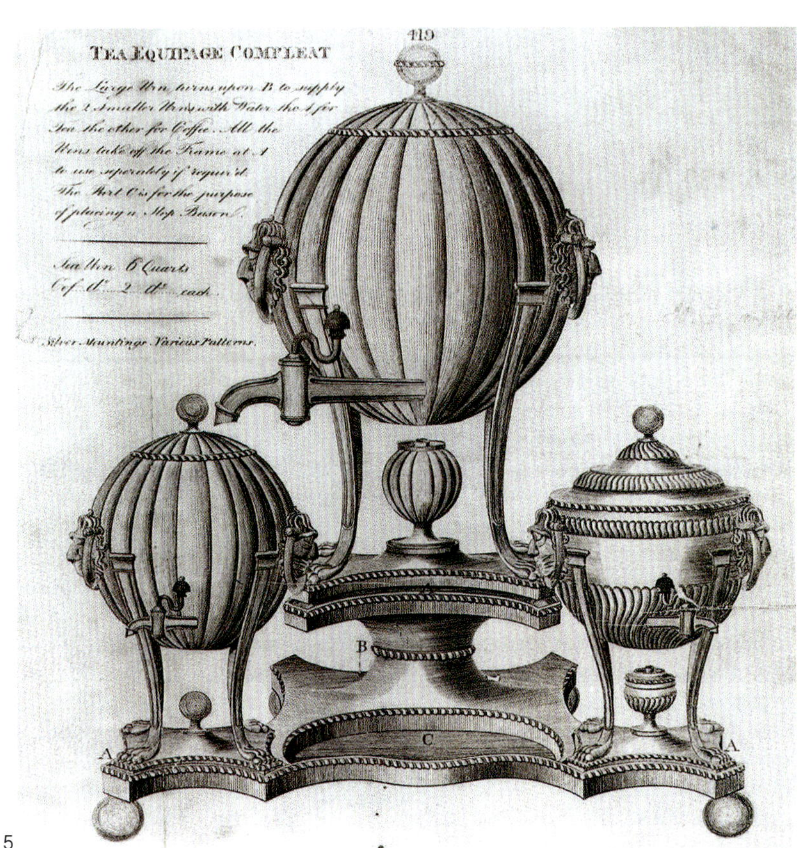

5

仿金铜：早期的形式

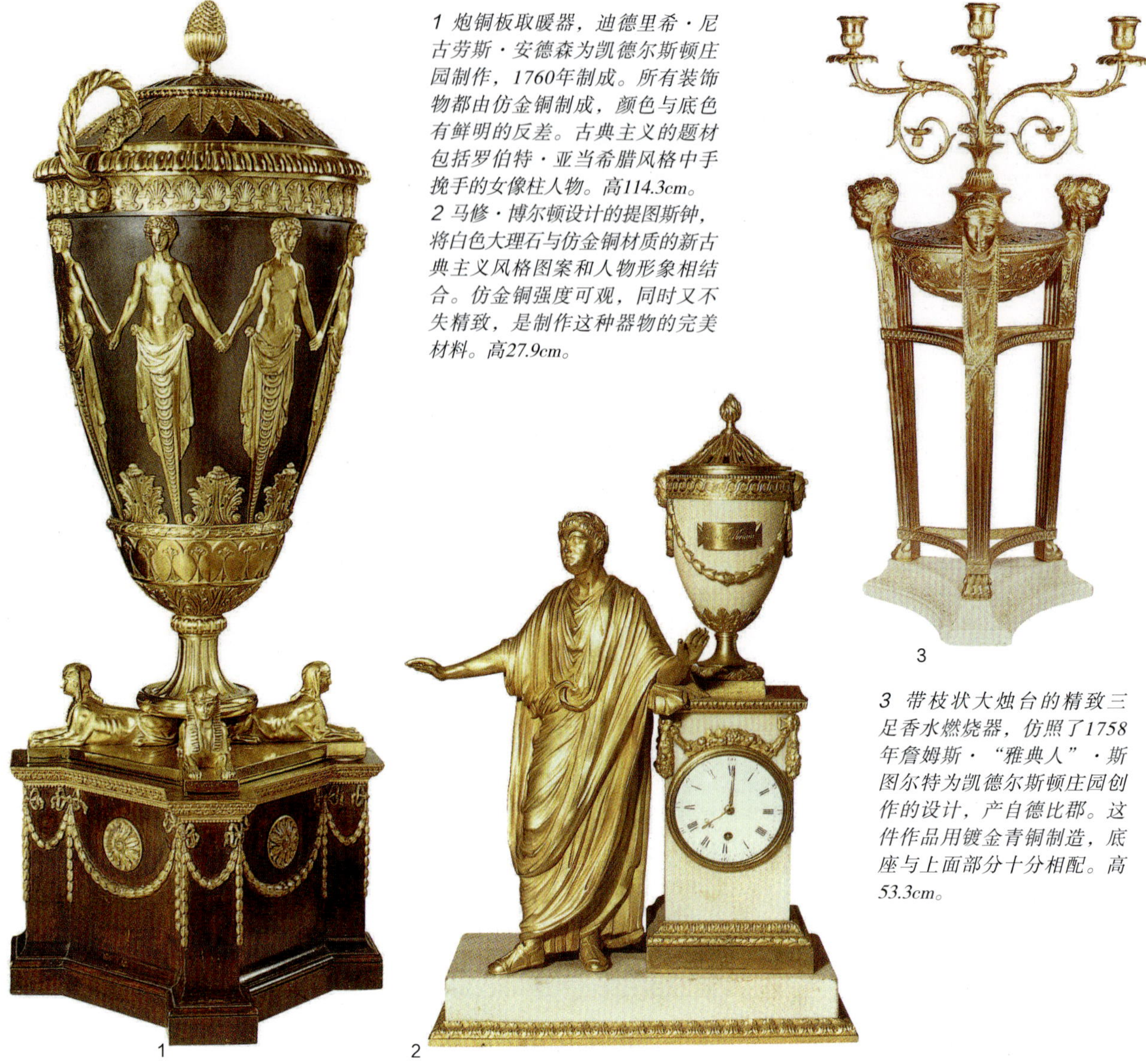

1 炮铜板取暖器，迪德里希·尼古劳斯·安德森为凯德尔斯顿庄园制作，1760年制成。所有装饰物都由仿金铜制成，颜色与底色有鲜明的反差。古典主义的题材包括罗伯特·亚当希腊风格中手挽手的女像柱人物。高114.3cm。

2 马修·博尔顿设计的提图斯钟，将白色大理石与仿金铜材质的新古典主义风格图案和人物形象相结合。仿金铜强度可观，同时又不失精致，是制作这种器物的完美材料。高27.9cm。

3 带枝状大烛台的精致三足香水燃烧器，仿照了1758年詹姆斯·“雅典人”·斯图尔特为凯德尔斯顿庄园创作的设计，产自德比郡。这件作品用镀金青铜制造，底座与上面部分十分相配。高53.3cm。

金”，是在铸造青铜、黄铜或其他金属表面镀上一层水银而制成的。这种材料本身就是一种奢侈品，但它通常与其他昂贵的材料一起使用，如大理石和斑岩。狄德罗在《百科全书》的补充文本中称，金箔的价格为90英镑每盎司（1盎司=28.35克），而每盎司仿金铜的价格则为104英镑。仿金铜在18世纪开始流行，用来制造装饰性物品，尤其是用于家具和陶瓷的镶嵌设计。

作为一种与法国有关的产品，仿金铜在英国大受欢迎，尤其受到贵族和绅士的推崇。这种材料最著名的倡导者是巴黎的皮埃尔·古蒂埃。他完善了亚光表面处理工艺，用来与高抛光部分形成鲜明对照。马修·博尔顿1768—1782年在伯明翰制造仿金铜，经常将其与蓝萤石和大理石结合使用，创造出奢华的新古典主义风格花瓶、香水燃烧器（用来驱散食物的气味）、蜡烛和时钟，闪亮的仿金铜与其他贵金属的色泽相互映衬。

罗伯特·亚当、威廉·钱伯斯、詹姆斯·“雅典人”·斯图尔特与其他设计师为仿金铜这种材料创作了诸多设计，博尔顿与迪德里希·尼古劳斯·安德森（Diederich Nicolaus Anderson，逝于1767年）则将这些设计制成了实物。安德森是斯堪的纳维亚过来的移民，手艺高超，专门制作仿金铜作品。亚当在1766年为凯德尔斯顿庄园餐厅设计了门把手和盾形徽章，展示了精细的铸造工艺和细致精美的造型，仿金铜材料因为能够实现如此出众的品质而备受青睐。

帝政风格大胆的造型、装饰和对比十分适合仿金铜的使用，从托马斯·霍普负责设计、法国流亡者阿列克谢·迪彩（Alexis Decaix）负责镶嵌工艺的绿锈铜花瓶中就可以看出这一点。在巴黎，当时工艺水平最高的仿金铜作坊由曾在古蒂埃手下接受专业训练的皮埃尔-菲利普·托米尔经营，该作坊雇用了800多人，从拿破仑手中获得过丰厚的资助。

贵金属的高成本意味着人们渴望能有一种更便宜的替

三足形式的流行

1 花瓶形状的香水燃烧器，Boulton & Fothergill's Soho Works约1777—1778年制成，伯明翰。白色大理石制造，配以仿金铜镶嵌。三脚架形的底座展现了新古典主义风格元素。

2 这个仿金铜与蓝萤石制成的花瓶被称作波斯蜡烛花瓶，Boulton & Fothergill's Soho Works1772年制作。博尔顿将略带紫色的德比郡晶石与镀金青铜雕塑进行了有效的融合，在该作品中得到了展现。高81cm。

3 罗伯特·亚当1766年为凯德尔斯顿庄园设计了这个仿金铜镶嵌工艺的门配件。可以看出亚当式设计中典型的对称性。

仿金铜与建筑师

1 这个精致的钟表设计图是经销商构想的作品。制成实物时，应该会将仿金铜材料用于多个装饰区域，比如环绕着底座的树叶花环。

2 仿照亚当·威斯威勒风格制造的路易十六时期斗柜。表面为大理石，配上仿金铜装饰，包括桌子四角雕刻的女性人物和桌腿上的装饰花纹。长1.67m。

3 霍普花瓶，托马斯·霍普设计，阿列克谢·迪彩负责镶嵌工艺，约1802年制成。仿金铜镶嵌装饰包括古典风格的面具头像、向上卷的旋涡形手柄和狮爪。

锡镴和黄铜

1 英国锡镴烟草盒，约1770年制成。仿照流行的银质烟草盒造型和装饰，形状为椭圆，上面有椭圆盘作为装饰，饰边是亮切雕刻的月桂树花纹，底座上有串珠形装饰。高10.5cm。

2 18世纪后期的德国汤碗，用锡镴制成。具有典型的新古典主义风格特征，碗身为椭圆形，没有装饰花纹，线形把手向上倾斜，顶饰铸造成瓮状。高（带碗盖）29.2cm。

3 美国黄铜烛台，詹姆斯·哈里森（James Harrison，1770—1797年）作品。形状简洁，几乎没有装饰，底座为方形。高17.8cm。

白铜

1 白铜烛台，约1790年出品。样式仿照科林斯柱式，高脚底座上带有凸嵌线装饰。高27cm。

2 炉箅与火炉围栏，原本是一对，一般认为出自罗伯特·亚当之手。该设计中蛇形围栏是镂空的花状平纹，由刻有凹槽的圆柱支撑。围栏的底脚为球形。

代品。锡镴是一种价格便宜的铅合金，可以打磨出银一样的光泽，而黄铜则会散发出一种类似镀金的光芒。这两种金属的制品仿照银器和金器的形式与装饰，让买不起真金白银的消费者也能体验到时尚的设计。

以上贱金属后来被18世纪发明的新型改良合金所取代，这些合金比锡镴硬度更大，比黄铜更容易加工。白铜是一种铜、镍、锌的合金，18世纪从中国进口。它的抗蚀性强，是制作炉箅（曾专门为亚当的室内装饰打造了几种设计）与烛台的理想材料。苏格兰的卡伦钢铁厂专门生产铸铁与炉栅，加上时尚的新古典主义风格花彩和圆盘饰，用来搭配室内装饰。在牛津郡和伯明翰，钢铁经切割、抛光后制成扣环、纽扣和剑柄。

英国在开发新金属方面引领风尚，但位于俄罗斯图拉的钢铁切割厂是能对其构成挑战的少数公司之一。这家公司的工匠都来自国外，生产的烛台等装饰性器物将切割和抛光过的钢材与经过镂刻镀金的青铜、黄铜、银等软金属结合，质量上乘。此种材料的硬度意味着只能由手艺高超的工匠来加工，因而造价极为昂贵。

18世纪后期，彩饰贱金属曾在低端市场上流行。在蒙茅斯郡的庞蒂浦，人们将铁在锡液中浸制，再加上一种新的清漆，制成庞蒂浦制品或马口铁制品。到了18世纪70年代这种制品已经大为流行，采用的是新古典主义风格的形状与装饰。

这些新材料制造的物品被看作舶来的新奇事物，其设计总是紧跟时尚。之所以受到青睐，部分是由于设计的创新性，部分是由于制作时所使用的材料。

新型铁和钢材

1 即使是铸铁也可以制作出古典风格的图像。这个炉箅上饰有椭圆装饰和精致的轻浮雕帷幕。钢制围栏经过切割变得更轻巧，与铸铁形成鲜明的对照。卡伦钢铁厂约1790年制造。

2 一对钢制鞋扣，约1780年在伯明翰制作。这对鞋扣仿自更为昂贵的钻石鞋扣，但作为仿品本身也十分流行。

镀金青铜装饰

1 约1785—1800年制成的钢制烛台，镶嵌着镀金青铜装饰，在俄罗斯图拉工厂制造。该工厂由外国工人组成，设计源自工人从西欧带来的流行设计。高31.8cm。

2 路易十六时期的法国餐桌，用钢和镀金青铜制成，表面镀有3种颜色。亮钢是一种新鲜事物，难以加工且价格昂贵。嵌入的铜绿石是后来加上的。宽146cm。

彩绘金属

1 18世纪晚期的荷兰五味瓶架，由锡镴制成，表面有彩绘装饰。这件作品带有花彩和壁柱装饰以及希腊回纹把手和瓮形顶饰。

2 一对19世纪早期产于威尔士的黑亮漆锡镴栗色水瓮，带有中凹的瓮盖和高高的尖顶饰。瓮身绘有乡村景色，装饰着狮面和环状手柄。高31cm。

纺织品和壁纸

建筑风格

1 “哥特式”石膏工艺壁纸，来自新罕布什尔州朴次茅斯的莫法特-拉德公馆，约1760年出品。新古典主义风格的壁纸图案有许多来源，图中设计直接借鉴自石膏装饰工艺，采用了所谓的哥特式风格。

2 画家兼雕刻家和纸张染色家马赛厄斯·达利的商业名片，名片中的壁纸设计体现了“现代风”（新古典主义风格）、哥特风或中国风，伦敦，约1760—1770年出品。

3 柱拱形壁纸、模板和雕版印花，可能来自波士顿，1787—1790年出品，体现了受到古典建筑的影响。这种壁纸在美国尤其受欢迎。

4 木刻板印花的“印刷用纸”（demy，指颜色有限的调色板）设计，印花棉布，英国兰开夏郡班尼斯特·霍尔（Bannister Hall）约1805年的作品，设计中包含了哥特式柱子。

5 装饰用印花棉布，威廉·基尔伯恩（William Kilburn，1745—1818年）的设计，英国萨里郡沃灵顿，约1792年出品。石膏装饰工艺元素为花卉条纹提供了组织架构。

6 “爱情商人”，滚筒印花棉布，法国茹伊奥伯坎普夫区，1817年出品。约1795—1820年，纯粹主义者从新古典主义风格石膏装饰工艺设计这样的原创作品中找到灵感（见图2，底部的组图以及对角位置）。

许多新古典主义风格的图案与晚期洛可可风格的图案有重叠，但两者又存在显著区别，因为新古典主义风格具有形式灵巧的主要特征，且受到建筑和石膏装饰工艺的影响，而后者的特点在“景观式”纺织品设计中格外突出。纺织品的组织结构变得更为简单，尽管最终呈现的效果可能仍然显得有些复杂。这一风格主要基于帷幕、格架、条纹设计以及与这些图案排列相关的奇异风格。尽管如此，这一时期也是田间和花园花卉的自然主义演绎达到顶峰的时期。这些自由流畅的图案与现实主义风格和风格化的花朵图案并存，以重叠结构的形式出现在设计之中。

新古典主义风格纺织品的图案中经常出现几种建筑式装饰元素。混凝纸的生产供应在当时也是壁纸贸易的一部分，由此壁纸设计中对灰泥或石膏装饰工艺的模仿也成为这种需求的合理延伸。石膏装饰工艺可能启发了整个设计领域，或者说为花卉图案母题提供了设计框架，对纺织品而言尤其如此。约1760—1810年，对圆柱和拱门的描绘也是纺织品图案的来源。这一时期末，设计师将以上两个元素结合起来运用于错视法的落地墙面装饰，称为装饰壁纸或壁画壁纸。相同的操作方法也见于编织和刺绣的墙帷，不过用得要少一些。哥特式和古典建筑的特征都成为这类图案的设计源泉，直到19世纪70年代这些图案一直很受欢迎。不过，后来针对诸多出土的古代遗址和文物出版了大量带插图的介绍资料，让古典装饰艺术流传更广，也正是这些图示说明古典装饰艺术在拿破仑时代占据了主导地位。

任何主题的插图都可以被挑选出来用在图案场景设计之中。除了寺庙和废墟，歌剧和戏剧、野生动物、政治事件、战利品以及现实和神话人物都是最典型的主题。图案的排列方式大致分为3个阶段：在18世纪60—70年代，图案围绕“岛屿”分布或者置于一个略微弯曲的S形曲线框架内，这些都是洛可可风格的设计；18世

风景岛屿

1 “忘川，或伊索的鬼魂”，模板制作的中国蓝印花粗布，绘制着大卫·加里克戏剧中的场景，人物来自加布里埃尔·史密斯（Gabriel Smith）和A. 莫斯利（A. Mosley）的印刷画，1766—1774年出品，由棉布和亚麻制成。这类经典的风景图案称为“约依印花工艺”，尽管采用了一种1752年才在爱尔兰完善的铜版印制技术，但往往结合了洛可可式轻松随意的风格和新古典主义风格的风景元素。

2 装饰性木刻板印花棉布，英格兰彻奇班克的Peel公司1812年生产。从18世纪90年代开始发展出一种将大量风景图案堆积在纺织品上的风格，在风景“岛屿”设计的复兴中尤其明显，通常是中国风。

带框架的风景设计

1 阿普尔顿·普伦蒂斯（Appleton Prentiss）设计的壁纸，波士顿，1791年出品。随着新古典主义风格的进一步发展，通过引入框架、椭圆形和圆形设计，风景图案的排列更加有序。这种带框架的图案可大可小，也出现在纺织品和壁纸上，如图所示。

2 约瑟夫·伯纳（Joseph Beunat）所著《建筑装饰设计》（巴黎，约1813年）中的一页，描绘了几种饰板的细部。这些描述古代遗址的原始资料被一些纺织品设计师忠实运用到自己的作品中。

3 木刻板印花棉布，Francis＆Crook公司生产，来自伦敦的考文特花园，1792年出品。背景充满了各种装饰，符合当时的风格。这种由框架分隔开来的图案是椅座和椅背的理想装饰。

4 “丘比特与普赛克的爱情故事”，滚筒印花棉布，法国南斯Favre, Petitpierre & Cie公司1815年生产。从18世纪末开始崇尚密集图案的趋势，各种场景紧密排列在带有多个人像图案的彩色纺织品表面。

1 针锈花边，法国阿让唐，约1785年出品。这里帷幕曲线的排布方式是新古典主义的对称风格，试比较洛可可式的不对称设计（见p.205图1）。

2 含毛的锦缎风格植绒纸，可能来自英国，约1750—1760年出品。相比其他任何图案，帷幕最能说明洛可可风格与新古典主义风格图案之间的相互联系。此处的设计引入了一点点洛可可式风味，化为彩旗装饰。

3 木刻板印花棉布床罩，费城John-Hewson公司1790—1800年生产。帷幕在这个时期经常用作饰边，在新古典主义风格的限制和影响下，帷幕可能变得非常淡雅柔和。

4 J.P.Lacostat & Cie公司为凡尔赛设计的丝绸锦缎，1812—1813年出品。这块锦缎上的帷幕处理成风格化的花亭设计，具有一种类似石膏装饰工艺的坚固性，与纯粹的新古典主义风格完全相容。

纪80—90年代期间开始盛行更为整齐有序的形式，图案母题包含在涡卷形、椭圆形、圆形等装饰元素之中；到了19世纪早期，重复印花的高度有了缩减，因此无论是古典复兴的岛屿图案设计还是受石膏装饰工艺启发的设计，外观看起来都比较狭窄。

作为图案细节的设计来源，基于真实织物处理手法的帷幕和褶皱装饰是这个时期石膏装饰工艺结构的主要替代品。18世纪60—90年代，这些装饰最常模仿的是悬挂的彩旗，尤其是用在锦缎上和类似锦缎的壁纸上。不太明显的图案变体则使用了花亭设计。彩绘壁纸设计中常常加入各种各样非常小的背景图案——也是对纺织品的模仿，复制了图案精美的天鹅绒和蕾丝的生动外观。接近19世纪时，帷幕开始变得扁平，在1810—1815年，其尺寸才重新变大。人造打褶装饰图案在许多壁纸和饰边中得到采用，但也用来装饰形形色色的纺织品。

格架和总是伴随出现的带叶小枝都是长盛不衰的图案类型，在新古典主义时期特别流行。这种图案在处理时可能会融入缎带或者建筑装饰元素。但即便设计看起来很复杂，比如栅格和藤蔓交缠在一起，图案结构本身也还是清晰的。单根小枝或斑点图案往往置于格架之中，广泛用作满地儿花纹图案。此类设计对于那些从18世纪80年代开始逐步走向机械化生产的棉布印花商来说尤为重要，在此后的一个多世纪里也成为服装棉的主要装饰元素。

这一时期出现了多种类型的条纹设计，设计时通常会将条纹融入某一图案样式之中，因此将其视为新古典主义风格元素，而不是洛可可风格元素。不对称垂直图案也开始演变为对称设计，同样表现出走向新古典主义风格的趋势。从1760年前后到18世纪80年代，相类似的非对称设计并不少见。在织物上，条纹很容易作为背景添加到其他图案之中，这一手法自18世纪50年代末就已经流行。然而，从17世纪80年代初开始，图案往往置

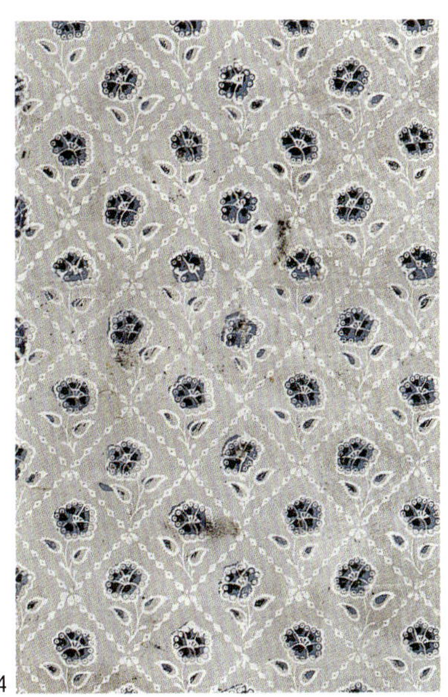

1 木刻板印花亚麻布，法国，约1780年出品，带有洛可可风格的非对称帷幕。
2 木刻板印花棉绒，法国，1780—1790年出品。帷幕是错视法设计中最喜欢的图案，约1770—1825年，这种图案本身变得尤为时尚。
3 木刻板印花壁纸饰边，可能来自波士顿，1810—1825年出品。大约在1795年后，帷幕变得特别平淡乏味，完全复制帷幔装饰图案的复杂排列方式。
4 木刻板和模板印花壁纸，来自萨里郡卓姆的白厅，约1740年出品。随着纺织品和壁纸市场的不断扩张，格架和小枝图案成为小型方案设计师使用的主要元素。当壁纸与壁纸相连的部分进行图案对接时，小型的重复图案导致的浪费较少，因此更为经济，而且图案对接时的错误也不太明显。

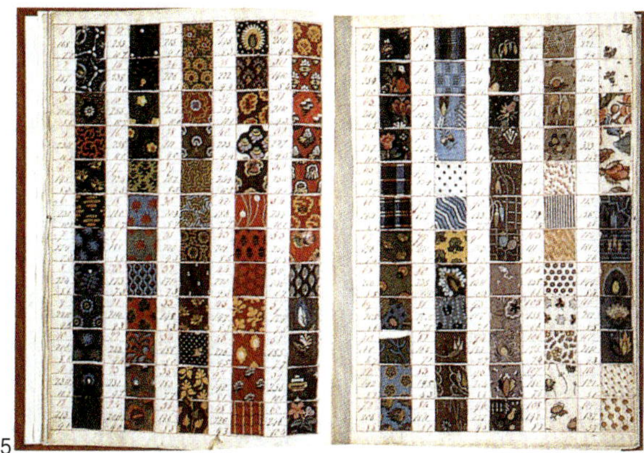

5 滚筒和木刻板印花棉布的样本簿，兰开夏郡彻奇班克乔纳森·皮尔（Jonathan Peel）1806—1817年的作品。单独使用时小枝图案往往沿交叉对角线排列。
6 木刻板印花棉布设计图，兰开夏郡班尼斯特·霍尔1806年的作品。随着新古典主义风格的进一步发展，格架设计通常也变得更加突出。

条纹

1 锦缎丝绸，法国，1760—1770年出品。许多新古典主义风格的设计都同时包含了简单和复杂的条纹。与晚期洛可可时期的图案风格相同，最受青睐的图案是由相互连接的曲线构成的条纹。

2 单条针织花盆印花饰边，雕版印花由兰开夏郡的班尼斯特·霍尔完成，专为伦敦的理查德·奥维（Richard Ovey）制作，1805年出品。1790—1815年，乃至在这之后，花卉条纹变得日渐丰富多彩。这种条纹可以宽达35cm，如图中的饰边所示。

复杂精细的条纹

1 多米诺壁纸，法国，约1750年出品，在手工制作的壁纸上饰以木刻板和模板印花。在这个条纹的变体中，相连的波形饰本身构成了条纹，这种图案排列更加正式，波形饰也包含在其他的条纹之中。

2 木刻板印花棉布，勒苏尔（Lesourd）1786年的设计作品，法国昂热。这件晚期新古典主义时期的纺织品带有看起来“困”在条纹之内的弯曲波形饰。

于条纹之内，而不是铺在条纹之上。条纹本身的宽度和数量也不再那么丰富多变，在1780年左右发展成了两条尺寸大致相同的条纹，其中一条带有更加鲜明的图案设计。印花织物和壁纸上也出现了双重条纹，尽管其相对应的图案尺寸依然存在差异。许多条纹设计为并排重复的样式，剪切后用作饰边，通过加入一条窄边条纹在视觉感受上增加了灵活性。

条纹图案强调明显的垂直设计，与此相类似的是奇异风格图案。其典型特点是包含人物或动物的形象，灵感来自文艺复兴时期石窟中发现的细长设计。作为一种室内装饰艺术，这种图案用作精美的墙面装饰时，从上到下都不重复。这一风格类型的大师是让-德莫斯代纳·迪古尔克，这位设计师曾在若干欧洲宫廷任职，于1782年发表了一系列版画作品，名为“阿拉伯风格”（*d'Arabesques*，仅由卷曲的花朵和叶子组成的设计，今天在英语中被称为阿拉伯风格花纹，*arabesque patterns*）。奇异风格图案的流行从18世纪80年代开始，一直持续到19世纪初，不过后来也用来制作大规模的饰边，并不以满地儿花纹图案的形式出现。其典型的细长形式在1810年后的帝政风格设计中仍然保留了下来。

到18世纪末，自然主义风格开始崭露头角，原因有二：其一是浪漫主义运动及其对人与自然环境关系的关注，这类设计偏好描绘田野和森林中的花朵与树叶，排布成自由生长的样子；其二则是因为越来越多图解植物标本的手绘刻花模板得以发布，描绘了自然环境中的植物或者将其设计成非正式的小花束。虽然花卉画早已成为图案设计的基础，但这些刻花模板流传的范围却要广泛得多。一些制作刻花模板的人本身也是设计师，比如英国印花布商人威廉·基尔伯恩（William Kilburn，1745—1818年）。插画师皮埃尔-约瑟夫·雷杜德在图案设计领域最具影响和知名度，他从1784年开始为各种设计提供刻花模板，1803—1824年又开始自己设计制作刻板。

在新风格的影响下，图案设计开始变得不那么正式，不管这些图案是作为整体、饰边，还是成束排列。

3 木刻板印花壁纸和饰边，新英格兰，1800—1815年出品。在这段时期内，条纹的外缘逐渐变得更加流畅和自然，不再是笔直或近似笔直的设计。

4 让-德莫斯代纳·迪古尔克约1786年为西班牙的阿兰胡埃斯创作的作品，在意大利场景周围加上奇异风格的图案。垂直框架基本上将布块划分成了大而复杂的条纹。

5 带有埃及图案的木刻板印花壁纸，专为英国贝德福德郡克劳利公馆的画室而设计，1806年出品。局部设计以条纹的形式出现，与格架或小枝图案结合作为饰边，相当时尚。

奇异风格

1 丝绸彩花细锦缎（复合织造），里昂，1790—1792年出品。奇异风格图案与其灵感来源基本一致，包括旋涡饰、浮雕玉石、小天使、战利品等装饰元素。

2 饰有暗色天鹅绒和雪尼尔布刺绣的绸缎，一般认为是让-弗朗索瓦·博尼（Jean-François Bony）的作品，法国，1795—1799年出品，这种设计很少完全对称，但重点在于垂直中心线上的奇异风格图案。

3 木刻板印花棉布，Half Moon & Seven Stars Furniture公司制作，由兰开夏郡的班尼斯特·霍尔负责印花，为理查德·奥维制作，1804年出品。后期的奇异风格设计借鉴了雕花壁柱的图案。

4 法国丝绒。这种后期的奇异风格图案受到了石膏装饰工艺的启发。在1848年被用于巴黎的爱丽舍宫，约1850年又被用于枫丹白露宫，代表了法国帝政风格设计的持续影响。

1

2

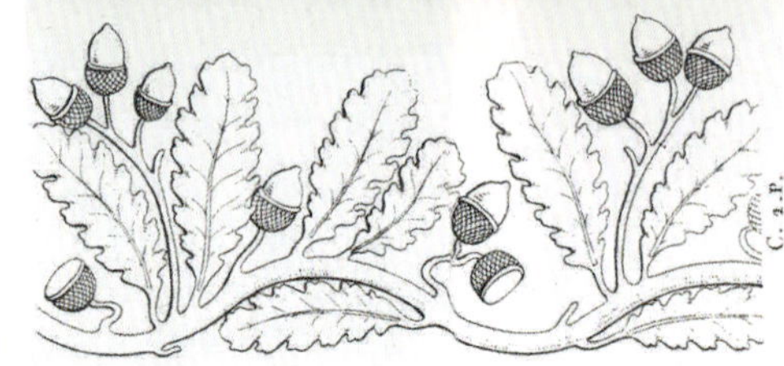

3

1 威廉·基尔伯恩约1790年的印花纺织品设计。新古典主义时期的自然主义并不仅仅是绘画中的现实主义，而且还与图案的结构有关。在满地儿花纹的设计中，图案看起来似乎是浮在纺织品表面，重复性设计通常被巧妙掩饰。

2 薄纱和塔夫绸上的刺绣和贴花，法国，约1795—1805年出品。虽然很少混杂在一起，但自然主义图案被放置在比例图案这样的结构化重复附近。

3 来自约瑟夫·伯纳《建筑装饰设计》中的饰边。即使作为饰边，这个盘子也明显体现了一种自然主义风格的图案分布形式。

4 木刻板印花壁纸，法国，约1800年出品。尽管有三维透视图，花枝和藤蔓通常排列在图案精美或纯色的表面，因此强调两个方面（图案和质地），而不是全部的错视法效果。

5 丝绸锦缎，卡米耶·佩尔农（Camille Pernon）为圣克卢制作，1802—1805年出品。这种布料以单一植物形式的自然主义风格图案为主导（此处为栎树叶），通常强调墙壁、窗帘和家具的规模和比例。

4

5

同时，有一些植物和树木特别受青睐，包括玫瑰、草莓、蓟、三叶草、橡子和橡木叶。这种图案的象征意义在当时仍然能为民众所广泛理解，例如橡树的形象象征着永恒和力量。

即使在自然主义风格流行的鼎盛时期，人们也创造出了风格化的花卉图案，许多设计受到了来自印度次大陆纺织品的影响。然而，为了符合浪漫主义的观念，设计出的图案往往是随意分布的树叶或树枝。此外，现实主义的植物和花卉图案有时也用作叶子和花瓣内部的装饰。同样生动逼真的珊瑚和小虫子图案也是设计师常用的设计来源。最经久不衰的内部装饰形状是“腰果花”，在波斯和克什米尔披肩纺织工人手中逐步发展起来，于1790年前后演变成其独特的锥形。这些披肩数量稀少却又极受追捧，约1805—1810年引发了欧洲的模仿风潮，由此在苏格兰佩斯利出现了专门制造披肩的产业。披肩上采用的异国情调花卉形式由此称为佩斯利花纹，后来又被称为开司米，这种图案成为欧洲设计师视觉语汇中的一个重要元素。特别是花纹中非写实的小枝（用作满地儿花纹）和饰边出现在许多重复图案的设计之中。在拿破仑帝国时期，非写实的埃及风格植物也用于装饰设计，但是除了开司米图案之外，在接下来的几十年里，花卉图案的持久影响都是现实主义风格，甚至受建筑风格影响的晚期帝政风格设计也因为这种图案变得更为柔和。

1

2

1 杜蒂耶（Dutillieu）和泰伊尔（Théileyre）1811年为凡尔赛宫设计的法国丝绸锦缎。不过锦缎上均衡分布的花朵都是用自然主义手法加以处理的。
2 J. 弗尔格（J. Foerg，德国人）1797年的版画设计图，由亨利·奥里（Henri Haury）负责刻制，德国罗杰巴齐的豪斯曼负责雕版印刷。从印度纺织品的图案中衍生出了这样的“腰果花”形式。
3 木刻板印花壁纸饰边，约1780—1810年出品。这一时期彩绘壁纸和纺织品的激增促进了以真实植物为基础的图案设计，题材广泛且独出心裁。
4 丝绸锦缎，法国生产，为奎里纳尔宫设计，罗马，1813年出品。纸莎草（映射拿破仑入侵埃及的战争）这类高度风格化的植物形式通常为奇异风格图案设计预留分区。

3

4

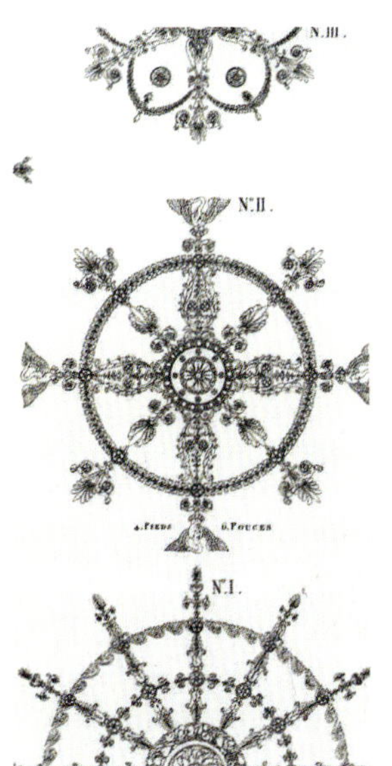

5

6

5 来自约瑟夫·伯纳《建筑装饰设计》中的圆花饰。图中风格化的花卉形式出现在了类似石膏装饰工艺的设计之中。即便如此，轻盈生动的触感仍然占了上风。
6 锦缎丝绸，Bissardon, Cousin & Bony公司专为凡尔赛宫设计，1812—1815年出品。像伯纳图册里的圆花饰一样，这些半自然主义风格的花卉形式参考了当时的石膏装饰工艺作品。

历史复兴时期

约1820—1900年

引论

19世纪的设计受到诸多影响，包括兼收并蓄的历史风格、工业革命带来的广泛变革以及展示各种设计趋势的国际博览会。1840年，H.W.阿罗史密斯（H.W.Arrowsmith）和A.阿罗史密斯（A.Arrowsmith）在《室内装潢师和画家指南》一书中写道："当今时代与其他时代的不同之处在于，没有一种风格可以真正称得上属于这个时代的特色。"当然，在历史上的这个时期，欧洲和美国设计师的设计风格已经越来越让人眼花缭乱，由此也可以从中吸取灵感来应对最新的时尚潮流。

消费者可以从一系列风格各异的物品中进行选择，从哥特复兴风格到现代希腊风格，从伊丽莎白风格到洛可可复兴风格，应有尽有。经由各种版画和出版物，历史上的各种设计资源被"洗劫"殆尽，为设计师带来灵感，从而服务于公众，而公众"病态地追求新奇，却罔顾内在的美德"（根据1849年《设计期刊》上的说法）。

对某些人来说，现有的选择太过混乱，让人抓不住头绪。作为回应，J.C.劳登（J.C.Loudon）的《农舍农场、别墅建筑和家具百科全书》（1833年）和美国人安德鲁·杰克逊·唐宁（Andrew Jackson Downing，1815—1852年）的《乡村住宅建筑》（1850年）等著作都发表了关于如何使用新风格以及用在何处也许更为合适的信息。例如，唐宁认为，伊丽莎白时代的风格是收藏家的理想选择，对于那些从欧洲旧世界搬到美国不久的人也是如此，因为他们希望新居能够让人回忆起自己留在欧洲的旧宅。

这两部著作中的家具都以厚重古典的风格为特色，劳登将其称为"希腊或现代风格"，还说这是"最流行的风格"。尽管有其他的选择，受古典作品启发的设计仍然在整整一个世纪的流行装饰中发挥着重要作用，一方面为消费者提供一系列坚固朴实的家具，另一方面又对古代或新古典主义的图案题材进行了精心的改造。

但风格多样化的趋势并不新鲜。18—19世纪早期的设计虽然以古典材料为主，但已经开始对更多样的文化历史产生更大的兴趣。在英国，哥特式图案于18世纪时曾一度流行，但一直是轻快的风格，几乎给人诙谐之感。到了19世纪，这种异想天开的哥特式风格逐渐被一种日益学术化的设计手法所取代。托马斯·里克曼（Thomas Rickman）出版的《英国建筑的建筑风格初探》（1817年）以及A.W.N.普金（A.W.N. Pugin，1812—1852年）发表的诸多作品和设计都赋予了哥特式风格一种严肃性和道德上的重要意义，吸引了欧洲和美国的高

左图：银质咖啡壶，来自一组茶和咖啡用具套系，美国马里兰州巴尔的摩的Samuel Kirk & Son公司约1850年生产。精致的花卉装饰、尖顶饰和壶的形式都是新洛可可风格。船和海滨小镇是美国餐具的流行主题。高36cm。

对页：1851年在伦敦特别建造的水晶宫举行了世界工业博览会，俗称"万国工业博览会"，其中就包括这座中世纪展厅，由颇具革新精神的哥特主义者A.W.N.普金设计，在此展出顶尖制造商生产的教会家具和民用家具。哥特复兴风格是19世纪欧美最具影响力的设计风格之一。

1 1860年为马蒂尔德公主设计的巴黎住宅，这个文艺复兴风格的室内装饰整合了丰富的色彩、古董和当代家具、奢华的装饰面料、古代金属制品和玻璃结合而成的浪漫风格，是15—16世纪的主要风格。

1

2

3

2 出自格里森（Gleason）1854年出版的《客厅图解手册》，典型的美国室内装饰主要是新洛可可风格。复杂的旋涡形装饰明确了家具和镜子的特色，家具和地毯覆盖着自然主义风格的花卉装饰。

3 希腊和罗马的古典风格在19世纪40年代仍然是设计师的主要保留手法。图中的美国室内装饰出自亚历山大·杰克逊·戴维斯（Alexander Jackson Davis，1803—1892年）之手，是约翰·考克斯·史蒂文斯宅邸的双客厅，表现出不折不扣的希腊复兴式风格。

尚人士。然而对许多人而言，崇尚这种风格仅仅是因为其如画的品质。

有些风格的采用是出于政治原因。19世纪20年代，英国贵族对18世纪40—50年代的法国设计非常迷恋，一般认为这种兴趣是由于对前波旁王朝和旧秩序的一种怀旧，因为旧秩序被法国大革命所推翻，又为拿破仑的帝国所取代。到了19世纪30—40年代，更大范围的公众开始接受这种风格，但不再是出于之前的怀旧意义，而是因为欣赏新洛可可风格本身奢华的外观，而且这种设计风格在装饰舒适的新家具时极为适用，比如弹簧软垫沙发。

装饰艺术风格也受到文学作品的启发。在英格兰和法国，伊丽莎白风格或游吟诗人风格在一定程度上受到流行小说的影响，这些小说将那个时期定义为骑士精神和崇高理想的时代。人们想要那些能够让人联想起“旧时代”浪漫情怀的物品。

对新奇事物的渴望也起到了一定的作用。各种形式的古典主义长期共存，一直持续到了19世纪，特别是在意大利。工业革命导致了中产阶级的增长，这些新富阶层的消费者要的是更多的选择，追求的是新奇，而设计师也乐于为他们提供产品。正如一位评论员在1849年提到一位棉布印花工时所说的那样：“他刚做出一百种图案，就又开始印刷其他图案。”各种各样的风格有助于满足这个快速增长又野心勃勃的市场，在这个市场中，装饰往往是美的代名词。

设计也受到了新技术的影响。应该记住，从19世纪30年代开始，物品生产的速度可以比以往任何时候都要快，而且在某些情况下，生产成本也要更低。传统的方法是富有的赞助人委托工匠制作一件物品，对极其富有的人来说，这种方法仍然可行，但大规模生产日益成为当时的主流。到19世纪40年代，壁纸、纺织品和金属加工行业都实现了一定程度的机械化。家具行业仍然采用手工制作，但现在有了新设备，可以进行薄饰面切割或粗加工雕刻。得益于铸铁或混凝纸等材料的发展，家具陈设的设计也可以得到快速复制。作为回应，制造商越来越注重寻求适合大量销售的设计，以证明大规模生产的合理性。这也是一个充满创新和试验的时期。由家具设计师迈克尔·索耐特（Michael Thonet，1796—1871年）和约翰·亨利·贝尔特尔（John Henry Belter，1804—1863年）开创的新技术，如木制品层压成型技术和蒸汽成型技术的发展，也为20世纪的家具生产奠定了基础。

设计风格也越来越国际化。革命和战争相继爆发，加上运输系统不断改善，全世界的工匠和设计师因此四处迁移，由此也促进了更广泛的思想交流。此外，19世纪初，国际展览的概念作为一种刺激贸易和设计的手段开始出现。1849年，国际展览原本计划分别在伯明翰和巴黎举行，但都未能吸引来自其他国家的参展商。不过在1851年，伦敦成为“水晶宫展览”的举办地。作为一个展示国际制造和设计作品的场合，“世界工业博览会”，即众所周知的“万国工业博览会”，让各个国家都看到了竞争对手的作品，也由此受到了新趋势的影响。在英国这样的国家，博览会为现有的设计教育提供了额外的动力，因为当时人们认为英国的制造业与法国等国的产出相比非常糟糕。在欧洲和美国，这一事件则开创了一种国际展览的趋势，风向将一直持续50年之久。后来举办的展览包括1853年的纽约世界博览会、1855年的巴黎世界工农业和艺术博览会、1862年的伦敦国际工业和艺术博览会、1867年的巴黎世界博览会、1873年的维也纳万国博览会、1876年的费城“美国独立百年”博览会和1878年的巴黎世界博览会。国际博览会还催生了一种新的物品，即展览作品。展品一般打造成富丽堂皇的风格，以此展示制造技巧和设计技巧，也经常使用创新的材料和工艺来达到引人注目的效果，不过设计通常也极为保守。

在19世纪30—40年代丰富多样的风格中，出现了一种严肃的复兴风格。1856年，欧文·琼斯（Owen Jones，1809—1874年）的《装饰语法》出版，随后，1887年海因里希·多尔梅奇（Heinrich Dolmetsch）出版了《装饰》一书。两者都是开创性的作品，试图指导设计师了解历史风格的真实本质，鼓励在更学术的意义上使用历史主题。在制造业中，玻璃和陶瓷工业也体现了这一倾向，越来越多的产品特征都是历史风格的再现，而这种对历史作品的重新创造往往需要使用精确的工艺来实现。

大规模生产也带来了一定的影响。机械化工艺的使用越来越普遍，威廉·莫里斯（Willam Morris，1834—1896年）等设计师因此放弃了工业设计，转而专注于工艺生产。这反过来又决定了之后工艺美术运动的开端，这一极具影响力的风格将在19世纪60年代出现。

历史风格在整个世纪中不断得到使用和重新创造。19世纪70年代，这场美学运动从18世纪的家具中找到了灵感，人们原本曾批评这一时期的家具过于贫乏或稀少。到1880年，奇彭代尔、赫伯怀特和谢拉顿等风格的家具，连同法国风格的“路易时代”家具和仿“文艺复兴风格”的家具，都成为家具销售商的必备产品。对于19世纪的消费者来说，多样化本身几乎就是一种时尚。

4 一些图书促进了复兴风格的发展，比如理查德·布里真斯（Richard Bridgen）的《带有枝状大烛台的家具和室内装饰》。此书于1838年在伦敦出版第二版，插图中的家具设计在许多方面体现了伊丽莎白时代的品位。

4

家具・哥特复兴风格家具

建筑的影响

1

2

1 18世纪50年代，霍勒斯・沃波尔将其位于特威克纳姆的草莓山庄别墅装饰成哥特式风格。这种装饰方法一直流行到19世纪。“画廊”天花板窗饰借鉴了伦敦威斯敏斯特大教堂中亨利七世礼拜堂的窗饰。

2 19世纪20年代存在着多种家具设计和装饰风格，哥特式风格是其中的一种。图中四柱床的设计发表于1826年。顶饰部位装饰着风格化的叶子，柱子上雕刻着四叶式图案，这些元素的灵感都来源于中世纪的建筑风格。

3

3 普金在1851年万国工业博览会的中世纪展厅中展出了这个橱柜。该橱柜虽然采用雕刻装饰，但风格淡雅朴素，严格按照历史原型打造。

4

4 精致的哥特式风格作品是1851年万国工业博览会的一大特点。奥地利的Leistler & Son公司展出了这个巨大的橡树书柜，该设计看起来像唱诗班的席位，是送给维多利亚女王的礼物。

英国的哥特式风格源于18世纪的设计和霍勒斯・沃波尔等鉴赏家的影响。沃波尔的草莓山庄别墅，其装饰和家具都属于哥特式风格。这种风格本质上偏于肤浅，把中世纪建筑风格的细节融入现代家具的造型中，因其装饰性和浪漫性的气质而受到赞赏，在19世纪前25年一直保留着一定的威望。时尚杂志的特写和对古文物主题越来越多的关注激发了民众对哥特式风格的热情，人们开始将其视为英国的民族风格。1834年的大火之后，查尔斯・巴里爵士（Sir Charles Barry）的新威斯敏斯特宫最终选择用这种风格来设计，正是其地位的有力证明。

哥特式风格常使用建筑特色，比如卷叶形凸雕、尖拱和尖塔，由橡木和其他深色木材雕刻而成。这些设计新颖奇特，曾给A.W.N.普金留下深刻印象，他评论道：“一个人……待在现代哥特式的房间里，如果能从其繁琐的细节中全身而退，那么他可以认为自己幸运至极。”

在欧洲，到了19世纪40年代，法国哥特复兴风格经由尤金・维奥莱特-勒-杜克（Eugène Viollet-le-Duc，1814—1879年）的作品呈现出一种新的特征。出于对哥特式家具和建筑的学术性理解，他出版了一系列极具影响力的作品，包括《法国家具词典》（1858—1875年）。

在美国，多种出版物推动了哥特式风格的发展，比如罗伯特・康纳（Robert Conner）的《橱柜制作师的助手》（1842年）一书以及安德鲁・杰克逊・唐宁的著述（1815—1852年）。唐宁与建筑师亚历山大・杰克逊・戴维斯（1803—1892年）一起合作，后者为诸多新式豪宅设计了哥特式风格的家具装饰。

英国设计师A.W.N.普金引领了一种日益严肃的风格，最终取代了新颖奇特的哥特式风格。普金的设计借鉴了现存的哥特式家具和中世纪建筑木工的原则，在英国和欧洲被广泛模仿。

家具的形式

1 19世纪20年代，温莎城堡的餐厅配了一套新椅子，由年轻的普金设计，采用的是乔治-哥特式风格。椅背的镀金紫檀木饰面根据15世纪的窗饰而设计。普金在他后期的出版作品中批评了这种类型的设计。高1m。

2 约1840年的法国祈祷椅，设计成适合跪着祈祷的样式，雕刻着各种哥特式图案，包括连拱饰和三叶式装饰。椅背上画有模仿拉斐尔作品的《圣母与圣婴》。高81cm。

3 这种椅背上装饰着花饰窗格的椅子在法国被称为“大教堂椅”。这件作品是对哥特式风格的浪漫化再现，卷叶形凸雕和尖塔使其呈现出尖形的轮廓。

4 1864年设计的哥特式扶手椅，灵感源自普金发表的家具设计。该作品以雕花橡木制作，用织锦制成装饰华丽的软垫，反映出19世纪20年代后普金的风格变得更为严肃。高1.12m。

1 2 3 4

5

5 维多利亚中期的哥特复兴风格橡木制图书馆书桌，依靠构架而不是装饰来实现效果。该作品体现了普金提出的“外显的构架”，标志着哥特复兴风格一个新的重要特征，图中的椅子也体现了这一点。普金出版的著作在英国、欧洲和美国都极具影响力。他的作品为工艺美术运动奠定了基础，启发了威廉·伯吉斯（William Burges，1827—1881年）、B.J. 塔尔伯特（B.J. Talbert，1838—1881年）和查尔斯·洛克·伊斯特莱克（Charles Locke Eastlake，1836—1906年）等设计师。桌长1.53m，椅高1m。

伊丽莎白复兴风格家具

面向浪漫主义者的新奇家具

1 转动立柱是伊丽莎白复兴风格家具的一大特点。图中椅子的设计可能出自理查德·布里真斯之手，约1815年由乔治·布洛克的工作坊用彩绘橡木制成，细节部分经过镀金处理，椅背上方装饰着纹章顶饰。高90cm。

2 到19世纪40年代，伊丽莎白风格已经变得更为精致。图中椅子上的雕刻和旋转装饰为此处座位和椅背上的新柏林绒绣工艺提供了完美的框架。高1.01m。

3 这种类型的椅子被称为斯科特或阿博茨福德椅。其特点是高椅背和旋转式立柱。图中的椅子于1844年专为白金汉宫的斯科特避暑公馆而设计。

4 阿德莱德女王的卧室，位于德文郡曼黑德，安东尼·斯蒂文（Anthony Salvin，1799 — 1881年）1830年的设计。整套家具由橡木制成，配有切割和雕刻装饰。旋转式沙发腿和弯曲横档的灵感来源于17世纪后期的家具设计。

沃尔特·斯科特爵士（Sir Walter Scott）的历史演义小说与拿破仑战争之后日益高涨的民族主义情绪，都是促使英国设计师在19世纪20年代后采用伊丽莎白风格的重要原因。由于缺乏详细的历史知识，设计师并不清楚伊丽莎白风格设计的本质，因此他们从与17世纪有关的同时代家具中借用图案。这种丰富的混合创造出了诸多新奇的设计，如纽带装饰、阿拉伯风格的花饰、螺旋状装饰以及精致的雕刻。提倡伊丽莎白风格的乔治·菲尔德斯（George Fildes）1844年曾坦言："就糟糕的品位而言，没有哪一种风格……比伊丽莎白风格塑造的作品更致命。"

橡木、胡桃木等材料被认为是制作伊丽莎白风格家具最适合的材料，但制造师热衷于使用最新的技术和材料来创造更为新奇的作品。这种时尚也刺激了对古物真品和修复古董家具的需求。镶板和雕刻图案等历史上传下来的家具部件也被用来制作新家具。

当时可供制作者使用的出版物也激发了人们对伊丽莎白风格的兴趣。亨利·肖（Henry Shaw）的《古代家具样本》一书于1836年出版，1866年再版，列举了许多伊丽莎白风格的设计。理查德·布里真斯1838年出版的《带有枝状大烛台的家具和室内装饰》带有大量设计图模板，其中很多内容都用图例解释了装饰图案如何能与现代的家具类型相适应。

在美国，由于获得了安德鲁·杰克逊·唐宁著作的支持，伊丽莎白风格找到了新的崇拜者。看到古老的英式宅邸"古香古色、美丽如画"，唐宁十分欣喜，指出这些建筑中的"家具和其他设施的雕刻工艺不同寻常"，他沉醉于这些建筑的"浪漫和骑士精神"。唐宁特别推荐客厅和起居室也采用这种装饰风格。

法国的游吟诗人风格相当于伊丽莎白复兴风格，主要采用哥特式风格图案，但同样也受到骑士精神和历史演义小说的启发。

5

6

5 19世纪30年代查莱克特公园的餐厅，伊丽莎白风格。17世纪风格的橡木椅子装上了红色立绒的软垫。

6 纽约的消防员1850年呈送给歌手珍妮·林德（Jenny Lind）的书柜。该作品用时尚红木制造，混合了伊丽莎白风格和文艺复兴风格的图案，在兼容并蓄方面达到了新的高度。高1.01m。

7

8

7 16—17世纪木制品的原始部件(包括壁炉上的饰架和橡木地板)以一种富于创造性的方式组合在一起，制成了这个书架，巧妙地结合了雕塑和浅浮雕工艺，配以螺旋式扭转设计和细木镶嵌装饰木板。高2.59m。

8 1851年伦敦举办的万国工业博览会上展出了数件伊丽莎白风格的家具。伊丽莎白风格常用来装饰新型家具，比如图中埃拉尔（Erard）设计的钢琴。雕刻壁柱、纽带装饰和凸嵌线装饰结合在一起，实现了最佳的效果。

新文艺复兴风格家具

回归16世纪的文艺复兴

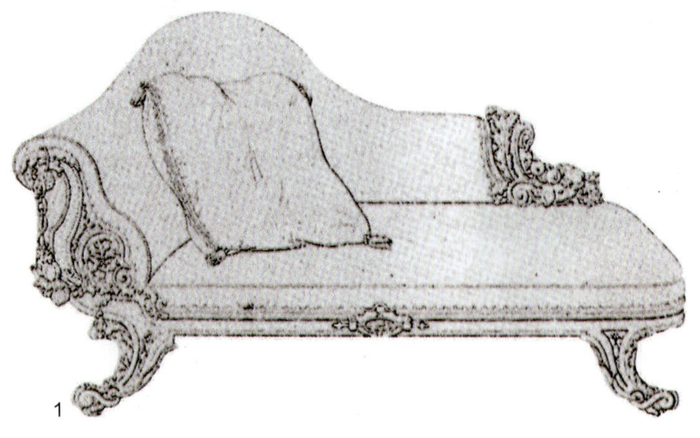

1 文艺复兴风格被应用于沙发等物品形式的设计中。图中1847年的设计图包括立体的水果雕刻图案、树叶和奇异风格的动物头像。

2 到1851年万国工业博览会召开时，美国制造商已经完全擅长于这种新的风格。图中约1857年设计的斯坦威大钢琴镶嵌着紫檀木装饰，可能是纽约制造商赫特兄弟（Herter Brothers）或亚历山大·鲁（Alexander Roux）制造的。该作品表明雕刻工艺在实现文艺复兴风格的效果方面极为重要。长2.49m。

3 法国制造商迅速采用了亨利二世风格。图中1851年的展览餐具柜显示了该风格所有主要的特点：人像、纽带装饰、凸嵌线装饰和精美的雕刻，所有这些元素都以严格的建筑型框架结构结合在一起。餐具柜由胡桃木制成。

19世纪40年代，人们对16世纪意大利的文学、艺术和建筑越来越感兴趣。批评家再度称之为“文艺复兴”，这种风格也开始给美国和欧洲的家具制造商带来启发。到伦敦1851年举办万国工业博览会时，几乎每一个国家都推出了这种风格的作品。随后的国际博览会更是将其推广为一种普遍重要的风格，文艺复兴风格的图案也经由这一时期图文并茂的产品目录得到了普及。

新文艺复兴风格家具根源于建筑和雕塑，主要特点包括断山花、深雕饰面、实用的涡卷饰和半裸的人像。制造师使用青铜、大理石、象牙、胡桃木、乌木、红木等材料来达到奢华的效果。维多利亚女王委托制作的皇家摇篮正是这种风格的杰出代表。这件作品由W.G.罗杰斯（W.G. Rogers，1825—1873年）用黄杨木雕刻而成，看起来像一个巨大的箱子或卡索奈长箱。

欧洲大陆的新文艺复兴风格带有民族色彩，尤其是在统一前的意大利和德国。该风格与意大利美第奇家族和中世纪末日耳曼民族曾经的辉煌有着密切联系，在意大利象牙镶嵌的乌木家具和德国带雕刻的深色木材制品中都得到了体现。在法国，这一风格被称为“亨利二世”风格。在修复枫丹白露宫（1860年）等皇家宫殿时，就订购了诸多新文艺复兴风格家具，这些家具设施的规模极为可观，都由纪尧姆·高仪（Guillaume Grohé）提供。

在美国，这一风格于19世纪50年代得到了唐宁的推荐。1876年，继费城举办的“美国独立百年”博览会之后，复兴风格迸发出了新的力量。和欧洲一样，美国文艺复兴风格的重点已经发生了变化。椅子和柜子都装饰着一排排旋转式小栏柱，门和镶板上则饰以精致的象牙镶嵌或雕刻，再镀上金线。橱柜和壁炉上的饰架都设计了壁龛和架子，用来放置越来越多的装饰品。由此也导致后来复兴风格被古德哈特·伦达尔（Goodhart Rendal）讽刺为“支架和壁炉上的饰架风格”。各种“自由文艺复兴”风格一直流行到了20世纪。

4

4 艾伯特王子对意大利风格非常痴迷，体现在W.G.罗杰斯设计的皇家摇篮中。该设计受文艺复兴时期墓葬雕刻和嫁妆箱制作工艺的影响，反映了文艺复兴风格家具设施更加严肃的特点。

5 J.B.华林（J.B.Waring）1862年设计的大衣橱，有一个断山花装饰，配以半裸的人像，中央有一个椭圆形装饰框。建筑式外形配上奢华的雕刻装饰是典型的文艺复兴风格。

5

6

6 Holland & Sons公司将壁炉架和书柜结合在一起，加了一些壁龛用来放置装饰品。浅层的雕刻与壁柱上丰富的浮雕形成了鲜明对比。

7 19世纪60—70年代，文艺复兴风格出现了细微的改良。雕刻图案变得更浅、更为克制。图中是在纽约制作的沙发，其巧妙的椭圆形装饰框图案就是很好的证明。长1.73m。

8 图中的床来自一整套文艺复兴风格的卧室家具，由密歇根州的Berkey & Gay Furniture 公司制造。高2.5m。

9 文艺复兴风格在19世纪70—80年代被工艺美术运动风格和唯美主义运动风格所取代。这件带有象牙镶嵌装饰的紫檀柜由斯蒂芬·韦伯（Stephen Webb）于约1885—1890年设计，Collinson & Lock公司制作。高1.98m。

7

8

9

洛可可复兴风格家具

旧式法国风格

1 路易斯·怀亚特（Lewis Wyatt, 1777—1853年）于19世纪20年代设计了塔顿公园的客厅。客厅的椅子和沙发都是“路易”复兴风格，采用了做工精致的弧形腿、C形和S形旋涡形装饰，配上贝壳图案和镀金装饰。

2 托马斯·金1840年设计的“旧式法国风格”沙发，其框架采用的是洛可可风格的旋涡形曲线。金的设计使用镀金来覆盖其结构和木质部分，用最低的成本来实现最炫丽的效果。

3 装饰性橱柜的制作对于家具设计师来说是一项重要技能。图中19世纪50年代的纽约橱柜用红木雕刻制成，采用带镜子的镶板，柜子顶部是厚实的洛可可风格椭圆形涡卷饰。

在1789年爆发的法国大革命之后，法国的许多古董家具被运到了英国。到了19世纪20年代，与路易十四和路易十五相关的风格开始流行起来。最初的风格现在称为洛可可风格，其特点为使用旋涡形装饰、自然主义元素和不对称设计，使用异域木材和镀金工艺。模仿这一风格的人用多种名称为其命名，比如“旧式法国风格”和“华丽意大利风格”。这种风格得到了各种样式图集的支持，如托马斯·金（Thomas King）的《现代风格的橱柜作品典例》，该书于19世纪40—70年代多次重印。金指出：“只有最大胆的旋涡形装饰才需要使用雕刻工艺。”其余的设计则主要是靠结构成型，再加上涂料和镀金，生产实惠的制品。但是也有价值不菲的家具，例如路易十四御用家具工匠安德烈·夏尔·布勒设计的奢华仿古家具。布勒因擅长制作复杂的金属镶嵌家具和高质量的18世纪法国家具仿制品而闻名。

到了1850年左右，家具的外形主要都是华丽的C形和S形旋涡状。新的“路易”风格虽然没有18世纪的洛可可风格那样强调不对称，但也欣然接受了镀金和镶嵌工艺、绘画装饰以及自然主义元素。另外，这种风格也重视家具制品的舒适度。到19世纪50年代，“旧式法国风格”已经与新的家具装饰技术相结合，生产的家具反映了更偏向轻松自在的设计趋势。洛可可风格因其柔美的特点，被视为客厅和化妆间装饰设计的理想选择。

许多评论家厌恶洛可可风格，认为其质量低劣，但这种风格仍然很受欢迎。在美国，约翰·亨利·贝尔特尔推崇洛可可风格，他设计的层压板红木家具将新技术和高品质的雕刻工艺结合在一起。

随着英格兰文艺复兴风格的发展，新洛可可风格在法国也越来越受欢迎，特别是在第二帝国成立伊始，帝国建筑中的家具和镶板都带有旋涡形装饰，处处体现出洛可可风格的韵味。

19世纪60—70年代，越来越多人着迷于精确复制18世纪的法国家具，往往使用最好的材料和工艺。到了20世纪第一个10年，许多住宅的家具设施都采用了洛可可风格，只是更为精美，对历史风格的模仿也更为精确。

4　5

4 轻巧的“飞翔”客厅椅，由建筑师菲利普·哈德维克（Philip Harwick）1834年为金匠礼堂设计，W.&C.Wilkinson公司制作。图中雕刻的榉木椅子加了白色涂漆和镀金。高83.5cm。

5 气球背椅子是“旧式法国风格”最成功的设计之一，一直到20世纪都出现在家具产品目录中。图中约1860年出品的法国风格椅子由乌木制成，椅背和座面是软垫。高88cm。

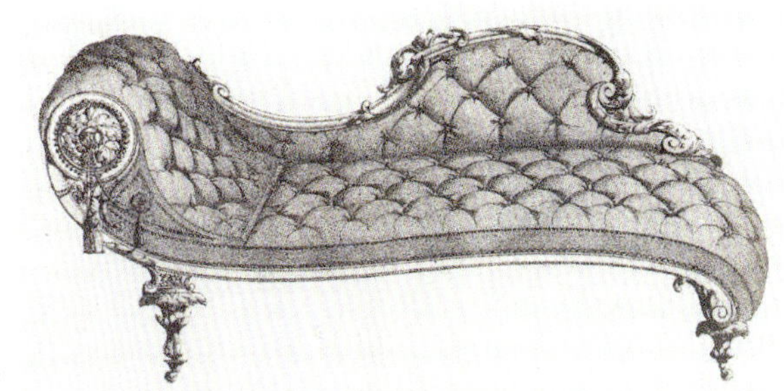
6

7

8

6 图中客厅沙发的曲线造型体现了自然主义风格和洛可可风格的融合。1830年后软垫弹簧的引入以及深钉纽工艺的使用让家具的舒适度达到了一个新的高度。

7 Howard & Son公司制作的橱柜曾在万国工业博览会中展出。标志着“园艺学派”（评论家沃纳姆1851年造的贬义词）达到了鼎盛时期。基本的洛可可风格外形装饰着鲜花和水果的雕刻图案，支撑柱上装饰着倒置的莨菪叶。镜子嵌入表面加以固定，以此加强效果。

8 亨利·戴森（Henri Dasson，1825—1896年）1870年复制的路易十四纪念章收藏橱。法国设计师擅长精确地复制古董家具。这个柜橱由西阿拉黄檀木、郁金香木和红色大理石制成，底座是仿金铜箔。高91cm。

9 到了19世纪90年代，时尚的客厅使用了更轻快的路易风格。图中是伦敦的室内设计，沙发和椅子是镀金的路易风格，旁边的屏风是洛可可风格。

9

展览家具

展示才华的机会

1 这幅版画作品展示了1851年伦敦万国工业博览会美国厅的情景。此次博览会为全世界的制造商提供了展示自己产品和了解其他国家产品的机会。

2 Jackson & Graham公司为1855年的巴黎世界工农业和艺术博览会设计的大型橱柜，40多个工匠参与了其制作过程。陶瓷饰板来自明顿瓷器厂，加入了一种新型的时尚平面镜。高4.3m。

3 Wright & Mansfield公司为1867年的巴黎世界博览会制作了这件橱柜，是早期亚当复兴风格的作品，由椴木制成，装饰着韦奇伍德陶器厂设计的镶板和镀金工艺的雕木。高3.37m。

1849年在巴黎举行的那种国内展览会很快就被更宏大的项目取代。1851年伦敦举办的万国工业博览会和1853年的纽约世界博览会一样，开启了国际博览会的新篇章，并持续了半个多世纪。博览会很受欢迎，为世界各地的家具制造商提供了展示自己设计和制造天分的机会。博览会总是配备带插图的纪念刊物，让尽可能多的人可以接触到新的风格、工艺和创新作品。这种展览被看作是面向全世界的橱窗。

为了应对展览，制造商会专门生产华丽的作品，意在吸引观众的眼球或是提高企业的知名度。展览作品通常比普通家用家具尺寸要大，用的材料和人工成本也比一般生产的家具要高。

从各个方面来讲，展览家具（像时尚服装一样）提供了尝试新风格和新理念的机会。1862年举办的伦敦国际工业和艺术博览会让全世界首次看到了Morris，Marshall，Faulkner等公司的作品，这些公司很快在工艺美术运动中成为领军企业。1867年的巴黎世界博览会展出了伦敦制造商Wright & Mansfield公司的作品，表明18世纪罗伯特·亚当的新古典主义风格开始了复兴之路。

这些博览会通过19世纪发现的各种新材料和新技术来揭示制造业的发展历程。与此同时，这类展览也表现出一种古怪癖好，乐于向人们展示家具如何适应日常生活，解决一系列的问题。比如，在1862年举办的伦敦国际工业和艺术博览会上展示的多功能桌子可以变成床架，软垫脚踏（一种凳子）同时也是煤斗，钢琴可供4人同时弹奏。这些展品和展出的其他许多设计一样，反映了19世纪人们追求新奇事物和创新精神的热情，而这种热情终将给设计带来影响和改革。

4 纽约詹姆斯·皮尔森（James Pirsson）设计的专利双钢琴，可一端坐两人，同时供4人弹奏。创新性是国际展览作品设计的重要特征。

5 詹姆斯·希斯（James Heath）设计的浴室椅，采用了软垫扶手椅的形式，加上雕刻和彩绘打造出华丽的洛可可风格。车轮的设计让使用者能够推着自己在房间里独立活动。

6 这款太师椅或扶手椅由都柏林的A.J.琼斯（A.J.Jones）制作，在1851年的万国工业博览会上展出。该作品旨在说明爱尔兰的历史，椅背上装饰着古代战士的图案，扶手采用猎狼犬的形式。

7 展览家具常采用奢华的工艺。图中带彩绘和镀金装饰的茶几由皇家装饰商George Morant &Sons公司设计，在1851年的万国工业博览会中展出。三足底座上有3只天鹅装饰，中心支柱上的雕刻装饰着灯芯草图案。桌子实物高74cm。

8 都柏林格兰顿公司制作的棋桌，在1851年的万国工业博览会上展出。桌上装饰着十字军东征中的主要人物，用象牙雕刻而成，出自一位伦敦工匠之手。

9 伦敦Faudel & Phillips公司制作的国葬床，于1851年的万国工业博览会上展出。该作品有着精心制作的绣花床头和帷幔。

10 Cowley & James公司设计和展出的黄铜枝形吊灯，轻巧优雅的设计为客厅营造出如梦似幻的氛围。

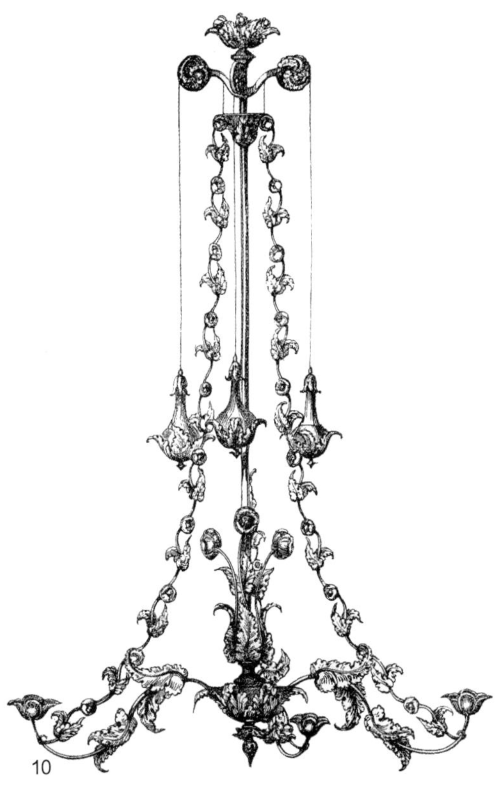

工艺与材料

雕刻

1

2

3

1 精致的雕刻是19世纪中叶许多家具的一大特点。图中的作品出自沃维克的威廉·库克之手，1853年制成，装饰着实物一般大小的猎物和狩猎的战利品。

2 T.B.乔丹（T.B.Jordan）的专利木雕机器模型，这种机器是为了满足不断扩大的雕刻装饰市场的需求，正是复兴风格促进了这一需求的增长。

3 1851年万国工业博览会上展出的屏风，由乔丹的专利木雕机器（上图)生产。雕刻机器用来制作重复的图案和装饰，由机器勾勒出形状，抛光则由手工完成。

19世纪，家具贸易在方方面面都出现了创新。新的材料和工艺使家具制造进入了一段试验时期。家具制造商努力满足公众对新颖设计的不断需求。

雕刻设计在19世纪早期出现了复兴，部分原因是出于人们对伊丽莎白风格和哥特式家具的需要。雕刻大师包括伦敦的W.G.罗杰斯、纽卡斯尔的杰拉德·罗宾逊（Gerrard Robinson）以及沃维克的T.H.肯德尔（T.H.Kendal）和威廉·库克（William Cooke）。这些大师大部分的雕刻作品都用来装饰19世纪中叶时尚的大餐具柜和橱柜，诉说着某些故事。

对雕刻的需求促进了雕刻机器的开发。1844—1848年，雕刻机器获得了至少5项专利。机器利用蒸汽勾勒出伊丽莎白风格的镂空椅背或者装饰线条的轮廓。尽管这降低了对熟练技术工人的需求，由此也减少了家具制造成本，但抛光还是需要依靠手工完成。19世纪30年代引进了一种新型的由蒸汽机切割出的饰面，比手工制造的要更薄。有了这种机器之后，在制造家具时更能节约昂贵的木材。软木上镶嵌的新饰面即便是用在最便宜的木头上，看起来也给人奢华之感。因此，“饰面技术”一词开始成为粗制滥造的同义词。

19世纪20年代开发了一种使用饰面的新方法，称为“横纹马赛克”或坦布里奇制品（以其生产地，肯特的坦布里奇韦尔斯命名 ），带有这种装饰的物品在19世纪40—70年代都特别流行。这种工艺将成千上万根细小的彩色硬木棒组合成许多小块，用来匹配方格纸上画出的装饰性图案。多根小棒粘在一起和锯断的薄板一起镶嵌在箱子、茶叶盒和其他小物件上，由此打造出色彩鲜艳的装饰面。

美国家具制造商约翰·亨利·贝尔特尔把层层薄木板粘在一起，制成胶合板或层压板。每一层木材的纹理

1 饰面切割机发明之后，使用昂贵木材时可以更为节省。图中是1878年出品的办公和游戏两用桌，松木框架上装饰着胡桃木和青龙木饰面。高71cm。

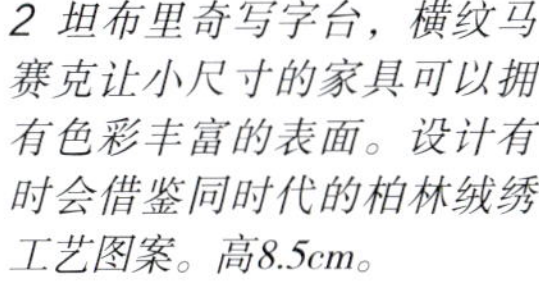

2 坦布里奇写字台，横纹马赛克让小尺寸的家具可以拥有色彩丰富的表面。设计有时会借鉴同时代的柏林绒绣工艺图案。高8.5cm。

3 迈克尔·索耐特设计的红木桌子，曾在万国工业博览会上展出，该作品采用了其具有开创性的蒸汽热弯成型工艺。带镶嵌装饰的桌面升高后，可见半圆形的贮藏隔间。

4 混凝纸是生产重复性装饰图案的经济手段。图中是普金19世纪40年代设计的上议院会议厅王座，查尔斯·比勒费尔德（Charles Bielefeld）为华盖设计了混凝纸细节装饰。

5 混凝纸是制作陈设架等轻巧家具最理想的材料。图中的架子绘有哥特式遗址的场景，装饰着用透明釉彩轻微着色的珍珠贝壳。高1.37m。

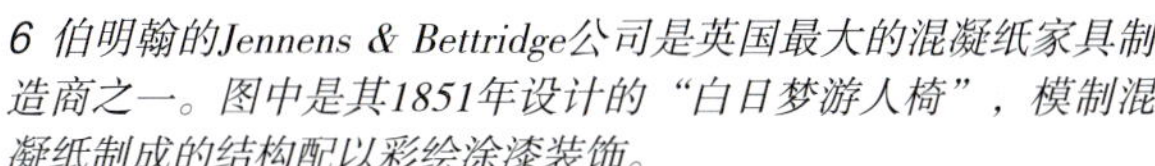

6 伯明翰的Jennens & Bettridge公司是英国最大的混凝纸家具制造商之一。图中是其1851年设计的“白日梦游人椅”，模制混凝纸制成的结构配以彩绘涂漆装饰。

7 混凝纸易碎，因此很少用来制作尺寸大的家具。图中1850年设计的床架、床脚和床头板用混凝纸制成，床框用铁制成，上了颜色。宽1.6m。

宝石、金属和新材料

1 塞缪尔·伯利（Samuel Birley）1862年设计的英国大理石镶嵌桌面复制了意大利工艺。文艺复兴风格的圆形装饰周围点缀着自然主义风格的花朵。

2 有些设计师使用画石板模仿昂贵的大理石桌面。图中约1845年设计的桌子装饰着用清漆绘出的鲜花和珍奇鸟类，四周环绕着洛可可风格的叶子。直径1.06m。

3 斯特灵郡的卡伦钢铁厂1846年制作的花园椅，显示出铸铁设计的精湛工艺。哥特式风格和洛可可风格的图案结合形成框架。铸铁设计制品生产周期往往较长，图中的产品直到19世纪90年代仍在生产。宽1.63m。

4 生产铸铁是为了模仿各种材料。图中的椅子由查尔斯·格林（Charles Green）设计，马斯博罗炉箅公司制造，其复制的原型本来是木制品。这是一件完整的深钉纽工艺软垫椅，配以精心的上色来模仿真品。高1.27m。

方向与上一层的相反，这样的材料极其牢固。随后将层压板放在模具中蒸，让其呈现优雅的弯曲形状，轻巧而又强韧。这些材料往往用于生产奢华的洛可可复兴风格家具，贝尔特尔将这样的家具称为“阿拉伯篮子”。

在奥地利，迈克尔·索耐特使用了类似的蒸制技术来处理坚硬的山毛榉木或红木棒。木材弯曲成各种新奇的形状，再组装制作成颇具创意的廉价家具。因采用扁平包装方便运输，索耐特设计的家具远销至世界各地。

19世纪，混凝纸等材料有了新的用途。混凝纸诞生于17世纪，要么是将潮湿纸层放入模具中在炉中烘干而成，要么是通过机器将木浆注入模具而成。晾干的混凝纸板可以制成家具，通常使用木制或金属框架增加其牢固性。表面用彩绘或珍珠贝壳加以装饰。伯明翰的Jennens & Bettridge公司在这个领域很有名气。

19世纪40—50年代，在英国曾红极一时的大理石镶嵌家具更为昂贵。这种家具的制造主要集中在生产大理石和晶石的德比郡和德文郡。家具设计师模仿意大利硬石镶板，用镶嵌的花卉和风格化图案来装饰桌面。不久后，伦敦的E.G.马格努斯（E.G.Magnus）等设计师开始采用彩绘石板来模仿这种做法，价格更为便宜。

金属家具在整个19世纪都很受欢迎。铸铁常常要上色，好让外表看起来像石头或木头，用来制作大厅家具、花园座椅和床。这种材料耐用又卫生，工艺的改进意味着到19世纪50年代，整件家具可以一次铸造而成。19世纪30年代，开始用铁和铜来制作床架，在19世纪接下来的时间里这也成为惯例。金属管材和弹簧也是创新设计的一大特色，19世纪50年代，美国和英国设计师用这种材料生产了极其简单的摇椅。

5

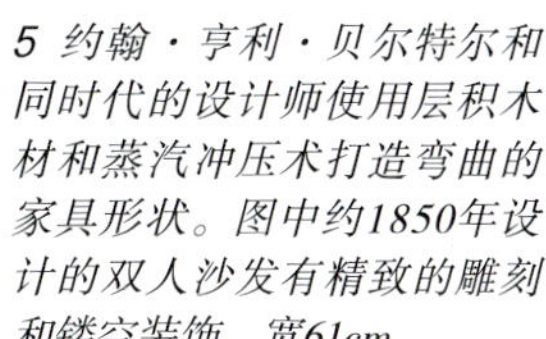

5 约翰·亨利·贝尔特尔和同时代的设计师使用层积木材和蒸汽冲压术打造弯曲的家具形状。图中约1850年设计的双人沙发有精致的雕刻和镂空装饰。宽61cm。

6 纽约的美国椅子制造公司1851年在万国工业博览会上展出了具有创新性的向心弹簧椅，引起了很大轰动。铸铁制成的洛可可风格装饰和精致的上色面遮盖了巨大的弹簧，椅子可以斜倚或倾斜。

6

7

7 19世纪中叶设计的一大特点是创造性地使用金属材料。新泽西特伦顿的彼得·库珀（Peter Cooper）根据英国的原型设计了这把椅子。上色的黄铜带构成了作品简单的造型，模仿了玳瑁的花纹。

8 图中的餐具柜模仿了木雕的新时尚，由杜仲胶制作而成，这种材料源于木头的汁液。但杜仲胶使用时容易碎裂，因此很快就被弃而不用。

8

9 伯明翰的温菲尔德公司制作了这件铁铜床架。床柱使用了新的金属挤压系统来拉长装饰性的立柱，和普通的立柱制作一样简单又便宜。

10 维也纳的基茨切尔特公司在1851年万国工业博览会上展出了这件洛可可风格的管状金属家具。该公司也生产空心铸锌家具，这种材料发明于19世纪30年代。

9

10

陶瓷制品·英国陶瓷

外来影响和历史启发

1 1820—1840年，科尔波特瓷器厂和同时代的其他瓷器生产了基于18世纪德国原型的洛可可复兴风格瓷器，设计精美。这件约1830年制作的干花瓶展示了制作花卉图案和花艺装饰方面的工艺。高28cm。

2 罗金厄姆瓷器厂约1830年为威廉四世制作了这件带盖花瓶。这件洛可可风格的杰作采用了镀金、瓷釉工艺和自然主义装饰图案。高98cm。

3 石膏模浇注工艺的炻器水罐和茶壶经常饰以时髦的哥特式风格图案。英国汉利镇的查尔斯·米（Charles Meigh）于1846年制作了这件约克大教堂水壶。高20cm。

1 2 3

4

5

4 普金为明顿瓷器厂设计了一系列哥特式风格陶瓷，包括采用琉璃瓦工艺的餐具和瓷砖。图中是一个明顿面包盘，约1849年出品。直径接近33cm。

5 18世纪广为流行的伊特鲁里亚风格红色陶器在19世纪40—50年代得到复兴。在1851年万国工业博览会上，托马斯·巴特姆（Thomas Battam）重建了伊特鲁里亚风格的坟墓来展示这种风格的瓷器。高接近36.5cm。

欧洲大陆陶瓷和历史复兴风格在塑造英国陶瓷设计风格的过程中发挥了重要作用。19世纪20—40年代，迈森瓷器厂等18世纪德国制造商的洛可可风格给科尔波特瓷器厂和罗金厄姆瓷器厂带来了启发。这些工厂制作的瓷器带有大量模制花朵图案和洛可可旋涡式设计，配以工艺精细的镀金和瓷釉，成为一种新的流行趋势，很快就在法国得到效仿。

哥特式风格也影响了陶瓷生产。19世纪40年代的炻器壶经常带有诸如连拱饰或花饰窗格这样的细节，通常是模制装饰。设计师A.W.N.普金在为明顿瓷器厂设计瓷砖和餐具时，将历史复兴风格的精确性融入设计风格之中。从留存的中世纪装饰艺术中获得灵感，采用古老的琉璃瓦工艺制作了大量宝石色瓷器。伍斯特瓷器厂也生产了这样的瓷器。

随着19世纪的发展，人们对文艺复兴时期的陶瓷制品越来越感兴趣。到了19世纪50年代，明顿瓷器厂已经在生产亨利二世时期风格陶器，即在搪瓷制作中仿效法国文艺复兴时期的嵌花陶器。明顿瓷器厂继续聘用艾尔弗雷德·史蒂文斯（Alfred Stevens，1817—1875年）来设计仿效16世纪的镀锡陶器产品。

明顿瓷器厂最令人印象深刻的产品可能是马略尔卡陶器，由法国人莱昂·阿尔努（Léon Arnoux，1816—1902年）开发，采用浮雕造型的装饰图案，以绚丽的半透明釉面着色。尽管一开始只是模仿文艺复兴时期伯纳德·帕利西制作的陶瓷，但这类瓷器很快就加入了新时代的主题，如为1862年伦敦国际工业和艺术博览会设计的巨型喷泉。韦奇伍德陶器厂等其他竞争厂家也开始生产这样的马略尔卡陶器，一直持续到20世纪40年代。

19世纪50年代，18世纪的塞夫尔瓷器开始复兴，科尔波特瓷器厂等开始模仿塞夫尔瓷器丰富的色彩、原创的外形和珐琅装饰设计。

新技术的使用为历史风格的复兴提供了助力。法国引进了明顿瓷器厂马可-路易·索伦（Marc-Louis Solon，1835—1913年）开发的瓷浆堆叠工艺，科普兰瓷器厂则制出了白色无釉的巴黎安瓷瓷偶。

6

7

6 明顿瓷器厂大量带边框的彩绘图案模仿了法国文艺复兴风格的嵌花陶器。陶器制品作为“亨利二世时期风格”陶器推向市场，即现在的“圣波谢尔彩陶”。这件陶罐曾在1862年伦敦国际工业和艺术博览会上展出。高40cm。

7 艾尔弗雷德·史蒂文斯是一位卓越的建筑师和设计师，作品主要是文艺复兴时期风格。他为明顿瓷器厂创作了各种作品来仿效意大利文艺复兴时期的锡釉陶器，包括这件1864年制成的双耳细颈椭圆形花瓶。高接近42.5cm。

8 明顿瓷器厂将其生产的这种多色釉陶器称为“马略尔卡陶器”。这种工艺在1851年的万国工业博览会中首次展出，用于制作多种陶器，如这对基座形状的陶鼓，约1875年出品。高46cm。

9 科尔波特瓷器厂约1850年生产的花瓶，设计基于法国的塞夫尔瓷器。重现了塞夫尔瓷器原本的色彩以及效仿18世纪画家弗朗索瓦·布歇画作的釉彩瓷板。

8

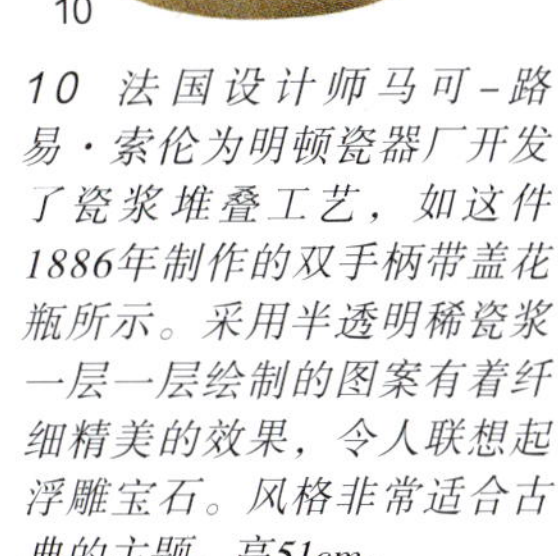

10

9

10 法国设计师马可-路易·索伦为明顿瓷器厂开发了瓷浆堆叠工艺，如这件1886年制作的双手柄带盖花瓶所示。采用半透明稀瓷浆一层一层绘制的图案有着纤细精美的效果，令人联想起浮雕宝石。风格非常适合古典的主题。高51cm。

11 科普兰瓷器厂1877年生产的米兰达巴黎安瓷瓷偶，人物来自莎士比亚的戏剧。巴黎安瓷是一种纯白色的素烧瓷，看起来像大理石。从19世纪40年代以来，巴黎安瓷就用来制作流行雕像的小型版本。巴黎安瓷延续了这一时期人们对古典主义风格瓷器的兴趣，受到广泛效仿。高39cm。

11

法国陶瓷

风格的复兴与技术的创新

1 哥特式风格的装饰艺术也出现在日常用品的设计中，如图中的茶具套装，约制作于1840年。这套瓷器外观是传统风格，用釉彩绘以哥特式风格的图案。

2 在加利福尼亚州利摩日制造的热茶器，也叫小夜灯，约1830—1840年制作，采用以建筑细节为基础的哥特式装饰，给整体设计带来了活力。中央的酒精灯点燃时可以照亮镂空的窗户和侧边装饰。高1.26m。

3 1845年制作的塞夫尔罗马钟，表明设计师越来越倾向于将文艺复兴时期的形式与哥特式细节结合起来。装饰的珐琅小徽章、历史场景和模拟雪花石膏雕刻的设计都显示了瓷器厂出色的工艺水准。

拿破仑时代之后，法国瓷器的制作模仿精品油画，大量使用多彩的瓷釉，其严谨的风格广受赞赏。装饰主题来自中世纪法国历史或文艺复兴时期，但比例仍属于帝政风格。

19世纪30年代，由于洛可可复兴风格开始影响陶瓷设计，法国瓷器的风格也发生了变化。雅各布·皮特（Jacob Petit，1796—1868年）的瓷器厂等开始制作模仿18世纪原型的瓷器，在瓷器上设计各种奇思妙想的装饰图案，利用珐琅、模制花朵图案和镀金设计，以一种幽默夸张的方式效仿历史风格。皮特的瓷器厂很快被久负盛名的塞夫尔瓷器厂超越，后者以一种富于创造性的严肃感复兴了历史风格。应欧仁妮皇后的要求，塞夫尔瓷器厂忠实重现了18世纪瓷器的原始外形和颜色，而洛可可风格的新设计则力求超越其历史原型。

19世纪中叶是塞夫尔瓷器厂的创新时期。19世纪50—60年代，工厂经过试验开发了瓷浆堆叠工艺，后来在英国的明顿瓷器厂得到发展。通过在底色上用细刷绘以一层一层的稀瓷浆，形成半透明的装饰图案，类似浮雕宝石工艺，这种技术用于再现古典主义和文艺复兴时期的设计。这一时期还流行庞培风格的花瓶，体现了装饰艺术对历史风格和皇室品位的持续兴趣。

利摩日的普伊亚瓷器厂生产不带装饰图案的瓷器。工厂采用一种称为“普伊亚白瓷”的精致白瓷制作雕塑风格的瓷器展品，表现了19世纪人们对自然主义的热爱，这种趋势已经体现在同时代的银器设计中。

19世纪60年代，陶瓷生产越来越注重对历史风格进行一丝不苟的模仿。法国各地的瓷器厂和工匠都开始重新制作文艺复兴时期陶匠伯纳德·帕利西的作品，包括图尔瓷器厂的夏尔·阿维索（Charles Avisseau）和C.J.朗代（C.J. Landais），以及巴尔比泽的巴黎工厂。这些制作商将历史主义和自然主义加以混合，创造性地为伯纳德·帕利西作品中表面装饰的植物和水陆两生动物图案赋予了异国情调。

4　5　6

6 塞夫尔瓷器厂在19世纪60年代开发了瓷浆堆叠工艺。花瓶图案由J.热利（J.Gély）绘制，是卢浮宫中一个16世纪无色水晶花瓶的仿制品。高18cm。

7 仿金铜带盖花瓶一对，1869年在塞夫尔瓷器厂制作，在淡紫色底色上使用了瓷浆堆叠工艺。

8 雅各布·皮特的瓷器厂以一种夸张的手法将18世纪的原型用到瓷器制作中。这款香水瓶融合了雕塑式花朵设计和镂空的瓷器设计，底座是镀金的洛可可风格旋涡形装饰图案。

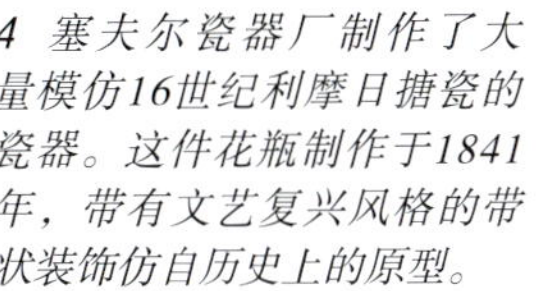

4 塞夫尔瓷器厂制作了大量模仿16世纪利摩日搪瓷的瓷器。这件花瓶制作于1841年，带有文艺复兴风格的带状装饰仿自历史上的原型。

5 庞培古迹风格的装饰主题得到广泛运用，如为拿破仑王子宅邸设计的瓷器。塞夫尔瓷器厂在素坯瓷器上绘以亚光色图案，得以在图中阿德莱德花瓶的设计中重现庞培古迹风格。乐华（Leloy）设计的作品，制作于1852年。

7

8

9　10

9 利摩日的普伊亚瓷器厂生产了一种纯白色陶瓷坯体，称为“普伊亚白瓷”。图中的瓷器于1855年由雕塑家保罗·科莫拉（Paul Comolera）专门为1855年的巴黎世界工农业和艺术博览会设计而成，中央的装饰图案体现了19世纪人们对大自然的兴趣。高接近69cm。

10 出于对文艺复兴风格的兴趣，瓷器工匠开始模仿16世纪法国人伯纳德·帕利西的作品。这件餐盘在涂有厚釉面的陶器上采用高浮雕设计，将民族历史主义与自然主义结合起来。图尔瓷器厂的C.J.朗代约1885年制作。直径53.5cm。

其他欧洲国家或地区及美国陶瓷

欧洲陶器

1　　2

1 许多工厂仍然继续生产帝政风格的瓷器。意大利多西亚瓷器厂以其珐琅装饰工艺闻名，经常模仿历史上大师级画家的画作。图中的瓷器就是范例，采用镀金边框，中间图案是彼得·保罗·鲁本斯自画像的微缩图。

2 维也纳瓷器厂约1834年制造的瓷托盘，表明这一时期人们对细致入微的珐琅色绘画兴趣不断。边饰采用蚀刻鎏金工艺，灵感来自新古典主义。直径29cm。

3

4

5

3 E.N. 诺伊吕特（E.N. Neureuther，1806—1882年）为宁芬堡瓷器厂设计的大水罐，结合了中世纪风格的图案和自然主义的细节，如叶子和人物。这些瓷器曾在1851年伦敦万国工业博览会上展览。

4 洛可可风格的瓷桌，迈森瓷器厂1853年制造，饰以手工制作的鸟类和鲜花装饰。历史复兴风格的瓷器在整个欧洲广受欢迎，巴伐利亚的路德维希二世有一整个房间都装饰着洛可可风格的迈森瓷器。

5 佛罗伦萨的托雷利瓷器厂采用意大利文艺复兴时期的设计，于1875年制作了这件瓷盘。主体装饰设计对16世纪风格的奇异风格图案进行了富有创意的解读。

美国陶瓷制品

1

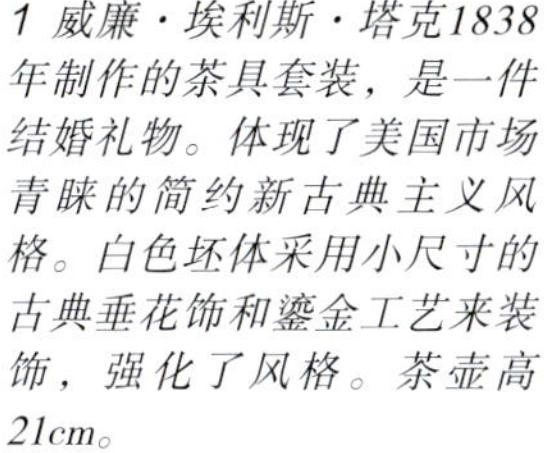

2

1 威廉·埃利斯·塔克1838年制作的茶具套装，是一件结婚礼物。体现了美国市场青睐的简约新古典主义风格。白色坯体采用小尺寸的古典垂花饰和鎏金工艺来装饰，强化了风格。茶壶高21cm。

2 19世纪20—30年代塔克在美国发展了硬质瓷器的生产。图中是1828年制作的瓷罐，这类外形模仿了帝政风格的瓷器原型，常饰以珐琅色花朵图案或自然风景图案。高接近24cm。

3 艾萨克·布鲁姆（Isaac Broome）设计的棒球花瓶，将月桂花环图案这样的古典主题与现代服饰中的人像相结合。这个工艺精美的巴黎安瓷花瓶由Ott & Brewer公司为1876年的费城“美国独立百年”博览会制作。高81cm。

3

4 1876年为“联邦百年瓷器制品展览会”制作的花瓶，带有水牛头这样的美国主题，由德裔设计师卡尔·米勒（Karl Mueller）设计。花瓶饰以模制浮雕式饰带，展示了美国历史的进程。高56.5cm。

4

5 19世纪80年代，Ott & Brewer公司生产了以爱尔兰贝尔里克瓷器厂命名的釉彩巴黎安瓷制品。图中的瓷盘带有彩色自然图案装饰。巴黎安瓷工艺可能是经由英国科普兰瓷器厂的前雇员约翰·哈里森（John Harrison）带到美国。

5

拿破仑战争之后欧洲一片混乱，许多欧洲工厂处于无序状态。接下来的几年中，一部分瓷器厂倒闭，还有一些公司为了生计被迫生产工业制品。留存下来的瓷器厂都坚持采用旧式风格和时尚。

意大利的多西亚瓷器厂以及德国、奥地利和俄罗斯的诸多工厂继续制作帝政风格的产品，饰以大量镀金的边框和精细的珐琅色图案。到了19世纪40年代，宁芬堡瓷器厂这样的德国工厂已经开始制作哥特式和文艺复兴风格的瓷器，模仿16—17世纪的炻器。不过，洛可可风格的复兴为许多公司注入了活力。在迈森瓷器厂，工匠们直接借用以前的模具来实现新的理念，开始模仿18世纪的瓷器模型。除了瓷偶之外，他们还生产瓷器家具，如桌子和镜子，镶有模仿洛可可风格制作的花朵装饰和效仿16—17世纪炻器的旋涡形设计。其他富有创造性的设计包括佛罗伦萨的托雷利瓷器厂模仿文艺复兴风格制作的锡釉陶餐具和西班牙埃斯科费特瓷器厂出产的虹彩陶制品。

美国的陶瓷工业面临着一系列的问题。来自英国的进口陶瓷价格便宜，竞争激烈，美国内战又打断了陶瓷行业的发展，直到19世纪60年代都是如此。在此期间，进口英国陶瓷和欧洲手工艺人给瓷器的外形设计带来了很大影响，历史复兴风格开始盛行。尽管如此，仍然还有人在努力尝试生产瓷器，最有名的是威廉·埃利斯·塔克（William Ellis Tucker），他大约于1825年在费城建立了一家瓷器厂。针对稍低端市场的则是佛蒙特州本宁顿市的芬顿瓷器厂，制作了大量棕色罗金厄姆釉面的实用型陶器。

像欧洲一样，巴黎安瓷也于19世纪中期在美国流行开来。从19世纪70年代起，Ott & Brewer等公司已经开始生产大规模的陶瓷制品。该公司成立于1871年，聘请专业雕塑家来制作最负盛名的作品。1876年在费城举办的“美国独立百年”博览会中，这家公司还与史密斯联合瓷器制品公司（Smith's Union Porcelain Works）一起，展出了各种饰有美国主题图案的瓷器，让公众惊异叹服。

玻璃制品·英国玻璃

雕花玻璃和新技术

1 19世纪40年代的玻璃酒瓶，其切割工艺受到了哥特式风格的影响，在斯陶尔布里奇制作。14世纪的窗饰图案是曲线玻璃切割的灵感来源，对角线图案模仿了窗户的铅框。

2 F.&C. Osler公司为1851年的伦敦万国工业博览会设计了这个喷泉，结合了雕花玻璃和压制玻璃工艺。F. & C. Osler公司是这一领域的领军企业，专门设计制作大型玻璃制品和精细的轻型配件，如煤气吊灯。

3和4 斯陶尔布里奇地区的工匠理查德森使用精细的珐琅彩绘装饰这些乳白色花瓶，约1850年制成。这个时期的彩绘工艺经常是从陶瓷风格中借鉴而得，偶尔是由同一批技工来制作。植物形状的图案在这个时期尤其受欢迎。高（两者）30.5cm。

5 伯明翰George Bacchus & Sons玻璃厂制作的波希米亚式套色玻璃。这只玻璃酒杯制作于1850年，表面的方格图案用的是全切割工艺。

尽管历史复兴风格非常重要，但是华丽的雕花玻璃工艺仍然保留了19世纪英式设计的品位。雕花玻璃设计在1800年已经颇受欢迎，风格华丽而又富于创新，许多人将其视为英国对世界玻璃制造工业最重要的贡献。这种风格偶尔也会失宠，比如在19世纪60年代，简洁的切割风格更为流行。但是，在18世纪80年代，玻璃雕花工艺经历了彻底改造，精致程度也达到了更高的水平。尽管评论家约翰·拉斯金（John Ruskin，1819—1900年）将其描述为一种“野蛮的”风格，但英国设计的雕花玻璃是国际博览会中不可或缺的元素。例如，1851年伦敦万国工业博览会的中心装饰物就是伯明翰F.&C.Osler公司制作的雕花玻璃喷泉，高约6.1m。

设计师也采用雕刻、上釉和转印工艺来设计复兴风格的作品。水壶和玻璃酒瓶上可以添加薄刻或蚀刻的装饰品来增加古典的感觉，乳白色不透明的玻璃器皿则通过上釉和转印技术变成希腊式的瓮或洛可可风格的奇幻风格作品。

1845年玻璃制造税废除时，爱尔兰玻璃工业（已免除税收）举步维艰，而英国工匠的试验性工作却变得更为自由。越来越多的公司开始在本土制作波希米亚式套料玻璃和闪光玻璃的仿制品，这些产品因其丰富的色彩和新颖的工艺变得大受欢迎。

19世纪60年代，人们越来越倾向于寻求更地道的方式来重现历史风格。在其后的几十年里，斯陶尔布里奇地区的韦布工厂等制造商制出了罗马风格的多彩浮雕宝石玻璃杯，用在文艺复兴时期和古典时期的设计之中。同时，各种风格的发展表明玻璃、切割、雕刻和抛光工艺都可以用来再现文艺复兴风格和东方水晶石的美丽。

工业玻璃的生产也取得了进展。在美国玻璃制造业发展之后，英国在19世纪30年代开始制造压制玻璃，起初在英国中部，后来发展到英国东北部。为了遮盖模具遗留下的欠美观线条，设计师们要么模仿雕花玻璃，要么设计出新的蕾丝形图案。

6

7

6 设计师亨利·科尔（Henry Cole，1808—1882年）因为反对雕花玻璃工艺选择给这个喇叭形玻璃水壶上釉。装饰图案基于芦苇和水培花卉，这种设计适合船形玻璃器皿使用。

7 由于19世纪80年代雕花玻璃的复兴，器皿的装饰设计都是华丽的磨光刻花风格。这款甜食碟约1880年由斯陶尔布里奇地区的Stevens & Williams玻璃厂制造，使用了各种切割工艺风格，成品才拥有这种钻石般的光芒。

8

9

8 水晶石雕刻的器皿装饰风格多种多样，包括流行的文艺复兴时期装饰元素。波希米亚移民威廉·弗里切（William Fritsche，约1853—1924年）大约在1880年为斯陶尔布里奇地区的Thomas Webb & Sons玻璃厂雕刻了这个水壶。高25cm。

9 英国很快采用了压制玻璃技术。直到19世纪80年代，英国东北部的工厂都在生产各种颜色和风格的装饰性和功能性玻璃制品，例如这个使用模具压制的黄油碟，盖茨黑德的George Davidson & Co.公司约1885年制造。高11cm。

其他欧洲国家或地区及美国玻璃

欧洲的创新

1

2

1 弗里德里希·埃格曼发明了一种宝石玻璃制作工艺，即将不同颜色的不透明玻璃混合在一起，仿制玛瑙等宝石。比如图中约1830—1840年制作的有盖水罐，使用宽平面切割工艺作为装饰以凸显其纹理。高9cm。

2 德国的玻璃工匠弗兰茨·保罗·扎克制作了精美的波希米亚风格雕刻作品。这只高脚杯制于1855年，其上有古典风格的带状装饰穿过蓝色玻璃层。

3

4

波希米亚的玻璃工匠在19世纪上半叶对欧洲产生了重大影响，以其色彩绚丽的套料玻璃或套色玻璃以及细致的轮雕和上釉工艺闻名于世。他们设计的文艺复兴和巴洛克风格制品被法国和德国的玻璃工匠竞相模仿。弗兰兹·保罗·扎克（Franz Paul Zach，1818—1881年）等设计师将这一传统延续到19世纪50年代，并对其进行调整以适应复兴的古典风格。

波希米亚也是技术创新方面的重镇，特别是在彩色玻璃领域。弗里德里希·埃格曼在1832年发明了一种艳红色染色玻璃制作工艺。1830年左右，他又开发出了一种“宝石玻璃”制作工艺，这种不透明玻璃仿造出了半宝石的表面，令人惊叹。

法国很快成为一个日渐重要的新设计中心。巴卡拉玻璃厂的新产品作为庄重古典装饰设计的基础元素充分发挥了作用，例如有着纯净清新色调的乳白玻璃。这家工厂和圣路易斯与克利希的工厂还轻松开发出了千花玻璃镇纸制作工艺。千花玻璃是一种古老的玻璃制造工艺，如今也由于有了新的用途而得到复兴（见p.240）。

3 许多欧洲制造商都生产半透明的乳白玻璃。图中的波希米亚风格玻璃制品显示了各种可用的颜色种类，1830—1840年制成。

4 红宝石色饰面花瓶和盖子，可以看出上面的哥特式风格装饰，比如三叶式装饰，1850年在波希米亚制造。从该作品可以看出波希米亚玻璃器皿细节的品质。高64cm。

5

5 这个大口乳白玻璃水壶的形状来源于古典风格，法国制造。设计中的自由主义元素受到了洛可可风格的启发，如缠绕在手柄上的蛇形图案和环绕在壶身的贝壳状边缘。

1 19世纪的压制玻璃收藏品，底色既有黄色，也有在美国称为蔓越莓色的红粉色。

2 这件作品顶端的装饰物是一个美洲印第安人，动作源自《向西！》，James Gillinder & Sons玻璃厂制作。环绕杯身的鹿也是围绕同一个主题。高29cm。

3 这个玻璃酒瓶由位于宾夕法尼亚州怀特米尔斯的多夫林格玻璃公司制作，外形简洁，雕刻着叶形装饰。高29cm，直径（底座）7.5cm。

4 这款厚重雕花的玻璃酒瓶由多夫林格玻璃公司在1876年生产，是19世纪末期雕花玻璃复兴的典型作品。深层切割凸显了装饰过的酒瓶表面。玻璃酒瓶高41.5cm。

真正的历史复兴风格在19世纪60年代的意大利正式登上中心舞台。在这里，Venice & Murano玻璃公司（最初由安东尼·奥塞维提大约在1859年创立，称为Salviati 公司）振兴了16—17世纪的威尼斯式玻璃设计。工艺师使用彩色玻璃和掐丝雕琢玻璃制作产品，创造性地再现了历史上的玻璃材料，在历史复兴时期的市场上大受欢迎。

在大西洋另一边，美国的玻璃设计受到整个欧式玻璃制品风格的影响。例如新英格兰玻璃公司等玻璃制造商还在进口波希米亚玻璃，一边效仿一边对它赞不绝口。英式雕花玻璃得到了广泛认同，到处都在制作这类产品。在19世纪80年代，美国雕花玻璃制品的比例比其他任何时期都要高。

19世纪早期，历史风格在美国不太受重视，因为使用玻璃雕花工艺不能制作出令人满意的历史风格制品。然而，在19世纪20年代，由于压制玻璃的生产技术取得了发展，新形式开始崭露头角。起初，人们用这种早期进行批量生产的方法来模仿玻璃雕花工匠华丽的雕花技艺，但不久之后，极具创造性的模具制造工匠将所有新哥特式风格和新洛可可风格的装饰都用来设计别出心裁的压制玻璃制品。这些设计很快就有了与之相配的独特美式装饰图案，比如鹰和旗帜。到了19世纪40年代，美国取得的进展已经影响了全世界玻璃的生产。由于美国玻璃的出口非常成功，波希米亚玻璃工匠越来越担心自己会因为玻璃制造业的这一黑马而黯然失色。

19世纪70年代生产出了一种新的装饰玻璃，通常称为“玛丽·格雷戈里玻璃”，据说是以一名在Boston & Sandwich玻璃公司工作过的玻璃装饰师命名的。虽然这种器皿的发展历史和发明者不详，但是其风格（将唯美主义运动中的人物和风景细节用上釉工艺绘制在有色玻璃上）非常明确。该工艺用于最昂贵的多彩浮雕宝石玻璃杯，产品出口到世界各地，包括装饰性花瓶、水罐、纪念品和其他纪念性玻璃制品。

工艺与材料

玻璃雕花工艺和蚀刻工艺

1

2

1 全世界都在效仿英式雕花玻璃。从这个视角观察伯明翰F.&C. Osler公司的陈列室，可以看出该公司经营的玻璃制品种类，约1860年。产品包括枝形吊灯和精致带光泽的雕花玻璃。

2 巴卡拉玻璃厂在1883年制作的玻璃扶手椅，使用了玻璃雕花和压制工艺，可能是为一位印度王子而设计的。玻璃家具通常受到文艺复兴风格形式的启发。高1.2m。

19世纪制造的玻璃制品主要通过制作方法而不是风格来区分。例如，像玻璃切割这种工艺很少能够用于新洛可可风格设计的流线型外形上。相反，雕花玻璃的设计师开发出了自己不同于历史风格的装饰图案。然而，那些希望再现复兴风格的工匠则得以利用越来越多的表面装饰工艺，比如雕刻工艺和上釉工艺。

在20世纪下半叶，制造商重点关注的焦点是如何复兴历史上的一系列玻璃制造工艺。设计师需要更精确地再现历史设计，而这些工艺（包括浮雕玻璃和水晶玻璃）可以满足他们的需求。

制作雕花玻璃首先要在器皿上标出印迹，再用V形轮对装饰图案进行粗加工，然后在铜轮或砂岩上对这些粗制装饰进行切割和精加工。经轮盘抛光或在氢氟酸中浸没后，制品才算完成。切割图案包括扇形、凹槽、火焰形和菱形。在1876年的费城“美国独立百年”博览会之后，通过引进精巧的针轮和几何图案，雕花玻璃被赋予了新的活力。这种工艺在欧洲也非常受欢迎。

压制工艺被开发出来后成为仿制雕花玻璃的廉价手法。在美国的工厂，每件制品的制作过程都有两名操作工同时参与。一个将熔融的玻璃嵌入金属模具中，而另一个负责激发活塞将玻璃压入模具。19世纪60年代之后引进了蒸汽机械化。压入模具成型工艺对全球玻璃制造工业来说至关重要，设计师们用它来试验各种不同的装饰设计和形式。

19世纪，许多历史风格的玻璃制作工艺得到复兴。乳白玻璃是一种半透明玻璃，17世纪在意大利的慕拉诺岛首次制出，通过向玻璃混合物中加入经煅烧的骨灰而制成。19世纪20年代巴卡拉玻璃厂在法国复兴了乳白玻璃，在其中添加金属氧化物来形成色彩。玻璃的颜色从柔和的色调到深蓝色或珊瑚色，应有尽有。单个的玻璃制品通常模仿瓷器或古希腊陶器使用镀金或彩绘工艺。不带装饰图案的玻璃制品则使用古典风格的形式。

玻璃如果太薄，不能在轮盘上雕刻，就可以使用酸蚀刻工艺。在添加装饰图案前，先用蜡这种耐酸物质覆

3 英国摄政时期的玻璃工匠通过轮盘切割的方式制出了一系列图案，以不同方式混合用于不同设计中，在整个19世纪都有影响力。图中是一个雕花玻璃水壶，约1820年制成。高20cm。

4 东方的碗具是19世纪70年代一些新水晶石制品的灵感来源。这件作品由约翰·诺斯伍德（John Northwood）设计，1884年制作完成，展现了先后通过雕花工艺和抛光工艺达成的波状表面。高12.5cm。

3

4

5 在这个未完成的作品中，可以看出在浮雕玻璃花瓶上切割装饰的过程，可能出自约翰·诺斯伍德的工作室，约1875年制成。暗区表示上层缺失的部分。有时用酸来加速清除过程。

6 J.T. 费尔第（J.T. Fereday）1884年设计的这个浮雕玻璃花瓶上使用了文艺复兴风格的图案。分层后再切割玻璃来实现琥珀色和白色的对比。高18.5cm。

7 斯陶尔布里奇地区的Stevens & Williams玻璃厂用酸蚀刻工艺制作了他们的“苏格拉底之死”花瓶，约1865年制成。古典主题在19世纪中期很流行，玻璃工匠受到了希腊花瓶的启发。高30cm。

8 机器用于加速蚀刻玻璃装饰过程，这项工艺在高脚杯上装饰环形和旋涡形图案时很有用，在19世纪60年代非常流行。

9 波希米亚的工匠引入了铜轮雕刻的复兴潮流。这个带盖花瓶上的精美场景效仿的是早期绘画大师的画作，由奥古斯特·伯姆（August Bohm）在1840年制作，花瓶上的场景来自勒布伦在卢浮宫的画作《亚历山大击败波斯人》。

5

6

7

8

9

1 套色和镀银玻璃工艺是由伦敦的E. Varnish公司在19世纪40年代开发的。将玻璃吹入浇注有镀银溶液的空腔中，表面使用切割工艺或雕花工艺，常常上有色彩，闪闪发光。高23cm。

2 巴卡拉玻璃厂使用了淡雅色调的乳白玻璃，因其瓷器般的抛光工艺获得大众称赞。与这套约1865年制作的玻璃器皿一样，19世纪60年代的玻璃制品经常装饰有希腊图案和古典风格的形式。

3和4 受波希米亚风格启发的玻璃器皿采用了各种工艺，包括上色、染色、雕花和上釉。因其闪耀的色彩和精致的细节，在19世纪40—60年代很受欢迎。

盖玻璃表面，然后在蜡制表面上切割出图案，再将整个制品浸入酸中，使酸一点点浸入没有蜡保护的区域。到19世纪50年代，英国工匠开始为带镂空图案的模板申请专利，这些模板可用于绘制抗蚀图案。19世纪70年代，约翰·诺斯伍德发明了一种使用模板来制出几何图案的机器。

千花玻璃工艺是在透明玻璃中嵌入片状的彩色茎秆（见p.27）。16世纪的威尼斯和19世纪40年代的巴卡拉玻璃厂等法国工厂都使用这种工艺来制作镇纸，在斯陶尔布里奇地区该工艺则用来制作玻璃、香水瓶和水壶。

出于对威尼斯玻璃制品的兴趣，人们重新引入了裂纹玻璃（在美国称为过厚玻璃）。该工艺要求将热的吹制玻璃浸入冷水中，有裂纹的玻璃重新加热时，会保留带有裂纹的冰块一样的表面。这种玻璃由阿普斯利·柏拉特的公司在19世纪50年代展出，被称为盎格鲁·威尼斯玻璃。

整个欧洲和美国都在仿制波希米亚玻璃。其中有一种叫闪光玻璃，需要先将透明玻璃容器浸入不同颜色的熔融玻璃中，再切割外层玻璃来凸显与下层的对比。

19世纪70年代见证了浮雕玻璃杯的复兴。这种工艺曾由古罗马人使用，从罗马出土的16世纪波特兰花瓶可以看出，该工艺与维多利亚时期的工艺类似。方法是使用杯形铸造，即吹制彩色玻璃的外层，放置在模具中，再将新的有色玻璃对比层吹入内部，然后将两层玻璃加热直至融合。这种玻璃比贴色玻璃厚，玻璃外表面雕刻有浮雕装饰，将底层显露出来。

制作工匠将雕花工艺和抛光工艺结合起来模拟中世纪和东方的水晶石雕刻工艺，该工艺在19世纪70年代发明出来，表面的抛光有类似于水的感觉，适用于海洋主题古典风格、文艺复兴风格和日本艺术的仿制品制作中。后来又应用了压模成型工艺来加快加工过程。

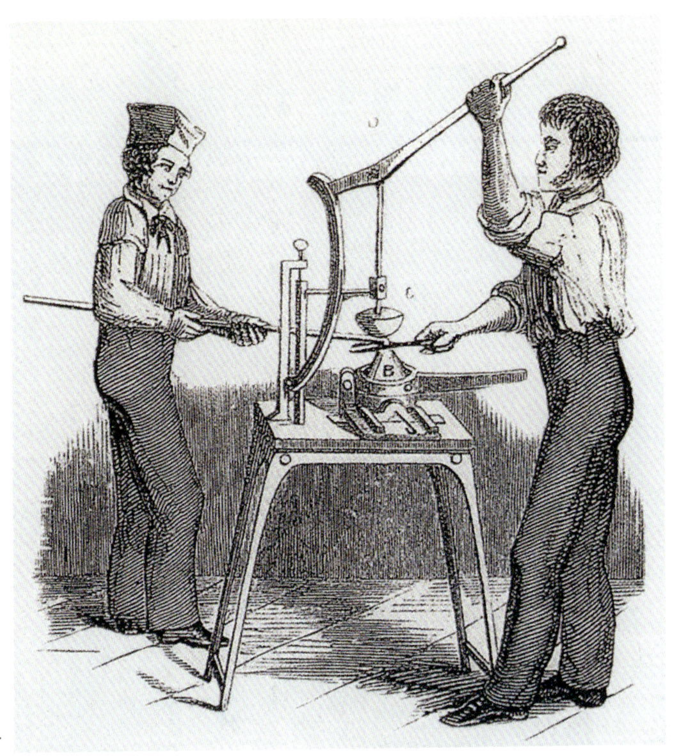

4

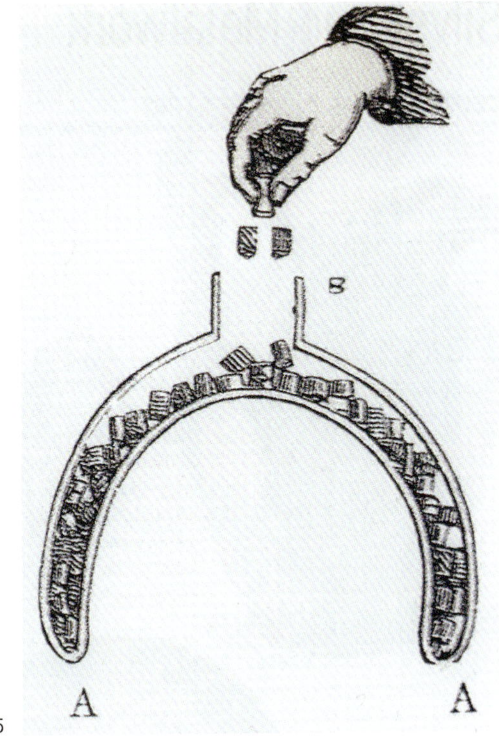

5

4 工人们两人一组制作压制玻璃。在这张同时代的插图中，熔融玻璃在柱塞将其压成型之前就被放到模具之中。

5 图中金属成型装置的功能是将小块的彩色玻璃棒放置到透明玻璃中。将彩色玻璃块按图案排列，然后将其拉伸，制成玻璃棒，用于制作使用千花玻璃工艺的镇纸。

6

7

8

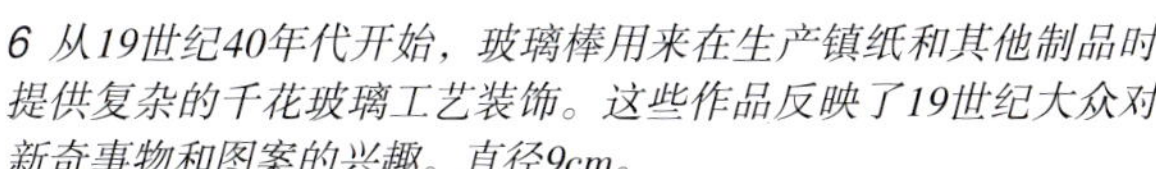

6 从19世纪40年代开始，玻璃棒用来在生产镇纸和其他制品时提供复杂的千花玻璃工艺装饰。这些作品反映了19世纪大众对新奇事物和图案的兴趣。直径9cm。

7 鲜明的模具线经常破坏压制制品的外观。为了掩盖瑕疵，模具工匠努力设计出全覆盖的装饰品。这个水壶和高脚杯是展示他们技艺的范例。高脚杯高14.5cm。

8 法国巴卡拉玻璃厂将压铸成型工艺与蚀刻工艺相结合，为富人制造出高质量的玻璃制品，如这件1876年制成的冰桶，采用罗马式场景作为装饰。高18cm。

银制品和其他金属制品

旧式风格的启示

1 纽约制造的大水罐，扎尔蒙·博斯特威克（Zalmon Bostwick，于1845—1852年工作）约1845年制作，模仿了英国的炻器水罐。与陶瓷材质的原版一样，容器的两侧带有哥特式建筑风格的装饰元素。高27.5cm。

2 伯明翰的约翰·哈德曼在19世纪40年代制作了普金设计的诸多金属器具。图中的浮雕与雕刻装饰在釉彩、镀金与半宝石的衬托下更显出色。酒杯高26cm。

3 法国Froment-Meurice公司为万国工业博览会制作了这些文艺复兴风格的器物。杯子由金银制成，珐琅涂层上有宗教题材的场景。

欧洲的银匠对19世纪风尚品位的变化应对得十分迅速。该世纪前半叶，不断拓展的市场上出现了模仿洛可可风格、哥特式风格、古典主义风格与文艺复兴风格的银器。大众品位开始青睐越发精确的历史风格仿品，国际博览会则开始陈列著名的中心装饰品。

摄政王宫廷大力推广的洛可可风格是19世纪20年代英国银匠创作中的重要部分。在《奈特的花瓶与装饰品》（约1833年）等图书的推动下，制造商生产出了各种各样受洛可可风格影响的物品，有些直接仿制了朱斯特-奥雷勒·梅索尼耶等18世纪设计师的版画。最终结果是将变形的自然主义风格植物或贝类形式融入餐具设计中，或是用在风格奇特的日常覆盖性装饰用品（如壁纸、地毯等——译者注）中，后者往往带有大量C形或S形旋涡形图案。在美国，人们从样式图集和商品目录中接受了这种风格品位。但批评家们对此却表示反感，认为即使是一个从未受过专门训练的工匠也能从各式各样的图案题材中制成一些东西。

新哥特式风格植根于19世纪早期的风尚品位。到19世纪40年代，倡导者分成了两派：一派着眼于建筑细节，将它们融入日常形状中；另一派走的则是考古学路线。A.W.N.普金属于后一派，他与伯明翰金属工匠约翰·哈德曼（John Hardman）协作，依照中世纪的规矩准则来设计各种物品。

到1850年，文艺复兴风格风靡世界。J.B.J.克拉格曼（J.B.J. Klagmann，1810—1867年）等欧洲大陆设计师以及包括安托万·费希特（Antoine Vechte，1799—1868年）在内的工匠都是这种风格主要的倡导者。人们对浮雕装饰与乌银镶嵌的兴趣日益浓厚，后者是一种文艺复兴时期得到完善的镶嵌技术。

新技术的开发影响了银器制作。蒸汽驱动的机器如今可以生产出成型的器皿，大规模生产也指日可待。19世纪30—40年代间，伯明翰的艾尔金顿公司获得了电镀技术专利，使用低伏电流为低价金属制作的物品镀银。这种制作镀银产品的工艺经济又实惠，取代了覆银铜板。

4 咖啡壶，Samuel Kirk & Son公司约1840年制作。将新洛可可风格与自然主义风格的装饰相结合以获得华丽的效果。美国制造商很快就对欧洲的“旧式法国风格”时尚做出了响应。高33.5cm。

5 洛可可复兴风格茶壶，爱德华·法雷尔（Edward Farrell）1833年制作。贝壳状的底脚、旋涡形的把手与壶嘴取自18世纪的原型。雕刻装饰模仿了17世纪的荷兰风俗画。

6 来源于希腊花瓶的题材被用来装饰古典风格的银质器皿。图中作品通过雕刻来实现其设计理念，W.西森（W. Sissons）1871年制作。

7 Elkington公司委托制作的米尔顿盾形徽章，1866年制成。原型作品由金、铁与轧花银制成，很容易通过电铸仿制。电铸是艾尔金顿公司开发的一种电镀工序。

8 朱庇特或泰坦花瓶，安托万·费希特1847年制作。费希特采用手工压花工艺，创作的浮雕装饰有着令人惊叹的深度。其设计反映了人们对文艺复兴风格工艺越来越浓厚的兴趣。高75.5cm。

9 约翰·卡尔·博萨德（Johann Karl Bossard，生于1846年）展示了一系列模仿16世纪设计的器具。这个约1880年制成的大口水罐照原样采用了雕刻水晶与珐琅银，再现了文艺复兴风格。

纺织品和壁纸·纺织品

地毯的发展趋势

1 使用美国肖像画是19世纪40—50年代家用地毯的一大特点。图中带圆形大奖章装饰图案的地毯被设计成适合整个房间的样式，上面绘有史密斯家族的群像，1860年出自埃拉斯图斯·菲尔德（Erastus Field）之手。

2 位于约克郡的卡尔顿塔图书馆是博蒙特家族的祖宅，于1844年进行翻新。图中新编的彩色精纺毛纱地毯专为该房间而制作，上面装饰着重复的盾形徽章图案。

3 地毯设计一开始通常需要在方格纸上用水彩画完成。肯德尔的惠特威尔公司在1844年制作了图中的作品。洛可可风格设计图案是地毯制造商经常采用的元素。

4 1851年以奥斯博恩庄园皇家更衣室为主题的水彩画，展现了洛可可风格地毯可呈现的诸多效果。地毯的编制往往要经过特别设计来与豪宅的装饰主题相配。

定制的地毯或“提前设计”的地毯是19世纪室内装饰的重要组成部分，一直到19世纪70—80年代，人们对于东方地毯的兴趣再度高涨，因而取代了前者。出于对综合性装饰主题的渴求，设计师们制作出的地毯图案均体现了那个时代五花八门的品位。哥特式风格、古典主义风格和越来越受青睐的洛可可风格主题都在19世纪的地毯设计中得到了体现。

到了1850年，顾客有了大量的花样和款式可供选择。哥特式图案在19世纪30—40年代尤为流行，而建筑细节则是灵感的一大源泉。由于伊丽莎白风格的复兴，带有纹章或其他合适象征的地毯得以大量生产。旋涡形的新洛可可风格图案风靡社会各个阶层。新技术的开发让地毯有了更广泛的受众。在1851年的万国工业博览会上，伊拉斯塔斯·比奇洛（Erastus Bigelow，1814—1879年）展出了他的新动力纺织机，这种机器能够编织彩色精纺毛纱地毯。专利权很快就卖给了欧洲制造商，按码数购买的复兴风格地毯由此开始风靡整个市场，满足不断变化的品位需求。

刺绣的日益普及

1

2

1 针线饰边通常用来装饰平纹布地毯，更显活力。这件约1840年制作的英国作品采用粗羊毛，以十字绣针法在粗糙的双线画布上绣出了一路盛开的玫瑰图案。

2 使用凸起的绒绣或长绒毛针迹来创造出三维效果，如图中作品所示，约1850年制作。该作品中还使用了珠子装饰，并用剪刀修剪毛圈来打造出玫瑰花瓣和叶子的曲线。

3

3 这件刺绣镶板以普金风格的护栏设计为框架，描绘的是沃尔特·斯科特在阿伯茨福德一个伊丽莎白风格房间内的场景。古代英国和哥特式主题是19世纪30—40年代刺绣的时尚主题。

4

4 绒绣工艺图案由版画商菲利普森（Philipson）于1804年左右在柏林首创。这些手工着色的图案生产成本高昂，但到了19世纪30年代，这类图案在欧洲和美国均有销售。

5

5 创作于1850年左右的柏林绒绣面板，可能曾在1851年的万国工业博览会上展出。自然主义风格装饰属于新洛可可风格。

19世纪30—40年代，柏林绒绣工艺兴起，作为一种新的刺绣风格传入欧洲和美国。很快这种风格就在各处盛行，一直持续到19世纪80年代。该工艺针对毛织物（一开始是由柏林供应）采用斜向平行针法，在画布上操作。因为工序简单，进展极快，再加上印刷设计卡片的助力，几乎每个人都能制作出一件精美的刺绣作品。

绒绣用于装饰一系列物品，包括椅套、挡火隔板，甚至长沙发。到19世纪50年代，玻璃或钢珠被纳入设计中。同样也是在19世纪50年代，新的化学染料得以引进，可以染出洋红和紫红等鲜艳的颜色。与不那么花哨的植物染色羊毛相比，这些染料更受青睐。图案设计可能颇为费时耗力，如在羊毛上复制埃德温·兰西尔（Edwin Landseer）的《幽谷之王》这类名画，或乔治·华盛顿等名人的肖像。诸多设计与哥特式风格和伊丽莎白复兴风格相呼应，模仿了沃尔特·斯科特小说中令人伤感的废墟或场景。

室内装饰

家具、窗帘和图案

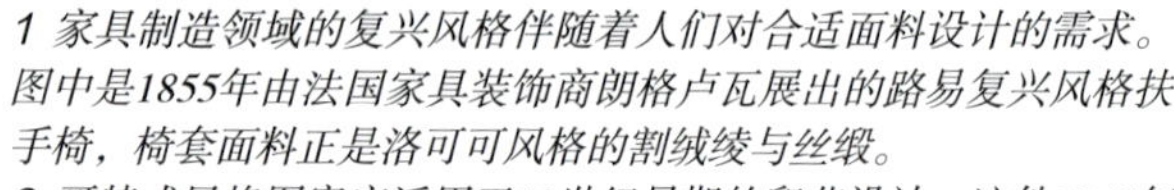

1 家具制造领域的复兴风格伴随着人们对合适面料设计的需求。图中是1855年由法国家具装饰商朗格卢瓦展出的路易复兴风格扶手椅，椅套面料正是洛可可风格的割绒绫与丝缎。
2 哥特式风格图案广泛用于19世纪早期的印花设计。这件1840年的作品使用的是建筑式图案，配以纹章装饰的镶框。
3 法国的窗帘设计受到普遍赞赏。这是1839年的门帘设计图，称为路易·奎兹风格，使用精致的流苏装饰和实用的镶边以显华贵。

18世纪，装饰设计的主题极为重要，家具装饰商由此继续给室内装饰带来了重大影响，一直持续到19世纪60年代。19世纪30—40年代，室内装饰工艺的进步促使弹簧在座椅家具中得到广泛使用。这类沙发和椅子呈现出带有加厚软垫的圆润外观，极其舒适。一种特殊类型的矮扶手椅因其膨胀的外观而被称为“蛙”（蟾蜍）椅。

室内装饰面料包括意大利割绒、编织丝绸和手工刺绣。珍贵的面料通常用耐用带光泽的棉罩加以保护，19世纪60年代以后则采用印花棉布（一种沉重的无釉棉花）。作为窗户装饰的最后一步，窗帘曾一度十分繁复且带有垂纬（一种装饰性窗帘帷幔）。法国窗帘都饰以丰富的条纹和穗带镶边，这一理念在英国和美国极受欢迎。窗帘设计图经出版后得到广泛传播，提供了十分实用的信息来源。在满足家具装饰商需求时，纺织机械的改进也为纺织品设计师提供了助力。出生于里昂的约瑟夫-玛丽·雅卡尔（Joseph-Marie, Jacquard，1752—1834年）于1802年发明的雅卡尔提花织布机在20世纪30年代被业界采用。自1815年起，英国就开始采用滚筒印花，通常以手工着色（或“上色”）作为辅助手段。

设计样式种类繁多，从18世纪沿用而来的织物图案（尤以里昂丝织中心的纺织品为甚），到为迎合复兴风格创作的新图案，应有尽有。哥特式风格、新洛可可风格和文艺复兴风格的图案均可在轧光印花棉布、印花棉布以及当时的编织丝绸和割绒材料中得以使用。哥特式风格在A.W.N.普金的作品中得到进一步完善，他从文艺复兴时期和中世纪的面料与壁画中汲取编织和印花纺织品设计的灵感。19世纪，人们对现实主义的花卉装饰热情高涨。尽管经常受到设计理论家的批评，19世纪40—80年代的印花图案在从自然形态转化为二维设计的过程中，仍然体现出高超的技艺和创造力。

4 羊毛缎上的编织式样，约1847年由普金设计。该图案的灵感来自中世纪的刺绣，面料原本用作窗帘。
5 普金为丝织面料创作的几种设计。图中的凸花厚缎专为装饰设计师J.G.克雷斯（J. G. Crace）在伦敦的斯皮塔佛德制作，显示了受到意大利文艺复兴风格丝绸图案的影响。

4

5

6

7

8

6 文艺复兴风格的割绒面料，里昂的Matheun et Bouvard公司于1868年制作，灵感来自16世纪的印花装饰。
7 到了19世纪80年代，法国设计师已经达到了自然主义花卉设计的巅峰。这款面料产自阿尔萨斯，装饰着少量花园花卉图案。
8 花卉装饰是18世纪印花面料的特点，因为设计愈发倾向于自然主义，从19世纪30年代起这种装饰变得更加重要。这件作品1851年产自英国。

壁纸

自然景观和哥特式风格装饰

1 风景壁纸是法国壁纸场景的重要组成部分。这类产品出口到美国，装饰在大厅、过道和客厅里。1861年，Desfossé et Karth公司生产了墙面装饰“伊甸园”，纯手工制成，用了3642个木块。到了1870年，这样的装饰已经失宠。

2 设计师A. W. N.普金讨厌肤浅的哥特式风格装饰及其使用的建筑形式。然而，图中的哥特式风格图案制作于约1840—1850年，类似的设计在整个20世纪40年代仍然很受欢迎。

3 普金在1847年为国会大厦创作了这个鸢尾花形的设计。风格化的植物形式和类似纺织品的设计与同一风格中更为流行的设计手法（图2）形成了鲜明对比。

4 在1870年左右，设计师欧文·琼斯制作了自己独有的哥特式风格壁纸。图中风格化的植物和叶子形图案嵌在整齐的菱形花纹之中。

在19世纪，想购买壁纸的顾客有一大堆令人眼花缭乱的图案可供选择。来自法国的手工制作的进口货品和来自英国的机器制造纸张都采用当时流行的风格，或者通过奢华的风景图样展示盛大宏伟的场景。

风景壁纸是在19世纪早期发展起来的，最初的目的是用来完善整个房间的装饰。这种风格一般称为“景观装饰”，采用木刻板印花工艺，需要成千上万个单独的色块才能组成一幅完整的图案。19世纪30年代，与神话主题相比，自然景观的壁纸设计更受欢迎。到了19世纪60年代，富裕的买家甚至能够利用壁纸在家中大厅或起居室中重现“伊甸园”。

欧洲制造商热衷于生产历史复兴风格的壁纸。在形式上，哥特式风格装饰呈现出普金口中“悲惨的尖顶建筑特点”，也就是哥特式建筑细节。这种风格在法国有了诸多变体，主要采用带有浪漫色彩的遗迹，提供不同角度的景观。普金很快提出了哥特式风格的改进版本，设计师欧文·琼斯也同时响应。这些壁纸的图案设计基于风格化的植物形态、菱形花纹或中世纪的纺织品，标志着19世纪40—70年代流行风格的变化。

洛可可风格可以将C形和S形旋涡形装饰设计与鲜艳的花朵或水果图案结合在一起，很容易应用在壁纸设计中。一些设计师转而借鉴让-安东尼-华托的绘画，以式样奇特的18世纪人物服饰来给旋涡形装饰带来活力。文艺复兴风格的装饰也以相同的方式加以调整，将彩绘风景画或是自然主义的花盆图案置于纽带装饰设计之中。

在这一时期，法国设计师制作了一系列令人眼花缭乱的自然主义壁纸，模拟蕾丝帷幕、纽扣内饰或大捆花束的效果。壁纸要满足公众对新颖产品的需求，很快就开始用来纪录历史上的重要时刻。18世纪50—60年代的买家可以买到描绘水晶宫或旱冰场开幕场景的壁纸。随着廉价壁纸不断满足需求旺盛的市场，各种设计也随之激增。

花卉、饰边和记录的大事件

1

2

3

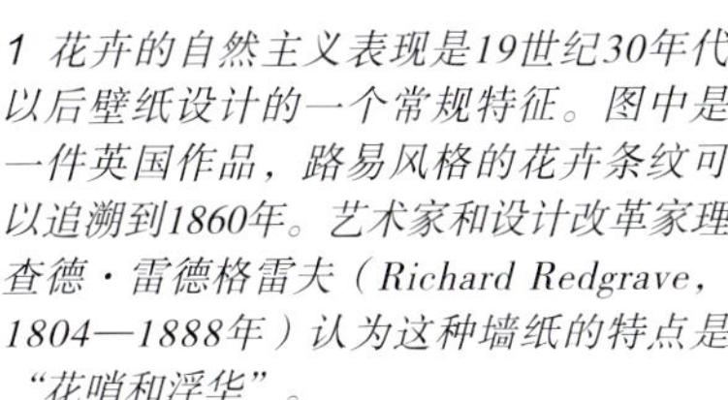

1 花卉的自然主义表现是19世纪30年代以后壁纸设计的一个常规特征。图中是一件英国作品，路易风格的花卉条纹可以追溯到1860年。艺术家和设计改革家理查德·雷德格雷夫（Richard Redgrave，1804—1888年）认为这种墙纸的特点是“花哨和浮华”。

2 路易风格的壁纸，1840—1845年出品。一般认为是法国设计师伊波利特·亨利（Hippolyte Henri）的作品，描绘了穿着化装舞会服装的孩子形象。

3 文艺复兴风格的纽带装饰作为装饰框架用在做工精致的壁纸上，1843年由兹皮里斯设计，祖贝尔制作。银灰色的粉末增强了装饰效果。

4 18世纪60年代，黑底壁纸和家具装饰面料在法国成为时尚。图中作品以线条和网格为背景装饰着自然主义风格的玫瑰。

4

5 里昂的条纹壁纸饰边，由William Woollams公司1837—1852年在英国生产。产品紧跟法国壁纸的时尚，在蕾丝或丝绸等织物上演绎了错视法。

6 Heywood, Higginbottom, & Smith公司1853年左右生产的壁纸，描绘了水晶宫的景色。18世纪50—60年代的壁纸越来越多地记录了本地或本国的事件。

5

6

唯美主义运动时期

约1870—1890年

引论

在19世纪70—80年代的英国和美国，唯美主义运动这一现象是一种对美学的纯粹崇拜，试图将一切对象的地位都提升到艺术品的高度。设计师重新诠释了来自不同历史时期和文化的资源，将其加以组合，同时结合利用各种新旧工业进程，创造了一种全新的风格。该运动发源于英国，19世纪50—60年代，设计师欧文·琼斯和克里斯托弗·德雷瑟（Christopher Dresser，1834—1904年）编纂整理了诸多理论，为唯美主义运动的到来奠定了基础。

琼斯和德雷瑟两位设计师的核心理念是，大自然应与来自不同时代和文化的最佳设计（经由大众收藏和公开展览越来越容易了解，在设计类学校中也有越来越多的研究）一起，成为现代设计师用来借鉴的范例，可以加以挪用和改造以适用于新的时代。琼斯的《装饰设计法则》（1856年）用图例阐明了各种设计来源，包括希腊、埃及、伊斯兰国家和中国的设计。植物学家德雷瑟对植物的结构非常着迷，他发明了一种以风格化植物图案为基础的装饰形式，表现了植物的动态生长。两人都认为设计应该服务于功能，德雷瑟完全依照几何学设计的电镀银餐具就充分体现了这一点。设计也应该服务于其目的，例如，纺织品和壁纸等平面装饰的设计就不应该给人以纵深立体感的错觉，而应采用二维图案。

日式设计对唯美主义运动时期的设计师产生了深远的影响（德雷瑟于1876—1877年造访了日本）。日本当时向西方开放不久，包括青花瓷、景泰蓝、象牙制品、青铜器、漆器和纺织品在内的诸多日本工艺品在伦敦（1862年）、巴黎（1867年）和费城（1876年）的国际博览会上展出，且在伦敦Liberty公司（成立于1875年）等零售商处有售。制造商和工匠被这些产品上乘的工艺所吸引，而设计师则关注到了日本的几何式和抽象式设计，这类设计在西方人眼中无比新奇。西方的设计传统也受到了一些设计方法的挑战，比如明显随意的剪裁和不对称式设计，结果就像克拉伦斯·库克（Clarence Cook，1828—1900年）在其著作《我们应如何处理周围的墙》（纽约，1880年）中宣称的那样，甚至“经典的对称和统一法则都不再被认为是装饰艺术领域的绝对原则。”日本和中国作品的形式都被西化，从E.W.戈德温（E.W. Godwin，1833—1886年）创作的英式日本风家具中就可以看出。东方作品的形状适用于陶瓷，直边容器或源自中国金属制品的形状也是如此。反过来，西方作品的形式也被东方化，通常会加入源自日本的图案题材。东方图案对银器和镀金制品的影响尤为明显，纽约

左图：巴黎陶瓷工艺师约瑟夫-泰奥多尔·德克（Joseph-Théodore Deck）于1873年设计的彩陶花瓶，形状来源于中国的青铜器，自然主义的树叶构成手柄，表面装饰则显示了受到日本风格的影响。高48.5cm。

对页：“贵妇人的房间”，英国艺术家沃尔特·克兰（Walter Crane, 1845—1915年）的作品，在美国克拉伦斯·库克出版的流行家居装饰手册《美丽家居》（1878年）中作为卷首插画出现。木版画中体现出诸多唯美主义运动主题，包括妇人的衣着、东方青花瓷、壁炉台上的日式扇子、轻质仿乌木家具、带平面图案的壁纸、展示陶瓷制品的釉面橱柜（可见）以及桌子上摆放的18世纪复古茶具，所有这些元素让这件作品成为唯美主义运动时期的代表作品。

1 “清晨——唯美主义运动风格房间中的3位年轻女士”，古斯塔夫斯·阿瑟·布维耶（Gustavus Arthur Bouvier）1877年的水彩画。与沃尔特·克兰的插图（见p.251）类似，这幅画作也充满了唯美主义运动风格的元素，包括日本屏风、青花瓷以及绣着孔雀的桌布。

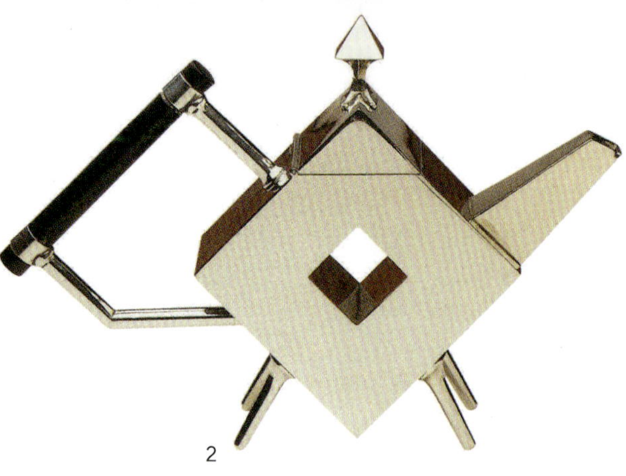

2 带电镀银的几何式黑乌木茶壶，克里斯托弗·德雷瑟设计，James Dixon & Sons 公司约1879年制作。高17cm。

3 树瘤木橱柜，精美的仿乌木设计，带有雕刻和镀金装饰，B. J. 塔尔伯特为利兹的Marsh & Jones公司设计，19世纪60年代晚期的作品，加入了日式纸浮雕和漆板。高2.3m。

Tiffany公司是这方面的代表。日本的影响在欧洲也有体现，尤其是在法国，陶瓷、玻璃和金属制品的设计中都盛行日本趣味主义风格。19世纪后期设计的特点是“恐惧留白”（*horror vacui*，即害怕空白），但偶尔也会出现与不对称分布的图案相对的空白区域，尽管流行的品位往往是喜欢用大量与东方有关的设计来装饰各种物品。这类元素包括动物（青蛙、蝙蝠）、鸟类（鹤、鹳）、昆虫（蝴蝶、蜻蜓）、植物（竹子、松枝、樱花、菊花）、实物（扇子和被称为“蒙斯”的圆形家族饰章）和波浪形图案。其他图案题材包括百合花、芦苇、艺术家的调色板、画架、孔雀和孔雀羽毛以及向日葵，所有这些元素都成为唯美主义运动的典型代表。

1862—1878年，在伦敦、维也纳、费城和巴黎举行的国际博览会上，在伦敦Morris公司和纽约Cottier公司等家具商的陈列室里，唯美主义运动都受到了广泛的关注。这一运动借助一系列面向公众的家居装饰手册推广开来，比如《关于家居品位的几点建议》（伦敦，1868年；波士顿，1872年），作者是英国作家查尔斯·洛克·伊斯特莱克。这本书鼓励消费者在做室内装饰设计时要根据个人收入有所区别。伊斯特莱克倡导忠于材料和诚实构建的理念，由此帮助推广了A.W.N.普金、乔治·埃德蒙·斯特里特（George Edmund Street, 1824—1881年）、理查德·诺曼·肖（Richard Norman Shaw, 1831—1912年）和约翰·波拉德·赛登（John Pollard Seddon, 1827—1907年）的改良式设计原则（见p.254）。B.J.塔尔伯特在其《家具中的哥特式形式》（伯明翰，1867—1873年）一书中，为家具行业提供大量设计，灵感来自17世纪英王詹姆斯一世时期风格（指1603—1649年流行的一种过渡建筑形式，其特征为哥特式的轮廓使用文艺复兴风格的细部——译者注）家具，利用直木和外露结构，强调镶嵌、低浮雕或雕刻工艺的表面装饰，这些元素在英国和美国的家具贸易中都得到采用。这种家具制品后来在美国称为伊斯特莱克家具，通常经过处理做成乌木色，橱柜上设计了很多架子用来展示艺术品。在19世纪70年代，哥特式风格和英王詹姆斯一世时期风格的设计逐渐被英国的安妮女王风格和在美国与其遥相呼应的殖民复兴风格所取代，后者的灵感主要来自18世纪的英国原型。

空前的城市扩张和各级机械化生产的发展刺激了人们对各种艺术品的强烈需求，这类产品的生产能力也随之提高。即使缺乏新锐设计传统的制造商也雇用了自由设计师，或专门开设艺术部门，用来生产艺术家具、陶瓷和金属制品等产品。全新或复兴的制造工艺涵盖了生产的各个领域，如在陶瓷制造中开始关注艺术釉料，在金属制造中仿效景泰蓝这种东方工艺。新材料也开始流行起来：铸铁和藤条在家具中使用越来越多，彩色玻璃和瓷砖等装饰元素也以前所未有的规模进入了千家万户。

这一时期，美国人克拉伦斯·库克出版了颇具影响力的《美丽家居》一书，他强调："从不同时期选择不同的元素加以结合，创造出一个和谐统一的精美整体，这一点非常重要。"之后诞生的统一风格非同凡响，在一定程度上是因为许多著名设计师在为整个装饰艺术领域设计作品，如沃尔特·克兰设计了家具、陶瓷、玻璃、金属制品、纺织品、壁纸以及书的插图。陶瓷和金属制品的设计表现出典型的折中主义方法，经常混合不同的主题，因此，一个波斯外形的花瓶可能包含了日本风格、文艺复兴风格或埃及风格的装饰元素——或三者兼而有之。尽管如此，不同风格还是实现了统一，因为对材料视觉品质的追求赋予了设计师一种新的自由，鼓励他们结合各种材料进行创作，例如彩绘面板、印花皮革制品、瓷砖和景泰蓝面板都用在了家具和钟表壳之中。纺织品和壁纸因强调平面图案而明显受益，设计来源也多种多样。这类产品一般使用更清淡的二级色系和三级色系，特别是绿色和金色，以达到柔和丰富的效果。一些壁纸和纺织品设计的平面特征和带流动曲线的自然主义风格是法国新艺术运动的先驱，与此同时，由于唯美主义室内装饰元素过于丰富密集，也招致了一些抵触，为早期现代主义设计中的简约主义和极简主义做了铺垫。

在唯美主义运动时期，市场经济规律影响着设计的生产和传播。Morris公司等企业建立了彩色玻璃卡通画的档案，可以根据顾客新的要求随时进行调整。艾伯特·穆尔（Albert Moore）这样有唯美主义倾向的艺术家作品，往往未经承认或允许，就从版画中复制出来，出现在英国和美国的陶瓷、彩色玻璃和其他材质的作品中。为了防止别人抄袭自己已经付费的设计，制造商经常在专利局将其登记注册，产品上带有菱形的注册商标。对工业设计师的狂热崇拜得到了克里斯托弗·德雷瑟的支持，他设计的许多金属制品和陶瓷制品上都带有自己的名字或签章。

4

5

4 纽约赫脱兄弟公司打造的豪华小展柜，结合了法国和日本风格的形式，约1875年制成。采用仿乌木镀金的樱桃木，结合不同木材制成的镶嵌工艺以及装饰纸。高1.52m。

5 长崎丝绸织锦缎，B.J.塔尔伯特约1874年为埃塞克斯郡的Warner, Sillett & Ramm公司设计。从名称就可以看出，这件作品来源于日本的设计，树叶和花朵图案似乎是随意堆叠而成的。

家具·改良的哥特式风格家具

筋骨遒劲的哥特式形态

1

2

3

1 带镶嵌装饰的涂漆橡木书架，1861年由理查德·诺曼·肖设计、詹姆斯·福赛斯（James Forsyth）制作，在1862年的伦敦国际工业和艺术博览会上展出。高2.8m。

2 餐具柜，借鉴了B.J.塔尔伯特所著《家具中的哥特式形式》一书中称为“边桌”的设计。Holland & Sons公司用橡木制作，镶嵌着乌木、胡桃木、黄杨木和其他木材的装饰。高2.14m。

3 建筑师威廉·怀特约1850年为康沃尔大圣科勒姆的教区长设计的橡木边椅，是改良的哥特式风格早期的设计，椅背上镶嵌着大胆的几何装饰。高91.4cm。

19世纪70年代的艺术家具由19世纪50—60年代改良的哥特式风格发展而来，这一风格由英国的创新建筑师兼设计师提出，“改良”或重新诠释了哥特式风格。19世纪40年代普金播下了革新的种子，用最简单的家具设计展示了对哥特式形式和构造之基本原则的理解，而这些理念在法国建筑师尤金·维奥莱特-杜克出版的作品中也获得了支持。在英国，教堂艺术学协会提倡回归早期的圣公会仪式，乔治·埃德蒙·斯特里特、威廉·巴特菲尔德（William Butterfield，1814—1900年）和威廉·怀特（William White，1825—1900年）等顶尖建筑师主张教会家具和民用家具都应回归到13—14世纪哥特式风格的庞大外形。这种家具尺寸很大，经常被称为“结实的哥特式”，其特点是体现了建筑元素，如坚固的柱子和倒角、几何式镶嵌装饰以及显眼的金属配件。在1862年伦敦国际工业和艺术博览会上，理查德·诺曼·肖、威廉·伯吉斯、约翰·波拉德·赛登、菲利普·韦伯（Philip Webb, 1831—1915年）、威廉·莫里斯等设计师设计或装饰的家具表明人们对中世纪的彩绘家具重新燃起了兴趣。

到19世纪60年代晚期，改良的哥特式风格为其后70年代的艺术家具打下了基础。在英国和美国出版的两部作品得到了广泛传播，影响深远，奠定了新风格的基调。查尔斯·洛克·伊斯特莱克的《关于家居品位的几点建议》（1868年）面向广大民众，阐述了家具设计、建造和装饰之实用因素在室内装饰设计中的重要性。B.J.塔尔伯特著有《家具中的哥特式形式》（1867年），其中的插图更具影响力，成功地利用了17世纪英国本土的原型，解决了改良的哥特式家具过于庞大的问题，使其更符合家用需求，在市场上也更受欢迎。这两部作品都为艺术家具的流行铺平了道路。

改良的哥特式形式和图案

1

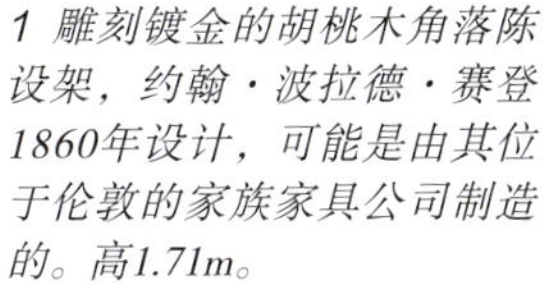

2

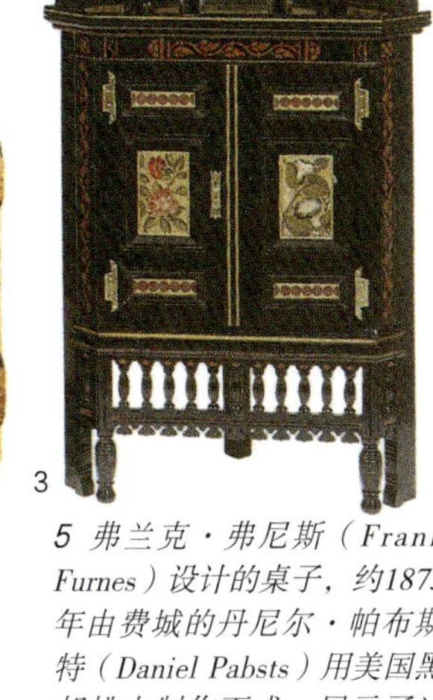

3

1 雕刻镀金的胡桃木角落陈设架，约翰·波拉德·赛登1860年设计，可能是由其位于伦敦的家族家具公司制造的。高1.71m。

2 查尔斯·贝文（Charles Bevan）约1866年设计的床，是改良的哥特式风格设计的杰作，可能是由位于利兹的Marsh & Jones公司制造的。床由悬铃木制成，镶嵌着黄柏木、紫木、乌木、桃花心木和其他各种木材的装饰。高1.92m。

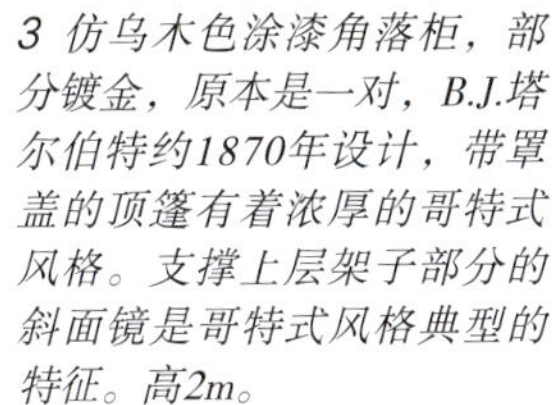

4

3 仿乌木色涂漆角落柜，部分镀金，原本是一对，B.J.塔尔伯特约1870年设计，带罩盖的顶篷有着浓厚的哥特式风格。支撑上层架子部分的斜面镜是哥特式风格典型的特征。高2m。

4 约翰·波拉德·赛登设计的胡桃木扶手椅，椅身的绘画装饰讲述的是“皮拉摩斯和西斯贝”的故事，在1862年伦敦国际工业和艺术博览会的中世纪展厅中展出。高1.04m。

5 弗兰克·弗尼斯（Frank Furnes）设计的桌子，约1875年由费城的丹尼尔·帕布斯特（Daniel Pabsts）用美国黑胡桃木制作而成，展示了这位建筑师作品大胆、有趣、富有想象力的设计特点。高1.8m。

6 伯明翰附近格罗夫购物中心休息室入口的前厅，由建筑师约翰·亨利·张伯伦（John Henry Chamberlain，1877—1878年）加以改造，用橡木制成，带有镶嵌、涂漆和悬铃木镀金装饰。

5

6

英国家具

美丽家宅

2 托马斯·杰基尔（Thomas Jeckyll）的橡木镶嵌桌，19世纪60年代中叶为约克郡的一位客户设计，其形式巧妙地融合了东方风格和伊丽莎白风格，可能是由伦敦的Jackson & Graham公司制作的。高73cm。

1 罗伯特·W. 艾迪斯（Robert W. Edis）极具艺术性的宅邸，这是"客厅角落"的范例作品，在其著作《城镇住宅的装饰与家具》（伦敦，1881年）一书中用作卷首插图。

3 杰基尔为船业大亨弗雷德里克·雷兰（Frederick Leyland）在伦敦的家宅孔雀厅设计了一系列用来展示青花瓷的复杂木架（现存于华盛顿的弗利尔美术馆）。

19世纪70年代，托马斯·爱德华·科尔克特（Thomas Edward Collcutt，1840—1924年）于1871年左右设计了一款频繁参展的橱柜（见p.257），引领了乌木色涂漆家具的潮流。这款柜子的框架是建筑式风格，源于塔尔伯特的设计，其装饰细节是哥特式风格，比如盖住上层结构的顶盖。柜门镶嵌着带彩绘人像的镶板，配上多层架子，其中一个架子由斜面镜支撑，可以反射摆放在架子上的艺术品。这款橱柜上没有设计塔尔伯特和伊斯特莱克所反对的繁复雕刻，其装饰效果基本通过装饰线条来实现。

这些特点在之后15年的诸多唯美主义运动风格的橱柜家具中也有所体现，这段时间也出现了其他用来摆设物品的流行家具，如装有很多层架子的壁炉架和挂柜。

19世纪70年代的家具也反映了设计师们受到的广泛影响。欧文·琼斯设计的镶嵌元素借鉴了五花八门的多种风格，包括摩尔式风格和古典主义风格的原型。画家威廉·霍尔曼·亨特（William Holman Hunt, 1827—1910年）运用其关于古埃及作品的知识，于1857年设计出了底比斯凳（以埃及作品的发掘地命名）。福特·马多克斯·布朗（Ford Madox Brown，1821—1893年）为Morris公司设计了类似的产品，并于1883年获得Liberty公司的专利授权。

W.E.奈斯菲尔德（W. E. Nesfield，1835—1888年）着迷于日本的艺术，于19世纪60年代末设计了带有日式图案的折叠屏风。托马斯·杰基尔将日式图案融入其设计的英王詹姆斯一世时期风格橡木家具之中。在为孔雀厅设计内置木架时，他又充分利用日本和西班牙-摩尔式风格图案题材，采用了更为细长而复杂的设计。孔雀厅因詹姆斯·麦克尼尔·惠斯勒（James McNeill Whistler，1834—1903年）的日式绘画风格而得名。在这种影响下，戈德温开创了一种受东方元素启发的家具风格，在伦敦家具制造师威廉·瓦特（William Watt）的《艺术家

兼收并蓄后的统一

2 W.E. 奈斯菲尔德设计的仿乌木屏风，装饰着源自纺织品设计的镀金浮雕细工，日式油漆纸板上画有树枝上的鸟儿，由家具制造师詹姆斯·福赛斯1867年制作。高2.08m。

3 威廉·C. 科德曼（William C. Codman）设计的仿乌木吊柜，经涂漆、雕刻和镀金工艺制成。在1874年的伦敦世博会上，伦敦的Cox & Sons公司展出了这一作品。高1.24m。

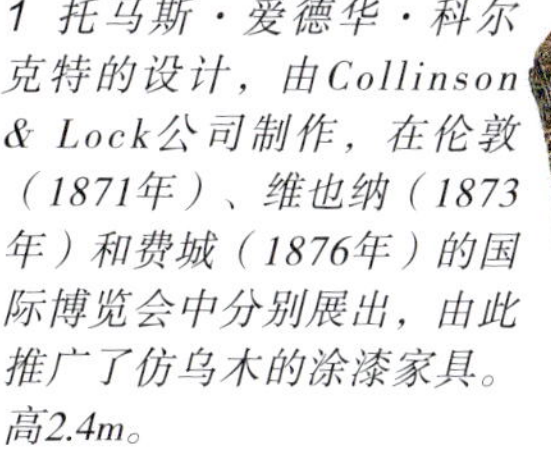

1 托马斯·爱德华·科尔克特的设计，由Collinson & Lock公司制作，在伦敦（1871年）、维也纳（1873年）和费城（1876年）的国际博览会中分别展出，由此推广了仿乌木的涂漆家具。高2.4m。

4 约翰·莫尔·史密斯（John Moyr Smith）设计的仿乌木涂漆边椅，由伦敦的Cox & Sons公司约1871年制作。简单的结构体现出其受希腊和哥特式风格的影响。高83.8cm。

5 约1870年出品的断层式玻璃橱窗，精致的镶嵌装饰表明该作品的设计师是欧文·琼斯，制造商是Jackson & Graham公司。该产品在伦敦托特纳姆法院路的Hewetson & Milner公司出售。

唯美主义运动后期的家具

1 安妮女王风格的胡桃木挂钟，同时也是个悬挂的陈列架，托马斯·哈里斯（Thomas Harris）为Howell & James公司设计，在1878年的巴黎世界博览会上展出。高99cm。

2 斯蒂芬·韦伯1890年左右为伦敦Collinson & Lock公司设计的音乐柜，由镶嵌象牙的红木制成。设计低调内敛，比例优雅，让人想起18世纪的时尚家具。高1.45m。

3 红木镶嵌休闲桌，简洁弯曲的设计从戈德温时期一直延续到新艺术运动时期。由曼彻斯特的詹姆斯·兰姆公司于1886年前后制作，查尔斯·爱德华·霍顿（Charles Edward Horton）设计。高66cm。

日本和古代的影响

1 E.W.戈德温设计的“廉价椅”，1885年左右由伦敦William Watt公司的代表制作。该作品的设计借鉴了希腊的王座和凳子，戈德温可能在大英博物馆见过类似的作品。高1.03m。

2 戈德温约1867年设计的咖啡桌，曾多次被模仿。设计师将设计图提供给威廉·瓦特，后者制造出成品后，无数制造商生产了这款咖啡桌的各种改良版本。高69.5cm。

3 “四季”彩绘椴木橱柜，戈德温约1877年设计，图案可能由其妻子绘制。在唯美主义运动时期，“四季”是常用于绘制瓷砖（见p.263）、彩色玻璃以及家具镶板的流行图案。下边门上的钟形结构格子框架和上横档结构都经由日本画家葛饰北斋的版画作品借鉴了日本的建筑设计。高1.77m。

4 戈德温设计的蝴蝶柜，柜上的绘画出自詹姆斯·麦克尼尔·惠斯勒之手。该作品由威廉·瓦特在伦敦制作，中央偏下部分最初是壁炉的设计，整件作品是1878年巴黎世界博览会上瓦特展台的中心装饰品。高3m。

具》（1877年）一书中发表。戈德温的英式日本风采用的装饰和建造手法由介绍家用家具和木制品的日本版画中收集而来，以此创作了一系列直线造型的冷杉木餐具柜。这些家具被漆成乌木色，类似东方的涂漆家具，由对称的水平线和垂直线条构成，正如戈德温本人所说，“通过实体和空间的组合以及或多或少不太连续的轮廓线”，以实现其效果。不管是在这些家具中还是戈德温其他英式日本风的设计中，表面装饰都减到最少，仅限于压花仿皮纸纸板和几何式的雕刻金线。

到19世纪70年代中期，安妮女王风格已经开始影响家具的设计。其实这一风格的名称并不准确，指的是借鉴18世纪英国设计和其他风格来源的建筑。新乔治时代风格的三角墙装饰和复杂的玻璃柜面也开始在陈列柜上出现，比如托马斯·爱德华·科尔克特等设计师的作品。

17世纪装饰元素的复兴有时以设计师克里斯托弗·雷恩爵士（Sir Christopher Wren）命名，称为雷恩复兴，在这种新兴趣的推动下，Collinson & Lock等公司制作了带象牙镶嵌的玫瑰木橱柜，尺寸精致。戈德温设计了抛光的桃花心木和胡桃木家具，变细的曲线和细长的锥形腿让家具的外观看起来日渐轻便。与此同时，曼彻斯特的詹姆斯·兰姆等商业公司出品的家具也反映了最新的时尚。

从19世纪60年代开始，家具的装饰细节变得更加精美，橱柜设计也变得更为复杂。H.W. 巴特利（H.W. Batley）和托马斯·哈里斯设计的家具使用了做工越来越精致的镶板。曼彻斯特的詹姆斯·兰姆等商业公司将这种时髦的设计融入其产品之中。从这一时期开始，以18世纪建筑设计师命名的亚当复兴风格诞生，许多制造商因此开始重新诠释或重新引入这一时期的家具形式，通常用椴木饰面来做装饰。亚当复兴风格在19世纪70年代逐渐流行起来，直到19世纪末一直很受欢迎。

1 《艺术家具》一书中第6页的细部图，戈德温的设计，威廉·瓦特制作，这种餐具柜有仿乌木和橡木材质的成品出售。

2 唯美主义运动时期的经典设计，戈德温设计的英式日本风餐柜，伦敦的William Watt公司约1867—1870年制造。仿乌木的桃花心木餐柜装饰着镀银的配件和压花的日本仿皮纸。宽2.56m。

3 戈德温设计的桃花心木软垫安乐椅，很可能由伦敦的Collinson & Lock公司约1872—1875年制造。高81cm。

4 戈德温1870年前后设计的仿乌木画架，装饰着印花和镀金的皮革面板。他建议在客厅里摆放"不同上等木材制作的轻便且易于移动的画架，用来放置精选的画作"。该画架可能由William Watt公司制造。高1.67m。

5 克里斯托弗·德雷瑟设计的仿乌木餐椅，结构简洁，约1883年为艺术家具联盟设计，该联盟由德雷瑟于1880年创立。餐椅由Chubb公司制作，伦敦新邦德街的联盟购物中心有售。高88.5cm。

6 德雷瑟的铸铁设计之一，由什罗普郡的煤溪谷钢铁厂制造。图中的衣帽架带有风格独特的树叶和哥特式建筑细节，是大家争相模仿的典型风格。该设计1869年获得专利并注册商标，以防盗版。高2.31m。

美国家具

伊斯特莱克风格

1 仿乌木的伊斯特莱克橱柜，樱桃木制成，纽约橱柜制造商和家具商Kimbel & Cabus公司约1880年制造。其马蹄状拱形结构、手绘图案以及刻有阿拉伯文字的法式瓷砖都体现了受摩尔式风格的影响，带状铰链设计是典型的哥特式元素。高2m。

2 仿乌木的樱桃木橱柜，纽约的Kimbel & Cabus公司约1876年制作，彩绘镶板受到英国流行的彩绘艺术家具影响。

3 丹尼尔·帕布斯特制作的家具是大胆醒目的建筑式设计，图中是带镀镍金属配件的胡桃木家具，约1880年制作，显示了塔尔伯特和克里斯托弗·德雷瑟对美国家具设计的影响。高1.8m。

在美国，由费城的弗兰克·弗尼斯设计、丹尼尔·帕布斯特制作的作品体现了塔尔伯特和德雷瑟针对英国设计的改革理念。伊斯特莱克家具是美国的艺术家具，以直线形设计、镶板构造、旋转式直柱和纺锤形展览台为主要特点，在19世纪70—80年代一直都很流行。文艺复兴风格的装饰元素在美国也很受欢迎，比如新泽西州纽沃克的John Jelliff公司（1813—1890年）就喜欢使用这类元素。纽约布鲁克林的乔治·亨泽格（George Hunzinger，1835—1898年）设计的家具则更有创意，将复杂的元素巧妙地结合在一起。在美国流行的制作材料还包括竹制家具和用鸟眼枫木制成的仿竹制品。木雕工艺在英国的家具行业中不太流行，但俄亥俄州辛辛那提市的木雕学校却蓬勃发展起来，通常采用这种工艺打造自然主义风格的图案。

丰富的材料和精湛的工艺也是许多美国唯美主义运动时期家具的主要特征。纽约的赫脱兄弟公司采用了一种内敛的风格，吸收了欧洲作品的特点，尤其是法英式帝政风格的作品，通常用仿乌木的樱桃木或镀金枫木制作家具，以平面镶板装饰，带有复杂精细的花纹镶嵌工艺图案，有时图案是不对称设计。戈德温推广的英式日本风在A. & H. Lejambre公司的作品中蓬勃发展起来。该公司生产的桌子配有不对称的木架和桃花心木桌面，桌面带有珍珠母和金属镶嵌设计。凯尔特复兴风格和摩尔复兴风格等其他时尚风格则为纽约第七兵工厂（1879—1880年）的室内设计带来了启发，这项设计由路易斯·康福特·蒂芙尼（Louis Comfort Tiffany, 1848—1933年）建立的美国艺术家联盟完成。

19世纪80—90年代，风靡一时的摩尔式风格经由Liberty公司和Tiffany公司分别在英国和美国得以推广流行。1876年，费城“美国独立百年”博览会之后，在美国与英国安妮女王风格遥相呼应的是殖民复兴风格，这种风格从殖民传统中吸取灵感，重新引入了18世纪的设计形式。

1 赫脱兄弟公司约1878—1880年制作的中心装饰桌，设计精致，桌腿形似风格化的马腿，末端是马蹄形设计的桌脚，镶嵌工艺和浅浮雕装饰做工精美。宽1.42m。

2 赫脱兄弟公司设计的橱柜，虽然门早已消失不见，但其设计感却丝毫不受影响。柜子镶有乌木饰面，配以日本漆面、铜镶板和黄铜镶嵌图案。

3 桃花心木茶桌，费城的A. & H. Lejambre公司约1880年制作，镶嵌着铜、珍珠母和黄铜装饰，体现了受戈德温英式日本风家具的影响（见p.258、p.259）。桌面上的镶嵌描绘了一只飞行的蜻蜓和一只困在网中的蜘蛛。高68.5cm。

4 挂钟的钟壳展示了辛辛那提市出产的雕刻，结实而充满自然主义风格。局部仿乌木的核桃木钟壳由本·皮特曼（Ben Pitman）约1883年制作，表盘由局部镀银的黄铜制成。高62cm。

5 安妮女王风格的美国胡桃木挂柜，1880年制成。雕刻的带状铰链设计、带回纹装饰的陈列区以及精美的凹槽装饰线条展现了其装饰效果。高1.14m。

6 弗兰克·弗尼斯设计的橡木餐桌，装饰主题是吞食青蛙的苍鹭，可能是由费城的丹尼尔·帕布斯特1875年左右制造。该设计是餐厅装饰的一部分。直径1.67m。

陶瓷制品·欧洲陶瓷

英国

1 镂空镀金的日式瓷夜灯，1873年由皇家伍斯特陶瓷公司制造。中国风格的底座上仿制了一段弯曲的竹子。高25.5cm。

2 1881年出品的长颈瓷瓶，斯塔福德郡的伯斯勒姆镇制造，平德·伯恩（Pinder Bourne）的作品。体现了大量的日本趣味主义风格元素，如直角手柄以及转印和手绘的树叶装饰，图案看似随意却富于艺术效果。高接近24cm。

3 从这款花瓶的金色动物像手柄明显可以看出克里斯托弗·德雷瑟擅长的风格，即其新颖奇特的动物形象设计。瓶身绘有模仿景泰蓝风格的花卉图案，老霍尔陶器公司约1880年制造。高35.5cm。

4 明顿瓷器厂模仿的景泰蓝装饰受人推崇，图中的瓷花盆就是一个精美的范例。该作品于1888年在英国特伦特河畔的斯托克城为伦敦零售商Thomas Goode公司制作。高32cm。

5 彩绘的陶器朝圣瓶（或月亮瓶），外形受到来自波斯的影响，配色源自意大利文艺复兴时期的锡釉陶器，主题来自中世纪时期的艺术。亨利·斯蒂斯·马克斯（Henry Stacy Marks）的设计，位于斯托克城的明顿瓷器厂在1877年为其陶器艺术工作室制作。高35.5cm。

唯美主义运动时期对陶瓷制造最普遍的影响要数日本趣味主义风格。法国陶瓷学家约瑟夫-泰奥多尔·德克的公司聘请了菲利克斯·布拉克蒙（Félix Bracquemond，1833—1914年）等设计师，其作品使用来自日本版画以及看似随意分布的图案。布拉克蒙的理念在英国得到效仿，任何远东的元素经常大量地（甚至不加选择地）应用于陶瓷设计之中，以创造陶瓷市场所需的那种丰富的艺术效果。这些图案常常用到源自欧洲、伊斯兰国家或中国的作品形式，有时也采用日本陶瓷和金属制品中的尖角设计。竹形手柄这样的东方元素常常被加入瓷器设计之中。东方金属制品的设计也给瓷器表面的装饰艺术带来了灵感，如明顿瓷器厂制作的珐琅和镀金瓷器备受欢迎，效仿的就是景泰蓝的效果。

19世纪70—80年代，明顿瓷器厂发展了法国的瓷浆堆叠工艺，用来修饰以新古典主义图案为主题、融合了日本趣味主义风格的装饰性瓷器。明顿瓷器厂和韦奇伍德陶器厂也聘请了克里斯托弗·德雷瑟这样的自由商业设计师来进行工业化生产，还成立了专门的陶瓷艺术部门。兰贝斯的道尔顿彩陶公司根据早期的欧洲作品原型生产了带有精细雕刻的盐釉炻器，而明顿陶瓷艺术工作室则以扁平的日式风格制作出手绘人物故事图案瓷板，主题来自同时代的绘画作品。其他艺术家的设计也通过转印工艺的餐具和瓷砖得到广泛传播，如艾伯特·穆尔、沃尔特·克兰、约翰·莫尔·史密斯等。

这一时期各地的风格差异很大。马略尔卡陶器呈现出各种自然主义形式，颜色明艳。与此不同，沃特孔布瓷器厂生产的无釉赤陶制品受德雷瑟设计风格的启发而使用了严谨的几何图案。德雷瑟在林特诺帕瓷器厂的另一个贡献是和亨利·图思（Henry Tooth）开发了一种艺术性的陶器，带有源自各种近东和远东陶瓷形式的多彩连续釉滴设计，预示着工艺美术运动时期工作室陶艺的诞生。

瓷砖和匾额

1 “铃鼓鼓手”，来自明顿瓷器厂制作的瓷器系列，绘以8个手拿乐器的古典风格人物形象。由约翰·莫尔·史密斯设计，配色方案各不相同。其他制造商也将类似的设计应用于不同材料的装饰艺术之中，瓷砖本身用于装饰椅子、炉子和洗手架等。高接近20.5cm。

2 彩绘的陶器壁炉炉床，绘有亚瑟王王后吉尼维尔穿着宽松希腊式长袍的形象，可能由丹尼尔·科蒂尔（Daniel Cottier）设计，伦敦的Cottier & Co.公司制造。上方的瓷砖来自约翰·莫尔·史密斯于1873—1874年为明顿瓷器厂设计的童话系列瓷器，这个壁炉安装在纽约扬克斯的格伦维尤大厦中，建造于约1876—1877年。

3 凯特·格里纳韦（Kate Greenaway）以画儿童图书插图而闻名，可能是她设计了这款带有转印印花和手绘图案的陶器瓷砖，主题为“夏季”，由T. & R. Boote公司于1883年在伯明翰制造。高15.5cm。

4 这件陶器匾额带有威廉·斯蒂芬·科尔曼（William Stephen Coleman，1829—1904年）的签名，1872年在伦敦的明顿陶瓷艺术工作室制作。工作室存在时间不长，科尔曼是艺术总监。图案是经典的斜倚裸体人物形象，改造成扁平的日式风格，后面是模糊的东方风格背景。高接近30.5cm。

法国的影响

1 在“卢梭瓷器套系”和“巴黎瓷器套系”（如图所示）这样的瓷器套具系列中，表现了一些法国早期的日本趣味主义风格。图中作品由菲利克斯·布拉克蒙设计，利摩日的哈维兰瓷器公司1876年制造。直径接近25.5cm。

2 瓷浆堆叠工艺需要在釉彩上连续不断地叠加薄层瓷浆，是一个缓慢而昂贵的过程。图中奇怪的瓷罐是一个试验性的尝试，约1875年由朗顿的摩尔兄弟公司制造。高接近12.5cm。

美国陶瓷

唯美的追求

1 阿瓦隆彩陶鹰嘴大水罐，马里兰州巴尔的摩的切萨皮克陶器公司约1882年制造。鹰嘴的形状与手柄上部的鹰头相呼应。高10cm。

2 带有重叠图案设计的灯座，灵感来自日本设计（可与p263中的图4对比），由俄亥俄州辛辛那提的马特·摩根艺术陶瓷公司约1882—1883年制造。高接近19cm。

3 辛辛那提艺术陶瓷公司约1880年制造的匈牙利彩陶壶。辛辛那提是艺术陶瓷的生产中心，其重要地位的确立部分是由于本·皮特曼的努力付出，这位英国人在1873年开始讲授木雕课（见p.261），1874年继续开设中国绘画班。两个学习班都得到了当地女性的大力支持。高接近26.5cm。

4 辛辛那提陶器俱乐部的简·波特·多德（Jane Porter Dodd）用蜜蜂和豌豆花图案装饰了这个巴夫花瓶。该俱乐部成立于1879年，由曾经跟随本·皮特曼学习的12名女性创立，作品从大自然和日本版画中获取了大量灵感。高接近14cm。

1875—1885年，继英国之后，美国艺术陶瓷和瓷砖制造业取得了长足进步。卡尔·L.H.米勒（Karl L.H. Müller，1820—1887年）在纽约布鲁克林联合瓷器制品公司工作，一直致力于开发与欧洲模式不同的美式陶瓷风格，并设计出五花八门的象征图案。这些图案通常来自文学作品或美国日常生活，米勒将其应用到常规的陶瓷制品形式之上。Ott&Brewer等制造商开发了一种薄胎瓷，雕刻银色和金色色调的日本图案，而位于纽约布鲁克林的彩陶制造公司则生产异国情调的瓷器外形，带有英式日本风的装饰元素。

马萨诸塞州切尔西陶瓷艺术制品公司是开发艺术釉面的典型代表，其设计师和工匠受到东方陶艺师的启发，创造出各种釉面，包括柔和的青釉绿彩以及用低热焙烧高釉而制成的干釉，由此产生了一种亚光的灰褐色釉面，类似于抛光青铜，涂在带有低浮雕蜂窝状图案的瓷器表面，具有手捶金属的效果。辛辛那提的洛克伍德陶器工厂开发了一系列精美的釉面，用下彩釉绘以滑稽可笑的动物图案，灵感来自日本漫画。马萨诸塞州切尔西的J.&J.G.低阶艺术瓷砖制品公司制出了带浮雕装饰的厚釉瓷砖，有时加入摆钟外壳这类瓷器制品的设计之中（见p.269）。

手工装饰艺术也受到高度重视。1877年，在温斯洛·霍默（Winslow Homer，1836—1910年）的赞助下，纽约成立了瓷砖俱乐部，带动了英国流行时尚的发展，即直接在陶瓷上绘画。另外，纽约的约翰·本内特（John Bennett，1840—1907年）在英国接受专门训练之后，以透明的珐琅色为主色调，在瓷器上绘制扁平的线性风格化花朵图案，灵感来自波斯陶瓷和威廉·莫里斯的作品。艺术家也用浮雕装饰工艺来制作陶瓷，如辛辛那提的阿格尼丝·皮特曼（Agnes Pitman，1850—1946年，本·皮特曼的女儿）以及切尔西陶瓷制品公司的艾萨克·埃尔伍德·斯科特（Isaac Elwood Scott，1845—1920年）等。

5

5 约翰·本内特于1878年在纽约画的一块陶器匾额，图案是蝴蝶和蜜蜂围绕着花朵。本内特采用的设计偏向日式风格，背景是带裂纹的冰面设计，源自东方陶瓷艺术。精致的图案设计和复杂的配色是本内特作品的标志。直径36cm。

6 田园景色花瓶，带有古典肖像画，艾萨克·布鲁姆于1876年设计并建模，新泽西州特伦顿的Ott & Brewer公司用赤陶铸造工艺制造而成。高45cm。

6

7 铅釉陶器花瓶，美国马萨诸塞州切尔西陶瓷艺术制品公司约1879—1883年制造，蜂窝图案的表面让人联想起东方的锤打金工工艺。高19.5cm。

7

8

8 釉面陶器瓷砖，故意不对称的设计和复杂的幻觉现实主义重叠图案是典型的日本趣味主义风格。一般认为由阿瑟·奥斯本（Arthur Osbourne）设计，马萨诸塞州切尔西的J.&J.G.低阶艺术瓷砖制品公司1881—1884年制造。高15cm。

9 这个陶土图案覆盖的花瓶是鎏金和绘画工艺的壮举，装饰设计在爱德华·莱契特（Edward Lycett）的监督下完成，纽约布鲁克林绿点区的彩陶制造公司约1884—1890年制造。高接近40cm。

9

玻璃制品

英国、法国和美国

1 这件卵形玻璃花瓶的渐变灰底色上有镀金粉末点缀，由里尔的巴卡拉玻璃厂约1880年制作，模仿了日本漆器常见的效果。高19.5cm。

2 流行的唯美主义运动风格设计直到19世纪末还在继续生产，比如图中这些形状像日本扇子的压模玻璃蛋糕盘。

3 小公鸡形状的彩绘吹制玻璃水壶，由斯陶尔布里奇地区附近的Thomas Webb & Sons公司约1879年制造。高19cm。

4 弗雷德里克·阿德欣（Frederick Ashwin）的彩色铅玻璃镶板是唯美主义运动时期杰出的设计范例，描绘了“最后一天的曙光”，曾用作什罗普郡亨戈伊德圣巴拿巴教堂北耳堂的窗户，始于1871年。

5 可能是丹尼尔·科蒂尔设计的作品，由伦敦的Cottier公司约1875年制作，彩色铅玻璃材质的“丰收的女郎”人像置于银色染色剂（硝酸钠）制成的金色方形玻璃框内。高66.5cm。

6 Morris公司生产的窗户，爱德华·伯恩·琼斯设计了图案中的人像，菲利普·韦伯设计了方形玻璃。该作品是为伦敦南肯辛顿博物馆（现在的维多利亚 & 阿尔伯特博物馆）的一个茶点室而设计的，1867—1869年完成。

7 克里斯托弗·德雷瑟为彩色玻璃窗设计的结霜状表面始于1870年左右，灵感来自他14年前在结霜的窗户上画出的草图。德雷瑟建议在之后的制品中使用这种图案来装饰玻璃，这证明他有能力将来自自然界的形式加以适当改造后再用于玻璃设计之中。

8 格拉斯哥地区James Couper & Sons公司为Liberty公司制造的作品，这款不透明螺旋形的“克鲁萨”变形绿色花瓶由克里斯托弗·德雷瑟设计，制作于约1880—1896年。杂色斑驳或有气泡的玻璃的设计灵感来自出土的罗马玻璃。高24.5cm。

9 查尔斯·布斯出版的《现代表面装饰》（纽约，1877年）一书中的一张插图。布斯出生在利物浦，约1875—1880年活跃于纽约。他的作品展示了唯美主义运动风格设计在19世纪70年代中期如何广泛传播到美国设计圈，特别是克里斯托弗·德雷瑟的作品。

19世纪70—80年代，家用和公用染色玻璃的生产呈现出爆炸式增长，其中一个原因是教堂有了大规模装配玻璃的计划。以爱德华·伯恩-琼斯（Edward Burne-Jones，1833—1898年）为代表的英国顶尖艺术家为Morris 公司设计了诸多带象征意义的镶板，以寓言故事的形式在玻璃上绘出唯美主义风格艺术作品中慵懒少女的精美图案，颜色是金黄色和土棕色，散发出青绿色和红宝石色的光芒。平面背景图案由饰有风格化叶子和花朵或其他图案的方形玻璃（小块几何形玻璃）组成，强调了镶板的二维性质，同时也允许光线照射到装饰元素丰富的室内。手绘或转印工艺绘制的镶板在城市住宅的门和走廊上大量出现，通常是花卉和鸟类图案，往往使用新型喷砂技术在透明的背景上制作出一系列亚光或磨砂的形式。

克里斯托弗·德雷瑟的几何式彩色玻璃设计表达了他的观点，即一扇窗户应该“永远不会像部分经明暗处理的图片一样出现”。在美国，查尔斯·布斯（Charles Booth，1844—1893年）诠释了德莱赛的几何设计形式，在制作窗户时大量使用了浅蓝色、紫水晶色、粉红色和淡黄色。1879年，约翰·拉·法费（John La Farge）制出了不透明玻璃，并开创了镀层（玻璃层）工艺，实现了结构和色彩的融合，路易斯·康福特·蒂芙尼也使用了这种工艺，在阴影、色调和密度方面表现出了前所未有的微妙效果。

从自然主义的花卉、藤蔓和蕨类植物到日本风格的手法，唯美主义运动时期的装饰图案经由染色、镀金、雕花或上釉工艺应用到不透明和透明的玻璃空心器皿上。透明或彩色压制玻璃桌很受欢迎。此外，美国也开发了多种工艺。1878年，弗雷德里克·S.雪莉（Frederick S. Shirley）获得专利的熔岩玻璃（熔岩灰制造出黑色的杯身），镶嵌着彩色玻璃和小块瓷釉，从欧洲当时发现的罗马玻璃中获得灵感，吹制成简约的形状。还有其他工艺则制出了微妙的渐变色彩，例如琥珀玻璃以及中国风格的桃红釉玻璃。

金属制品

自然主义

1 铸铁火炉饰边，托马斯·杰基尔为挪威的Barnard，Bishop & Barnards铸造厂设计。处理拱肩上栖息的飞鸟以及拱形格栅周围的家族徽章时，采用了大量日式设计元素。高96.5cm。

2 植物风格的镀铜黄铜煤斗和置于熟铁支架上带锡衬的煤铲，伦敦的Benham & Froud公司约1892年制作。高58.5cm。

几何设计

1 银制茶壶，克里斯托弗·德雷瑟设计，Hukin & Heath公司于1879年在伯明翰制造。散布于扁平壶肩的珐琅圆宝石淡化了茶壶突兀的几何形状，镶嵌在盖子上的日式珐琅镀银骨盘表明设计者受到了日本艺术的影响。其他的英国公司允许德雷瑟为茶具和葡萄酒罐创作更引人注目的直角设计和朴素的原始现代主义设计，如开发了银器电镀技术的Elkington公司以及James Dixon & Sons公司（见p.252）。这些作品将人们当时对几何设计的兴趣推向了极致。高10.5cm。

唯美主义运动风格的金属制品深受日本及其他近东与远东设计和工艺的影响，极具创造性。托马斯·杰基尔的铸铁展厅随处可见浓重的日本元素，这个展厅"用金色与橙色装饰，呼应着……惠斯勒的设计"，在费城（1876年）和巴黎（1878年）的世界博览会上都参加了展出。展厅的栏杆设计由风格化的向日葵构成，这是唯美主义运动时期的象征符号，该设计稍加改造后用于铸铁和镀金青铜柴架的制作。杰基尔还设计了一套带有低浮雕家族徽章的英式日本风壁炉饰边，这些图案常常相互交叠，呈不对称设计排列在菱形花格的背景之上。在法国，这一时期对中国和日本艺术品的兴趣反映在巴黎Christofle & Cie等公司的设计之中。

在美国，日本风格与摩尔式风格的影响力在爱德华·钱德勒·摩尔（Edward Chandler Moore，1827—1891年）从19世纪70年代开始为Tiffany公司创作的设计中得到了发展。Tiffany公司生产的日式银器的典型特点是常常将有机的形式与逐渐变细的壶嘴和手柄以及手工捶击的表面相结合。金属表面装饰着日本风格的图案，有些是用镂刻工艺和雕刻工艺制成的，有些则镶嵌着铜和其他贱金属（一般称作乌银作品），这种做法在英国往往视为违法。许多商业用途的英国与美国唯美主义运动风格银器都是直边或边缘带简洁弧度的容器，装饰着英式日本风的自然植物和鸟类形态雕刻设计。

在英国，Elkington公司从近东与远东设计风格中吸取灵感，比如景泰蓝和模仿日本京象嵌工艺的装饰，借此开发了诸多工艺，越来越多地将之应用于家具行业。黄铜是用于钟表壳和灯饰配件等物品的金属材料之一，特别是在美国。同样是在这里，受德雷瑟启发的风格化植物装饰元素被应用在带有翼底脚和直角装饰的铸铜花架上。

美国设计

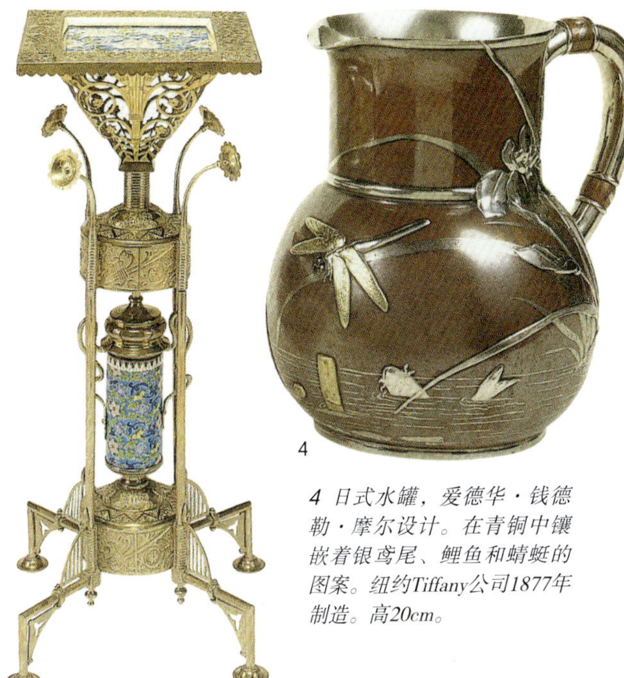

1 带盖的碗，辛辛那提的M.路易·麦克劳克林（M. Louise McLaughlin）于1884年制作。该作品用铸造青铜制成，雕刻着落入蛛网上的雏菊花头。高13.5cm。

2 带有上釉陶瓷片的青铜壁炉钟钟壳，陶瓷砖产自马萨诸塞州切尔西的J. & J.G.低阶艺术瓷砖制品公司，钟壳由康涅狄格州纽黑文的纽黑文制表公司1884—1890年制作。

3 镶嵌法国龙韦瓷片的抛光铸铜花架，可能制作于康涅狄格州的梅里登，1880年左右在梅里登燧石玻璃公司有售。这是唯美主义运动时期所有设计领域中最奇特的一件作品。高85.5cm。

4 日式水罐，爱德华·钱德勒·摩尔设计。在青铜中镶嵌着银鸢尾、鲤鱼和蜻蜓的图案。纽约Tiffany公司1877年制造。高20cm。

法国和英格兰

3 部分镀金的青铜碗，可能由埃米尔·雷贝尔（Emile Reiber）设计，巴黎Christofle&Cie公司约1870年制作。这件作品的形状基于17世纪的中国香炉，竹子装饰借鉴了中国的金属制品。高13cm。

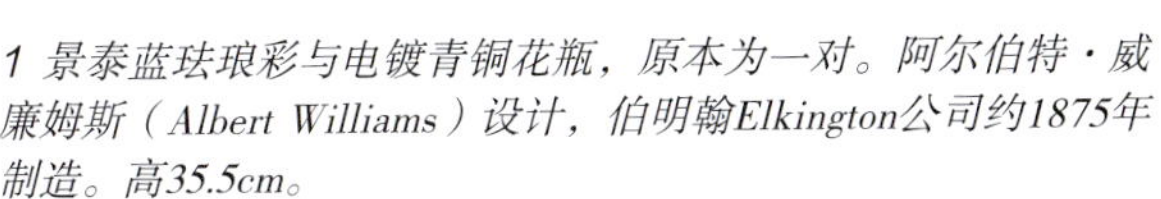

1 景泰蓝珐琅彩与电镀青铜花瓶，原本为一对。阿尔伯特·威廉姆斯（Albert Williams）设计，伯明翰Elkington公司约1875年制造。高35.5cm。

2 图中的中国景泰蓝花瓶进口至巴黎后组装成了一个台灯，加上银与镀金玻璃球就成了一件完整的作品。高（带灯罩）72.5cm。

4 镶嵌黄铜、锡镴与各种木材的象牙底材花盆，巴黎的F. Duvinage公司约1870年制造。仿金铜底座受中国风格影响。

纺织品和壁纸

19世纪70年代的纺织品设计

1

2

1 羊毛和丝绸混纺机织面料，风格化花枝和中央菱形花纹的形状都来自伊斯兰的瓷砖，为这件作品加入了一抹亮色，由克里斯托弗·德雷瑟设计，哈里法克斯的James W. & C. Ward公司于1871年制作。

2 绒线刺绣表面的孔雀一般认为是菲利普·韦伯的设计，作为背景的旋涡形藤蔓由威廉·莫里斯设计。这件作品由伦敦的Morris公司在1880年左右制作。

3 密集而又生动流畅的平面图案是B.J.塔尔伯特作品的典型特征，水果和树叶图案设计于1875年左右，由伦敦的Warner & Ramm公司制成机织丝绸。56.5cm×46cm。

4 丝绸和羊毛提花织造门帘细部，带有珠缀装饰，可能由塔尔伯特设计、格拉斯哥的J. & J.S. Templeton公司制作，反映了把整件纺织品分割为水平条带的时尚。3.5m×1.75m。

3

4

从地毯和窗帘到家具装饰，再到服装，纺织品在唯美主义运动时期的室内设计中扮演着重要角色。到了19世纪70年代，英国和美国受到了欧文·琼斯的影响。琼斯出版了基于伊特鲁里亚式、希腊式、摩尔式和其他风格来源的诸多设计。除此之外，他还设计了用于商业化生产的纺织品。克里斯托弗·德雷瑟也设计了模仿琼斯的纺织品，遵循了他使用自然界常规图案的原则。对装饰元素适宜性的强调导致设计师由三维的幻觉艺术转向线性和平面图案，琼斯将其称之为“几何结构”。

因为强调平面设计，日本艺术作品中各种处理平面图案的复杂方法被收集起来，激发了E.W.戈德温和B.J.塔尔伯特等设计师的想象力。戈德温设计的一些图案使用了从日本木版画中衍生出来的重复圆形图案，塔尔伯特在其纺织品设计中则借鉴了日本和印度的作品原型，包括许多门帘的设计。与莫里斯的作品一样，塔尔伯特设计的花卉图案因其对自然细致的观察而格外富有生气。沃尔特·克兰和刘易斯·F.戴（Lewis F. Day）的一些纺织品和壁纸设计有着流畅的线条，预示着随后新艺术运动时期的到来。

与19世纪50年代纺织品生产中普遍采用的方法不同，源自日本的工艺还帮助简化了纺织品中使用的颜色。在威廉·莫里斯指导下生产的诸多纺织品曾借鉴印度的做法，采用彩色植物染料制成，部分原因是为了解决过去几十年间化学染料颜色过于刺眼的问题，而且莫里斯旗下公司生产的印花纺织品复兴了靛蓝染色这一曾经失传的技艺。在莫里斯和E.W.戈德温、詹姆斯·麦克尼尔·惠斯勒等设计师的支持下，更柔和的二级色系和三级色系（俗称为“黄绿色”）成为唯美主义运动时期室内装饰的特色。

1

2

1 E.W.戈德温设计、伦敦Warner, Sillett & Ramm公司约1874年制作的提花织造蝴蝶丝绸锦缎。这件产品可能是受Collinson & Lock公司委托。51cm×55cm。

2 戈德温1875年设计的大型紫丁香丝绸锦缎细部，伦敦的Warner & Ramm公司制作。戈德温有一本关于家族徽章的日本书籍，为这件作品的设计带来了灵感。3.30m×1.70m。

3 乔治·海蒂（George Haité）为Daniel Walters & Sons公司设计的蝙蝠丝织品，使用了重叠的花卉图案以及饰有吉祥中国蝙蝠的方形图案和矩形图案。

4 欧洲大陆的新艺术运动在这件描绘寓言人物的印花柞蚕丝细部图中有所预示，莱昂·维克托·索隆（Léon Victor Solon）约1893年设计。2.86m×1.69m。

3

4

壁纸：横饰带、填充墙和墙裙

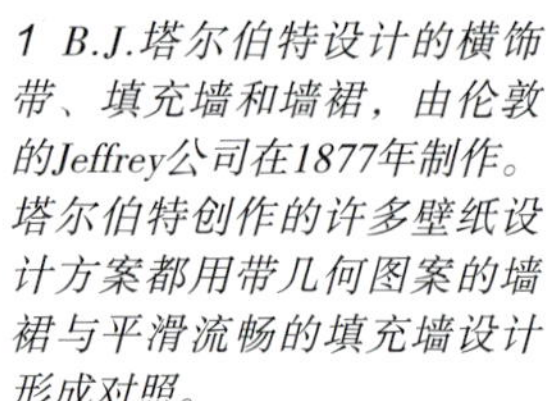

1 B.J.塔尔伯特设计的横饰带、填充墙和墙裙，由伦敦的Jeffrey公司在1877年制作。塔尔伯特创作的许多壁纸设计方案都用带几何图案的墙裙与平滑流畅的填充墙设计形成对照。

2 坎达丝·惠勒创作的壁纸，细部是有规律排列的蜜蜂和花朵图案，该设计为惠勒赢得了1881年进入国际壁纸设计比赛的资格。填充墙上的银色蜂巢中还有金色的巢室。

3 刘易斯·F.戴设计的苹果花壁纸，手工印花由Jeffrey公司于1878年为M.B.Simpson & Sons公司制作。戴设计的花朵图案随意铺开，给人以假乱真的错觉，其实背后隐含的是组织严密的设计。

壁纸在唯美主义运动中作为一种创意设计的媒介应运而生。人们对于采用最合适的方法来装饰墙壁产生了前所未有的兴趣，许多高产且多才多艺的商业设计师受制造商委托开始设计壁纸图案。唯美主义运动时期的墙通常由3个部分构成，包括横饰带、填充墙和墙裙。正如纺织品的设计以柔和的三级色系为主，生产壁纸也采用不同的颜色用来协助搭配，其他所有具体图案的设计则都聘请设计师来完成。

这一时期的壁纸设计以自然主义风格图案为主。威廉·莫里斯设计的壁纸（以及纺织品）突出流动的旋涡形有机图案，来自他所欣赏的中世纪和印度纺织品艺术中。而刘易斯·F. 戴、德雷瑟和戈德温这样的设计师则大量借鉴日本艺术来进行创新。英国壁纸在美国颇受欢迎，尤其是Morris公司的产品和沃尔特·克兰的设计。克兰将其对线性图案的精湛控制运用到了壁纸装饰之中。在美国，坎达丝·惠勒（Candace Wheeler，1827—1923年）的设计把自然主义的植物形式与日式的几何图案结合在一起。惠勒的设计以美国的动植物图案为基础，在纺织品中将鲤鱼图案叠加在螺旋状的水波背景之上，在壁纸设计中则采用特别的蜂群和鲜花图案，背景是蜂巢状的格子。

机器印制在这个阶段得到广泛应用。此外，由于技术的进步，纽约的Warren, Fuller等公司能够使用液态的青铜粉制作多彩壁纸，突出金色、银色和青铜色的点缀，创造出梦幻般的闪光效果。沃尔顿油毡纸是复合材料，有点像17世纪的浮雕皮革墙面装饰，常常镀上金色，满足市场对高浮雕壁纸的需求。

节奏和线条

2 1872年由E.W.戈德温设计的竹子壁纸，自由而大胆地使用了日式图案，醒目的平面色块受到日本木版画或浮世绘的启发。54cm × 54cm。

1 克里斯托弗·德雷瑟设计的壁纸和横饰带将扁平抽象的植物形态与填充墙中的凯尔特交织花纹结合起来。和谐的配色经过了仔细考量，不会抢其他室内装饰设计元素的风头。

3 沃尔特·克兰1877年设计的水彩和水粉天鹅墙裙，用来搭配带有鸢尾和翠鸟装饰的填充墙。线条的节奏性在这件作品中表现得淋漓尽致。

横饰带

1 B.J.塔尔伯特设计的横饰带，与坎达丝·惠勒的设计（P272）形成了有趣的对照。这款横饰带来自塔尔伯特1887年为Jeffrey公司设计的一整套方案。作为设计背景的旋涡形云彩图案衍生自东方艺术，含蓄精妙而又生气勃勃。

2 从日本回来后不久，克里斯托弗·德雷瑟就设计了这款英式日本风壁纸横饰带，由William Cooke公司在1878年制作。

工艺美术运动时期

约1880—1920年

引论

工艺美术运动始于19世纪下半叶英国的装饰艺术运动，是一次对维多利亚时代流行品位的反叛，因为这个时代充斥着创意十足的赝品和过分繁缛的设计，这场运动试图打破艺术家、设计师和手工艺人之间的壁垒。工艺美术运动不仅是一种风格，也是一场关于工作、艺术和社会的思想运动，由托马斯·卡莱尔（Thomas Carlyle，1795—1881年）、A.W.N. 普金、约翰·拉斯金和威廉·莫里斯等著名作家、建筑师和艺术家发起——这些大师都被视为工艺美术运动之父。

1861年，莫里斯和朋友成立了Morris，Marshall，Faulkner公司，同时生产教会用彩色玻璃和民用装饰艺术作品。建筑师菲利普·韦伯、拉菲尔前派艺术家福特·马多克斯·布朗、爱德华·伯恩-琼斯、但丁·加布里埃尔·罗塞蒂（Dante Gabriel Rossetti，1828—1882年）以及莫里斯本人都为该公司设计过作品。从19世纪70年代起，该公司以Morris公司名义与许多年轻的设计师合作，包括金匠W.A.S.本森（W.A.S. Benson，1854—1924年）。威廉·德·摩根（William De Morgan，1839—1917年）为Morris公司和A.H.麦克默多（A.H. Mackmurdo，1851—1942年）于1882年创建的世纪行会都设计过类似的瓷砖。虽然产量有限，但世纪行会的家具、壁纸和纺织品影响了C.F.A.沃伊齐（C.F.A. Voysey，1857—1941年）等英国工艺美术运动时期的设计师以及亨利·范·德·维尔德（Henri van der Velde，1863—1957年）等与新艺术运动联系更紧密的先锋人物。

莫里斯的著作、演讲和人格魅力对下一代的影响不亚于他本人的实际榜样。1884年，建筑师、设计师、艺术家、艺术和制造商创建了艺术工作者行会，这是第一个新的跨学科组织，试图创造一种全新的设计方法和制作过程。1887年，装订商T.J.科布登-桑德森（T.J. Cobden-Sanderson，1840—1922年）将该行会命名为“工艺美术展览协会”，“工艺美术”这种叫法由此成为整个运动的通用称呼。

工艺美术运动以简单的形式为基础，从材料中获得一种感官上的愉悦，此外主要利用自然元素作为图案设计的源泉。19世纪50—60年代出生的这代人身处运动的前沿，他们对装饰艺术和制作工艺充满热情，设计的作品有时带有丰富的装饰，但大多非常朴素，灵感来自当地的传统。一些质朴简单的作品也许很粗糙，但是许多室内设计方案和个人设计的作品往往有着丰富的内涵，具有强烈的视觉冲击力。厨房橱柜、水壶、窗帘这类中产阶级家庭使用的普通家庭用品开始成为值得严肃思考

左图：绘有油画的钟表壳设计图，C.F.A.沃伊齐1895年的作品，英国。沃伊齐将箴言融入作品之中，并赋予树和鸽子等图案以象征意义。这些元素都成为工艺美术运动风格设计语汇的一部分。高78.5cm，宽56cm。

对页：许多工艺美术运动风格作品清新简约，尺寸适中，特别适用于室内装饰。图中的编织和印花纺织品由Morris公司出品，陶器出自马丁兄弟公司和威廉·德·摩根之手，镀银烛台是W.A.S.本森的作品。

1 欧内斯特·巴恩斯利（Ernest Barnsley）1909—1926年设计的罗马顿庄园图书馆。因为使用了当地的橡木和石头，自然景观、房子、家具形成了和谐统一的风格，创造出斯巴达式的宁静氛围。外面的花园被当作一系列户外的房间来设计，与房子附近正式的风格相比，植物的布局更为自然。

2 A.T.J.科布登-桑德森的著作《穆图斯：工业理想和书籍之美》，鸽子出版社出版，由作者亲自装订，1904年。科布登-桑德森利用自然形式和几何图案发展了自己作为装订师的工艺技能。1902年，他与埃默里·沃克共同创办了鸽子出版社，其才智和文学才能都在此得到了发挥。

的艺术创作对象。业余设计也得到鼓励，尤其是女性的作品，因为女性作为消费者和家庭装饰者的作用越来越受到重视。

工艺美术运动是对材料和风格的反叛。它的力量来自相信艺术与工艺可以改变和改善人们生活的理念。参与这场运动的人中有一些是社会主义者，更多的人则对艺术、工作和社会有着激进的态度。文字和相关的图书工艺品在建立和推广这一运动的过程中起着重要的作用。1890年，莫里斯与印刷商埃默里·沃克（Emery Walker，1851—1933年）一起创立了凯姆斯科特出版社。英国、德国和美国的其他人士也纷纷效仿。装订、刻字和排版工艺不断发展，尤其是经过爱德华·约翰斯顿（Edward Johnston，1872—1944年）的不懈努力，这些进展影响了整个20世纪上半叶的设计。

工艺美术运动风格设计师关心的是生产方法，部分原因是为了反对维多利亚时代大规模生产导致的粗制滥造，同时也是为了提供既有创意又令人满意的就业机会。一些设计师将自己的设计委托给有信誉的制造商来生产，如沃伊齐和M.H.贝利·斯科特（M.H. Baillie Scott，1865—1945年）。机器生产和技术在其发挥作用的领域被人们欣然接受，例如W.A.S.本森设计的精细金属制品。然而，手工技艺仍然特别受重视，一方面是出于审美方面的考虑，另一方面是因为能为工匠带来令人满意的作品。多家仿效拉斯金圣乔治行会的行业公会或工作坊相继成立。在英国有C.R.阿什比（C.R. Ashbee，1863—1942年）的手工艺行会（1888—1908年）和黑斯尔米尔农民工业协会（1896—1931年），在美国则有伯德克利夫艺术家聚居地（the Byrdcliffe Colony，1902—1915年），这些都是提供培训和就业的典型工作坊。工艺美术运动主张从传统中学习，设计师研究和吸收各种历史风格和异域风格，用来开发新的设计。德摩根和C.R.阿什比等设计师经过研究和反复试验，复兴了一些被遗忘已久的工艺，比如光泽釉和脱蜡铸造。建筑师兼设计师欧内斯特·吉姆森（Ernest Gimson，1864—1919年）曾描述过工艺美术运动时期的设计理念，他写道："我从来没有因为回顾过去而觉得自己与所处的时代脱节，为了保持完整，我们必须活在所有的时代之中，包括过去、未来和现在。”在莫里斯的影响下，中世纪时期丰富的叙事传统成为一个重要的灵感来源。设计师也纷纷呼应唯美主义运动时期对大众日本艺术的赞赏，同时将目光投向文艺复兴时期的欧洲、印度乃至中东，以此拓展自己的创作视野。

与伊斯兰艺术相似，许多工艺美术运动时期的装饰都以植物形式为基础。莫里斯和约翰·塞丁（John Sedding，1838—1891年）都强调从大自然中汲取灵感的重要性，因为大自然具有振奋人心的力量，可以避免了无生气的设计。两人的建筑事务所为包括吉姆森和亨利·威尔逊（Henry Wilson，1864—1934年）在内的许多顶尖设计师提供了一个训练基地。植物和花卉的自然节奏及图案反映了一种纯粹的方法。对于欧洲大陆新艺术运动中扭曲自然形态的做法，工艺美术运动风格设计师做出了激烈的反抗。然而，象征主义在这两场运动中都发挥了重要作用。诸如“心”或“帆船”这样的主题代表着生命进入未知的旅程，在工艺美术运动时期所有的作品中总是有规律地重新出现。从1890年起，英国工艺美术运动在北美找到了追随者。随着南北战争后工业的迅速发展，美国大部分地区出现了集中化、城市化和工业化的社会形态。1860—1900年，办公室工作人员的数量增加了两倍。对许多人来说，居住区不断城市化导致了自主权的丧失，工艺美术运动则为他们提供了另外一种选择。这场运动涉及的主要地区包括从波士顿向南直到费城的东海岸、芝加哥周围的中部地区以及加利福尼亚州南部。独立设计师、制造商则在手工艺师聚居地和大型半工业厂房周边设立工作室。

英国、美国和其他欧洲大陆受到工艺美术运动的影响，开始鼓励运用设计来改进工业生产。许多乡村手工艺和民间艺术也恢复了生机。重新评价本土民间传统成为寻求民族认同的一种途径，很多地方将工艺美术运动与流行的民族主义运动联系起来，特别是在挪威、芬兰、爱尔兰和匈牙利这几个国家。

工艺美术运动为国际设计领域做出了巨大的贡献，影响极为广泛。伦敦中央工艺美术学院等艺术院校和技术学院在推动这场运动方面发挥了重要作用。反过来，在20世纪50年代之前，工艺美术运动的设计方法也一直影响着英国和美国等国家艺术、工艺和设计的教学，但在德国的影响要稍小一些。这场运动对设计行业的影响从新艺术运动延续到包豪斯学派，再到现代运动和当代的工艺实践。直到今天，从许多家具制造商的作品中还仍然能看出贝利·斯科特、吉姆森和沃伊齐等设计师设计手法的影子。

3

3 康普顿陶器，约1910年制成。受家庭艺术和工业协会的启发，玛丽·西顿·瓦特（Mary Seton Watts，1849—1938年）在萨里郡吉尔福德附近的康普顿村为当地居民开设了手工艺学校。这所学校通过伦敦的Liberty公司出售用灰红陶制成的花园装饰品，上面装饰着凯尔特风格的图案。宽51cm。

4 威廉·莫里斯1893年绘制的草图，他在一张关于矿工困境的社会主义主题传单上徒手画出植物花卉图案，表明了工艺美术运动、工作和社会之间的动态关系。

4

家具·英国家具

歌颂木工工艺

1

2

3

4

1 威廉·莫里斯和但丁·加布里埃尔·罗塞蒂1856—1857年设计的椅子。灵感来源于中世纪的手稿，包含了一些构造方面的细节，如榫接合和高高的倒角立柱。高1.4m。

2 查尔斯·雷尼·麦金托什（Charles Rennie Mackintosh，1868—1928年）1910年为格拉斯哥艺术学院图书馆设计的桌椅。桌子的彩色柏树支架根据图书馆的建筑特点而有不同的设计。桌高1.36m。

3 埃里克·夏普（Eric Sharpe）约1929年设计的橡木长靠椅。工艺美术运动风格设计师喜欢在家具设计中融入裸露在外的结构特征。长1.75m。

4 西德尼·巴恩斯利（Sidney Barnsley，1865—1926年）1923—1924年设计的橡木餐桌。巴恩斯利家族改进了传统木工技术，在设计中增添了独特的桌边。倒棱的框架设计源自干草耙。图中的碗出自艾尔弗雷德·鲍威尔（Alfred Powell，1865—1960年）之手（见p.287）。桌宽1.95m。

5

5 欧内斯特·吉姆森1915年设计的餐柜和餐盘架。工艺美术运动风格设计师用纹理精细的胡桃木制作家具，让人联想起17—18世纪经典的英国设计。图中作品是胡桃木和孟加锡黑檀木的完美结合。高1.54m，长2.05m。

1 彼得·瓦尔斯（Peter Waals，1870—1937年）约1920年设计的抽屉柜细部。抽屉正面的倒角细节和挖空的装饰线条可以透光，为这件未经抛光的橡木家具增添了活力和动感。

2 阿瑟·罗姆尼·格林（Arthur Romney Green，1872—1945年）20世纪20年代设计的抽屉柜细部。鸽尾榫一般隐藏在家具内部，但图中切割漂亮的鸽尾榫加强了设计感，与橡木制成的主体部分和华丽的孟加锡黑檀木抽屉形成了鲜明对比。

3 路易丝·鲍威尔（Louise Powell，1882—1956年）和彼得·瓦尔斯20世纪20年代设计的啄木鸟橱柜细部。抽屉正面装饰着椴木饰面，为路易丝·鲍威尔的油画设计提供了斑驳的背景。

4 乔治·沃尔顿（George Walton，1867—1933年）约1899年设计的布鲁塞尔椅。沃尔顿将无处不在的心形雕花图案融入18世纪的优雅形式中。高1.04m。

5 沃伊齐1896年设计的克姆斯哥特·乔叟橱柜。直线设计与顶部带盖的独特垂直线条相结合，与低调优雅的黄铜和鹿皮装饰相得益彰。高1.33m。

6 W.A.S. 本森和海伍德·萨姆纳（G. Heywood Sumner）1905年为伦敦的Liberty公司制作的橱柜。这个桃花心木橱柜将醒目的水平线条和垂直线条以优雅的比例完美结合在一起。高1.67m。

1882年，威廉·莫里斯发明了“好市民家具”这个短语，表达了工艺美术运动对道德品质的重视。这种说法既强调了简单家庭乐趣的核心作用，又突出了这场运动的目标受众是中产阶级，而不是艺术精英阶层。

工艺美术运动处处以家庭为基础。维多利亚全盛时期的建筑师威廉·伯吉斯和菲利普·韦伯在19世纪60—70年代采用的哥特式风格并不特别适合家居规模。因此，设计师基于简单的线条、裸露的结构和乡村木工传统，开发了一种新的方法。例如，漂亮的鸽尾榫这类露在外面的接缝提高了木材的装饰质量，而且与莫里斯关于诚实建构的理念相吻合。他认为家具“……应由木材制成，而不是手杖”，这种观点常被用来支持制作框架和镶板结构的实木家具。大桌子的倒角横档模仿传统农场干草耙的设计，既美观又实用。径切橡木板或华丽的胡桃木镶板带有显著的纹理效果，对工艺美术运动时期的设计师来说，这意味着额外的装饰通常显得多余，或者说，只需要凿雕和刨花等木工技术，就能给家具表面装饰带来多样化的设计效果。

工艺美术运动时期的大量家具带有明显的垂直和水平线条，反映了该时期建筑强调简约性和适用性的特点。最具影响力的设计师有C.R.阿什比、欧内斯特·吉姆森和C.F.A.沃伊齐，他们都是建筑师，而家具也是其室内设计工作的重要组成部分。这些大师与工艺美术运动风格设计师E.W.戈德温以及福特·马多克斯·布朗一样，都对日本艺术感兴趣，常常使用格子等设计实现几何效果，有时使用凹槽柔化设计效果。即便是查尔斯·雷尼·麦金托什在设计中也会使用类似的风格，他的作品脱胎于工艺美术运动风格，但常常具有新艺术运动风格的特点。之前的设计也经过吸收和提炼形成了新的直线形设计，尤其是17—18世纪的箱子和橱柜。这些建筑设计师的激进风格影响了“维也纳工作坊”（1908—1914年）和美国的设计，比如Charles P. Limbert

设计经典

1 查尔斯·雷尼·麦金托什1898—1899年设计的牌桌。设计基于当地的木工传统，实用性强且颇具创意。镂空和雕刻图案都源于自然形式。高61cm。

2 来自安布罗斯·希尔（Ambrose Heal, 1872—1959年）1938年设计的一套餐厅家具。这件晚期的作品说明了工艺美术运动风格经久不衰的魅力。希尔成功地将简单直接的设计推向中产阶级市场。高91.5cm。

影响

1 西德尼·巴恩斯利约1905年设计的文具盒。橡木盒子上装饰着易碎的珍珠母几何镶嵌图案，灵感来自拜占庭式的建筑和装饰。长29cm。

2 雷金纳德·布洛姆菲尔德（Reginald Blomfield）1891年为Kenton公司设计制作的带支架橱柜。正面的几何形装饰、柜子的直线设计和支架前腿之间形成了一种张力，带来了强烈的视觉冲击。布洛姆菲尔德从18世纪的镶嵌家具中汲取灵感。高1.43m。

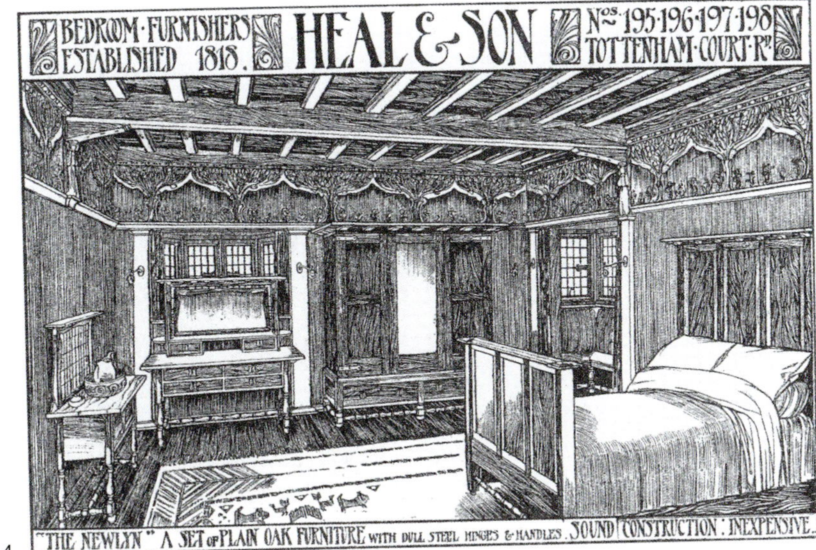

3 查尔斯·斯普纳（Charles Spooner）1910年设计的带支架橱柜。斯普纳任教于伦敦中央艺术和工艺学校，重视设计和工艺之间的密切联系。高1.27m。

4 安布罗斯·希尔约1898年设计的纽林卧室家具。建筑师C.B.H.昆内尔（C.B.H. Quennell）的木刻工艺为普通橡木卧室家具赋予了工艺美术运动风格，帮助推广了这一系列的家具。

5 W.R.莱瑟比（W.R. Lethaby）约1892年设计的大厅桌。这张桃花心木桌的尺寸和比例基于中世纪的原型。尽管该作品优雅而内敛（其边缘镶嵌的圆点是莱瑟比设计的一大特点），但仍然产生了强烈的视觉效果。长2.44m。

公司（1903—1944年）、格林兄弟公司的作品，以及戈登·罗素（Gordon Russell，1898—1980年）设计的家具。罗素曾于20世纪20—30年代在伍斯特郡的百老汇工作过。

虽然工艺美术运动风格的主要特征是简约，但这也是一种适应性强的风格。沃尔特·克兰1913年写道："莫里斯的设计简单而华丽。"而莫里斯本人也指出："家具艺术的繁荣不仅是为了实用，也是为了美观。"教会委员会的设计师可以自由表达对图案和丰富材料的热爱。除此之外，莫里斯和他的朋友们在19世纪60年代曾亲自为不同用途的家用家具上色，而贝利·斯科特、欧内斯特·吉姆森和彼得·瓦尔斯等设计师则设计了简约的正方形箱子和橱柜，特别适合彩绘、饰面或镶嵌装饰。设计师除了使用源于自然的图案，还将目光投向了印度、中东和拜占庭来寻求装饰设计的灵感。在家具行业中，镶嵌的花卉图案和心形的镂空设计等各种小细节都能立刻让人感受到明显的工艺美术运动风格。

某些类型的家具经常用于工艺美术运动时期的室内设计中。在乡村旅馆和住宅中仍然可以找到高背长椅、食具柜、长桌和长椅等中世纪作品。这些作品与聚居生活有关，其简单的线条为新设计提供了灵感。C.A.F.沃伊齐和贝利·斯科特制作的高背长椅和餐具柜有时会直接嵌在墙内，以免放置在角落带来不便，打扫起来也会更简单。欧内斯特·吉姆森和西德尼·巴恩斯利设计的餐具柜带有餐盘架，由安布罗斯·希尔制造，在大众市场上获得了巨大成功。

音乐和公共娱乐对工艺美术运动风格的发展也至关重要，促使伯恩-琼斯等设计师生产出了带有装饰元素的钢琴。贝利·斯科特和C.R.阿什比与John Broadwood & Sons公司合作开发了一系列创新的设计。

Morris公司成功地改良了一种轻便可调节的苏塞克斯椅，许多工艺美术运动风格设计师都开始效仿。C.R.阿什比和苏格兰建筑师乔治·沃尔顿设计了一款简单的蒲草编制座面椅。爱德华·加德纳（Edward Gardiner，逝于1958年）与欧内斯特·吉姆森合作，两人是最多产的设计师，设计出了许多种梯背椅。

2

1

1 欧内斯特·吉姆森约1902—1905年设计的黑橡木餐具柜，和高背长椅一样，也是典型的工艺美术运动风格家具。门闩把手和雕刻装饰等特点源自当地的传统。高1.68m。

2 梯背椅，查尔斯·雷尼·麦金托什1901年为苏格兰基尔马科姆的“风之丘”宅邸设计。除了更具个人风格的直线形作品，麦金托什还创作了许多受传统乡村椅子影响的设计。高1.03m。

1900年以后，藤椅成了商务和家庭环境中的流行选择。哈利·皮奇（Harry Peach，1874—1936年）引进了莱切斯特的森林女神工作室本杰明·弗莱彻（Benjamin Fletcher，1868—1951年）设计的藤椅系列，与欧洲大陆的进口产品竞争。

19世纪90年代，中欧的画家联合起来反对艺术机构，发展出工艺美术运动的两种不同的风格。其中一种是基于个性的风格。比利时艺术家范·德·维尔德受到了莫里斯和克兰关于艺术统一理论的影响。在达姆施塔特附近的马蒂尔德，黑塞公爵恩斯特·路德维希（Ernest Ludwig）委托英国设计师贝利·斯科特和C.R.阿什比设计家具。1899年，路德维希组建了一处艺术家聚居地。彼得·贝伦斯（Peter Behrens，1868—1940年）和约瑟夫·玛丽亚·奥尔布里希（Joseph Maria Olbrich，1867—1908年）等年轻设计师基于英国的形式创作简单的家具，都带有给人绘画感的装饰元素。此外，在俄罗斯、匈牙利和爱尔兰等完全不同的地区，一些拥有土地的慈善人士都在乡村地区建立了手工艺中心。他们让当地的工匠与艺术家兼设计师接触，由此来促进农村经济的发展。木雕这类基本技能得到传授，同时，根据传统工艺形式制作的家具传承了工艺美术运动的精神。精美的雕刻和彩绘作品上装饰着象征民间故事和宗教意象的图案。

工艺美术运动的第二种风格与此不同。德国“手工艺联合车间”等工作坊支持的是适合机器生产的设计。理查德·里默施密德（Richard Riemerschmid，1868—1957年）利用饰面板和层压板生产了优雅的家具，非常适合批量生产。

其他欧洲国家或地区家具

功能主义和装饰

1 奥托·普鲁彻(Otto Prutscher)约1908年设计的壁炉钟。普鲁彻受到了格拉斯哥学派的影响。独特的直线形设计因木材和珍珠母制成的几何镶嵌增色不少。高36.5cm。

1

2

3

3 亨利·范·德·维尔德约1896年设计的餐椅。范·德·维尔德赞成通过设计改善社会的观点。他为自己的家“勃洛梅沃夫公馆”设计了许多家具,包括图中的椅子。高94cm。

2 利奥波德·鲍尔(Leopold Bauer)约1901年设计的明信片收藏柜。这件德国收藏柜的外形和镶嵌装饰显示了受到工艺美术运动时期阿什比、吉姆森和沃伊齐等英国设计师的影响。高90cm。

4 彼得·贝伦斯约1907年为德意志制造联盟设计的餐具柜。这个由工作室、设计师和建筑师组成的协会试图通过这些精心设计的作品来影响大规模生产。高1.9m。

5 理查德·里默施密德1902年设计的橡木亚麻衣柜。这件作品让人联想到工艺美术运动时期的设计,但复杂精细的金属铰链是纯粹的新艺术运动风格。抽象的自然主义图案来源于流行的植物绘画。高2.11m。

6 “艺术家的工作室”,卡尔·拉森(Carl Larsson)1899年的作品。这幅水彩画画的是拉森在瑞典北部的小屋,描绘了拉森和艺术家妻子卡琳创作的家具和纺织品。

5

4

6

美国家具

针对更广阔市场的工艺美术运动风格

1 古斯塔夫·斯蒂克利（Gustav Stickley）约1901年设计的莫里斯靠椅。这些椅子的设计大致基于Morris公司19世纪60年代生产的可调靠背阅读椅。高99cm。

2 古斯塔夫·斯蒂克利1910年设计的桌子。这张橡木桌子是由1901年的一款流行设计发展而来的，出售时可选择木制或皮制桌面。高76cm。

3 乔治·华盛顿·马厄（George Washington Maher）约1912年设计的扶手椅。马厄早期喜爱雕刻装饰，后来开始欣赏英国和奥地利的设计，风格有所调整。高1.17m。

4 罗伊·克罗夫特商店（Roycroft Shop）出品，女士铜把手桃花心木写字台，约1905—1912年制作。罗伊·克罗夫特家具受到英国设计的影响。球根状的“麦克默多”脚以英国设计师的名字命名。高1.12m。

5 哈维·艾利斯（Harvey Ellis）于1903年为古斯塔夫·斯蒂克利设计的乐器柜。艾利斯在1903年加入了斯蒂克利的手工作坊，负责引入带有独特镶嵌图案、更轻盈优雅的设计。高1.22m。

受英国家具的启发，美国设计师毫无保留地接受了工艺美术运动风格。《工作室》《家具制造》和《艺术家具装饰》等英国杂志向美国大众介绍了莫里斯、麦克默多、贝利·斯科特、沃伊齐和阿什比的作品。用来促进手工艺发展的多个工艺社区得以建立。1901年，建筑师威廉·普莱斯（William Price，1861—1916年）在费城附近罗斯山谷的一家废弃纺织厂成立了工作室。曾在牛津遇见过莫里斯的拉尔夫·R.怀特黑德（Ralph R.Whitehead，1854—1929年）于1902年在伍德斯托克建立了伯德克利夫艺术家聚居地，在布法罗附近的东奥罗则建立了拉克罗夫特社区，以商业模式来推广工艺美术运动风格的设计理念。

古斯塔夫·斯蒂克利（Gustav Stickley，1858—1942年）将工艺美术运动风格的设计元素与美国本土的传统结合起来，创造出流行的“工匠派”或“使命派”风格。他在雪城的工厂使用径切烟熏橡木生产实木家具，以凸显木材的纹路。其设计特点是有力的垂直线条和裸露可见的构造方式。建筑师哈维·艾利斯（Harvey Ellis，1852—1904年）贡献的设计虽然昙花一现，但是非常重要，其作品比例适当，经常镶嵌着花卉图案。1901年，斯蒂克利创立了《工匠》这一有影响力的杂志，该杂志在全国推广工艺美术运动，发表家具的设计图以及关于设计和社会变革的文章。这类杂志推动了消费文化的发展，确保了优良的设计能进入千家万户。

弗兰克·劳埃德·赖特曾在芝加哥和加利福尼亚州工作，在芝加哥他成为草原学派的核心人物。赖特设计的家具秉承了其建筑作品的水平线条、传统材料和通俗风格。绝大多数作品都由机器制造，以打造他想要的清晰线条。相比之下，查尔斯·萨姆纳·格林（Charles Sumner Greene，1868—1957年）与其兄弟亨利·马瑟·格林（Henry Mather Greene，1870—1954年）合作，对手工艺制造充满热情，雇用了技术娴熟的工匠用曲线和镂空形状来创作作品。赖特和格林兄弟设计的家具和室内装饰都有着优美的比例，结合了日本元素和工艺美术运动风格。

6

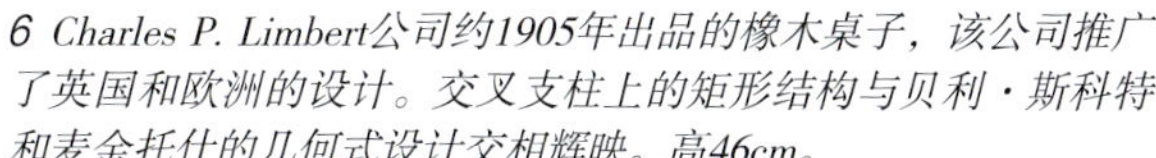

6 Charles P. Limbert公司约1905年出品的橡木桌子，该公司推广了英国和欧洲的设计。交叉支柱上的矩形结构与贝利·斯科特和麦金托什的几何式设计交相辉映。高46cm。

7 拉克罗夫特旅馆的接待厅，达尔德·亨特（Dard Hunter）约1910年的设计。日本版画启发亨特采用黑色轮廓、平面色彩和呈一定角度倾斜的视角，创作出独具一格的设计。

7

建筑师和室内装饰

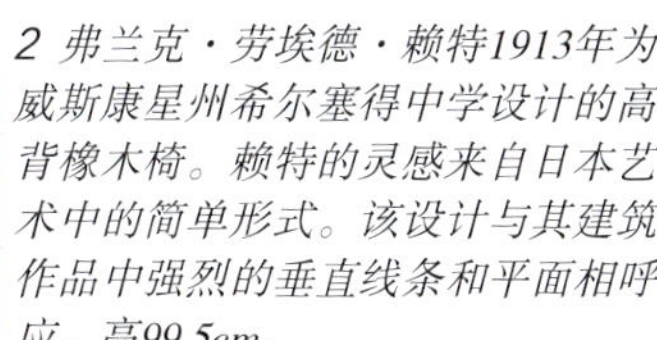

2 弗兰克·劳埃德·赖特1913年为威斯康星州希尔塞得中学设计的高背橡木椅。赖特的灵感来自日本艺术中的简单形式。该设计与其建筑作品中强烈的垂直线条和平面相呼应。高99.5cm。

3 格林兄弟1908—1909年为加州帕萨迪纳市甘博故居设计的餐厅。格林兄弟将工艺美术运动风格与日本建筑元素相结合。木镶板和家具创造了一个温暖的休憩之处。

2

1

1 灰橡树俱乐部的正门入口和楼梯，伯纳德·梅贝克（Bernard Maybeck）1906年的设计。梅贝克为木材大亨J.H.霍普斯（J.H. Hopps）建造了这所加州乡村住宅，室内装饰主要使用了当地的红木，木料保留了带有锯痕的完整状态。

3

陶瓷制品

彩绘装饰

1

2

3

1 威廉·德摩根设计的饭盘，装饰图案出自查尔斯·帕森杰（Charles Passenger）之手，约1900年出品。伊斯兰图案和“波斯”风格的配色对德摩根的作品有重大影响。直径44.5cm。

2 艾尔弗雷德·鲍威尔20世纪20年代为韦奇伍德陶器厂制作的带盖瓷罐。鲍威尔直接在多孔的无釉陶器表面上色，这种工艺要求手法迅速、毫不迟疑。高10cm。

3 路易丝·鲍威尔约1920年为韦尔伍德陶器厂制作的大瓷壶。路易丝·鲍威尔从伊斯兰陶器和英国16世纪刺绣中的抽象花卉图案中找到了灵感。高30cm。

4 拉克罗夫特瓷茶杯和瓷碟，布法罗陶艺公司约1910年制作。图案是阿尔伯特·哈伯德（Elbert Hubbard）从一位15世纪威尼斯印花工匠设计的图案中演变而来的，带有拉克罗夫特殖民地的标志。高5cm。

5 汉斯·克里斯蒂安（Hans Christiansen）1901年设计的带盖瓷花瓶。克里斯蒂安是达姆施塔特艺术家聚居地的画家之一，将自己的技艺应用于本土风格的设计中。其作品体现了英国工艺美术运动风格清晰的色彩和流动的自然主义图案。

4

5

6 克利夫顿陶瓷工作室约1910年生产的印度水罐。克利夫顿陶瓷工作室是美国众多小型艺术陶瓷工坊之一，使用亚利桑那州的美国本土陶艺来打造“印第安”陶瓷制品上的绘画装饰。

6

模制工艺

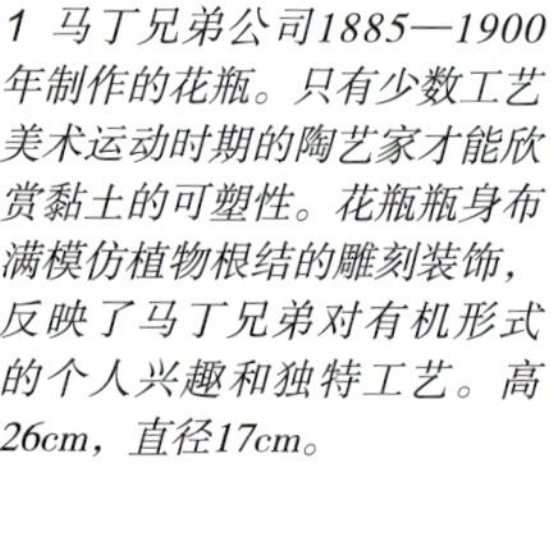

1

1 马丁兄弟公司1885—1900年制作的花瓶。只有少数工艺美术运动时期的陶艺家才能欣赏黏土的可塑性。花瓶瓶身布满模仿植物根结的雕刻装饰，反映了马丁兄弟对有机形式的个人兴趣和独特工艺。高26cm，直径17cm。

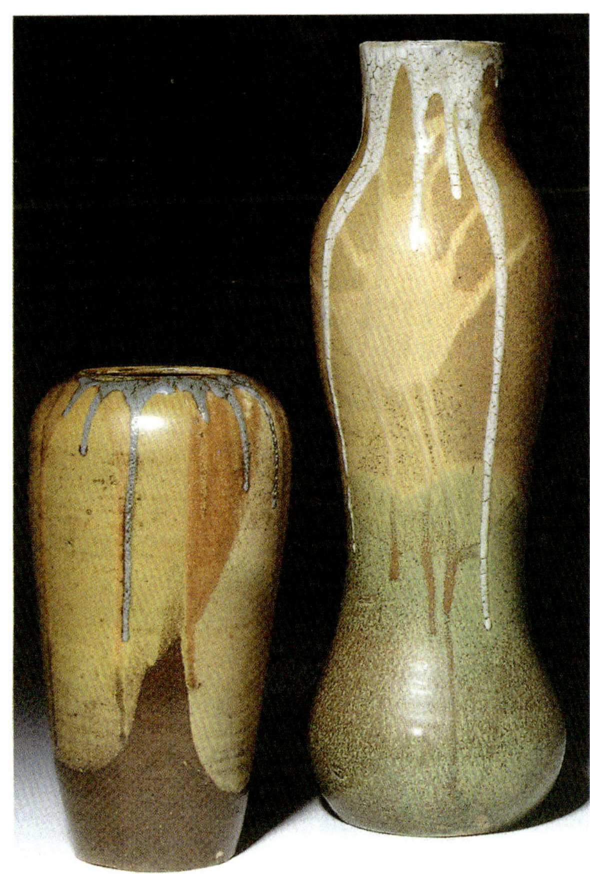

1

1 两个陶器花瓶，尤金·莱昂的作品，法国，约1890年制成。法国第戎附近的圣安东聚集了诸多艺术家，莱昂是其中之一，他受日本陶器启发，开发了滴釉装饰风格。分别高30cm、51.5cm。

2

2 拉斯金陶器工坊1925—1926年的作品。位于英格兰史密斯维克的拉斯金陶器工坊是众多艺术陶瓷工坊之一，这些工坊受中国单色陶器和牛血红釉陶器的启发，擅长制作高温釉效果的陶瓷。高25.5cm。

3

3 天目釉炻器花瓶，滨田庄司1923年的作品。滨田曾于1920年在英国康沃尔的圣艾夫斯与伯纳德·莱奇（Bernard Leach,1887—1979年）共事，后来基于其在英国的经历在日本创建了陶瓷工艺聚居地。高16cm。

因为制作过程复杂且成本高昂，大型制造商几乎完全可以控制陶瓷的生产。由于竞争激烈，英国成熟的瓷器公司开始将艺术设计运用到工业生产中，有时成立小型的工作坊，比如兰贝斯的道尔顿彩陶公司，或者是生产特定的艺术陶器系列，如皮尔金顿公司的“皇家兰卡斯特”系列。

曾在道尔顿彩陶公司工作的马丁兄弟于1873年成立了一个小型的陶器厂，是当时仅有的几个类似工厂之一。工厂主要制作炻器，生产带有模制装饰、雕刻和浮雕装饰的花瓶和瓷偶。罗伯特·华莱士·马丁（Robert Wallace Martin，1843—1924年）的设计是基于植物和动物的形式或者抽象的地貌图案。也有许多从事设计工作的独立设计师，如萨默塞特的埃德蒙·埃尔顿（Edmund Elton，1846—1920年）、密西西比州比洛克西省的乔治·E. 奥尔（George E. Ohr, 1857—1918年）以及美国著名的陶艺家阿德莱德·奥斯比·罗比诺（Adelaide Alsop Robineau，1865—1929年），罗比诺制作的瓷器往往带有重工雕刻和浮雕装饰。

德摩根1872年开始为瓷砖和陶器设计装饰。他在釉面设计方面做了诸多试验，特别是16世纪“西班牙摩尔式”风格陶器的光面效果，采用鲜艳的色彩和流动的自然主义风格设计，被广泛仿效。1903年，艾尔弗雷德·鲍威尔和妻子路易丝·鲍威尔与英格兰斯托克镇的Josiah Wedgwood & Sons公司开始了长期的合作关系。其设计从基于植物形态的抽象重复型图案到细致的建筑物和自然景观，应有尽有。从1906年起，他们在该公司成立的新手绘工作室创作了一系列简洁的设计。达姆施塔特和美国的许多工艺陶器也采用了小尺寸的重复型装饰图案。

欧美的陶器工匠也尝试了表面装饰艺术，试图从东方的作品中寻找灵感。在法国，尤金·莱昂（Eugène Lion）等陶器工艺师为外形简洁的陶罐开发出了戏剧化的釉面效果，这种风格被伯纳德·摩尔（Bernard Moore）和英国斯塔福德郡的拉斯金陶器工坊所采用。20世纪初小瓷窑的发展帮助实现了陶瓷形式和装饰元素的统一，由此也引发了20世纪20年代的工作室陶艺运动。

玻璃制品

饮用玻璃杯

1 菲利普·韦伯约1860年为James Powell & Sons公司设计的葡萄酒杯。这款玻璃杯应用了从威尼斯设计中汲取的灵感，其质感让人联想到韦伯对热加工玻璃工艺的青睐。

2 理查德·里默施密德约1903年的作品，门策尔餐具套组中的酒杯。里默施密德简洁、优雅、雕塑般的设计有效利用了材料的半透明度。

3 饮用玻璃杯，菲利普·韦伯为James Powell & Sons公司设计的作品，19世纪60年代出品。这组玻璃制品是韦伯简单而独特设计风格的典型代表。从1862年开始由Morris, Marshall, Faulkner公司出售。高（最高）15.5cm。

19世纪的娱乐需求和19世纪40年代玻璃消费税的取消导致了英国国内的玻璃器皿得以大批量生产。这种生产以深层雕花铅玻璃工艺为基础，不过约翰·拉斯金曾对该工艺提出强烈批评，一方面它与熔化玻璃的流动性格格不入，另一方面该工艺用在玻璃这种易碎的材料上也会出现大的损耗。拉斯金欣赏的是16—17世纪的威尼斯玻璃，这些作品在19世纪50年代首次大量展出，其曲线式的外形和梦幻般的浅色调装饰得到了广泛的效仿。

受威尼斯和北欧玻璃制品的启发，菲利普·韦伯于19世纪60年代为Morris, Marshall, Faulkner公司设计了一些看似简单的作品。这些坚固朴素的玻璃制品由James Powell & Sons公司生产，该公司在伦敦怀特弗利的工厂也为Morris, Marshall, Faulkner公司制作彩色玻璃。在设计师兼经理哈利·鲍威尔（Harry Powell，1864—1927年）的带领下，James Powell & Sons公司成为19世纪70年代以来现代艺术玻璃的代名词。哈利·鲍威尔从威尼斯玻璃的比例、清晰度和优美典雅中获得灵感，创造了一种新风格。他还试验了彩色玻璃的不同用途，并开发出了一种带条纹的白色不透明材料。

鲍威尔将源自大自然的画作作为雕刻设计的基础。尽管拉斯金和工艺美术运动反对雕花玻璃工艺，但他逐渐引入了一些受罗马作品启发的浅切玻璃制品。从弗克莱因·法夸尔森（Clyne Farquarson，大约活跃于20世纪30年代）、基思·默里（Keith Murray，1892—1981年）和戈登·罗素等设计师的作品中可以看出，这种更柔和、更偏向绘画风格的雕花玻璃工艺一直延续到了20世纪。

鲍威尔通过艺术工作者行会和公司的卓越技术建立了广泛的人脉，鼓励阿什比和本森这样的设计师将怀特弗利玻璃融入设计之中。James Powell & Sons公司的作品得以大范围展出，该公司一直到20世纪60年代都是玻璃设计领域的主力军，其基于原材料质量的简单设计影响了诸多设计师，包括里默施密德和贝伦斯以及一些斯堪的纳维亚制造商，比如欧瑞斯玻璃厂。

形式与装饰

1 菲利普·韦伯的作品，玻璃餐具的设计图，完成于19世纪60年代。韦伯研究了威尼斯和北欧的饮用玻璃杯，打造出简洁的外形，不依靠任何装饰，而是以其形式和比例来达成某种效果。

2 1898年G.M.海伍德·萨姆纳（G.M. Heywood Sumner）为James Powell & Sons公司制作的带盖玻璃杯。杯碗上雕花和镀金的植物形式软化了雕花燧石玻璃的形态。除了海伍德·萨姆纳，T.E.杰克逊（T.E. Jackson）和乔治·沃尔顿也为这家公司设计餐具。高32.5cm。

3 奥托·普鲁彻设计的香槟玻璃杯，约1907年制成。这件奥地利船形器皿由吹塑玻璃制成，饰以彩色覆盖层和切割设计。维也纳分离派特有的正方形经过切割，赋予了杯柄精美的链状外形。高21cm。

4 戈登·罗素设计的雕花玻璃，1927年制成。罗素在20世纪20年代为许多英国玻璃制造商设计了本土的玻璃器皿。James Powell & Sons公司生产了这些针对雕花玻璃进行试验设计的容器。

1

2

3

4

装饰性制品

1

2

1 奥马尔·拉姆斯登（Omar Ramsden）约1914年的作品，带银色边框的绿色玻璃花瓶。这只英国花瓶的设计源自16世纪德国艺术家汉斯·霍尔拜因画作中的一件同款作品。吹制玻璃工艺和锻银技术与其精美曲线完美融合在一起。高44cm。

2 James Powell & Sons公司和W.A.S.本森的作品，带青铜托架的玻璃花瓶，1903年制成。鲍威尔父子和本森都参与了试验性的工作。哈利·鲍威尔尝试在彩色玻璃中夹杂金属的做法就表现了他们的工艺，如图中花瓶所示。本森设计了花瓶的底座。高36cm。

银制品和其他金属制品

工艺与装饰

1 铜盘，约翰·皮尔逊约1892年的作品。皮尔逊的设计以奇异风格的鸟、鱼和树叶为主，锻造成浮雕图案。这些设计影响了康沃尔纽林艺术金属工业的发展，其生产一直持续到1939年。直径（最大的圆盘）59cm。

2 珠宝盒，玛丽·休斯敦（Mary Houston）1902年的作品。在伦敦与都柏林工作的休斯敦用凸纹制作工艺装饰这个镀银的铜质珠宝盒。其形状像一个凯尔特风格的圣坛，带有精致的装饰性饰带和理想化的女性头像。高24cm。

3 带托架的壶，Shreve公司约1910年出品。阿什比的锻造银器和英国工艺美术运动风格启发了美国的金属工匠。高25.5cm。

4 盒子和镶板的设计图，C.R.阿什比1906年的作品。阿什比制造的素色盒子和圆盘通常装饰着闪亮多彩的珐琅饰板，上面绘有花卉、动物、风景和故事场景。

5 铜制笔盘、镀膜黄铜手柄和写字台上的墨水池，C.F.A.沃伊齐的作品，1895—1903年出品。英国建筑师和设计师沃伊齐的金属制品简单质朴，与他设计的家具和室内装饰相得益彰。

19世纪80年代，最早的工艺美术运动风格金属制品由黄铜与铜制作而成。约翰·皮尔逊（John Pearson，活跃于20世纪80年代至1908年）与约翰·威廉姆斯（John Williams，逝于1951年）都是伦敦阿什比手工艺行会的早期成员。他们制作的大圆盘装饰有凸纹设计以及带有鸟、鱼、船图案的镂刻装饰。这种作品的设计视觉冲击力强，且工艺相对简单，非常适合业余人员加工，因此成为工艺美术运动时期展品的常见风格。

19世纪90年代，阿什比及其行会试验了意大利文艺复兴时期的金属制品工艺。“脱蜡”铸造法用蜡制模具来制作银器，用来加工杯柄、杯脚、杯底以及珠宝。随着阿什比在银器设计方面越来越有自信，他也创造出了最具影响力的手工艺行会作品。从1896年起，阿什比创作了大量的杯子、碗以及用银板锻造、以银质线圈作为手柄的盘子。银线有时单独使用，有时成对使用，有时扭成一团，弯成优雅的曲线，十分引人注目。这些器皿由手工打造，除银线设计外整体十分简洁朴素。阿什比用圆头锤将作品打平定型时，喜欢将表面打制得稍微凹进一些。这种工匠的手工记号在许多工艺美术运动时期的金属作品中都能找到。尽管有些作品由机器制成，但锤制记号却是最后工序的一部分，例如Liberty公司生产的“威尔士人”银器系列和“图德里克”锡镴制品系列。

沃伊齐和本森的做法不同，许多设计都是针对把手、挂钩和灯具部件，主要用于批量生产。这些作品要么是经由原型铸造而成，要么在车床上旋转加工制成。光滑平整的表面表明它们是由机器制造的。

沃伊齐、本森与阿什比影响了无数的金属工艺品设计师。诸多设计师纷纷在作品中有效利用了简单的几何形状和流动的线条，如奥利弗·贝克尔（Oliver Baker，1856—1939年）为Liberty公司设计的作品、约瑟夫·霍夫曼（Josef Hoffman，1870—1956年）为奥地利维也纳工作坊设计的作品以及画家约翰·罗德（Johan Rohde，1856—1935年）为丹麦的乔治·詹森（Georg Jensen，1866—1935年）所创作的设计。阿希巴尔德·诺克斯

自然主义装饰

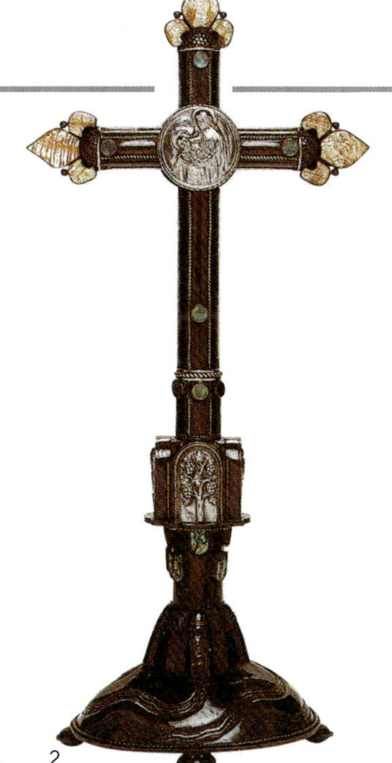

1 圣巴托罗缪教堂的圣餐杯，亨利·威尔逊的作品，英格兰布莱顿，约1898年制成。银和镀银与象牙和珐琅结合使用的工艺显示出文艺复兴时期最精美作品的华美风格。

2 圣坛十字架，约翰·保罗·库珀（John Paul Cooper，1860—1933年）1907年的作品。库珀的作品通过结合不同的材料打造出丰富多样的表面纹理。该作品中融合了铜绿、银和珍珠母。高58.5cm。

3 手工艺行会银器，C.R.阿什比约1905年的作品。阿什比在其简单优雅的样式上添加了密集的装饰。圆柱形的杯子底座与杯盖装饰着带有洋地黄图案的雕刻与镂空设计，杯碗部分雕刻着树叶形图案。杯子高37cm。

4 一对黄铜壁式烛台，欧内斯特·吉姆森约1905年的作品。吉姆森在英国科茨沃尔德开设了一家铁匠铺，雇用铁匠生产类似图中作品的金属配件。

5 黄铜壁式烛台，戈登·罗素约1922年的作品。橡子和橡树叶题材让人联想到英国的乡村，因而很受欢迎。高30.2cm。

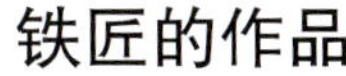

铁匠的作品

1 门把手与锁定板，欧内斯特·吉姆森约1910年的作品。与许多工艺美术运动风格建筑师一样，吉姆森为自己的建筑设计金属器件。他的设计都由自己雇用的铁匠制出成品，印花装饰也出自这些铁匠之手。高16cm。

流动的形式、曲线和线条

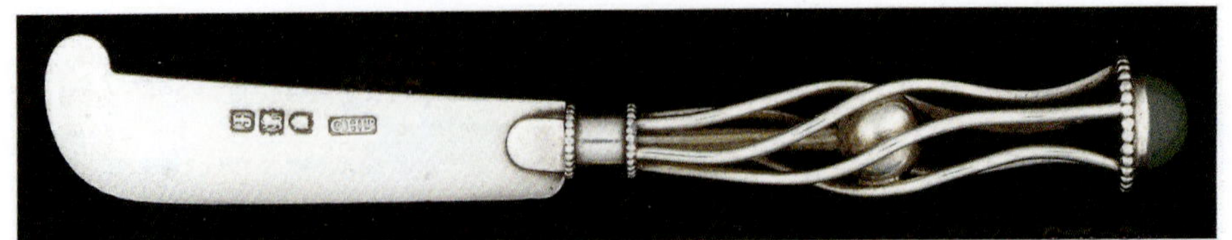

1 为手工艺行会设计的黄油刀，C.R.阿什比1900年的作品。阿什比将商业生产的银线和银球与自己的手工设计结合使用。扭曲的刀柄同时具有功能性和装饰性。长14cm。

2 W.A.S.本森1894年设计的茶具。本森的设计常常用机器将铜或黄铜铸造成型。他开设于1880年的工作坊发展成为设备齐全的工厂，制作家用器具和灯具配件。壶高28.5cm。

3 为手工艺行会设计的细颈水瓶，C.R.阿什比1904年的作品。这是阿什比的经典设计之一。银线制成的网套环绕着玻璃瓶体，形成了把手处醒目的曲线，同时也支撑起了顶端装饰物，设计典雅。高19cm。

（Archibald Knox，1864—1933年）的设计将简朴优雅的形状和交织的凯尔特花纹相结合，极受欢迎。

装饰精美的首饰盒与圣餐杯等中世纪晚期的样式影响了亚历山大·费舍尔（Alexander Fisher，1864—1936年）与亨利·威尔逊等工艺美术运动时期的设计师。威尔逊从1890年开始设计金属工艺品。平滑圆润的半宝石和色泽鲜艳的彩绘珐琅饰板为这些作品提供了丰富的表面镶嵌装饰材料。作为一名建筑师和雕刻家，威尔逊的金属作品带有丰富的意象和建筑般严谨的形式。他从大自然中汲取灵感，也鼓励其他人效仿。琥珀、珊瑚、骨、象牙、珍珠母等材料与银和其他金属大胆结合，大大增强了工艺美术运动风格作品的自然主义效果。飞鸟、动物、花卉、植物与树木等元素既出现在最简单的金属制品中，比如吉姆森的壁式烛台与沃伊齐的手柄，也用在杯子和十字架等做工精美的工艺品设计中。无处不在的心形主题则常常用来打造各种镂空装饰和浮雕装饰。

阿什比成熟的银器设计风格从大约1906年开始形成，其丰富多彩、庄严堂皇的特点同样出现在威尔逊及其亲密伙伴约翰·保罗·库珀和爱德华·斯宾塞（Edward Spencer，1872—1938年）制作的一些银器中，这些都是最为精美的工艺美术运动风格银器。银制装饰线条或绳结形成的饰带将设计图案划分成几个不同的水平区域，按银器自身的结构分布。库珀设计的盒子带有鲨革表面与银线装饰，在市场上也极为畅销。

吉姆森1902年的金属制品设计将简约性和精确性进行了完美结合。他设计的铁质或亮钢的手柄、火钳和其他器具都能完美发挥功用，而且握感良好，十分符合人体工程学设计。由不同冲压工序制成的半月形或点状小型镂刻图案四散分布，打造出的线条显得愈发凝练干净。吉姆森制定了金属加工的一套标准，在20世纪20—30年代，这一标准由戈登·罗素在科茨沃尔德传承下来。

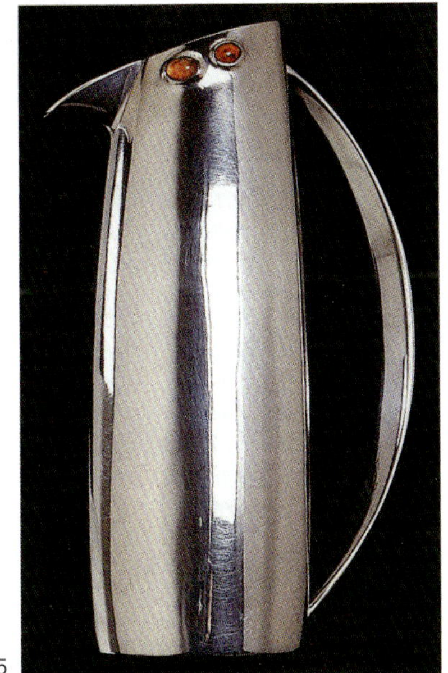

4 银、琥珀和珐琅制成的圣坛十字架，亚历山大·费舍尔1903年的作品。简陋的几何形十字架与环绕在四周的雕花银质树形设计形成了鲜明对比。高40cm。

5 为Liberty公司制作的“威尔士人”大水罐。阿希巴尔德·诺克斯1901年的作品。诺克斯最有名的手法是他对凯尔特装饰品的运用，这是受他的出生地马恩岛的习俗的影响，其设计中有节制的曲线影响了整个20世纪。

6 为Liberty公司制作的银质珐琅碗，奥利弗·贝克尔约1899年的作品。贝克尔的设计展现了他对凯尔特风格和历史风格的兴趣。高13.5cm。

7 银盒，约瑟夫·玛丽亚·奥尔布里希约1906年的作品。这位奥地利出生的建筑师是达姆施塔特艺术家聚居地的一员，主要设计家具和金属制品，还发展出了一种兼具工艺美术运动风格与新艺术运动风格特征的几何风格。高18.5cm。

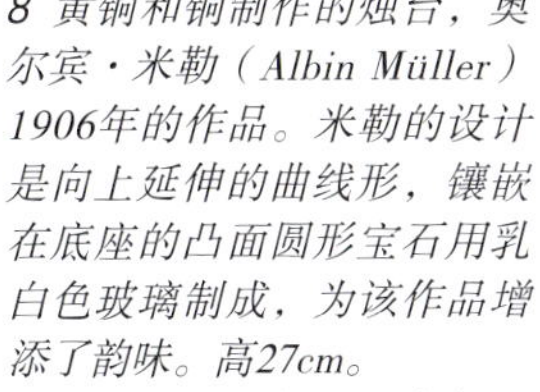

8 黄铜和铜制作的烛台，奥尔宾·米勒（Albin Müller）1906年的作品。米勒的设计是向上延伸的曲线形，镶嵌在底座的凸面圆形宝石用乳白色玻璃制成，为该作品增添了韵味。高27cm。

9 白蜡细颈水瓶和水杯，奥尔宾·米勒约1906年的作品。受克里斯托弗·德雷瑟、阿什比和范·德·维尔德作品的影响，米勒与其他的德国设计师创造出了这种将几何式样与曲线形状相结合的设计。高34.5cm。

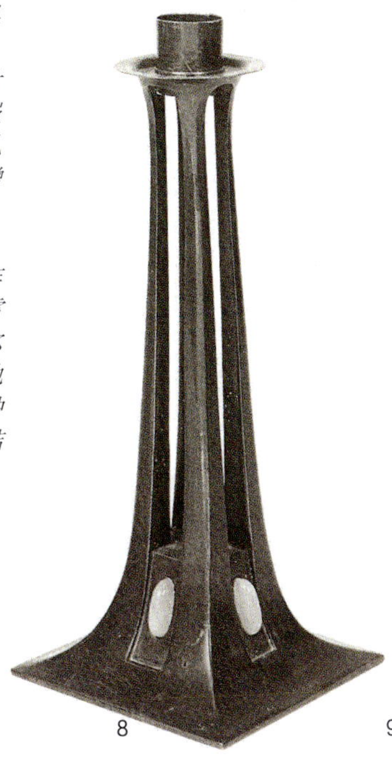

纺织品和壁纸

刺绣

1 “玫瑰树”，亚历山大·费舍尔1904年的作品。工艺美术运动时期的刺绣经常在丝绸锦缎上制作，为设计提供了一个带图案的背景，如图中英国的刺绣作品所示。长3.12m，宽1.37m。

2 “白面子树”墙幔，路易丝·鲍威尔约1920年的设计，手工编织靛蓝染色丝绸上的刺绣作品。图中的树上有松鼠、小鸟，树底有蕨类植物，共同构成了这幅刺绣的框架。长2.01m。

3 戈弗雷·布朗特（Codfrey Blount）1896—1897年设计的贴花镶板，手工编织亚麻布制成。布朗特的刺绣带有平面图案设计，可以用来替代模板印制的装饰。

4 古斯塔夫·斯蒂克利约1910年设计的“中国树”长方桌巾。斯蒂克利想让他的设计有种“强健之美”，因而为织物选择了一种中性色调的原色亚麻刺绣。长2.21m，宽35.5cm。

19世纪60年代，威廉·莫里斯设计了许多刺绣作品，其绘画风格与当时的主流风尚形成了鲜明对比。流行的做法是用十字形针法在帆布上绣出精确的图案，也就是众所周知的柏林绒绣工艺。莫里斯受中世纪晚期作品的启发，复兴了用绒线在羊毛布料上刺绣的工艺，这项工艺可以快速有效地完成大面积的刺绣图案。

19世纪70年代，莫里斯开始使用植物染料，特别是茜草色（红色）和靛蓝色（蓝色），主要是和托马斯·沃德尔（Thomas Wardle）在其位于斯塔福德郡利克的染色工坊中进行试验。相对柔和的色调比当时刚流行的鲜艳的化学染料更容易与莫里斯的绘画式风格产生共鸣。他的女儿梅·莫里斯（May Morris，1862—1938年）将蓝色作为刺绣中最能引起共鸣的颜色，认为“要选择那些色调纯净、略带灰色的靛蓝染料”。在马萨诸塞州的迪尔菲尔德，蓝白针织协会专注于有限的配色方案，很少使用其他天然染料。这种淡雅柔和的配色直到20世纪20年代一直都是许多工艺美术运动风格作品的特征。刺绣时往往选择亚麻和黄麻布，因为这类材料质地坚韧。出于同样的原因，双层织造丝绸、亚麻混纺面料和锦缎也很受欢迎。

莫里斯在设计中将线条或圆点作为背景，为木刻板印花壁纸增添了纹理。设计师和制造商选择日本草纸等具有异国情调的手工纸作为模印设计的基础，以保证其纹理的质感。

无论是用于印花纺织品还是壁纸，平面图案都需要一个底层结构。在1864年设计的格子壁纸中，莫里斯用网格创建了一个基本的结构。在他后来的设计中，又利用旋涡形的茛苕叶、开花的茎和其他图案来作为底层结构，手法更加巧妙，效果也更为出色。C.F.A.沃伊齐尤其擅长设计重复图案，他创作的壁纸在1893年比利时《仿真》杂志上发表的一篇文章中得到了范·德·维尔德的称赞。沃伊齐和其他工艺美术风格设计师都特别擅长为小毯子、地毯和家用纺织品的饰边图案创造连贯的设计。精心而富有创造性的设计确保了饰边图案在直角位置也能实现流畅的过渡。

工艺美术运动时期的刺绣和纺织品中常常使用自然

地毯和饰边图案

1

2

3

1 手工编织的毛绒棉底地毯，威廉·莫里斯约1890年的作品。这块大地毯以独特的莫里斯靛蓝色和茜红色制成，饰边是复杂精巧的几何式和自然主义图案，以此打造出装饰效果。长1.52m，宽1.18m。

2 欧内斯特·吉姆森约1900年设计的绣花布。吉姆森的许多设计都是基于他本人以植物花卉为主题的画作。

3 杰茜·纽伯里（Jessie Newbery）约1900年设计的贴花坐垫套。纽伯里的设计通常是在厚亚麻布上用丝绸制成刺绣。显著的轮廓线与彩色玻璃上的铅框有着类似的效果。

流畅的设计和图像

1

2

3

1 乔治·沃尔顿约1895年设计的丝绸和亚麻挂毯。流动的线条让人想起莫里斯早期的印花棉布，例如手工印染的“梅得威”印花布。

2 威廉·莫里斯约1878—1880年设计的花盆刺绣坐垫套。这种基于17世纪意大利镶板的小型家用制品让莫里斯的设计可以面向更大的市场。宽52cm。

3 带有刺绣镶板的屏风，J.H.戴勒（J.H. Dearle）和梅·莫里斯的作品，约1885年制成。简洁的几何式屏风构成了镶板的框架。高1.77m。

1

2

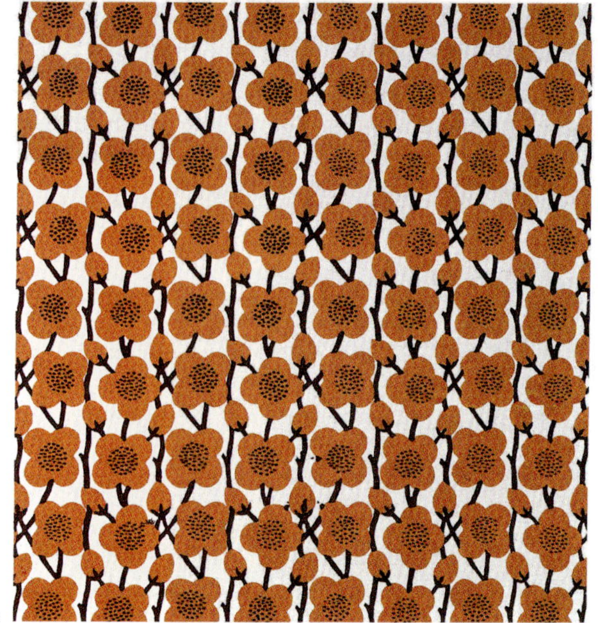

3

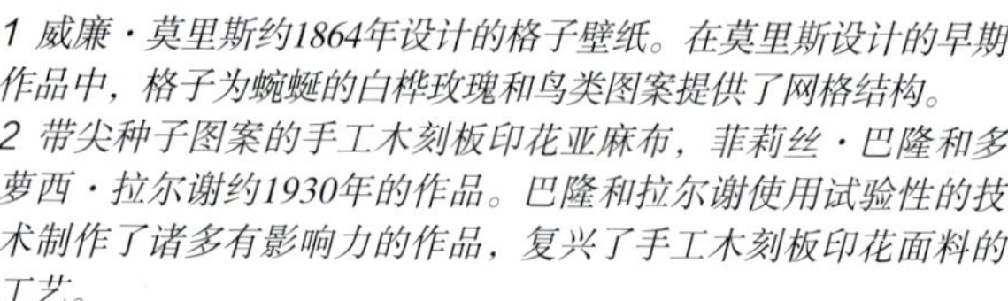

1 威廉·莫里斯约1864年设计的格子壁纸。在莫里斯设计的早期作品中，格子为蜿蜒的白桦玫瑰和鸟类图案提供了网格结构。

2 带尖种子图案的手工木刻板印花亚麻布，菲莉丝·巴隆和多萝西·拉尔谢约1930年的作品。巴隆和拉尔谢使用试验性的技术制作了诸多有影响力的作品，复兴了手工木刻板印花面料的工艺。

3 木刻板印花棉布，M.H.贝利·斯科特约1905年的作品。贝利·斯科特使用英国花园的花卉植物作为许多设计的基础。这件纺织品因其坚固的底层结构给人一种自然不做作的感觉。

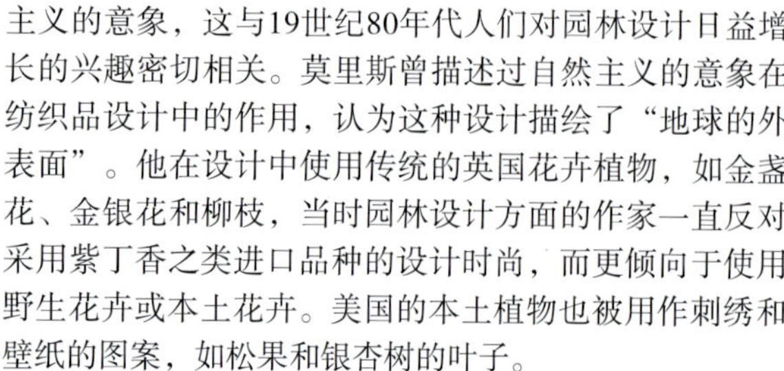

主义的意象，这与19世纪80年代人们对园林设计日益增长的兴趣密切相关。莫里斯曾描述过自然主义的意象在纺织品设计中的作用，认为这种设计描绘了“地球的外表面”。他在设计中使用传统的英国花卉植物，如金盏花、金银花和柳枝，当时园林设计方面的作家一直反对采用紫丁香之类进口品种的设计时尚，而更倾向于使用野生花卉或本土花卉。美国的本土植物也被用作刺绣和壁纸的图案，如松果和银杏树的叶子。

许多民间工艺品和乡村产业都涉及纺织品。传统的碎布地毯以及美国印第安人和墨西哥人的设计成为美国工艺美术运动时期作品的特色。在英国和美国，工艺品刺绣往往成套生产，设计图案会在杂志上发表，方便大家效仿。

生命之树是一棵正在生长的树，这一形象在工艺美术运动时期的设计中颇受欢迎，它特别适用于壁纸和纺织品的二维设计，可以将其设计成一个复杂精美的图案，加入鸟类和动物，也可以简化为醒目的图形。

沃伊奇和亨利·霍恩（Henry Horne，1864—1916年）的设计常常带有鸟类、其他动物和人物图像。沃尔特·克兰为壁纸和家用纺织品制作了流行的产品，加入了与其大部分作品寓意相合的古典人像（见p.263）。对儿童家居环境日益增长的兴趣启发了沃伊齐、亚瑟·西尔弗（Arthur Silver，1853—1896年）等艺术家的设计，为育儿室的装饰带来了明显的叙事元素。

1913年前后，欧米茄工作坊生产的木刻板印花和模印亚麻织物预示着手工木刻板印花工艺在20世纪的复兴。最有影响力的代表人物是菲莉丝·巴隆（Phyllis Barron，1890—1960年）和多萝西·拉尔谢（Dorothy Larcher，1884—1952年），他们都在20世纪20—30年代从事设计工作。

叙事场景与育儿室的设计

1 C.F.A.沃伊齐1929年的作品，壁纸设计的图案来自童谣“杰克建造的房子”。这是沃伊齐最受欢迎的育儿室壁纸设计。从大约1910年起，他在自己的二维设计作品中发展出了一种明显的叙述元素，包含了早期作品中的果树等图案。

2 “罗宾汉”饰带，约1893年出品，可能由哈利·纳珀（Harry Napper）的银色工作室为制造商查尔斯·诺尔斯（Charles Knowles）设计而成。这款壁纸由机器印刷，装饰带中有一款风格化的图案源自当时流行的东方风格设计。

1

2

3

4

3 银色工作室1905年设计的壁纸。这款壁纸整洁的平面图案和明亮浅淡的色彩反映了20世纪初模印设计的时尚。

4 邓恩·埃默尔行会约1904年设计的挂毯。行会训练了继承爱尔兰工艺传统的妇女。帆船是工艺美术运动时期很受欢迎的设计主题。长80cm，宽67.5cm。

新艺术运动时期

1890—1914年

引论

新艺术运动在19世纪90年代初兴起，随即迅速席卷欧洲和美国。该运动于1900年的巴黎世界博览会达到顶峰，从新世纪初期开始逐渐式微，直到后来随着第一次世界大战爆发而没落。这种风格伴随着一系列社会运动以及各种制造商、公共机构、出版社、个体艺术家、企业家和赞助商的活动应运而生，涵盖建筑、装饰艺术、平面设计、绘画和雕塑等各个领域，其具体风格特征因地区而异。

新艺术运动风格最典型的特征是弯曲、不对称的线条，但有时也可表现为使用有机、自然的形状或者实用性装饰图案，几何的、抽象的或线性的形式和图案，特定历史风格原型以及各种象征主义手法。

在这个民族主义情绪日益高涨的时期，新艺术运动最有用之处在于可以将其看作对现代民族主义风格的探索。从根本上讲，它将现代化的装饰作为实现风格的重要手段。新艺术运动在不同国家有不同的名称，包括现代风格、吉玛风格、大都市风格、1900风格、青年风格、花卉风格、自由风格、分离派风格、新艺术学院风格和蒂芙尼风格。不过，最广受认可的名称是“新艺术运动”，源自一家叫作“新艺术”的工作室，该工作室于1895年12月由齐格弗里德·宾（Siegfried Bing, 1838—1905年）在巴黎创立。

新艺术运动的第一批作品于1893年出现：其一是位于布鲁塞尔的塔赛尔公馆，由维克多·奥尔塔（Victor Horta, 1861—1947年）设计完成，这是新艺术运动风格在建筑领域第一个完整的宣言式作品；其二则是奥布里·比尔兹利（Aubrey Beardsley, 1872—1898年）为奥斯卡·王尔德（Oscar Wilde）的戏剧《莎乐美》完成的舞美设计。两件作品同时都展示了对曲线重要性的探索。

新艺术运动的兴起是一个复杂的现象，在不同的国家和城市中综合了多种因素。大多数国家都普遍关注的问题是：打破过去的设计风格，创造一种统一的、所有人都可以使用的现代艺术。许多设计师致力于复兴以往的工艺手法，借鉴部分工艺美术运动思想观念进而开发出理想化的模型。另有一些人接受了机器生产，且实现了高质量产品的大规模制造，以此满足新兴而富有的中产阶级对消费品的需求。

该领域许多人的目标是发明一种适合于机器制造功能的新型设计风格，将新艺术运动与之前的工艺美术运动明显区分开来。

新艺术运动风格的灵感来源五花八门，大多数新艺术派的作品都兼收并蓄、不拘一格。创造现代民族主义设计的迫切需要意味着在民族主义背景下使用特定的历

左图：洛可可风格的维纳斯和阿多尼斯雕像，18世纪中期制作，法国文森斯。曲线形、不对称造型和洛可可式风格的感性是新艺术运动设计师的灵感来源，尤其是在法国。高30cm。

对页：比利时建筑师维克多·奥尔塔在布鲁塞尔设计的塔赛尔公馆，1893年，新艺术运动风格建筑最重要和最完整的代表之一。其蜿蜒、有机的装饰形式是这种风格的特色。

1 巴黎齐格弗里德·宾的工作室“新艺术”入口处的向日葵装饰，体现了新艺术运动风格对自然表达的重视。

2 奥布里·比尔兹利为奥斯卡·王尔德的戏剧《莎乐美》绘制的插画《我吻了你的嘴》，是新艺术运动风格最早的作品之一。对曲线和象征主义的巧妙运用是比尔兹利作品的典型特征。

史风格来源被赋予了独特的意义。例如在法国，新艺术运动风格同时使用非对称的曲线形式和洛可可风格的感性意象，让人联想起一个有着伟大工艺技巧和颓废奢侈风格的时代。在许多国家，一般认为民间艺术和文化体现了纯洁和诚实的价值观，可以作为现代风格的基础。英国的工艺美术运动已经引领了重新评价民间文化的潮流，而威廉·莫里斯对无等级的统一艺术以及整体室内艺术风格的追求成为新艺术运动的主导原则。然而，英国设计的影响超出了约翰·拉斯金和威廉·莫里斯对艺术与社会和谐的关注。唯美主义运动时期的“颓废”及其“为艺术而艺术”的理念也产生了相当大的影响，这一倾向又与法国象征主义相结合，为新艺术运动风格提供了一种深刻的反唯物主义和形而上的元素。1897年，奥克塔夫·乌赞（Octave Uzanne）在《工作室》中写道：“新艺术运动试图描绘的是身体被灵魂折磨的永恒痛苦。”

新艺术运动另一个重要的来源是非西方艺术，特别是日本、北非和中东的艺术。这些国家或地区的艺术代表了一种新的美学视野，可以使垂死的西方传统重新焕发生机。日本木版画的影响尤为显著，其运用的平面区域色彩具有强烈的界限轮廓。大胆而能引起共鸣的线条、不对称元素、平坦的画面和简化的形式，这些都成为新风格的独有特征。日本建筑形式和设计的几何学及简洁性也对新艺术运动风格在格拉斯哥和维也纳的发展产生了极大的影响。

殖民地企业也促进了这种风格的发展。在比利时，因为需要推广使用来自比属刚果（刚果的旧称——译者注）的产品，人们重新开始在装饰艺术中使用象牙。同时，来自不同殖民地的异国木材成为新艺术运动风格的一大特色。印度尼西亚的艺术和技术对荷兰新艺术运动的发展特别重要。

毫无疑问，形式和主题唯一最重要的来源是自然。新艺术运动风格出于不同的目的以不同的方式利用自然中的元素。一种策略是风格化。植物花卉的形式被风格化，往往制成各种样式，用于所有的艺术形式之中。与工艺美术运动时期一样，风格化是新艺术运动的主导美学策略，代表了一种理性主义的设计方法。

自然也常常以一种现实主义的风格直接用来创造一个作品的形式或图像。现实主义的昆虫和爬行动物不经过风格化，而是直接运用到作品中，往往具有特殊的象征意义。也许利用自然最重要的策略是进化模式。按照达尔文的理论，许多设计师认为自然代表了一种不断进步的设计模型，于是他们探索成长的力量并用象征性的手法表现出来。高度有机的曲线成为这种利用自然手法的表达方式。德国生物学家和进化理论家恩斯特·海克尔（Ernst Haeckel）的工作对于人们采用这种方法尤为重要。

这种使用自然元素的方法常常和变形手法相结合。许多新艺术运动风格的作品似乎代表着变形，将人类的形态与自然世界融合在一起。根据进化论的观点，人类是自然界的一部分。这一观点的一个特征就是大量使用变形后的女性形态，而且往往是不断变化的形态。

新艺术运动通过一系列媒体机构在欧洲和美国得以迅速传播，期刊起到了重要作用。这一时期新期刊数量的急剧增加直接推动了这种风格的传播。最重要的装饰艺术专业期刊有《工作室》《现代艺术》《艺术和装饰》《装饰艺术》（法语），以及《潘》《青年》《装饰艺术》（德语）和《神圣的春天》。

艺术品商店的建立也有力地推动了新艺术运动风格的形成，包括伦敦的“自由之家”、巴黎的“现代艺术之家”和“新艺术画廊”等。路易斯·康福特·蒂芙尼在巴黎通过齐格弗里德·宾的工作室销售自己的作品，而埃米尔·葛莱（Emile Gallé, 1846—1904年）和路易斯·马若雷勒（Louis majrelle, 1859—1926年）等法国南锡学派的设计师则在包括伦敦在内的许多城市中心开设了艺术品商店。

国际展览会也让广大观众得以了解新艺术运动。例如，1900年的巴黎世界博览会吸引了超过5100万人参观。芝加哥（1893年）、都灵（1902年）、圣路易斯（1904年）和米兰（1906年）也举办了有大规模新艺术运动风格展品的世界博览会。此外，各种国家展览协会、团体和沙龙不断发展，也为推广这种风格添砖加瓦。

博物馆也开始收集和展览新艺术运动风格作品，对该风格的推广起到了推动作用。在汉堡、布达佩斯、哥本哈根、特隆赫姆、奥斯陆、巴黎和伦敦都有许多重要的收藏品。这些收藏品引起了公众对新艺术运动的关注，也让设计师能够直接研究其他国家设计创作方面的新进展。

3

4

3 尤金·格拉塞特（Eugène Grasset）1897年出版的《植物及其在装饰中的应用》一书展示了植物花卉是如何经过风格化设计并用于装饰之中的。

4 日本木版画中强烈的线性图案和空间衔接手法对新艺术的发展产生了极大的影响，如日本艺术家歌川国贞1847年的这件作品。

5 恩斯特·海克尔1898年的《自然的艺术形式》详细展示了植物和海洋生物的结构，成为新艺术运动风格设计，尤其是德国设计师设计的重要形式来源。

5

家具 · 法国家具

南锡

1 这幅由埃米尔·葛莱创作于1900年的挡火隔板用白蜡树制成，饰以各种木材的镶嵌工艺。这种弯曲、不对称的装饰显然要归功于日本艺术。高1.09m。

2 埃米尔·葛莱于1896年制作了这个柜子。用雕刻和镶嵌工艺饰以大量的动物和花卉主题图案。展翅的蝙蝠为柜子提供了支撑。

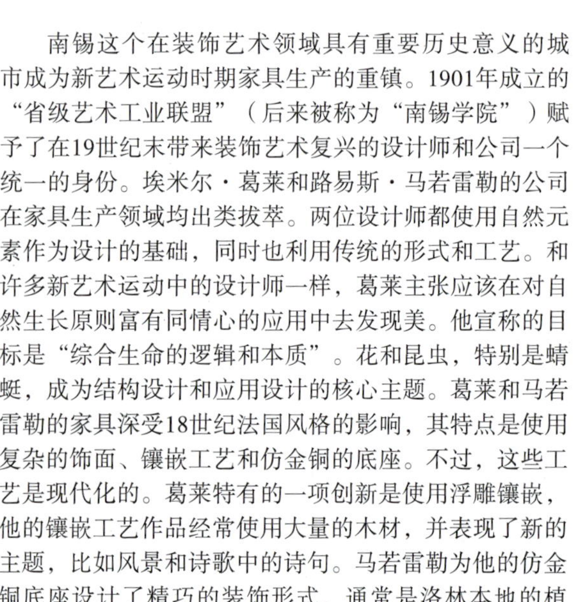

3 这张名为“会好起来”的床是埃米尔·葛莱家具设计的代表作，创作于1904年。一个巨大的蛾子镶嵌着珍珠母，构成了顶部和脚板的主要装饰元素。飞蛾昼伏夜出，象征着昼夜的循环。高60cm。

南锡这个在装饰艺术领域具有重要历史意义的城市成为新艺术运动时期家具生产的重镇。1901年成立的“省级艺术工业联盟”（后来被称为“南锡学院”）赋予了在19世纪末带来装饰艺术复兴的设计师和公司一个统一的身份。埃米尔·葛莱和路易斯·马若雷勒的公司在家具生产领域均出类拔萃。两位设计师都使用自然元素作为设计的基础，同时也利用传统的形式和工艺。和许多新艺术运动中的设计师一样，葛莱主张应该在对自然生长原则富有同情心的应用中去发现美。他宣称的目标是“综合生命的逻辑和本质”。花和昆虫，特别是蜻蜓，成为结构设计和应用设计的核心主题。葛莱和马若雷勒的家具深受18世纪法国风格的影响，其特点是使用复杂的饰面、镶嵌工艺和仿金铜的底座。不过，这些工艺是现代化的。葛莱特有的一项创新是使用浮雕镶嵌，他的镶嵌工艺作品经常使用大量的木材，并表现了新的主题，比如风景和诗歌中的诗句。马若雷勒为他的仿金铜底座设计了精巧的装饰形式，通常是洛林本地的植物和花朵。他将这些装饰与异国情调的木材相结合，其作品的典型特征是用料极其丰富。另有两名设计师维克多·普鲁夫（Victor Prouvé, 1858—1943年）和路易斯·赫斯托（Louis Hestaux）协助葛莱和马若雷勒设计各种镶嵌工艺作品。

葛莱的工作室确实也使用电动工具来制作建筑部件，但是抛光和细节都是手工完成的。马若雷勒则利用机械化生产制作同一件作品的多个版本，因而其家具生产规模更大。整套家具的生产几乎和流水线一样精确。尤金·瓦林（Eugene Vallin, 1856—1922年）和埃米尔·安德烈（Emile Andre, 1871—1933年）得益于人们对南锡越来越多的关注。作为建筑师，他们的家具是由普通木材制成的，其设计受到了比利时新艺术运动中有机抽象线条的影响。

尽管致力于设计出新的作品，许多巴黎设计师仍然更为关注法国工艺传统的复兴。齐格弗里德·宾以洛可可风格为灵感设计的整套家具和室内装饰以及乔

5 路易斯·马若雷勒1899年设计的柜子，下半部分描绘了一种在洛林常见的植物——大猪草。顶部的装饰面板描绘了一只老鹰如何保护小鹰不被蛇叼走，很可能象征着法属洛林反抗德国吞并领土的战斗。高1.69m。

6 这把椅子的优美曲线和流畅的线条是路易斯·马若雷勒作品的典型特征，该作品曾在1900年的巴黎世界博览会上展出，后来作为新艺术运动风格的代表作被维多利亚和阿尔伯特博物馆购买收藏。高1.22m。

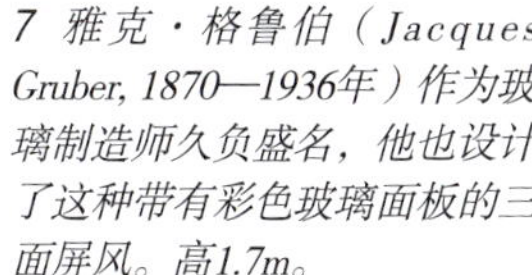

4 这张书桌是路易斯·马若雷勒的作品，饰以兰花样式的镀金支架，约1903年制作。植物花卉样式的青铜色支架是其作品的典型特征。高95cm。

7 雅克·格鲁伯（Jacques Gruber, 1870—1936年）作为玻璃制造师久负盛名，他也设计了这种带有彩色玻璃面板的三面屏风。高1.7m。

8 尤金·瓦林为富有的顾客制作的独家委托的家具。这张桌子集中体现了瓦林将建筑手法应用于家具结构的特点。

9 由路易斯·赫斯托设计的这款精致的雕花橱柜显示了许多新艺术运动风格设计师对象征主义的痴迷。

10 卡米尔·戈捷（Camille Gauthier）在1894—1900年与路易斯·马若雷勒共事。1901年，他成立了自己的公司。1903年，他设计的这一套家具明显地揭示出他对马若雷勒风格的借鉴吸收。椅子高 94cm。

1

2

1 这个巨大的餐具柜专为贝朗榭公寓的餐厅设计，是赫克托尔·吉玛最重要的建筑设计之一。它被视为餐厅整体设计的一部分。高2.97m。

2 在1900年的巴黎世界博览会上，齐格弗里德·宾委托尤金·盖拉德为他的“新艺术风格馆”设计一间餐厅。这个线条优雅克制的餐具柜成为整个展览的中心。高2.63m。

3 这套由乔治·德·福尔设计的镀金家具在巴黎世界博览会上获得了金奖。由于深受洛可可风格的影响，该作品被认为代表了现代法国设计的最高水平。椅子高 94.5cm。

3

4

4 亨利·贝勒里–德斯方丹（Henry Bellery–Desfontaines）是法国新艺术运动的领军人物之一。他的风格受到哥特式艺术形式和尤金·维奥莱特–勒–杜克作品的影响。这张桌子的花卉装饰并没有掩盖它结构上的特色。高90cm。

5 法国梅森·宝格丝公司约1900年出品的书桌。其法式历史传承一目了然。

5

6 鲁伯特·卡拉宾创造了一些最不寻常的新艺术运动风格作品，许多设计结合了动物和人类的形象。一个蹲着的女人构成了这把椅子的底座，约1895年制作。猫也经常出现在他的设计中。高1.22m。

7 利昂·贝努维尔（Leon Benouville）设计的书桌饰以纤细的曲线、花纹镶嵌工艺和不对称的设计，这些特点常出现在法国新艺术运动风格的作品中。

8 这把椅子是用胡桃木制成的，运用了油漆和雕刻工艺，椅垫是皮革材质。饰有花卉或几何图案的皮革常被用作新艺术运动风格作品的坐垫。安德烈·达拉斯（Andre Darras）约1900年设计，曾在巴黎世界博览会上展出。高97cm。

9 查尔斯·普鲁米特和托尼·塞尔默舍姆用普通木材制作了一整套系列家具，大胆的结构突出了其制作方式。这张橡木雕花座椅体现了制作者对结构本身的兴趣胜于装饰的实用性。高93.5cm。

10 1901年亚历山大·查彭蒂尔设计的乐谱架，其雕花底座就像一篇富于动态线条和蜿蜒图案的散文。这是法国新艺术运动风格的典型作品。高1.22m。

治·德·福尔（Georges De Feure，1868—1943年）、尤金·盖拉德（Eugene Gaillard，1882—1933年）和爱德华·科隆纳（Edouard Colonna，1882—1948年）的设计均旨在重振法国的奢侈品工艺行业。齐格弗里德·宾推广了小工匠作坊的理念，很少生产成系列的作品。他所选择的设计是结构紧凑的有机自然主义与洛可可风格的融合。1900年巴黎世界博览会上，乔治·德·福尔为“宾”展厅设计的客厅家具就是一个范例，该作品在本次博览会上获得了金奖。

巴黎六人组的成员查尔斯·普鲁米特（Charles Plumet，1861—1928年）、托尼·塞尔默舍姆（Tony Selmersheim，1840—1916年）和亚历山大·查彭蒂尔（Alexandre Charpentier，1856—1909年）生产的家具使用表面没有装饰的普通木材。他们的作品强调结构和线条，强调家具的组装。作为整体设计师，塞尔默舍姆和普鲁米特的兴趣点是室内设计作品的整体统一。不过，赫克托尔·吉玛（Hector Guimard，1867—1942年）才是最能体现巴黎新艺术运动风格室内设计统一性的设计师。作为一名建筑师，他的家具设计是其室内设计的一个组成部分，运用了对建筑功能主义极其个性化的理解。对于吉玛来说，装饰是形式的重要组成部分，而不仅仅是应用到形式之上。他的艺术具有强烈的有机感，体现了其认为自然为设计提供了一个渐进式模型的理念。吉玛很有影响力，很多设计师都采用了他的风格。

鲁伯特·卡拉宾（Rupert Carabin，1882—1932年）是从雕塑设计转向家具设计的。他的雕刻作品打破了纯艺术作品和装饰艺术之间的界限，这是新艺术运动风格设计的一个关键目标。他的家具使用了很多材料，经常包括金属配件或细节。裸体的女性形象占主导地位，往往伴随着具有各种象征意义的动物图案。卡拉宾的作品往往包含情色并具有高度神秘感，在新艺术运动和象征主义之间建立了联系。

比利时和荷兰家具

比利时新艺术运动

1 维克多·奥尔塔位于布鲁塞尔的家，约1898—1900年设计完成，是整体艺术（Gesamtkunstwerk）室内设计的重要作品。奥尔塔设计的家具和建筑遵循同样的原则，两者都探索了复杂有机线条的使用。

2 亨利·范·德·维尔德是新艺术运动最早的倡导者之一。这张办公桌是一个系列作品中的一件，设计于1898—1899年，造型大胆，呈曲线状，成为凡·德·维尔德风格的标志。办公桌高1.28m。

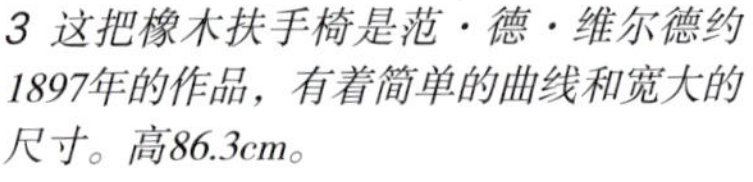

3 这把橡木扶手椅是范·德·维尔德约1897年的作品，有着简单的曲线和宽大的尺寸。高86.3cm。

4 奥尔塔设计的家具外形经过柔化处理，表明他拒绝工艺美术运动风格的简洁性，却继承了洛可可式的设计风格。高95cm。

5 古斯塔夫·塞里尔-博维在这张床上使用了一个柔和弯曲的拱门，这是其家具和建筑设计的典型风格。曲线金属的底座是新艺术运动风格的共同特色。长2.11m。

6 这套1895年由塞里尔-博维为“工匠室”（Chambre d'Artisan）创作的家具，体现了他对工艺美术运动风格的兴趣。椅子高 93cm。

7 保罗·汉卡尔（Paul Hankar）设计了这套折叠椅和凳子，其中对线条和形式的关注显而易见，而凳子腿的设计是对卡布里弯腿的现代诠释。椅子高1.14m。

荷兰新艺术运动

1 卡雷尔·阿道夫·莱恩·凯萨1903年设计的音乐架，镶嵌着热带树林的装饰，并绘有新艺术运动风格的孔雀。其装饰灵感源于印度尼西亚艺术。高1.4m。

2 贝尔拉格是荷兰新艺术运动风格最理性的设计师之一。图中1898年设计的大餐柜，装饰内敛、形态稳固，是他的代表作品。高2.6m。

3 贾恩·托恩-普里克尔（Jan Thorn-Prikker）1898年制作的橡木长椅，椅背的弧线体现出新艺术设计更加注重有机结构。高1.2m，长1.08m。

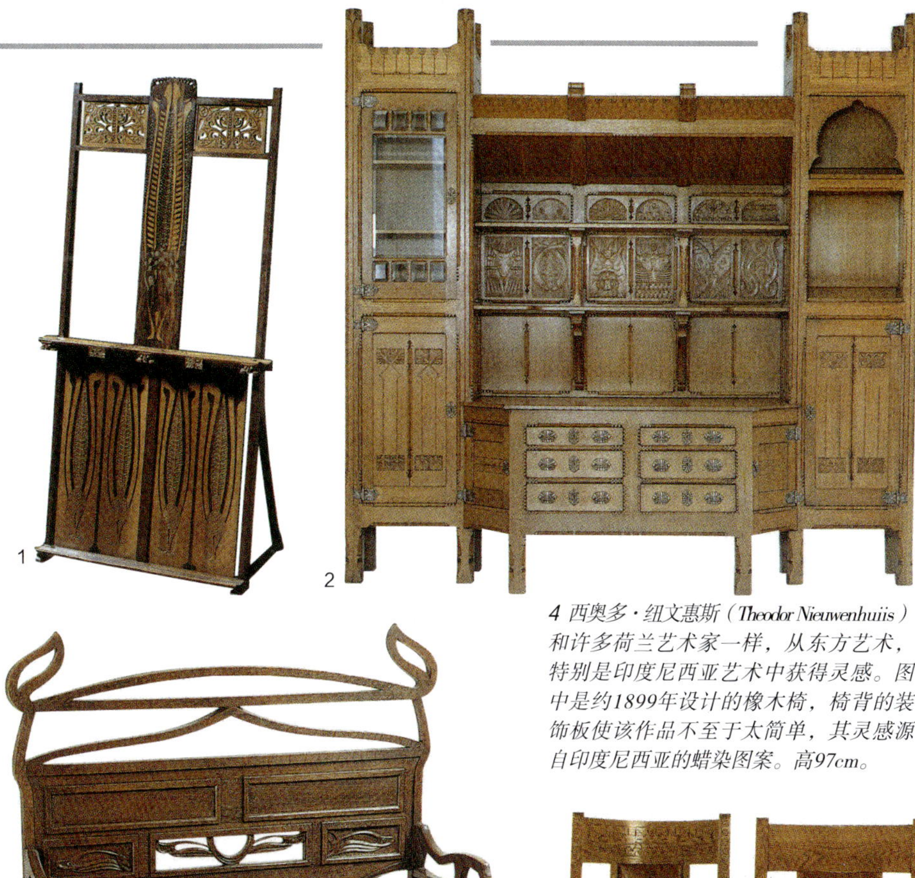

4 西奥多·纽文惠斯（Theodor Nieuwenhuiis）和许多荷兰艺术家一样，从东方艺术，特别是印度尼西亚艺术中获得灵感。图中是约1899年设计的橡木椅，椅背的装饰板使该作品不至于太简单，其灵感源自印度尼西亚的蜡染图案。高97cm。

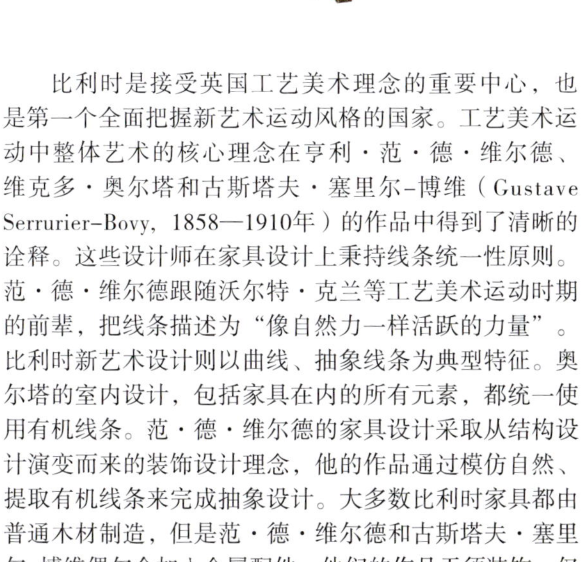

比利时是接受英国工艺美术理念的重要中心，也是第一个全面把握新艺术运动风格的国家。工艺美术运动中整体艺术的核心理念在亨利·范·德·维尔德、维克多·奥尔塔和古斯塔夫·塞里尔-博维（Gustave Serrurier-Bovy，1858—1910年）的作品中得到了清晰的诠释。这些设计师在家具设计上秉持线条统一性原则。范·德·维尔德跟随沃尔特·克兰等工艺美术运动时期的前辈，把线条描述为“像自然力一样活跃的力量”。比利时新艺术设计则以曲线、抽象线条为典型特征。奥尔塔的室内设计，包括家具在内的所有元素，都统一使用有机线条。范·德·维尔德的家具设计采取从结构设计演变而来的装饰设计理念，他的作品通过模仿自然、提取有机线条来完成抽象设计。大多数比利时家具都由普通木材制造，但是范·德·维尔德和古斯塔夫·塞里尔-博维偶尔会加入金属配件。他们的作品无须装饰，仅凭充满活力的线条就能体现其装饰性。塞里尔-博维开发了拱门的特殊用途，使其设计的家具拥有结构上的张力，体现出他接受过建筑师的训练。

19世纪90年代，在荷兰，一些建筑师把注意力转向了室内设计，使该国的新艺术运动（Nieuwe Kunst）变得独具一格。许多设计方法诞生。H.P.贝尔拉格（H.P. Berlage，1856—1954年）是理性主义派设计的代表。他从工艺美术运动的原则中得到启发，设计出了追求精湛构造与工艺的实用型家具。

卡雷尔·阿道夫·莱恩·凯萨（Carel Adolphe Lion Cachet，1866—1945年）、西奥多·纽文惠斯（Theodor Nieuwenhuiis，1866—1951年）和格里特·威廉·狄塞尔霍夫（Gerrit Willem Dijsselhoff，1866—1924年）则代表荷兰新艺术运动的另一流派，该流派将装饰与生产相结合。这些艺术家同在Van Wisselingh公司工作，使用独具东方特色（特别是印度尼西亚）的木材、材料和图案，首要目的是实现创新的装饰设计。

德国、苏格兰和奥地利家具

青年风格

1 伯纳德·潘科克设计了非凡的新艺术运动风格家具。图中1899年设计的玻璃橱窗，有着类似昆虫的腿，是最伟大的新艺术运动风格作品之一。潘科克经常使用动物或植物形状的装饰。高2m。

2 彼得·贝伦斯1902年设计的餐柜和椅子，是典型的风格内敛的理性派设计。金属配件常用来为简约的家具提供装饰点缀。高1.9m。

1

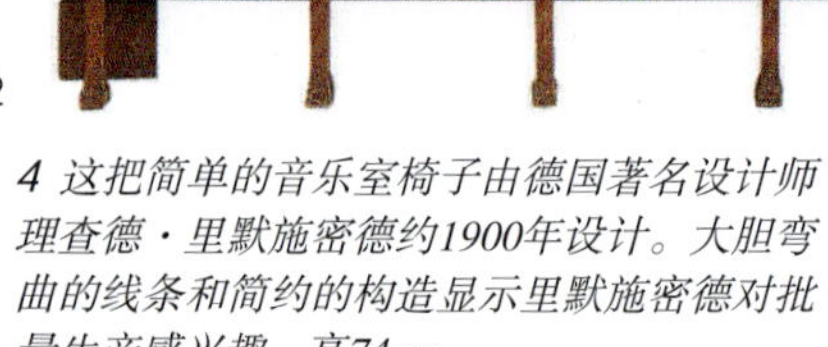

2

4 这把简单的音乐室椅子由德国著名设计师理查德·里默施密德约1900年设计。大胆弯曲的线条和简约的构造显示里默施密德对批量生产感兴趣。高74cm。

5 赫曼·奥布利斯特相信大自然可以为他的设计风格提供模型。金属配件的设计可能受到植物学家恩斯特·海克尔的影响。长1.32m。

3 4

3 奥古斯特·恩代尔和伯纳德·潘科克一样对自然形式着迷。图中1899年设计的扶手椅运用雕刻装饰和淡色，象征着变形的树木与骨头。高86.5cm。

5

德国新艺术运动风格（青年风格）的艺术家可分为理性派和表现派。《艺术与工业》杂志的编辑、批评家利奥波德·格麦林（Leopold Gmelin）1897年指出：“应用艺术的现代化特色有两大原则：第一，……构造简约；第二，与动植物世界相联系……简约的构造对普通的材料更加青睐。”坚持第一大原则的设计师旨在设计机器生产的家具。慕尼黑手工艺联合车间为家具和室内设计提供了一种简约的美学原则，其部分灵感源于工艺美术运动，设计的产品可以批量生产。理查德·雷曼施米德（Richard Riemerschmid）设计的家具反映了这种理念，即实用、诚实且忠于原材料。这些家具由机器制作预示着新时期的生产方式。

受赫曼·奥布利斯特（Hermann Obrist, 1862—1927年）的影响，一些艺术家设计的家具体现了第二大原则——表现主义。奥布利斯特专注于自然哲思，他的设计演化模型衍生出青年风格的有机主线。抽象的自然形式是这种风格的显著特征，奥古斯特·恩代尔（August Endell, 1871—1925年）、奥布利斯特和伯纳德·潘科克（Bernhard Pankok, 1872—1943年）设计的家具正体现了这一特征。

师从奥托·瓦格纳（Otto Wagner, 1841—1918年）的维也纳卓越设计师，和查尔斯·雷尼·麦金托什一样，将建筑方法应用于家具设计中。约瑟夫·玛丽亚·奥尔布里希、科罗曼·莫塞尔（Koloman Moser, 1868—1919年）和约瑟夫·霍夫曼的作品中都使用了类似整洁的几何图案。麦金托什在1900年举行的第八届维也纳分离派展览会上，向人们展现了格拉斯哥学派风格家具的结构原理和线性几何结构，使得霍夫曼和维也纳工作坊的家具设计变得更加精确。然而，分离派的家具继续为新风格探索历史模式。其中，比德迈式风格对形式和装饰的设计部产生了重大影响。

格拉斯哥学派

1 查尔斯·雷尼·麦金托什的设计风格独特，多使用几何形状和细长线条，影响深远。1897—1900年设计的这把椅子，具有标志性的细长后背和简单结构。高1.36m。

2 麦金托什与妻子玛格丽塔·麦克唐纳（Margaret McDonald）共同设计的橱柜，装饰着格拉斯哥学派的典型图案：抽象的鸡蛋、非写实的玫瑰和瘦长的女性形象。高1.54m。

维也纳设计师

1 约瑟夫·玛丽亚·奥尔布里希1905年设计的写字台，是对比德迈式风格设计的改造。其形式和装饰图案已被简化，具有现代主义风格的典型特征。高1.92m。

2 科罗曼·莫塞尔1903年设计的女士写字台和扶手椅。扶手椅几乎可以完全收进桌子。这件作品的椴木和黄铜嵌饰也是受到比德迈式风格的启发。高67cm。

3 约瑟夫·霍夫曼1899—1900年设计的三扇式屏风，传统和现代元素并存。顶部的里拉琴形状有着古典韵味，皮革面板中的烫花金装饰则拥有现代风格的气息。面板高1.55m 。

意大利和西班牙家具

意大利的新艺术运动风格

1

2

1 约1900年于威尼斯设计的这套餐厅家具是装饰精美的意大利新艺术运动风格设计的典型代表。雕塑图案使用华丽的花卉和女性裸像，这是意大利新艺术运动风格的特点。

2 别具一格的蜗牛椅是卡洛·布加蒂为1902年举办的都灵博览会设计的。木框架由绘有图案的精美羊皮纸和铜皮包裹。高89cm。

3

4

3 卡罗·曾约1900年制作的果木无扶手椅，镶嵌着珍珠母和金属，椅背有瘦长的花卉图案。高93.7cm。

4 贾科莫·科梅蒂为1902年都灵博览会设计的无扶手椅，椅背的雕刻形状是一种抽象化的植物或花卉。

5 图中桃花心木写字台的牢固结构表明设计师埃内斯托·巴西莱曾接受过建筑师培训，该作品在1903年的威尼斯双年展中展出。巨大的比例因青铜配件上的人物装饰而得到缓和。

6 一些意大利设计师受日本艺术的影响，因而在设计中使用日本图案。图中是卡罗·曾约1902年设计的桃花心木橱柜，嵌有珍珠母和黄铜。

5

6

西班牙的新艺术运动风格

1 这个极其不对称的梳妆台是安东尼·高迪的设计。其折中的形式借鉴了许多原型。可以看出其中植物和动物的形态以及哥特式和巴洛克风格的元素。

2 这个玻璃器皿是阿莱霍·克拉普斯·皮格（Alejo Clapes Puig）和高迪的设计。高迪对高度有机形式的运用影响了同时代的许多人，作品曲折而动态的雕塑形式体现了这一特点。

1

3 吉亚科莫·科梅蒂（Gaspar Homar，1870—1953年）的作品也受到了高迪的影响，但图中1904年的镶板和长椅代表了一种更为克制的设计风格。镶嵌工艺面板由约瑟夫·佩伊·法里奥尔（Joseph Peyi Farriol）设计。高2.68m。

2

3

在意大利新艺术运动时期的家具设计中出现了两种截然不同的风格。一方面是极具花卉雕塑风格的设计，是由维托里奥·瓦拉布雷加（Vittorio Valabrega，1861—1952年）和阿戈斯蒂诺·劳罗（Agostino Lauro，1861—1924年）等设计师发展起来的。另一方面，还有一些设计师的灵感来自北非和中东艺术中出现的异域形式和工艺。卡洛·布加蒂（Carlo Bugatti，1856—1940年）、尤根尼奥·夸蒂（Eugenio Quarti）和卡罗·曾（Carlo Zen，1851—1918年）都是杰出的设计师，他们在设计中尝试使用了异国情调的材料和东方的形式。对于这两种不同风格设计师设计的家具而言，丰富的装饰和出色的工艺技巧都起着决定作用。

瓦拉布雷加的公司使用机器生产，产品数量成倍增加，因而该公司是少数几家能够进入更广大市场的意大利公司之一。他们的家具设计往往极具雕塑感，带有装饰性的花卉图案。相比之下，埃内斯托·巴西莱（Ernesto Basile，1857—1932年）和贾科莫·科梅蒂（Giacomo Cometti，1863—1938年）的作品则代表了一种更为内敛、受工艺美术运动影响更深的美学。就科梅蒂而言，无论是手工制作还是机器制作的作品都采用了更简单的线性形式。意大利最具原创性的家具设计师是卡洛·布加蒂。然而，他的作品在当时常常被认为比较怪异。异国情调的外观配上极具特色的钥匙孔拱门（这是布加蒂家具的一个决定性特点），再加上在设计中使用了皮纸、丝绸流苏以及用锡镴、骨头和象牙镶嵌的抽象装饰，更具异域风情。

西班牙对新艺术运动风格室内设计的回应集中在巴塞罗那，特别是安东尼·高迪（Antoni Gaudí，1852—1926年）的作品。他高度有机的独特风格对同时代人的设计产生了深远的影响。他公开宣称自己的设计是西班牙式加泰罗尼亚新艺术运动风格，将自然视为作品结构和装饰设计的基础。在法国理论家维奥莱特-勒-杜克的影响下，高迪和他的许多欧洲同行一样，发展了一种基于自然的结构理性主义。他的家具设计严谨地将有机形式设计成一个结构化的整体。自然元素不仅仅用作装饰，而是决定了其作品的形式本身。

美国、匈牙利和北欧家具

美国

1

2

1 这把椅子的高靠背是1898年布法罗的查尔斯·罗弗斯设计的作品，灵感来自凯尔特艺术中的联结主题。高1.4m。

2 罗弗斯1898—1901年设计的走廊桌，用美国白橡木制成，体现了其哥特式风格传承，但末端弯曲的形式和镂空的装饰明显受欧洲新艺术运动的影响。高1.42m。

龙的风格

1

2

3

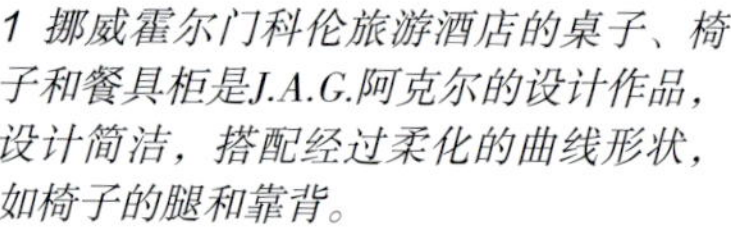
1 挪威霍尔门科伦旅游酒店的桌子、椅子和餐具柜是J.A.G.阿克尔的设计作品，设计简洁，搭配经过柔化的曲线形状，如椅子的腿和靠背。

2 这个极具特色的柜子是拉尔斯·金沙维克（Lars Kinsarvik，1846—1925年）的设计作品，装饰着北欧海盗和凯尔特风格的图案。许多挪威设计师都使用了北欧海盗风格的形象，目的是寻找一种既现代化又有民族特色的风格。高1.89m。

3 格哈德·蒙特1898年为挪威的霍尔曼科伦酒店设计了这把龙造型的椅子。室内设计探索了北欧海盗风格的形象和主题。这把椅子结合了龙的造型和大胆、现代的色彩。高1.1m。

4 卡尔·威斯特曼设计的椅子，装饰元素很少，设计师使用微妙的曲线和简单的线条来表达自己的设计理念。高1.01m。

5 科蒂椅是埃列尔·萨里宁为1900年的巴黎世界博览会设计的作品。椅子的形状和装饰都是由芬兰传统的民间形式演化而来的。高1.32m。

6 阿克塞里·加伦-卡莱拉是芬兰著名的象征主义画家，偶尔也会设计家具，1897—1898年制作的"知识之树"橱柜就是他为自家设计的作品。雕刻的装饰板描绘了夏娃把苹果递给亚当的情景。高1.29m。

匈牙利民俗和新艺术运动

1 1900年由帕尔-霍尔蒂（Pál-Horti，1865—1907年）设计的这款橡木和乌木餐具柜造型朴素，装饰着精致的黄铜配件。1904年以后，霍尔蒂活跃在美国，被称为保罗·霍尔蒂。高1.86m。

2 在匈牙利，许多设计师采用了国际新艺术运动风格的曲线装饰。几位设计师在这一风格中加入了明显的匈牙利特色。厄登·法拉戈（Ödön Faragó）结合了来自匈牙利的民间艺术、国际新艺术运动和东方建筑的主题。柜子高2.4m。

工艺美术运动开了很好的先河，其后的设计师也在民间文化的启发下，积极致力于简约设计。在美国、北欧和中欧国家，很多新艺术运动风格的设计都是经由工艺美术运动美学为中介，或者直接受到民族民间文化的启发。

在美国，对家具设计影响最大的就是工艺美术运动，因此很少有公司承认新艺术运动风格的现代化趋势。布法罗的设计师查尔斯·罗弗斯（Charles Rohlfs，1853—1936年）独具一格，在绝对属于工艺美术运动风格的作品中加入一些弯曲更明显的形式和受自然启发的新艺术运动装饰元素，像他这样的人在当时凤毛麟角。

在大多数国家，对现代民族风格的追求促使设计师探索自身文化的传统，这一点在北欧和中欧国家表现得最为明显。在挪威，人们重新注意到了北欧海盗船复杂的装饰艺术，为发明一种新的装饰语汇打下了基础。北欧海盗船和凯尔特艺术中抽象的动植物形态及联结的蜿蜒装饰与新艺术运动风格的相似性吸引了众多新一代的设计师。这些元素很容易现代化，因而迅速适应并融入所有领域的装饰艺术中。在芬兰，阿克塞里·加伦-卡莱拉（Akseli Gallen-Kallela，1865—1913年）和埃列尔·萨里宁（Eliel Saarinen，1873—1950年）通过研究古老的卡累利阿神话和传说来获得灵感。他们设计的家具使用乡土风或民间风格的图案、结实的外形或雕刻以及象征主义的主题。

匈牙利新艺术运动时期的家具设计结合了东方装饰和本土风格。设计师通常喜欢自然主题的图案，比如匈牙利乡村的动植物或者来自民间纺织品的图案。厄登·法拉戈（Ödön Faragó，1869—1935年）设计的家具具有匈牙利新艺术运动风格的典型特征，混合了东方的装饰形式和带有匈牙利民族身份象征的民俗图案，如风格化的郁金香。不过，很多东欧新艺术运动风格的家具都融合了民间形式和国际新艺术运动风格蜿蜒流动的线条。

陶瓷制品

法国设计师

1 恩斯特·查普莱特是率先模仿中国瓷器表面铜红釉的设计师。可以看出此花瓶是查普莱特尝试使用高温釉料制成的作品。高36cm。
2 皮埃尔·阿德里安·达尔帕雷特（右）、奥古斯特·德拉赫奇（中）和乔治·亨治尔（左）制作的炻器作品都受到了查普莱特的影响。这些作品体现了设计师对实验釉和有机形式的兴趣。高（最高）66.5cm。
3 这个素坯陶瓷制品来自塞夫尔瓷器厂制造的“围巾游戏”餐桌套装，曾在1900年的巴黎展览中展出。高60cm。
4 这套瓷咖啡器具组合于1900年由莫里斯·杜弗雷因（Maurice Dufrène）设计，由现代家居公司出售。这是新艺术运动风格应用于商业的一个范例。

1 2

3

4

到19世纪末，法国艺术陶瓷工业在试验中采用高温加工釉料的工艺制出了深红色釉面，称为虹彩和细微结晶效果。恩斯特·查普莱特（Ernst Chaplet，1835—1909年）在尝试制作这种釉面方面是最具影响力的设计师。新的效果与各种有机形式相结合，与此同时，奥古斯特·德拉赫奇（Auguster Delaherche，1857—1940年）和皮埃尔-阿德里安·达尔帕雷特（Pierre-Adrian Dalpayrat，1844—1910年）等艺术家将本土炻器重新评定为一种制作艺术品的媒介。德拉赫奇开发了一种工艺复杂的釉料，将其应用到炻器的主体部分，而亚历山大·比戈（Alexander Bigot，1862—1927年）则擅长于烧制大型炻器，用来装饰建筑物的内部和外部。克莱门特·马西耶（Clément Massier，1845—1917年）是倡导这种虹彩釉料工艺的领军人物。国家制造商塞夫尔瓷器厂生产了大量新艺术运动风格的作品，从赫克托尔·吉玛设计的巨大建筑风花瓶到莱昂·康恩（Léon Kann）采用昆虫图案装饰的精致瓷茶杯。许多商业厂商开始以新的风格生产陶瓷，产品得到了广泛使用。

在德国同样也出现了炻器制作的复兴，霍·格伦兆森（Höhr Grenzhausen）雇用了年轻一代的设计师来更新传统形式。理查德·里默施密德和彼得·贝伦斯在制作啤酒杯和马克杯时，通过在传统形式基础上添加色彩和线性图案赋予了其全新的装饰风格。

宁芬堡、迈森、Villeroy&Boch3个德国瓷器公司制作了新艺术运动风格的产品。宁芬堡聘请赫尔曼·格兰德（Hermann Gradl，1869—1934年）生产了一种天然的渔用器具，而迈森委托贝伦斯、里默施密德和亨利·范·德·维尔德来制作绘有抽象图案和旋转线性装饰的餐具。海牙最好的瓷器制造商是罗曾堡的J.J.科克（J.J.Kok，1861—1919年），他开发了一种薄胎瓷，有着无与伦比的轻薄体态和精巧外形。他将印度尼西亚主题纳入其设计，其他荷兰设计师如西奥多·克里斯蒂安·柯伦勃兰台（Theodor Christiaan Colenbrander，1841—1930年）也是如此。含有金属氧化物的虹彩釉料首先在意大利复兴，奇尼瓷器厂制出了精美的代表性产品。从1900年开始，布达佩斯的乔纳伊瓷器厂成为制造虹彩陶

1 这个瓷质花瓶出自瑞典罗斯兰陶器厂的艺术总监沃尔夫·华兰德之手，于1900年制成，采用花朵外形，制作精美。罗斯兰陶瓷厂的许多作品都是受到动植物形态的启发创作而成的。

2 由挪威人格哈德·蒙特于1892—1893年为波尔斯格伦瓷器厂设计的蓝色海葵花纹晚餐瓷器套具，融合了涡卷状线条和风格化的花卉装饰图案。瓷盘直径24cm。

3 宾&格兰戴瓷器厂专门从事精细瓷器制造。这个花瓶的镂空工艺和花卉装饰图案正体现了自世纪之交开始宾&格兰戴瓷器厂作品的典型特征。高43cm。

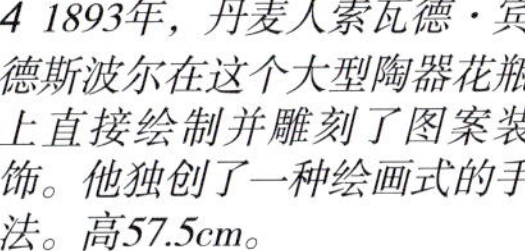

4 1893年，丹麦人索瓦德·宾德斯波尔在这个大型陶器花瓶上直接绘制并雕刻了图案装饰。他独创了一种绘画式的手法。高57.5cm。

5 继塞夫尔瓷器厂之后，皇家哥本哈根瓷器厂的瓦尔德马尔·恩格尔哈特（Valdemar Engelhardt, 1860—1916年）开发出了色彩明亮的结晶釉。高17cm。

6 芬兰的阿拉伯陶器公司在1902年推出了一款名为“芬兰”的新陶器系列，其特点是引人注目的几何图案和独特的现代外形。高25cm。

方面的领军企业。

丹麦和瑞典专门制作模制瓷器的公司从大自然中选取图案主题。罗斯兰陶瓷厂、宾&格兰戴瓷器厂、皇家哥本哈根瓷器厂和古斯塔夫斯贝里陶器公司生产的瓷器以浅淡的着色和雕塑式的动植物外形著称。设计师们受训于不同行业，为这些公司的产品赋予了现代化的设计理念。1895年，罗斯兰陶瓷厂的艺术总监沃尔夫·华兰德（Alf Wallander, 1862—1914年）使用螺旋状线条、自然的外形和日式的图案进行设计，而挪威波尔斯格伦瓷器厂则聘请了格哈德·蒙特（Gerhard Manthe, 1849—1929年）为成套餐具开发新的设计，如风格化的蓝色海葵花纹。芬兰的阿拉伯陶器公司推出了一系列陶器，与其他北欧工厂不同，该公司采用了明亮的色彩和几何图案。索瓦德·宾德斯波尔（Thorvald Bindesbøll, 1846—1908年）颠覆传统，在陶器上直接绘制图案并加入雕刻设计。他受到了高更的影响，因而展现出一种极其明显的绘画式手法。

美国公司如格鲁比彩陶公司、美国赤土陶瓷公司和洛克伍德陶器工厂成功地尝试了新的装饰性外形、图案和釉面。格鲁比彩陶公司和美国赤土陶瓷公司开发出了独特的无光泽和半亚光釉面。而洛克伍德陶器工厂（Rookwood）的专长则是在未经烧制的黏土上绘制彩色印花。他们使用雾化器为陶器制作光滑的表面，并成功开发出了新的釉料生产线，包括海绿色釉、彩虹色釉和革光釉。哈丽雅特·E.威尔科克斯（Harriet E. Wilcox）和白山谷喜太郎（K. Shirayamadani）这样的画家将图案设计直接绘制在器皿上。曾在巴黎学艺并在洛克伍德陶器工厂工作过的阿蒂斯·范·布里格尔（Artus Van Briggle, 1869—1904年）开发了有机和雕塑风格的器皿形式，呈现出经过变形的女性体态。美国的阿德莱德·奥斯比·罗比诺在欧洲和美国的陶艺家中独一无二，她在瓷器上采用雕刻工艺，为其作品构建精致复杂的外形和装饰图案。

很少有英国陶瓷制造商以这种新的风格生产瓷器，但是道尔顿彩陶公司在几何体上使用风格化的线形图案，创制了一套名为“继承”的瓷器系列产品。

其他欧洲国家或地区的陶器

1 这些盐釉炻器酒杯和坛子由理查德·里默施密德和彼得·贝伦斯设计，约1902年创作。两位设计师通过引入新的颜色和现代装饰图案，为传统的德国盐釉陶器加入了现代化的设计。高（最高）32cm。

2 赫尔曼·格兰德于1899年为宁芬堡瓷器厂设计了一套绘有鱼类的晚餐套具。每件作品都采用曲线形式，并绘制仿真的鱼类图案。瓷盘直径62cm。

3 部分品质最佳的新艺术运动风格瓷器是在海牙罗曾堡工厂生产的。他们生产的“薄胎瓷”坯体极薄，通常采用夸张的外形。高（最高处）31.5cm。

4 在意大利，伽利略·基尼从传统的锡釉陶器中汲取灵感。这个1898年设计制造的盘子采用了锡釉陶器的颜色，但其图案是典型新艺术运动风格的流线型。直径17cm。

5 这组陶器花瓶由匈牙利的乔纳伊瓷器工厂制作，约1899年出品，该工厂成为虹彩陶制作领域的领军公司。

6 这座烛台是英国道尔顿彩陶公司生产的“继承”系列陶器中的一个范例。其线性和风格化的装饰图案显然源自维也纳风格。高30cm。

1 波士顿的格鲁比彩陶公司模仿了欧洲陶瓷工艺师开创的亚光和半亚光炻器釉面，制作于1898—1900年，釉面是著名的“格鲁比绿”。高33.5cm。

2 在美国制造商中，阿蒂斯·范·布里格尔开创了最具雕塑性的手法。由洛克伍德陶器工厂制作的罗蕾莱花瓶瓶身变形为一个女人的身体。高28cm。

1

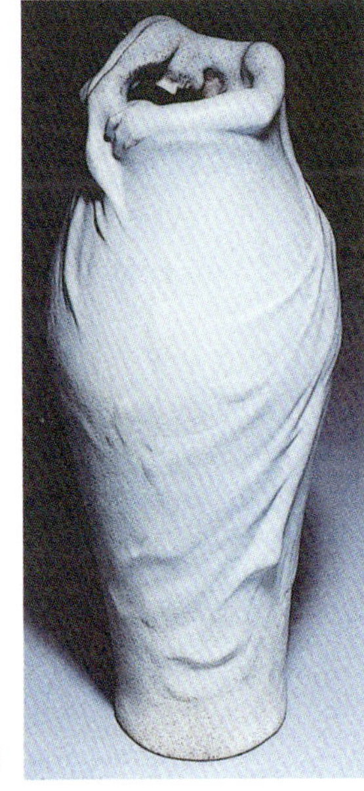

2

3 美国赤土陶瓷公司在生产中也使用亚光釉。弗里茨·阿尔伯特为赤土陶瓷公司设计了高度有机风格的花瓶。高（最高）24cm。

4 白山谷喜太郎为洛克伍德陶器工厂引进了日本的绘画传统。他直接在瓶身上手绘装饰，使得每个花瓶独一无二。此花瓶可追溯到1928年。高40cm。

5 富勒陶瓷公司生产的独特灯具，以有机的形式将玻璃和陶瓷结合在一起。这个1910年制作的蘑菇灯上有植物香仿古釉。高45.5cm。

6 阿德莱德·奥斯比·罗比诺在1908年创作了这个雕有螃蟹图案的花瓶。这件瓷器作品可谓精细雕刻装饰的经典之作。高19cm。

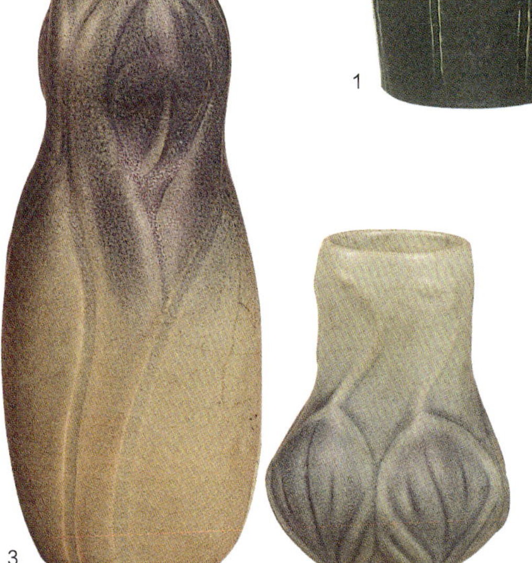

3

4

5

6

玻璃制品

法国玻璃和比利时玻璃

1 艾米尔·葛莱的蜻蜓杯，1904年，采用多种技术制作，包括雕刻和涂色玻璃工艺，创造出非凡的细节和大气的效果。高14.5cm。

2 这盏台灯在1904年被命名为“蘑菇”，表明葛莱喜欢在玻璃中加入自然写实的描绘。高83cm。

19世纪后期，法国进行了重要的玻璃制造实验，调查研究了过去的制造技术，同时也发明了新技术，比如脱蜡铸造工艺（*pâte-de-verre*）。法国玻璃产业从生产一次性手工制品变为大规模铸造艺术玻璃。南锡是一个蓬勃发展的玻璃制造中心，葛莱和多姆兄弟（Daum Frères）的工厂都位于此处。新艺术运动风格中杰出的玻璃制作者是艾米尔·葛莱。他只提供玻璃的设计，但从不制造玻璃制品，也很少对它们进行装饰，他的许多设计作品结合了象征主义散文或诗歌。其代表作是一些研究自然形式和意象的纹章，他使用各种技巧来实现精妙而密集的效果，包括雕刻、套色、酸蚀刻、轮雕和涂色玻璃工艺。他的许多作品是通过使用酸蚀刻的工业技术批量生产的。

奥古斯特·多姆（Auguste Daum，1853—1909年）和安东宁·多姆（Antonio Daum，1864—1930年）两兄弟在19世纪90年代转投向艺术玻璃制造，并聘请了欧内斯特·比锡耶尔（Ernest Bussière）、亨利·贝尔热（Henri Bergé）和阿马立克·沃尔特（Amalric Walter）等艺术家设计玻璃制品。多姆兄弟也尝试了一些新技术，例如多彩浮雕或镶嵌装饰工艺，将不同的彩色玻璃嵌入制品的主体。阿尔萨斯-洛林也是其他玻璃制造商聚集的中心，如格鲁伯和穆兰兄弟公司，主要生产用于电气照明的玻璃制品，以及彩色玻璃和装饰性玻璃器皿。

葛莱在欧洲有着广泛的影响力，尤其对比利时的圣朗博玻璃厂影响巨大，该玻璃厂也许是20世纪末商业最成功的典范。它制造出带有花卉装饰和自然风格形状的花瓶。其中，最重要的设计师之一是比利时人菲利普·沃尔弗斯（Philippe Wolfers，1858—1929年），他在1893—1903年制造了独特的象征主义作品，经常带有精妙的金属装饰。

波希米亚玻璃虽然有独特的制造传统，但是很快便采用了新的风格。在克罗斯特姆尔的J.&L.Lobmeyr公司和Loetz-Witwe玻璃厂制造的玻璃制品经由一些主要的新艺术运动风格设计师设计，并受到国外玻璃制造业发展的影响，融入了新的形式和技术，例如使用白金和釉彩进行绘制。以色彩斑斓的玻璃而闻名的罗兹-威图玻璃厂在1897年成功制造出了“现象”系列。

内敛的几何系列玻璃的巅峰之作是霍夫曼为J.&L.

3

4

5

6

7

8

3 这个杰作是葛莱在约1904年制作的，展示了他创造复杂象征主义作品的能力，色彩、铜绿和表面处理都是通过精心制作完成的。高33cm。

4 多姆兄弟与路易斯·马若雷勒合作，在1903年制作了仙人掌台灯写实的金属底座。多姆兄弟和马若雷勒经常在灯具设计制作上进行合作。高75cm。

5 浮雕玻璃是新艺术运动风格玻璃制品制作中最受欢迎的技术之一，格鲁伯和穆兰兄弟公司成为生产营利性浮雕玻璃制品的领军企业。这盏用玫瑰花装饰的台灯是典型的新艺术运动风格的浮雕玻璃制品。

6 阿尔伯特·路易斯·达姆穆斯（Albert-Louis Dammouse，1846—1926年）是几位使用新脱蜡铸造技法或者浇铸磨砂玻璃胶技术制作作品的法国艺术家之一。这种技术实现了微妙而有光泽的效果以及强烈的色彩。约1898年制作。

7 雅克·格鲁伯是法国彩色玻璃的领军设计师之一。这个约1906年制作的窗户是为南锡的一所房子而设计的，其上绘制了葫芦和睡莲，它们是新艺术运动风格的两种常见图案。

8 多姆兄弟模仿了葛莱的艺术玻璃，并制作了需要高超技术才能制成的玻璃制品。这个1905年制作的杯子上装饰着一只飞蛾和蜘蛛网，使用了酸蚀刻、轮雕和玻璃工艺。高16.5cm。

德国、波希米亚和挪威的玻璃

1 这些花朵形的玻璃制品有着极其优美的躯干、植物卷须、叶子和根茎，由卡尔·科普在1905—1906年使用灯工工艺制作。这个时期留存至今的玻璃制品很少。高（最高）32cm。

2 著名的波希米亚罗茨玻璃厂在美国蒂芙尼公司取得成功后，制造出了一种彩虹色的玻璃。这是罗茨玻璃厂制作的三柄虹彩花瓶。高20.3cm。

3 1914年出品的布朗兹花瓶，典型的约瑟夫·霍夫曼分离派风格作品，形式和装饰设计都比较内敛。磨砂玻璃上的几何花纹被漆成黑色。高14cm。

4 这款配有细长杯柄和几何装饰图案的酒杯是由奥地利设计师奥托·普鲁彻在约1907年设计制作的。玻璃杯（左）高16cm。

5 这个使用了空窗珐琅工艺的玻璃杯是由挪威设计师索尔夫·普瑞兹在1900年制作的，它是中世纪时期的杰作。杯碗上雕刻着常规的雪花莲图案，图案向下卷绕在杯柄上。高22cm。

Lobmeyr公司设计制作的作品。他在1914年设计制作了布朗兹系列，将几何图案绘制在黑色磨砂玻璃上，并带有线性的形状和装饰。奥托·普鲁彻为维也纳的E.Bakalowits & Söhne玻璃厂生产制作了优雅的作品。德国设计师卡尔·科普（Karl Koepping，1848—1914年）开发出独特的灯工花朵状器皿。作品因错综复杂的图案一举成名，成为新风格的典范。

尽管有诸多设计师制作这类玻璃制品，其中包括巴黎的弗亚特尔（Feuillâtre），但挪威人才是使用空窗珐琅工艺的大师。把玻璃置于精巧脆弱的金属框架内的工艺是由两个人付诸实践的：一位是大卫·安德森银器公司工作的古斯塔夫·盖于德纳克（Gustav Gaudernack，1865—1914年）；另一位是在奥斯陆为雅各布·日德兰（Jacob Tostrup）设计制品的索尔夫·普瑞兹（Thorolf Prytz，1858—1938年）。他们在玻璃器皿上加入传统的花卉装饰，还制作了维京船形装饰品。

路易斯·康福特·蒂芙尼是最著名的美国新艺术运动风格玻璃制造工匠。他在纽约的科罗纳制作了彩色玻璃窗、灯具、马赛克和吹制的玻璃器皿。蒂芙尼针对玻璃的形式和表面进行了试验。为了重现古代玻璃具有的珍珠光泽表面，他尝试了金属效应，在1894年完善了一种叫作法夫赖尔（一种造型独特、精妙，表面具有晕色的美国玻璃器皿）的虹彩技术。在美国，蒂芙尼为数不多的竞争对手之一弗雷德里克·卡得（Frederick Carder，1863—1963年）是英国人，在1903年搬到了纽约州的康宁镇，并建立了史都本玻璃厂。史都本玻璃厂还专门研究色彩鲜艳的玻璃表面。彩色玻璃的生产在蒂芙尼的手中出现了变化。约翰·拉·法费和蒂芙尼对美国彩色玻璃的质量感到失望，他们旨在将该技术恢复为一种艺术形式。蒂芙尼在试验玻璃的雕塑特性时，使用了金属氧化物。通过建立层次，他在玻璃内部创造出丰富的效果，如折叠、褶皱或波纹。拉·法费和蒂芙尼都在玻璃上添加了景观图像，还有一些人物或动物的图像。

美国玻璃

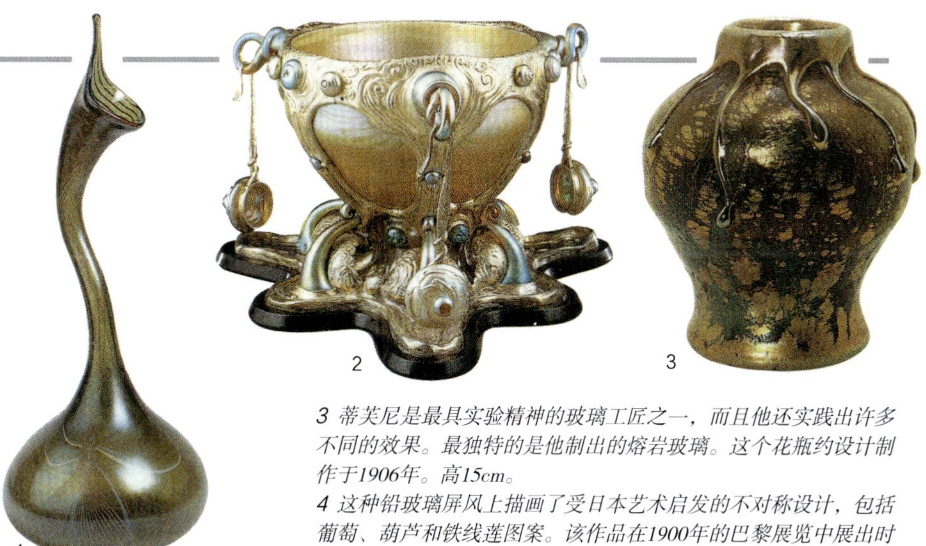

1 路易斯·康福特·蒂芙尼在1896年制作的天鹅颈瓶，灵感来源于波斯婀娜多姿的香水瓶外形。这个花瓶的光泽表面使用蒂芙尼独有的法夫赖尔玻璃制成。高40.5cm。

2 蒂芙尼的杰作之一，这个潘趣钵有3个长柄勺，它是为1900年的巴黎展览会而制作的。它用镀银的法夫赖尔玻璃制成。高36cm。

3 蒂芙尼是最具实验精神的玻璃工匠之一，而且他还实践出许多不同的效果。最独特的是他制出的熔岩玻璃。这个花瓶约设计制作于1906年。高15cm。

4 这种铅玻璃屏风上描画了受日本艺术启发的不对称设计，包括葡萄、葫芦和铁线莲图案。该作品在1900年的巴黎展览中展出时被称为杰作。高1.79m。

5 蒂芙尼以其设计的玻璃灯闻名，他的许多设计作品都绘制了大自然的主题。像许多设计师一样，他经常回归到蜻蜓的主题。在这盏灯上，蜻蜓是作为阴影的边界出现的。高71cm。

6 弗雷德里克·卡得创建了史都本玻璃厂，他也是蒂芙尼在美国的主要竞争对手。这种饰有花卉图案的花瓶采用酸蚀刻工艺来形成微妙的表面效果。高17.5cm。

7 约翰·拉·法费希望复兴彩色玻璃，使其成为一种艺术形式。像许多法国工匠一样，他将自然视为合适的主题。这扇窗户上描绘了风景图像中的牡丹。高1.42m。

银制品和其他金属制品

法国制品

1

2

3

4

3 拉尔夫-弗朗索瓦·拉尔谢（Raoul-François Larche）为镀金的青铜创造出不止一种设计，灵感来自洛伊·富勒的丝巾舞。富勒成为这类雕塑的重要灵感来源。高45cm。

4 保罗·福洛（Paul Follot, 1877—1941年）约1904年的设计，这套银茶具表面可以用金属设计出蜿蜒、流动的外形。托盘长62cm。

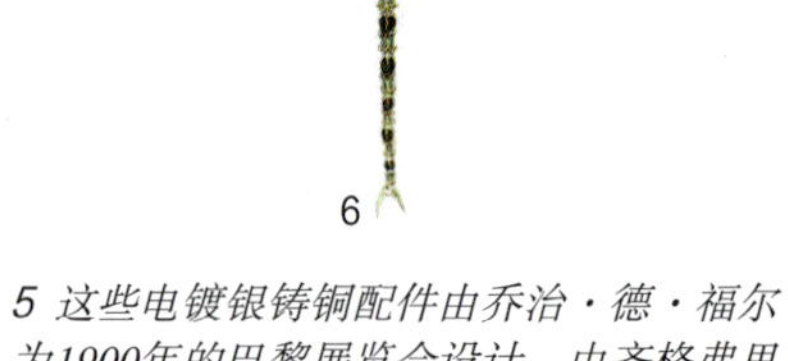
6

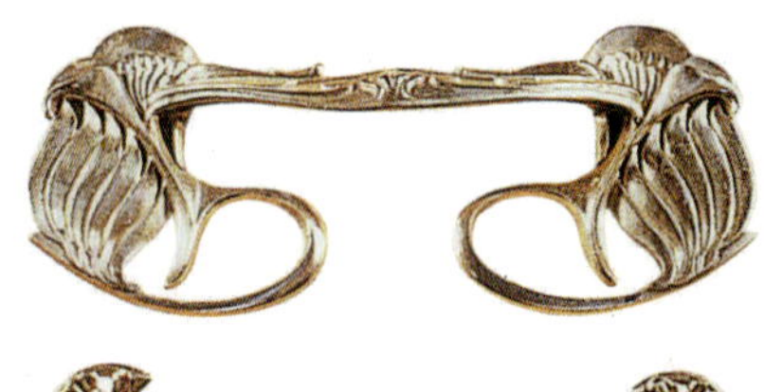

5

1 赫克托尔·吉玛约1900年为巴黎地铁站设计了3个入口。在这种台阶有遮盖的设计中，玻璃罩用铸铁结构来支撑。

2 装饰有缎花（monnaie-du-pape，也叫honesty）的锻铁和铜门，路易斯·马若雷勒1906年设计。高1.26m。

5 这些电镀银铸铜配件由乔治·德·福尔为1900年的巴黎展览会设计，由齐格弗里德·宾出售。

6 蜻蜓女性人像珠宝胸花，约1897—1898年，勒内·拉利克（René Lalique）的杰作，由黄金、珐琅、绿玉髓、月光石、钻石制造而成，拉利克在这件作品中运用了多种工艺。长26.5cm。

赫克托尔·吉玛为巴黎地铁站设计的著名铸金结构是新艺术运动时期标准化模块系统的代表性作品。地铁站的设计方便大规模生产，兼具功能性和持久性，至今仍在继续使用。吉玛或许是建筑金属制品领域最具影响力的大师，他同时也设计了各种器具和配件，包括花瓶、花盆以及阳台部件，皆体现了他高度有机的线性风格。

富凯和拉利克这类巴黎公司生产新型设计的珠宝，包括空窗珐琅工艺在内的珐琅工艺以及半宝石取代了传统的技术和经雕琢的宝石，自然成为首要的设计主题。许多作品体现了对象征主义这一主题的关注。新艺术运动中另一种非常重要的作品是小规模的具象雕塑，一般用来设计灯和墨水池这类实用物品，常常成对出现。设计师路易·沙龙（Louis Chalon, 1866—1916年）、莫里斯·包诺（Maurice Bouva, 1863—1916年）以及拉乌尔·拉尔谢（Raoul Larche，1860—1912年）等完成了大量人像设计。拉尔谢更是因其旋转蜿蜒的洛伊·富勒镀铜灯而闻名于世。

在巴黎以外的南锡，马若雷勒工厂生产各种灯具和配件。最出色的设计采用植物茎蔓形状的精致金属底座，与蓓蕾和花朵形结构的精巧灯罩完美结合。

维奥莱特-勒-杜克推崇在室内设计中暴露金属结构的理性主义原则。受其影响，比利时的维克多·奥尔塔在设计中使用金属，尤其是在建筑中采用铸铁，为新艺术运动时期的设计师开了先河。在他的作品中，不管是室内设计还是建筑物的外观，铁不仅是设计结构本身的一部分，同时也是一种装饰元素，这也成为其标志性的风格。此外，他在金属制品中运用曲线也体现了比利时新艺术运动中同类作品的特点。许多设计师探索了有机线性设计在金属中的运用，包括亨利·范·德·维尔德和费迪南德·迪布瓦（Fernand Dubois, 1861—1939年）。两位设计师的兴趣都在于将线条与雕塑形式相结合。

由于当时比属刚果进口的象牙在奢侈品交易中得

比利时和荷兰制品

1 维克多·奥尔塔在室内设计中使用了锻铸铁。图中是他在1898—1900年为自己布鲁塞尔住所楼梯间做的设计，展示了他如何将曲线形铸铁运用到整体装修方案之中。

2 费尔南德·迪布瓦约1899年设计的枝形大烛台。设计中采用电镀铜，枝条纠结缠绕形成一个不对称的有机结构。高53cm。

3 电镀铜制成的六枝大烛台，约1898—1899年出品，是曲线形抽象风格作品中的杰作，该风格的创始人是亨利·范·德·韦尔德。其线性外形显得动感十足。高36cm。

4 弗兰斯·胡斯曼德（Frans Hoosemand）和埃吉德·龙博克斯（Egide Rombeaux）合作完成的精美银雕和象牙雕塑。在这个约1899年设计的枝状大烛台中，细腻的女性人像被延伸的植物卷须所环绕，带来感官的冲击。高36cm。

到官方推广，将银匠工艺与象牙雕刻相结合的传统在比利时再次流行。象牙和金属最具戏剧性的使用方法出现在菲利普·沃尔弗斯的作品中。沃尔弗斯作为金匠受到过方方面面的训练，包括造型铸造、雕镂工艺、打磨和宝石镶嵌。他常常创造出令人不安的象征主义作品，将人、动物和植物的外形结合起来。荷兰的金属制品受到比利时制作工艺发展的影响，其领军设计师简·费尔霍（Jan Verheul）的作品明显受奥尔塔的曲线形金属制品的影响。

在德国，艺术类的金属制品采用抽象的自然装饰，源于赫曼·奥布利斯特的理念，见于领军设计师弗雷德里克·阿德勒（Friedrich Adler）、路德维希·维尔德勒（Ludwig Vierthaler）、加特鲁德·凡·舍伦贝格尔（Gertraud von Schellenbühel）、厄恩斯特·里格尔（Ernst Riegel）、汉斯·爱德华·凡·贝勒普斯-瓦伦达斯（Hans Edouard Von Berlepsch-Valendas）的作品中。相比之下，富有的德国金属制造行业则意味着许多工厂

5 菲利普·沃尔弗斯1905年设计的首饰盒，是在设计中混合使用多种材料的精湛典型。银、珐琅、象牙、蛋白石和珍珠组合在一起，创造出象征主义的杰作。高42cm。

6 简·费尔霍为办公室设计的悬挂灯组件，采用比利时新艺术运动中蜿蜒的曲线式外形。

德国和奥地利制品

1 变形性意象造型在新艺术运动时期的金属创作中很常见。这个台灯由弗雷德里克·阿德勒设计，主干部分从有机设计的基座延伸出来，变形为狗鱼的头部。高33.5cm。

2 厄恩斯特·里格尔1903年设计的高脚杯，采用树的造型，饰有加冠的乌鸦。外形由银、镀金的银和蛋白石制成，令人想到晚期哥特式的“苹果杯”。高24cm。

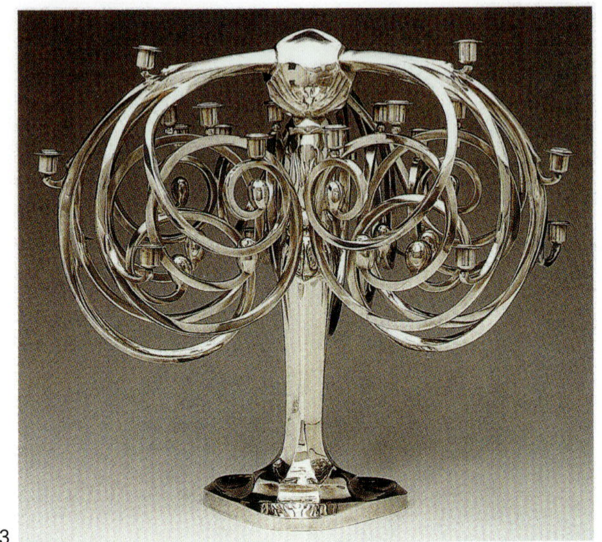

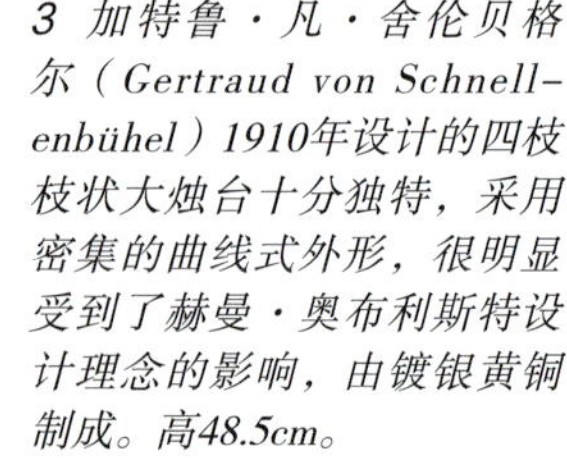

3 加特鲁·凡·舍伦贝格尔（Gertraud von Schnell-enbühel）1910年设计的四枝枝状大烛台十分独特，采用密集的曲线式外形，很明显受到了赫曼·奥布利斯特设计理念的影响，由镀银黄铜制成。高48.5cm。

4 锡镴茶具和咖啡套系，约瑟夫·玛丽亚·奥尔布里希约1904年的设计作品。内敛的装饰和几何外形不仅是奥尔布里希锡镴作品的典型代表，也是分离派风格的代表。咖啡壶高19.5cm。

5 约瑟夫·霍夫曼以几何外形为基础，创造了一种极简风格的设计美学，在当地被称为“方形风格”。图中1903年的茶具套系由银、珊瑚、木头和皮革制成，表面经手工捶打而成，显示了该设计风格中形式的纯粹。茶壶高11cm。

6 符腾堡金属制品厂是大规模生产新艺术运动风格金属制品最大的公司之一。图中镀银花朵和水果架的主干是一个女人的形状。高47.5cm。

美国、英国、苏格兰制品

1 约1900年的枝状大烛台，由戈勒姆制造公司制成。该公司是美国最大的银器制造商之一。烛台的传统外形由褶皱的形式和蜿蜒的装饰制造而成。高约49.5cm。

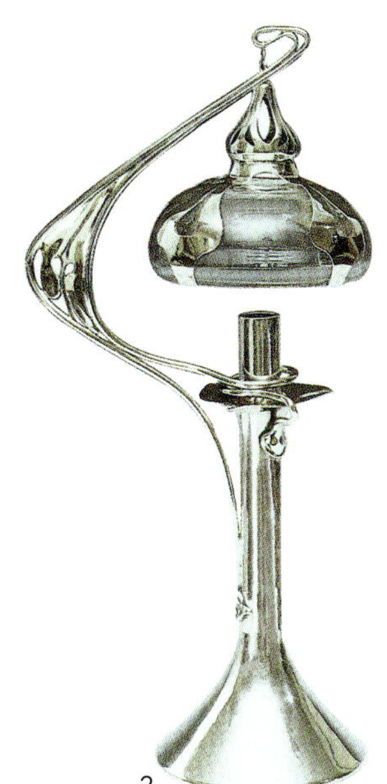

2 英国设计师凯特·哈里斯（Kate Harris）为赫顿父子公司制作了几款新艺术运动风格的银杯。虽然这个蜡烛灯的底座灵感明显来自工艺美术运动时期，但躯干采用了新艺术运动时期浓重的曲线式外形。高约38.5cm。

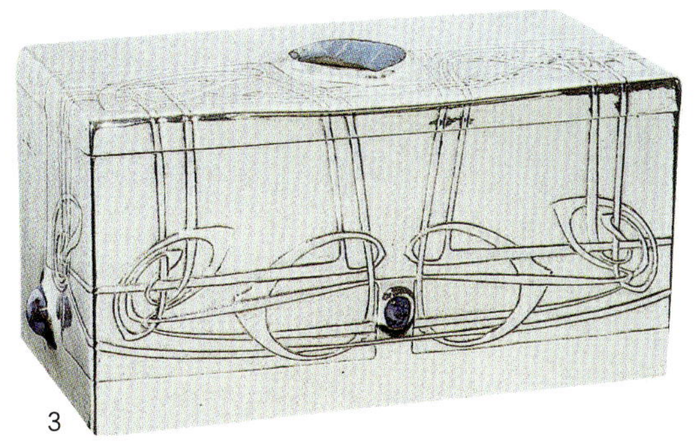

3 阿希巴尔德·诺克斯于1903—1904年设计的银烟盒，装饰有凯尔特艺术的图案和新艺术运动风格的有机曲线。高11cm。

4 在芝加哥，路易斯·沙利文还引入了凯尔特风格的意象。这个乔治·格兰特·埃尔姆斯利于1907—1908年设计的出纳窗使用了有机的凯尔特风格外形。高1.04m。

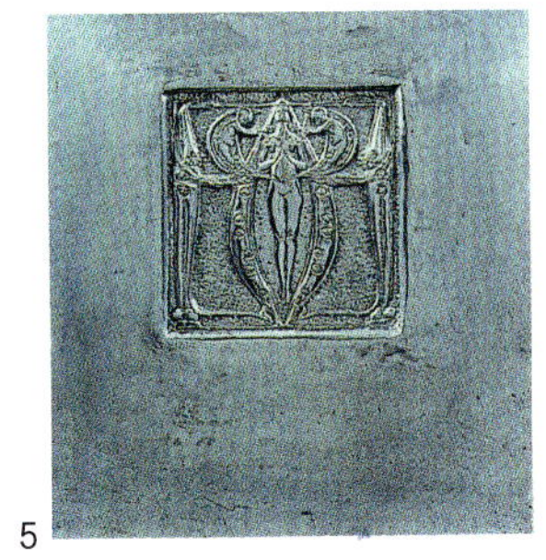

5 锤锻金工制成的作品通常由格拉斯哥学派的女设计师制作。这个镶板由玛格丽特·麦克唐纳（Margaret Macdonald）于1898年制作完成。高76.5cm。

大批量生产的制品采用的都是新型设计，常使用花卉或人物图案。克雷菲尔德的J.P.Kayser & Sohn公司是最成功的锡镴制品生产商。花朵元素与线性形式结合赋予金属制品一种广泛的吸引力。纽伦堡的Walter Scherf公司雇用阿德勒为奥西里斯系列进行设计。与此同时，最大的电镀及艺术金属制品公司之一WMF制作了大量的家居用品，包括人像、牌匾、灯具和浮雕。

在奥地利，1903年创立的“维也纳工作坊”积极探索传统的手工艺和设计理念。车间生产的银器是该工作坊最突出的成就，结合了丰富的材料、几何形式和不同寻常的表面处理工艺。许多作品的表面都经过锤锻或穿孔处理，显示出受英国工艺美术运动核心理念的明显影响。

绝大多数英国银匠没有受到新艺术运动的影响，但是C.R.阿什比和阿希巴尔德·诺克斯这两位领军人物在设计时确实受到了这种风格的启发。诺克斯采用凯尔特风格的线性形式为Liberty公司制作了一系列银器和锡镴制品。他于1899年设计的威尔士器皿和1900年设计的图得瑞克器皿受到全世界新艺术运动风格设计师和赞助商的广泛认可。在苏格兰，格拉斯哥学派制作各种金属制品，包括银器以及经过捶打和带有浮雕图案的铅和铜制品，均采用弱化的象征主义装饰图案，具有典型的格拉斯哥学派风格。

美国新艺术运动时期的金属制品由两家纽约的公司主导，即Tiffany公司和戈勒姆制造公司。这两家公司在产品中运用了典型的新艺术运动风格形式和图像，包括裸体女性人像、风格化的花卉和植物图案以及旋涡式熔铸金属外形。蒂芙尼珐琅车间生产了当时最为精致和新颖的一些珐琅产品。建筑风格的装饰性金属制品在美国的领军设计师是路易斯·沙利文（Louis Sullivan, 1856—1924年）。其作品带有许多复杂抽象的有机装饰图案，外形受凯尔特风格启发，显示了他对欧洲新艺术运动风格模式的兴趣。

纺织品和壁纸

法国

1

2

3

4

1 尤金·盖拉德使用了源自伊斯兰东方的纺织品弯曲的S形曲线样式，从而在约1900年的印花天鹅绒上创造出一种优雅的重复性花卉图案。

2 乔治·德·福尔的许多丝绸壁纸设计灵感来源于18世纪法国的花卉重复图案。

3 像许多纳比派画家一样，保罗·朗松（Paul Ranson）也为装饰艺术品进行设计。这一纺织品设计在1900年的巴黎博览会的“宾”展厅展出，其大胆的用色和架构是纳比派设计的典型。

4 费利克斯·奥贝尔（Félix Aubert）为新艺术运动风格的纺织品制作了一些优雅的设计。水中鸢尾花的设计源于日本艺术。

5

6

5 设计于1902—1903年的壁纸和绲边设计，奥地利艺术家阿方斯·穆哈的作品，展示了如何通过传统方式处理花卉图案以便用到设计之中。厚重线条和细腻颜色的使用是穆哈的典型风格。

6 “春节”（La Fête du Printemps）是由尤金·格拉塞特在1900年设计的挂毯，其主题是女性舞者形象，在新艺术运动中广受欢迎。

纺织品，无论是图案重复的丝绸还是挂毯“图像”，对于总体艺术作品或艺术内饰来说都至关重要。法国是纺织品的主要生产国，位于米卢斯、里尔和里昂的织造行业重要历史中心也很快采用了新的风格。法国纺织品设计以与18世纪丝绸图案相呼应的弯曲重复花卉图案为代表。许多新艺术运动时期的领军艺术家都为墙壁和室内装饰设计了印花纺织品和刺绣，包括爱德华·科隆纳，尤金·盖拉德和乔治·德·福尔（Georges De Feure）。他们的设计中包含了一些新艺术运动中最精巧的曲线图案。阿方斯·穆哈（Alphonse Mucha）和尤金·格拉塞特这样的平面设计师也设计了纺织品和壁纸，他们通常会将平面图像简单地转换到印花或织造纺织品上。格拉塞特设计了大批量生产的图像镶板，在百货公司销售，为普通家庭提供了一种廉价的挂毯。

德国、奥地利和比利时生产了一些最先进的纺织品和壁纸图案。抽象的自然或几何图案是亨利·范·德·维尔德、约瑟夫·霍夫曼、科罗曼·莫塞尔和理查德·里默施密德典型的设计。他们发展了纺织品、壁纸和地毯的商业设计，这些设计通常用多种色彩和材料生产。一些设计师对作为一种独特艺术形式的纺织品设计产生了兴趣。范·德·维尔德的象征主义作品《天使的注视》受到了高更和纳比派（*The Nabis*）的影响，并在布鲁塞尔的自由美学社沙龙展出，被誉为新风格的杰作。德国人赫曼·奥布利斯特的刺绣表现出了对大自然强烈的热忱，在他的尾鞭植物图案中传达的能量已经成为该风格的一个显著特征。

在荷兰，蜡染（印度尼西亚的抗蜡技术）在纺织品设计中变得流行起来。海牙的作坊雇用了多达30名妇女从事蜡染工作。克里斯·勒博（Chris Lebeau，1878—1945年）的设计很复杂，他将传统的印度尼西亚图案与

1 在高更的影响下，范·德·维尔德发展了在贴花纺织品上使用鲜艳色彩和平面图案的工艺。《天使的注视》，制作于1892—1893年，标志着范·德·维尔德的作品向着更具有机性和线性风格的设计转变。

2 赫曼·奥布利斯特1895年影响重大的“尾鞭”刺绣是新艺术运动风格的标志性作品。许多设计师试图效仿其通过使用曲线而实现的张力。

3 在奥地利，科罗曼·莫塞尔在他的图册《泉》（1901年）中创造了从植物母题中衍生出的抽象图案。宽1.15m。

4 理查德·里默施密德经常创作出源自植物花卉形态的图案。这一件1905年出品的纺织品使用弯曲的茎来制造重复的效果。

1

2

3

4

5

5 在寻找现代风格的过程中，蜡染在荷兰成为一种流行的技艺。克里斯·勒博在约1904年制作的三扇式屏风是这位艺术家用蜡染制作的数十个屏风之一。高1.3m。

1 弗丽达·汉森复兴了挪威挂毯织造的艺术。在她1892年设计的挂毯“银河”中，星星被人格化为优雅的少女。
2 匈牙利纳比派画家约瑟夫·利波尔-罗奈（Joszef Rippl-Ronai）在1898年制作了这幅名为“穿红裙的女人”的挂毯。其清晰轮廓和鲜艳色彩的运用源于日本艺术，是典型的新艺术运动风格图案。
3 阿克塞里·加伦-卡莱拉的火焰形地毯，曾在1900年巴黎博览会上的芬兰馆展出。该作品采用古老的丽吉织毯（ryijy）工艺编织，其简单的几何形状改自传统的芬兰民间图案。

4 奥托·埃“克曼”的“五只天鹅”挂毯由谢尔贝克的织造作坊制作，作坊成立于1896年，旨在延续织造的传统。这一挂毯是在谢尔贝克生产的最受欢迎的作品之一。

5 亚诺什·沃绍里1899年制作的“牧羊人”挂毯将匈牙利民间艺术的元素与现代的新艺术运动风格相结合。传统的图案用于牧羊人的夹克和饰边，而背景则经过了简化和风格化。

自己的抽象动植物图案结合在一起。

创新的设计在北欧和中欧国家的新式挂毯作坊中产生。挂毯编织极受重视，并且和挪威的弗丽达·汉森（Frida Hansen，1855—1951年）、格哈德·蒙特和匈牙利的亚诺什·沃绍里（János Vaszary，1867—1939年）等艺术家一道经历了复兴。他们根据民族历史、民间神话和传说来设计叙事图案，以设计出现代的民族风格作品。在由奥斯陆挪威挂毯协会编织的挂毯中，相比传统挂毯技艺，汉森采用了制作基里姆地毯的古老北欧技艺。在芬兰、丹麦和匈牙利也建立了类似的作坊，将本土的图案和技艺用于挂毯、地毯、刺绣和蕾丝中。丹麦的谢尔贝克是一个成功的纺织品中心，聘请了来自其他国家的设计师设计了大量的作品。奥托·埃克曼（Otto Eckmann）的“五只天鹅”挂毯制出了超过100个版本。匈牙利纺织品设计也经历了其他传统技艺的现代化。哈拉须蕾丝就在传统的蕾丝制作技艺中结合了新艺术运动风格的弯曲形式、新的用色和花卉主题。

到1890年，英国已经是艺术纺织品和壁纸的主要生产国。许多英国制造商生产新艺术运动风格的设计以供出口，而英国设计师则受雇于英国和外国的制造商。虽然许多公司的设计灵感来自工艺美术运动时期的平面图案设计，但银色工作室和F. Steiner等公司采用了细长形、风格化的植物图案，生产出了一系列充满活力的新艺术运动风格作品。

苏格兰对工艺纺织品设计和技艺的兴趣再次兴起。格拉斯哥学派的许多设计师，尤其是女性设计师，研究了英国和欧洲民间刺绣的技艺和图案，发展出一种结合玻璃珠和纸张等材料的独特贴花刺绣形式。常见的图案包括格拉斯哥玫瑰、卵形和几何图形。

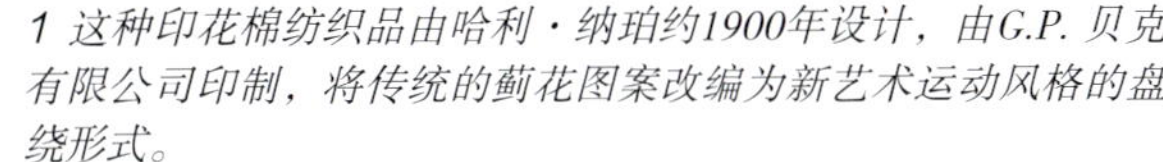

1 这种印花棉纺织品由哈利·纳珀约1900年设计，由G.P. 贝克有限公司印制，将传统的蓟花图案改编为新艺术运动风格的盘绕形式。

2 F. 斯坦纳公司生产了风格化的花卉图案织品以供出口。这块印花锦缎生产于1906年。

3 茎叶交缠的风格化郁金香构成了这一设计于1903年的壁纸图案，林赛·巴特菲尔德（Lindsay Butterfield）的作品。绿色和黄色组成精妙的色调。

4 杰茜·纽伯里研究了英国和欧洲的民间刺绣。图中约1900年设计的项饰和腰带表现了她结合了贴花与简单针法的试验性风格。腰带长75cm。

5 玛格丽特·麦克唐纳为丈夫查尔斯·雷尼·麦金托什的室内装饰制作的纺织品。这些1902年的刺绣镶板包含了细长的人物、卵形和圆形等格拉斯哥学派的母题。高1.82m。

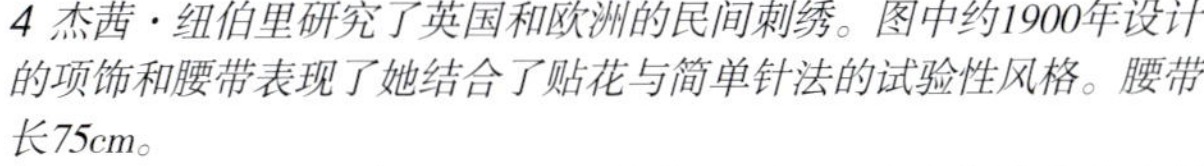

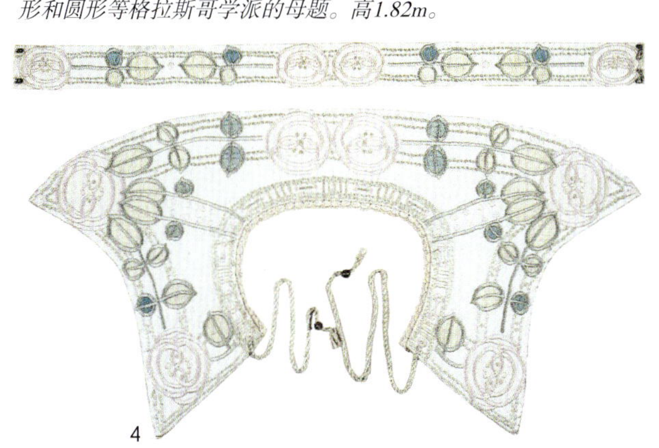

早期现代主义时期

1900—1930年

引论

与法国和比利时的新艺术运动及其在德国对应的青年风格派同时代的设计作品，是来自维也纳工作坊等相关设计工作室和工厂的产品，其外观往往非常现代。1903年，商业赞助人弗里茨·沃恩多弗（Fritz Wärndorfer）、建筑师兼设计师约瑟夫·霍夫曼和艺术家兼设计师科罗曼·莫塞尔创建了这个由艺术家和工匠组成的协会，即维也纳工作坊，模仿的是C.R.阿什比在英国创立的手工艺行会。

维也纳工作坊的设计往往被认为是奥地利新艺术运动的表现，正如苏格兰格拉斯哥学派通常被称为苏格兰的新艺术运动，但本书认为，在前一章已经谈到了巴黎、格拉斯哥、慕尼黑、巴塞罗那、都灵等风格多样的新艺术运动中心，除此之外，还应单独再介绍一下20世纪早期的维也纳设计。

在奥地利本地，同时代的设计被称为“分离派风格”。这一名称来源于维也纳分离派的建筑师、设计师和艺术家，包括霍夫曼、莫塞尔、画家古斯塔夫·克里姆特（Gustav Klimt, 1862—1918年）和建筑师兼设计师的约瑟夫·玛丽亚·奥尔布里希。奥尔布里希在1897年脱离了维也纳学院，这是一个保守的半官方艺术家协会。分离派成员在有影响力的刊物上发表宣言，旨在将自己以及所在的城市与来自其他环境和国家、同样进步的艺术家联合起来。他们将这些艺术家的作品在华丽的分离派展览馆（1898年）中展出，该展览馆是奥尔布里希设计的一座正方形白色建筑，上面是镀金镂空式圆顶，装饰有树叶和涡卷形图案。奥地利首都的这种新型装饰艺术往往高度创新，在一定程度上受到查尔斯·雷尼·麦金托什和格拉斯哥学派（见上一章）的影响。尽管有点慢热，但后来证明，这种艺术与法国和比利时的新艺术运动一样具有影响力，而且肯定比后者更持久、更永恒。

维也纳工作坊的存在一直持续到1932年，这一在美学领域有革新精神（尽管在社会领域并不一定如此）的团体有一个目标，即将高雅的设计和完善的工艺原则应用到更广泛的作品中，从家具、金属制品到纺织品和陶瓷制品。其代表人物有霍夫曼、莫塞尔、奥尔布里希，也有其他分离派和工作坊的设计师，比如建筑师、设计师兼教师的奥托·瓦格纳，达戈伯特·佩赫（Dagobert Peche, 1887—1923年）和爱德华·约瑟夫·维默（Eduard Josef Wimmer, 1882—1961年），后两者后来成为工作坊的艺术总监。这些设计师举办自己的展览，接受国内外的重要委任，也在著名的应用艺术学院任教，最重要的是，他们的影响不仅波及整个欧洲大陆，跨越大西洋，而且还绵延数十年，一直到法国和其他国家的新艺术运动消亡之后。所有这些才华横溢的大师都以全新的眼光

左图：约瑟夫·霍夫曼的银色金属菜单架和奥托·贝兰（Otto Beran）的印铁菜单卡，均为维也纳工作坊约1906年设计。最初是为1906年的一个展览“摆好的餐桌”设计的。印铁菜单卡包含了那个时期许多维也纳风格设计中的装饰元素，从玻璃器皿到瓷器再到家具和海报。菜单卡高14cm，菜单架高3.5cm。

对页：布鲁塞尔的斯托克雷特宫（1905—1911年），由约瑟夫·霍夫曼设计，是完全由维也纳工作坊进行装饰设计的私人住宅。建筑外形简洁，但装饰巧妙，直线形的黑白外观掩盖了住宅的大部分室内设计，包括霍夫曼和莫塞尔设计的装饰家具、古斯塔夫·克里姆特的壁画，以及由20世纪早期维也纳主要的现代主义设计师和制造商创作的兼具实用性和装饰性的作品。

279

1

2

1 出生于维也纳的温诺德·赖斯（Winold Reiss，1886—1953年）后来在纽约定居，约1928年他为壁纸或织物设计了一种带有水粉画的风格化花朵。该作品回顾了维也纳在20世纪早期的有机设计。高1.01m。

2 奥地利艺术家迈克尔·鲍姆尼和伯特尔德·洛夫勒设计了这只手绘的彩陶紫罗兰花瓶，由他们的维也纳陶器厂约1906年制作而成。网格状设计是早期维也纳现代主义的典型特征，类似的几何设计也出现在金属制品、家具和织物上。高14.3cm。

3 从20世纪初开始，奥地利的设计实例就体现了世纪之交维也纳几何图案的影响。帕维尔·贾纳克（Pavel Janak）1911年设计的带盖盒子也是捷克立体派风格一个很好的范例，该作品是陶器，饰以象牙色的釉和锯齿状的黑色图案。高12cm。

4 工艺美术运动风格的装饰点缀着这个涂了金漆的木盖广口瓶，由旧金山家具店的露西亚·马修斯（Lucia Mathews，1870—1955年）约1906年创作。出现了现代的风格化花卉形式。高31.7cm。

3

4

看待家具、陶瓷制品、玻璃制品、金属制品和其他作品，信奉一种全新的设计理念。经由他们富有创造性的设计头脑，设计出了兼具美观性、舒适性、实用性和装饰性的作品，具有直线形、几何形的特征，饰以风格强烈的图案和明亮的颜色。设计中还使用了新的材料，如曲木和阿帕卡——一种镀银合金。

维也纳工作坊后来成为那个时代艺术和设计领域最具革新精神的力量之一，除了在各种国际展览会上展出自己的作品，还在马里恩巴德和苏黎世（均为1917年）、纽约（约1922年）、奥地利维尔登（1922年）和柏林（1929年）开设了新的分支机构。一个世纪后，维也纳工作坊的大部分作品仍明显具有现代感，与维多利亚时代英国设计师克里斯托弗·德雷瑟创作的银器、底座和复合金属茶壶、烤面包架以及其他实用主义作品没有什么不同。

与维也纳工作坊最密切相关一项创作，可以说是最著名、保存最完整的遗产，是一栋奢华的私人住宅，但并非坐落在维也纳，而是位于布鲁塞尔。正是在这里，富有的银行家阿道夫·斯托克雷特及其出生于巴黎的妻子苏珊娜委托约瑟夫·霍夫曼设计了一座现代化别墅，今天这一建筑被称为斯托克雷特宫或斯托克雷特别墅（1905—1911年）。霍夫曼、莫塞尔、克里姆特和当时其他才华横溢的维也纳艺术家和设计师轮流为这座精心装饰的直线形建筑（至今仍然存在，但没有向公众开放）提供家具和装饰。斯托克雷特宫是一个既简约又奢华的项目，是优雅的早期现代主义经典作品，既有霍夫曼和莫塞尔设计的冷色调方形家具和装饰，也包括克里姆特为餐厅创作的闪闪发光的镀金和彩绘壁画。事实上，斯托克雷特宫不仅拥有现存唯一的正宗分离派室内设计，而且还是欧洲重要的早期现代主义室内设计之一，直到现在看起来仍然与近一个世纪前设计和装修时一样，清新而又充满现代感。

在其他国家，类似的艺术和手工艺行会、学校、研讨会以及其他艺术家和设计师群体纷纷出现在世纪之交，创作了大量作品，包括现代家具和其他物品，有时类似于维也纳工作坊风格，有时又与任何其他运动或风格明显不同。

在德国，1897年成立了手工艺联合车间，1898年成立了德累斯顿工艺坊。同样，在达姆施塔特附近的玛蒂尔登霍夫也有艺术家聚居地，1899年由黑塞大公恩斯特·路德维希（Ernst Ludwig）创立，将所有遵循设计和社会标准的艺术作品汇集在一起。当时受邀的成员和老师包括德国建筑师兼设计师彼得·贝伦斯、比利时建筑师亨利·范·德·维尔德和奥地利设计师奥尔布里希。1907年，另一个日耳曼人的艺术、设计和工业联盟，即德意志制造联盟，也在维也纳工作坊的资助下成立。

稍后在英国，欧米茄工作坊（1913—1919年）由艺术评论家兼画家罗杰·弗莱（Roger Fry，1886—1934年）在伦敦创立，该工作坊与布卢姆斯伯里艺术学院联系紧密。这些工作坊以绘画般的装饰风格生产纺织品、地毯、家具、陶器和其他物品，其主题、色调和风格有点类似印象派，但又丰富多彩、独树一帜（而且显然不是典型的英国风格）。虽然欧米茄工作坊的做工并不总是一流的，但后来证明，他们的装饰作品具有持久的吸引力，部分原因在于弗莱、邓肯·格兰特（Duncan Grant）和凡妮莎·贝尔（Vanessa Bell）等杰出的设计师和装饰师。

在捷克斯洛伐克［第一次世界大战后奥匈帝国（1867—1918年）解体，捷克与斯洛伐克联合，于1918年10月28日成立捷克斯洛伐克共和国，简称捷克斯洛伐克，后于1993年1月1日解体。此处选择使用捷克斯洛伐克名称——译者注］，建筑师和设计师参与了一场短暂的（约1910—1925年）运动，灵感来自分离派的作品和立体派绘画和雕塑。他们创作了极具原创性、带有大胆装饰的家具和其他现在被称为捷克立体派的作品。这些作品极其引人注目，有多角、锯齿形的椅子和沙发以及陶瓷茶具、花瓶和其他容器，都是由弗拉斯蒂斯拉夫·霍夫曼（Vlastislav Hofman）、雅罗斯拉夫·霍雷杰斯（Jaroslav Herejc）、帕维尔·贾纳克等设计师创作的。

此外，美国的许多建筑师、设计师和画家都在创作可以被视为早期现代主义杰出代表的作品。其中包括加利福尼亚州的阿瑟·F.马修斯（Arthur F. Mathews，1860—1945年）和他的妻子露西亚·K.马修斯（Lucia K. Mathews）以及查尔斯·萨姆纳·格林和亨利·马瑟·格林兄弟。在纽约，则有约瑟夫·厄本（Joseph Urban，1873—1933年）、温诺德·赖斯以及弗兰克·劳埃德·赖特，其中厄本曾一度担任维也纳工作坊纽约分部的负责人，赖特可以说是他那个时代（许多人认为是任何时代）最伟大的建筑师之一。

5

5 1914年的小木箱，图案是温德姆·刘易斯（Wyndham Lewis）在离开欧米茄工作坊并创立义军艺术中心后不久创作的。其圆滑的几何设计与盒子的立方体形状互补，类似于现代欧式设计，而不是欧米茄工作坊特有的具象和花卉图案。高8.9cm。

6 出生于英国的埃莉诺·玛贝尔·萨顿住在比利时。约1911—1915年，他为布鲁塞尔的装饰艺术公司设计了这个写字柜，并在根特展出。该展品由各种木材、珍珠母、象牙和丝绸制成，结合了简单的直线形式和大胆的花卉镶嵌装饰，从而将当代维也纳的几何元素与早期巴黎装饰艺术运动风格的装饰主题融合在一起。

6

家具·奥地利家具

方格和直线设计

4 瓦格纳1898—1999年设计的直边玻璃核桃木橱柜，是一套餐厅家具中的一件。橱柜的点缀稀疏却丰富：如多米诺骨牌般的圆形珍珠母与抽屉把手周围的环形相呼应。高1.99m。

1 奥托·瓦格纳的经典设计——维也纳曲木金属扶手椅，拥有多个版本，从古斯塔夫·西格尔的设计原型中派生而来，由J.&J. Kohn公司约1900年生产。图中瓦格纳1902年设计的榉木、铝制和金属模型，也许是他最有名的作品。高78cm。

2 瓦格纳约1904年设计的乌木色榉木铝制凳子，呈简单的立方体形式，除了凳腿上有金属螺栓，没有其他任何装饰。高47cm。

3 科罗曼·莫塞尔约1903—1904年设计的金属和木制架，架上5个隔间上的方格图案是维也纳现代设计早期常见的图案。高85cm。

维也纳设计师约瑟夫·霍夫曼、科罗曼·莫塞尔、约瑟夫·玛丽亚·奥尔布里希和奥托·瓦格纳的家具设计久负盛名，无论是多产的霍夫曼设计的大批量生产作品，还是莫塞尔别具特色的饰面箱，概莫能外。或许莫塞尔的金属设计更为人所知，但他也为维也纳工作坊设计了一些装饰与工艺都颇为精湛的家具。他擅长设计实用的几何形状家具，同时也把自己对绘画的敏感嗅觉巧妙地融入家具装饰中，效果非常出色。这些作品中的大多数都是传统的直线形样式，与镶嵌珍珠母、锡镴或是特色木纹的工艺相融合，呈现出中性的背景格调。他于1904年设计的餐椅由红木、枫木和珍珠母制成，在椅背的顶部和底部有工作室的标志性方格图案，其焦点是椅背上衔着橄榄枝的鸽子。莫塞尔于1907年停止为维也纳工作坊设计家具，此后他将更多的精力用于绘画。

霍夫曼的大批量生产系列，可以说是维也纳工作坊当今最有名的家具。其中最有吸引力的是深色、乌木色或白色的层压榉木家具，大多数运用了曲木元素。他的设计主要由J.&J.Kohn公司的维也纳工厂以及索耐特兄弟公司制作。霍夫曼在1904—1906年设计的榉木曲椅造型简约，专为普克斯多夫疗养院的餐厅而设计，由J.&J. Kohn公司的维也纳工厂生产。可能霍夫曼最为知名的座椅家具是蝙蝠椅，专为维也纳工作坊的剧院酒吧——蝙蝠歌厅设计。

维也纳家具设计师还包括奥尔布里希、瓦格纳、奥托·普鲁彻、古斯塔夫·西格尔（Gustav Siegel）和阿道夫·路斯（Adolf Loos，1870—1933年）。曲木家具最为常见（这种制作过程由索耐特兄弟公司于20世纪50年代末发明），而带有饰面、装饰华丽的家具则别具一格。瓦格纳约1904年设计的黑檀木铝凳，由索耐特兄弟公司为维也纳的奥地利邮政储蓄银行（邮局）制作。

曲木椅

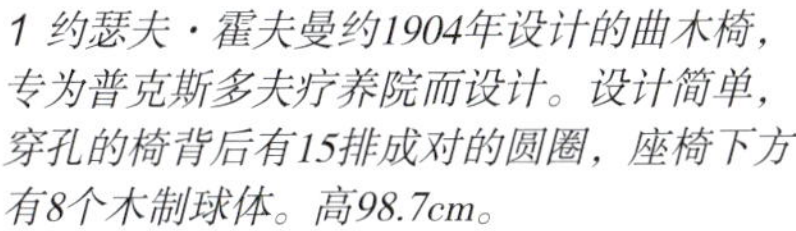

1 约瑟夫·霍夫曼约1904年设计的曲木椅，专为普克斯多夫疗养院而设计。设计简单，穿孔的椅背后有15排成对的圆圈，座椅下方有8个木制球体。高98.7cm。

2 霍夫曼约1906年设计的蝙蝠曲木椅，设计罕见，原木的黑白油漆痕迹清晰可见。椅背和座面上装有红色皮革软垫。高72.3cm。

3 霍夫曼1908年设计的机器座椅，是威廉·莫里斯的经典可调座椅的升级版，兼有直线和曲线、圆形和方形的装饰元素。高56cm。

华丽的饰面家具

1 科罗曼·莫塞尔1904年设计的扶手椅，其直线造型与华丽的装饰——红木和枫木饰面薄板以及珍珠母镶嵌——形成了鲜明的对比。高94.9cm。

2 莫塞尔约1900年设计的魔法公主柜，体现了日式风格和象征主义。柜子打开时，门背的角落里，在阿帕卡圆圈之间，镶有两个公主图案。高1.71m。

3和4 莫塞尔1903年设计的女士写字桌和扶手椅，由卡斯帕·哈兹迪尔（Caspar Hrazdil）制造。这些作品由异域的金钟柏木制成，镶嵌有椴木和经雕刻、用墨水涂染的黄铜。人物元素——手持圆环的8位女性——展现了莫塞尔独特的风格。桌子高1.44m，椅子高67cm。

英国家具

欧米茄工作坊的家具

1

2

3

1 邓肯·格兰特1913年设计的油彩木板莲花池屏风，是欧米茄工作坊颇有人气的一款设计。格兰特将屏风视为艺术和设计、纯艺术与应用艺术的真正结合。每个面板高1.75m。
2 罗杰·弗莱1915—1916年设计的橱柜，由约瑟夫·卡伦博恩（Joseph Kallenborn）为欧米茄工作坊制作。该作品使用多种木材用精湛的镶嵌工艺制成，装饰着两只非写实的长颈鹿。高2.13m。
3 卡伦博恩约1919年制作的梳妆台，冬青木上的豪华饰面由胡桃木、梧桐和乌木制成。该作品是对科茨沃尔德精湛工艺和法国装饰艺术风格饰面家具的认可。

4

5

4 邓肯·格兰特约1916年于查尔斯顿在圆木盒上创作的绘画，画中一个带有翅膀的裸体音乐家在漫不经心地弹奏着弦乐器。宽34cm。
5 罗杰·弗莱把欧米茄工作坊维金纳琴的内盖当作画布，画了一个女性裸体，她的体态扭曲，正好与盖子的奇怪角度匹配。高1.04m。

欧米茄工作坊设计的家具涉及范围极广，从用自主设计的织物制作的软垫座椅和沙发到镶嵌工艺和手绘屏风，应有尽有。凡妮莎·贝尔很有可能为她妹妹弗吉尼亚·伍尔夫（Virginia Woolf）的家宅僧舍别墅创作了瓷砖壁炉周围的绘画。在查尔斯顿，花卉和水果绘画随处可见鲜艳，比如1916年成为邓肯·格兰特和凡妮莎·贝尔住所的苏塞克斯农舍，以及布鲁姆斯伯里集团的乡间寓所。在以上住所的门、窗周围，以及留声机柜、小型三叠屏风和厨房橱柜等处，画有静物或是一大团花簇。1913年，格兰特创作了一幅莲花池屏风画。

与此同时，欧米茄工作坊创作了五彩缤纷的家具，科茨沃尔德主家具制作大师欧内斯特·吉姆森和其他工艺美术设计师设计的手工物品制作精良，以简约和几何风格为主，预示着现代主义风格的到来。

工匠艺术

1

1 欧内斯特·吉姆森约1902年精心制作的柜子，由胡桃木饰面装饰、石膏镀金板和乌木支架构成。注意上边两块板周围的菱形图案和下边两块板周围的圆形图案。
2 吉姆森约1907年设计的小橱柜，用冬青、乌木和核桃制作，镶嵌工艺不同寻常，图案犹如展开的书海。高36.5cm。

2

美国家具

结实的中西部新颖设计

1 弗兰克·劳埃德·赖特1902—1903年设计的皮革软垫橡木无扶手椅，有着有趣的斜背板，为伊利诺伊州的弗朗西斯·沃特小屋设计。虽然与当代传教士风格橡木座椅家具的材料相同，但它已经不再是一把简单的无扶手椅了。高76cm。

2 赖特1937年创作的四方胡桃木扶手椅和脚踏，为位于宾夕法尼亚州的流水别墅设计，该别墅是赖特1935年的作品。图中椅子采用了与图1作品同样精湛的工艺和统一的设计与结构。

装饰性的加州家具

1 查尔斯·萨姆纳·格林和亨利·马瑟·格林约1909年设计的桌子，使用洪都拉斯桃花心木、乌木和白银制作。抽屉上用白银嵌成波浪曲线，银线在架子的下部断开。

2 露西亚·马修斯约1910年设计的六边形木盒运用了雕刻和漆涂工艺，具有工艺美术运动风格、青年风格和装饰艺术运动风格所共有的花卉元素。高29cm。

美国几位早期现代主义设计师的家具和其他木制物品不仅受维也纳工作坊和工艺美术运动的影响，而且还受亚洲设计，特别是日本设计的启发。

约瑟夫·厄本是维也纳人，1911年定居于美国，20世纪20年代初成为维也纳工作坊纽约专营店的负责人。厄本设计的奢华家具常饰以涂漆并点缀着珍珠母。温诺德·赖斯是一位出生于德国的艺术家，19世纪末20世纪初在纽约从事室内和家具设计。

露西亚·马修斯和阿瑟·F.马修斯的设计风格更接近英国工艺美术运动的风格。露西亚约1910年设计的六边形木盒上装饰有风格化的花朵。20世纪，弗兰克·劳埃德·赖特设计的家具既不属于工艺美术运动风格，也非现代主义风格，但与同时期维也纳的设计相得益彰。他于1902—1903年设计的橡木无扶手椅就是一个典型范例。查尔斯·萨姆纳·格林和亨利·马瑟·格林是一对建筑设计师兄弟，也是工艺美术运动风格大师。但是他们约1909年设计的桃花心木桌子具有日式风格的外观，显示出对20年后精简现代主义风格的预期。

德国和其他欧式家具

简单实用的设计

1 理查德·里默施密德约1903年设计了这款简洁结实的橡木皮革桌，可能是由德累斯顿工艺坊制造的。

2 里默施密德约1900年设计的一对橡木皮革椅。椅子侧面的对角支撑既有装饰性又是结构的一部分，属于青年风格典型的曲线形家具。高78cm。

3 里默施密德1902年设计的榉木和梨木扶手椅，由德累斯顿工艺坊制作，微曲的椅背、扶手、切口和倒角椅子腿带有青年风格的痕迹。要不是这些青年风格的元素，这只是一件带有后现代主义风格特征的结实家具而已。高82cm。

4 布鲁诺·保罗设计的枫木和皮革扶手椅，由慕尼黑手工艺联合车间制造，其弧形对角设计感很强，给就座者提供了优雅的包围之感。高87.5cm。

当霍夫曼和莫塞尔等设计师正在设计维也纳家具时，中欧其他地方的设计师正在设计早期现代主义风格的家具，其中许多人与之前提到的工作坊有关系。这种风格和精致华丽的维也纳风格不同，是更为简单明了的木雕和机械制造的类型，通常有一些精细的装饰作为点缀。

例如，在德国，理查德·里默施密德为德累斯顿工艺坊设计了“机械制造或手工整修的家具”系列，例如1902年的榉木和梨木扶手椅。布鲁诺·保罗（Bruno Paul, 1874—1968年）的“标准家具”系列由慕尼黑手工艺联合车间制造。例如，约1910年设计的美观橡木餐桌配有4把无扶手椅，相对来说以直线线条为主，没有装饰，但椅背有一个简单的长方形木板，木板中间部分呈菱形。另外两位在德国工作的现代主义家具设计师是出生于汉堡的彼得·贝伦斯和比利时的亨利·范·德·维尔德。前者于1897年协助建立了慕尼黑手工艺联合车间，后者同年在德累斯顿推行新艺术风格。贝伦斯1903年设计了一种白漆木制无扶手椅，在其微曲的椅背上有两个细长的拱形切口，与亨利·范·德·维尔德1902—1903年设计的床头柜有异曲同工之妙，柜子用白漆松木和黄铜制成，侧面有三叶式切口。

比利时的古斯塔夫·塞里尔-博维虽然以设计曲线形家具而闻名，但也设计过维也纳风格的直线形家具。他于1900年左右设计了四四方方的扶手椅，以其分明的垂直线条和类似笼子的元素而著称。

捷克立体派代表创作了中欧最引人注目的早期现代主义家具。帕维尔·贾纳克1911—1912年设计的棕色橡木椅子具有独特的锯齿形元素，类似于20世纪20年代的装饰艺术运动风格代表作品，与半个世纪后的孟菲斯派家具也颇为相似。

5 布鲁诺·保罗约1910年设计的橡木餐桌配有4把无扶手椅，由柏林手工艺联合车间制造，直线条结构明显，但椅背中央是菱形。其简洁的直线线条与保罗设计的扶手椅的曲线线条（见p.338图4）形成强烈的对比。桌子直径1.2m。

6 图中两件青年风格的白色家具拥有优雅的曲线设计，几乎像是统一委托生产的，但实际上由不同的设计师打造。椅子由彼得·贝伦斯1903年设计，来自诗人汉斯·德梅尔（Hans Dehmel）的汉堡之家；床头柜由在德国长期工作的比利时建筑设计师亨利·范·德·维尔德1902—1903年设计，来自在包豪斯档案馆工作的作家马克斯·冯·慕克豪森（Max von Münchhausen）位于魏玛的公寓。椅子高90cm，柜子高83.2cm。

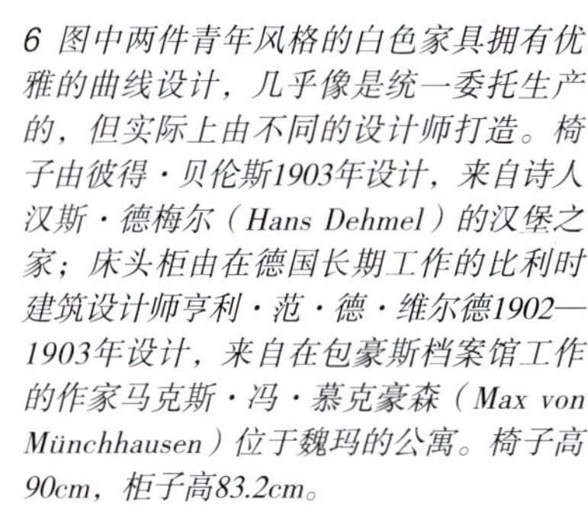

7 比利时设计师古斯塔夫·塞里尔-博维以其新艺术运动风格的曲线形家具而闻名，但他也创作了直线造型感强的家具，部分原因是受工艺美术运动风格设计的启发。图中约1900年设计的涂漆木椅只有扶手上有最细微的曲线，属于现代几何风格的作品。高73.7cm。

8 捷克立体派设计师将家具视作一种艺术形式。图中是帕维尔·贾纳克1911—1912年设计的棕色橡木无扶手椅，椅背上的三角形结构决定了整体形状。高95cm。

陶瓷制品

具象绘画作品

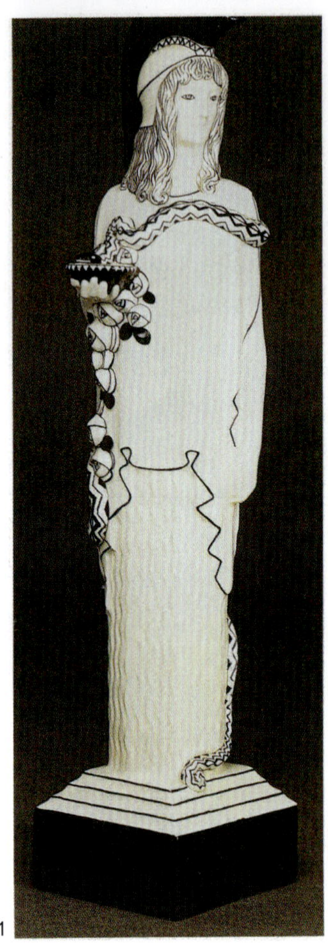

2 迈克尔·鲍姆尼创作了许多绘画式陶瓷的变形设计，多是基于快乐的天使与鲜花或是水果相关的主题。这件抱着一大串应季水果的“秋天的丘比特”制作于1908年。高37.5cm。

3 虽然创作时间相对较晚（制作于约1930—1935年），但苏西·辛格雕刻的这尊坐立的女性人像富有表现力，与她以前创作的维也纳工作坊风格人像和头像并无不同。高46.5cm。

1 2

1 与迈克尔·鲍姆尼一起创立维也纳陶瓷公司的伯特尔德·洛夫勒在1908年设计了这件“帕拉斯·雅典娜”女神像，这是一件新古典主义风格作品，以黑色颜料勾勒。高33.6cm。

3

像其他艺术一样，处于世纪之交的维也纳陶瓷经常出现由霍夫曼和莫塞尔等先驱创造的风格化的设计语汇。维也纳工作坊生产了许多陶瓷器皿，一些由莫塞尔和霍夫曼创作，但还有其他许多器皿出自一些女性设计师之手，其中包括尤塔·西卡（Jutta Sika）。这位设计师曾经在应用艺术学院参加过莫塞尔（其学生甚至将本人的设计作品署名为“莫塞尔学院”）的陶器设计课程。维也纳的约瑟夫博克公司采用了几项莫塞尔学院的设计，特别是出自西卡的著名红珐琅茶器（制作于1901—1902年），带有圆形图案。苏西·辛格（Susi Singer）也是维纳维克斯公司的几位设计师之一，她以制作独特的手绘陶瓷人像和物品闻名，许多作品是工作室陶艺的典型代表，以巧思和自然率性著称。维也纳陶器公司由艺术学院的两位老师迈克尔·鲍姆尼（Michael Powolny, 1874—1945年）和伯特尔德·洛夫勒（Bertold Löffler, 1874—1960年）共同创立，制出了独特的人物和动物形象作品，如1908年洛夫勒的作品“帕拉斯·雅典娜”。

在德国，各种陶瓷工厂都生产了维也纳工作坊的瓷器，包括东德迈森工厂和位于格伦兆森的莱因霍尔德默克尔巴赫工厂。1905年出品的默克尔巴赫球形花瓶，由汉斯·爱德华·凡·贝勒普施-瓦伦达斯设计，带有显著的青年风格图案：包括波浪、圆点、三角形和棋盘格图案。与此类似，宁芬堡的皇家巴伐利亚瓷器制造厂生产了阿德尔贝特·尼迈尔（Adelbert Niemeyer）设计的圆柱形花瓶，装饰有棋盘图案。

捷克立体派运动的追随者生产出了许多与维也纳陶器风格极其相似的釉面陶瓷。他们主要是“合作社联盟”的成员，其中包括帕维尔·贾纳克。

欧米茄工作坊制作的陶瓷制品既可以是普通釉面的实用性产品，也可以是华丽的釉上彩装饰性作品。后者中具有代表性的是1914年的两个花瓶，特点是风格化的人物图案和抽象的几何设计。另一方面，罗杰·弗莱的家用餐具则大多是纯白色的镀锡陶器。

几何设计

1 凭借其醒目的黑白几何设计，伯特尔德·洛夫勒和迈克尔·鲍姆尼的手绘彩陶台座碗是维也纳分离派的灵魂之作，制作于1906年，永恒而优雅。高21.6cm。

2 阿德尔贝特·尼迈尔绘制的镀金瓷花瓶，制作于1905年，由宁芬堡的皇家巴伐利亚瓷器制造厂制造，在其底端和边缘下方融入方格元素，与风格化的花朵设计相得益彰。高27.5cm。

3 汉斯·爱德华·凡·贝勒普施-瓦伦达斯设计的花瓶，制作于1905年，带有维也纳工作坊的风格。高14.9cm。

1

2

3

4 尤塔·西卡的红珐琅茶具由约瑟夫博克公司生产，1901—1902年制作，被认为是纯现代维也纳陶瓷设计早期的巅峰之作。茶壶高19.6cm。

4

5 捷克立体派代表帕维尔·贾纳克在1911年设计了这款白色釉面、绘有黑色图案的陶器咖啡套具，配有罕见的珠状手柄。咖啡壶加盖子高22cm。

5

6

6 富有活力的绘画设计将这两款具有传统外形的欧米茄工作坊陶瓷花瓶幻化成为生动的三维画布。左侧陶器的绘画作者不明，1914年制作，而右边的瓷器是由罗杰·弗莱绘制的，其风格化的图案可追溯到1912—1919年。

7 约1913—1914年，弗莱在多塞特郡的卡特陶器公司为欧米茄工作坊制作了一个餐具套系，其中包括这个杯子和碟子。此陶器表面是厚实的白色锡釉，所有瑕疵的印迹都是有意为之。杯子角状的手柄和其简约的外形都预示着20世纪20—30年代英国装饰艺术运动瓷器时代的到来。高7cm。

7

玻璃制品

彩绘装饰器皿

1 达戈伯特·佩赫1918年制作的花瓶，由吹制的彩色玻璃和贴面彩色玻璃切割出风格化的树叶图案制作而成。Joh. Oertel公司制作，由维也纳工作坊零售。高23cm。

2 方格图案作为这个玻璃酒杯的边框，1911年，由路德维希·容克尼尔·霍夫曼装饰。由维也纳的J.&L.Lobmeyr公司出售，模具吹制的透明玻璃已经过磨砂处理并用古铜辉石装饰。高18.7cm。

3 约瑟夫·霍夫曼1914年制作的醒目的建筑式花瓶，由Loetz-Witwe威图玻璃厂公司出品，它由乳白色玻璃叠加透明和彩色玻璃，再使用酸蚀刻工艺制成。高17cm。

4 在维也纳工作坊，希尔达·杰瑟1917年在带盖罐子上绘制出有关女运动员的场景，由Joh. Oertel公司制作。珐琅彩绘和吹制透明玻璃片的灵感部分来源于野兽派。高19.5cm。

5 这个透明玻璃和珐琅材质的花瓶是简单的霍夫曼式形状，带有风格化的树叶图案，由佩赫约1917年制作。高15.3cm。

6 玛蒂尔德·弗勒格约1920年在这个模具吹制的带珐琅透明玻璃杯上绘制了花卉和具象图案，在维也纳工作坊制造。高40cm。

世纪之交，在奥地利生产的玻璃器皿包括朴素、未经装饰的实用性产品以及装饰精美的高脚杯、花瓶等。维也纳是中部的主要生产中心，维也纳工作坊设计了各种各样的商品，其中大部分由大型玻璃厂生产，如Loetz-Witwe、E.Bakalowits&Söhne、Meyr's Neffe、Ludwig Moser&Söhne以及J.&L. Lobmeyr公司。

与维也纳工作坊生产的金属制品和家具一样，其名下的玻璃器皿由其主要设计师霍夫曼，莫塞尔和奥托·普鲁彻以及许多女性设计师（大多数来自20世纪10年代）创作，其中包括玛蒂尔德·弗勒格（Mathilde Flögl）、希尔达·杰瑟（Hilda Jesser）、尤塔·西卡和瓦利·维泽尔蒂尔（Vally Wieselthier，1895—1945年）。几何图案和风格化的叶子装饰虽然不是无处不在，但在某些工作室制品上随处可见，而且甚至有一些制品采用了别具一格的具象图案，例如1911年由路德维希·容尼克尔·霍夫曼（Ludwig Jungnickel Hoffmann）装饰、J.&L.Lobmeyr公司制作的酒杯。他们制作的圆柱形玻璃碗上有方格图案装饰，镶有风格化的猴子构成的饰带，置于旋涡形的圆盘装饰之中，伸出的卷须上带有水果图案。猴子尾巴也是类似的旋涡形装饰。这种由霍夫曼创造的亚光黑或深灰色装饰用在透明或磨砂亚光玻璃上，称为古铜制品或者古铜装饰（以金属古铜辉石命名），而J.&L.Lobmeyr公司从1910年起雇用霍夫曼作为艺术总监，同年引入了这项技术。

奥托·普鲁彻在他大部分的玻璃器皿中使用了彩色元素，这些器皿大多是由Meyr's Neffe玻璃厂生产的。他还以设计美丽的高脚杯闻名，其中一些有着极高的杯柄，似乎有些难以保持平衡，杯子配有绿色、粉红色、蓝色和其他色调的垂直方格图案。科罗曼·莫塞尔是第一个开始为维也纳工作坊创造玻璃器皿形式和设计的设计师，其中一些作品最早在1898年便开始设计制作了。他的大部分作品都是由维也纳的E.Bakalowits&Söhne玻璃厂制作的。迈克尔·鲍姆尼作为制陶工匠和老师，为Loetz-Witwe玻璃厂和J.&L.Lobmeyr公司设计制作玻璃制品。他最具特色的作品是花瓶和其他纯色的物品。

7

8

7 约瑟夫·霍夫曼约1915年设计的厚壁碗结实坚固，图中是诸多变体中的一种，由紫罗兰色的雕花玻璃制成，玻璃由许多波希米亚玻璃工厂为维也纳工作坊制作。高12.2cm。

8 维也纳的奥斯卡·斯特拉纳德（Oskar Strnad）约1914年为卡尔·马萨尼茨（Karl Massanetz）设计制作的透明玻璃烛台上有着大量珐琅和金箔装饰，重新使用石墨技术，但风格化的花卉装饰也与维也纳式现代主义有关。高14.1cm。

9 无色玻璃带盖花瓶，约1914年制成，饰有黑色和镀金的珐琅，由Loetz-Witwe玻璃厂制作。其外形和装饰都受到维也纳工作坊的影响，仿工作坊的大部分玻璃器皿都是由Loetz-Witwe玻璃厂在克洛斯特穆勒（维也纳附近）制作的，之后运回维也纳进行装饰。高度31cm。

10 霍夫曼作品中最引人注目的玻璃制品，在1914年之前由Loetz-Witwe玻璃厂制造，用珐琅彩绘和套色玻璃制作而成。它的特点是有着风格化的叶片和3个三角形叠加的图案，有效地结合了维也纳现代主义设计的几何和装饰元素。高15.8cm。

9

10

11

12

11 该作品由霍夫曼或达戈伯特·佩赫装饰，由Joh. Oertel公司制作，这款多色玻璃杯是在1915年之前设计的，其精妙的垂直曲折线条设计使其成为大胆表现现代主义的作品。高10cm。

12 佩赫的作品，一个简单的玻璃罐，盖子颇引人注目，约1916—1917年设计，由Loetz-Witwe玻璃厂制作。由吹制彩色玻璃和彩色透明套料玻璃制成，该作品的特色是一系列微小的黑釉设计及底部白点组成的垂直线条。高15.4cm。

银制品和其他金属制品

有机具象的图案

1 具有建筑风格的银箱子，科罗曼·莫塞尔1906年为维也纳工作坊设计，装饰有半宝石浮雕和珐琅，由阿道夫·埃尔布里克（Adolf Erbrich）和卡尔·波诺茨尼（Karl Ponocny）制作完成。就像莫塞尔的其他一次性特供家具制品一样，该作品装饰有精致的有机元素和风格化的新古典主义风格人物。高24cm。

2 1899年，维也纳建筑师约瑟夫·玛丽亚·奥尔布里希在德国的达姆斯塔特艺术家聚居地设计了许多建筑。与此同时，他也创作金属制品，例如这个约1901年的镀银锡镴枝状大烛台，由吕登沙伊德的爱德华·许克（Eduard Hueck）制作而成。很多德国设计师都受到了其金属作品的影响。高36.4cm。

1

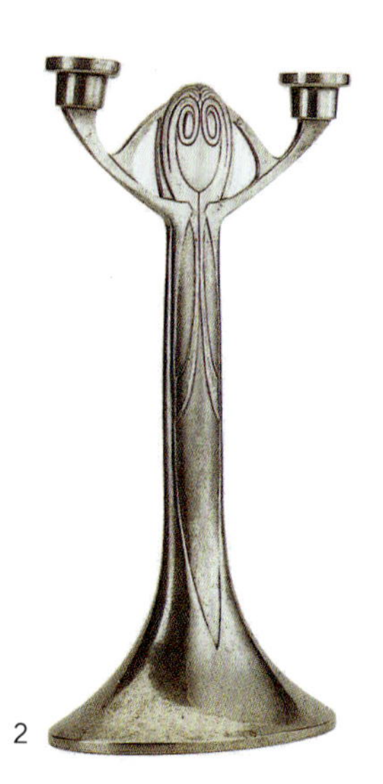
2

3

4

3 爱德华·约瑟夫·维默约1915年设计的黄铜花架是维也纳工作坊相对晚期的设计，使用了压印工艺的有机设计，但更像是一种风格化的甚至是原始的景观，而不是浑然一体的花朵和树叶图案。其腿部和椭圆形的下层环状支架全部采用了维也纳网格图案。高88.9cm。

4 卡尔·奥托·采伊奇卡1909年设计的带盖杯，类似高脚杯，镀金银装饰的盖子带有天青石尖顶，杯上饰有精致的透雕细工有机设计，是典型的维也纳分离派风格。高25.5cm。

20世纪早期，维也纳工作坊的员工设计生产的金属制品是当时最具特色和魅力、现代风格最明确的作品。不同于法国人对新风格的明显运用，由霍夫曼、莫塞尔、奥尔布里希、佩赫、卡尔·奥托·采伊奇卡（Carl Otto Czeschka, 1878—1960年）等设计师设计的液体容器、盒状容器、扁平餐具都体现了对直线的大量运用。

由维也纳工作坊设计生产的银、银镀金、阿帕卡、黄铜、搪瓷器皿及其他装饰金属件风格多样，大多设计独特，从餐具到植栽架均有涉猎。维也纳工作坊最具辨识度的作品是镂空的金属制品，绝大多数都由霍夫曼设计，紧随其后的是莫塞尔。这些作品都带有标志性的直线线条，由包含方格的小金属片组成，类似于棋盘，被称作"格子工艺"。1904—1905年，带有鲜明特征的维也纳工作坊制品首次开始供应给工作室的各种商店。这些制品外形多变，由银、阿帕卡或金属薄板制成（通常涂成白色），带有规则的方形或网格状孔式设计，偶尔也会刻上其他图案，比如圆圈。作品类别包括有把手的花瓶和篮子、圆形桌面的白漆铁皮盆栽桌以及六角形或四叶式花盆。

维也纳工作坊金属制品包括各种各样的扁平餐具，同样，绝大多数久负盛名的作品都是由霍夫曼设计的。他设计的所谓"弗拉克斯模型"（扁平模型）系列，最初是在1903年为顾客弗里茨和莉莉·维尔恩多佛夫妇制作的（见p.347），由各种各样极其简约的银片组成。

维也纳工作坊的金属制品范围广泛，从适于大规模生产的简单不加装饰的作品，到精心修饰的一次性特供品，应有尽有。制作工艺包括锤锻、镂空、浮雕、压花等，也有一些金属制品用半宝石和珐琅装饰加以点缀。维也纳工作坊知名的金属设计之一是莫塞尔1906年设计的银盒，每一面都装饰有一位珐琅男性裸体人像，配以半宝石浮雕设计。

同时期在奥地利工作的设计师和生产者也创作出了

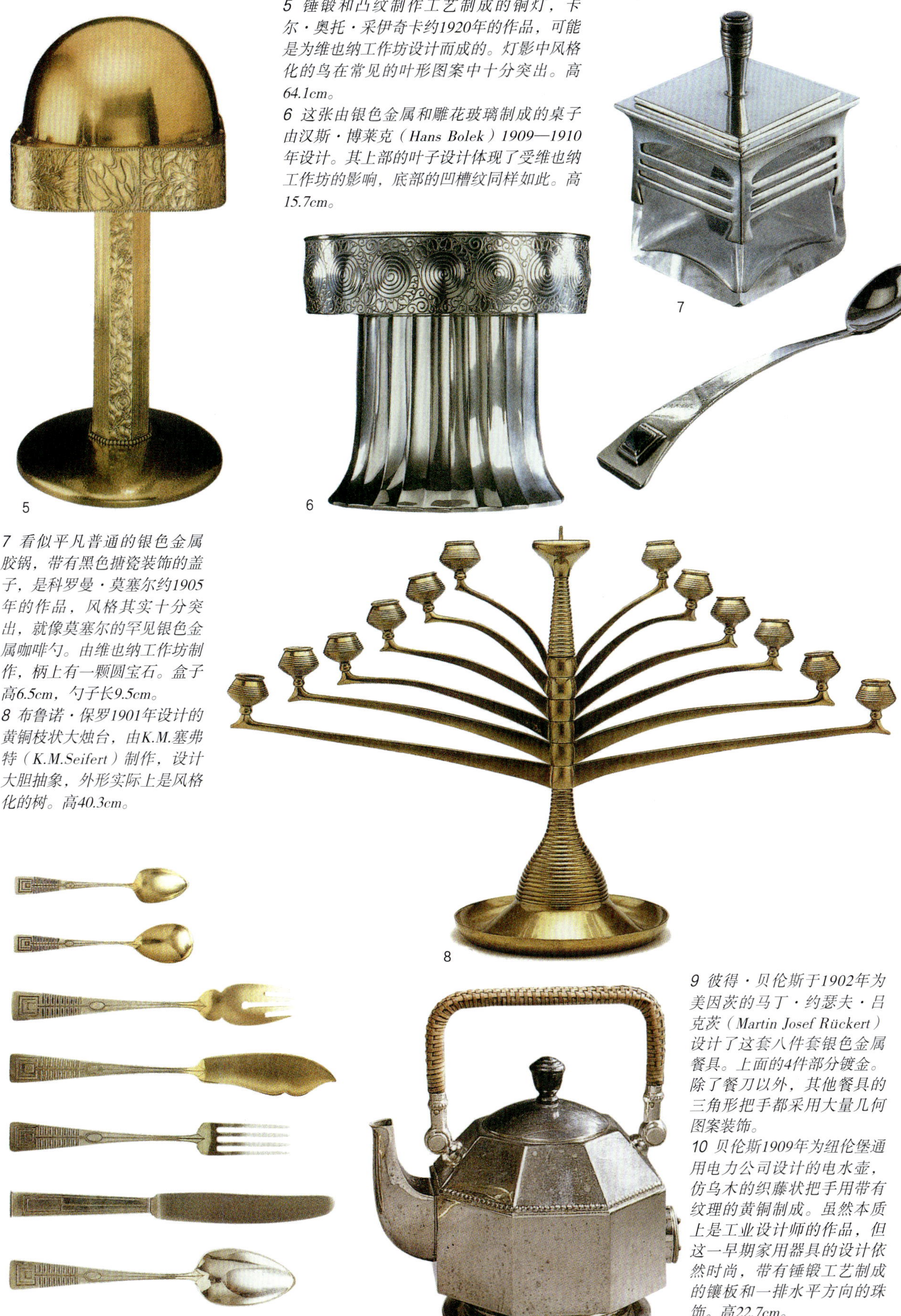

5 锤锻和凸纹制作工艺制成的铜灯，卡尔·奥托·采伊奇卡约1920年的作品，可能是为维也纳工作坊设计而成的。灯影中风格化的鸟在常见的叶形图案中十分突出。高64.1cm。

6 这张由银色金属和雕花玻璃制成的桌子由汉斯·博莱克（Hans Bolek）1909—1910年设计。其上部的叶子设计体现了受维也纳工作坊的影响，底部的凹槽纹同样如此。高15.7cm。

7 看似平凡普通的银色金属胶锅，带有黑色搪瓷装饰的盖子，是科罗曼·莫塞尔约1905年的作品，风格其实十分突出，就像莫塞尔的罕见银色金属咖啡勺。由维也纳工作坊制作，柄上有一颗圆宝石。盒子高6.5cm，勺子长9.5cm。

8 布鲁诺·保罗1901年设计的黄铜枝状大烛台，由K.M.塞弗特（K.M.Seifert）制作，设计大胆抽象，外形实际上是风格化的树。高40.3cm。

9 彼得·贝伦斯于1902年为美因茨的马丁·约瑟夫·吕克茨（Martin Josef Rückert）设计了这套八件套银色金属餐具。上面的4件部分镀金。除了餐刀以外，其他餐具的三角形把手都采用大量几何图案装饰。

10 贝伦斯1909年为纽伦堡通用电力公司设计的电水壶，仿乌木的织藤状把手用带有纹理的黄铜制成。虽然本质上是工业设计师的作品，但这一早期家用器具的设计依然时尚，带有锤锻工艺制成的镶板和一排水平方向的珠饰。高22.7cm。

1

2

3

1 雅致的风铃草花瓶（带锡内胆），瓶上的钟花、垂直的带状设计、上缘和底座均饰有细小的串珠。约瑟夫·霍夫曼1911年设计，维也纳工作坊的艾尔弗雷德·梅耶（Alfred Mayer）制作。风格化的花朵和叶子是维也纳工作坊典型的有机装饰。高15.5cm。

2 华丽的银烟托，整体覆盖有密集的非写实叶子设计，毫无疑问是维也纳工作坊的风格，霍夫曼约1905年的作品。高10cm。

4

3 维也纳工作坊的创始人科罗曼·莫塞尔和霍夫曼多使用几何式、对称式设计，于1915年加入的达戈伯特·佩赫创造出了更华丽、更具雕塑风格的作品。有些甚至在理念上是新巴洛克风格，比如图中银和珊瑚制成的奇幻鸟盒子，1920年制作。高21.7cm。

4 霍夫曼的银制带盘茶具和咖啡套具大胆运用了有机元素，甚至接近巴洛克风格。茶壶、咖啡壶、奶盅、带盖糖碗都设计成非写实的甜瓜形。这件为维也纳工作坊创作的作品时间较晚，约1924年设计，与霍夫曼早期更雅致的作品风格大不相同。高19.7cm。

重要的银和金属制品。其中一件杰出的桌子装饰品制作于1909—1910年（见p.345），下方是一个带有宽凹槽的底座，上部呈碗状，饰有旋涡形图案，其间穿插叶形设计，由汉斯·博莱克设计，由维也纳的爱德华·弗里德曼（Eduard Friedmann）制成。

1920—1930年，霍夫曼继续在维也纳工作坊从事金属设计工作，这一时期作品的外形往往与早前的设计大同小异，但尽管如此，他的作品仍然新颖、时髦。约1920年设计的铜碗是一个带有螺纹图样的半球形杯状设计，置于喇叭形的底座之上，有两个古怪的把手。新艺术运动时期，在维也纳工作坊的金属制品中增加了越来越显眼的附加元素，包括抽象设计和有机设计。部分原因是受到了达戈伯特·佩赫的影响，这位设计师于1915年加入工作联盟，其作品比以往装饰更加华丽。

在德国，慕尼黑的设计师们运用银和其他金属创造了杰出的作品。布鲁诺·保罗是其中很重要的一位，他于1901年设计的黄铜枝状大烛台设计巧妙，十分美观。烛台的诸多枝蔓能够在主干上旋转，从而可以摆设出不同的造型。

德国和其他国家的设计师都曾于达姆施塔特的马蒂尔德霍夫艺术家聚居地居住过或长或短的一段时间，他们运用贵金属和其他金属创造出了杰出的作品。这些设计师中有多才多艺的彼得·贝伦斯、约瑟夫·玛丽亚·奥尔布里希和奥尔宾·米勒。贝伦斯1899—1903年在达姆施塔特居住时创作的是青年风格的作品，但此后，他因其功能丰富而又时尚的设计而闻名，比如1909年他为AEG公司制作的带纹理黄铜电水壶。奥尔布里希设计了引人注目的金属制品，其中许多都是批量生产的。在这些作品中有一个镀银锡镴的枝状大烛台，约1901年设计（见p.344），带有典型的维也纳线性图案，由吕登沙伊德的爱德华·许克制作。

5 霍夫曼设计的黄铜碗，是他晚期为维也纳工作坊约1920年设计的作品，受到了达戈伯特·佩赫作品中巴洛克风格的影响。高19cm。

6 霍夫曼为维也纳工作坊约1905年设计的3个银色金属篮子。整体运用刚硬的网格设计，有时也被称为“格子工艺”，环形的手柄起了柔化的作用。高25.5cm。

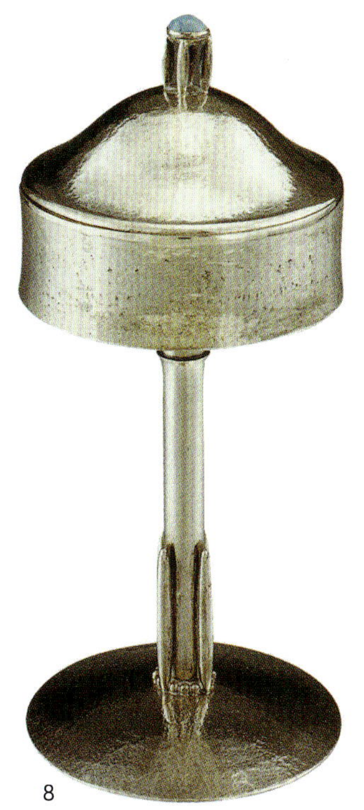

7 霍夫曼约1910年设计的这两件银器（是餐桌装饰的一部分），因其锤锻工艺制成的表面和类似扇面的凹槽纹而独树一帜。这些花瓶出自维也纳工作坊，都由直线设计构成，但不像霍夫曼早期的作品那样严格。高21.6cm。

8 早在创立维也纳工作坊之前，霍夫曼就于1902年设计了这个带有盖子和底座的银盘。这件银制作品在盖子上装饰有天然圆宝石，设计中包含了晚期霍夫曼作品的元素：包括经锤锻的金属、装饰用的串珠和叶状的外形。高16.2cm。

9 珠饰也见于霍夫曼1904年设计的银勺、银叉和银刀中。这一套餐具的设计颇具革命性，因为外形简单而扁平。大餐叉长19.32cm。

10 佩赫约1920年设计的大银碗，时髦的耳形把手带有弧形凹槽，体现了维也纳工作坊后期对巴洛克风格的偏好。直径28cm。

纺织品

几何和有机设计

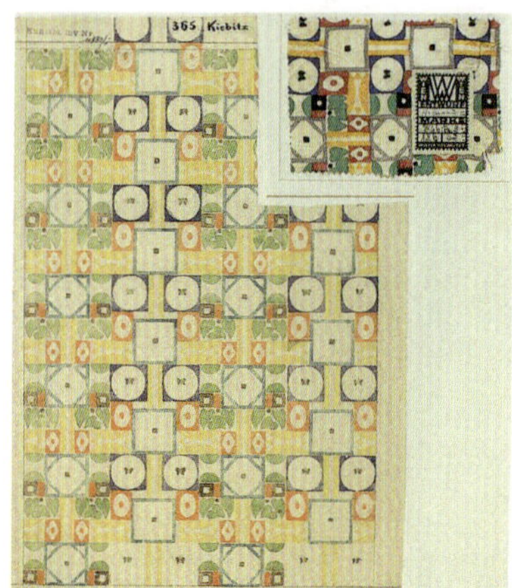

1 卡尔·克伦克（Carl Krenek）1910—1911年设计的木刻板印花衣料“闪电”，锯齿状设计充满活力，独树一帜，由维也纳工作坊制作。

2 为约瑟夫·霍夫曼丝印工艺的丝织品“猫头鹰”所做的设计，维也纳工作坊1910—1915年的作品，设计师在旋涡形藤蔓中采用了放大的重复性钟形花朵图案，该图案有许多变体，用于多种不同材料的设计之中。

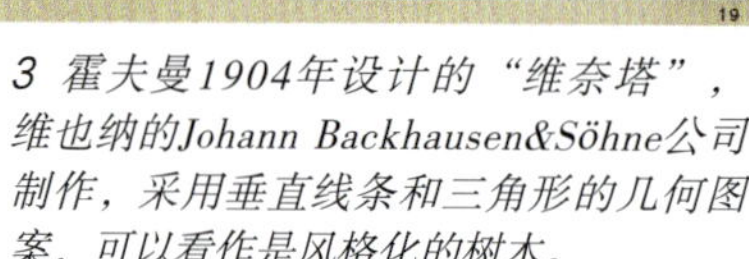

3 霍夫曼1904年设计的“维奈塔”，维也纳的Johann Backhausen&Söhne公司制作，采用垂直线条和三角形的几何图案，可以看作是风格化的树木。

4 霍夫曼1910—1915年的“旁观者”设计极为生动，图中是其木刻板印花和内饰面料样例，采用工作联盟典型的风格化树叶和几何形状进行装饰，共同构成了其极富装饰性的密集网格图案。

从世纪之交一直到20世纪20年代生产的大小地毯和纺织品中，很大一部分是维也纳工作坊的设计，尽管其位于德国。其他工作室和设计师也生产出了一些引人注目的典型设计，其中很多都受到了维也纳工作坊的影响。在英国，欧米茄工作坊生产地毯和饰有鲜艳花朵和抽象图案的纺织品，这些图案也是其彩绘家具和其他产品的典型特征。

多年来，维也纳工作坊的纺织部生产了约18 000件设计。该部门成立于1909年10月左右，不过Johann Backhausen&Söhne公司从1898年起就为工作坊生产织物和地毯，维也纳工作坊在1905年开始生产自己的织物。虽然莫塞尔和霍夫曼这样的知名人士负责设计了多种纺织品图案，但维也纳工作坊也雇用了诸多其他设计师，他们也能设计出美观的装饰性重复图案，其中包括伯特尔德·洛夫勒、卡尔·奥托·采伊奇卡、达戈伯特·佩赫和玛蒂尔德·弗勒格。除了地毯、室内装饰和服装，维也纳工作坊的纺织品也用于餐巾、靠垫和灯罩。其中一些图案是自然主义的动植物设计，还有一些则是更具特色的几何图案，如霍夫曼的设计“维奈塔”是由三角形和垂直线条构成的。

在德国，许多设计家具等制品的设计师在20世纪初期也设计了纺织品。1903年，理查德·里默施密德在慕尼黑蒂梅居所的设计中，对饰有风格化小枝图案的波斯地毯进行了现代化的改造。

除了装饰性的织物，欧米茄工作坊还生产地毯、刺绣，甚至彩绘丝绸灯罩。他们的织物在同时代绘画艺术的影响下使用了生动的设计，通常是抽象式或几何式图案，这些作品革新了英国的纺织品设计。“阿梅诺菲斯”是1913年的印花亚麻织物，设计师可能是罗杰·弗莱，该作品以许多不规则四边形和其他抽象（但也隐约带有有机风格）图形为特色。欧米茄工作坊在20世纪30年代生产纺织品，大大提高了伦敦布鲁姆斯伯里文化圈的整体面貌和审美趣味。

5

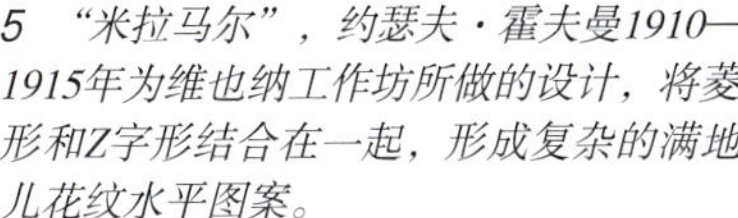

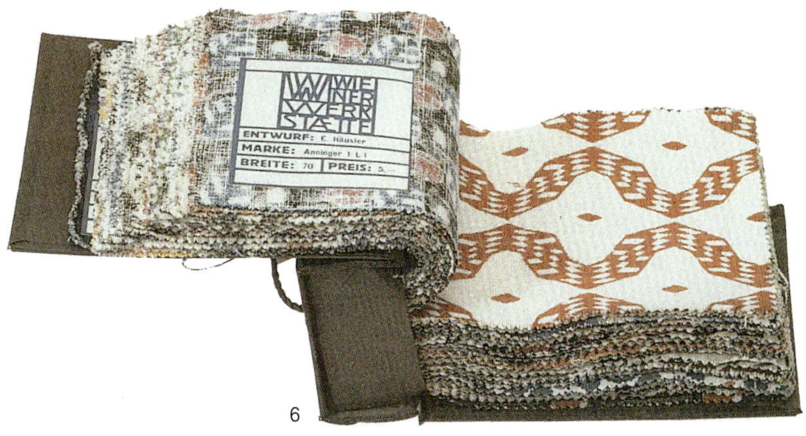

6

5 “米拉马尔”，约瑟夫·霍夫曼1910—1915年为维也纳工作坊所做的设计，将菱形和Z字形结合在一起，形成复杂的满地儿花纹水平图案。

6 维也纳工作坊织物的样品册，打开的一页是科罗曼·莫塞尔为其“松貂”印花丝织品所做的设计，也有蓝色款。设计于约1903—1907年，虽然该工作室直到1909—1910年才成立纺织部。莫塞尔为该部门设计了共计300多种图案。

7 霍夫曼的织物样品，其几何设计由矩形内纵向和横向的菱形构成，可以追溯到1909年。

7

8

9

10

8 霍夫曼1910—1915年为纺织品创作了数十种水彩设计，如“蛇纹岩”。注意很有个人特色的心形树叶，这是大量三角形、正方形和长方形图案中唯一的有机设计。

9 图案丰富的锦缎桌布，彼得·贝伦斯的作品，德国诺伊施塔特/西里西亚的S.弗兰克尔公司制作。这件约1904年的亚麻织物曾用于达姆施塔特艺术家聚居地，贝伦斯为这一地区设计了大量物品。

10 理查德·里默施密德1903年设计的羊毛地毯，置于慕尼黑蒂梅居所的餐厅，里默施密德也为这所房子设计了家具。中央鲜明的图案和周边风格化的小枝和花朵诠释了传统波斯地毯的风格。

11 欧米茄工作坊的印花亚麻装饰织物“阿梅诺菲斯”，1913年，很可能是罗杰·弗莱的设计。由马罗姆印花工厂在鲁昂制作，设计风格复杂而又自然。

11

装饰艺术运动时期

1910—1939年

引论

装饰艺术运动起源于第一次世界大战爆发前的巴黎，也就是1900年世界博览会之后的10多年。这次展览标志着新艺术运动发展的顶峰，也是其走下坡路的起点和结束的开始。新艺术运动吸收了青年风格派和维也纳分离派的设计风格，与诞生于巴黎和南锡受自然启发的曲线形作品相比，其图案和形状通常更接近装饰艺术运动的风格。

装饰艺术运动并没有立即取代新艺术运动，也不是对新艺术运动充满敌意的直接反应。两种运动甚至有一些共同的工艺，特别是就法国生产的作品而言，可能也是由于该国有着丰富的设计传统，以及最好的材料、豪华的装饰和无可挑剔的工艺。此外，在两个不同时期，许多个人和公司一直轻松地创造两种风格的精美作品，其中包括塞夫尔、多姆和拉利克。

虽然早期唯美主义运动时期和新艺术运动时期的设计师都创造了和谐的室内设计以及配套家具和组件，但是直到装饰艺术运动时期才有了整体设计师的崛起，即多才多艺的设计师负责所有设计，也就是一个房间的整体设计，包括窗户、地板、墙面装饰、家具、照明灯具和其他配件。不少设计师表达出了强大的整体设计理念，其中最重要的是巴黎的贾奎斯-埃米尔·鲁尔曼（Jacques-Emile Ruhlmann, 1879—1933年），其他拥有这样显著天赋的设计师包括罗伯特·马莱特-史蒂文斯（Robert Mallet-Stevens, 1886—1945年）、爱尔兰出生的艾琳·格雷（Eileen Gray, 1878—1976年）以及来自法国艺术公司的路易斯·苏（Louis Süe, 1875—1968年）和安德烈·马尔（André Mare, 1885—1932年）（两人创立了苏与马尔公司）。

尽管在装饰艺术运动的定义和年代上存在争论和分歧，但人们普遍接受的是其历史上最重要的事件：1925年的巴黎国际装饰艺术与现代工业博览会。不仅风格的名称是从博览会名称的简缩版中借用的，很久以后，其最伟大的代表——法国和其他国家也参与进来，展示他们最好的现代作品，既相互影响，又影响其他国家的设计师和制造商，包括美国和德国（这两个国家并没有参与当年的博览会）。关于装饰艺术运动何时结束，人们提出了各种武断的观点，包括第二次世界大战的开始，诺曼底号的处女航，法国华丽的“漂浮宫殿”，以及1939—1940年在纽约举行的世界博览会。然而，人们一致认为，到20世纪30年代末，装饰艺术运动已经经历了其丰富多样的发展历程。

至于这种多样而相对持久的风格来源和主要特征，

左图：太阳暴晒设计的乌木边椅，带有象牙质地的染色鲨鱼皮护套，由克莱门特·卢梭（Clement Rousseau, 1872—1950年）约1925年设计，这是法国装饰艺术运动巅峰时期的奢华作品。形式和材料都是传统的，但与其独特的装饰主题相结合的是纯粹的现代设计。高90cm。

对页：1929—1930年，在奥斯瓦尔德·P.米尔恩（Oswald P. Milne）的监督下，克拉里奇酒店在伦敦进行了翻修，装修采用了一种高雅的装饰艺术风格。圆顶门厅被漆成黄色，几何图案的地毯由玛丽昂·多恩（Marion Dorn, 1900—1964年）设计，漆成黑色的门上方是玛丽·S.李（Mary S. Lea）设计的花卉圆顶。

1 娇兰香水“蓝调时光”的瓶子和盒子是1925年巴黎展览会后由巴卡拉玻璃厂制作的。风格化的喷泉装饰取自埃德加·布兰特（Edgar Brandt, 1880—1960年）的作品“绿洲”屏风。高5.5cm。

2 20世纪30年代初，设计师威兰德·格雷戈里（Waylande Gregory）用釉面瓷器制作了“收音机”这一作品。从风姿绰约、随风飘动的头发，到头上的锯齿形发髻，这个光滑的寓言故事人物是一件杰出的美国装饰艺术运动风格作品。高约68.5cm。

3 罗伯特·邦菲尔斯（Robert Bonfils）为1925年巴黎展览会制作的石板海报，色彩颇为引人注目。其特色是装饰艺术运动风格的动植物和无衬线字体。图中人物的新古典主义装束在装饰艺术运动时期并不罕见。高56cm。

可谓不一而足，而且各国皆有不同，就像新艺术运动一样，取决于当地的设计和传统。一个重要的影响是先锋派绘画——包括建构主义、立体派、野兽派和未来主义——在形式和颜色方面提供了大量抽象和简约的丰富组合，设计师可以从中获得灵感。

充满异域风情的地区、文化和传统之方方面面，包括工艺、形式和主题，都被众多装饰艺术运动风格的设计师所吸收。资料来源五花八门：有古代美索不达米亚和玛雅文化，尤其是这些文化中神庙形状的金字塔，大规模出现在20世纪20—30年代的摩天大楼以及家具和其他带有阶梯图案的作品上；也有撒哈拉以南的非洲，那里的部落家具影响了好几位法国设计师，就像其雕刻文化给毕加索（Picasso）、莫迪里安尼（Modigliani）和当时其他的巴黎艺术家带来了灵感一样（女装设计师雅克·杜塞的讷伊工作室就收入了许多法国现代主义者受非洲启发的精美装饰艺术作品）；还有埃及法老时期，1922年图坦卡蒙墓的发现是这方面的催化剂；此外也有古希腊和罗马、中国和日本；也有俄罗斯，尤其是俄罗斯芭蕾舞蹈公司，其道具和服装有着大胆的设计和生动的色彩。

从20世纪20年代中期开始，机器和工业形式成为设计师的另一个灵感来源，尤其是在美国。结果设计师不仅开始采用重复和重叠的几何图案，而且还在大胆的彩色直线图像中包含圆形、半圆形、正方形、V形图案，以及闪电（通常是电力的象征）和无处不在的锯齿形设计。与之有些相关的是空气动力学，该学科进一步激发了设计师和建筑师去创作运动的、抛物线状和翅膀形的设计（1931年，纽约帝国大厦的巨大皇冠就是后者的代表）。

装饰艺术运动时期出现的一个特色母题是风格化的日射（或日出或太阳光）图案，由于英国缺少阳光，普遍认为该图案在英国特别受欢迎，但其基本的几何设计与其他装饰艺术运动风格图案有关。同样受欢迎的还有带瀑布的风格化喷泉，尤其是在法国，该图案是一个古典主题的变体。此外，也有丰富的花卉和人物形象图案，但与新艺术运动时期作品不同，这些图案就风格化手法而言有着明显不同。鲜花和花束被简化，与自然界中的原型相去甚远。新艺术运动中典型的母题，如昆虫、水生物和孔雀在很大程度上让位于毛皮光滑、动作优雅、行动迅速的羚羊、雌鹿、灰狗、猎狼和阿富汗猎犬等动物（一个重要的例外是勒内·拉利克设计的装饰艺术运动风格玻璃，与他创作的新艺术运动风格珠宝一样，这些作品的母题是丰富的鸟类、鱼和昆虫图案）。有趣的是，蛇的图案在这两个时期都出现了，其天生的曲线形式明显是早期使用它的原因，其肌理丰富的皮肤和异国情调则吸引了装饰艺术运动时期的设计师（其中一些人在家具中使用了真正的蛇皮）。女性不再是众多新艺术运动风格容器上慵懒性感的长发形象（尽管这种设计也没有完全消失），而是雌雄同体、皮肤光滑、自信、大胆裸露或穿着时尚、发型整齐，这些描述在一定程度上可以应用于咆哮的20世纪20年代中所谓的随意女郎。新古典主义风格的人像也出现在家具、陶瓷制品、金属制品和其他作品上，正如此种设计也出现在装饰艺术运动时期的重要雕塑之中，比如保罗·曼希普（Paul Manship）的作品。装饰艺术运动风格的建筑上还会使用浅浮雕，尤其是洛克菲勒中心和其他曼哈顿摩天大楼的外观设计。但这些人像通常会以某种方式进行风格化设计（与古希腊甚至18世纪的新古典主义人物相去甚远），常被称为现代派，这个词在20世纪20—30年代（以及后来）的法国及其他地方被用来描述这一时期设计的大部分特征。

与20世纪20年代装饰艺术运动同时发生的，是一股强烈的现代主义设计思潮，一直延续到20世纪30年代，甚至更久，影响着中世纪斯堪的纳维亚风格和其他现代设计，尤其是家具。该风格的前身是英国的克里斯托弗·德雷瑟、德国的彼得·贝伦斯和美国的弗兰克·劳埃德·赖特等设计师的实用主义设计。这种圆滑、实用的风格在欧洲有诸多表现，法国有勒·柯布西耶（Le Corbusier）、艾琳·格雷和罗伯特·马莱特-史蒂文斯设计的家具和其他作品；德国有路德维希·密斯·凡·德·罗（Ludwig Mies Van der Rohe, 1886—1969年）、马塞尔·布鲁尔（Marcel Breuer, 1902—1981年），威廉·瓦根菲尔德（Wilhelm Wagenfeld, 1900—1990年）、玛丽安·勃兰特（Marianne Brandt）以及许多包豪斯学派的人物；芬兰有阿尔瓦·阿尔托（Alvar Aalto, 1898—1976年）；在美国，则有吉尔伯特·罗德（Gilbert Rohde, 1894—1944年）、诺曼·贝尔·格迪斯（Norman Bel Geddes）、唐纳德·德斯基（Donald Deskey, 1894—1989年）、雷蒙德·洛伊威（Raymond Loewy）和沃伦·麦克阿瑟（Warren McArthur）等工业设计师。这些人的许多创作，尤其是家具，现在都成了某种设计上的矛盾：当时的流行同时也成了永恒的经典。

4 巴黎时装设计师珍妮·朗文（Jeanne Lanvin）的卧室由阿曼德-阿尔伯特·拉多（Armand-Albert Rateau, 1882—1938年）于1920—1922年设计，有着华丽的异国情调，比如墙上覆盖着“朗文蓝”丝绸。拉多的灵感来自古代世界，他在其中加入了自己现代化的动植物图案和个性化的装饰，比如玛格丽特花，与朗文的女儿同名。

4

家具·法国家具

传统的橱柜厂商和橱柜制造商

1 贾奎斯·艾米尔·鲁尔曼1916年设计的墙角柜，其造型、材料和工艺的灵感来自18世纪的法国杰作，是巴黎装饰艺术运动风格的代表作。涂漆红木上镶有象牙装饰和罕见的木材，柜子上镶有插满风格化花朵的花缸。高1.28m。

2 鲁尔曼约1925—1927年设计的杰作，由孟加锡黑檀木、蛇皮、象牙和镀银青铜制成。长1.34m。

3 苏与马尔公司1925年设计的桃花心木书桌和椅子精雕细琢。该作品中的扇形和旋涡形设计多见于法国装饰艺术运动风格的家具。桌长1.49m，椅高75cm。

贾奎斯·艾米尔·鲁尔曼是20世纪20年代法国首屈一指的家具制造商和室内设计师。他在1914—1918年设计的早期成名作品已经具有装饰艺术运动风格。从这时起，他设计的古典、优雅和精湛的手工制作家具使用异国木材饰面，如孟加锡黑檀木、紫心木和紫罗兰木，而且还常镶嵌奢华的装饰，如象牙、蛇皮和鲨鱼皮。鲁尔曼设计的柜子、梳妆台和配套的椅子大都靠细长的饰面胶合腿支撑，有些形状像有槽的鱼雷。他的大多数家具用象牙点饰，用旋涡形、菱形、小方块或长方形稍做装饰，只有部分过于华丽的家具拥有象牙、金属或木头制成的具象装饰。从约1925年开始，他的家具更突出了现代主义风格的实用性，即减少镶嵌和圆形的使用，更多地使用金属。

巴黎的法国艺术公司1919年由路易斯·苏和安德烈·马尔创立，被称为苏与马尔公司，该公司生产用饰面和雕刻工艺制作的箱式家具和座椅。然而，他们的作品与鲁尔曼精巧而低调的作品不同，比较夸张，甚至有些浮夸。其灵感通常源自18世纪的经典造型，但制作仍称不上精致，特别是一些书桌、钢琴和其他家具的巨大翼状支撑结构。椅子和桌子上雕刻着螺旋形、帷幕、流苏和花簇，这些都是常见的装饰艺术运动风格图案，而箱式家具则镶嵌着简单的花卉或更加精致的设计。

其他著名的饰面家具设计师如朱勒·勒勒（Jules Leleu，1883—1961年），善于使用光线和温暖的色彩，打造出最精细的镶嵌工艺装饰。莱昂·雅洛（Léon Jallot，1874—1967年）和他的儿子莫里斯·雅洛（Maurice Jallot），最初设计了精美的漆面镶嵌家具，后来又创作了现代主义风格的直线条家具。勒内·朱伯特（René Joubert）和菲利普·帕特（Philippe Petit）——现代室内设计公司，即D.I.M.的创始人，制作了精美的古典家具。克莱门特·米勒（Clément Mére，生于1870年）以制作大面积凸纹面或漆面雕刻家具和饰面家具而闻名。

鲨鱼皮

1

2

1 克莱门特·卢梭约1925年设计的一对软垫边椅，以红木、粗面皮革（鲨鱼皮）和珍珠母为原材料，使用了诸多受法国装饰艺术运动设计师青睐的染色有机材料。请留意座位下方鲨鱼皮制成的旭日形设计。高92.5cm。

2 保罗·伊里巴（Paul Iribe, 1883—1935年）约1912年设计的带抽屉斗柜，用桃花心木、乌木、鲨鱼皮和大理石制作，是早期法国装饰艺术运动风格的代表作品。该作品使用18世纪的法国样式，专为女装设计师雅克·杜塞（Jacques Doucet）打造。高91cm。

3 巴黎装饰公司多米尼克约1928年生产了这张带有折叠面板的写字台。它由鲨鱼皮和西阿拉黄檀木制成，造型严格来说是直线形，唯一的装饰是鲨鱼皮图案。高1.5m。

4 安德烈·格鲁（André Groult, 1884—1967年）为1925年巴黎展览会设计的衣柜，由山毛榉和桃花心木制作，以鲨鱼皮包裹加上象牙装饰，陈列在法国大使馆馆内一位女士的卧室内。该作品旨在唤起女性的形象，格鲁希望创造出来的作品“能体现女性的曲线美，甚至近乎到不雅的地步”。高1.5m。

3

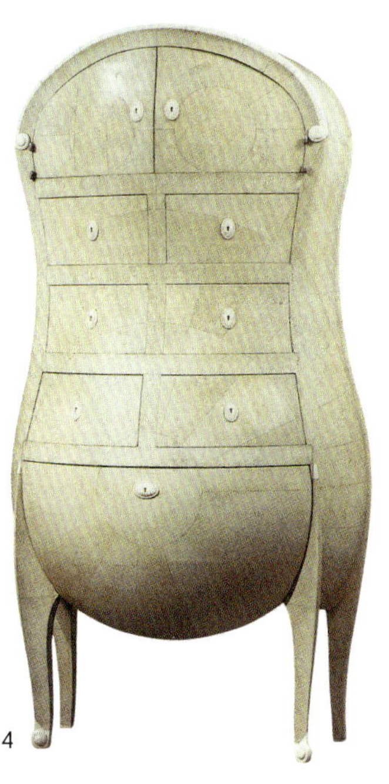

4

漆器

1

1 让·杜南（Jean Dunand, 1887—1942年）约1924年设计的桌子，造型虽简单，几何装饰却相当大胆。黑色和红色是日式风格的涂漆，白色是精心设计的碎蛋壳镶嵌装饰。高70cm。

2 杜南和艾琳·格雷跟随菅原大师一起学习漆艺。格雷约1922—1925年设计的五扇屏风，每块面板漆成棕黑色，经过镀金制成，几何设计感强。高1.4m。

2

风格化的花卉雕刻

1 雕刻饰面孟加锡黑檀木箱，莱昂·雅洛约1927年的作品。箱子是简单的直线形，但雕花板上是风格化的花朵和树叶图案，中间有一只鸟，这种设计带有明显的装饰艺术运动风格。长1m。

2 保罗·福洛设计的圆形陈列柜，垂直侧板上雕刻着风格各异的花朵和树叶图案，1925年受奥·蓬·马歇（Au Bon Marche）的波莫尼工作室委托设计而成，曾在1925年的巴黎博览会上展出。

1

2

风格化的花卉皮革装饰

1

2

1 这把优雅的扶手椅两侧和背面都饰有彩色皮革镶板，上面是典型的装饰艺术运动风格花朵图案，克莱门特·米勒1925年的作品。椅子还装饰有象牙材质的条纹设计以及雕刻着风格化花朵图案的孟加锡黑檀木。高72.5cm。

2 在这个约1925年出品的珠宝柜上米勒同样使用了凸纹制作工艺和风格化的花卉图案，该作品也是由孟加锡黑檀木、象牙制成的，顶部使用了灰色大理石。高1.41m。

安德烈·格鲁和克莱门特·卢梭这两名设计师因广泛使用奇异的粗面皮革（鲨鱼皮）而闻名，他们经常给鲨鱼皮染上柔和的色调，使用鲨鱼皮包裹桌子、椅子和柜子的表面，作为纯色图案或装饰性图案。安德烈·多米（André Domin, 1883—1962年）和马塞尔·热内夫里耶（Marcel Genevrière）创立了巴黎多米尼克装饰公司，该公司制作以鲨鱼皮为主材料的作品，以及饰面家具和雕刻家具。

尽管数量不多，保罗·伊里巴设计的雕刻凳子、椅子和其他家具都是装饰艺术运动风格的杰作。1912年，伊里巴和皮埃尔·勒格莱（Pierre Legrain, 1889—1929年）为女装设计师雅克·杜塞的公寓设计家具。保罗·福洛作为雕刻家具的设计师，偶尔设计木制涂金家具。

漆面家具在法国大量生产。多产的金属器皿设计师让·杜南（见p.368）也设计了漆面椅子、桌子、面板和屏风，有时配有碎蛋壳镶嵌装饰。艾琳·格雷1902年搬到了巴黎，师从漆匠菅原大师，到1913年她开始展示自己设计的漆面家具，有些带有银叶子或其他镶嵌元素的装饰。到1925年，她开始设计更知名的现代主义风格作品，这些作品均使用了钢管、玻璃和铝元素。

其他著名的家具制造商包括让-米歇尔·弗兰克（Jean-Michel Frank, 1895—1941年），主要设计直线形家具饰面，镶有由稻草、牛皮纸、羊皮纸和鲨鱼皮等有机材料制成的几何图案。皮埃尔·查里奥（Pierre Chareau, 1883—1950年）的实用作品经常结合木材和金属元素。罗伯特·马莱特-史蒂文斯是坚定的现代主义设计师，善于使用钢管、帆布、珍奇的雕木和皮革。阿曼达·阿尔伯特·拉多从古希腊、罗马和远东汲取灵感，设计了带有铜绿的新古典主义风格桌椅和躺椅。

非洲和古代灵感

1 正如巴黎的立体派艺术家受到非洲艺术的影响，法国装饰艺术运动风格的设计师也从部落家具中获得了灵感。图中是皮埃尔·勒格莱约1920—1925年设计的木凳，虽然灵感来自非洲酋长的王位，但其雕刻显然是现代主义风格。长73.5cm。

2 阿曼达·阿尔伯特·拉多向古典原型致敬。图中约1919—1920年设计的铜椅，与古代的官椅（折叠椅）有关，座椅的前腿相互交叉。高92.5cm。

异国情调的沙发和长靠椅

2 艾琳·格雷约1919—1920年设计的漆木和银叶“独木舟”沙发，最初是为女装设计师苏珊·塔波特（Suzanne Talbot）制作的。它的部分灵感来自俄罗斯芭蕾舞团的舞台剧《一千零一夜》。长2.7m。

3 皮埃尔·查里奥设计的三座沙发，两侧是巨大的旋涡形，背面是平滑的拱形。该作品与两把扶手椅在1925年巴黎展览会上的一个沙龙中展出。长2.18m。

1 皮埃尔·查里奥约1923年为巴黎客户科罗曼德沙龙设计的坐卧两用沙发，用黑黄檀木和象牙制成，充满异国情调。杏色的丝绒沙发套与房间内中国面板的颜色相得益彰。长1.83m。

非同寻常的材料

1 女装设计师保罗·波列（Paul Poiret）约1929年设计的漆面金银叶梳妆台，为美国纽约州长滩的“现代派”家具之屋打造。梳妆台的造型呈旋涡状。

2 让-米歇尔·弗兰克约1928年设计的双门柜，外表覆盖的看似有异域特色的材料实际上就是简单的稻草镶嵌工艺，这是18世纪法国装饰艺术运动风格流行的一种工艺，柜子上的扇形图案十分大方。

3 艾琳·格雷1923年设计的落地灯，用漆木和油漆羊皮纸制成，既彰显了未来派的幻想，也体现了非洲部落的气息。该作品在第十四届艺术家装饰设计师沙龙中被称为蒙特卡罗的卧室中展出。高1.85m。

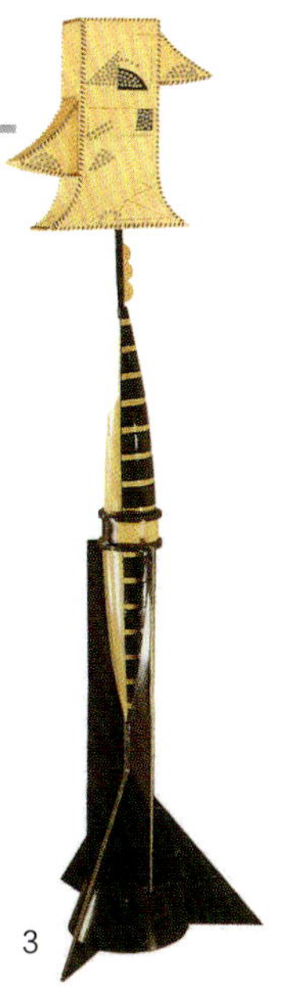

英国家具

现代主义风格与传统主义风格

1 爱德华·墨菲1924—1925年为1925年巴黎展览会设计的书桌，W.劳克里弗（W. Rowcliffe）利用红木、樟木和乌木，涂上石膏粉，再镀上白金制成。该作品闪亮的外观和流苏装饰能与展览上陈列的法国装饰艺术运动风格作品相媲美。长1.34m。

2 贝蒂·乔尔1931年设计的澳大利亚橡木梳妆台，其阶梯造型同美国装饰艺术运动风格的形式密切相关，但象牙手柄是法式奢华风格。它由在朴次茅斯托肯公司工作的G.埃舍莉（G. Ashley）和W.R.欧文（W.R. Irwin）联合制作。高1.67m。

3 莫里斯·亚当（Maurice Adams）1934年设计的时尚鸡尾酒橱柜，预示着美国爵士乐时代的到来。这件优雅、精美的英国家具由黑檀色桃花心木制成，拥有防锈金属外壳和柄座。高1.68m。

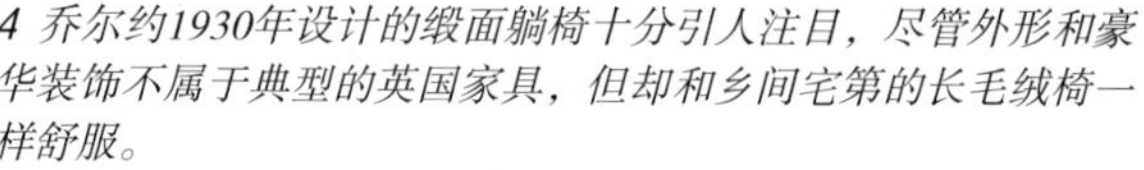

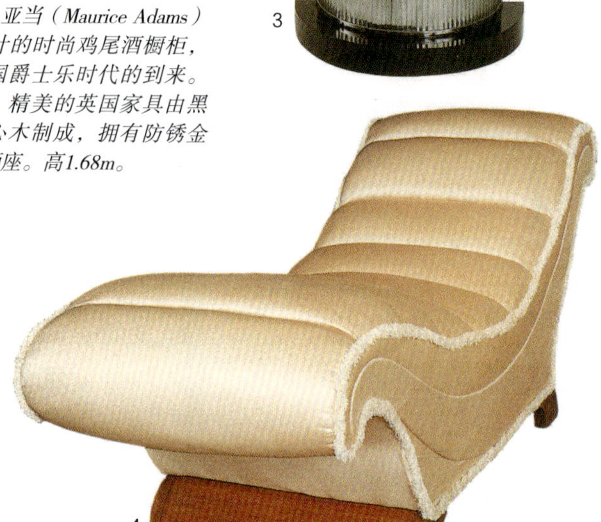

4 乔尔约1930年设计的缎面躺椅十分引人注目，尽管外形和豪华装饰不属于典型的英国家具，但却和乡间宅第的长毛绒椅一样舒服。

5 20世纪30年代由伦敦的詹姆斯·克拉克有限公司制造的玻璃面桃木桌，英国装饰艺术运动风格的代表作。这一时期，蓝色玻璃在英美也很流行。直径62cm。

贝蒂·乔尔（Betty Joel，1896—1984年）制作的现代主义风格家具和地毯在伦敦展厅出售。其作品和安布罗斯·希尔的大部分作品一样，都以微曲的形状和木纹装饰图案为主要特色。她的作品倾向于大而不艳丽的设计。西莉·毛姆（Syrie Maugham）的作品偏向于巴洛克风格，以白色的家具和室内设计而闻名。

建筑师塞吉·西玛耶夫（Serge Chermayeff，1900—1996年）设计的家具装饰华丽。他出生于俄罗斯，1933年迁至美国前在英国工作。建筑师爱德华·墨菲（Edward Maufe，1883—1974年）也创作了奢华的家具，特别是他1924—1925年设计的桌子用桃花心木、樟脑和乌木制作而成。

PEL公司以经典的现代主义风格镀铬管状钢制家具闻名，菲玛公司在英国各地分销阿尔瓦·阿尔托设计的层压木和胶合板家具；伊所肯公司（1932—1939年）主要生产马塞尔·布鲁尔和瓦尔特·格罗皮乌斯（Walter Gropius）设计的胶合板家具。

美国家具

现代主义风格与机器时代

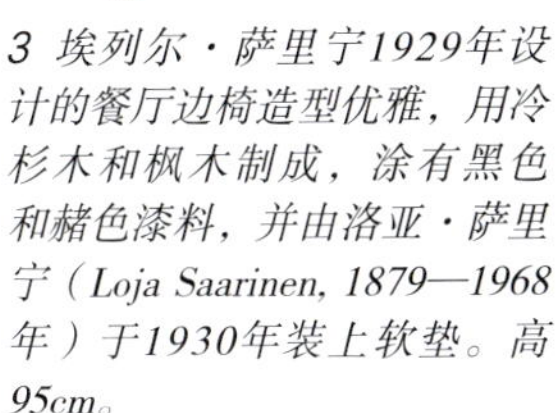

1 保罗·弗兰克尔约1928年设计的摩天大楼书架，用加利福尼亚红木制作，涂有黑色漆和红色漆。该摩天大楼书架可以说是美国装饰艺术运动风格的代表作。高2.41m。

2 T.H.罗布斯约翰·吉宾斯受到古典艺术和建筑的启发。图中约1936年设计的莲花桌案由染成红色和深灰绿色的梨木制成。长1.35m。

3 埃列尔·萨里宁1929年设计的餐厅边椅造型优雅，用冷杉木和枫木制成，涂有黑色和赭色漆料，并由洛亚·萨里宁（Loja Saarinen, 1879—1968年）于1930年装上软垫。高95cm。

4 唐纳德·德斯基约1929年设计的屏风，拥有强烈的几何设计造型和闪闪发光的表面，帆布和木材上装饰有油漆及金属叶片，同艾琳·格雷和让·杜南设计的漆面家具有异曲同工之妙。高1.97m。

5 莱昂·雅洛约1929年设计的梳妆台与长凳，为纽约零售商Lord & Taylor公司制作。使用漆木、玻璃和金属制成，其装饰模仿法国和日本风格，但该作品的棱角让人想起捷克立体派的家具（见p.339）。桌高79.5cm，凳长55cm。

唐纳德·德斯基设计的作品属于典雅的现代主义风格直线形家具，但通常也有曲线或流线型装饰，有些家具装饰有几何图案，常使用彩漆或闪亮的瓷砖和胶木。

许多美国现代主义设计师，如沃伦·麦克阿瑟、吉尔伯特·罗德和沃尔特·多温·蒂格（Walter Dorwin Teague），都接受新兴机器时代流行的材料、工艺和理念。然而，少数美国家具制造商仍向高卢传统致敬。这些华丽的、有时一次性的作品，其经典的造型、精美的饰面、无可挑剔的工艺以及图案设计都与巴黎风格相呼应。保罗·弗兰克尔（Paul Frankl, 1887—1958年）因设计的摩天大楼书柜和书桌而闻名，其中有一些是漆面家具。T.H.罗布斯约翰-吉宾斯（T.H. Robsjohn-Gibbings, 1905—1976年）设计的木雕家具因受古典风格的启发，装饰有古典图案。埃列尔·萨里宁设计的家具优雅且实用，比如1929—1930年设计的冷杉木边椅。

陶瓷制品·英美陶瓷制品

具象和花卉

1

2

3

1 克拉里斯·克里夫于1930年将一系列舞者和音乐家插画形象绘制到瓷器上，命名为“爵士时代”，一整套包含5件瓷器，旨在用作“收听电台舞蹈乐队音乐时的餐桌中心摆件”。

2 英国的Carter，Stabler& Adams公司在普尔生产了亚光釉面的装饰艺术运动风格陶器，具有独特的手绘图案，即风格化的花卉、动物或几何图形。图案背景是奶油色。花卉和几何元素同时呈现在这个花瓶上。高18cm。

3 制于1926年左右的陶器姜罐（罐盖已丢失），由苏西·库珀在位于汉利的格雷陶器公司设计和绘制，带有强烈的装饰艺术运动风格元素。3个面板上各自绘有一只动物——分别是山羊、鹿和公羊，均为在奔跑中定格的形象。高33cm。

4 1939年由洛克威尔·肯特创作的浅盘，弗农窑出品，名叫“萨拉米纳”（以肯特的同名著作命名）。盘上绘制的女性人物和山水画展现了肯特作品典型的纪念碑式风格和几何式风格。直径32cm。

4

英国装饰艺术运动的代名词是克拉里斯·克里夫（Clarice Cliff, 1899—1972年）。在1928—1937年制作出明艳的几何形状“奇异”系列陶器之后，她又相继出品了“幻想”“比亚里茨”等其他系列。克里夫的大量作品中包括各种各样的陶制器皿，通常她会绘以生动的各式颜色，如黄色系、橙色系、红色系、蓝色系和其他色调。设计中包括不对称几何图案和风格化的动植物（番红花最受欢迎）。她还创作了形状不同寻常的瓷器制品，如有着实心三角形手柄的茶杯。具象作品包括1930年的“爵士时代”系列，绘有爵士音乐家和舞者的插图形象，用色明亮。

50多年来，苏西·库珀（Susie Cooper, 1902—1995年）设计并制作了诸多餐具、器皿和其他装饰品。她的产品以时尚优雅和功能主义为特色，精巧柔和的花卉和淡雅的带状图案是其常用的设计元素。在制造装饰艺术运动风格陶瓷制品的许多工厂中，有一些相对较新的公司，如Wiltshaw& Robinson公司生产卡尔顿陶器，Carter, Stabler & Adam公司生产普尔陶器等。

美国许多公司在装饰艺术运动期间生产陶器。最成功的是1928年的“富图拉”系列，由俄亥俄州曾斯维尔的罗斯维尔陶器厂生产，其中包括有棱角的亚光釉花瓶、碗和墙面储存袋，釉面通常以醒目的颜色组合而成。其中，最具创新性的是在俄亥俄州克利夫兰市附近考恩陶艺工作室的产品，从20世纪20年代中期到1931年间，这家工作室主要生产釉色明亮的装饰性瓷器。其中最著名的是由艺术家或雕塑家设计的限量产品，包括维克托·绥肯高斯特（Viktor Schreckengost, 生于1906年），其“爵士碗”系列以独特的釉面闻名。洛克威尔·肯特（Rockwell Kent）设计了3条餐具系列生产线，自1939年开始由弗农窑炉在洛杉矶大量生产，全部转印自肯特的插画，如“萨拉米纳”，该图描绘了格陵兰岩石景观和美丽的因纽特女性。

日本的则武公司与弗兰克·劳埃德·赖特进行了一次有趣的合作，前者于1916年为后者位于东京的帝国酒店制作了一套价格便宜的瓷器餐具。

几何式设计

1 克拉里斯·克里夫罕见的“钻石图案清晨系列”梦幻锥形套装，1929年制作。值得注意的不仅是几何图案，还有富于革命性的把手设计。茶壶高12cm。

2 罗斯维尔陶器的“富图拉”系列，1928年制作，包括绘有锯齿形、三角形、球形和其他几何图案的花瓶和碗。两个“富图拉”花瓶的立方体外形也强化了其艺术装饰运动的风格。高（从左到右）：18cm；30.5cm；20.5cm。

3 在曼哈顿景色和声音的启发下，维克托·绥肯高斯特创造了标志性的考恩陶器“潘趣酒碗”，称为“爵士碗”，1930年制作，碗的颜色有黑色和不同色调的蓝色和绿色。陶器五彩釉雕的表面刻有各种灵动的图案，包括乐器和音符、鸡尾酒杯、摩天大楼、星星和圆圈。直径35cm。

1

2

3

4 这款卡尔顿器皿品牌的“爵士花瓶”装饰有闪电、阳光和镀金光束图案。卡尔顿器皿是位于特伦特河畔斯托克城的Wiltshaw & Robinson公司为其生产的装饰性艺术制品所使用的商标名称。高24.5cm。

5 1916年，弗兰克·劳埃德·赖特为其位于东京的帝国饭店（1916—1922年，后被拆除）设计了一套6件的釉面瓷器。这一系列设计颜色丰富，图案不居中，带有重叠的圆圈。餐盘直径26.9cm。

4

5

法国和其他欧洲国家或地区的陶瓷制品

新古典主义和现代人物

1 神话主题和抽象的几何式设计是画家、陶艺家勒内·巴赫德作品的典型特征，其釉面陶器花瓶“欧罗巴和公牛”可以追溯到约1985年。高40.5cm。

2 陶器花瓶，约1925年制作，让·梅多顿（Jean Mayodon）采用金属氧化物和烫金手法，绘有少女、求婚者和山神图案的饰带。高44.5cm。

3 瑞典古斯塔夫斯贝里陶器公司生产了独具一格的装饰性炻器“阿金塔”。这个绿色釉面花瓶由威廉·卡奇约1930—1940年设计，使用银色镶嵌，描绘了一个新古典主义的音乐家。高20cm。

4 这个赤陶墙面装饰面具名为“悲剧”，约1922年由戈德沙伊德工厂制作。该工厂1885年创立于维也纳。图案的寓言式主题是古老的，但是其女性头像却十分时髦现代。高35.5cm。

5 陶瓷工艺师瓦利·维泽尔蒂尔创作了这个时髦靓丽的“戴花女孩头像”。这座彩釉红土陶制人像于1928年由维也纳工作坊制作。高25cm。

6 20世纪20年代，吉奥·庞蒂为多西亚的理查德－吉诺里陶器制造厂设计了这个手绘瓷面盒，称为“势利眼奥马焦·阿里”。他在1923—1930年担任这家陶器制造厂的艺术总监。高29cm。

一些最古典的法国装饰艺术运动风格陶瓷制品是一次性的艺术陶瓷制品。埃米尔·德科（Emile Decoeur）、奥古斯特·德拉赫奇和亨利·西门（Henri Simmen）以他们创作的釉面器皿而闻名。埃米尔·勒诺布（Emile Lenoble, 1876—1939年）的炻器皿经常带有旋涡形和几何式图案以及风格化的花朵装饰，用雕刻、绘画或低浮雕工艺制成。

法国首屈一指的陶瓷艺术家可能是勒内·巴赫德（René Buthaud, 1886—1986年）。这位高水平的画家在1919年左右开始创作陶瓷制品。他的首选材料是炻器，使用裂纹釉（crackled glaze）这一装饰技巧。巴赫德所描绘的男性和女性都有着新古典主义特色。

塞夫尔瓷器厂聘请了著名的艺术家和设计师，包括贾奎斯-埃米尔·鲁尔曼、拉乌尔·杜飞（Raoul Dufy）和让·杜飞（Jean Dufy）来为工厂提供思路、模型和图案。位于利摩日的哈维兰瓷器公司最引人注目的一些产品由雕塑家爱德华-马塞尔·桑多兹（Edouard-Marcel Sandoz, 1881—1971年）创作，其作品包括有着鸟类及其他动物形状的茶具、咖啡器具套装、盒子和醒酒器。

在欧洲大陆其他地区，最著名的比利时装饰艺术运动风格陶瓷制造商是博赫兄弟陶器公司。其产品包括各种颜色的景泰蓝搪瓷釉料瓷器。首席设计师查尔斯·卡特奥（Charles Catteau）创作了绘有花卉、几何形状和夸张动物图案的花瓶。在奥地利，维也纳工作坊在1932年关闭之前一直从事陶瓷制作，其中包括古德伦·鲍迪施（Gudrun Baudisch）和瓦利·维泽尔蒂尔的作品。后来的工作室陶艺运动中，这些先驱者的作品大多以设计和形式上的自然率性为特征。维也纳戈德沙伊德公司主要生产釉面陶器和瓷器人像、半身像和面具。1923—1930年，意大利建筑师、设计师吉奥·庞蒂（Gio Pontik, 1891—1979年）在为理查德-吉诺里陶器制造厂设计传统样式的同时，也提供了现代风格以及结合新古典主义风格和现代风格的设计。最著名的斯堪的纳维亚设计师可能是瑞典古斯塔夫斯贝里陶器公司（1917—1949年）的艺术总监威廉·卡奇（Wilhelm Kåge, 1889—1960年），其阿金塔系列（1929—1952年）釉面陶器绘有极具力量感的裸体人像、几何形状和海洋图案。

风格化的动物图案

1 新艺术运动和装饰艺术运动设计师都钟爱“蛇”这一元素。在这件爱德华-马塞尔·桑多兹设计的作品中，绿宝石釉面的蛇缠绕着花瓶瓶身，蛇的头部高于刻有凹槽纹的瓶口。约创作于1925年。高42.5cm。

2 博赫兄弟陶器公司约1925年制作的陶制花瓶，由该公司富于革新精神的艺术总监查尔斯·卡特奥设计。这件巨大的炻器制品外形简单，但配有错综复杂的雕刻和彩绘工艺，在几何图形的边缘之间饰有一圈高度风格化的鹤形图案。最终效果像宝石一样闪亮，类似景泰蓝珐琅。高90cm。

风格化的花卉图案

1 埃米尔·勒诺布于1925年制作的旋转炻器花瓶，风格化的花卉设计风格简约，覆盖于泥釉之上。高29.5cm。

2 亨利·拉宾（Henri Rapin）1926年制作的硬瓷花瓶也采用了风格化的花朵作为装饰，但其精巧的材质使其与勒诺布制作的花瓶上简单的花朵产生完全不同的艺术效果。然而两者显然都属于装饰艺术运动风格。高22cm。

抽象设计

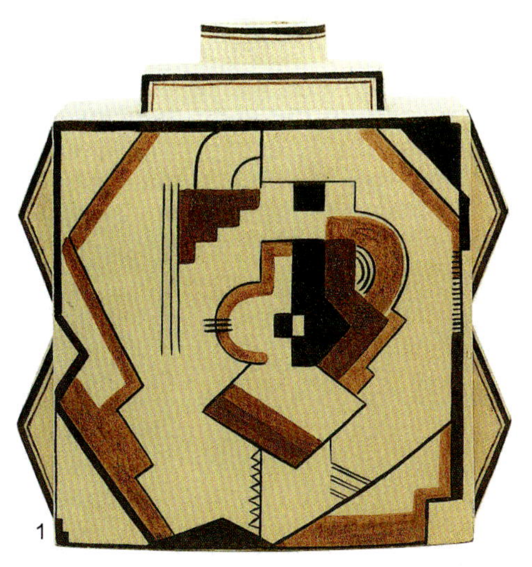

1 罗伯特·列勒曼特（Robert Lallemant）的釉面陶器花瓶，创作于约1925—1930年，瓶身上的抽象绘画装饰呼应了瓶身带有棱角的外观。这位设计师大部分的陶瓷作品都以象牙色釉面为底色，大批量生产制作。高21.6cm。

2 博登花瓶（高花瓶），1930年由德国的古斯塔夫·海因尔公司制作。用荷兰装饰艺术运动中荷兰风格派的手法和色调绘以抽象形状，由位于卡尔斯鲁厄的国家瓷砖厂生产。高68.5cm。

玻璃制品·法国玻璃制品

古典和现代玻璃制品

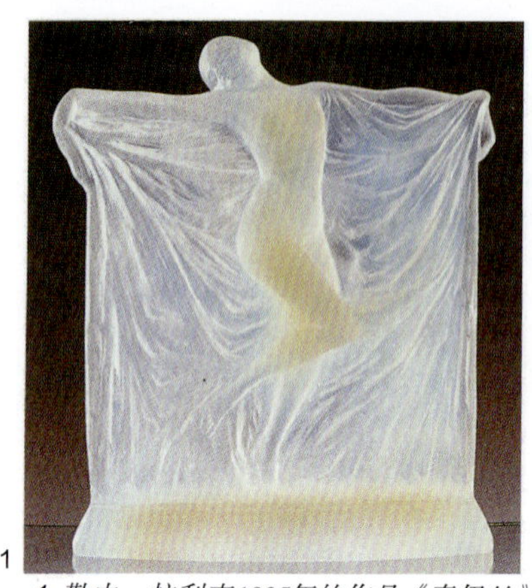

3 拉利克在20世纪20年代后期制作的胜利牌汽车吉祥物，外形模仿一位中性化的女性头部，被风吹起的头发呈流线型。该作品在美国以“塞米诺尔人”为名销售，在英国以“风之灵”为名销售。高21cm。

4 拉利克的三孔乳白色插座上用一位热情奔放的女性作为装饰，特雷皮耶·西雷纳（Trépied Sirène）约1925年制作。海洋主题在拉利克的作品中比比皆是，其内部装饰中出现了气泡的痕迹。直径36cm。

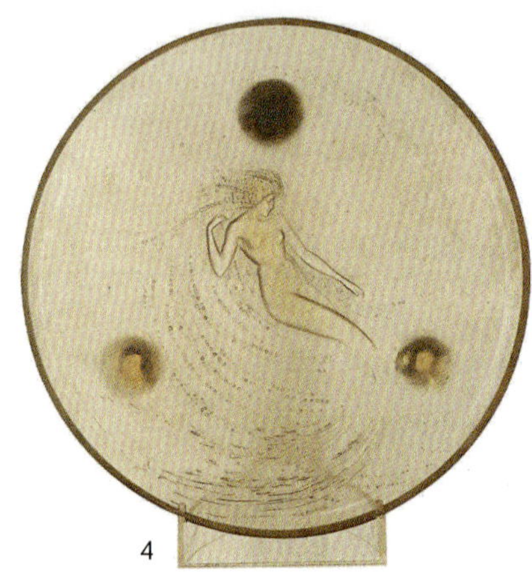

1 勒内·拉利克1925年的作品《泰伊丝》，是一个乳白色磨砂玻璃制作的小雕塑，装饰华丽，令人惊叹，有着古典的表现形式和性感的精神内核。泰伊丝是一位埃及的罪人，后皈依基督教。高21.5cm。

2 加布里埃尔·阿尔-卢梭（Gabriel Argy-Rousseau, 1885—1953年）复兴了脱蜡铸造工艺（浆状玻璃），并采用了新古典主义的主题。金苹果园，1926年出品，将3位少女作为饰带装饰在希腊回纹的设计上。高24cm。

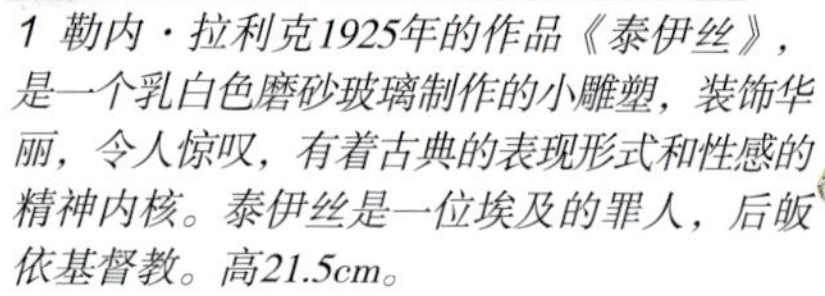

明显的非写实主题

3 这个玻璃器皿是拉利克在1928年为卡娜瑞纳品牌的香水Les Yeux-Bleus（蓝眼睛）制作的，整体风格既原始又现代，可能受到乌加特(udjat)或埃及天空神荷鲁斯之眼的启发，传说它们能够驱邪。拉利克可能受到在1922年发现的图坦卡蒙陵墓的影响。高5cm。

4 一个饰有蝴蝶结装饰的玻璃瓶，由巴卡拉玻璃厂制作，保留了娇兰香水的金色外壳，1938年问世。高8.5cm。

1 明显倾斜的拉利克花瓶，设计出自勒内·拉利克的女儿苏珊尼·拉利克（Suzanne Lalique）之手。该作品创作于1926年，两年后问世。这一玻璃器皿以低浮雕模制而成，饰有反向排列的风格化神仙鱼图案。高25.5cm。

2 拉利克精心制作的模制成型玻璃花瓶“旋涡”，也被称为卷轴浮雕，其中一种强烈的动态设计占主要地位。制作于1926年。该玻璃器皿通体纯色，与黑釉形成了鲜明的对比。高20cm。

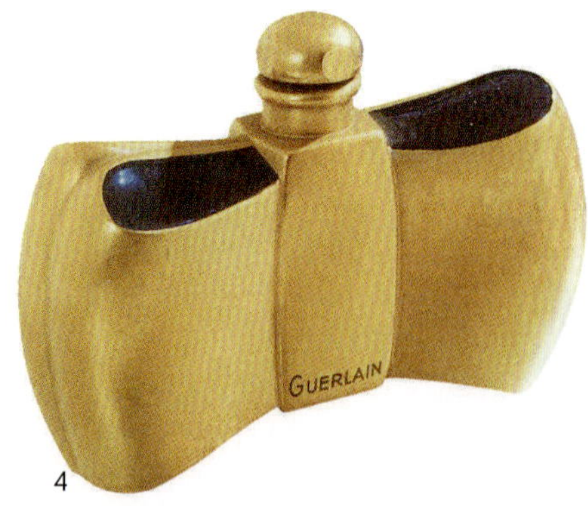

内部装饰

1 弗朗索瓦-埃米勒·德科舍蒙和阿尔-卢梭一样，使用了这种脱蜡铸造工艺。他制作的器皿大多具有更厚的外壁和极小的装饰。这种微型铸造和抛光的玻璃碗制作于20世纪20年代。直径8cm。

2 莫里斯·马里诺在1927年制作的玻璃瓶和瓶塞（第1423号），使用深蚀刻工艺，饰有内部装饰。他是第一批感知到气泡美感的艺术家之一，气泡以前被认为是作品的缺陷，但后来成为玻璃器皿设计的重要组成部分。高18cm。

珐琅装饰和蚀刻装饰

1 马塞尔·古皮(Marcel Goupy)在1926年左右制作的珐琅彩绘花瓶被称为“浴女”（沐浴者）。他经常在例如女性身体的立体区域勾画出另一种较暗的色调。

2 这只玻璃碗使用珐琅涂料手工装饰而成，刻有Quenvil或Quenvit的签名，装饰着风格化的叶子、花朵和一种方格图案。对它的制作工匠知之甚少，也不知道它在何时何地制作完成。

3 南锡地区的多姆兄弟在新艺术运动时期开始制作玻璃制品，并在装饰艺术运动时期坚持了下来。这个使用酸蚀刻工艺制作的玻璃书桌台灯罩上有大量的抽象图案，底座是简单的球形。高43cm。

4 1929年勒内·拉利克为女装设计师卢西安·勒隆(Lucien Lelong)的香水制作的玻璃瓶，上面的珐琅贝壳形图案既有机又抽象，使人恰如其分地想起衣物的褶皱。这个具有建筑感的瓶子已作为至少3种香水的香水瓶，瓶子边缘配有珐琅金属边框（银质，带有黑色、黄色或绿色装饰）。高12cm。

莫里斯·马里诺（Maurice Marinot，1882—1960年）和勒内·拉利克分别创造了独一无二的精美器皿和大批量生产的玻璃制品，它们都是法国装饰艺术运动风格玻璃制品的典型范例。马里诺起初为成为画家而接受训练。最初，他在玻璃制成品上彩绘大量的花卉和具象图案，在20世纪20年代初期制作了他的吹制作品。这些形状简单、瓶壁较厚又有着装饰内壁的花瓶、瓶子和罐子因其美丽独特的工艺而受到好评。

勒内·拉利克从19世纪90年代开始实验，在20世纪10—30年代使玻璃制品大批量制作达到高峰，拉利克成为这一表现形式中无可匹敌的大师。他第一次制作玻璃制品时采用了熔模铸造法（脱蜡）。从1910年开始，他与香水设计师弗朗索瓦·科蒂（François Coty）合作制作香水瓶。除了很少见的使用熔模铸造法的制品，拉利克的花瓶和几乎所有大批量生产的产品都使用了吹制工艺或模制成型。一件玻璃制品可以是透明的或磨砂的，纯色的、套色的或夹色的，可以是带有蓝黄色光泽的乳白色，或使用染色工艺进行外部装饰。花瓶上最常见的图案类型是风格化的花卉或树叶。拉利克还使用非常抽象的图案制作花瓶，其中最著名的是“旋涡”（旋风）。拉利克同时也制作餐具、汽车吉祥物、书桌、梳妆台和烟具、照明装置以及建筑的基本配件。

20世纪20—30年代，随着玻璃器皿装饰的多样化，其中包括诸多装饰艺术运动风格的图案，使用脱蜡铸造工艺的制品（一种浆状玻璃）得以不断发展。巴黎人加布里埃尔·阿尔-卢梭使用异国情调、古典或撩人的人物图案装饰了大部分色彩丰富的薄壁花瓶和碗。使用脱蜡铸造工艺的设计师还有弗朗索瓦-埃米勒·德科舍蒙（François-Émile Décorchement，1880—1971年），他的玻璃器皿作品在内部装饰中使用了创造性的色彩。多姆兄弟在20世纪20—30年代的主要作品包括使用酸蚀工艺制作的玻璃器皿和灯具，大部分是厚壁玻璃，整体饰有几何形或风格化的植物装饰。

英国、欧洲其他国家或地区及美国玻璃制品

具象

1

2

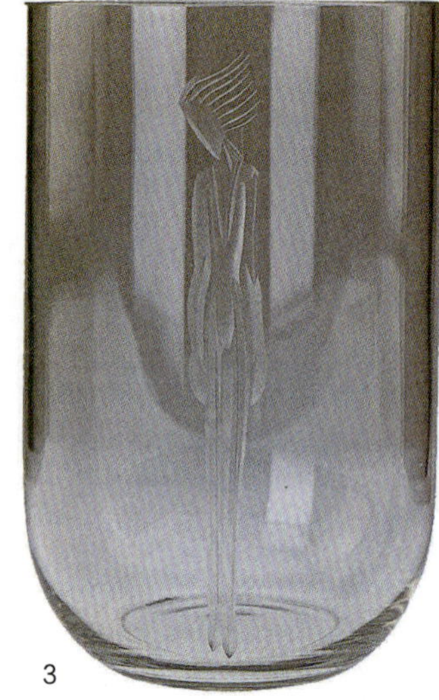

3

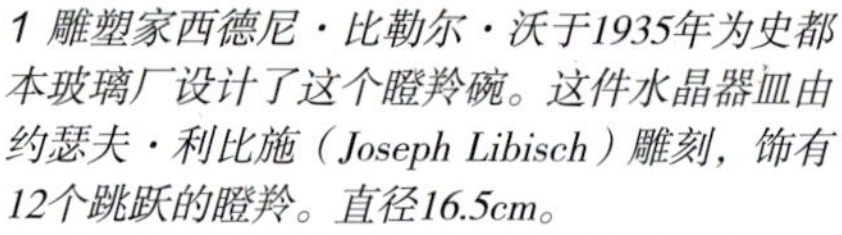

1 雕塑家西德尼·比勒尔·沃于1935年为史都本玻璃厂设计了这个瞪羚碗。这件水晶器皿由约瑟夫·利比施（Joseph Libisch）雕刻，饰有12个跳跃的瞪羚。直径16.5cm。

2 这个使用浮雕的史都本玻璃花瓶约20世纪20年代出品，属于斯坦福德样式，其象牙色玻璃是以鹿和瞪羚的图案雕花而成的。高26.5cm。

3 一个风格化的人物占据了这个单色水晶花瓶的一小部分，约1928年出品，由理查德·苏斯曼德（Richard Süssmanhand）雕刻，他是一位来自西里西亚潘吉格德累斯顿训练有素的玻璃工匠。高22.5cm。

4 奥格斯堡的艾达·波林（Ida Paulin）约1925年制作了这种带盖的镀金珐琅吹制玻璃瓶。其异国情调的装饰让人联想到非洲艺术和亨利·马蒂斯（Henri Matisse）。高12cm。

5 维克·林德斯特兰德（Vicke Lindstrand）1930年制作的花瓶，“不思恶，不闻恶，不见恶”，由瑞典欧瑞诗玻璃厂制造，绘制了3位肌肉发达的女性裸像。高14cm。

4

5

在20世纪20—30年代，生产了重要玻璃器皿的英国公司是苏格兰珀斯的约翰·蒙克里夫玻璃厂，它是莫纳特器皿的制造商。这些厚壁器皿都以法国的方式进行内部装饰。

维也纳工作坊直到1932年关闭之前一直销售玻璃制品。值得注意的是维也纳工作坊制作的透明玻璃瓶、高脚杯和其他玻璃器皿上的装饰都是手绘而成的。

像过去一样，20世纪20—30年代，意大利的玻璃制造以慕拉诺岛为中心。重要的设计师有鲍罗·维尼尼（Paolo Venini）和埃尔科勒·巴罗维尔（Ercole Barovier, 1889—1974年）。所生产的玻璃种类中已没有传统的千花玻璃和蕾丝工艺玻璃。例如，维尼尼织物玻璃的特点是垂直线状的彩色或白色玻璃。

从1916年起，当画家西蒙·盖特（Simon Gate, 1883—1945年）和爱德华·霍尔德（Edward Hald, 1883—1980年）先后加入瑞典的欧瑞诗玻璃厂时，该公司开始生产现代风格的玻璃制品。这些器皿制作时使用雕刻、蚀刻、漆绘和圣杯玻璃镶嵌工艺（一种使用蚀刻和雕刻技术将彩色器皿玻璃套入透明玻璃中的技术）。

在20世纪20年代，布拉格建筑师简·科特罗(Jan Kotera)创造了使用现代主义几何图案的玻璃器皿，城市里的其他设计师约1921—1925年生产的是立体风格的玻璃。还有两个位于捷克斯洛伐克Nóvy Bor和Kamenicky Senov的玻璃制作学校，主要生产的是装饰艺术运动风格的玻璃器皿，这些玻璃制品同波希米亚前辈制作的一样美观且种类多样。

在20世纪20年代，在弗雷德里克·卡得之后，纽约州康宁镇的史都本玻璃厂开始生产现代风格的玻璃，如“辛特拉”和“克鲁瑟”系列，制作的玻璃制品都是厚壁透明或彩色玻璃器皿，内部有气泡和其他装饰。此外，还有灵感来自欧瑞诗玻璃厂的细木镶嵌装饰工艺系列，以及六角形、卵形和其他形状的酸蚀切割花瓶。从20世纪30年代起，史都本玻璃厂开始更多地致力于无色水晶艺术玻璃和餐具制作。雕塑家西德尼·比勒尔·沃（Sidney Biehler Waugh, 1904—1963年）的设计是具象式的，通常呈现新古典主义和自然风格特质。其中，最流行的是大批量生产的模压玻璃“大萧条时期”，由安佳、钻石和联邦玻璃厂制作而成。

蚀刻、雕刻和珐琅装饰

1 爱德华·霍尔德为欧瑞诗玻璃厂约1935年制作的节日烟花碗，在1921年进行初次设计，之后几年间由雕刻大师卡尔·罗斯勒（Karl Rössler）等设计师制作，于1925年巴黎展览会上展出。霍尔德在瑞典玻璃厂工作了50多年。高20.5cm。

2 史都本玻璃厂在约1925年制作的酸蚀刻玻璃花瓶使用了由弗雷德里克·卡得设计的Chang图案。这种玻璃器皿在天蓝的底色上饰有紫色的玉饰，在风格化的云层之上添加了旋涡形的花卉设计。高21cm。

3 这个带盖玻璃罐由Loetz-Witwe威图玻璃厂约1924—1925年制造，马雷·贝克特（Marey Beckert）（-Schider）负责装饰。该作品用吹制的透明玻璃和彩色套料玻璃制作，使用了珐琅彩绘和酸蚀刻工艺。充满活力的花卉和波浪形图案与继达戈贝尔特·佩奇（Dagobert Pèche）之后的维也纳工作坊现代设计相呼应。

4 可能由弗拉维奥·波里（Flavio Poli）设计、阿基米德·瑟古索（Archimede Seguso）约1937—1940年制造的瑟古索艺术玻璃花瓶，是一种多层套色容器，白色玻璃上覆盖着红橙色玻璃，表层包裹着银箔。高29cm。

5 为了效仿莫里斯·马里诺，其他欧洲设计师开始在器皿玻璃中加入气泡、金属氧化物和其他内部装饰。卡尔·维德曼（Karl Wiedmann）创制了Ikora玻璃，例如1929年制作的这个花瓶。高18cm。

6 这个珊瑚红花瓶是使用苏格兰莫纳特玻璃制作的作品，由珀斯的约翰·蒙克里夫玻璃厂1925年制造，用景泰蓝、水晶和珐琅装饰，白色珐琅呈现出金属色泽。高14.6cm。

银制品和其他金属制品

具象和花卉

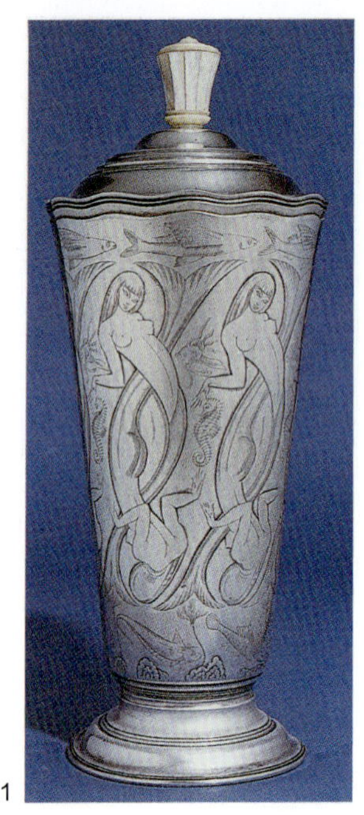

1

2

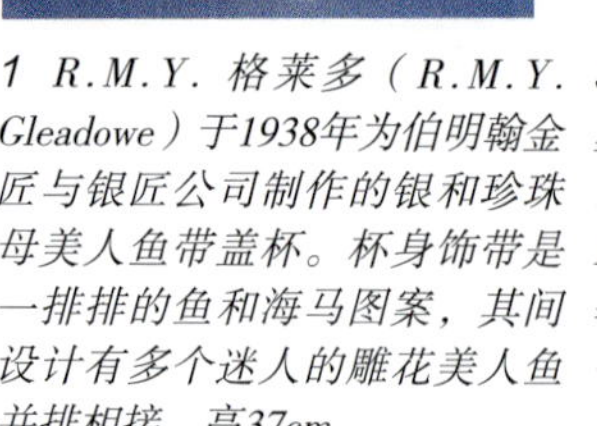

3

4

1 R.M.Y. 格莱多（R.M.Y. Gleadowe）于1938年为伯明翰金匠与银匠公司制作的银和珍珠母美人鱼带盖杯。杯身饰带是一排排的鱼和海马图案，其间设计有多个迷人的雕花美人鱼并排相接。高37cm。

2 埃德加·布兰特的镀银青铜花瓶令人惊叹，瓶身遍布风格化的树叶和花朵，以此为底设计有一圈雕花裸体音乐家和舞者图案作为饰带。高2.07m。

3 俄亥俄州玫瑰铁器公司的保罗·费赫尔（Paul Fehér, 1898—1992年）和马丁·罗斯（Martin Rose）在1929—1931年设计了这套桌面办公用具。这套配件由钢、铝、黄铜、青铜和黑色大理石制成，带有嵌金属丝花纹的珐琅工艺。长58.5cm。

4 该壁炉栏由玫瑰铁器公司制作，保罗·费赫尔约1930年设计，中央是镀金青铜的裸体人像，饰以用镀银铁制成的风格化花卉和几何元素。高1.5m。

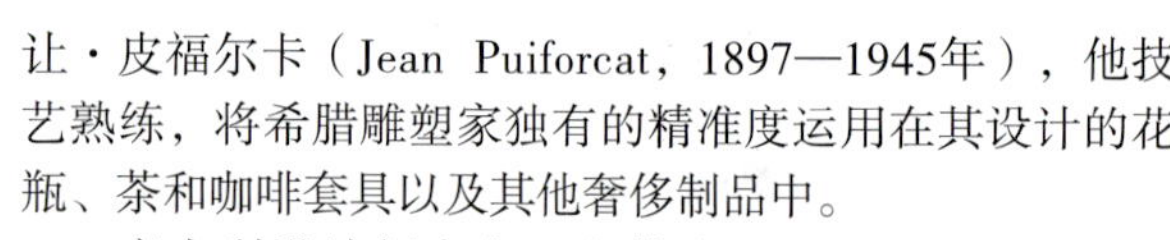

装饰艺术运动时期种类繁多的金属制品来自铁艺师（锻造铁匠）、雕塑家、珐琅工艺师、漆工和工厂。法国人尤其擅长创作风格各异的作品，涵盖传统风格和创新风格。在美国，无论是个人还是老牌制造商都生产金属制品，通常将其与玻璃、木材和其他材料相结合，生产出既美观又颇具功能性的作品。许多产品由工厂和工业设计师合作完成。

埃德加·布兰特是法国著名的锻造铁匠。他设计的大门和壁炉栏都带有密集的花、叶和旋涡形图案，中央是青铜人像或具象面板。铁艺师雷蒙德·叙布（Raymond Subes，1893—1970年）为巴黎的沙龙提供家具、钟表、灯具等制品。20世纪30年代，在叙布的锻造作品中，钢铁和铝替代了铁和青铜，其旋涡饰制品和其他作品外形也变得更简单、尺寸更大，同时也变得抽象。巴黎雕塑家阿尔贝·舍雷（Albert Cheuret）的作品小而惊艳，包括大量出色的装饰艺术运动风格制品，比如埃及头饰形状的壁炉挂钟。最杰出的银制品和镀银制品生产商是让·皮福尔卡（Jean Puiforcat，1897—1945年），他技艺熟练，将希腊雕塑家独有的精准度运用在其设计的花瓶、茶和咖啡套具以及其他奢侈制品中。

意大利设计师吉奥·庞蒂为法国的梅森昆庭工厂创造了诸多重要作品，都用电镀金属制成，称为“昆庭银”。他最著名的设计是“箭和海豚”双蜡烛烛台。

让·古尔登（Jean Goulden，1878—1947年）和制作著名“黄铜器皿”（*dinanderie*，装饰性金属制品）的让·杜南共同研究了雕刻内填珐琅工艺，随后生产出装饰有彩色几何图案的灯具、钟表和牌匾，这些图案通常用立体派风格排列。卡米尔·福尔（Camille Fauré，1872—1956年）是另一位法国珐琅工艺师，在利摩日工作。他将带贱金属底座的花瓶和灯座全部覆盖以珐琅工艺制作的图案。

一些英国银匠和镀铬、电镀金属艺术品设计师采用了现代主义风格设计的多种元素。伯明翰的Napper & Davenport公司于1922年3月制作了一个带有木制把手的立

5

6

8

5 漂亮银质斟酒瓶，挪威的奥斯卡·索伦森（Oskar Sørensen）设计，由奥斯陆著名的日德兰公司制作，曾在1937年的巴黎展览会上展出。斟酒瓶外观是棱角高度分明的风格化鸟形设计，有趣又优雅、实用且豪华。高27cm。

6 出生于匈牙利的美国艺术家威廉·亨特·迪德里希用包括金属、陶瓷和织物在内的几种不同材料创造了一种独特而富有活力的细长兽形图案作品。这件“战马”金属台架设计于约1916年，以锻铁和黄铜制成。直径30cm。

7

7 这一对锻铁壁式烛台由雷蒙德·叙布约1935年制成，它的特点是用塑形后的雪花石来模仿花瓶，仿佛中间盛放着风格化的花朵和叶子。高53.5cm。

8 蛇在新艺术运动时期和装饰艺术运动时期是一种流行的主题。埃德加·布兰特的青铜眼镜蛇台灯设计于约1925年，南希的多姆兄弟公司为其制作了玻璃罩。高53cm。

9 这个银色的金属瓶座上饰以4块镶板，其上设计有果实累累的葡萄藤，丹麦银匠乔治·詹森约1920年的作品。高12cm。

9

10

10 布兰特约1925年制作的铸铁和锻铁壁炉栏，一只优雅的羚羊或雌马鹿图案置于旋涡形的卷须和风格化的花朵之中，下部是定型的花朵和树叶饰带。高93.5cm。

几何设计

1

2 3 4

1 法国最优秀的装饰艺术运动风格银匠让·皮福尔卡是一个新柏拉图主义者，他热爱纯粹的、基本的形式——他认为圆圈是理想的形状。这种偏爱体现在其诸多作品中，比如图中1937年设计的银和玫瑰木茶具。这位大师对理想数学比例的追求也展现在其精湛的绘画技艺中。茶壶高18cm。

2 皮福尔卡设计的带盖银色金属碗，碗身环绕着一圈圆宝石。高21cm。

3 让·德普雷（Jean Després）经常在其设计中运用圆环，比如这个作为锡镴制航空纪念品的镀银金属和紫檀木模型。翼状锤锻金属柄与其用途很相配。高22cm。

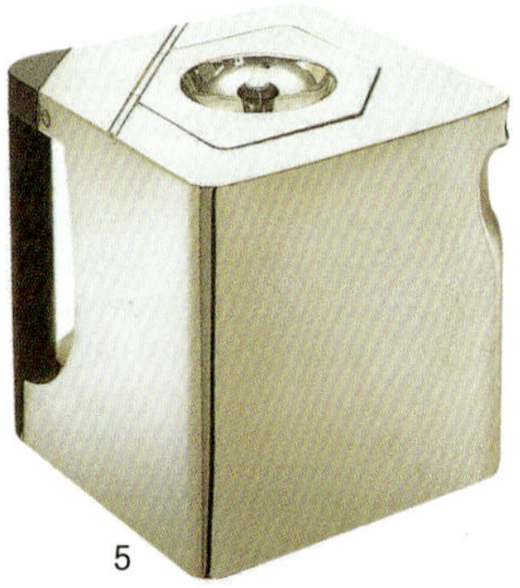

5

4 以银、镀金的银以及氧化银为材料制成的咖啡套具，名为“立方”（又名“曼哈顿的光与影”），由丹麦的银匠埃里克·马格努森1927年为罗得岛普罗维登斯的戈勒姆制造公司设计制作而成。几何元素的运用以及银色、金色和棕色色调的组合让一位作家称其为“贵金属制成的立体派静物画”。咖啡壶高24cm。

5 20世纪20年代初，伯明翰的Napper & Davenport公司生产了这只用纯银和木头制成的茶壶，壶把和壶嘴巧妙地融入其立方体外形之中。高13cm。

6 1934年，英国银匠亨利·乔治·墨菲设计并制作了这款以圆形为主题的茶和咖啡套具，以银和紫檀木为材料，一套包含6件作品。咖啡壶高22cm。

6

7　8

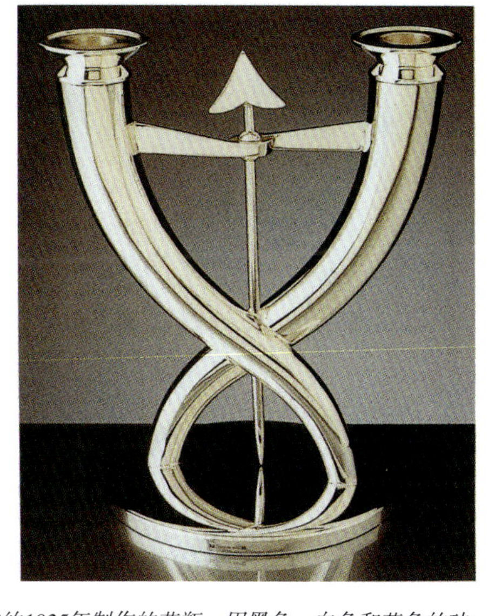

9

7 卡米尔·福尔约1925年制作的花瓶，用黑色、白色和蓝色的珐琅装饰在覆盖银箔的金属铜之上，形成几何低浮雕图案。

8 让·古尔登1928年制作的镀银铜珐琅时钟，就像许多天才珐琅工艺师的设计一样，该作品不仅在局部上装饰着一种不对称的重叠式几何元素，其本身的外形就是不规则的几何形。

9 意大利建筑师、设计师、作家和教师吉奥·庞蒂为法国梅森昆庭工厂提供各种设计。由他设计的镀银烛台“箭头”风格活泼，可追溯到约1927年。高20cm。

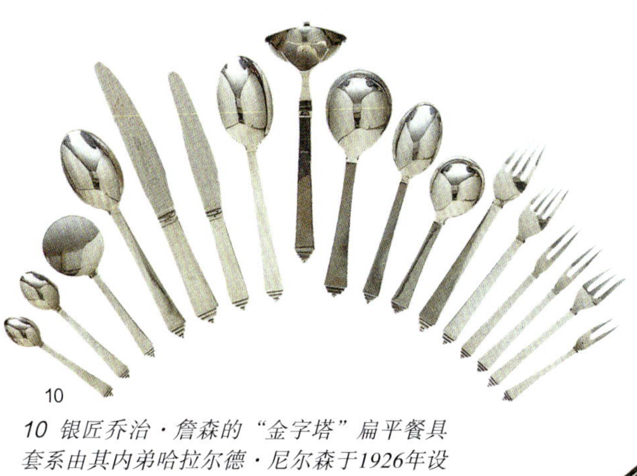

10

10 银匠乔治·詹森的“金字塔”扁平餐具套系由其内弟哈拉尔德·尼尔森于1926年设计，之后用了几年时间制造出来。受埃及风格影响的图案是该公司出品的第一个装饰艺术运动风格图案。

11 阿尔贝·舍雷约1930年设计的镀银青铜缟玛瑙壁炉挂钟，类似于风格化的埃及头饰，其锁扣为金字塔形。

11

方体银茶壶。伦敦的Wakely & Wheeler公司生产了高质量的银和电板，制出了R.M.Y.格莱多1938年设计的美人鱼杯，其具象设计令人惊叹。同样属于现代主义风格的设计师还有亨利·乔治·墨菲（Henry George Murphy，1884—1939年），他的许多作品都体现了对圆形设计的探索。

在斯堪的纳维亚，乔治·詹森生产的银制凹形餐具、扁平餐具和珠宝是北欧地区最著名的装饰艺术运动风格金属制品。尽管20世纪早期就首次使用的各种图案主题——如银珠、透雕细工制成的主干以及风格化的树叶和鸟——仍然出现在装饰艺术运动风格的作品中，但也有一些作品带有强烈的现代主义风格形状和几何图形主题。詹森的内弟哈拉尔德·尼尔森（Harald Nielsen，1892—1977年）1926年设计了“金字塔”餐盘系列图案。在挪威，银器制造商日德兰公司和大卫·安德森银器公司生产了诸多现代主义风格的设计，部分采用了珐琅工艺。奥斯卡·索伦森于1937年为日德兰公司设计的银酒瓶就是一个代表，外形是一只风格化的鸟。

美国装饰艺术运动时期的金属装饰包括大型装饰性作品和小型实用器皿。其中，小部分可能由手工制作而成，更多的则是在工厂中按照不同规模生产而成。从19世纪中期开始，金属产业成为美国的重要产业部分，无论是贵重金属还是贱金属制品，特别是白银和黄铜。著名的铁匠中包括匈牙利出生的保罗·费赫尔，他曾为克利夫兰的玫瑰铁器公司制作了带有具象花卉图案的屏风和其他器具，威廉·亨特·迪德里希（Wilhelm Hunt Diederich，1884—1953年）也来自匈牙利，他的作品包括带有大量动物图案的屏风、壁炉架、栏杆和标准灯具，都是独特的表现主义作品。有几位工艺师和几家工厂在其全部产品中都加入了现代主义风格的设计。1927年的“戈勒姆咖啡套具”由埃里克·马格努森（Erik Magnussen，1884—1961年）设计并制作，命名为“立方”或“曼哈顿的光与影”。

纺织品

植物和具象

1

2

1 风格化的喷泉是法国流行的装饰艺术运动风格母题，在爱德华·贝内迪克特斯（Edouard Bénédictus, 1878—1930年）的作品“喷泉”帷幔局部图中可以看到大量这样的设计，1925年由莫涅公司的布吕内用缎子、丝绸和人造丝制作。

2 1934年的簇绒羊毛地毯，具象的海洋主题是其独特风格的标志，由艺术家玛丽·罗兰珊（Marie Laurençin）设计。不同于装饰艺术运动风格中其他的海妖母题，罗兰珊设计的空灵女性无疑是她的特色，同时她柔和的用色也很适合现代化的内饰。长 13.8m。

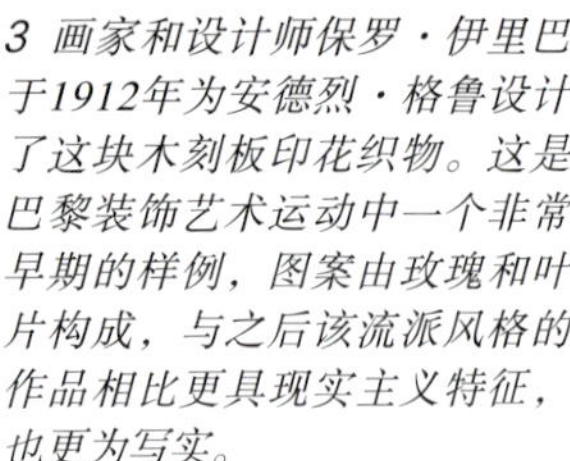

3 画家和设计师保罗·伊里巴于1912年为安德烈·格鲁设计了这块木刻板印花织物。这是巴黎装饰艺术运动中一个非常早期的样例，图案由玫瑰和叶片构成，与之后该流派风格的作品相比更具现实主义特征，也更为写实。

4 基于法国金属工匠埃德加·布兰特的设计，“玫瑰”这一纺织品由康乃迪克州曼彻斯特的切尼兄弟公司制作。这款面料带有浓密繁复的风格化的花朵图案，原本是要用于制作椅套的。

3

4

5

6

5 用纸面水粉和石墨风格设计的地毯“唱歌的女人”，唐纳德·德斯基1932年的作品，上面出现了近乎抽象的具象母题，置于纽约的无线电城音乐厅。长 1.04m。

6 英国设计师弗兰克·多布森（Frank Dobson）1938年的手工木刻板印花亚麻织物，上面的性感舞女形象由缎带连接起来，呼应了她们风格化的头发。

1 露丝·里夫斯的木刻板印花棉绒墙幔“人物和静物”，1930年为纽约零售商W. & J. Sloane设计。里夫斯从立体派绘画中获得了灵感，这一点并不奇怪，因为她曾在20世纪20年代和费尔南·莱热（Fernand Léger）一起学习。高2.33m。

2 玛丽昂·多恩的印花亚麻和人造丝织物，名为“飞行”，1936年由北爱尔兰兰德尔斯敦的佳统漂白亚麻布公司制作，并不像乍看上去这么简单。图案以风格化的鸟类形象以及微妙重叠的“影子”为特征。

1

2

3

4

3 “黛安娜”，1930年由英国设计师丽贝卡·克朗普顿（Rebecca Crompton）设计的一款绣花镶板，描绘了一个古典的人物，饰以猎犬、鸟类和鲜花图案，典型且简约的装饰艺术运动风格。白色的蝉翼纱覆于绿色的粗麻布之上，用白棉布、亚麻和金属绣线饰以各式贴花。长44.5cm。

4 F. 格雷戈里·布朗（F. Gregory Brown）的辊筒印花无名亚麻织物同样是英国装饰艺术运动风格，在风格化的植物群中重复了一只跳跃的鹿。1931年由伦敦W. 福克斯顿有限公司制作。

19世纪初到1920年左右，大多数地毯是传统的东方风格，带有饰边设计和流苏以及中东风格的母题。但是在20世纪，英国、法国和比利时生产出了更多没有饰边图案或流苏的地毯。产品的形状除了传统的矩形，还有方形、圆形和椭圆形，其中一些带有褶皱饰边。顶级的巴黎设计师受到委托为特定的房间设计装饰艺术运动风格的地毯，比如贾奎斯-艾米尔·鲁尔曼、保罗·福洛、艾琳·格雷设计了有几何图案、风格化的花卉和具象图案、喷泉及其他装饰艺术运动风格母题的地毯。

巴黎设计师伊万·达·席尔瓦·布鲁恩斯（Ivan Da Silva Bruhns，1881—1980年）受委托设计了许多矩形地毯，主要是不对称设计，由萨伏纳里工厂生产。布鲁恩斯作品中，立体派衍生的几何图案比比皆是，但也有来自其他文化和艺术形式的灵感，特别是美洲和非洲。

在英国，3位地毯设计师脱颖而出：美国出生的爱德华·麦克奈特·考弗（Edward McKnight Kauffer）以其平面设计而闻名（见p.412）；妻子玛丽昂·多恩1934年任其自创公司的掌门人，专业从事定制地毯的制作（见p.413）；此外还有贝蒂·乔尔，她设计了自己的家具和地毯。俄罗斯出生的建筑师、设计师塞吉·西玛耶夫于20世纪20—30年代在英国居住，对地毯设计和家具产生了影响。在欧洲其他国家和地区，装饰艺术运动风格的地毯由比利时的德·萨德里（De Saedeleer）制作，阿尔贝·冯·于菲尔（Albert Van Huffel）极为抽象的几何形设计尤其突出。

在美国，唐纳德·德斯基创作了图片化和几何形的地毯，包括海洋图案的圆形浴室地毯、受立体派影响的矩形设计以及1932年为无线电城音乐厅设计的地毯，名为“唱歌的女人”，图案是留着抽象波纹长发、正在张嘴唱歌的声乐家。露丝·里夫斯（Ruth Reeves，1892—1966年）是一名曾在巴黎和费尔南·莱热学习过的画家，也设计了达·席尔瓦·布鲁恩斯风格的地毯（见p.415）。克兰布鲁克艺术学院（Cranbrook Academy of Art）生产了斯堪的纳维亚风格的手工地毯，负责人是

法国几何形图案的启示

1

2

3

1 法国装饰艺术运动风格的羊毛地毯，约1930年出品，褐色的面料上饰以淡紫色、蓝色和淡绿色阴影的风格化的几何图案。长2.97m。

2 带几何形图案的山东绸织物，名为“同步”（Simultanée），约1927年由乌克兰出生的艺术设计师索尼娅·德洛奈（Sonia Delaunay，1885–1979）设计，就像她巴黎的工作室和1925年博览会中的精品专柜［“同步主义（Simultaneism）”是奥费主义（Orphism）的别名，与德洛奈丈夫罗伯特的绘画风格有关］。在20世纪20年代，高产的索尼娅·德洛奈以用色生动、几何形图案的时装、纺织品和室内设计而闻名。

3 伊万·达·席尔瓦·布鲁恩斯约1930年设计的地毯，以褐色调制作而成。像同时期的许多其他地毯一样，这个最高产的装饰艺术运动风格地毯设计师的矩形地毯没有饰边，非对称和几何形图案是其标志，特别是无处不在的锯齿形图案。

洛亚·萨里宁。各种各样的装饰艺术运动风格图案都可能出现在织物、纺织品、挂毯和墙幔上，几乎涵盖了所有类型，包括花卉、人物、动物、水族生物、几何图案等，在美国还涉及摩天大楼。毫不奇怪，鲁尔曼和唐纳德·德斯基这样的家具设计师也设计织物和纺织品，但还有其他人主要以其纺织品设计著称，最著名的是爱德华·贝内迪克特斯。

尽管花卉图案和更复杂的具象设计在高级面料设计中占主导地位，但也出现了一些带有现代主义风格图案的作品，例如埃里克·巴格（Eric Bagge）1929年设计的木刻板印花亚麻布“暴风雨”，有风格化的闪电和重叠的扇贝状云朵图案。女装设计师保罗·波列的马蒂娜工作室创作出了吸引人的花卉织物。保罗·伊里巴则于1911年为安德烈·格鲁设计了一块有大量风格化的玫瑰图案的印花织物。欧比松公司的织锦，无论是墙幔还是家具罩，都采用了丰富的具象设计装饰，博韦工厂的产品也是如此。这两家制造商都生产了大量拉乌尔·杜飞的设计作品。

在美国，F.舒马赫公司和切尼兄弟公司这样的制造商生产了一些受法国风格启发的织物，除了丝绸和其他面料，也有人造丝制品。切尼兄弟公司名为“玫瑰”的作品基于埃德加·布兰特的铁艺品制作而成，但其他的花卉设计更有活力、更现代，图案又不那么复杂。城市生活是美国独有的主题，出现在了一些织物上，包括露丝·里夫斯于1930年设计、由W. & J. Sloane零售商制作的印花棉布“曼哈顿”（见p.415）。其他出现在织物上的美国本土图案还有西南部的植物，如仙人掌和芦荟，以及美洲本土的花卉和动物图案。

英国也生产了大量受法国风格影响又极具特色的装饰艺术运动风格织物。其中，玛丽昂·多恩于1936年设计的作品“飞行”，在印花亚麻和人造丝绸上描绘了风格化的鸟类主题，4只鸟的重叠图案给人一种奇妙的观感。其他动物和人物图案也出现在许多英国织物上。

1

1 这一高度动态的印花棉和人造丝织物由H.J. 布尔（H.J. Bull）设计，伦敦的艾伦纺织品公司1932年制作。其重复的斜条纹和蜿蜒的带状图案是犀利的“机器时代”装饰艺术风格，尽管因其棕色、红褐色和米黄色的褐色调的运用而有所柔化。长2.23m。

2 英国纺织品设计师亚历克·亨特（Alec Hunter）设计了这一织物“布伦特里5号”，由埃塞克斯郡布伦特里镇的华纳父子工作室制作。面料使用了梭织棉、棉质镶边和黄麻织锦，有密集的几何形图案。

3 纺织品样品采用了简单的几何图案和柔和的用色，约1930年为贝蒂·乔尔有限公司设计。这一织锦面料由浅黄色的棉布和橙色的羊毛及白色的丝绸尾砂制作而成。长1.32m。

4 为贝蒂·乔尔有限公司约1930年设计制作的又一件装饰艺术运动风格织锦。蓝色棉布和黄色丝织品上的几何形图案比前一件为贝蒂·乔尔有限公司设计的纺织品复杂得多。长2.74m。

2

3

4

5 这件比利时地毯名为“旋涡”或“水上彩虹色的花”，看起来类似锯齿形的迷宫，由阿尔贝·冯·于菲尔设计，1925年由德·萨德里工作坊制作而成。

5

大规模生产的器具和工业设计

金属制品、塑料制品、玻璃制品和瓷器

1

1 洛克威尔·肯特设计了这款香槟冷却器，20世纪30年代由康涅狄格州沃特伯里的切斯铜制品公司制造完成。它的表面全是铬，主题是年轻的酒神巴克斯。高23.5cm。

2 装饰艺术运动风格的鸡尾酒调酒器既有银质的，也有由廉价金属制作的。这套镀银的调酒器、杯子和托盘是20世纪30年代早期由卢雷勒公会为康涅狄格州的梅里登国际银制品公司设计的。鸡尾酒调酒器高40cm。

3 这一四件咖啡套具是切斯铜制品公司1930—1936年生产的专业系列的一部分，由镀铬的金属、塑料和层压板制成。咖啡缸高31cm。

4 这个彩色的金属打字机色带盒是美国装饰艺术运动时期大规模生产的绝佳范例。盒盖上有一条拴着的灰狗，象征着速度。直径6.5cm。

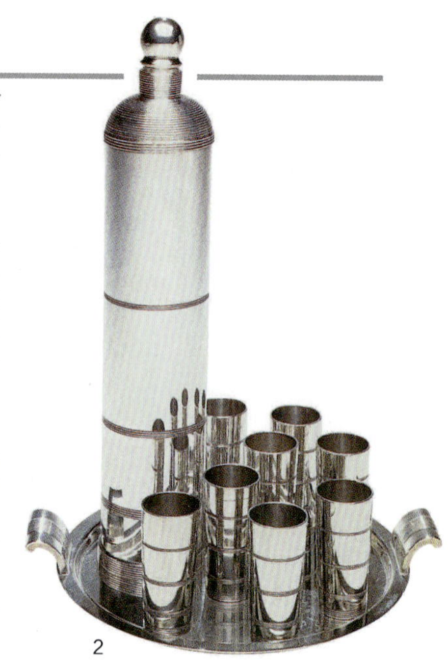

2

3

4

5 许多20世纪30年代生产的女士粉盒设计精美，工艺精湛，具有装饰艺术运动风格特征。这个搪瓷金属作品由工业设计师罗伯特·L.伦纳德设计，雕刻有赞那度图案。长9.5cm。

5

在装饰艺术运动时期，工业设计达到了令人眼花缭乱的地步。除了陶瓷制品和金属制品，许多大规模生产的器具都有装饰艺术设计的特色。例如，装饰性粉盒在两次世界大战之间得以大量生产。像卡地亚和宝诗龙这样的优秀珠宝商也创作了许多精美的粉盒，黄金材质且带有珠宝装饰，不过也有化妆品收纳盒是由贱金属、珐琅金属、木材、塑料和其他便宜材料制成的，由埃文斯、芙洛蒂、埃尔金（美国）和斯特拉顿（英国）等制造商成千上万地生产。这些制品中有一些带有配套的烟盒，制作工艺都很专业，可以媲美最珍贵的装饰艺术运动风格作品。

数不胜数的现代塑料制品也得以生产出来，原材料（如透明合成树脂、假象牙、铸塑酚醛塑料、人造树胶和酪蛋白）相对较新，材质多种多样。诸多有用的小物件都用塑料来制作，包括收音机机箱、梳妆台、吸烟用具、办公桌配件，还有碗、灯座、小饰品盒等，均饰以几何形状、风格化花朵或具象的图案，又或者是流线型这种现代主题。尤其是在英国，许多早期的塑料制品都有彩色的杂纹、斑点或条纹。

20世纪30年代的玻璃台式收音机是当时美国工业设计中最受人瞩目、最重要的一个代表。沃尔特·多温·蒂格设计的517型收音机正面是圆形，材质是蓝色镜面玻璃和镀铬金属。除了这些玻璃制成的型号之外，各种流线型和现代主义的设计也值得一提，不管材质是塑料、金属，还是不那么频繁使用的木材。其中包括哈罗德·凡·多伦（Harold Van Doren）和约翰·戈登·里德奥特（John Gordon Rideout）设计的“播放王”收音机以及诺曼·贝尔·格迪斯1940年为爱默生创作的“爱国者贵族400”。

还有一些作品的制造者名不见经传或者故意隐匿身份，例如有一套美国产的托盘系列，呈长方形，用镀铬金属、玻璃和木头制成。这些20世纪30年代的“现代爵士乐”（餐盘背面的纸质标签上有这些字样）托盘上有大胆的深红色、黑色和奶油色的几何图案设计，都是在玻璃背面用丝印工艺制作而成的。

6

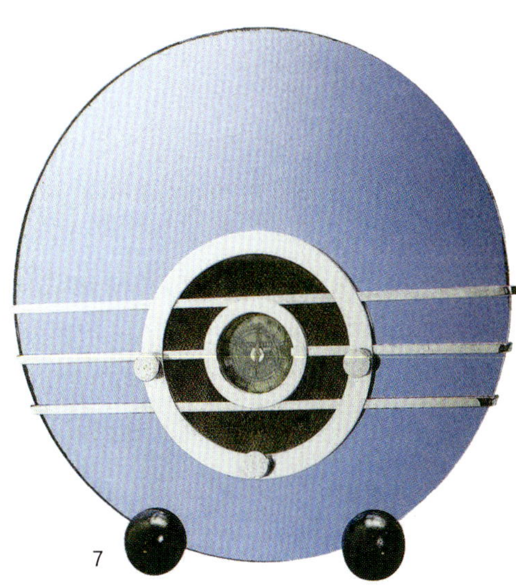
7

6 1930—1933年，哈罗德·凡·多伦和约翰·戈登·里德奥特为纽约布鲁克林的“播音王”产品制作了这台收音机，其设计受摩天大楼形状的影响。该作品由尼龙、金属和玻璃制成。高30cm。

7 备受尊敬的工业设计师沃尔特·多温·蒂格于1934—1936年为密歇根的斯帕顿公司设计了517型收音机。

8 20世纪30年代，总部在纽约州奥尼达社区的一家巴伐利亚工厂以奶油色为底色设计了一款优雅的白金几何图案，用来装饰多维尔社区的瓷器。配套的社区主题餐盘也带有几何设计，只不过是位于每件餐具把手的末端。餐盘直径25.5cm。

9 1939—1940年的纽约世界博览会催生了成千上万的产品来参展。这款酒杯采用了一种转印式设计，描绘的是国家法院展馆。高11.5cm。

8

9

10

10 这款由镀铬金属和背面涂色玻璃制成的“现代爵士乐”托盘约1934—1935年制作于纽约布鲁克林，在批量生产的“机器时代”是美国装饰艺术运动风格的杰作。长45.5cm。

11 这款塑料盐瓶和胡椒瓶的颜色是1939—1940年纽约世界博览会的官方色橙色和蓝色，采用了展览会的标志性建筑“角尖塔和圆球”的形状。高9cm。

11

现代主义时期

1920—1945年

引论

现代设计理论故意用简单的风格来应对日益复杂的世界。现代主义的作品和之前的作品看起来非常不同：没有装饰，也没有明显的历史风格，更倾向于强调材料和建造程序。现代主义设计师的目标是利用工业程序，将日常生活简化和戏剧化，创造出具有整体性的作品。

建筑师勒·柯布西耶于20世纪初在瑞士长大，经人推荐阅读了约翰·拉斯金的作品，对其充满敬意，因为这些作品将艺术与社会道德状况联系了起来。柯布西耶的作品经历了浪漫的民族主义阶段，影响了他在20岁左右设计的别墅，当时他使用了雕刻和彩绘装饰来表现瑞士罗曼德的松树。后来游历世界、见多识广之后，勒·柯布西耶学会了吸收过去伟大作品风格的新方法，即不是将其作为历史风格的教科书范例来学习，而是作为一种更普遍的灵感来源来借鉴。

勒·柯布西耶的历史知识和历史意识是第一代现代设计师的典型特征。即使是那些有意识地宣布与过去决裂的设计师，也常常在寻找与古代建筑和作品等价的东西。然而与前辈不同的是，他们认为直接模仿的方法只能保留活生生历史事物的外壳，但失去了生命本身。现代主义的许多先驱者，比如勒·柯布西耶，都曾经历过新艺术运动，但他们发现，这一时代为设计界长期存在的问题给出了错误的答案，其风格太过突兀、太引人注目了。

19世纪末20世纪初非凡的技术进步为创造一种新型的现代主义带来了挑战，包括电灯、电话、汽车，还有动力飞行。1914年以前的德国工业设计和20世纪20年代的装饰艺术运动都体现了这一点，但第一次世界大战之后的欧洲社会状况进一步为实现一种似曾相识的现代主义增添了必要的推动力。

现代主义运动有许多直截了当的表现。在魏玛共和国（1918—1933年）期间，德国执行了一项拖延已久的重大重建方案，风格与50年前德国工业主义兴起时一样彻底。民族主义历史的幽灵被彻底镇压——对保守党来说太彻底了，因此他们在1933年后的国家社会主义制度下，以报复之心又带回了这一幽灵。法兰克福的住房项目向全世界展示了建筑、设计研究和改善社会的承诺如何能创造出一种天堂的印象，尽管事实证明这只是昙花一现。在20世纪30年代的瑞典，合作化运动以可承受的价格为新兴城市化人口提供了精心设计的物质商品，这些商品能放进体积很小的房子，但又总能为成人和儿童提供户外玩耍的空间。

然而，现代主义为大众服务的使命很少如此简单。

左图：艾琳·格雷的铝和软木制梳妆台。1926—1929年为其在法国南部的别墅E.1027制作，由格雷和让·巴多维奇（Jean Badovici）设计。同时，该作品也是一个抽象的雕塑，体现了铝在家具中的新奇应用。这个梳妆台既是一件用来储物的实用家具，在原来的别墅中也用作洗漱区和睡眠区之间的隔断。高1.69m。

对页：奥斯卡·施莱默（Oskar Schlemmer）编舞和设计的“三元芭蕾”，1926年在德国德绍包豪斯完成。人体的几何形态表现出现代主义中人与机器之间的紧张关系，但也清楚地表现出一种幽默感和生活之乐。

1

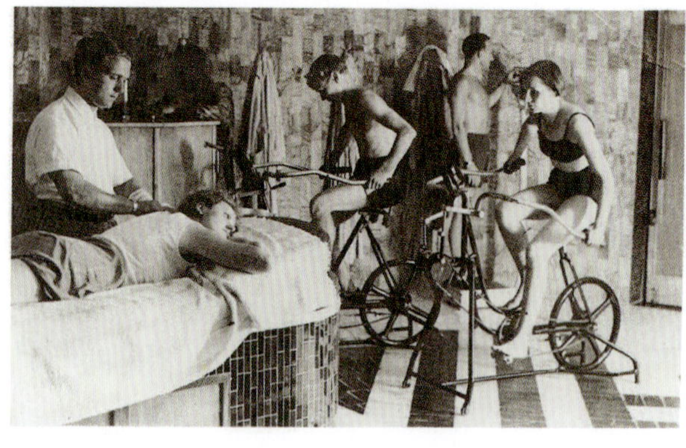

2

3

4

1 英国佩尔（实用设备有限公司）的钢管家具，在20世纪30年代的广告中强调其女性化的特征。

2 现代设计反映了战争期间人们对苗条健康身体的崇拜。德国不来梅“亚特兰蒂斯之家”的按摩室展示了对身体美的追求，1931年设计完成。

3 “工业设计师的办公室”，雷蒙德·洛伊威和李·西蒙森的作品，1934年在纽约大都会艺术博物馆展出。办公室中的汽车作为焦点预示着未来耀眼的流线型设计趋势。

4 将建筑简约到奢华的本质要素：德国馆，密斯·凡·德·罗的作品，馆中的巴塞罗那椅和凳子也是他的设计作品，1929年在巴塞罗那国际博览会上展出。

看起来有用的外观设计与实际有效操作之间有时难以达到平衡。没有特殊设计的物品也可以发挥同样的作用，即便有实现某种功能作为借口，设计也有可能沦为自我的实现和纯粹的审美。许多物品几乎不需要设计师的特别关注，早期现代主义者对躺椅、工业玻璃器皿和其他“拾得艺术品”的欣赏就说明了这一点。

虽然许多设计师在理论上可以认同为大多数人提供高质量产品的理念，但他们很快发现，要实现这一目标，维持产品质量所需的材料和工艺过于昂贵。路德维希·密斯·凡·德·罗设计的巴塞罗那椅（见p.382）最初是于1929年生产出来用作西班牙国王和王后参观巴塞罗那国际博览会德国馆的宝座，在19世纪50—60年代，这一作品常被当作现代主义最早的典范之作，但一直价格不菲。纽约现代艺术博物馆和后来的英国设计委员会所提倡的现代主义有基督教福音派的元素，常常招致反抗，但是对许多人来说，好作品和坏作品之间的细微差别基本看不出来。

现代主义运动与工业设计师的关系比较模糊。在运动早期，专业设计师很少有机会进行训练或实践。他们往往被过多关于历史风格的知识压得喘不过气来，反而缺少富于创意的全新视野。因此人们认为，建筑师或艺术家这样的外部人士也许更有能力为各种产品开发新颖的创意。从一个领域跨越到另一个领域有很多历史先例，但现代主义带来了一种基于抽象艺术的新型形式语言以及第一次世界大战后新的社会紧迫感。1919年成立的包豪斯学院对设计领域的专门知识或技能进行了重构，将车间技能与抽象形式实验相结合，取代了过去狭隘的职业培训。建筑师的角色被重新定义为一个万能的问题解决者，许多建筑师也乐于设计家具和其他产品来赚取额外的收入。

1900年前后，诸多设计师的理想是完成一个建筑师设计的完整房间，通过特别设计或挑选家具、织物以及所有其他细节来实现风格的统一，这种偏好到了现代主义时期也没有任何改变。设计师因此可以自由摆脱历史文化包袱的束缚，转而向一种新的理念看齐。

许多现代主义设计师一心一意地期望整个世界被

共产主义革命所改变，由此为自己的设计提供一个合适的环境，即使在苏联背弃了其最初与抽象艺术的联系时也是如此。然而在美国，20世纪30年代新政中的社会实验是以相当保守的视觉形式表现出来的，而现代主义主要是在市场留下的空白之中应运而生，有时涉及欧洲出口的名品，有时则是本土商业企业和销售技巧的一种表达。英国也表现出类似的矛盾心理，现代主义最有效的表现形式包括伦敦地铁系统的企业设计风格和1932年《泰晤士报》明显保守的改版，1937年巴黎博览会英国馆表达国家身份时也多了一份轻松自在。尽管现代主义运动在宣传上明显战胜了复制式风格，但伴随着资本主义的扩张、广告的作用和时过境迁的世界，其社会使命也越来越迷失了方向，现代主义再也没有卷土重来。

以往讲起现代主义设计的历史时，所用的语言往往过于简单，像是在寻找一种充满柏拉图式完美“共相”的理想国。在那里，眼睛的净化可以达成灵魂的净化。此时，现代主义设计已经被认为是对特定文化和政治条件的回应。现代主义作品试图摆脱叙事和象征主义，由此已经获得了一种与地位相关的价值以及法国社会学家皮埃尔·布迪厄（Pierre Bourdieu）所说的“社会资本”，即因为拥有一件特定的东西，你向世界展示的自我具有了某种优越感。

从这一附加意义的视角看，现代主义的“经典”作品已经有效地融入后现代主义。现代主义试图将物质世界和社会世界联系起来，这一倾向在当时的“绿色运动”中表现得最为明显。该运动认为，就实现其目标而言，某件物品的缺失与其存在一样重要。

5 拉兹洛·莫霍利-纳吉（Laszlo Moholy-Nagy）1936年设计的宣传小册子，为伊所肯公司马塞尔·布鲁尔设计的长椅而制作。从宣传册上可以看出设计师想将设计与理性的“男性化”价值观联系起来。图中的现代人正在抽出时间来浏览报纸上来自欧洲的坏消息。

5

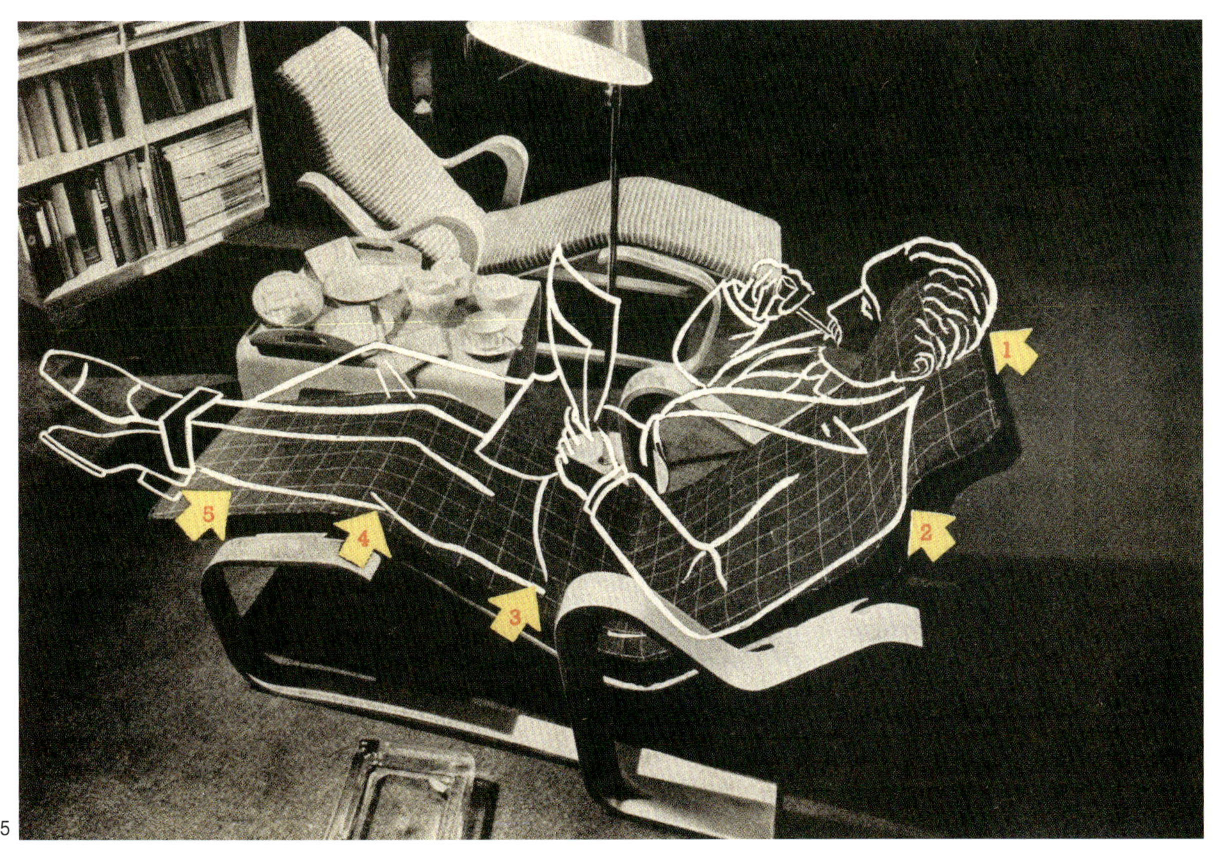

德国钢制框架

1 马塞尔·布鲁尔可能是包豪斯学院最有名的学生，图中是他用钢管和木头制作的套桌：B9系列，分别由索耐特兄弟公司于1925—1926年和标准家具公司于1928—1929年生产。高44.5cm。

2 布鲁尔1928年设计的B32系列索耐特边椅，根据悬臂原理，采用钢管、木材和藤条制成，是最广为流传、最为持久的现代经典之一。1960年以后，这款座椅以布鲁尔的女儿命名，在市场上被称为切斯卡椅。高80cm。

3 布鲁尔设计的俱乐部扶手椅，用钢管和织物制成，从1925年最初的版本演变而来，到1927—1928年确定最终的形状。1960年以后，它在博洛尼亚的加维纳以瓦西里椅为名出售。高72cm。

4 密斯·凡·德·罗1930年为位于捷克斯洛伐克的吐根哈特住宅设计的布尔诺椅，用钢铁和皮革制成。扶手上的平滑曲线使得椅子可以被拉到桌子旁。高79cm。

5 密斯·凡·德·罗1927年设计的MR533椅，前端钢框架的完整曲线以及编织藤座椅非常抓人眼球。高80cm，宽53cm。

6 密斯·凡·德·罗为1929年巴塞罗那展览会设计的MR90巴塞罗那椅，由索耐特兄弟公司制作。交叉的椅腿结构效仿的是希腊克里斯莫斯椅。高73cm。

法国钢管家具

1 勒·柯布西耶和夏洛特·贝里安在1928—1929年联合设计的LC3系列豪华舒适会所扶手椅，基于英国枫叶公司的家具设计，与法国传统优雅的设计形成对比，重新诠释了装饰艺术运动风格，因此获得了人们的称赞。高68cm。

2 勒·柯布西耶、皮埃尔·杰娜莱特（Pierre Jeanneret）和贝里安1928—1929年联合设计的LC4系列扶手椅（椅背可以摆动），显示其受到德国钢管设计的影响。小牛皮的使用充满了异国情调，这在两次世界大战期间的家具中很常见。高65cm。

3 勒·柯布西耶和贝里安为办公室设计的旋转座椅。勒·柯布西耶认为，办公室家具是当时真正的现代主义设计，无意中体现出高效率的原则。高71cm。

4 1927—1928年设计的LC4系列巴斯库兰躺椅是现代主义风格的经典之作，强调每个部分的精雕细琢。铬框架摇轴可根据需要放置在钢制的底座上。高 73cm，长1.56m。

19世纪的工业化，特别是迈克尔·索耐特于1819年创立了索耐特兄弟公司，标志着家具领域现代主义风格的开始。1850年以后，索耐特之子生产了曲木椅，椅座是藤条或胶合板，物美价廉，使用轻便，常用于咖啡馆和餐馆，是对新艺术运动风格精致设计的一种反叛，1900年后不经意间成了受欢迎的无名设计。20世纪20年代，继马塞尔·布鲁尔和密斯·凡·德·罗设计的原型之后，索耐特兄弟公司继续制造钢管家具。后来，英国和美国也相继模仿和改编了这些设计。

布鲁尔创作了一些现代主义风格的经典设计作品，有几种至今仍在生产。20世纪20年代，他曾在德国的包豪斯学院学习，后来又留校任教，他的诸多设计试验都是在那里完成的。在包豪斯学院学习期间，他放弃了手工制作的木制家具，并请当地工匠把自行车专用的钢管拉弯。布鲁尔1925年设计的瓦西里椅，其座椅和扶手用皮革制作，整个设计就像一把椅子的框架结构。而他设计的B32边椅，则使用木材和藤条面板，现在仍可以购买平板包装。

密斯·凡·德·罗1929年设计的巴塞罗那椅同样知名，却不便宜。像许多现代主义风格的家具一样，它源于古典时代，交叉的椅腿是典型的克里斯莫斯风格。这种椅子与他1927年设计的钢管和皮革边椅一样轻松舒适。

瑞士建筑师勒·柯布西耶在20世纪20年代初期，十分热衷于索耐特家具。他希望摆脱1925年巴黎装饰艺术运动博览会上所展示的一次性奢华法国家具。他受到布鲁尔和密斯·凡·德·罗的影响，并与夏洛特·贝里安（Charlotte Perriand, 1903—1999年）合作设计了一系列家具，包括1928—1929年的LC3系列豪华舒适会所扶手椅，这款扶手椅是根据英国枫叶公司的男性化家具和1927—1928年的LC4系列巴斯库兰椅设计完成的。

风格派设计及其影响

1 荷兰设计师格瑞特·雷伏德1923年设计的茶几，用漆木制成，展示了他几何设计的创造性。高61.5cm。

2 雷伏德1918—1919年设计的红蓝椅，该作品源于1917—1918年设计的单色椅。计划用标准木材纵剖面制作，造型简单，但实现了现代主义设计师所追求的家具构造中的逻辑统一性。令人惊讶的是，它比看起来更舒适。高87cm。

3 雷伏德1923年设计的左派柏林椅，不对称的扶手结构、座位和椅背体现了他的作品形式上的特点。高1.06m。

4 20世纪20年代法国知名设计师罗伯特·马莱特-史蒂文斯设计的梳妆台，由钢铁和木材制成，他通过这种开放式构造诠释了雷伏德的几何设计原则。

“少即是多”的原则由密斯·凡·德·罗提出，广泛适用于现代主义设计。弗兰克·劳埃德·赖特在1914年之前设计了简洁的直线形木材家具，在荷兰工作的格瑞特·雷伏德（Gerrit Rietveld, 1888—1964年）因此受到启发，之后进一步推进了这一风格的设计。木材是雷伏德最喜欢的材料，在传统家具放弃其大部分工艺基础的时候，他为了使结构简洁而使用锯子和钉子来固定连接，试图隐藏“传统”造型背后的工艺损失。悬垂的结点成为雷伏德设计的简约家居作品的美学特征。他最著名的红蓝椅子，1917—1918年用普通木材首次投入生产，当时经历第一次世界大战后的荷兰极度贫困，他后来遵循风格派艺术家和设计师的原则，以三原色给椅子涂色。

20世纪20年代现代主义设计师的灵感来自用于轮船、军队或游猎的轻型折叠家具。顾客可以从百货商店购买到这些作品，而不是通过一般的家具贸易渠道。此外，这些家具是为户外使用而设计的，因此打破了所有的装饰和工艺规则。建筑师兼设计师艾琳·格雷1925—1930年设计的甲板躺椅，拥有木制框架、吊索式软垫座椅和可调节的椅背，其灵感源自折叠甲板椅。这款甲板躺椅代表了现代主义风格显而易见的悖论，即用较少的努力生产更好的设计，因为它实现了所有的功能要求，同时也具有无法用言语表达的优雅和个性。

艾琳·格雷的家具从未批量生产。她出生在爱尔兰，一生中的大部分时间都在法国度过，从制作装饰艺术运动风格的漆面家具发展成独特的现代主义风格，她用独特的现代主义形式重新定义了自己最初的室内设计作品。晚年，她的设计被重新发现和颂扬，并得以广泛生产。

1 艾琳·格雷（Eileen Gray）1932—1933年设计的S形椅在其有生之年没有大批量生产，但由于其视觉和构造上的独创性，已成为现代主义风格的经典之作。

2 格雷1925—1930年设计的甲板躺椅，其名称源自用于远洋轮船甲板上的椅子——Transatlantique。木制框架的直线形设计与座椅的慵懒曲线形成鲜明的对比。高73cm，宽54cm。

3 格雷1925年设计的折叠屏风，该作品把简单想法严格贯彻落实。通过漆面木板，她回归了自己最初的设计，漆面木板与钢棒相结合，创造出了许多不同的形式。高2.15m。

4 格雷1926—1929年设计的E.1027桌子，最初是为自己的同名别墅设计的。20世纪70年代，也就是格雷晚年时，她的作品被重新发现，从那时起，这款设计被广泛复制。高62cm。

5 格雷1926—1929年设计的沙发，充分展示了设计师的才华，她能将简单的视觉想法变成一件永远让人称心如意的家具，其功能既不被当作主人一样来遵从，也不被当作暴君一样来否认，却能演绎出奇妙的二重奏。长2.04m。

斯堪的纳维亚家具

芬兰、丹麦和瑞典的木制家具

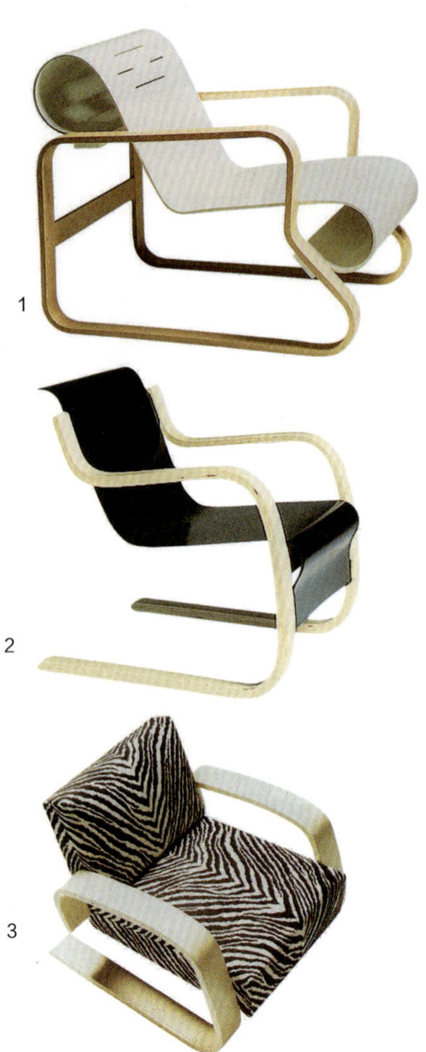

1 阿尔瓦·阿尔托1931—1932年设计的帕伊米奥扶手椅，最初是为芬兰帕伊米奥疗养院里的结核病患者设计的，这所疗养院是一栋伟大的现代主义风格建筑，于1933年完工。阿尔托的大多数家具都是在芬兰生产的，使用弯曲的胶合板制作。高64cm。

2 悬挑扶手椅（31号椅）的设计理念基于钢管设计。阿尔托1931—1932年设计的悬挑椅，其框架和座椅都具有一定的灵活度，使椅子更舒适。高72cm。

3 阿尔托1935—1936年设计的400号扶手椅，将软垫和胶合板框架结合起来，并附印有仿斑马纹的覆盖物。高65cm。

4 阿尔托1935—1936年设计的食品饮料手推车，显示了早期的家政服务是如何被中产阶级新的简洁生活方式所取代的，优雅仍然是中产阶级十分看重的生活品质。高60cm，宽90cm。

5 阿尔托1933—1936年设计的101号屏风，用木条粘贴在柔软的布面上制成，装饰图案源于19世纪。使用者可以把屏风摆置成不规则的曲线，阿尔托模仿自然把这种不规则的曲线也引入建筑设计中。高1.5m。

斯堪的纳维亚的现代主义风格家具在两次世界大战期间成为重要的一派。所有北欧国家在此期间都拥有浓厚的设计文化，对木材有独到的见解和热爱。与德国、法国或荷兰现代主义风格设计坚硬光滑的表面相比，瑞典、芬兰和丹麦的设计师倾向于选择更为柔和的材料和颜色，尽管他们的最佳作品在消除视觉混乱或冗余构造方面也毫不逊色。

其中，最有名的代表是芬兰建筑师阿尔瓦·阿尔托。1933年，他发明了一种通过蒸汽弯曲胶合板的方法，并设计了一系列椅子、凳子和桌子。其作品简单的结构掩盖了对视觉平衡的准确理解，通常通过喷漆上色来增强视觉效果。阿尔托的家具通过1935年成立的阿泰克公司在许多国家仍然适销对路。

瑞典设计师布鲁诺·马松（Bruno Mathsson, 1907—1988年）27岁时设计了伊娃椅，采用坚固的弯曲桦木制成框架，用藤条编织成座椅，这些材料在传统的家具中通常隐藏在衬垫和织物内。这样的简洁性也伴随着固有的危害，意外泼洒的酒或饮料可能会破坏这种椅子，尽管在喝啤酒的国家，这种破坏性比在喝红葡萄酒的国家要小一些。

丹麦人凯尔·柯林特（Kaare Klint, 1888—1954年）将北欧设计的完美主义推向了顶峰。他的作品外观简单，但大多数没有批量生产，因为木材需要仔细挑选，比如他在1930年设计的折叠桌和雕刻精美的折叠椅。穆根思·库奇（Mogens Koch, 1898—1992年）接受过建筑师专业方面的训练，但最终成为一名家具、纺织品和银器设计师。他在1938年设计的旅行折叠椅与柯林特设计的凳子类似，细节部分都很细腻。柯林特还在1933年制作了一款旅行椅，最初是为勇敢的旅行者设计的，能够折叠打包装进背包，以便扎营休息时可以使用。勒·柯布西耶和埃内·戈德芬格（Ernö Goldfinger, 1902—1987年）也受到了这款设计的影响。

6

7

7 阿尔托1933—1935年设计的低背椅（65号椅），和他设计的其他家具一样，体现了不拘礼仪的生活方式。高78cm。

8

6 阿尔托1929年设计的611型科尔霍宁叠椅，采用传统的构造，椅子的框架结构是接合而成，而不是弯曲而成。高79cm。

8 阿尔托1932—1933年设计的三脚凳（60型），可当茶几使用。堆叠时，凳子的螺旋形能呈现另一种美。高44cm。

9 穆根思·库奇1938年设计的折叠椅，承载着现代主义风格的理想——将无名产品打造成完美的丹麦设计典范。旅行椅（帆布支撑和皮革扶手带）的设计理念与折叠导演椅的想法相吻合，都注重细节。高87cm。

10 布鲁诺·马松1934年设计的伊娃椅，展示了北欧现代主义设计的独立性，以及对触感和视觉美的关注。高83.5cm。

9

10

11 马松约1938年模仿伊娃椅设计的轻便帆布躺椅，其构造同样清晰可见。高87cm。

11

美国家具

现代主义风格的早期代表人物

2 保罗·弗兰克尔约1930年设计的抗抑郁书桌，饰以红色的漆面、镀铬钢带和拉丝铬手柄。高78.5cm。

1 出生于奥地利的设计师保罗·弗兰克尔1927年设计的摩天大楼衣柜，是美国现代主义风格的早期作品，可以明显看出设计师对典型的美国风格进行了引人注目的改编。高1.71m。

3 吉尔伯特·罗德1933—1934年设计的衣柜，设计简单，强调手柄位置的不对称性，使用双色实现色彩对比。高91.5cm。

“在第一次世界大战之后，”戴安娜·皮尔格林（Dianne Pilgrim）在1988年出版的《美国机器时代》一书中写道：“装饰艺术陷入了沉重的无知之中，先前的风格和时代开始由机器生产主宰。”尽管从1900年左右开始，古斯塔夫·斯蒂克利和弗兰克·劳埃德·赖特有了新的灵感，但是美国现代主义风格设计是在20世纪20年代末，在法国和德国设计基础之上，才得以实现再创造。设计师保罗·弗兰克尔1914年从奥地利来到纽约，认识到了赖特的过人之处。保罗·弗兰克尔是20世纪20年代开创现代主义风格的少数几个设计师之一，尤其是他设计的摩天大楼风格家具，把各种不同高度的垂直元素聚集在一起。摩天大楼风格属于装饰艺术运动风格，逐渐被弗兰克尔简化、完善，类似于流行音乐过渡的过程——即从20世纪20年代节奏感很强的爵士乐到声音和节奏更为平缓的摇摆乐风格。

在经济大萧条的背景下，美国的设计风格于1930年左右逐渐过渡到与欧洲现代主义风格相似，日益强调家具中的横向元素，但也经常强调铬线和功能元素的运用，比如吉尔伯特·罗德1933—1934年设计的衣柜上的把手就是典型的功能元素。唐纳德·德斯基从一次性豪华家具设计转为为批量生产的公司做设计，这样的公司包括位于美国家具生产中心密歇根州的伊斯皮兰蒂·里德家具有限公司。先前一直是复制风格占据绝对优势，而在大萧条后，几家企业相继失利，加上木材短缺，促使了人们对先前政策的反思。

正如德斯基在1933年写道：“美国目前经历的金融危机大大地减少了新建筑和产品的数量，无论从哪个方面来看，每件作品的生产都需要更加深思熟虑。”在社会质疑的大背景下，现代主义风格的发展伴随着许多讨论，目的都是为了追求效率、美感和节约，而不是“错误的风格刺激”。

4 唐纳德·德斯基1931—1935年为密歇根州的埃斯蒂制造公司设计了这件白色冬青饰面衣柜。该作品采用流行的现代主义风格样式，配上钢带手柄，是一款技艺娴熟的设计。高82.5cm，长1.12m。

5 罗德1934年为俄亥俄州特洛伊的特洛伊遮阳公司设计了图中的书桌，采用现代主义风格，将现代主义风格的图案融入设计者的智慧而制成。高73.5cm。

6 德斯基1929—1930年设计的铝合金软垫边椅，为亚伯杠罕—施特劳斯布鲁克林百货公司的美容院设计，由伊施皮兰蒂·里德家具有限公司制造，看起来是供重量级人物使用的产品。高74.9cm。

7 凯姆·韦伯（Kem Weber）1928—1929年设计的摩天大楼茶几，为客户打造的专用设计。这件惊人的作品摆在两张单人床之间，可作为床头柜和梳妆台使用。高1.91m。

流线型和曲线设计

1 内森·乔治·霍威特（Nathan George Horwitt）1930年为伊利诺伊州日内瓦的豪威尔公司设计的贝塔椅，展现了美国的钢管家具有力而优美的曲线。高60cm。

2 凯姆·韦伯1934年为密歇根州梅诺米尼的劳埃德制造公司设计的梳妆台和凳子，显现了装饰艺术运动风格的特征在美国现代主义设计中的坚固地位。梳妆台高1.39m，凳子高44.5cm。

流线型设计成为美国新兴工业设计中的一大特色，也涌现出了诸如雷蒙德·洛伊威和沃尔特·多温·蒂格等一批卓越的设计师。尽管最终的结果算是让人满意，但他们并没有像欧洲设计一样认真探索道德和视觉上的完整性，对现代主义的理解仅停留在更为肤浅的层面。即便是弗兰克·劳埃德·赖特，在为威斯康星州拉辛的约翰逊制蜡公司大楼（1936—1939年）原创一系列办公室家具时，也仅仅采用了流线型的一些特点。美式流线型家具往往注重坐垫的重量和体积，即使坐垫也是由铬管或木框支撑，而且偏好倾角设计。而欧洲现代主义风格的家具更多的是使用直线网格设计。

从20世纪30年代中期开始，机器时代的光滑反光表面逐渐被有机设计的新概念所取代。赖特经常使用“有机”这个词来表达他所理解的典型的美式风格，同时他还从北欧设计中汲取灵感，使用曲木，以超越自己已有的作品。有机设计在许多方面提出了对机器崇拜的批评，反映出大萧条时期做出的新尝试，即利用新世界中大自然的恩赐，取代机械和达尔文主义关于斗争和生存的假设，使美国社会的精神基础得以重生。

有机趋势反映了胶合板三维模压技术的发展，挽回了现代主义设计中丢失的舒适感，且此类设计不失视觉美感，体积轻巧。体现这些发展趋势的作品包括艾罗·沙里宁（Eero Saarinen）和查尔斯·伊姆斯（Charles Eames）设计的模压椅子，该作品采用了铝合金椅腿和全方位软垫，为1941年纽约现代艺术博物馆的有机设计展而设计。两位设计师在20世纪50年代都很具影响力。

3 凯姆·韦伯1934年为密歇根州梅诺米尼劳埃德制造公司设计的管状铬黑色真皮椅，其曲线外观像20世纪30年代车的造型。高73.5cm。

4 韦伯1934—1935年设计的航空椅，用木材打造成不同的形状，接合成流线型造型，由洛杉矶航空座椅公司生产。高77.5cm。

5 美国现代主义设计的创始人弗兰克·劳埃德·赖特为约翰逊制蜡公司大楼（1936—1939年）设计的流线型家具，仿佛是在玩复杂的空间游戏。图中作品由密歇根大激流城的世楷家具公司生产。

6 20世纪30年代后期的设计焕然一新，如匹兹堡平板玻璃公司1939年生产的这把椅子非常引人注目，也许是来自路易斯·迪埃拉（Louis Dierra）的室内设计。高73.5cm。

7 艾罗·沙里宁和查尔斯·伊姆斯设计的座椅，标记着美国现代主义设计已经成熟。该作品于1941年在纽约现代艺术博物馆的有机设计展上展出，预示着20世纪50年代风格的到来。高84.5cm。

英国家具

1930年左右欧洲的影响

1 塞吉·西玛耶夫1928年为伦敦Waring & Gillow家具公司设计的餐具柜，标志着这家历史悠久的家具公司已经步入现代主义设计的领域。图中作品是展出的成套家具中的一部分，顶部架高、带有配毛毡垫的抽屉、装瓶子的侧柜和精细的饰面。

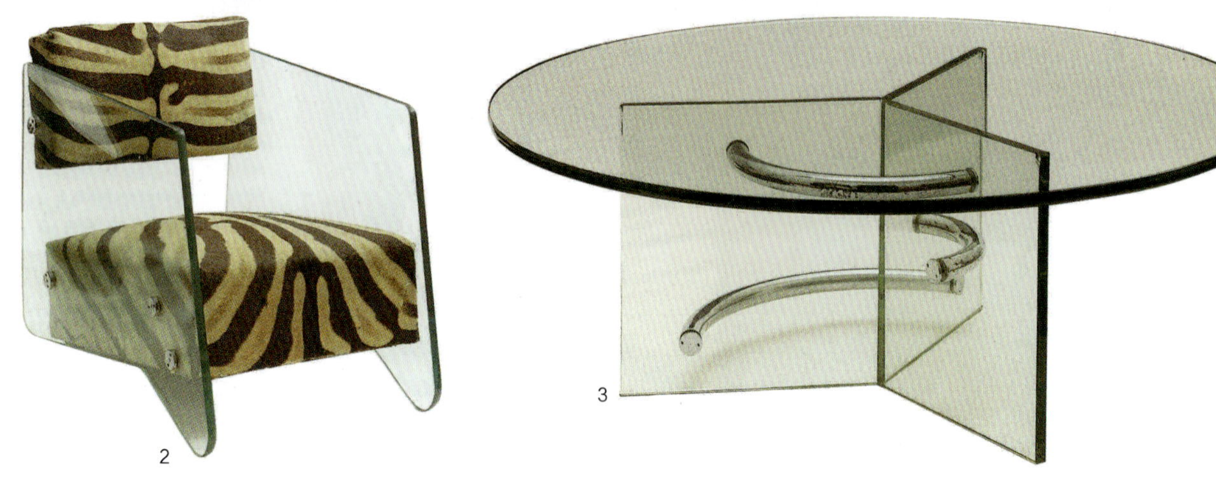

2 德纳姆·麦克拉伦1931年设计的椅子，为保守谨慎的伦敦注入了巴黎的热情。由于该设计太前卫，所以没有批量生产。高68cm。

3 作为一名卓越的业余爱好者，麦克拉伦在放弃职业生涯之前只完成了几件设计作品。图中1931年设计的桌子直到30年代末才出现在英国几个重要的室内设计作品中。高46cm。

英国的现代主义设计起步较晚，在英国，高品质的家具要么是工艺美术运动的产物，要么是乔治时代风格的复制品。装饰艺术运动风格激发了人们的兴趣，特别是在1928年秋天，年轻的塞吉·西玛耶夫在伦敦有名的Waring & Gillow家具公司举办了一场大型展览，展出的许多套家具传递了英国传统中含蓄和舒适的价值观。

这场展览展出了德纳姆·麦克拉伦（Denham Maclaren, 1903—1989年）设计的钢管家具，该设计师仅存的几件用玻璃板和斑马皮等奇特材质制作的家具代表了巴黎的当代设计，看起来并不像粗制的仿制品。另一位设计师杰拉尔德·萨默斯（Gerald Summers, 1899—1967年）因为一些不同寻常的想法而著名。他在1934年左右设计的扶手椅由一整块胶合板弯曲而成，也许是对1933年阿尔瓦·阿尔托的伦敦家具展览的回应，但其简洁的构造和视觉形状却更加优雅。这两位设计师以及威尔斯·科茨（Wells Coates）等因其建筑师身份更为人所熟知的设计师表明，在家具设计领域占主导地位的马塞尔·布鲁尔和其他德国移民到来之前，英国有潜力产生本土的现代主义家具设计流派。

戈登·罗素有限公司从20世纪20年代开始制作手工家具。1929年的金融危机和随之而来的大萧条过后，戈登·罗素邀请曾接受建筑师培训的兄弟R.D.罗素（R.D.Russell）以胶合板为表面材料，设计机器制造的家具。这些设计在性质上变得更具现代主义特色，目的是为了适应更广泛的市场，其销售模式和广告方式也更具企业家精神。罗素的伦敦展销厅是一系列展示家居用品的商店之一，展示了这一时期略显平淡的家具品位。在第二次世界大战期间，罗素担任政府专家小组的主席，成立该小组是为了创作由稀有材料制作的“实用”设计作品，并为之颁发许可。

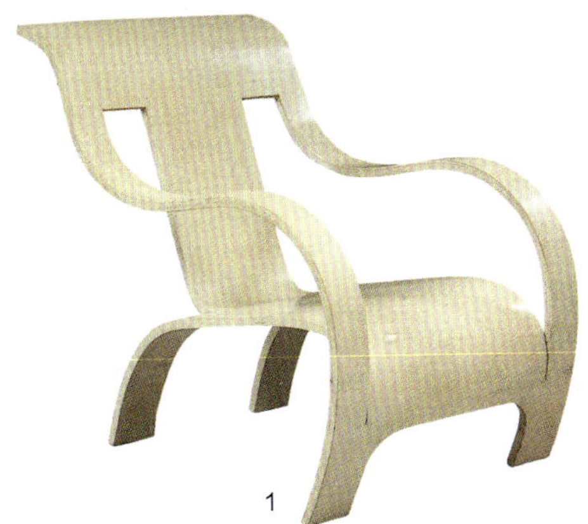

1

1 杰拉尔德·萨默斯约1934年设计的扶手椅，由整张胶合板制成，设计优雅，让20世纪30年代更知名的设计师难以望其项背。高76.5cm。

2 萨默斯的其他作品，如图中1935年设计的这种罕见的曲背餐椅，胶合板切割的形状和弯曲设计同样具有创造性。高91.5cm。

2

3

3 戈登·罗素有限公司20世纪30年代为英国家庭提供了优雅和精心制作的家具，如图中的这套卧室家具。迪克·罗素设计了该公司大部分作品，他是戈登·罗素的兄弟，曾接受过建筑师培训。衣柜高1.88m，床头柜高71cm。

4

5

4和5 “纯粹的”现代主义设计师和其他流派之间的争论陷入了紧张局势。贝蒂·乔尔受装饰艺术运动风格和流线型设计影响更大。图中的书桌、椅子和由铬合金、玻璃、镜子制作的休闲桌于1935年由乔尔设计，1937年全部提供给苏格兰的一所乡间别墅。书桌高75cm，长2.13m，休闲桌高68cm，直径76cm。

1 马塞尔·布鲁尔1935年移民到伦敦，受伊所肯公司杰克·普里查德（Jack Pritchard）的委托，设计各种胶合板家具。图中是布鲁尔1966年设计的伊所肯弯腰长椅，针对20世纪20年代引入现代主义设计的斜倚形式做了复杂改编。长1.35m，高83cm。

2和3 图中是1936年设计的餐桌和椅子，堪称最轻巧的木材家具，采用了一系列匹配的形式。椅子可以堆叠。椅高73.5cm，桌长67.5cm。

4 布鲁尔约1936年设计的伊所肯套桌，和餐桌、餐椅一样，采用的都是锥形腿，只是图中的套桌是白色的。高（最高）35.5cm，长61cm。

5 1933年设计的伊所肯凳，非常轻巧，碟形座椅舒适而又结构坚固。高45cm。

6 德国移民建筑师埃贡·里斯1938年设计的伊所肯毛驴书架，供摆放书本与杂志。图中的作品由企鹅图书公司推出，该公司和伊所肯公司一样，致力于为广大顾客提供物美价廉的产品。高43cm，宽60cm。

虽然欧洲大陆的影响决定了英国现代主义家具的发展趋势，但许多移民设计师和建筑师的出现加速了变革的进程，尽管他们的设计市场很小。马塞尔·布鲁尔1935年来到英国时，立刻被伦敦伊所肯公司聘用，为该公司设计一系列木制家具。他采用弯曲的胶合板制作了精致的餐桌和椅子，又使用更牢固的框架结构设计了经典的伊所肯长椅。伊所肯公司还生产瓦尔特·格罗皮乌斯和埃贡·里斯（Egon Riss）设计的作品。用木材，而不是钢铁、玻璃或皮革当原材料，一方面是为了适应不同文化，一方面也是时尚变化的结果。自然材料回归到现代主义风格的建筑之中，这种趋势可能已被俄罗斯出生的建筑师贝特洛·莱伯金（Berthold Lubetkin, 1901—1990年）以夸张的方式演绎出来，1938年他就为自己的公寓设计了用带皮原木和牛皮制作的椅子。

建筑师埃内·戈德芬格出生于匈牙利，在巴黎学习后，于1934年搬到了伦敦。由于缺乏建筑项目，他设计了许多家具，但只有少数家具被制作出来，未经批量生产的作品则仅仅摆在他自己的房中当样品。他展示了胶合板制成家具无论形式还是结构都比布鲁尔的设计更坚固。他喜欢超现实主义拾来材料的美学观，常用钢梁制作餐具柜的支架以及柱脚桌的金属底座。

一共有几家生产钢管家具的公司，其中最著名的是PEL公司和Cox公司，其生产的家具用皮革或绒布覆盖，供给新的欧点影院、办公室和餐馆。计划有限公司由塞吉·西玛耶夫于1932年创立，采用德国的椅子和储物柜设计。有些人不喜欢常规的木斗柜和衣柜，但又负担不起建筑师最喜欢为家庭客户提供的嵌墙式家具，对他们来说，储物柜设计最适合。

其他座椅家具

1

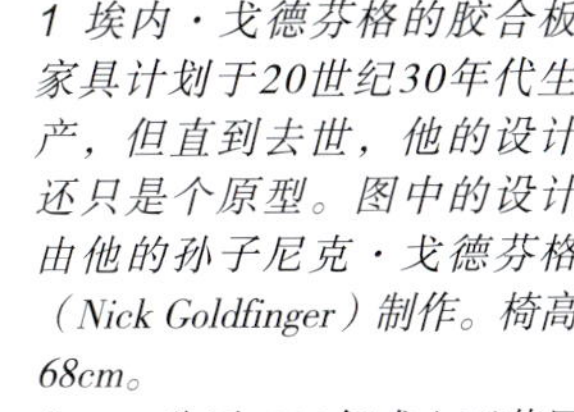

2

1 埃内·戈德芬格的胶合板家具计划于20世纪30年代生产，但直到去世，他的设计还只是个原型。图中的设计由他的孙子尼克·戈德芬格（Nick Goldfinger）制作。椅高68cm。

2 PEL公司1932年成立于英国伯明翰附近的奥尔德伯里，旨在开拓钢管家具的大众市场。图中该公司生产的椅子遍布于电影院、商店甚至酒吧，大概是由奥利弗·伯纳德（Oliver Bernard）约1932年设计的。高77cm。

3 海因·赫克路斯（Hein Heckroth）设计的兰达椅，以希腊字母“L”命名。设计师是德国移民，就职于德文郡的达特顿厅，那是一个涉及艺术、教育和农村重建的进步社区。该作品由与达特顿相连的建筑公司制造，座椅上覆盖的布料是在庄园编制而成的。高65.5cm。

4 包豪斯的创始人瓦尔特·格罗皮乌斯居住在英国的3年期间没有留下什么印记。图中约1936年设计的桌子是他留下的少数几件设计作品之一。高80cm。

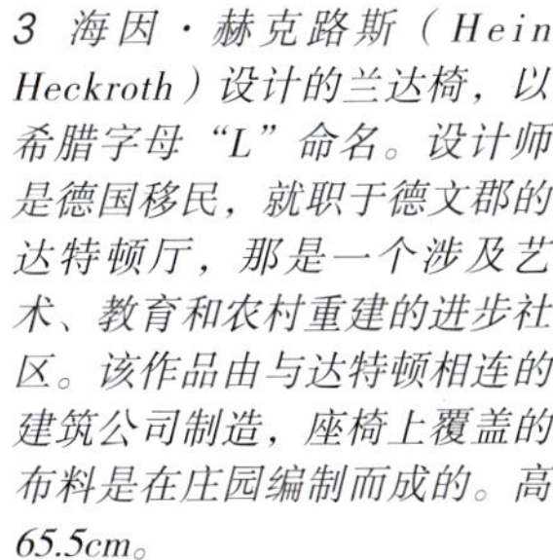

3

4

5

5 贝特洛·莱伯金从未想过他1938年设计的笨重牛皮椅会批量生产。该作品已经放回到莱伯金在伦敦北部海格特的顶楼豪宅之中：在最初设计的场景中，更容易解释该作品与粗糙的墙面、棕色和白色的地板之间的联系。宽76cm。

工厂生产的陶器

1

2

3 4

5

1 设计E /编号297，1931年出品。为苏西·库珀陶器公司制作的咖啡杯与碟子，创作于1928—1929年，一位英国设计师的早期作品。高6.5cm。

2 茶壶、水罐和糖碗，苏西·库珀陶器公司约1935年出品。茶壶高8.5cm。

3 手绘陶器花瓶，特鲁达·卡特（Truda Carter）设计，约1928年制作。普尔陶器厂是20世纪20年代英国最先进的陶器工厂之一。卡特的丈夫曾任普尔陶器厂的设计总监。高21.5cm。

4 车旋陶瓷花瓶制品，基思·默里设计，1935年英国韦奇伍德陶器厂生产。这是默里最畅销的款式之一。这款花瓶以各种颜色及尺寸连续生产了12年之久。高25cm。

5 咖啡器具套装，默里设计，约1934年由英国韦奇伍德陶器厂生产。默里的简约式餐具设计迎合了英国人偏爱保守的口味。

1

2

3

1 天目釉炻器碗，伯纳德·莱奇1924—1925年设计制作。日式风格在莱奇作品中的影响反映了他在日本的童年生活和日后的访学经历。釉料使用了氧化铁和木灰，这种工艺使其表面的黑色抛光更为浓郁。高5cm。

2 切面炻器碗，1924—1925年出品。莱奇故意在碗足部分不加釉面，以突出其材质本身。莱奇写道："足部是一种象征，我以此接触大地，以此站立，这是我的终点。"直径13.8cm。

3 炻器高罐"沐浴者"，威廉·斯塔特·默里于1930年制作，奶白底色上饰以铁锈。默里视自己为制壶的艺术家。这个大型炻器高近28cm，造型大胆独特，完成于默里的第69次尝试。

4

5

4 三柄罐和碗，迈克尔·卡德制作于1931年，泥浆釉陶器。卡德受到了英国西部传统乡村陶器的启发。罐高21cm，碗高7cm。

5 带有"生命之轮"图案的花瓶，威廉·斯塔特·默里制作于1937—1939年。默里在本·尼科尔森（Ben Nicholson）的画展中展出了他的花瓶，两人都表现出对抽象纹理的兴趣。高25cm。

在20世纪20年代的英国，陶瓷制品以现代装饰品的身份走进了千家万户。对于一些著名设计师而言，如克拉里斯·克里夫和苏西·库珀，要判断他们的作品属于装饰艺术运动风格还是现代主义流派是很困难的。但苏西·库珀出于其设计原则，常常采用简单的线条和星形元素，由此她的作品在20世纪30年代的潮流变革中仍然保有一席之地。

普尔陶器厂位于英格兰西南部的多塞特郡，这里与陶瓷生产中心相距甚远，该公司专门制作手绘瓷器，图案是简约的人物形象和花卉，从奥地利和瑞典的典型作品中发展而来。由于哈罗德·斯特布勒（Harold Stabler）和特鲁达·卡特具有极强的艺术引导力，普尔陶器厂在当时的设计改革中发挥了主导作用。

在陶器设计现代化的过程中，韦奇伍德陶器厂聘请了建筑师基思·默里，设计出了多种以绿色系和米黄色系釉料覆盖整个瓷器的作品，有时还设计有雕刻线条。这是20世纪30年代初最为典型的设计。与此同时，韦奇伍德陶器厂在18世纪末生产的女王陶坯体则采用素色，以迎合现代潮流。

这一时期的工作室陶艺运动由伯纳德·莱奇领导，20世纪20年代的领军人物则是威廉·斯塔特·默里（William Staite Murray，1881—1962年）。他们认为斯塔福德郡对陶器的工业化生产已经剥夺了个人手工艺带来的乐趣，而这种手工艺恰恰是提高陶瓷艺术水平的关键。莱奇和他的学生迈克尔·卡德（Michael Cardew，1901—1983年）将陶器生产视为乡村社会复兴的途径，是一种宝贵的艺术教育形式，也是刺激多元消费的实用手段。于是他们将为特殊场合制作的一次性特制品与能够长期使用的餐具生产结合起来，在英国创立了一种与现代主义美学颇为相像的传统（尤其是在与日本的渊源方面），同时又抛弃了现代主义的社会和经济理念。他们放弃精细的制瓷黏土，转而使用英国西南部粗糙的红色黏土制作陶器和炻器，通常采用随意涂抹或拖拉出来的黄色和棕色条纹装饰，以保留自然率性的感觉。

其他欧洲国家或地区的陶瓷制品

俄罗斯和德国的先驱者

1

2

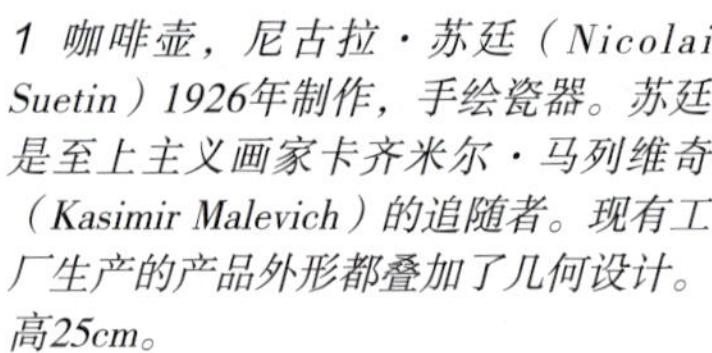

1 咖啡壶，尼古拉·苏廷（Nicolai Suetin）1926年制作，手绘瓷器。苏廷是至上主义画家卡齐米尔·马列维奇（Kasimir Malevich）的追随者。现有工厂生产的产品外形都叠加了几何设计。高25cm。

2 咖啡瓷器套装由诺拉·古尔德伦（Nora Guldransen）设计，受到俄罗斯和德国的影响，1929—1931年由波尔斯格伦瓷器厂生产。咖啡壶高20cm。

3 黑色茶壶，西奥多·博格勒（Theodor Bogler）于1923年制作。博格勒当时求学于包豪斯学院，他在1927年成为修道士之前在该校陶器工作坊制出了诸多著名的设计。高20.5cm。

3

4

4 侧管式手柄组合茶壶，博格勒1923年的作品。这是博格勒最著名的设计之一，其粗糙的釉面重现了手工陶器的效果。高18cm。

黏土作为一种可塑性较强的材料，不像其他材料一样要求设计师考虑其本身的形状。日常餐具的功能在几个世纪以来几乎没有发生变化，尽管在18世纪，制作精致的圆形盘子、碗和碟子时，手工抛光工艺已经被模具加工所取代，而且模具加工还可以制作其他形状。因此，在实用陶瓷制品中，现代主义已经成为净化和精简的代名词，主张减少复杂性和装饰性，同时保证瓷器和釉质的最佳品质。18世纪后期韦奇伍德陶器厂制作的经典样式因其精炼的外形仍然获得很高的赞誉，而许多现代主义的陶瓷制品，像威廉·瓦根菲尔德和玛格丽特·弗里德兰德-维尔登海恩（Margherite Friedlander-Wildenhain）的作品，天然纯粹，毫无藻饰，类似于简约的新古典主义作品。这两位设计师都是包豪斯学院的学生，在这所学校，陶瓷工作坊与其他部门相比，同学校的联系更为松散，但开设的课程都培养学生的手工制作能力，重新关注在生产过程中对材料本身变化的感知，而不是在陶瓷工艺中强调“实用艺术”，前者是为大规模生产设计原型之前流行的理念，后者则在装饰艺术运动时期盛行，导致陶瓷设计师成为“装饰者”，而不再是形式方面的“建筑师”。瑞典古斯塔夫斯贝里陶器公司的威廉·卡奇于1933年推出了“实习课”系列瓷器，其中很重要的一个设计是对于现代小型住宅存储便利性的考量，此外这也是一个有效的营销手段。

并不是所有的现代主义陶瓷制品都如此简约。其中也有更精细和仅仅用作装饰的作品，对形式的完整性有了更多的意识，并以此为基础尝试对装饰性进行重新解读。挪威设计师诺拉·古尔布兰森（Nora Gulbrandsen，1894—1978年）1927年的作品在形式上就是一个生动庄重而不失简约的创作。其中螺旋线的装饰为外形增添了动感，也使碗和盖子更具整体性。

1和2 玛格丽特·弗里德兰德-维尔登海恩的作品。“格毕恒斯泰纳城堡”套系中的几件瓷器制作于1930年（由柏林国家瓷器工厂生产，此工厂生产了许多弗里德兰德的设计作品）；白瓷壶制作于1931年。两个范例都展示了古典主义“良好外形”和现代主义简约风格的完美结合。瓷壶高22.5cm。

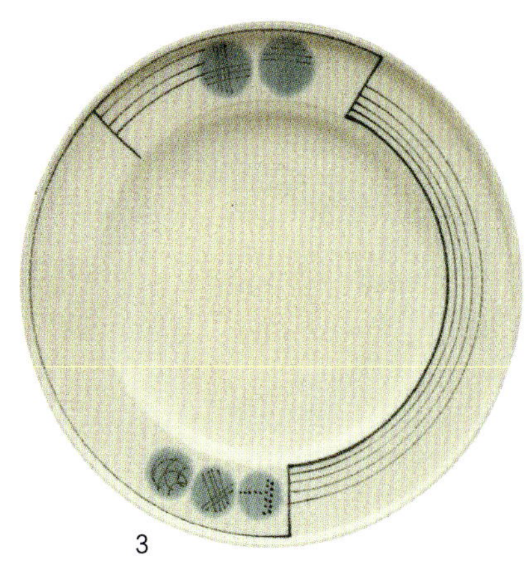

3 晚餐盘，玛格丽特·海曼-马克斯·伦本斯坦（Margarete Heymann-Marks Löbenstien）约1930年制作。装饰边框的不对称为其简洁的外形赋予了动感。直径25cm。

4 珐琅和镀金装饰的盖碗，诺拉·古尔布兰森1927年的作品，于挪威波尔斯格伦瓷器厂生产。这种设计是20世纪20年代最受喜爱的现代主义作品代表。

5 “实习课”系列晚餐陶器套具，威廉·卡奇1933年制作于瑞典古斯塔夫斯贝里陶器公司。这种简易的器具特别容易清理和存储，很快就流行起来。

6 搪瓷金属花瓶，库尔特·弗雷里格尔（Kurt Feuerriegel）制作于1932年。它不是典型的现代主义风格设计，而是20世纪30年代表现主义装饰形式的延续。这是一件在莱比锡设计学院制作的作品。高16cm。

7 釉面炻器大水罐（左），西奥多·博格勒创作；釉面赤陶褐色水罐（右），奥托·林格（Otto Lindig）约1922年制作。这些作品的粗糙釉面与许多现代主义设计的柔美优雅形成了鲜明对比。

美国陶瓷制品

繁荣与变异

1 “鲁巴罗比”花瓶，约1928年设计制作，宾夕法尼亚州科里奥波利斯市联合灯具及玻璃制品有限公司生产。罗比瓷器展示了立体主义在装饰艺术中的影响力。高16cm。

2 水罐和杯子，保罗·绥肯高斯特（Paul Schreckengost）约1938年设计制作，俄亥俄州锡布灵市宝石陶土制造有限公司生产。美国陶瓷偏爱夸张的形式。茶壶高19.5cm。

3 “嘉年华”瓷器套具系列，弗雷德里克·赫尔滕·拉德于1936年设计制作，西弗吉尼亚州荷马·劳克林瓷器公司生产。嘉年华系列推广了一种设计理念，即同一套瓷器形状相配，但使用各不相同的鲜明色彩。咖啡壶高 20cm。

4 “滑稽演员”系列，拉德于1938年设计制作，荷马·劳克林瓷器公司生产。比“嘉年华”系列更轻便、更便宜，该系列在伍尔沃斯百货商店出售。茶壶高 12cm。

1934年，当纽约现代艺术博物馆举办机器艺术展时，可以找到的最纯粹的陶瓷制品是科学实验室中使用的瓷罐和碗，在制作时显然没有经过任何艺术设计。这一时期，美国陶瓷行业正处于转型时期，许多企业纷纷破产。在顶级高端市场，欧洲进口陶瓷几乎自然地被认为是质量的代名词。

在此之前，设计在美国主流瓷器生产中原本一直仅起到较小的作用。价格不稳定的陶瓷贸易受到1937年“国家复兴法案”的制约，这是罗斯福新政的一部分，法案坚持认为销售价格不应冲击生产成本，而且一年内不应引入新的产品外形。这就解释了为什么之后瓷器行业极力从产品新颖性入手追求市场份额，同时新的政策也激发了更多人在设计方面进行投资，毕竟没有什么机会去检验市场需求。罗素·赖特（Russel Wright, 1904—1976年）及其“美国现代”餐具系列（设计于1937年，由斯托本维尔陶器厂生产于1939—1959年）的突破来自流线型的外观和全覆盖的斑点釉。这样的设计融合了流线型设计与让·阿尔普（Jean Arp）这样的艺术家作品中典型的生物形态特征，再加上一些古怪的个性，后者可能更多地来自沃尔特·迪斯尼公司的电影《幻想曲》的灵感启发。该系列的名称强调了“现代”一词如今可以指代“美国的”现代风格而不是“外国的”现代风格。1936年，针对“嘉年华”器具系列开发出了亮度更高的彩色釉面，由弗雷德里克·赫尔滕·拉德（Frederick Hurten Rhead，1880—1942年）为西弗吉尼亚州的荷马·劳克林瓷器公司创作，设计理念是在同一组餐具套系中使用不同颜色。

在第二次世界大战爆发后的前几年，来自布达佩斯的移民伊娃·泽西尔（Eva Zeisel, 生于1906年）比赖特更进一步，开创了她富于曲线美而又夸张有机的形式，让人想起了新艺术运动时期的风格。她的“博物馆”系列晚餐套具于1942年在纽约的卡斯尔顿瓷器公司设计待售，但直到1946年才付诸生产。

5

5 “美国现代餐具”，罗素·赖特1939年设计制作，俄亥俄州斯托本维尔陶器厂生产。一系列流线型的外观改变了美国人使用餐具的方式，而且具备了可在烤箱中加热的新功能。水罐高19cm。

6

6 釉面瓷器茶壶套具系列，包括茶壶、糖碗和奶油分离器。雷蒙德·洛伊威的作品。这组茶具的轮廓加上大大的手柄颇有一种卡通形象的风格。奶油分离器高11cm。

7 带盖陶制冷藏水壶，J.保林·索利（J. Paulin Thorley）于1940年为西屋电器公司制造。流线型的外观配以纯净的深蓝色，象征着清洁和新技术。高19.4cm。

8

7

8 调味瓶套装，伊娃·泽西尔的作品，“城市与乡村”系列风格，有着古怪幽默的有机外形。高13.5cm。

9 “博物馆”系列餐具，伊娃·泽西尔约1942—1946年的作品，宾夕法尼亚州的沉阳陶器公司为纽约的卡斯尔顿瓷器公司制作而成。这些作品不规则的几何图案和夸张的形状成为第二次世界大战后的典型设计。咖啡壶高 27cm。

9

玻璃制品·英国玻璃制品

彩色玻璃

1 有带状图案的花瓶，1935—1936年出品，由著名的英国怀特弗利玻璃厂的第三代成员巴纳比·鲍威尔制作。装饰形状源于制作过程。高（最高）25cm。

2 有条纹的平底玻璃杯，亚瑟·马里奥特·鲍威尔（Arthur Marriott Powell）约1930年的作品，是怀特弗利玻璃厂染色玻璃系列一个颇具创新精神的衍生产品。高（最高）28cm。

3 巴纳比·鲍威尔的经典设计，1935年的M60雪利酒套组，它给传统英式饮酒仪式赋予了新奇的形式，饰有精妙的色彩。玻璃杯高7.8cm，玻璃酒瓶高19cm。

英国工艺美术运动时期注重材料和制作的质量，以此为现代玻璃设计奠定了基础。James Powell & Sons 公司（怀特弗利玻璃厂，约1680年）在设计和技术开发领域有着悠久的历史。工厂的一些室内设计师清楚了解这些过程，但也了解国际趋势。巴纳比·鲍威尔（Barnaby Powell，1891—1939年）是后一辈接任的家庭成员，他也贡献出了精美的设计，如1932年的丝带系列和1935年的M60雪利酒系列，这两个系列看起来更像是20世纪50年代而不是30年代的作品。

与陶瓷行业相似，玻璃行业试图将艺术家引入玻璃设计领域，因为这个行业很少有专业的工业设计师存在。对玻璃行业来说，这往往会对雕花玻璃的设计模式产生影响。很多设计师为斯图尔特水晶厂工作，这家公司在斯陶尔布里奇一直负有盛名。公司雇用的艺术家包括保罗·纳什（Paul Nash）、埃里克·拉维琉斯（Eric Ravilious）和格雷厄姆·萨瑟兰（Graham Sutherland），他们都是著名的抽象画画家。更值得一提的是捷克斯洛伐克的室内设计师路德维格·肯（Ludwig Kny，1869—1937年），他坚持使用罗伯特·斯图亚特（Robert Stuart）设计的各种形式。基思·默里以其韦奇伍德陶艺设计而闻名，他也为Stevens & Williams玻璃厂的铅晶质玻璃设计了平面玻璃的形状以及各种抽象和具象图案。压制玻璃具有相似的设计特性，但便宜得多，由圣海伦的雷文海德公司生产制作。与陶器上的手绘类似，雕刻是一门熟能生巧的技艺，且只适用于奢侈品的设计中。

罗伯特·古登（Robert Goodden，1909—2002年）曾接受过建筑师和银匠的专业训练，1934年他为伯明翰的钱斯兄弟玻璃厂设计制作了压制玻璃餐具，这是一个在第一次世界大战后重新推出的系列。1933年，钱斯兄弟玻璃厂将奥尔拉克耐热玻璃的所有权卖给了美国康宁公司的分公司派热克斯，派热克斯随后成为该领域的重要品牌。钱斯是建筑用装饰平板玻璃的主要生产商之一，在1939年曾基于同种材料生产了一个昙花一现的系列：阿库阿鲁克丝碗。

1

2

4

1 基思·默里在玻璃和陶瓷领域都是多才多艺的设计师。这个仙人掌花瓶是他约1934年为Stevens&Williams玻璃厂制作的，描绘了一种在现代室内设计中受欢迎的植物。高22cm。

2 默里约1934年为Stevens&Williams玻璃厂制作的玻璃花瓶，彰显了他设计个性中抽象的一面，风格更接近于其陶瓷作品。该器皿不是将熔化的玻璃放在模具中浇铸的，而是由玻璃吹制工用熔化的玻璃吹制而成的。高19cm。

3 这个绿色的雕花玻璃花瓶由Stevens&Williams玻璃厂的默里约1934年制作，寥寥几笔的简单重复产生了更为多样的色调对比效果。高20.5cm。

4 斯图尔特水晶厂在20世纪30年代聘请知名艺术家设计雕花玻璃。1939年制作这个花瓶的设计师H.R.皮尔斯没有那么有名，但他在使用循环变化的图案方面天赋异禀。高20cm。

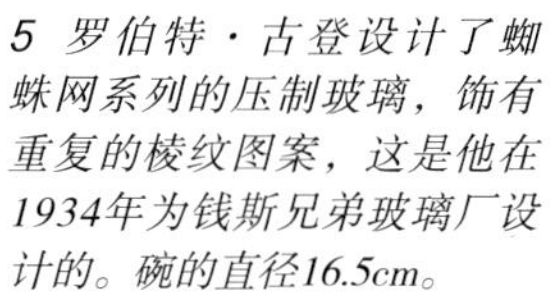

5 罗伯特·古登设计了蜘蛛网系列的压制玻璃，饰有重复的棱纹图案，这是他在1934年为钱斯兄弟玻璃厂设计的。碗的直径16.5cm。

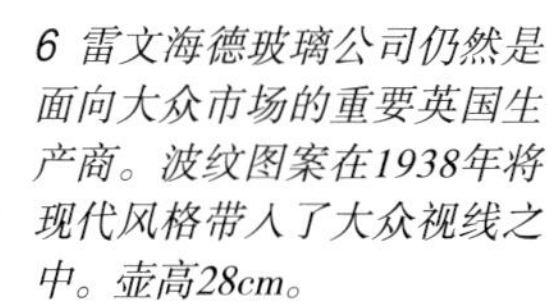

6 雷文海德玻璃公司仍然是面向大众市场的重要英国生产商。波纹图案在1938年将现代风格带入了大众视线之中。壶高28cm。

3

5

6

其他欧洲国家或地区的玻璃制品

包豪斯玻璃

1 格哈德·马尔克斯于20世纪20年代在包豪斯学院任教。图中是其约1925年设计的辛特拉渗滤式咖啡壶，由耶拿的Schott & Genossen玻璃厂制作，没有多余的装饰，但创造了一种新的形式。高31cm。

2 威廉·瓦根菲尔德的压制玻璃茶具套组，在包豪斯设计，1932年由Schott & Genossen玻璃厂使用耐热玻璃制成。茶壶高14.5cm。

3 库博斯容器组合，瓦根菲尔德1939年的作品，用来将冰箱中的物品直接转移到桌子上。该套组合充分利用了模数协调的原则，当时提倡将这一原则作为使建筑生产合理化的方法。高21cm。

4 海尔布隆盘子，瓦根菲尔德约1937—1938年的作品。压制玻璃上饰有简单但精美的图案。最大直径34cm。

像陶器一样，玻璃的设计不会沿着一条直线朝现代主义发展。由于类似的传统原因和材料的性质，某些形式，如玻璃杯、高脚杯或碗，几乎都与时尚和时代无关。玻璃的基本形式只有非常细微的差别，即便是极小的不同也会产生很大的影响。发展现代主义风格的各种尝试性作品往往奇形怪状、昙花一现，这一点似乎更能代表装饰艺术运动风格中实用性的装饰，而不是现代主义风格永恒的纯洁性。因此，玻璃器皿中的现代主义不仅仅是一种创新运动，而是作为改革的动因，将多余的机器投入到生产更高标准的产品中，并且密切关注用户的体验。

玻璃体现了现代主义的一些基本原则。建筑中对透明设计的创造性使用是一个典型特征。包豪斯学院在这方面有一定的影响，主要作品有格哈德·马尔克斯（Gerhard Marcks，1889—1981年）制作的辛特拉克咖啡壶，他是该校早期的“形式大师”。特别值得一提的是包豪斯最成功的学生之一威廉·瓦根菲尔德在1932年设计制作了压制玻璃茶具，使用了实验室开发的耐热玻璃。

早在包豪斯创始人瓦尔特·格罗皮乌斯的职业生涯开始之前，建筑师阿道夫·路斯便因其对清晰形式的研究，奠定了现代主义的基础。他在布尔诺的出生地1920年之后归入了一个新国家——捷克斯洛伐克，在玻璃制造领域，那里有着强大的波希米亚传统。设计师阿洛伊斯·麦特拉克（Alois Metalák）于1928—1930年在哈拉霍夫玻璃厂工作，该厂当时已成立了300年。如果说拉迪斯拉夫·萨特纳（Ladislav Sutnar）的餐具玻璃代表了路斯将现代主义视为改革的理念，那么传统并没有阻止其他设计师加入捷克斯洛伐克现代主义的艺术运动之中。卢德维卡·斯莫克欧瓦（Ludvika Smrcková，1903—1991年）创造了建筑式形状的坚固玻璃器皿，让人联想到捷克立体派的建筑风格，也为第二次世界大战之后的玻璃设计做出了重要贡献。

捷克斯洛伐克玻璃

1 拉迪斯拉夫·萨特纳在1930年设计的玻璃餐具套组由“卡斯奈兹巴”（意为“有用的形式”）玻璃厂生产。在玻璃器皿中，形式遵循功能的理念可以将这些设计中的古典优雅考虑在内。最高的玻璃杯高13cm。

2 花瓶，约1933年由阿洛伊斯·麦特拉克制作，使用烟熏的雕花玻璃制成，外形引人注目，彰显了不同光源下玻璃材质的美丽。高16cm。

3 这套早餐餐具1930年由卢德维卡·斯莫克欧瓦为A.卢克玻璃厂设计，但1936年才投产。纯几何形设计与包豪斯的作品相似，但是厚实的手柄更具表现力。最高的玻璃杯高9cm。

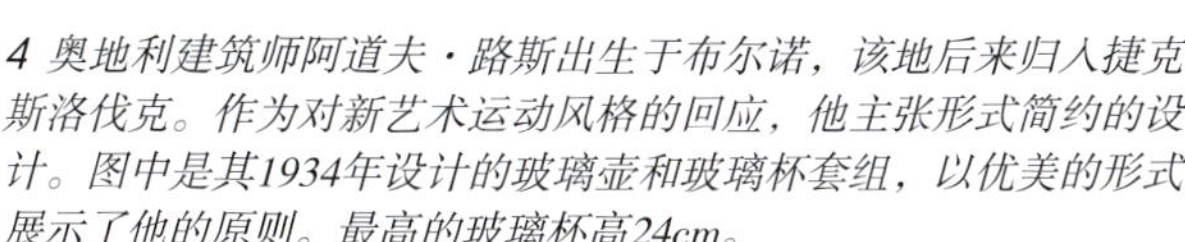

4 奥地利建筑师阿道夫·路斯出生于布尔诺，该地后来归入捷克斯洛伐克。作为对新艺术运动风格的回应，他主张形式简约的设计。图中是其1934年设计的玻璃壶和玻璃杯套组，以优美的形式展示了他的原则。最高的玻璃杯高24cm。

5 装饰碗，1936年由斯莫克欧瓦为A.卢克玻璃厂制作，向我们展示了现代主义为了实现装饰效果所采用的形式语言。高20cm。

斯堪的纳维亚玻璃：当古典主义邂逅现代主义

1 花瓶，1931年由雅各布·E.邦为丹麦的霍尔米加兹玻璃厂设计。雕刻的形式完全由直线组成，但效果是轻松而优雅的。高25cm。

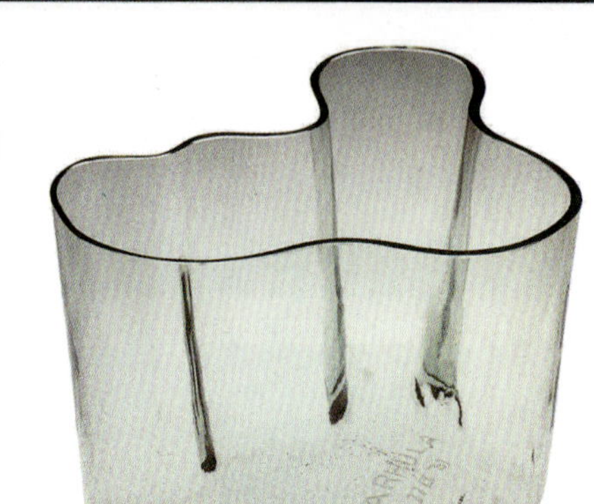

2 西蒙·盖特1930年为欧瑞诗玻璃厂设计的碗。盖特在20世纪20年代以具象雕刻闻名，但像许多斯堪的纳维亚设计师一样，他于1930年转向现代主义，当时这件作品在斯德哥尔摩博览会上展出。直径42cm。

3 玻璃酒瓶和玻璃杯，斯韦勒·彼得森1929年的作品，为挪威耶夫纳克尔的海德劳斯玻璃厂制作。20世纪20年代古典优雅的斯堪的纳维亚设计贯穿于现代主义的形式中。玻璃杯高12cm。

4 这个压制玻璃水壶由艾诺·阿尔托1932年为芬兰卡勒胡拉玻璃厂制作。她是建筑师兼家具设计师阿尔瓦·阿尔托的妻子，其以该项设计赢了量产玻璃设计的竞赛。高16.5cm。

5 这个萨沃伊花瓶是阿尔瓦·阿尔托的作品。在妻子成功之后，阿尔托凭借自己设计的模制玻璃器皿赢得了卡勒胡拉玻璃厂举办的设计比赛，并以此模制形式创建了一个系列，该系列后来重新投产多次。高14.5cm。

在两次世界大战之间，玻璃制作是斯堪的纳维亚的工厂和设计师擅长的领域之一。20世纪20年代的趋势是集中创作精致的、具象的雕刻，通常具有历史主义特色，这种作品比较昂贵。雕刻仍然是一种流行的装饰形式，但在1927年，挪威的海德劳斯公司开始与设计师斯韦勒·彼得森（Sverre Pettersen，1884—1958年）一起制作形式更加简洁的器皿。瑞典的欧瑞诗玻璃厂在20世纪20年代已经生产了中等价格的精美餐具，其中以爱德华·霍尔德和西蒙·盖特制作的精致玻璃展品而闻名。盖特为1930年斯德哥尔摩展览会制作的碗在形状和技艺上都更为创新，标志着新趋势的突然出现。

随着1930年左右经济和社会的变化，现代主义倾向得到强化，这在1932年芬兰卡勒胡拉玻璃厂举行的量产玻璃设计竞赛中就有所体现。艾诺·阿尔托（Aino Aalto，1894—1949年）使用简单的螺纹图案赢得了比赛，螺纹图案也因其坚固和优雅立即随之流行起来。

现代主义追求纯粹形状和简单功能的观念，与威尼斯礁湖的慕拉诺岛历史悠久的玻璃传统似乎完全不同，后者依赖于强烈的色彩、蕾丝细节和装饰性的外形。事实上，慕拉诺岛的设计师和玻璃工匠对现代主义设计的多样性和丰富性做出了独特的贡献。1932年在威尼斯双年展上出现的慕拉诺艺术玻璃饰以维托里奥·泽金（Vittorio Zecchin，1878—1947年）的新设计，标志着一个里程碑。1921年创立的维尼尼公司有着复杂的历史，其设计师包括了雕塑家和建筑师。托马索·布赞（Tommaso Buzzi，1900—1981年）在1932—1943年是维尼尼公司的艺术总监，推出了他的“拉古娜”系列，制作时在一层白色或透明玻璃下套色，还添加了微量金箔或银箔。埃尔科勒·巴罗维尔是Barovier＆Toso公司的设计师，公司于1936年创建，巴罗维尔将技术实验进一步推向装饰效果的方向，这一理念可与20世纪对事物纯粹表现力的重新发现联系起来。

1

2

3

1 这些高脚玻璃杯是1932年由维托里奥·泽金为慕拉诺艺术玻璃工厂制造的。这些器皿由一位有设计意识的画家和慕拉诺岛上的玻璃吹制工合作设计而成，其中的烟熏玻璃和空心杯脚的部分将慕拉诺传统的纤细柔和与现代几何结合在一起。

2 泽金为慕拉诺艺术玻璃工厂设计了这个大花瓶，与功能性器皿相比，该作品更接近于透明雕塑，在透明玻璃层中饰有玻璃纤维。

3 “拉古娜”杯，托马索·布赞的作品，1932年为维尼尼公司制作，是一系列能让人感受到威尼斯礁湖颜色的器皿之一。高30.5cm。

4 埃尔科勒·巴罗维尔在1935—1936年为Barovier&Toso公司制作的“黄昏”系列，在熔化的玻璃中烧掉铁线来上色。形式很大胆，具有超现实主义风格感。高16.5cm。

4

美国玻璃制品

危机与复苏

1 “鲁巴罗比”玻璃杯，宾夕法尼亚州科里奥波利斯市联合灯具及玻璃制品有限公司生产，被描述为“现代餐具玻璃中全新的设计，它过于时尚，像明天的报纸一样新潮”。该作品很快就不再流行，但现在在收藏界很热门。高16.5cm。

2 乔治·萨克尔（George Sakier）约1930年设计的黑色玻璃花瓶，该作品从侧面和顶部看起来都很美，展现了设计师对建筑的理解。高13cm。

1

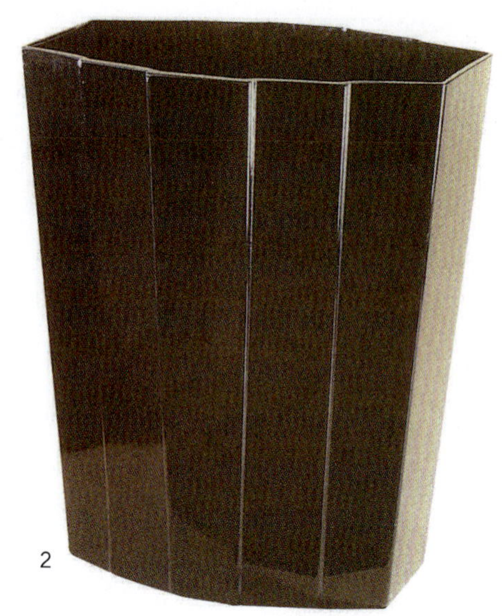

2

3

3 萨克尔设计的一组花瓶，由西弗吉尼亚州福斯托里亚玻璃公司生产的压制玻璃制成。凹槽状的花纹是典型的装饰艺术运动与现代主义交叉风格，给人古典的感觉，适合批量生产。最高25.5cm。

在1934年纽约现代艺术博物馆的机器艺术展上，有很多玻璃展品参展，绝大多数是为康宁玻璃工厂等大型公司的实验性玻璃而设计的匿名作品，也可以在家中使用。通常认为，这种无意识的现代主义设计甚至要胜过设计师们尽最大努力传达出的现代主义。沃尔特·多温·蒂格为康宁的史都本分厂制作的作品采用了类似的极简抽象美学，而欧文斯·伊利诺斯玻璃公司的其他作品则以匿名的方式呈现。

机器艺术是一种有意为之的极端立场宣言，反映了美国玻璃制造业在大萧条时期面临的压力。1931年左右许多公司破产，但也有少数迹象让人心生希望，比如1933年取消了禁酒令，重新装饰餐馆和酒吧的需求刺激了廉价玻璃制品的生产。设计和技术的发展也为复兴提供了希望。1933年几乎倒闭的史都本玻璃厂却于下一年在第五大道开了新店。美国康宁公司技术人员发现了一种新的铅水晶配方，以此制成高纯度的厚壁玻璃，可以雕刻各种具象图案。在约翰·蒙蒂思·盖茨（John Monteith Gates）的带领下，史都本玻璃厂凭借这种雕刻图案名声大噪。到1938年，史都本玻璃厂已经有了一个内部设计团队，并且还制作了造型朴素、或多或少具有乔治时代风格特色的餐具玻璃。1939年，史都本玻璃厂推出了“晶质玻璃上的二十七位艺术家”，这是由亨利·马蒂斯、费尔南·莱热、萨尔瓦多·达利（Salvador Dalí）、乔治娅·奥·吉弗（Georgia O’Keeffe）和其他艺术家一起设计制作的一系列实用型雕刻作品。

史都本玻璃厂主宰着装饰市场。俄亥俄州的帝国玻璃有限公司在1931年破产后转而专门制作日常餐具，推出了经久不衰的“科德角”和“烛心”系列，其命名体现了美国的价值观。1933年，马萨诸塞州的利比玻璃公司试图凭借A.道格拉斯·纳什（A. Douglas Nash）极具吸引力的原创设计在奢侈品市场上占有一席之地，可惜由于时机不当最终被其他公司收购。“利比”这一品牌直到1939年的世界博览会上才得以重见天日，会上展出了中规中矩的“大使馆”饮用玻璃杯，是沃尔特·多温·蒂格和埃德温·富尔斯特（Edwin Fuerst）的作品。

4

5

4 圣特罗佩餐具系列中的玻璃杯，沃尔特·多温·蒂格作品。高7.5cm。

5 “坦塔洛斯”玻璃酒柜，罗素·赖特的作品，赖特在对传统工艺进行重新加工以保持作品的精神内核的同时又赋予作品优雅的几何结构。高29cm。

6 白色玻璃杯和铝合金支架，赖特1929—1935年的作品。赖特将不透明玻璃和金属支架组合在一起，饰以引人注目的甜甜圈式手柄，保证了作品在日常生活中的实用性。支架高4.5cm。

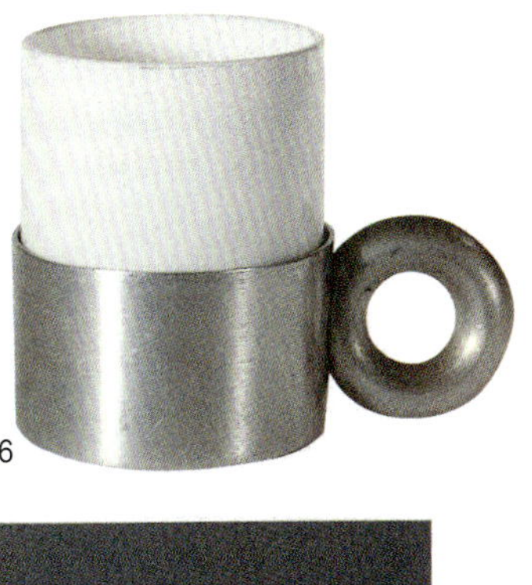

6

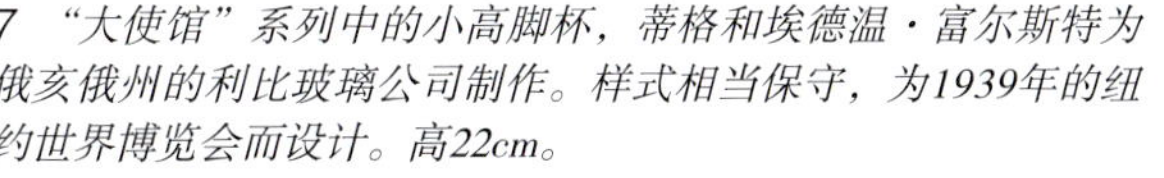

7 “大使馆”系列中的小高脚杯，蒂格和埃德温·富尔斯特为俄亥俄州的利比玻璃公司制作。样式相当保守，为1939年的纽约世界博览会而设计。高22cm。

7

8

8 “尼克博克”玻璃酒瓶、碗和小高脚酒杯套组，富尔斯特约1939年为利比玻璃公司制作。因其厚重的底座，该系列作品属于不完全的现代主义，这种风格在第二次世界大战后彻底消失。酒瓶高28.5cm。

银制品和其他金属制品

早期的创新

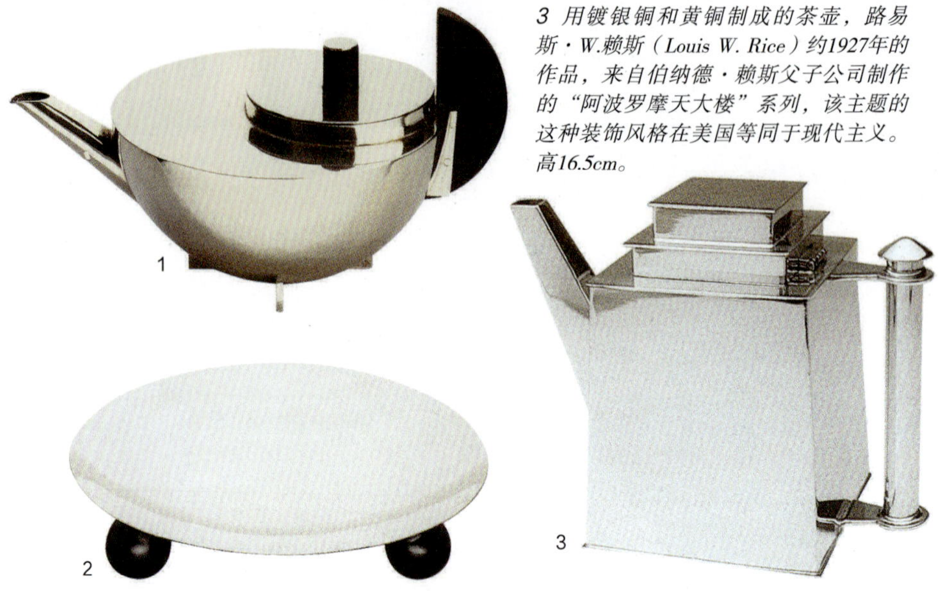

1 玛丽安·勃兰特1924年设计的冲茶器和过滤器，用黄铜、乌木和银制成。由包豪斯学院最著名的一个学生制作，体现了对纯粹几何形式的探索。高7cm。

2 餐桌中间的摆饰碗，弗里茨·阿戈斯廷·布罗伊豪斯·德·格罗（Fritz August Breuhaus de Groot）约1930年的作品，其乌木足镀了金属铬，德国盖斯林根的WMF公司制造。该作品的设计师是一位建筑师，以其为船只做的内部设计而闻名。直径35.5cm。

3 用镀银铜和黄铜制成的茶壶，路易斯·W.赖斯（Louis W. Rice）约1927年的作品，来自伯纳德·赖斯父子公司制作的“阿波罗摩天大楼”系列，该主题的这种装饰风格在美国等同于现代主义。高16.5cm。

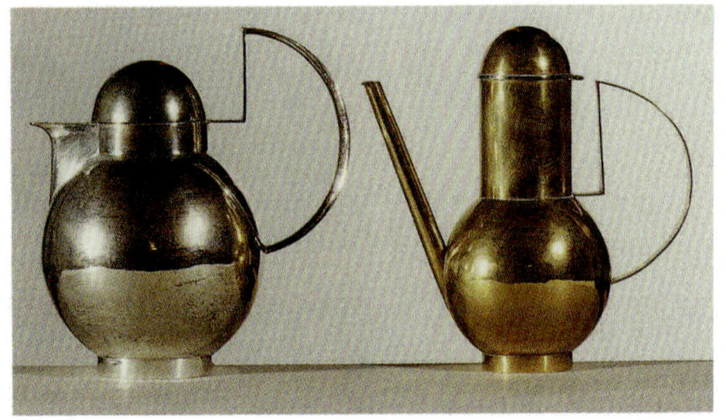

4 银水壶（左），W.罗塞格（W. Rösseger）和F.马比（F. Marby）1923—1924年的作品；银咖啡壶（右），威廉·瓦根菲尔德1923—1924年的作品。这些包豪斯学院的作品展示了这个学校早期对工艺的影响。

5 银质茶具和咖啡套具，配有象牙柄，瓦雷里·比佐拉（Valéry Bizouard）1931年为巴黎泰塔尔·弗雷尔公司设计的作品，展现了现代主义设计如何调整作品外形来适应法国的奢侈品行业。

英国设计评论家安东尼·伯特伦（Anthony Bertram）在1938年写道：“黄金和白银对现代环境而言是陌生的，尽管有一些优秀的设计师用黄金和白银进行创作，但大多数人更喜欢使用更常用的金属。”即便如此，在两次世界大战之间的年代，金属银独特的反光和色彩为餐桌的美感做出了贡献，当时尽管整个社会经历了诸多变迁，但用餐仍是一个正式的场合，配套的设备也是地位的象征。

尽管银器行业中的大多数企业都倾向于复制早期的设计风格，但一些技艺娴熟的银匠一直吸引着行业内外的设计师为他们提供设计。新艺术运动时期和工艺美术运动时期的设计师们制作细长形状的作品时，偏好利用银的延展性，但现代主义风格中典型的几何外形并不是如此明显地适应银匠的制作工艺，尽管现代设计的简约外形在用银或类似的抛光金属制成时显得尤为合适。丹麦的银匠乔治·詹森与画家、设计师约翰·罗德合作，在1930年雇用大约250人成立了一家成功的企业，慢慢探索先锋派风格的设计。更激进的作品是瑞典设计师维文·尼尔森（Wiwen Nilsson，1897—1974年）设计的咖啡壶，采用分面外形。德国的安德烈·莫里茨（Andreas Moritz）和埃米尔·莱特雷（Emil Lettré）制造了简单且优雅的扁平餐具，可以与1933年美国的罗素·赖特设计的古怪作品相提并论，这些棱角分明的作品由其自己的公司制作生产。

包豪斯学院和其他德国艺术学校的金属工作坊则制出了全新外观的作品，他们不太关注纯粹的功能，反而更加关注纯粹形式的应用，尤其体现在威廉·瓦根菲尔德的设计中，这种理念与他设计的玻璃制品相匹配。英国对白银的运用只是漫长设计改革的开始，这种改革在第二次世界大战后才得以完成。尽管与当时占据统治地位的古典主义重释风格格不入，但偶尔也会有一些作品外形极其纯粹，比如1939年让·巴纳尔（Jane Barnard）设计的实验银和珐琅器皿。

1 哈罗德·斯特布勒1936年设计的银质茶具套系。紧凑的方形图案标志着对传统的突破，这种外形的突破性表现在茶具容易整齐地放入茶盘。茶盘长32cm。

2 珐琅工艺的银碗，让·巴纳尔1939年为爱德华·巴纳尔父子公司制作。在第二次世界大战前，这样简约的设计在英国银器业并不常见。直径26.5cm。

3 项链，安娜·津克森（Anna Zinkeisen）1935年的作品，由凯瑟琳·科克雷尔（Catherine Cockerell）和R.L.西蒙兹（R.L. Simmonds）制作而成。津克森是一名画家，这件作品专为展览而设计，呈褶裥领的外形，还有一个配套的手镯。直径13cm。

4 罗素·赖特约1950—1958年设计制作的四件套不锈钢扁平餐具，与当代艺术风格的扁平餐具设计相比，赖特作品的特点是带有奇特的棱角。刀长22cm。

5 诺曼底大水罐，彼得·姆勒-蒙克（Peter Müller-Munk）约1935—1937年的作品，由镀铬黄铜制成。设计师出生于德国但久居纽约，该作品以著名的法国班轮名命名，外形像一艘船的船头。高30.5cm。

6 银咖啡壶，维文·尼尔森1930年的作品。这件作品来自一组咖啡套具，瑞典制造，在传统的外形中加入了现代元素。高21cm。

7 梳妆台套具，埃米·罗斯（Emmy Roth）约1930年的作品，由金属合金、玻璃和红色猪鬃制成。亮色的鬃毛给这件德国作品包豪斯风格的外观增添了魅力，尽管刷子看起来不易抓握。盘宽33cm。

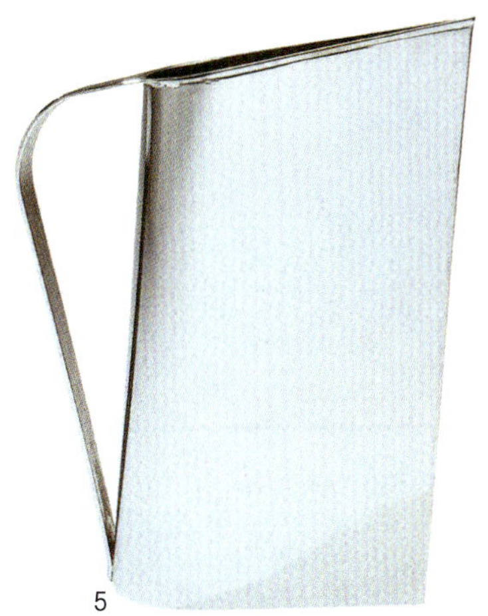

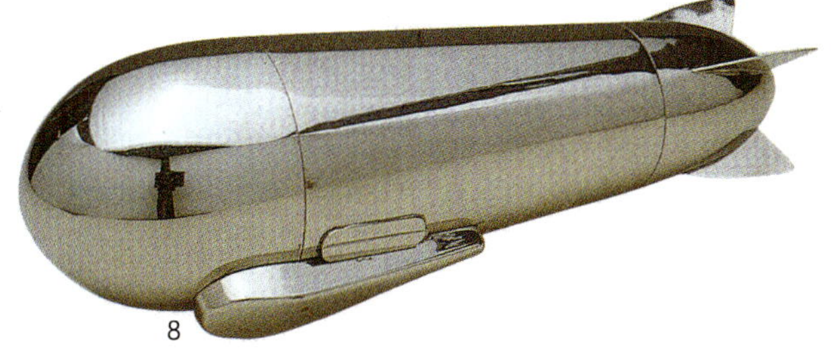

8 可拆卸的鸡尾酒调酒器、约1930年出品，由镍黄铜制成。设计评论家对这种借鉴自某一实物的作品外形表示怀疑，特别是流线型作品。高（直立状态）30.5cm。

纺织品

1 伊万·达·席尔瓦·布鲁恩斯设计的地毯。这位法国设计师在20世纪20年代对现代房屋发展具有影响力的几何形风格地毯产生了推动作用。

2 爱德华·麦克奈特·考弗1929年设计的地毯，由阿克斯明斯特地毯公司制作。设计师是两次世界大战之间最著名的图形艺术家之一，这件地毯比大多数同时代作品的色彩更明艳。

3 瑟吉·西玛耶夫约1930年设计的地毯，皇家威尔顿地毯厂制作。西玛耶夫早期在英国的室内设计也包括了地毯设计，受巴黎的罗伯特和索尼娅·德洛耐绘画和纺织作品的影响，经常使用部分圆形图案。

20世纪20—30年代，现代住宅趋向于朴素风格，符合人们对健康和纯净的重视要求。为了舒适度而做出的一个让步是地毯的使用，地毯放置在耐久的硬木或油毡表面，可以收拾起来拿到屋外拍打干净。遵循20世纪20年代在法国建立起的风格，这些地毯通常有大规模非重复的图案，或多或少有些抽象，用色不过3~4种。设计师一般力图在地毯中为整个房间呈现一个焦点，构成协调的配色方案的一部分。可能是由于女性的时装首次露出小腿，所以出现了这种对地毯的特别关注，以至于地毯构成了用于展示鞋子和脚踝的视觉背景。

因此，地毯在许多方面都是房间的关键，并在室内装饰杂志上得到了足够的重视。众多地毯设计师名声大噪，如法国的埃里克·巴格、乔·布儒瓦（Djo Bourgeois）、伊万·达·席尔瓦·布鲁恩斯以及他们在英国的追随者，如著名的海报设计师爱德华·麦克奈特·考弗及其搭档玛丽昂·多恩（两人都出生在美国）、玛丽安·佩普勒（Marian Pepler），以及罗纳德·格里尔森（Ronald Grierson）。多恩甚至被称为“地面建筑师”。她的作品不仅出现在私人房产中，还出现在酒店里，如1930年伦敦克拉里奇酒店的舞厅。她设计出的地毯通常由割绒制成，由多家不同的工厂生产，如英国的皇家威尔顿地毯厂，其他作品则在中国为设计师和企业家贝蒂·乔尔制造。

尽管原因略有不同，1919—1932年包豪斯的纺织品生产也集中在地毯和墙幔上。手工织造被认为是纺织品设计的最佳入门实践，因其直接使用各种材料和工艺，成品通常因超重而不能用作窗帘或挂毯。冈塔·斯特尔兹利（Gunta Stölzl）和安妮·阿伯斯（Anni Albers）等设计的图案是几何形的，但是非常生动，是纯粹艺术向实用艺术转换的典范。

4

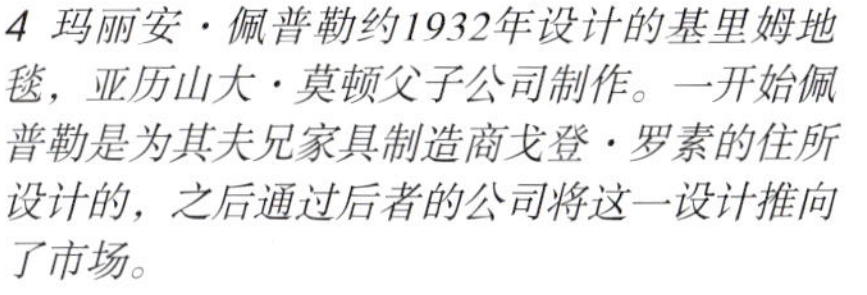

4 玛丽安·佩普勒约1932年设计的基里姆地毯，亚历山大·莫顿父子公司制作。一开始佩普勒是为其夫兄家具制造商戈登·罗素的住所设计的，之后通过后者的公司将这一设计推向了市场。

5

6

7

8

5 玛丽安·佩普勒约1933年设计的“耕地”，皇家威尔顿地毯厂制作。这一微妙但可心的设计让人们想起了犁耕过一片土地后留下的深棕色沟壑。

6 罗纳德·格里尔森1935年设计的地毯，棉纱上的羊绒。这件重叠图形的拼贴画设计是在印度设计制造的。

7 玛丽昂·多恩设计的地毯。皇家威尔顿地毯厂制造。多恩和她的合作伙伴爱德华·麦克奈特·考弗一样是美国人，是20世纪30年代最著名的地毯设计师，设计抽象和具象的图案。

8 冈塔·斯特尔兹利是包豪斯织造工坊的负责人。这件手工编织的地毯设计于20世纪20年代，2000年才被伦敦的克里斯托弗·法尔地毯商店第一次制作出来。

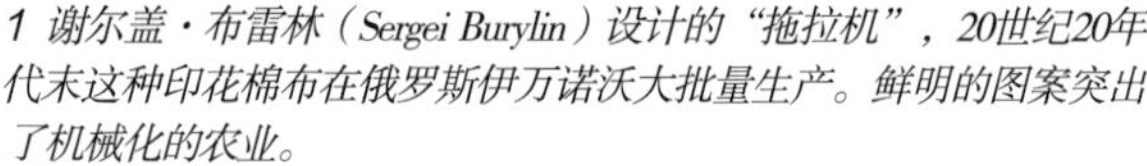

1 谢尔盖·布雷林（Sergei Burylin）设计的“拖拉机”，20世纪20年代末这种印花棉布在俄罗斯伊万诺沃大批量生产。鲜明的图案突出了机械化的农业。

2 菲莉丝·巴隆和多萝西·拉尔谢约1925年设计的“菱形”，在磨制的铁块上手工印花的棉布。巴隆和拉尔谢重新挖掘了传统的印刷染料，并将其应用于抽象的现代设计。

3 伊妮德·马克思1933年设计的“地铁”，在铁块上手工印花的棉布。马克思向巴隆和拉尔谢学习了印花技术，并设计出了更复杂的重复图案。

4 本·尼科尔森1933年设计的“数字”，由其姐姐南希·尼科尔森（Nancy Nicholson）手工木刻板印花的棉布。事实上，其姐姐一直以给纺织物制作印花为生，作为抽象艺术家的本·尼科尔森由此受到鼓励也在同一个领域发展。他为手工印花、纹理织造和丝网印刷设计图案。

立体主义之后先锋派艺术的平面图案经过精心调整后应用到了纺织品设计中。20世纪初的艺术运动打破了文艺复兴时期建立的自然主义惯例，与过去的纯装饰传统建立起了新的联系，包括研究最适合纺织产品长度的重复图案。无论是印花还是织造图案，都有在质地和颜色上进行图案设计的可能。相比之下，现代主义室内设计通常与丰富的图案相悖，使得一些最有趣的现代主义家具纺织品存在于不同时代的边缘地带：要么在20世纪20年代经常理所当然将其归类为装饰艺术运动风格；要么在20世纪30年代后期预示着20世纪50年代图案设计的伟大复兴，而同时代的艺术运动也可以提供更多的灵感。

前苏联的设计师通过抽象作品表达了他们对新社会的展望，也通过“拖拉机”和其他现代象征的非写实化表达方式，创造出了极具活力和魅力的设计，与当时物质生活的匮乏形成鲜明对比。

英国主要的纺织厂采用了新的图案设计理念，尽管其产品几乎总是结合了一些更传统的设计。一些公司专门生产有编织式样和印花图案的现代设计，如唐纳德兄弟公司和传统漂白亚麻布公司。爱丁堡纺织工有限公司以委托著名艺术家芭芭拉·赫普沃斯（Barbara Hepworth）和本·尼科尔森为其设计纺织品而闻名。艾伦·沃尔顿（Allan Walton）本人就是一位画家，他采用了比较新颖的丝网印刷技术，使用大型装饰图案，包括布鲁姆斯伯里艺术家凡妮莎·贝尔和邓肯·格兰特的设计。在美国，露丝·里夫斯设计的木刻板印花布图案让人陶醉。就现代家具表面的覆盖材料而言，除了鲍里斯·克罗尔（Boris Kroll）、多萝西·利布斯（Dorothy Liebes）和丹·库珀（Dan Cooper）等设计制造师手工织造的装饰粗呢布外，皮革布料也很受欢迎。

5

6

7

8

9

5 棉绉纱，哈约什·罗泽（Hajo Rose）1932年设计的纺织品。包豪斯学院的学生进行商业设计的一个实例，使用了两种颜色的纱线，采用了多种多样的织法。

6 丽塔·比尔斯（Rita Beales）约1937年设计的女式长围巾，手纺亚麻。丽塔·比尔斯等女工匠复兴了纺织亚麻这样的传统技术，并将它们应用于一些简单的设计中，展现出材质的自然纹理和颜色。她和埃塞尔·梅雷（Ethel Mairet）等其他工作室的纺织品设计师一起，重新着眼于纺织品的基本材料和结构，后来为改善行业标准做出了贡献。

7 芭芭拉·赫普沃斯1937年设计的“柱子”，印花棉布，爱丁堡纺织工有限公司制作。赫普沃斯在20世纪30年代以雕塑家的身份广为人知，也相信艺术家能为家居环境做出贡献。

8 玛丽安·马勒（Marian Mahler）1939年设计的“树顶”，丝网印花的人造丝。预示了图案和装饰的复兴，马勒的织物图案描绘了简单的自然物仿佛在显微镜下放大之后的样子。

9 手工木刻板印花，露丝·里夫斯1930年设计，曼哈顿，纽约斯隆的W. & J.公司制作。这一装饰设计让人联想起工业发展、快节奏生活和摩天大楼，设计者是一位画家，曾在巴黎与费尔南·莱热一同接受训练。

工业设计

电器

1 RCA–胜利唱片公司的特制便携式留声机，约翰·瓦斯索斯约1935年设计，材质是铝和各种金属，纽约RCA唱片公司出品。这是现代工业设计最具诱惑力的代表作。高（关闭时）20.5cm。

2 收音机，飞歌牌的“人民”系列，444型，约1936年出品，模压人造树胶外壳的设计方便批量生产。高41cm。

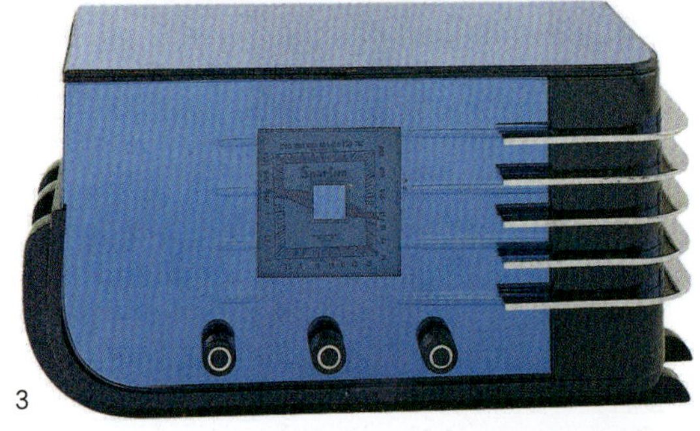

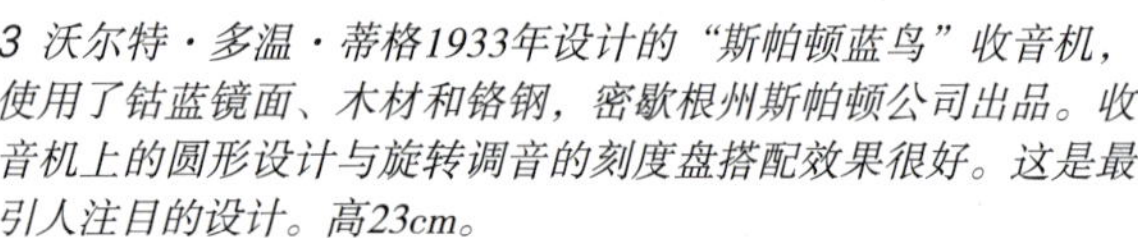

3 沃尔特·多温·蒂格1933年设计的“斯帕顿蓝鸟”收音机，使用了钴蓝镜面、木材和铬钢，密歇根州斯帕顿公司出品。收音机上的圆形设计与旋转调音的刻度盘搭配效果很好。这是最引人注目的设计。高23cm。

4 凯姆·韦伯约1933年设计的桌面座钟，材质是黄铜和铜，罗森时代公司出品。高9cm。

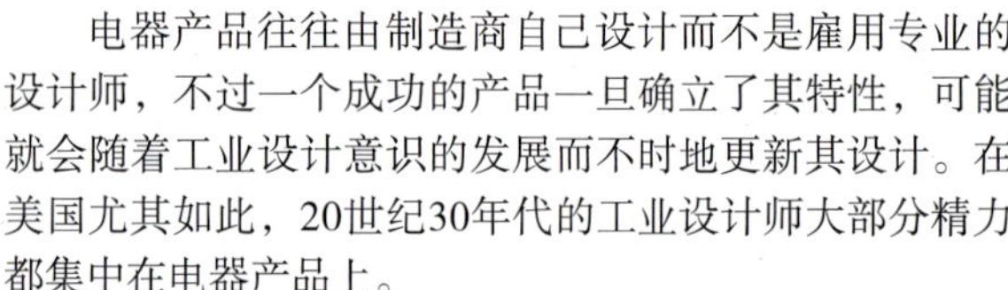

电器产品往往由制造商自己设计而不是雇用专业的设计师，不过一个成功的产品一旦确立了其特性，可能就会随着工业设计意识的发展而不时地更新其设计。在美国尤其如此，20世纪30年代的工业设计师大部分精力都集中在电器产品上。

许多电器产品仍继续沿用之前非电力产品的常见外形。比如胡佛公司1916年生产的吸尘器就模仿了扫帚和地毯清扫机的外形，只是在长手柄的末端安装了马达。这种设计长时间内一直占主导地位，尽管瑞典伊莱克斯公司在1915年就生产了一种带有长软管和独立配件的圆柱体吸尘器，正是这种圆柱体逐渐取代了直立式的设计模式。电熨斗的底部也保留着旧熨斗的形状。设计师在顶部以人类的手为原型用模具设计了把手的形状，新开发的塑料也是一种很有价值的材料，可以让手免于烫伤，另外还设计了电线的安全插口和某种刻度盘。所有这些元素一直到现在都保持相对不变，不过，铁这种材料整体来说已经变得更轻便。1925年，手持式电动吹风机问世，取代了卷发钳。吹风机的设计也变得越来越复杂，金属外壳也被人造树胶所取代。

收音机作为一种全新的物品变得越来越普遍。这种设备的阀门装置很重，而收音机要想显得气派又必须配备一个富丽堂皇的外壳，不过在最好的设计中，这一点可以用巧妙的方式来表现。

建筑师兼设计师威尔斯·科茨和塞吉·西玛耶夫在英国Ekco公司工作。1936年，沃尔特·多温·蒂格设计的“夜曲”收音机外形是一个大圆盘，主要在公共空间使用，其蓝色镜面玻璃的材质颇为引人注目。20世纪30年代后期，收音机设计领域开始注重便携性和小巧性，蒂格在1936年又推出了简洁又惹眼的“斯帕顿”收音机。

5

6

5 让·皮福尔卡设计的镀银金属和大理石时钟。这是一件奢侈品，采用了更为实用的当代作品鲜明的几何形式。高30cm。

6 吉尔伯特·罗德约1933年设计的Z时钟，材质是镀铬金属和蚀刻玻璃，赫尔曼·米勒公司出品。展现了制作轻便钟表的方法。高28.5cm。

7 贝尔德电视接收机，1936年在英国制造。电视机在1926年首次亮相，但直到10年后才开始播放节目。高1.07m。

8 邮局电话，1938年在英国制造。基于斯堪的纳维亚开发的塑型机箱设计，从1937年到20世纪60年代这款作品一直用作标准的租赁电话，在机箱底部有一个抽屉，用来存放电话号码。高14.5cm。

8

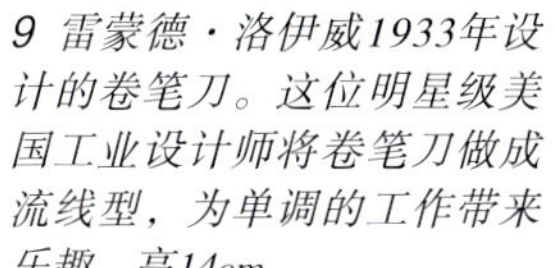

7

9 雷蒙德·洛伊威1933年设计的卷笔刀。这位明星级美国工业设计师将卷笔刀做成流线型，为单调的工作带来乐趣。高14cm。

10 克里斯蒂安·巴曼1938年设计的风扇式电加热器，材质是铬和钢，英国米德尔塞克斯的HMV公司出品。直径29cm。

11 马尔科姆·S·帕克1938年设计的吸尘器，材质是铝，带有一个布袋，新泽西州辛格制造公司出品。这是一款极具表现力的标准立式真空吸尘器，配以前照灯来找出灰尘。高1.09m。

9

10

11

照明

灯具

1

1 格瑞特·雷伏德1923年为乌得勒支的施罗德之家设计的吊灯。设计简洁，但颇具革命性地利用了灯具最基本的部件，其排列方式可以在空中形成某种图案。高1.4m。

2

2 玛丽安·勃兰特和欣·布里登迪克1929年设计的台灯，坎登有限公司出品，这是包豪斯学院生产范围最广的设计之一。高48cm。

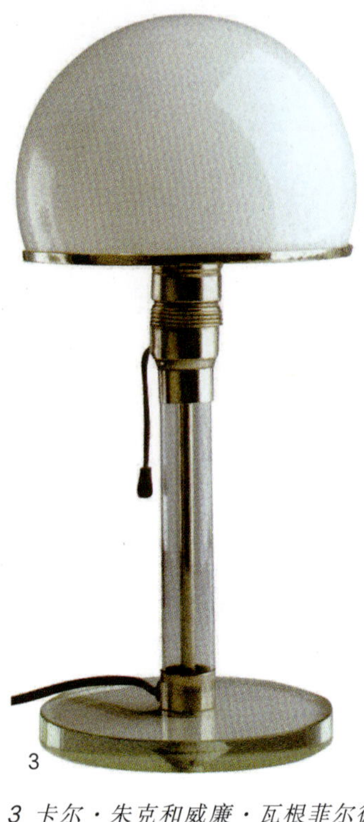

3

3 卡尔·朱克和威廉·瓦根菲尔德于1923—1924年设计的玻璃台灯。包豪斯学院学生的作品，现代主义工业设计最著名的典范之一。高36cm。

尽管电灯在第一次世界大战之前就已经成为家庭生活的一部分，但灯具往往倾向于再现某种历史原型或模仿其他物品的形式。现代主义从来没有成功地淘汰这样的设计，不过照明用具也为设计师和建筑师提供了机会。

或许此处展示的最激进设计也是最早的设计。格瑞特·雷伏德设计的吊灯配以圆柱式灯管，形成了某种几何效果，但又没有任何遮光罩。其他大多数作品都有一个灯泡、一个遮光罩、一个灯身和一个基座，不过在某些情况下这些要素可以相互合并。乔治·卡瓦丁（George Carwadine）设计的“安格泡灯”是工程师解决实际问题的一个典范，几乎不考虑造型，而是通过直接表现出光线定位的机制来达到强烈的美学效果。该作品原本是由英国雷迪奇的赫伯特·特里公司设计的，后来丹麦制造商雅各布·雅各布森获得了相关专利并简化了遮光罩和方形底座。

“贝斯特”台灯由英国制造商R.D.贝斯特（R.D. Best）设计，和“安格泡灯”一样，作为一种产品经久不衰。其设计仔细考虑了视觉形式，颜色多样，可以用作标准灯或壁挂式支架灯。玛丽安·勃兰特和欣·布里登迪克（Hin Bredendieck）1929年设计的台灯底部有一个颇具创意的按钮开关，因其独到的设计，台灯的活动支架可以在多种位置灵活移动。其他台灯，比如卡尔·朱克（Karl Jucker）、威廉·瓦根菲尔德、波尔·亨宁森（Poul Henningsen）和吉奥·庞蒂设计的台灯，都有半透明的遮光罩，可以将光线撒满整个房间。瓦根菲尔德利用灯身和底座的透明玻璃为其设计增添了诗意，同时产生了堪称经典的平衡效果。亨宁森是一名丹麦建筑师，从1927年开始设计照明用具，其巅峰成就是1958年的著名作品“松果吊灯”，灯座是同心圆环，这位建筑师几乎所有的作品都有这个共同点。意大利建筑师庞蒂的设计很少被认为是纯粹的现代主义，他设计的“毕利亚灯”和其他许多作品都趣味十足。

1

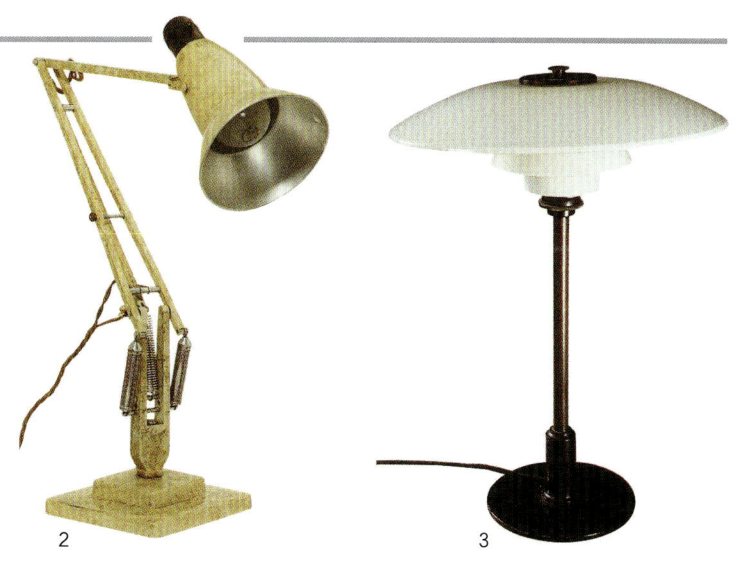

2

3

1 R.D.贝斯特约1930年设计的"贝斯特"台灯。这种铰接式灯具使用了标准的外形，用来在墙上固定，20世纪30年代在英国很流行，从那时起就一直在生产。高45cm。

2 乔治·卡瓦丁1934年设计的"安格泡灯"，设计中使用了弹簧平衡，后来成为最为经久不衰的灯座设计手法。高50cm。

3 波尔·亨宁森设计的台灯，路易斯·波尔森（Lollis Poulsen）制造。分层乳白色玻璃遮光罩用生了铜绿的黄铜杆来支撑。高43cm。

4 吉奥·庞蒂1931年设计的"毕利亚灯"，米兰冯特纳爱德公司出品。这是意大利最伟大、最多才多艺的设计师之一对包豪斯几何式风格的幽默诠释。高43cm。

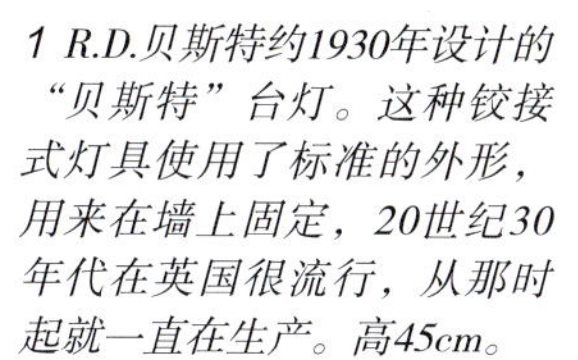

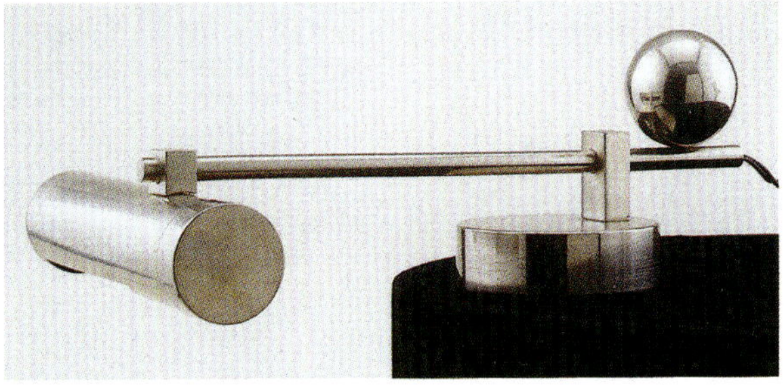

6

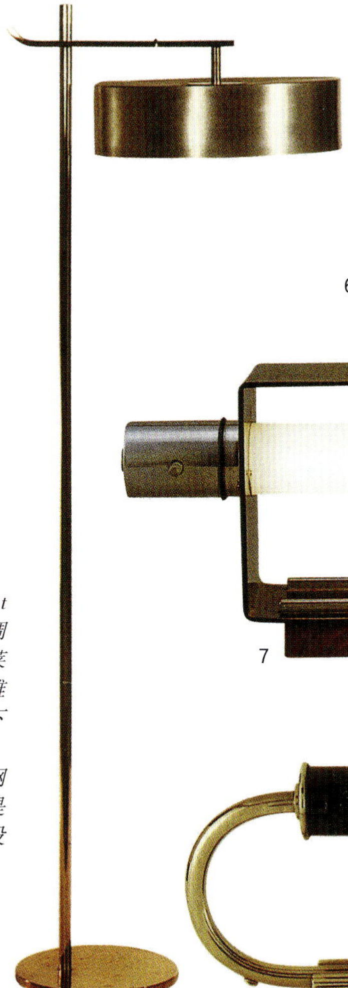

4

7

5 库尔特·韦尔森（Kurt Versen）约1930年设计的可调落地灯，镀铜金属制作，莱托里尔公司出品。这款优雅的美国台灯可以让灯光上下转动。高1.52m。

6 J.J.P.伍德1928年设计的钢琴灯，镀镍黄铜制作。这是荷兰著名建筑师用纯几何设计作品的精美典范。

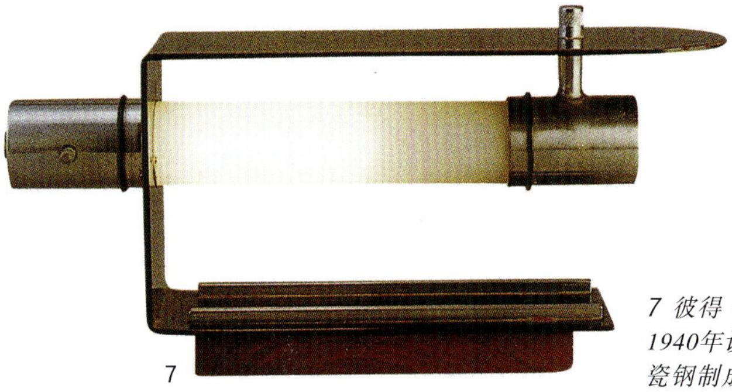

7 彼得·费斯特尔约1935—1940年设计的台灯，镀铬搪瓷钢制成，胡桃木底座。这款美国台灯延续了早期现代主义的纯粹几何特征。高16cm。

8 吉尔伯特·罗德约1933年设计的镀铬钢和黄铜台灯，布鲁克林共同日落灯具制造有限公司出品。

5

8

当代设计时期

约1945—1960年

引论

20世纪40—50年代是一段过渡时期，从第二次世界大战期间的经济紧缩以及战后的定量配给和物质短缺，过渡到60年代朝气蓬勃的设计革命。在现代主义设计理念中功能主义原则的推动下，当代美学的突出特征除了新材料和有效使用新材料之新技术的开发，还有其乐观自信的精神。这是一个在设计上充满活力的时期，人们使用大胆的形状、明亮的颜色和实用的解决方案来满足日常生活的需要。

克里斯汀·迪奥（Christian Dior）的新系列大张旗鼓地改变了时装设计的面貌，同时也为代表第二次世界大战后想象力的整个美学赋予了新的名称。迪奥的“新风貌”系列风靡全球。设计师带有曲线美的作品与战时的服装设计截然相反。新的沙漏形身材由贴身的剪裁和恰到好处的垫肩打造而成，与战争期间那种朴素而不讨人喜欢的方肩夹克相比，是一种引人注目的奢华转变。然而，迪奥雕塑风格的奇思妙想需要大量昂贵的纺织品来实现。由于大多数国家的原材料严重短缺，英国仍在实行配给制，他的新设计引发了国际社会的强烈抗议。尽管批评者持保留意见，但在经历了一场严酷的世界大战之后，“新风貌”系列仍然预示着一个全新的开始。

迪奥1947年的系列代表了国际设计的一个转折点。从女士穿的衣服到她们桌子上放的盘子，方方面面都受到审美转向的影响。第二次世界大战后，设计师都带着一种重新充满活力的状态在工作，他们的设计代表了一切新鲜和乐观的东西。源于战争的材料和技术影响了当代设计。塑料、金属、层压板和合成材料都影响着日常用品的外观。家具衬套所用的泡沫橡胶和弹性织物可以用于许多有机风格作品的曲线形式。家具设计使用铸铝框架和钢杆，结合了不同材料的强度和延展性，不断突破家具结构和形式的界限。

第二次世界大战后美国经济的发展和随之而来的消费热潮为新产品创造了广阔的市场。美国制造商也有财力对高质量的设计进行再次投资。意大利人称这一时期为“重建时期”，因为这一阶段设计领域得到了复苏和振兴。在瑞典、丹麦和芬兰，给20世纪后期设计史留下浓墨重彩的斯堪的纳维亚现代美学逐渐成形。应用艺术作品也深受抽象艺术和雕塑艺术的影响。这种影响在美国体现最为充分，在这里，一种新的文化身份和霸权超越了其早期取得的任何艺术成就。

在20世纪50年代的美国，人们有一种所向披靡和乐观的感觉，反映在其生活方式和家居设计中。乐于消费的美国中产阶级在第二次世界大战后出现，就像从蛹中孵化出

左图：用彩绘木头和铝制成的原子钟，1949年乔治·尼尔森（George Nelson）为霍华德·米勒（Howard Miller）设计。金属丝装饰和鹅卵石形的末端是20世纪50年代的典型特征，反映了当代设计对科学和太空时代初期的关注。直径33cm。

对页：克里斯汀·迪奥的“新风貌”系列，1947年出品。迪奥的新时装系列标志着第二次世界大战后人们对时尚的态度发生了翻天覆地的变化。迪奥提出了一种乐观的时尚理念，与第二次世界大战后提倡的艰苦朴素作风相反。

1 塔皮奥·维尔卡拉1947年设计的坎塔雷利花瓶，第二次世界大战后斯堪的纳维亚设计中富于动感的有机曲线在这件作品中得到了体现，花瓶的设计是基于鸡油菌的形状。高9cm。

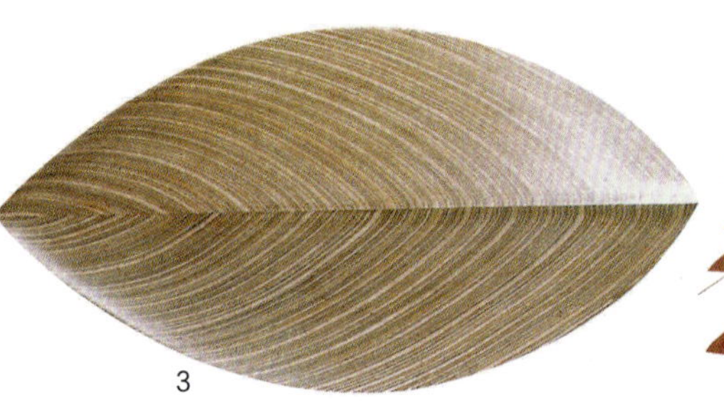

3 塔皮奥·维尔卡拉的成名作还包括他设计的层压叶形餐具，这些餐具形状和大小都有多种变化。

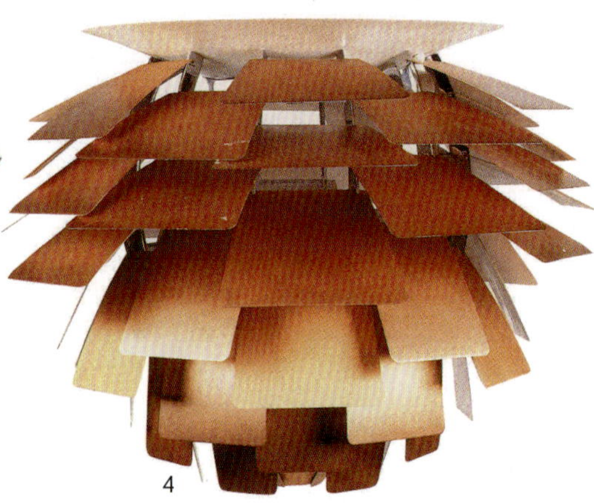

2 Vespa摩托车在20世纪50年代意大利的摩托车文化中起着至关重要的作用。市场营销和广告策略首次直接针对女性受众。

4 “松果”吊灯，丹麦建筑师波尔·亨宁森的作品，1958年为路易斯·波尔森设计。这盏灯直径超过1m，看起来气派不凡，相当于当代设计中的枝形吊灯。

来一样，而这又反过来支持了美国强劲的经济形势。技术的发展和廉价的大规模生产意味着即使是城市生活也可以干净有序。用于厨房和家庭清洁的新电器改变了女性在家庭中的角色，由此也改变了家庭环境中两性之间的关系。第二次世界大战后的汽车技术意味着更多人可以买得起汽车。这一时期人们也开始乘坐喷气式飞机旅行，模糊了国与国之间的边界，其结果是不同国家的相互影响变得更加天衣无缝。设计是一种全新生活方式的催化剂，国际上的设计师都极其认真地对待自己在塑造未来时所扮演的角色。

当代设计时期的核心理念是：功能在设计中应该是透明的，一件物品预期的目的和它的设计应该密不可分。这一压倒一切的理论在设计大批量生产的电器和有限生产的物品时都得到了应用。这个概念本质上是现代主义的延续，开始于第二次世界大战前，起源于欧洲包豪斯精神。在第二次世界大战之前和战争期间，建筑师和设计师的迁徙意味着源于现代主义的设计理念和解决方案变得更加国际化，流传范围也更广。

不只是有见识的制造公司在推进和鼓励优秀的设计，国际展览会也在帮助培养独特和充满活力的理念。在英国，1946年举办了名为“英国能够做到”的展览；1951年召开了“英国艺术节”，用第二次世界大战后设计精良的消费品迅速打开了严重萧条的市场。“米兰设计三年展”是新设计的试金石，20世纪40—50年代的许多标杆作品首次在那里展出。纽约现代艺术博物馆的展览和竞赛项目，尤其是弗洛姆家具公司的有机设计，引发了一种新的美学，即有机现代主义，仅仅是继承了现代主义在第二次世界大战前留下的东西。查尔斯·埃姆斯和艾罗·沙里宁引领了家具和建筑设计中新有机形式的潮流发展。有机生物形态设计在当代设计中具有主导地位。

第二次世界大战后斯堪的纳维亚的有机美学在塔皮奥·维尔卡拉（Tapio Wirkkala）1946年为伊塔拉玻璃厂设计的坎塔雷利花瓶中得到了最好的体现，该作品的设计是基于鸡油菌的形状。维尔卡拉的各种设计都捕捉到了自然本身的抽象本质，他的成名作包括层压叶形餐具及以形式和材料表达一种崇高自然美的家具。有机设计有着感性的曲线和戏剧性的轮廓，无论其表现形式是斯堪的纳维亚风格的当代设计，还是意大利人更为艳丽的作品，抑或是美国设计师的大胆主张，都影响了第二次世界大战后学会适应和欣赏设计的一整代顾客。

当代设计风格的雕塑影响了室内陈设师设计的造型。让·阿尔普、康斯坦丁·布兰库西（Constantin Brancusi）、亨利·摩尔（Henry Moore）和芭芭拉·赫普沃斯等艺术家在雕塑设计中创造了庄严而富于美感的曲线形式。20世纪50年代的设计师研究了这些作品，经常从中获得启发并开始使用各种新技术，比如使用弯曲木材制作层压材料，将金属加工成坚固的曲线形式，将玻璃吹制成庞大的弧线造型等。此时，设计师尤为偏爱由天然木材、不锈钢、大理石、皮革和羊毛等材质制成的单色表面。家具上几乎不存在装饰性元素，因为几乎所有的图案或纹理都是材料本身所固有的。抽象绘画和雕塑影响了各种室内陈设的设计。建筑领域中有机设计这一新焦点决定了陶瓷制品和玻璃制品的外形一般采用流畅的有机形式，而陶瓷制品、纺织品和壁纸的表面装饰则使用抽象形式的图案或充满活力的色块。

克里斯汀·迪奥的“新风貌”系列逐渐成形之时，正值新一代的杰出设计师纷纷崭露头角。陶瓷、玻璃、金属、纺织品和家具都受到了影响，一些设计师跨领域使用不同材料设计作品。许多设计师都有建筑领域的背景，而其他人则主要是工业设计师。但也有设计师既负责设计新颖的电视机，同时又为欧洲最著名的瓷器制造商设计产品，这种情况并不罕见。雷蒙德·洛伊威是一位博学多才的杰出设计师，他不仅是一位出色的平面艺术家，还是一位设计汽车、灯具、收音机、瓷器、纺织品和家具的专家。

20世纪40—50年代对应用艺术设计而言是一个不同寻常的年代。这个年代一旦有了突破性的设计，随之而来的就是各种乏味的模仿，由此整整一代人对这一时期的室内设计产生了偏见。房间里有了无生气的、不舒服的平板沙发，以及变形虫形状的咖啡桌、回力棒和各种各样的肾脏形状。所有这些平庸之处都成了当代设计时期永恒的遗产，但有时却也掩盖了这段时期真正令人鼓舞的地方。

5 “气流式”拖车具有符合浮体动力学的外形和轻质单芯铝结构，第二次世界大战后技术的发展使得这一切成为可能。1947年，法国公路赛车手拉图尔诺牵引的“气流式”拖车质量很轻，可以通过自行车来拖动。

5

家具·英国家具

椅子设计

1 喷漆钢管羚羊椅，艾奈斯特·雷斯的作品，首次亮相于1951年英国艺术节，因其蜘蛛网框架和球体椅脚而闻名。椅子由模压塑料坐面构成，类似于查尔斯·伊姆斯设计的模压胶合板椅，后者当时已投入生产。高79cm。

2 雷斯自1945年起一直在尝试制造金属框架家具，可见于其铸造铝合金BA椅系列。铝材部分由压力铸造法制成，该技术发明于战争时期炸弹壳体的制造中。高73cm。

3 罗宾·戴1959年设计的希勒椅，由一整块预制弯曲胶合板制成。高90cm。

4 巴塞尔·斯潘斯（Basil Spence）设计的阿莱格罗椅，为哥拉斯哥的莫里斯公司设计。该公司在战争时期航空胶合板技术实验中改变了层压胶合板板面。高95cm。

5 坎德亚公司雇用了丹麦设计师卡尔·雅各布斯（Carl Jacobs）设计了这款独特的榉木胶合板叠椅，坐面绕周围弯曲形成椅背。高76cm。

与欧洲邻国和美国盟友相比，第二次世界大战后的英国并不是设计的温床。但是，英国确实创造了富有创意、经久耐用的设计产品。罗宾·戴和吕西安娜·戴夫妇（Robin and Lucienne Day）及艾奈斯特·雷斯（Ernest Race）等家具设计师甚至在资源有限、市场萎缩的前提下仍然发展了英国设计。

1946年“英国能够做到”展览与1951年的“英国艺术节”促进了英国艺术、设计和工业的发展，期望在战争带来的创伤和经济紧缩之后能够振兴民族精神。这一时期生产的部分英国家具堪称当代设计的代表作，仿效的就是这两次展览推崇的设计美学。家具设计师通过改变日常生活的面貌，为第二次世界大战后的重建做出了贡献。他们崇尚现代主义哲学，即设计精良、价格合理的产品能够提高人们的生活质量。派克·诺尔、希勒、利伯斯、坎德亚和吉普兰等公司借鉴了美国、斯堪的纳维亚和意大利的最新设计发展以及更传统的影响，生产了宜人又实用的家具。

层压板家具的设计制作利用了航空胶合板技术和创新设计，使用了第二次世界大战后剩余的钢铁和铝材，即英国当时现有的资源。而最新开发的合成材料，如塑料、玻璃钢、聚氯乙烯，为家具的模制雕塑形状、明亮的色彩和大胆的图案提供了前所未有的可能性。橡胶也得到了利用。橡胶做的织带被用作座椅的弹性支撑材料，泡沫橡胶逐渐替代了弹簧和马毛软垫。除了这些新材料外，厚板玻璃、柚木、红木和其他热带木材也受到了青睐。箱式家具倾向于注重水平线，椅子是方形、矮而宽的设计，椅子腿呈八字叉开。各种形状的咖啡桌大受欢迎，如不规则的回旋镖形、云朵形或调色板形，沙发和扶手椅三件套成为20世纪50年代家庭使用的名贵家具。

1 霍华德·凯斯（Howard Keith）设计的安可椅，比例夸张，显示了意大利家具设计对中国香港家具革新设计的影响。高75cm。

2 罗宾·戴为希勒公司设计的躺椅，图案印在里奇韦陶器公司生产的家务料理盘上（见p.434），因而成为经典之作，常与带有当代设计风格的其他标志性图案联系在一起。长1m。

3 艾奈斯特·雷斯为P&O Orient Line公司设计的尼普顿椅，重量轻，能轻松拖过客轮甲板，其造型独特，坐感舒适。长1.07m。

4 尼尔·莫里斯（Neil Morris）设计了云朵形休闲桌，哥拉斯哥的莫里斯公司由此引领了英国有机形状家具设计的新潮流。

5 罗伯特·赫里蒂奇（Robert Heritage）为Evans furniture设计的低矮餐具柜。横式设计与短锥腿平衡，凸显当代设计的典型风格。高76cm。

美国家具

椅子

1 休闲曲木椅，1945年制成。查尔斯·伊姆斯在设计该椅时，首次尝试把胶合板模压成复杂的曲线，同时使用合成胶黏剂黏结法，即通过电子设备黏结木材和金属的工艺。高68.5cm。

2 郁金香椅，1955—1956年制成。设计师艾罗·沙里宁用一整块模压塑料制作椅子底座，摆脱了传统椅子使用4个支撑脚的结构。高83.5cm。

3 脆饼椅，乔治·尼尔森的作品，1955年由赫尔曼·米勒公司生产。该椅因其弯曲、扭转的层压桦木框架而得名。坐面由胡桃木制成。高79cm。

4 保罗·高曼（Paul Goldman）为普利克拉夫特公司设计的高凳。拱形凳腿和腰形靠背是高曼用胶合板进行雕塑设计的典型特征。高94cm。

5 随着钢的直径变得越来越小，家具设计师，如哈里·别尔托亚（Harry Bertoia）设计出了细钢丝家具，图中是他在20世纪50年代初为诺尔公司设计的钻石椅和脚踏。高83cm。

6 子宫椅和脚踏，1946—1948年制成。设计师艾罗·沙里宁称该椅为"生物式"设计。其模压玻璃外壳和泡沫橡胶垫工艺属于当代设计中流行的有机抽象造型。高89cm。

7 躺椅，由埃德茨瓦德·杜雷尔·斯通（Edward Durrell Stone）设计，起伏的形状和八字腿是当代设计风格的标志。长1.67m。

8 罗夫·拉普森（Ralph Rapson）为诺尔公司设计了一系列符合大众市场需求的胶合板家具。1946—1947年设计的摇椅最受欢迎也最受挑剔，但该摇椅无法用一整块木材制作，因为它超过了战争时期限制的上限高度46cm。高77cm。

沙发

1 棉花糖沙发的靠垫，使用了20世纪50年代大胆、冲突的红色、橙色和紫色。该作品由乔治·尼尔森为赫尔曼·米勒公司设计，1956年制成。高78.50cm。

2 弗洛伦斯·舒斯特·诺尔结合了精良设计和大规模生产，把高质量、颇具吸引力的设计产品推广给大众。这套沙发来自弗洛伦斯·舒斯特·诺尔收藏品，1954年为她的诺尔公司设计。椅高80cm，沙发高76cm。

1

2

第二次世界大战刚结束后美国突然出现的消费潮对设计产生了巨大的影响。此时，大好的经济形势为令人耳目一新并能满足美国人消费欲望的产品打开了新的市场。因此，生产商吸引了诸多杰出人才，投资于各种开创性的设计。战争造成的破坏导致许多流离失所的欧洲建筑师和设计师移民到了美国，他们最终与美国的设计公司结下了不解之缘。突然之间，美国成为设计文化领袖。

第二次世界大战后，美国在与设计相关的家具和建筑领域做出了最重要的贡献。一些最有影响力的家具设计师也是建筑师，比如查尔斯·伊姆斯、出生于芬兰的艾罗·沙里宁、弗洛伦斯·舒斯特·诺尔（Florence Schust Knoll）和乔治·尼尔森。雕塑家也对家具设计产生了深远的影响，比如野口勇（Isamu Noguchi）和哈里·别尔托亚创造出了20世纪中叶永恒的设计代表作。夫妻档设计师查尔斯·伊姆斯和蕾·伊姆斯（Ray Eames）的广泛影响怎么高估都不为过。他们在20世纪中叶设计的家具创造了一种新的设计语言，在国内外影响巨大。这些设计师的作品沿用至20世纪70年代，对室内空间的使用和家具的设计均产生了重大影响。

现代主义美学出现于20世纪20年代的欧洲，在第二次世界大战后成为美国设计的主要影响因素之后，其本身发生了巨大的改变。设计师推崇工业化和大规模生产的理念，因此他们的设计更加注重实用性和生产效率。功能主义倡导功能决定形式，其影响在美国现代主义后期仍然盛行。

塑料、玻璃钢、聚酯纤维在美国得以率先使用，主要的设计师如查尔斯·伊姆斯、艾罗·沙里宁和乔治·尼尔森均积极加以采用。由于开发了使用金属、胶合板、塑料或泡沫橡胶的工业技术，弯曲的雕塑形状、细长的八字腿和软垫才在设计中成为可能，黏合剂也得以改进。家具的重量变得更轻，便于移动，使用更灵活，牢固耐用，色彩多样，引人注目。

钢条生产

1 钢条替代了钢管以减轻重量。1953年，野口勇利用金属丝新技术制造了胡桃木镀铬摇凳框架。坐面直径35.5cm。

2 担任赫尔曼·米勒公司设计总监时，乔治·尼尔森设计了一系列家具，如图中的梳妆台凳。高65cm。

照明设备

1 野口勇1954年设计的亚力灯，纸屏幕包围竹编框架，该作品基于设计师对日本本土设计的回归和研究。高50cm。

2 汤米·帕尔辛格（Tommi Parzinger）设计的灯桌组合，表明20世纪50年代的室内设计注重个人便利。高1.47m。

虽然美国的家具生产分散在美国各地，但大部分都出自密歇根州大急流城。

诺尔和赫尔曼·米勒等公司吸引了众多国际和本土人才，反过来，又通过技术创新统治了家具行业。但是，就实际生产而言，这些公司只迎合一少部分人的口味。直到有了现代主义后期的设计，开始大批量生产价格低档的家具，这些理念才得以推广到更广泛的市场。

在美国工作的建筑师打造了通风、开放、整洁的空间，以最佳地展示制作精良的有机家具。良好的设计不仅得到了诺尔和赫尔曼·米勒等先进公司的支持，而且也有纽约现代艺术博物馆等文化机构的推崇。

1940年，现代艺术博物馆举办了一场设计竞赛，名为“家庭陈设中的有机设计”，介绍家具和其他家用物品的新实用工程技术。艾罗·沙里宁和查尔斯·伊姆斯设计的自由有机形状诞生于此次竞赛，于20世纪40年代末投入生产。1948年，现代艺术博物馆举办了一次类似的竞赛，即“低成本家具设计国际竞赛”，也促进了基于现代技术的新形状的诞生。现代博物馆与芝加哥商品市场合作，1950—1955年举办了一系列精良设计展览。这些展览旨在激发兴趣，并影响公众对设计良好、功能实用产品的品鉴。

有机和几何形状

1

2

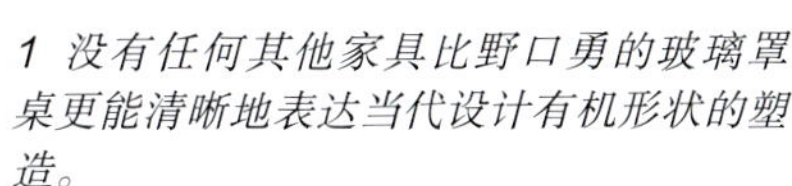

1 没有任何其他家具比野口勇的玻璃罩桌更能清晰地表达当代设计有机形状的塑造。

2 20世纪50年代的房屋室内开放、通风，需要灵活划分空间。查尔斯·伊姆斯和蕾·伊姆斯的面板屏风可以改造一个房间的格局，因其起伏的曲线，也能与其他有机设计搭配。高1.72m。

3

4

3 带金属脚的红木首饰柜，乔治·尼尔森的作品，赋予传统的材料和形状以当代设计独特的优雅风格。高1.12m。

4 伊姆斯储存柜，查尔斯·伊姆斯和蕾·伊姆斯为赫尔曼·米勒公司设计，1950年制成。两侧的主色使之成为任一室内设计的焦点。该储存柜也可用来隔开房间。宽1.19m。

意大利家具

超现实和夸张的形状

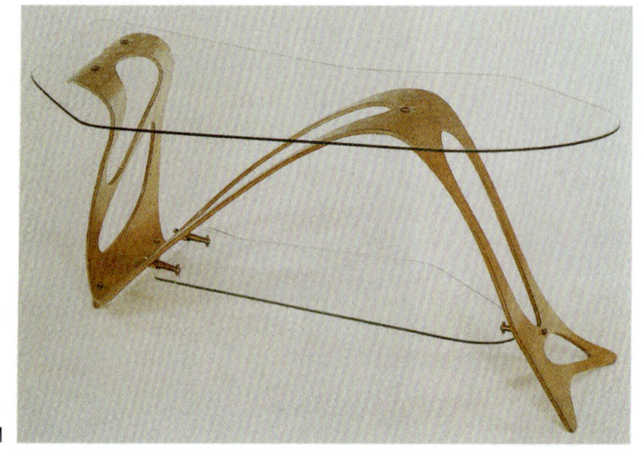

1

1 卡罗·莫里诺设计的阿拉伯风格矮桌是20世纪50年代意大利有机设计的缩影。此桌设计于1950年，外形为夸张的S形曲线，具有意大利设计师大肆展示的所有动感和线条。高1.32m，长1.47m。

2 弗兰克·卡瓦托尔塔（Franco Cavatorta）1952年设计的木材玻璃桌。该作品结合了当代设计风格中横式设计和八字腿的特点，以及大胆的流线型，具有典型的意大利设计特点。高81cm。

2

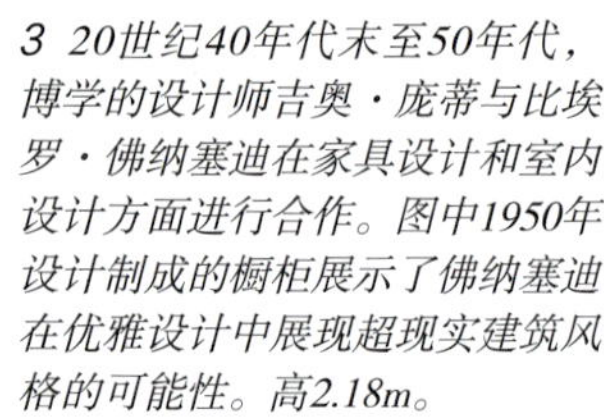

3

3 20世纪40年代末至50年代，博学的设计师吉奥·庞蒂与比埃罗·佛纳塞迪在家具设计和室内设计方面进行合作。图中1950年设计制成的橱柜展示了佛纳塞迪在优雅设计中展现超现实建筑风格的可能性。高2.18m。

第二次世界大战期间，技术对意大利设计师的有机雕塑设计产生了深远的影响。书桌、椅子极端的弯曲形状有时候看起来像超现实的三维艺术。气动优化、用于战时飞机生产的模压胶合板技术，以及可锻金属的广泛应用极大地影响了意大利家具制造商的产品。意大利家具行业主要集中在米兰，阿切勒·卡斯蒂格利奥尼（Achille Castiglioni）和皮尔·贾科莫·卡斯蒂格利奥尼（Pier Giacomo Castiglioni）两兄弟创立的米兰三年展鼓舞了进步的新锐设计师。庞大的出口市场确保了意大利风格的传播。至20世纪50年代末，意大利已经成为世界领先的现代家具出口国。

和其他于第二次世界大战后恢复生产的家具制造商一样，卡西纳等意大利公司和领先的建筑师合作，生产富有创意、设计优美的家具。这些家具以意大利设计师定期实验的有机形状和流线型而著称。最有名的是比埃罗·佛纳塞迪（Piero Fornasetti）的家具，展示了超现实主义和三维设计的紧密联系。佛纳塞迪在椅子、柜子和书桌的平面上创造出漆面、网丝印刷图像，打造出了别致而古怪的戏剧效果。

意大利设计师比美国人或斯堪的纳维亚人更多地把夸张的动感和活力融入家具中，他们的设计呈曲线形，感官刺激强烈。例如，椅面的轮廓模仿女性身体的曲线，渐细的椅子扶手和腿同样具有挑逗性。卡罗·莫里诺（Carlo Mollino）设计的曲木家具因结构精巧而脱颖而出，成为最刻意的雕塑。从莫里诺的阿拉伯风格矮桌到卡斯蒂格利奥尼兄弟设计的拖拉机座椅，意大利的家具设计华丽而激进。

4 吉奥·庞帝蒂1957年设计的超轻椅是永恒的优雅设计，具有庞蒂为卡西纳公司和其他生产商设计作品的特点。该椅漆成乌木色，表面光滑，外观闪耀。高81cm。

6 1951年出品的女士扶手椅，坐垫是马克·扎努索为倍耐力公司设计的另外一款泡沫乳胶软垫。倍耐力建立了阿弗莱克斯制造公司，生产这些早期的试验性设计产品。

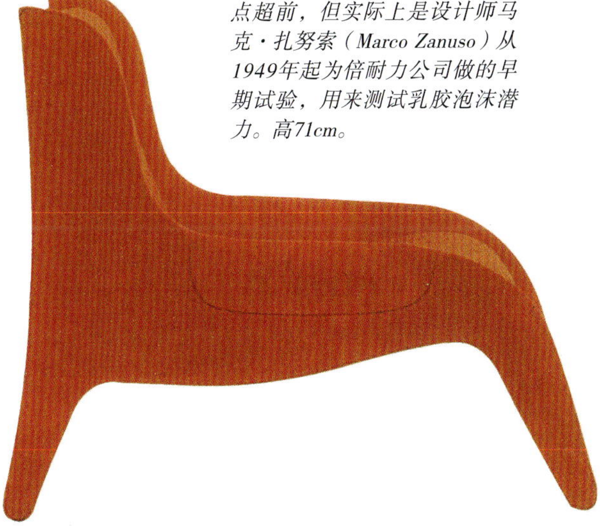

5 安特罗普斯椅看起来也许有点超前，但实际上是设计师马克·扎努索（Marco Zanuso）从1949年起为倍耐力公司做的早期试验，用来测试乳胶泡沫潜力。高71cm。

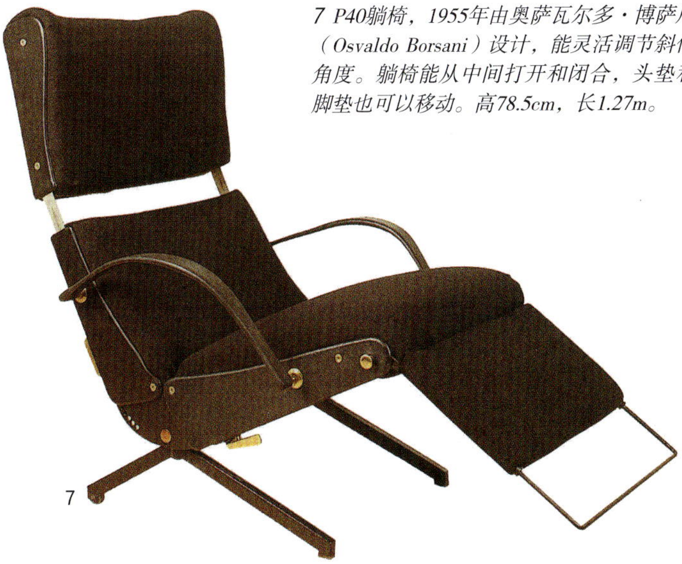

7 P40躺椅，1955年由奥萨瓦尔多·博萨尼（Osvaldo Borsani）设计，能灵活调节斜倚角度。躺椅能从中间打开和闭合，头垫和脚垫也可以移动。高78.5cm，长1.27m。

8 阿切勒·卡斯蒂格利奥尼和皮尔·加科莫·卡斯蒂格利奥尼设计的圣卢卡椅，1960年制成，其极富弹力的曲线体现了华丽的意大利设计的夸张曲线和纯净活力。高96cm。

9 多产的设计师卡斯蒂格利奥尼兄弟1957年发布了成品家具拖拉机座椅，巧妙地将拖拉机的座椅融入设计之中。高50cm。

10 皮耶兰托尼奥·博纳齐纳（成立于1889年）是一家传统的柳条家具制造商，它跟随当时流行的曲线设计，于1950年生产了这款造型优美的玛格丽塔扶手椅。高78.5cm。

北欧家具

2 雅各布森从20世纪50年代起的椅子设计都是基于生物的有机形状。这把天鹅椅展示了一只优雅的大鸟合拢翅膀的形象。高75cm。

1

1 阿诺·雅各布森1952年设计的蚂蚁椅，是20世纪50年代最成功的大批量生产的椅子制品，展示了设计师如何利用有机形状打造统一的坐面形状。他随后生产的椅子都是基于这一基本理念的变体。高85cm。

3

3 维奈·潘顿最初是阿诺·雅各布森的合伙人，与其合作共同设计了蚂蚁椅。在成立了自己的建筑与设计事务所后，潘顿因其装置艺术而闻名。其中最有名的要数重返酒店大红色调的室内设计以及他著名的锥形椅。锥形椅1959年投入生产。高81cm。

2

当代设计中的北欧家具简单、优雅、实用，魅力永恒。第二次世界大战后，北欧设计达到了巅峰。瑞典、丹麦和芬兰相互依靠，达成了统一的审美原则，标志着北欧现代风格的出现。这对于北欧人来说是一场复兴，改变了应用艺术的方方面面。

通过应用最佳的手工艺和机器技术以及两者的结合，北欧设计最终成为高品位、高质量的代名词。从汉斯·韦格纳（Hans Wegner）设计的简约椅子，阿诺·雅各布森（Arne Jacobsen）设计的蛋椅到维奈·潘顿（Verner Panton）设计的轻松愉快的锥形椅，丹麦、瑞典、芬兰的设计产品抓住了国际上人们购买带有创新外观的本土商品的冲动。许多斯堪的纳维亚人在利用当地传统手工艺的基础上，使用木材来生产设计产品。胡桃木和桦木板很常见，从菲律宾进口的柚木也用作制造北欧家具的木材。国际上流行使用塑料和金属，北欧也不例外，许多独具创意的新材料设计也出自该地区。

北欧家具设计包括两大类：一类是以阿诺·雅各布森和维奈·潘顿为代表，利用顶尖技术生产大胆的工业产品；另一类设计出自工匠设计师芬·尤尔（Finn Juhl）和汉斯·韦格纳之手，他们利用小作坊传统来生产家具，这些小作坊在整个战争期间未受影响。利用暖色木材生产更传统的产品等同于利用北欧工艺材料和技术对现有家具风格进行重造。20世纪50年代，许多北欧家具以平板包装的方式出口，或者经授权在海外生产。北欧对室内设计的影响迅速传遍世界各地。

4

5

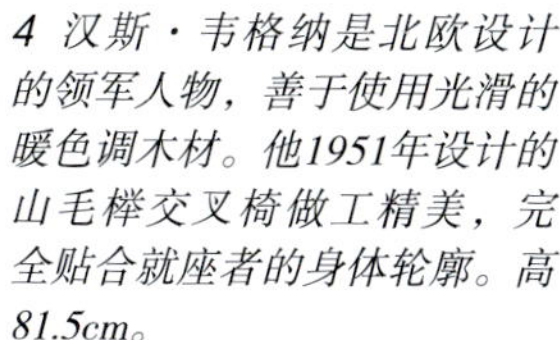

4 汉斯·韦格纳是北欧设计的领军人物，善于使用光滑的暖色调木材。他1951年设计的山毛榉交叉椅做工精美，完全贴合就座者的身体轮廓。高81.5cm。

5 韦格纳20世纪50年代设计的可叠放三条腿餐椅，使用了有机流体形状，该形状在第二次世界大战后具有举足轻重的地位，深受北欧现代设计者的喜爱。高72.5cm。

8 桑拿房里让人放松的凳子是最典型的北欧座椅形式。昂蒂·诺米斯耐米（Antti Nurmesniemi）的马蹄形凳子是1952年为赫尔辛基的宫殿酒店桑拿房专门设计的。高51cm。

6

7

8

6 层压汉森椅，由皮特·赫维特（Peter Hvidt）和奥拉·莫嘉德·尼尔森（Orla Molgaard Nielsen）共同设计，1950年由弗里茨·汉森家具公司生产。在判定一件设计是否成功的米兰三年展上，该款椅子获得了荣誉证书。高75cm。

7 伊玛拉·塔佩瓦拉（Ilmari Tapiovaara）设计的卢基椅，或长腿老爹椅，由芬兰艾斯堡学生技术村1951—1952年制作完成。塔佩瓦拉后来设计了许多类似的椅子。高90cm。

10 丹麦家具工艺超凡，技术缜密，质量无与伦比。芬·尤尔为尼尔斯·沃戈尔（Neils Vodder）设计的长靠椅展现了最上乘的北欧设计品质。高90cm。

9

9 芬·尤尔设计的卓越的木质家具展示了木材的轻巧和雕塑的可能性。他的酋长椅具有室内设计和家具设计的优美格调。高91.5cm。

10

陶瓷制品

雅致的外形和先进的图案

1 沙漏形状在20世纪50年代备受青睐。美国人理查德·拉瑟姆（Richard Latham）和雷蒙德·洛伊威为罗森泰瓷器公司创作了“2000系列”瓷器：用玛格丽特·希尔德布兰德（Margret Hildebrand）的印花图案和拉菲亚（Raffia，酒椰叶纤维）图案对其进行了装饰。咖啡壶高24cm。

2 斯塔福德郡制造商赶上了现代主义的潮流。由伊妮德·西尼（Enid Seeny）为里奇韦设计的“家庭主妇”系列餐具配以同时代各种物品的图案，如罗宾·戴设计的扶手椅。直径（大盘）38cm。

有机形式

2 在匈牙利出生的伊娃·泽西尔（Eva Zeisel）搬到美国之后，十分强调当时已经发展成熟的有机现代主义。与她1946年设计的“城市与乡村”系列餐具一样，这些作品往往没有手柄，其外形直接设计成适合抓握的样式。高（最高）11.5cm。

3 这个高大的花瓶形似摇曳着的草叶，于1946年由托尼·穆诺（Toini Muona）为阿拉伯陶器公司设计，外形是逐渐变细的有机形态，配以铜红釉面。

1 杰西·泰特（Jessie Tait）在罗伊·米德温特（Roy Midwinter）的家族企业W.R.米德温特公司中担任首席设计师，他创造了当代抽象风格的新图案样式。卡普里系列瓷器和米德温特的其他产品一样，既具有现代风格又适于在市场销售。宽（船形器皿）21.5cm。

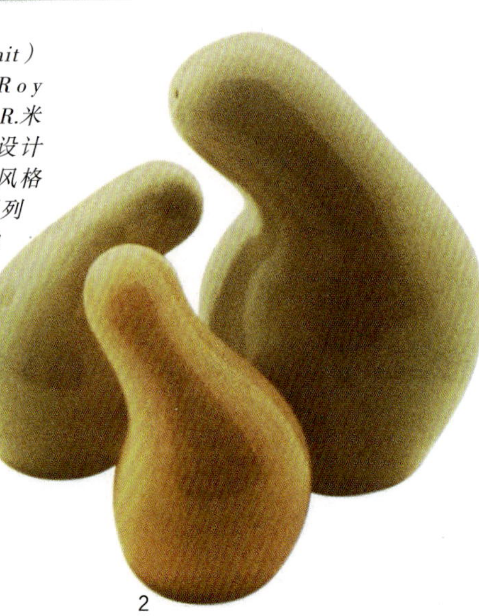

多元灵感

1

1 比埃罗·佛纳塞堤可以使用各种材料进行设计，包括陶瓷。其灵感范围从新闻纸、印刷品到建筑图纸，再到色彩鲜艳、由蔬果组成的超现实面孔设计，如图中1955年制成的沙拉盘所示。直径24cm。

英国艺术陶罐

1

1 20世纪50年代，英国杰出的陶瓷工艺家迈克尔·卡德在英国坚守着工作室陶艺传统，在炻器上配以雅致的手绘装饰。直径27cm。

2

2 露西·里（Lucy Rie）的工作室陶艺彰显着现代主义和简约设计的特征，外形受亚洲风格启发，使用抽象的剔花工艺图案作为表面装饰。从1950年开始，这些瓶子还出现了更轻便的版本，其中一个是炻器，另一个是瓷器，仅仅用雕刻出的带状平行图案和十字垂直线条进行装饰。最高17.5cm。

第二次世界大战后期的陶瓷设计体现了对实用主义的坚守，也不乏有机现代主义的前沿领域尝试。许多这一时期从业的设计师运用不同材料展现他们的才华，如家具、玻璃制品、陶瓷制品、塑料制品和金属制品，但也有其他设计师仍然坚守着工作室陶艺的传统。

陶瓷设计从第二次世界大战前现代主义的现代几何趋势发展到有机现代主义的形态，并开始出现在设计师的作品中，如在美国工作的伊娃·泽西尔和罗素·赖特。有机形态是曲线设计，所以即使有时没有手柄也便于手持。一些最具创造力的设计采用花瓶的形状，体现了这一时期人们对花卉摆放的热情。英国的普尔陶器厂和韦德陶器厂在这方面的创作引人注目。其中一些陶瓷产品与让·阿尔普和亨利·摩尔雕塑作品的生物形态有鲜明的相似之处。这种对当代陶瓷设计的全方位影响与黏土的韧性密切相关。

图案与别具一格的外观一样发生了变化，且发挥了同样重要的作用，使得陶瓷产品的外观焕然一新。第二次世界大战后，英国的陶艺设计进展缓慢。多数大公司都在迎合保守的市场，只有一位设计师除外，就是罗伊·米德温特，其家族公司W.R.米德温特公司模仿他在美国看到过的设计创作产品，同时他也鼓励团队以抽象的风格设计色彩鲜艳的图案。他将当代设计融入陶瓷，并引入英国，这种贡献极具影响力，甚至促进了两次世界大战之间陶瓷产业的复兴。诸如1952年和1954年分别推出的“风尚家居”和 “时尚”系列，以圆润的方形为外形，采用大胆的抽象图案或颜色多样的植物和动物图案进行设计。杰西·泰特和当时还年轻的特伦斯·康兰（Terence Conran）就是W.R.米德温特公司极富创造力的设计师。

1

3

3 爬行动物器皿，伯恩德·弗里堡（Berndt Friberg）于1954年制成。同样受到亚洲陶瓷外形的影响，弗里堡在瑞典古斯塔夫斯贝里陶器公司的设计表明，对其审美产生强烈影响的是中国宋代陶瓷。

1 格特鲁德·西格德（Gertrud Vasegaard）是一位从事工业设计的丹麦工作室陶艺师。1956年，她用柳条编织工艺为Bing& Grondahl公司设计的茶具套装，体现了源于日本的灵感，影响了丹麦的工作室陶艺设计。茶壶高21.5cm。

2 第二次世界大战后许多有才华的设计师都在多个领域跨界工作，比如罗素·赖特。他为易洛魁瓷器公司制作的陶瓷包括1946年的“休闲瓷”餐具系列，将有机现代主义创新性的柔和外形与硬质陶瓷坯体结合起来，保证在日常使用中更加耐用。直径30cm。

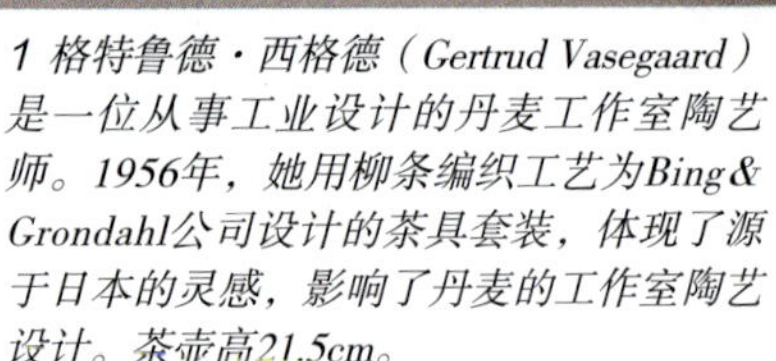

2

即便重视色彩、图案和形状，由于已经开始由工业化陶瓷公司进行大规模生产，工作室陶艺运动仍然持续拥有左右陶瓷设计的力量，尤其是在英国。第二次世界大战前，多产的伯纳德·莱奇主宰着工作室陶艺运动。后来，诸如露西·里和汉斯·考珀（Hans Coper）这样的陶艺工作者引入了更轻盈的外形和风格，或者使用剔花工艺设计出抽象的表面装饰——如雕刻出的平行线或交叉线设计，或者采用有趣的釉面效果。

有两家大公司主导了斯堪的纳维亚的制陶业，即芬兰的阿拉伯陶瓷公司和瑞典的古斯塔夫斯贝里陶器公司。卡伊·弗兰克（Kaj Franck）是阿拉伯陶瓷公司实用器具设计部门的负责人，由于有着制陶和玻璃设计方面的经验，他格外地适合这个职位。弗兰克对芬兰餐具设计的深刻影响长达半个多世纪。阿拉伯陶瓷公司对陶瓷设计和生产的看法颇有见地，不仅大规模生产其精心设计的产品，而且在赫尔辛基郊区的公司总部为一群艺术陶艺师设有专门设备，其职责仅是创造独特的产品，无须参与工业产品生产线的工作。这与瑞典的陶瓷生产有着明显不同：为瑞典制造商工作的陶艺师需要针对产品生产进行设计，而不是在大公司的赞助下创作一次性的工作室艺术作品。古斯塔夫斯贝里陶器公司在战争期间也没有停止生产，这比其他国家在20世纪40年代末才恢复餐具业务制造系统提前了10年之久。

巴勃罗·毕加索（ Pablo Picasso）是艺术家和陶瓷学家，其作品也是源自工作室陶艺的传统。虽然他在陶艺上没有受过训练，但他的设计理念解放了整个南欧的陶瓷学家。特别是在意大利，陶瓷设计倾向于使用雕刻和绘画工艺，在小规模的车间和工作室中进行生产，完全不同于斯堪的纳维亚和美国的大型制造商，对后者而言，统一的审美占主导地位。

先进的制造商

1 罗伊·米德温特是英国最先支持在美国生产新型曲线形状瓷器的厂商之一。其大胆的“时尚”系列为桌子设计了起伏的形态和坚固的有机形状。杯高7cm。

2 20世纪40—50年代，古斯塔夫斯贝里陶器公司中领先的设计师之一斯蒂格·林德伯格（Stig Lindberg）对形状和形态的兴趣不亚于图案和装饰。1955年，他的炻器作品司“碧萨·瑞柏”系列就是简单的黑白设计陶瓷。杯高6.5cm。

混合搭配

1 1948年，卡伊·弗兰克为阿拉伯陶器公司设计了“基尔塔”系列餐具，其背后的理念是，消费者可以混合搭配各种颜色，如白色、黑色、绿色、蓝色和黄色。这个系列满足了第二次世界大战后对廉价功能性餐具的需求。蒸锅直径20.5cm。

花瓶的形式

1 罗森泰瓷器公司采用“新样式”概念推出一系列瓷器。图中比思·库恩（Beathe Kuhn）于1955年制作的“新样式”花瓶，是一套有机形状系列瓷器中的一件。高35cm。

2 伯纳德·莱奇启发了整整一代工作室陶艺师，即使在第二次世界大战后，他的作品仍然保持着新鲜感和创造力。从1959年开始，他的炻器花瓶开始表现出日本陶瓷对其作品的强烈影响。

3 南欧工作室陶艺传统的典范是巴勃罗·毕加索。像这个时期的许多画家一样，他把注意力转向了陶瓷设计，开始制作极具原创性的作品，比如这个1955年的水罐。高31.5cm。

玻璃制品

基于自然的形式

1 从1950年开始，提莫·萨帕涅娃与伊塔拉玻璃厂合作制作了一系列令人叹为观止的精美作品，比如他在1953年制作的兰花花瓶。他首创的一种新工艺是蒸汽吹制法。玻璃是所有工艺美术中最具延展性的材料，可以制成拥有雕塑般不对称形状、具有当代设计特点的作品。高35cm。

2 这个气泡花瓶1954年由卡伊·弗兰克为努塔赫维制造，与其他斯堪的纳维亚作品相似，形式是光滑、简单的圆形。斯堪的纳维亚的设计极其成功且风格一致，因此不同公司的设计都表现出相似之处。高26cm。

3 英格堡·伦丁（Ingeborg Lundin）除了为欧瑞诗玻璃厂设计薄壁吹制餐具，也设计精美的雕刻玻璃。她最著名的设计是1957年制作的苹果形花瓶。高39cm。

毫无疑问，斯堪的纳维亚北部是当代玻璃设计的重镇。由于其简洁、抽象和间或不对称的形状，斯堪的纳维亚玻璃已经成为20世纪40—50年代设计的代名词。诸如伊塔拉、欧瑞诗和科斯塔等玻璃厂的名号甚至享誉至今。北欧的玻璃设计师有时为许多公司工作，在不同制造商之间传播他们各具特色的审美。

有机形态和抽象图案的流行对玻璃设计有着直接的影响。斯堪的纳维亚设计师无拘无束地试验各种抽象有机图案，与玻璃本身的性质完全吻合。熔化的玻璃是塑造动态且创新的本土制品之最佳媒介，而且这种材料中还可以注入迷人的半透明色彩。

毫无疑问，芬兰玻璃在第二次世界大战后一跃成为当代设计的前沿产品。设计领域的转型非同寻常，对注重风格的中产阶级来说极具吸引力，这种由设计领导的工业因而在国际上成了主导力量，尽管范围有限。塔皮奥·维尔卡拉最初接受专业培训是想成为一名雕塑家，1946年才开始其玻璃设计师的职业生涯。短短几年后，在1951年的米兰三年展（后来被称为芬兰的“米兰奇迹”）上，维尔卡拉展出了自己为伊塔拉玻璃厂制作的30个设计，并以其玻璃作品、展览设计和层压桦木碗赢得了奖牌。维尔卡拉的一些作品非常实用，其中包括功能性的水壶、碗和玻璃杯，即便如此，他的其他设计仍反映了其雕塑师的背景。基于自然物体的抽象形状在他的工业设计中占据了主导地位，比如他的地衣形器皿玻璃、叶形碗、蘑菇形花瓶和竹形器皿，这些作品均在国际市场广受欢迎。

不久之后，提莫·萨帕涅娃（Timo Sarpaneva）成为芬兰玻璃设计的领军人物。他将设计的抽象性提升到一个新层次，以雕塑般的纯粹设计赢得了辉煌和赞誉。在一些作品中，他采用了一种将气泡注入玻璃内的技术。不过萨帕涅娃制作的实用器皿色彩精美，也引起了广泛的关注。芬兰当代设计时期50%的玻璃由伊塔拉玻璃厂

1

2

3

1 尼尔斯·兰德贝里（Nils Landberg）是第二次世界大战后为欧瑞诗玻璃厂工作的一群年轻设计师之一。20世纪40年代中期，兰德贝里开发出了他的“彩色纸屑”系列，将有色螺旋包裹在有机形状的厚壁透明玻璃中。高25cm。

2 “手帕”花瓶是1949年维尼尼的慕拉诺公司生产的最受欢迎的产品。鲍罗·维尼尼和富尔维奥·比安科尼（Fulvio Bianconi）共同开发了这些设计，包括各种创新工艺，比如在不同大小、呈波浪形的玻璃内添加有花边的或宽带状的条纹。高28cm。

3 比安科尼和维尼尼在一起还开发了“佩扎托玻璃”，正方形的珐琅悬在玻璃器皿的主体上，看起来像拼布工艺。这个1951年制作的独特花瓶颜色和动态都极具维尼尼玻璃的风格。高33cm。

4 克莱卡花瓶由斯文·帕姆奎斯特（Sven Palmqvist）使用“渔网”工艺为欧瑞诗玻璃厂制作。高22cm。

5 维克·林德斯特兰德为瑞典科斯塔玻璃厂创作的雕刻设计只是其多样化作品的一个方面，其设计涵盖人像作品、雕塑、彩色玻璃衬底和许多实验性的作品。他制作的曼哈顿花瓶描绘了纽约几何形的杂乱天际线。高22cm。

6 弗洛里斯·梅达姆（Floris Meydam）是将荷兰玻璃独有的流动性和对鲜艳色彩的控制力应用于厚壁玻璃的设计师之一。高16cm。

4

5

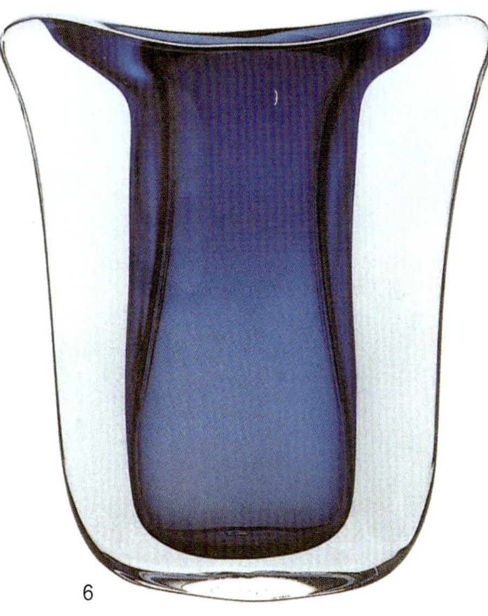
6

7

8

7 埃尔科勒·巴罗维尔1954年制作的新石器时代花瓶，体现了他在整个20世纪50年代尝试的独特色彩和纹理。意大利的Barovier&Toso公司是维尼尼的几个竞争对手之一。高25cm。

8 这个洛西花瓶是在1959—1960年由托比亚·斯卡帕（Tobia Scarpa）设计，维尼尼制作而成的，独具一格又别出心裁。该设计通过在横截面上使用珐琅藤条创造出了密集的马赛克式外形。高15cm。

大胆的形式和色彩

1 维克·林德斯特兰德约1950年为科斯塔玻璃厂制作的不对称脚碗，内部饰以红色和赭色的几何图案。高13cm。
2 哈第尔烟灰缸，由来自哈拉霍夫玻璃厂的米兰·米特拉克（Milan Metelak）和米洛斯·皮特尔（Milos Pulpitel）于1955年制作，该作品具有捷克斯洛伐克艺术玻璃的所有特征，捷克斯洛伐克的玻璃艺术家尝试了各种新工艺并引领了第二次世界大战后的流行趋势。高5.5cm。
3 吉奥·庞蒂和富尔维奥·比安科尼合作制作了这款华丽的鸡尾酒玻璃杯套组，通过铺设珐琅彩绘来实现充满活力的条纹图案。玻璃罐高18.5cm。

制造，该公司的明星设计师便是维尔卡拉和萨帕涅娃。

在斯堪的纳维亚，高度发达的制造业为设计师提供了设计的动力和结构基础。独立生产的工作室玻璃艺术家占据的比例很小。然而，这是捷克斯洛伐克艺术玻璃的常态，当地的设计直到20世纪50年代后期才得到国际展览的广泛认可。捷克斯洛伐克玻璃与其他国家和地区生产的同时代产品风格不同。捷克斯洛伐克的艺术玻璃与斯堪的纳维亚玻璃设计的抽象且流动的外形不同，不再将重心放在形式上，而是注重玻璃本身表面上的珐琅、雕刻和蚀刻装饰。其产品有时类似于抽象绘画，工作室玻璃的绘画和设计之间显然有着密切的从属关系。

意大利设计师也制作了极具创意性和广具吸引力的作品。意大利玻璃制作已经成为一种主要的历史力量，因此意大利设计师在20世纪40—50年代末创造出具有杰出独创性的作品并不令人惊讶。和第二次世界大战后的意大利其他设计一样，玻璃也是国际市场上最丰富多彩和绚丽夺目的。鲍罗·维尼尼振兴了传统的玻璃制作技术，将手工制作中的不规则设计、丰富多样的颜色、不寻常的纹理和形式加诸其作品之上。他的“手帕”花瓶在许多国家被复制，成为20世纪50年代设计的象征。慕拉诺岛是意大利玻璃生产的历史中心之一，在此工作的设计师也复兴了历史上的各种工艺，创造出独特先进的当代设计作品。

1

1 在20世纪40—50年代，郁金香的形状广泛应用于从时尚圈到家具界的所有领域。玻璃完全适合这种形状，而尼尔斯·兰德贝里1957年制作的郁金香玻璃杯是当时的时尚作品。高45cm。

2

2 阿恩·乔·尤特鲁姆（Arne Jon Jutrum）是那个时代挪威的几个玻璃设计师之一，他涉足多个不同的领域，但以玻璃设计最为著名。正如其在1959年制作的这个花瓶所示，他经常使用鲜艳的颜色配以亚光表面。高23.5cm。

3

3 卡伊·弗兰克在20世纪50年代中叶制作的卡拉夫瓶和玻璃杯美观简约、质量上乘，其设计受到了他对国内饮食习惯研究的影响。高23cm。

4

4 德国出生的发明家彼得·舒隆波姆（Peter Schlumbohm）20世纪30年代初在美国工作。他在1949年制作的沙漏形咖啡滤泡壶是其最著名的厨房制品。高28cm。

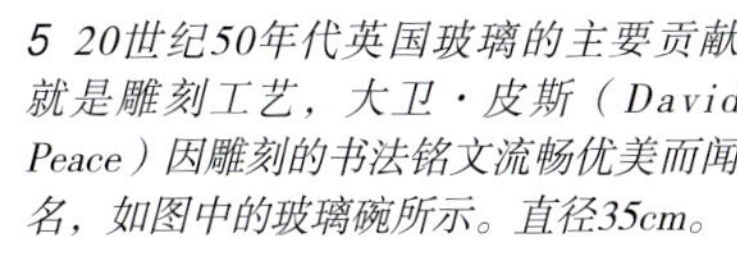

5

5 20世纪50年代英国玻璃的主要贡献就是雕刻工艺，大卫·皮斯（David Peace）因雕刻的书法铭文流畅优美而闻名，如图中的玻璃碗所示。直径35cm。

银制品和其他金属制品

从镀银到不锈钢

1

2

3

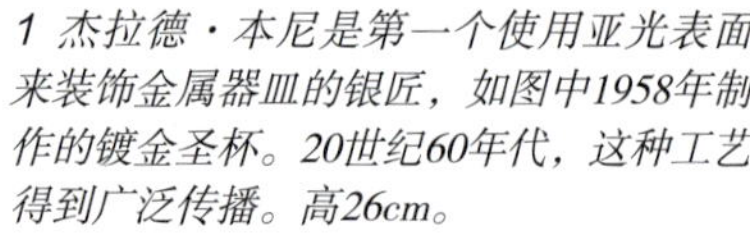

1 杰拉德·本尼是第一个使用亚光表面来装饰金属器皿的银匠，如图中1958年制作的镀金圣杯。20世纪60年代，这种工艺得到广泛传播。高26cm。

2 罗伯特·韦尔奇1958年设计的七枝枝状大烛台引人注目，灵感来源于其曾参观的伦敦杰克逊·波洛克展览。银器疙疙瘩瘩的表面看起来像波洛克绘画中的滴彩，也暗示着蜡烛熔化后的蜡滴。高60cm。

3 银器工艺师罗伯特·韦尔奇也为不锈钢制造商提供设计。他和设计餐具的大卫·梅勒一起，在1956年创造了其第一个桌上用品系列“坎普顿”。高28cm。

4 斯图尔特·德芙林（Stuart Devlin）1958年设计的咖啡套具，外形细长，将闪闪发光的金属银和尼龙这种创新材料结合在一起制成底座。咖啡壶高33cm。

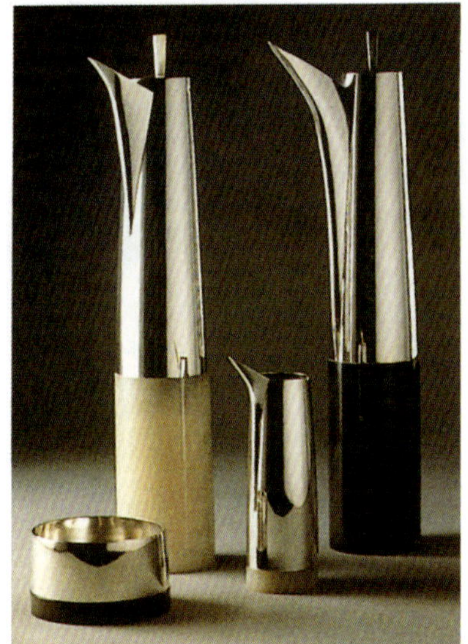

4

第二次世界大战刚结束时，工厂的主要生产活动都集中于最基本的必需品，贵重金属制成的奢侈品几乎无人问津。在20世纪中叶，随着家庭习惯的改变，设计作品中使用的材料也发生了变化。银和镀银不再是制作食物和饮料容器时最实用的材料。金属必须更加耐用。于是不锈钢和合金钢成为流行的新金属设计材料。在家具设计中广泛使用的铝仍继续用在餐具设计中。随着女性从事家务工作的方式突然发生改变，同时家务人员日益减少，人们的饮食习惯也发生了变化。餐桌上于是出现了用其他金属制作的餐具来适应这些变化。

此时，金属设计最引人注目又最具创新精神的两个主要中心是英国和斯堪的纳维亚。在瑞典和丹麦，工业制造系统培养了新一代卓有才能的金属匠和设计师，芬兰也有这方面的趋势，但稍稍逊色。

英国的情况截然不同，新的设计都源于私人工作坊。皇家艺术学院在金属加工方面以顶级的教学模式培养出了一批才华横溢的年轻设计师，来自虔诚金匠公会的开明赞助人也确保了设计师源源不断地产出富有活力的原创作品。杰拉德·本尼（Gerald Benney）在作品中采用的细长外形，实际上成为20世纪中期英国金属制品设计的主要特征。他为谢菲尔德公司的维恩斯餐具提供了银和锡镴制品的设计，罗伯特·韦尔奇（Robert Welch）和大卫·梅勒（David Mellor）则制作了不锈钢餐具以及一些精美的银制品。

在斯堪的纳维亚金属制品行业中，哥本哈根乔治·詹森公司的知名度最具影响力，第二次世界大战后该公司开始注重有机的雕塑式设计。许多艺术工匠都作为合作者加入乔治·詹森公司。公司的掌舵人是亨宁·科佩尔（Henning Koppel），他受过雕塑领域的专业训练，将相关工艺应用于金属设计之中，创造了一种黏土模型来生产银器或贱金属制品。

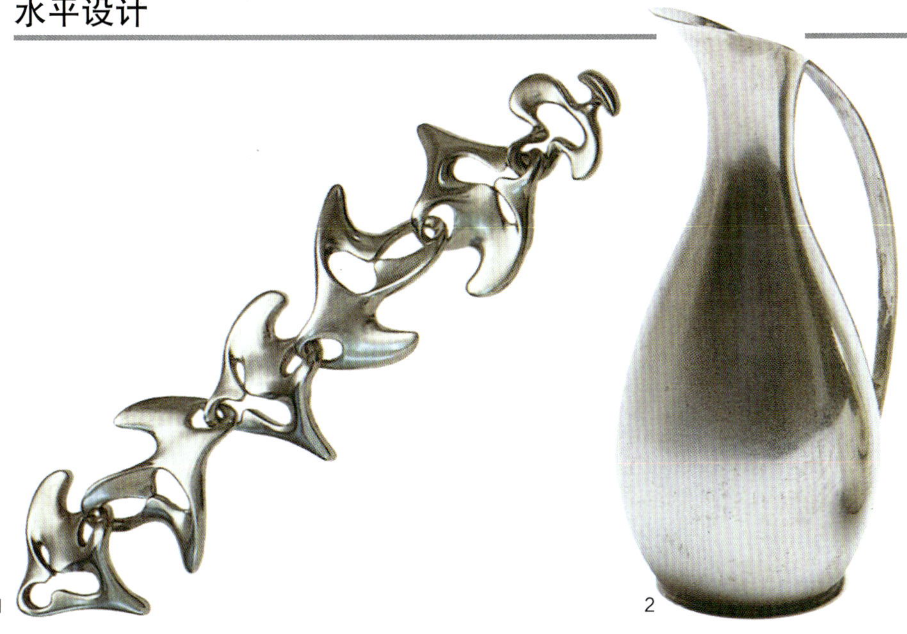

1 亨宁·科佩尔设计的金属制品显示了他对雕塑的热爱。1947年，他为乔治·詹森公司设计的银手镯形状类似于脊椎中咬合的骨头。长14cm。

2 亨宁·科佩尔于1952年为乔治·詹森公司设计的水壶，也许是20世纪40—50年代斯堪的纳维亚风格的典范，设计名为“怀孕的鸭子”，流畅的节奏和起伏的曲线展现了科佩尔高超的雕塑技艺。高24cm。

3 该作品命名为鳗鱼盘非常恰当，它看起来似乎会从桌子上滑出去。这件优雅的银器来自亨宁·科佩尔1954年设计的一系列鱼形餐盘，由乔治·詹森公司生产。长68cm。

5 利诺·萨巴蒂尼（Lino Sabattini）是20世纪50年代末法国克里斯托夫勒公司的设计总监，他创作了极具独创性的作品。然而，他并没有接受过任何银匠工艺方面的训练。其银制作品采用流线型工艺，源于他早期作为陶艺师的工作经历。他1959年设计的花形餐桌中心摆件是其精致流畅线条设计的最佳范例。长37cm。

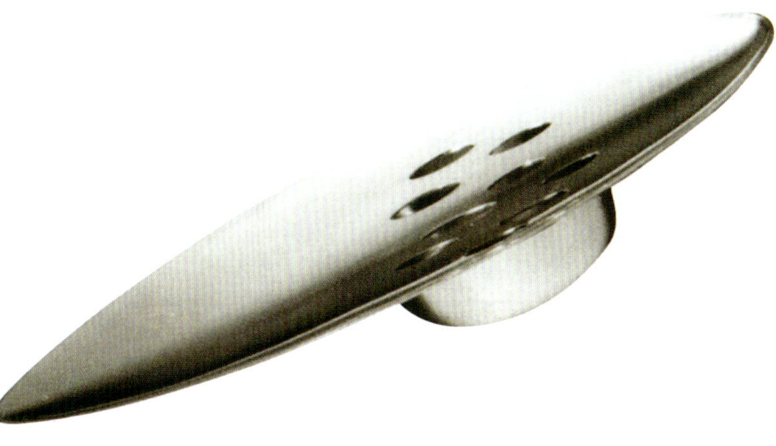

4 阿诺·雅各布森凭借其著名的椅子设计获得成功，但也从事照明、金属、纺织品和浴室配件的设计制作。詹森公司的主要竞争对手A.米切尔森公司雇用雅各布森于1957年设计了流线型的“AJ”系列餐具，一经面世即大受欢迎，之后多年仍在继续生产。长20cm。

6 桑博奈是一家家族企业，是意大利主要的不锈钢制造商。这家公司主导了餐具和烹饪用具市场，公司掌门人罗伯托·桑博奈（Roberto Sambonet）于1954年设计的鱼锅无疑是该公司最著名的产品。长30.5cm。

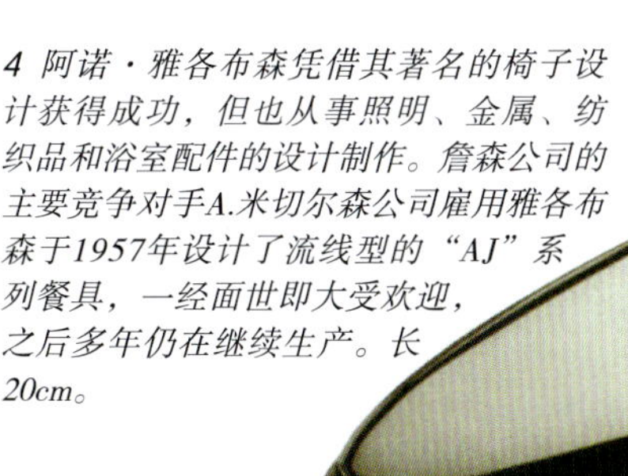

纺织品

大胆的图案

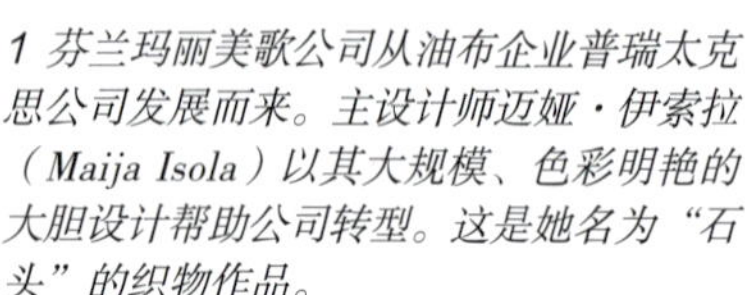

1 芬兰玛丽美歌公司从油布企业普瑞太克思公司发展而来。主设计师迈娅·伊索拉（Maija Isola）以其大规模、色彩明艳的大胆设计帮助公司转型。这是她名为“石头”的织物作品。

2 多萝西·利布斯是第一个用色彩鲜艳的非常规材料将手工技艺应用于批量生产的美国人。这件1950年制作的遮光帘使用了竹条、木榫、人造丝、棉布和金属丝。

3 吕西安娜·戴以其1951年设计的“杯盏”图案受到广泛称赞。该作品被认为是1952年美国市场上最好的纺织品设计。

4 瑞典人斯蒂格·林德伯格喜欢色彩鲜艳、充满活力的设计，就像这幅1947年的作品，带有有趣的成排陶器图案。

在整个欧洲和美国，第二次世界大战前已经建立的大型纺织制造商恢复生产，与主要的设计师紧密合作。此时，一批新兴的自由纺织品艺术家周旋于不同公司间，而一些创造潮流的家具制造商则扩大了生产用于室内陈设的纺织品，包括美国的赫尔曼·米勒公司、诺尔公司以及英国的希尔公司和大卫·怀特黑德公司。

新的纺织品采用抽象和线性的图案。一方面，在强烈色块上配以大胆且不规则的印花图案是当代设计时期纺织品的特征，但小而严格的图案重复也是成功之作。另一方面，设计师也尝试了新的织造技术和设计。美国的杰克·莱诺·拉森（Jack Lenor Larsen）站在了20世纪中叶纺织品的前沿，他成功地将天然和人造纤维结合在了一起。

英国的纺织工业曾经一度是欧洲的领导者，但到了20世纪50年代，却经历了收缩和衰落。

尽管如此，纺织品设计的整体质量却在上升。英国设计师的代表是吕西安娜·戴，她经常与其作为家具设计师的丈夫罗宾·戴合作。第二次世界大战后人们对艺术家设计的纺织品兴趣不断增强。亨利·马蒂斯、巴勃罗·毕加索、安德烈·德兰（Andre Derain）、亨利·摩尔、芭芭拉·赫普沃斯、约翰·派珀（John Piper）和格雷厄姆·萨瑟兰等设计师都被人说服去从事纺织品设计。甚至已经功成名就的雕塑家爱德华多·保罗齐（Eduardo Paolozzi）也在20世纪50年代为霍罗克斯公司设计了印花棉布。

玛丽美歌这一广为人知的芬兰家具和服饰纺织品制造商直到20世纪60年代才成为国际化的印花织物企业，不过第二次世界大战后斯堪的纳维亚的纺织品设计很有活力，很容易就能购买获得，最重要的是让人耳目一新。像其他国家和地区一样，许多独立设计师和制造商合作，而设计师进入纺织业的传统，甚至在第二次世界大战前就存在的手工织造系统中也延续了下来。

艺术家和手工纺织工的影响

1 

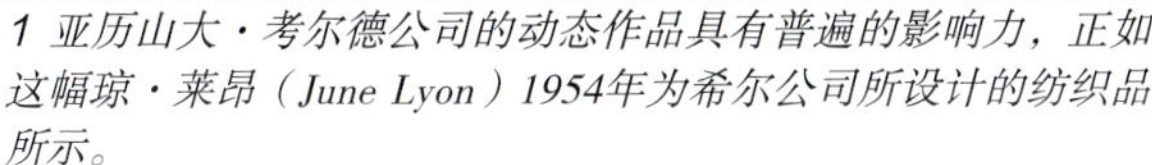

2 

3 

1 亚历山大·考尔德公司的动态作品具有普遍的影响力，正如这幅琼·莱昂（June Lyon）1954年为希尔公司所设计的纺织品所示。

2 赫尔曼·米勒公司定期委托设计师设计装饰性织物。这件印花棉布名为“雨”，1953年由专门从事室内设计与展览设计的建筑师亚历山大·吉拉德（Alexander Girard）创作。平面内大胆的用色和抽象的形状是其作品的典型特征。

3 像赫尔曼·米勒公司一样，诺尔公司生产的家具装饰织物的面料。芬兰出生的玛丽安·斯特伦格尔（Marianne Strengell）是一名富有天赋的手工纺织工，专为机器生产设计纺织品。

更抽象的设计

1 

2 

1 在克里斯汀·迪奥1947年的服装发布会之后，后来的设计被称为“新风貌”。弗里德林德·德·科尔贝塔尔多（Friedlinde de Colbertaldo）为大卫·怀特黑德公司设计的抽象装饰性织物受到了抽象绘画的启发。

2 1959年，奈杰尔·亨德森（Nigel Henderson）和雕塑家爱德华多·保罗齐为赫尔贸易公司设计的一件黑白家具装饰织物，名为“煤层截面”，带有二维设计的图案，纺织质量极为出色。

塑料和电器

塑料带来的可能性

1 1950年出品的"玛格丽特碗"，西格瓦德·伯纳多特王子（Prince Sigvard Bernadotte）和阿克顿·比约恩（Acton Bjorn）的作品，至今仍是完美的厨房用具。伯纳多特还设计了银器和家具。高12.5cm。

2 20世纪初开发的金属铝和三聚氰胺这种塑料结合起来制成了这款意大利方块烟灰缸，1957年由布鲁诺·穆纳里（Bruno Munari）设计，丹纳斯·米兰诺（Danase Milano）制造。高8cm。

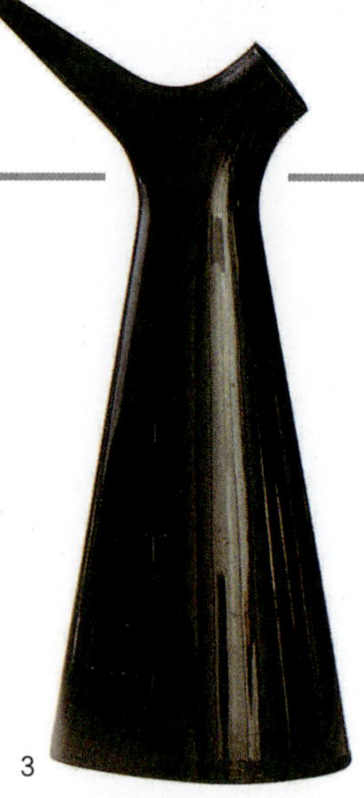

3 卡尔-阿恩·布雷格1957—1958年设计的果汁罐，这件作品表明塑料是用来准备和储存食品的一种理想材料。布雷格是一位多产的设计师，为瑞典的古斯塔夫斯贝里瓷器公司设计餐具、多用途塑料和卫生洁具。高33.5cm。

4 1949年塔珀伯爵设计的带盖塑料碗，因为发明了聚乙烯塑形法和一种密封装置，塔珀伯爵的这类作品彻底改变了食物储存的方式。直径15.5cm。

5 用塑料来制作一般的家庭用具是有实际经济价值的，但是吉诺·科隆比尼（Gino Colombini）甚至在最基本的家用器具上也没有妥协，依然追求好的设计，比如他1955年设计的这个塑料垃圾桶。

在当今世界，没有塑料的生活是无法理解的。20世纪初，科学研究将第一批塑料带给了消费者。到20世纪中叶，欧洲和美国的设计师已经带着自身生产技术方面的知识和对新材料的渴望，深深融入塑料产品的制造过程中。塑料发展成为一个几乎影响生活方方面面的主要产业——从提供更好的包装和新的纺织品，到允许人们生产各种奇妙的产品和尖端技术产品，如电视机、汽车和厨房电器。

第二次世界大战后的社会变革引起了人们对厨房及相关设备的重视，特别是在欧洲。装备齐全的厨房很快就普及开来，配备了色彩鲜艳的福米加塑料贴面以及各种精简的设备来节省劳动力，如冰箱、吸尘器、电动搅拌机、水壶和洗衣机。空间的局促意味着设计往往注重紧凑性，许多由金属和塑料组合而成的新用具清洗起来既简单又容易，有时外观上看起来像诊所设备一样没有任何装饰。

第二次世界大战后出现了一些引人注目的标志性抽象形式，塑料作为一种新的材料可以用来实现这些构想，家具设计由此也深受影响。20世纪50年代，人们选择塑料来制造家具不仅是因为其惊人的延展性，还因为可以将其塑造成设计师推崇的极为有机的形式。另外，塑料制品可以简单地用海绵清洗。家具设计师查尔斯·伊姆斯致力于更好地理解塑料技术，他与真利时塑料公司密切合作，想要完善树脂浸渍的玻璃纤维外壳，用来制作塑料椅子。除此之外，家具设计师发现，塑料层压板能够以类似于传统饰板的方式来使用，可以在塑料表面涂上朴素或鲜艳的颜色，也可以用其代替彩绘的饰面。织物设计师也开始使用合成纤维，将其与传统材料一起融入编织工作中。如果用塑料织成家具衬套的话，会比其他容易磨损的织物衬套更结实耐用。

塑料制品与餐桌上的家用物品一起在第二次世界大战后的家庭中发挥了完美的作用。塑料耐用又不易损坏，正如许多新电器表面上也是为了让家庭主妇的工作变得更轻松，塑料制品也意在简化家庭生活。人们并没

6 从图中20世纪50年代中期的作品可以看出，塑料衬套为户外家具开辟了全新的可能性。高85cm。

7 打不破的合成蛋白质纤维餐具，乔治·尼尔森的作品，耐用性强，同时给餐桌带来了强烈的色彩。有多种款式可供选择。

8 罗素·赖特从20世纪30年代后期开始在美国普及现代风格，在整个50年代仍继续给大众带来富有灵感的设计。他使用多种材料从事设计工作，包括金属和陶瓷，又以其为北方工业化学公司设计的“梅尔马克”餐具冒险涉足了塑料餐具行业。大浅盘长37cm。

7

8

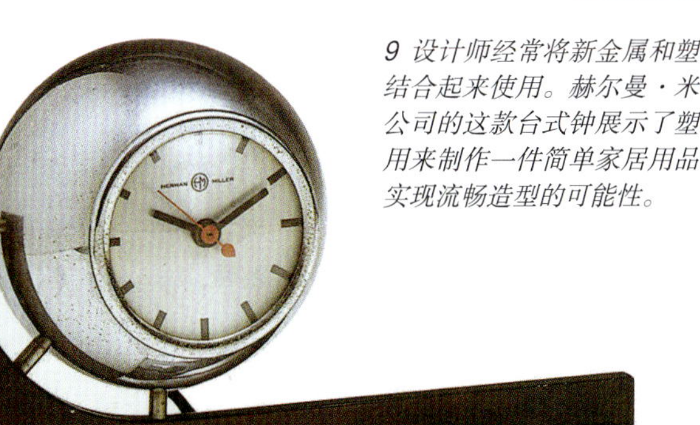

9

9 设计师经常将新金属和塑料结合起来使用。赫尔曼·米勒公司的这款台式钟展示了塑料用来制作一件简单家居用品时实现流畅造型的可能性。

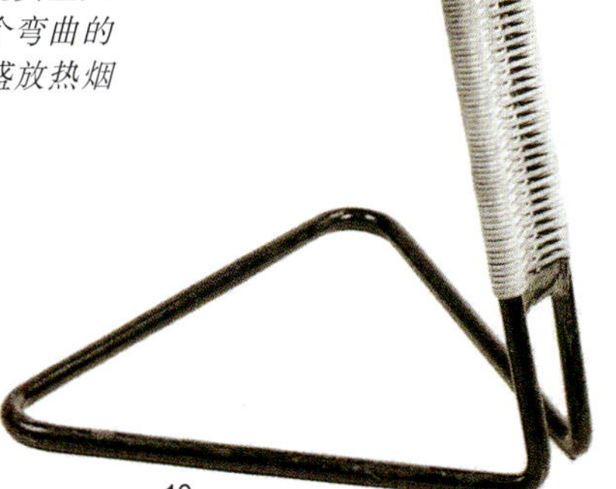

10

10 塑料的可塑性让设计师们获得了前所未有的自由。这个由凯隆设计的超现实主义烟灰缸底座放在一个弯曲的金属架子上，用来盛放热烟灰。高65cm。

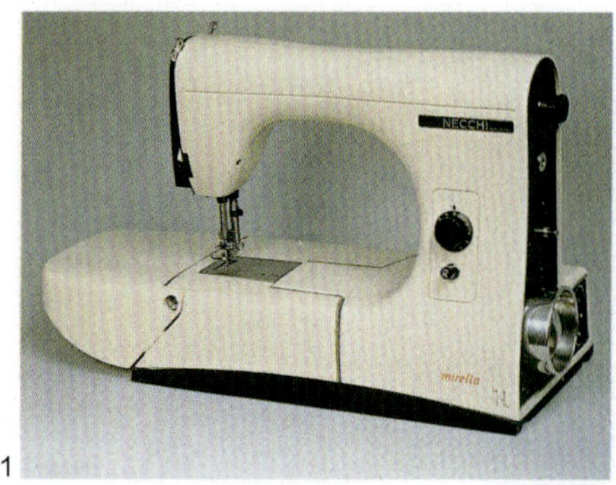

1 如果一件电器也可以是雕塑作品，那么马塞洛·尼佐利的设计提供了最好的范例。他为意大利奥利维蒂公司设计了具有传奇色彩的“莱克西康80”和“莱特拉22”型打字机，但其工作也延伸到了缝纫机的设计。1957年他为内奇公司设计的“米雷拉”缝纫机有着雕刻般的线条。长45cm。

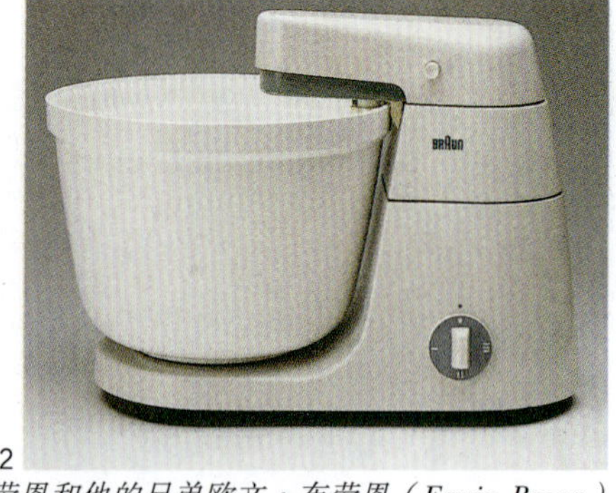

2 格德·阿尔弗雷德·穆勒（Gerd Alfred Muller）设计了布劳恩公司最著名的一些产品，包括这个外壳用聚苯乙烯制成的厨房电器KM3，1957年制成。简洁的线条和理性的设计为第二次世界大战后的厨房带来了秩序感和效率。长50cm。

3 阿图尔·布劳恩和他的兄弟欧文·布劳恩（Erwin Braun）1951年接管家族无线电制造公司时，在功能主义中创造了一种新的设计美学。这台台式收音机SK2由阿图尔·布劳恩和弗里茨·艾希勒（Fritz Eichler）在1955年设计，是一件体现其典型风格特征的产品。高15cm。

4 雷蒙德·洛伊威是一位多产的设计师，作品无处不在。在20世纪40—50年代，估计4个美国人里就有3个人每天都会接触到他设计的一种产品。洛伊威早在1948年就推出了一款按键式电视机，这是同类产品中的第一款。

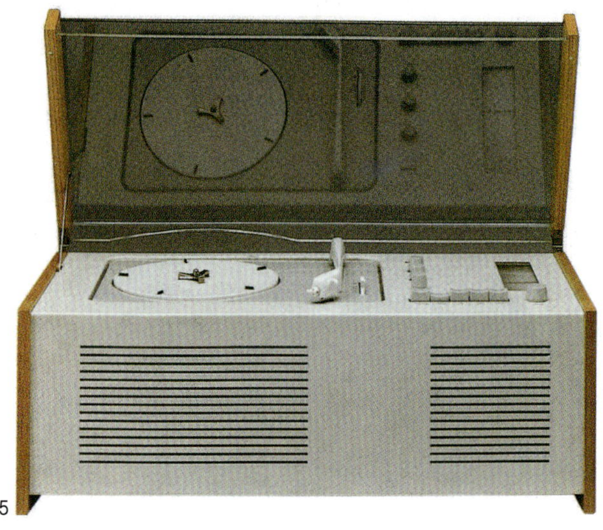

5 迪特·拉姆斯（Dieter Rams）将布劳恩公司发展成为最有影响力的家用电器设计公司之一。这件收音机和唱片机组合装置SK4 Phonosuper于1956年由汉斯·古格罗特（Hans Gugelot）设计，是一系列革命性的留声机和收音机组合设备中的第一款。宽58cm。

有嘲笑塑料是仅供厨房使用的劣等材料：早在20世纪40年代后期，许多塑料制品就因其精美的设计而备受好评。1947年，《美丽的房子》杂志上刊登的一篇文章指出，塔珀伯爵设计的带密封装置的容器令人惊叹，可以与艺术品相媲美，其材质就像雪花石膏和玉石。

其他具有里程碑意义的物品包括西格瓦德·伯纳多特和阿克顿·比约恩1950年设计的“玛格丽特碗”、卡尔–阿恩·布雷格（Carl-Arne Breger）1959年设计的“盖桶”以及罗素·赖特为北方工业化学公司设计的“梅尔马克”（Melmac，密胺树脂）餐具。设计师常常会与科学家携手合作设计新材料，但更常见的情况是，他们创造出适合新材料的物品。

第二次世界大战后的设计师全心全意地相信，设计能够给日常生活带来力量。为工作室设计独特作品的设计师开始为工业创造作品，工业设计师也为玻璃和瓷器提供设计理念。当代设计承诺了一种信念，即事物的外观会影响我们体验周围生活的方式。

对家电设计师来说，第一要务是塑造一个能够实现其目的的物品。这种对功能主义的重点关注主导着日常用品设计的风尚，比如剃须刀、收音机、烤面包机、台灯、电视机，甚至包括圆珠笔。马塞洛·尼佐利（Marcello Nizzoli）设计的“米雷拉”缝纫机曲线优美；阿图尔·布劳恩（Artur Braun）1955年设计的收音机简洁明了；雷蒙德·洛伊威设计的按键式电视机在图像效果方面大获成功。所有这些设计师都有着超凡出众的才能，他们将功能与形式相结合，创造出了一些令人满意至极的家居用品。

6

7

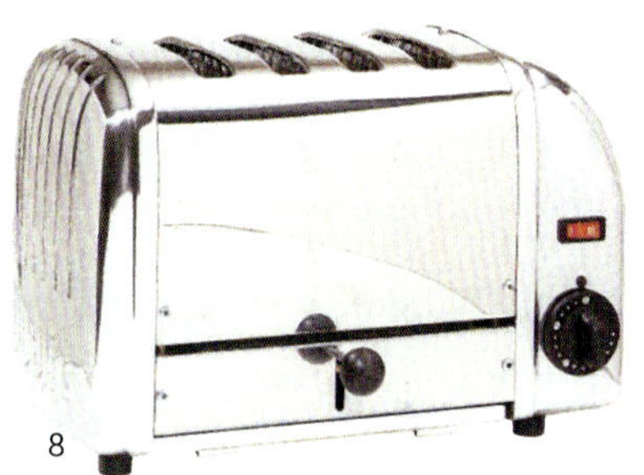

8

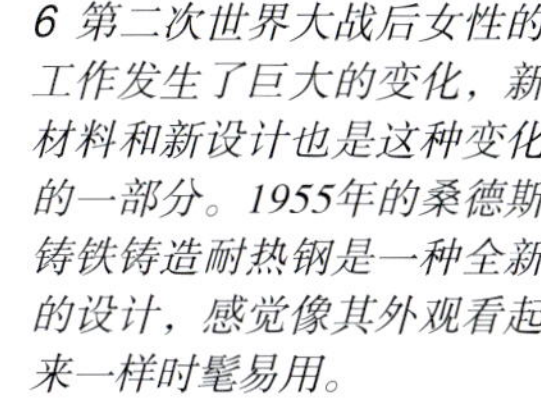

6 第二次世界大战后女性的工作发生了巨大的变化，新材料和新设计也是这种变化的一部分。1955年的桑德斯铸铁铸造耐热钢是一种全新的设计，感觉像其外观看起来一样时髦易用。

7 这些1954年出品的台式风扇很容易被误认为是飞机的零件。设计师埃齐奥·皮拉利（Ezio Pirali）是意大利齐洛瓦电器公司的董事。直径25.5cm。

8 即使新技术和新设计飞速发展，这款由得力公司制造的镀铬烤面包机在家用电器市场上仍然长盛不衰。长36cm。

9 20世纪50年代的电视机设计从雷蒙德·洛伊威1948年设计的按键式电视机发展到罗宾·戴1957年为派伊公司设计的这种时髦电视机和支架，罗宾·戴最终成为一名家具设计师。电视机显示器长43cm。

9

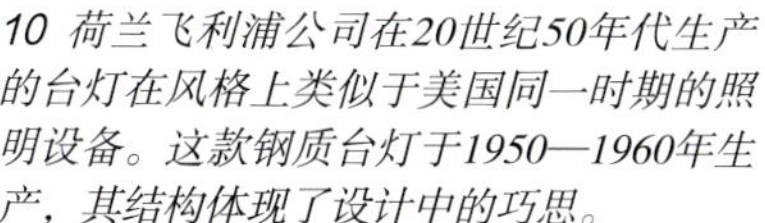

10 荷兰飞利浦公司在20世纪50年代生产的台灯在风格上类似于美国同一时期的照明设备。这款钢质台灯于1950—1960年生产，其结构体现了设计中的巧思。

11 盖塔诺·斯科拉里（Gaetano Scolari）是意大利斯蒂诺沃公司的设计师。就像这款1955年的标准台灯一样，他的设计符合斯蒂诺沃美学理念中对清晰线条和功能性灯具配件的要求。

10

11

太空时代

1960—1969年

引论

爱必居公司的创始人特伦斯·康兰曾总结过20世纪60年代设计的一个关键要素："大约在60年代中期出现了一个奇怪的现象，人们不再有什么必然的'需要'，'需要'因而转变成了'想要'……在生产人们'想要'而不是'需要'的产品时，设计师的作用变得更加重要。"这个根本性的改变意味着设计不再只是意味着功能性、经济性、可靠性和使用寿命，而是同样包含了冲击力、身份和时尚。人们可支配的收入逐渐增加，闲暇时间延长，期望值也在提高，再加上对新奇事物和刺激的无尽渴望，这一转变也成为一个设计主题，吸引着越来越富裕的公众群体。

20世纪60年代是变革的年代，变革几乎总是被视为"进步"。进步是这个年代的试金石之一，用来证明从时尚到技术和道德等不同领域发生的一系列变革具有其合理性。的确，人们不仅认为进步是大家都渴望的，而且还是不可避免的。英国新工党领袖哈罗德·威尔逊（Harold Wilson）表示："技术革命的白热化将催生一个任人唯能的无阶级社会。"60年代初，"太空竞赛"的开始就体现了这种进步的精神。年轻的美国总统约翰·F.肯尼迪宣布："我相信，在这个'十年'结束之前，我们的国家应该致力于实现的目标是让人类登上月球并安全返回地球。在这一时期，没有其他任何一项工程能给人类留下更深刻的印象。"按照哈罗德·威尔逊等政界人士的说法，太空时代是"一个突破性的时代，我们由此进入历史上一个激动人心的美妙时期，所有人都能够参与其中，而且必须参与其中。特别是我们的青年男女，他们手中掌握着改变世界的力量。我们想让英国的年轻人去迅速攻占知识领域的新前沿……"。

第二次世界大战后的社会革命也在20世纪60年代结出了硕果。阶层固化的社会正迅速被一个任人唯能的进步社会所取代。在这个新的社会里，年轻人只要有才能，就有大量的机会——这种机会现在已不再为过去既定的标准所界定。这是一个流动性很强的时代——每个人似乎都"在移动"，无论是个人意义上还是社会意义上。这也是一个生活方式不断改变、道德准则和惯例更具包容性的时代，由此经常导致因循守旧的人和年轻人之间发生摩擦，甚至引起"代际战争"。由于有一种一切皆有可能的感觉，对未来又有着无所畏惧的信念，毫无疑问，这10年是年轻人的大好时光。

左图：维奈·潘顿1960年设计的潘顿堆叠椅。这把20世纪60年代著名的未来主义椅子看起来似乎像液体一样流动，产品有多种多样的颜色。高83.5cm。

对页：在大众媒体和大众流行的想象中，伦敦的卡纳比街让人想起了20世纪60年代的一切——冲击力、活力、视觉过剩、明亮、大胆、冲突的装饰，当然，还有青春。汤姆·索尔特（Tom Salter）具有时代特征的绘画作品代表了激情和活力。

Kids

1 披头士乐队代表了那个年代所有年轻和新颖的东西：自信、鲁莽、时髦又机智。在一位老派守旧的评论家看来，他们的声音让人"联想起一群饥饿食人族的晚餐音乐"。这样的批评对乐队的年轻听众来说就像音乐一样动听。

2 安迪·沃霍尔（Andy Warhol）1962年的作品"汤罐"，在抽象表现主义的英雄主义精神之后，图中这样的波普艺术似乎否定了所有在艺术中应该被认为重要的东西。但对大众传媒时代的孩子们来说，流行的消费主义主题赋予了波普艺术真正的意义和吸引力。

3 肯尼迪总统宣称："与人类登月相比，（20世纪60年代）没有其他任何一项工程能给人类留下更深刻的印象。"这种追求确实抓住了大众的想象力，并提供了丰富的意象来源，影响了众多设计师。

1959年，《时尚》杂志曾指出，"年轻"一词正在成为"时装、发型和生活方式等方方面面富于说服力的一个形容词"。到1963年，媒体已经痴迷于年轻人的价值观、潮流和偶像。流行音乐，无论是"披头士"乐队、"滚石"乐队、"谁人"乐队、"海滩男孩"乐队还是"摩城"音乐，已成为年轻人的召集口号，也常常成为他们的战斗号角，用作反抗的工具和表达身份的手段。无数的唱片得到发行，其中一些成为热门，但大多数都默默无闻。流行音乐追求的是"唯变不变"的时尚状态。1962年，乔治·梅利（George Melly）曾指出，年轻人要求"……音乐就像一包香烟一样转瞬即逝，就像一个纸杯一样可以抛弃"。年轻人想要的是此时此刻的音乐。时尚也紧随其后，并在1963年迅速成为人们广泛关注和争论的话题。正是在这个时候，"流行"（pop，音译"波普"）一词成为与年轻人有关的任何风格或声音的流行语，包括新的绘画风格——"波普艺术"。

20世纪60年代，年轻人成为一个重要的消费市场群体，原因有二：首要的原因是经济因素，充分就业和父母日益富裕意味着青少年和20多岁的年轻人拥有数目诱人的可支配收入，因而成为一个非常抢手的消费群体。其次，第二次世界大战后的"婴儿潮"意味着从人口统计学的角度来看，新一代的年轻人是人口的重要组成部分。

消费社会也改变了年轻人的态度。"大众传播时代的孩子"是第二次世界大战后出生的第一代，对战后艰苦朴素的作风几乎没有什么记忆。他们有钱挥霍，而且受到消费主义社会的鼓励。这一特点也在20世纪60年代10年间的设计中完美地反映和表达出来。设计风格不仅是由当时的社会和文化力量所形成的，而且反过来也有助于塑造后者。年轻的心情、新奇的精神和充满欲望的气质在报纸周末版的彩色增刊中以最具诱惑力的方式描绘出来（彩色增刊是那个时代的象征之一）。这些增刊处理设计问题的方式在英国《星期日泰晤士报》彩色增刊第一期的“为生活设计”专题中得到了体现。该杂志在1962年创刊后不久就有了这个专题，相关文章中写道：“糟糕的设计已经成为任何想扔砖头之人的目标。因为好的设计被视为一种神圣不可侵犯的东西。对功能的态度也很快发展到了荒谬的程度，人们开始痴迷于各种消费者测试。但是有的时候，就是有人渴望买一些又丑又不实用的东西。”

这种言论既抨击了20世纪50年代斯堪的纳维亚风格的优雅品位，又指责了消费者测试杂志上理性而客观的产品设计分析。彩色增刊与这些都不同，它鼓励了一种感性而主观的设计方法，以设计是否新颖、是否值得拥有、是否时尚为标准。这是爱必居这样的家居公司——据其创始人特伦斯·康兰称，这是一家“为喜欢换换口味的人开设的商店”——成功采用的一种方法，即为了满足年轻、专业且追求更高地位的买家之愿望，推出了一套折中的设计组合，从时尚产品、实用家居到经典设计，无所不包。

20世纪60年代，马塞尔·布鲁尔的瓦西里椅等经典设计被复制出来，包豪斯学派和荷兰风格派的设计也经历了多次重大的重估和展览。到20世纪60年代末，现代主义设计不再是少数几个设计信徒的专利，而是被整个中产阶级所接受，并进入办公室和家庭内部。然而，其中也发生了一种转变。现代主义已经失去了其道德权威，曾经是一场神圣道德运动的东西，现在仅仅变成了一种设计风格，成为了解精致生活方式的一部分。现代主义经典设计与意大利小玩意、19世纪的“楼下”烹饪设备、乡村松木家具、一次性塑料餐具和新艺术运动风格的纸袋一起，出现在色彩丰富的陈列室里。的确，20世纪60年代设计的特点不是任何风格上的统一或审美上的相似，而是风格、形式的日益多样化。除此之外，还有对设计在社会中所扮演的角色及其自身性质的不同态度和价值观。

4

5

4 丹尼斯·拉斯顿（Denys Lasdun）设计的国家剧院，位于伦敦，1967—1976年完工。伦敦的南岸代表了建筑行业对柯布西耶风格混凝土原材料的热爱。此外，借用一位重要建筑师的说法，还有对“粗野主义”的热衷。这是对品位和“礼貌举止”的一种反抗。

5 迷幻的图形，维克多·莫斯科索（Victor Moscoso）的作品。迷幻风格以其“纯粹主义”的形式表达了反主流文化的价值观，代表了反叛、折中主义、青春、感性以及一种以毒品、音乐和性为主要特征的酒神精神。

家具

时尚新椅

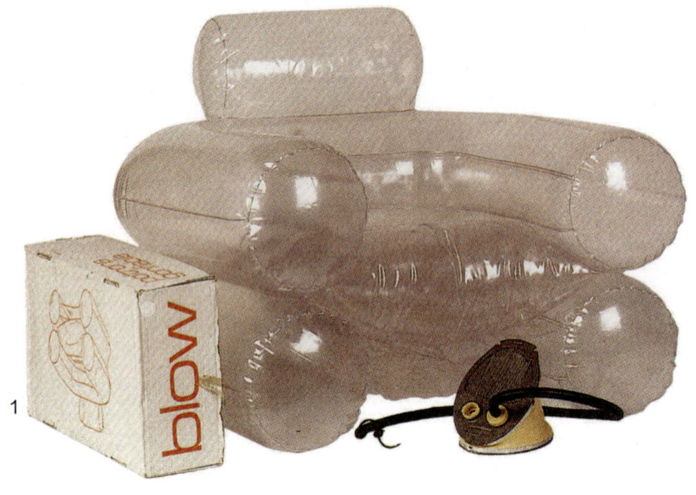

1 充气椅，卡罗·斯科拉里（Carlo Scolari）、多纳托·乌日比诺（Donato D'Urbino）、保罗·洛马齐（Paolo Lomazzi）和乔纳森·德·帕斯（Gionathan De Pas）的作品，1967年制成。这把椅子迅速成为时尚之物，代表即时和新颖的时代，尽管其形状仍比较传统。高83cm。

2 萨科豆袋椅，皮尔罗·加蒂（Piero Gatti）、切萨雷·保利尼（Cesare Paolini）和弗兰克·特奥多罗（Franco Teodoro）的作品，1968年制成。构成这把椅子的1200万粒颗粒可以呈现就座者的身形，因此能满足不同的坐姿。有8种颜色可供选择。高68cm。

3 4801椅，居奥·科伦波（Joe Colombo）的作品，1963年制成。3块胶合板相互交叉而成，看起来像雕塑，甚至有点儿孩子气。有4种颜色供选择。高58.5cm。

20世纪60年代，批评家马里奥·阿马亚（Mario Amaya）在《旁观者》杂志中说道：当代实验性家具设计者，“……在通过使用新材料、创新形状和形式方面，可以与画家和雕塑家相提并论”。这个大胆的家具实验时代可追溯到20世纪50年代中叶，当时关于材料和形状的新思考所催生出来的设计反映了时代的富足和更强的个人主义特点。查尔斯·伊姆斯的模压胶合板外壳和670羽绒皮质休闲椅（以及配套的脚踏）最初生产于1956年，很快成为有设计意识的大众最为觊觎的椅子之一，即便不是唯一。该作品同时也反复出现在室内设计年鉴和20世纪60年代的高端杂志中。

玻璃钢在20世纪50年代实验性的椅子设计高端市场中已经成为越来越常用的材料。在家具行业，艾罗·沙里宁1956—1957年设计了郁金香椅，其流动的有机形状对年轻一代的椅子设计师产生了巨大影响。维奈·潘顿1960年设计的潘顿堆叠椅是第一把一次模压成型的玻璃钢椅。

伊姆斯、沙里宁和潘顿设计的椅子也许能为20世纪50—60年代早期的设计年鉴添光加彩，却没有走进普通家庭。这个时候的大众品位适用于“殖民的”“朴素的”和仿古董风格。但是崭露头角又有设计意识的年轻设计师无法接受这种受欢迎的传统品位。他们追求的是现代而有吸引力的设计，而不一定是他们会保留数十年的家具。这一时期，北欧家具在有设计意识的中产阶级家庭很常见。这种家具风格，用当时的广告语来形容，就是“轻巧”“色彩明亮”“材质挺括”“线条简单清晰”，其吸引力在于设计典雅、精致、自然。

20世纪60年代早期出现的文化变迁意味着即使是当代的北欧设计也受到了彩色增刊的批评。普丽西拉·查普曼（Priscilla Chapman）在1965年《周日电讯报》的彩

储物系统

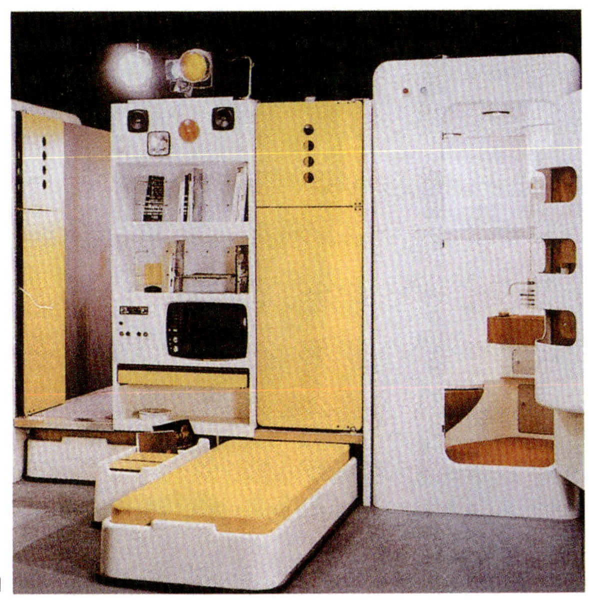

1 附加生活系统，居奥·科伦波的作品，1968年制成。20世纪60年代末的货币理念是购买灵活、适用的家具。科伦波的标准零件允许以多种方式进行组合。

2 “波比”储物柜，居奥·科伦波的作品，1968年制成。意大利20世纪60年代末的许多塑料家具设计直到70年代都很受欢迎，尽管塑料的时尚性和成本都受到了能源危机的影响。

意大利的雕塑椅

1 托加椅，塞尔吉奥·马扎（Sergio Mazza）的作品，1968年制成。这款椅子光滑的圆形，加上完美的表面以及橙色与白色的组合表达了20世纪60年代末的设计精神。高65cm。

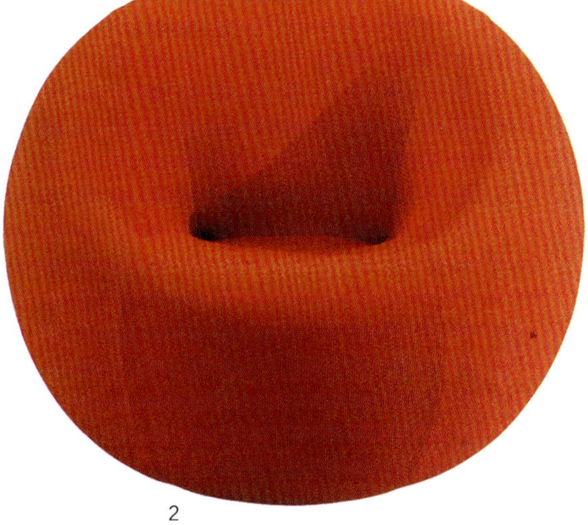

2 Up1号椅，盖特诺·佩斯（Gaetano Pesce）的作品，1969年制成。佩斯说这类设计“反对一切有限的、受阻的、静止的、不变的、可预见的、可规划的、可能的、绝对的、一致的、持续的、统一的和单调的……”。

3 唐德罗摇椅，切萨雷·伦纳迪（Cesare Leonardi）和弗兰卡·斯塔基（Franca Stagi）的作品，1967年制成。这把摇椅被描述为“半艺术品”，展示了20世纪60年代的家具充满雕塑色彩的趋势。有3种颜色可选。

1 爱必居家具店室内，20世纪60年代。随着1964年首家爱必居家具店开业，"生活方式"设计全面到来。特伦斯·康兰旨在经营一家"多姿多彩、为时髦人士而开的店"。

2 纸家具，彼得·默多克的作品，1964年出品。纸椅的象征性强于其功能性，预示着真正的、有趣的一次性家具的到来。高68cm。

3 丙烯椅，罗宾·戴的作品，1964年出品。戴属于老一辈设计师，本质上是现代主义风格设计师，其追求标准化、简约和匿名。高81cm。

色增刊中批评说："……杂草丛生的小房间。中性的房间里堆满了乏味的柚木餐具柜、光滑耐污的桌面、破旧的椅子和让整个屋'变亮'的瑞典玻璃。问题是这些房间太枯燥了。"

20世纪60年代的家具发展趋势和公司文化的发展息息相关。新公司总部和办公室单元模块的装饰风格都遵循统一的现代审美观。

大学和医院等公共建筑的兴建也快速增加，这些建筑往往使用拆装家具。拆装家具的零部件可以更换，因此生产成本低，替换简单、经济。这样的家具在市场上有销售，可以购买成套部件并在家组装。与标准家具相比，拆装家具稍微便宜一些，由于容易储存，很有可能随时有现货，可以及时购买，更方便运回家中。但是，20世纪60年代中期，大部分的拆装家具外观都很传统，对那些渴望"年轻"时尚家具的人来说，吸引力不足。

正如一位评论员1965年所评论的，购买时装、跳迪斯科的年轻人不可避免地"喜欢拥有最新颜色、流行形状和野性花纹图案的家具。他们喜欢的家具很廉价……用气雾喷雾器就可以重新喷漆，或者出现新款式、新图案或是新颜色的时候，旧的家具就可以扔掉"。

"纸"椅是20世纪60年代时髦的一次性家具典范。"纸"椅常常是由3种不同的纸做成5层板，饰面可洗、耐磨，可以使用3～6个月。椅子冲压成平整的纸板，上面装饰着鲜艳的流行图案。纸板冲压和计数的同时，装饰图案也得以印刷。最著名的纸椅由英国的彼得·默多克（Peter Murdoch）设计，在美国生产，并在国际上得到了广泛认可。

充气家具常常是由聚氯乙烯（PVC）制成，倡导青春和时尚的流行特征。有些家具也设计成一次性的。1967年下半年，卡萨尔·坎（Quasar Khanh），奥贝尔、

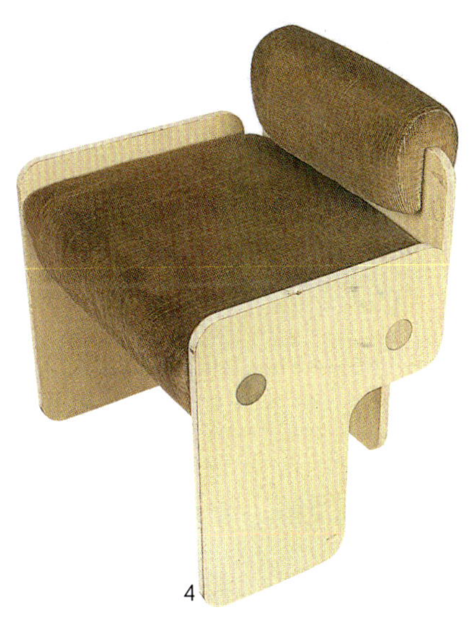

4

4 马克西玛椅，麦克斯·克兰德宁（Max Clendinning）的作品，1966年出品。克兰德宁瞄准的是年轻时尚市场和那些“有品位”的人。25件涂有不同漆面的标准部件可以组装成将近300件“改造家具”。高80cm。

5 C1椅，约翰·赖特（John Wright）和琼·斯科菲尔德（Jean Schofield）的作品，1964年出品。该椅有明显的曲线特征和饱和色，“处于功能性家具和智慧诙谐设计之间的过渡阶段”。高80cm。

5

6

6 托姆汤姆家具，伯纳德·霍尔德韦（Bernard Holdaway）的作品，1966年出品。霍尔德韦相信家具应该“廉价到可以随时抛弃”。白、红、蓝、黄、绿或紫色的椅子只售2英镑，桌子零售价低于7英镑。桌子高75cm。

7 折叠椅，艾奈斯特·雷斯的作品，20世纪60年代出品。60年代公共部门的增加使设计产品能够大量生产，以跟上现代化发展的步伐。该款椅子专门为一家学校博物馆生产。高75cm。

8 桌子雕塑，艾伦·琼斯（Allen Jones）的作品，1969年出品。这是琼斯限量版作品，该作品把流行艺术的主题与设计联系在一起，提醒我们20世纪60年代带有性别歧视的图像具有争议性。高61cm，长1.85m。

7

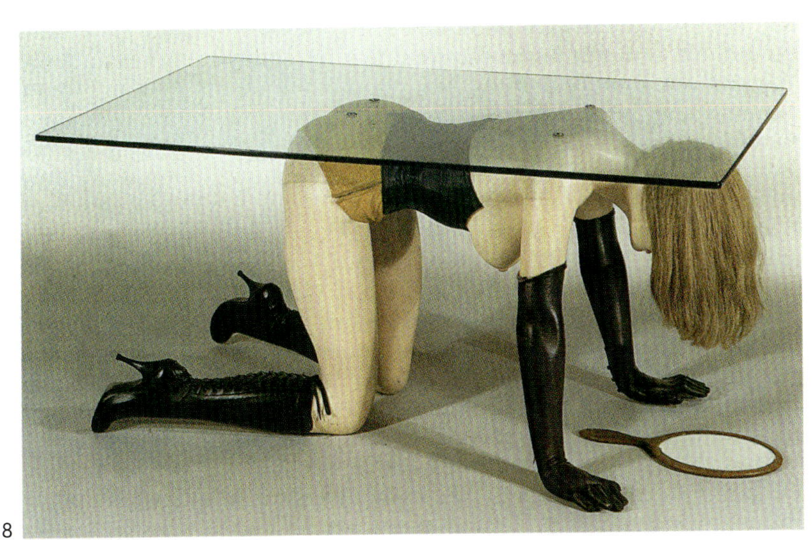

8

1

2

1 帕斯提利椅，艾洛·阿尼奥（Eero Aarnio）的作品，1968年出品。和许多塑料家具一样，帕斯提利椅也有一系列亮色可供选择。椅子很矮以确保其稳定性，但是使用者也可以摇动或转动椅子。高52cm。

2 椭圆球椅，艾洛·阿尼奥的作品，1966年出品。椅子内部柔软的垫子给人一种像子宫般安全和宁静的感觉。椅子白色的外观与太空时代的设计形成对比。椭圆球椅是20世纪60年代上镜次数最多的椅子之一。高1.2m。

容曼和斯廷科组成的法国设计团队，斯科拉里、洛马齐、乌日比诺和德·帕斯组成的意大利设计团队都设计了充气椅子，这些椅子在书中也被广泛提及。意大利设计师的充气椅（见p.454）虽然昂贵，但却成为最有名的充气椅。坎设计的充气椅价格略低。此时，关于一次性家具的论断有时候和家具本身一样夸张。比如，评论员蕾娜·拉尔森（Lena Larsson）1967年在《形式》杂志中预言："……当充气塑料和折叠纸板成为流行的家具材料时，很快整个家都能装进一个大袋子里。家具正变得更简单廉价的趋势不可阻挡，也许会改变我们对家具和装饰的整体态度，引领我们走向更自由、不做作、地位意识不那么强的时代。"

豆袋椅也证明了家具正在向非正式、更便宜的趋势发展。这些椅子包含1200万颗塑料颗粒或聚苯乙烯珠子，能按照就座者身体的形状进行调整。萨科豆袋椅（见p.454）是第一把也是最时髦的豆袋椅之一，有8种颜色，1968年由加蒂、保利尼和特奥多罗组成的意大利设计团队设计。不久之后出现了由萨科豆袋椅派生出来的豆袋椅，相对来说更实惠，很受欢迎。

20世纪60年代，意大利的家具设计一直领先世界。维克·马吉斯特来提（Vico Magistretti）、居奥·科伦波、奥弗劳（Alfa）、托比亚·斯卡帕和马里奥·贝里尼（Mario Bellini）等设计师都树立或巩固了其声誉，他们的家具设计风格优雅、更为大胆。这些作品往往由意大利的卡西纳公司或者美国的诺尔及赫尔曼·米勒公司生产，批评家马里奥·阿马亚赞扬这些家具为"半艺术品"，其中既有实用的椅子，又有雕塑品。

大多数引领潮流的椅子都出自欧洲，特别是意大利。有些椅子，包括雕塑家塞萨尔（César）1969年设计的椅子，由注塑聚氨酯模压泡沫制作。但是大部分的视

3 PK 54A桌，保罗·克耶霍尔姆（Poul Kjaerholm）的作品，1963年出品。20世纪50年代简约的北欧设计持续到60年代，表明家具传统能维持其活力与相关性。

4 孔雀椅，汉斯·韦格纳的作品，1965年出品。这款椅子直到20世纪80年代才投入生产，却唤起了人们对创意形状和材料实验性使用的记忆。

5 001躺椅，昂蒂·诺米斯耐米的作品，1968年出品。诺米斯耐米设计的这款舒适矮椅比前辈们的设计更胜一筹，同时还保留了现代简约风格。

3 潘顿叠椅，维奈·潘顿的作品，1960年出品。这一设计超越了沙里宁的郁金香椅，椅子一体成型，有一系列颜色可供选择。就设计效果而言，与其说它是有机的，不如说它是液态的。高83.5cm。

1 威廉敏娜椅，伊玛拉·塔佩瓦拉的作品，1960年出品。这款椅子看起来像一次性的，但是让人惊喜的是它可以堆叠。该设计在1960年米兰三年展上获得了金牌。

2 摇摆椅，南娜·迪策尔（Nanna Ditzel ）和豪尔赫·迪策尔（Jorge Ditzel）的作品，1959年出品。与“摇摆的60年代”步调一致，但是该作品设计于20世纪50年代末。材料的选择与阿尼奥的椭圆球椅形成鲜明对比。高1.25m。

美国新的雕塑形状——办公室家具的新设计

1 悬挂沙发，乔治·尼尔森1964年的作品。尼尔森的设计是“更柔软”的现代主义风格，受到公司的青睐，象征着他们的现代性和先进性。长2.22m。

2 40-in-4叠椅，大卫·罗兰（David Rowland）1964年的作品。罗兰的这件作品细节精致，外观很酷，堆叠能力几乎无与伦比——40把这样坚固防火的椅子堆叠起来只有1.3m高。高76cm。

3 休闲系列椅，理查德·舒尔茨（Richard Schultz）的作品，1966年出品。设计者在处理这款诺尔公司产品的形状时颇为自信，也许是因为舒尔茨既是雕塑家又是家具设计师的背景。

4 休闲椅，查尔斯·伊姆斯的作品，1958年出品。这是伊姆斯经典休闲椅——1956年款椅子的首款变体。技术上有创新，同时还能作为公司家具使用，可以发挥不同的功能。高84cm。

5 休闲椅，查尔斯·伊姆斯的作品，1969年出品。这是1956年款椅子的又一变体。软垫的运用使椅子看起来更加豪华舒适。高94cm。

6 公司办公室设计。20世纪60年代，人们充分掌握了室内设计作为效率和现代性标志的核心功能，这一功能也强化了个人设计的个性化和表现力。

7 CH-1隐形椅，艾丝蒂·拉文（Estelle Laverne）和艾尔文·拉文（Erwine Laverne）的作品，1962年出品。拉文兄弟的设计是为了对沙里宁的郁金香椅表示敬意，但是结合了有机体与透明设计的奇妙之处与吸引力。高1.37m。

8 卡斯特尔椅，文德尔·卡斯特尔（Wendell Castle）的作品，1967年出品。卡斯特尔结合了雕塑形式与传统的手工艺和材料。他恰如其分地将自己描述为艺术家和设计师的混合体。高61cm。

6

7

8

10 玛奈特休闲座椅，罗伯特·塞巴斯蒂昂·玛塔（Roberto Sebastian Matta）的作品，20世纪60年代末出品。玛塔的设计几乎可以无限地重新排列以适应不同空间，或者在不使用时可以组合为雕塑作品。高1.56cm。

9 布卢姆椅，奥利威尔·穆固（Olivier Mourgue）的作品，1969年出品。穆固专门设计了这款椅子，让其拥有独特的个性，这一想法催生了20世纪80年代人性化的椅子设计。宽71cm。

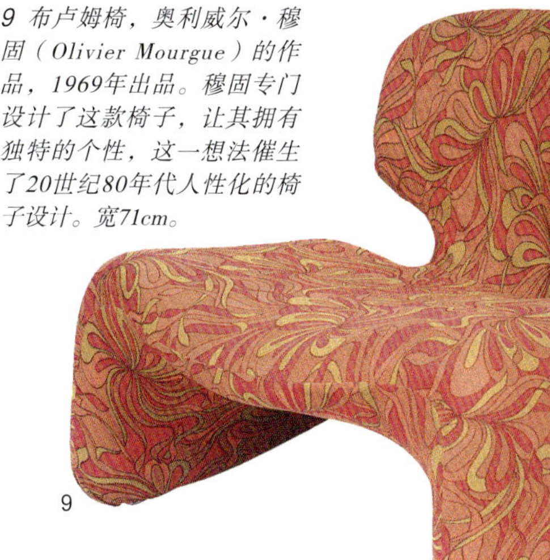

9

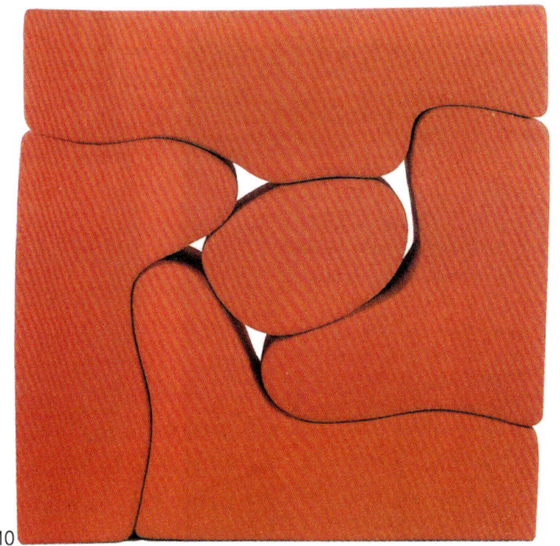

10

觉创意椅子都利用了各种塑料制作成多种形状，特别是模压玻璃钢。阿尔伯特·罗塞利（Alberto Rosselli）1967年设计的巨型椅和1969年的Moby Dick躺椅都使用了模压玻璃钢，打造了流动的、球根状作品，但是很轻便。艾洛·阿尼奥1968年设计了帕斯提利椅，有6种颜色，使用模压玻璃钢打造了牢固而沉重的圆形椅。切萨雷·伦纳迪和弗兰卡·斯塔基1967年设计的唐德罗摇椅利用了玻璃钢的刚性强度，打造了空间中优雅的扭曲平面。

雕塑创新潮流在20世纪70年代初开始消退，部分原因是能源危机所带来的氛围变化。但在60年代末，实验设计师从设计“半艺术品”家具向专注于环境的设计转变。1969年，英国设计师麦克斯·克兰德宁指出：“走向极端的话，家具将是一系列多功能可换的垫子。”60年代末，设计师们变得对灵活的设计和整体的环境感兴趣——这也是家具设计蓬勃发展的开放10年中的另一个创新。

陶瓷制品

工作室陶艺

1 炻器花瓶，伯纳德·莱奇于1967年设计。他的所有设计原则，像是如实体现材料本身的特点、制作中采用高度灵敏的处理工艺以及功能导向的外形等，都持续影响着传统主义者，但也成为新一代反体制年轻陶艺艺术家反对的标志性对象。高（从左到右）22.5cm，15cm，20.5cm，21cm。

2 花瓶，奥托·纳特勒（Otto Natzler）和格特鲁德·纳特勒（Gertrud Natzler）夫妇约1962年制作。纳特勒夫妇为逃避第二次世界大战的威胁而移民美国，也将欧洲陶艺传统带到了那里。其作品集优雅的外形和美丽的釉面于一身，有着很高的地位和影响力。高34cm。

3 炻器瓶，露西·里制作于1967年。在里的作品中，雕塑形式的自由是显而易见的，但与源自美国的芬克陶器相比，她的作品显得更为内敛和协调。

20世纪60年代的陶瓷制品通过展现现代性及其表现方式的自由多样，凸显出这一时代的典型特征。无论风格如何，餐具都在大规模地进行现代化改造。富裕的年轻人偏爱独特、现代和有时尚感的陶瓷制品。斯堪的纳维亚半岛、意大利和英国等地公司的工业生产系列，都使用明亮的色彩、大胆的图案和装饰图形。这些设计是功能性的，但也不乏趣味性。

餐具在10年间也获得了非常高的艺术内涵，罗森泰瓷器公司的工作室系列由诸多艺术家创作，从卢西奥·丰塔纳（Lucio Fontana）到维克多·瓦萨雷（Victor Vasarely），再到爱德华多·保罗齐。这些系列产品相对昂贵，而且表明制陶工艺和艺术结合得愈加紧密。

但也正是在工作室陶艺中，20世纪60年代典型风格的界限开始模糊。20世纪50年代，工作室陶艺复兴，伯纳德·莱奇等传统陶艺师受到高度评价。但是在20世纪60年代初，最初在美国西海岸，诸如彼得·沃卢克斯（Peter Voulkos）这样的艺术家创作了与陶艺传统相悖的作品。扁平板坯与环氧树脂以轮抛工艺结合，将陶瓷与艺术融合，这种创造似乎更多地借鉴自抽象表现主义和毕加索，而非主流陶艺传统大师。这种所谓“芬客陶瓷”的精髓正如罗伯特·阿内森（Robert Arneson）总结的那样：“这里没有学术层次……也没有那种极受崇拜的老前辈，好像他们的话就是准则，这里每个人都是按照自己认为合适的方法行事。”

这种新的美学提倡粗糙、多色装饰的工艺，反对精细加工，正符合当时广泛意义的叛逆审美。作品的形态强调材料和瓷器表面的固有特性，并且采取了不同寻常的图像，从烤面包机和打字机到厨房水槽。流行艺术对这一代人产生了深远的影响：20世纪60年代的先锋派认为，无论陶瓷是工艺还是艺术，都无关紧要。对于他们而言，这些材料和表现形式与其他创作实践，如绘画和纤维艺术一样占有一席之地。所有这些艺术形式都是在探索各种可能性和表达自我的手段。

4 “仲冬”系列晚餐器具，杰西·泰特于1962年制作。随着人们生活愈加富裕以及“设计即生活方式”理念的兴起，拥有一件既时尚又称心的晚餐器具，对许多年轻人来说变得尤为重要。
5 炻器复合瓶，汉斯·考珀制作于1962年。考珀作品形状的完美平衡为其外观增添了一种雕塑感，形成了这种既源自传统主义理念又受现代主义影响的作品。高20.5cm。
6 花瓶，彼得·沃卢克斯制作于1954年。沃卢克斯是1950—1969年陶瓷革命中的大师，促成了陶瓷工艺与其他艺术形式平起平坐的地位，用雕塑形式代替了功能性作品所固有的形状。高35.5cm。
7 烤面包机，罗伯特·阿内森制作于1966年。阿内森是西海岸芬克运动的领军人物之一。他的陶瓷作品堪比克莱斯·奥登堡（Claes Oldenburg）柔和的波普艺术雕塑，将日常生活中平凡的物品变成了创新性的瓷器外形，一位批评家曾评论这种设计是“粗鲁而充满敌意的社会评论”。高18cm。
8 披头士乐队马克杯。一直到20世纪80年代，这些纪念作品都在大型国际拍卖行出售。高8.5cm。

4

5

6

9

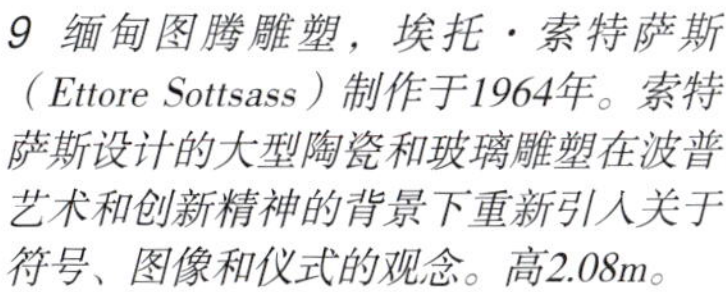
9 缅甸图腾雕塑，埃托·索特萨斯（Ettore Sottsass）制作于1964年。索特萨斯设计的大型陶瓷和玻璃雕塑在波普艺术和创新精神的背景下重新引入关于符号、图像和仪式的观念。高2.08m。

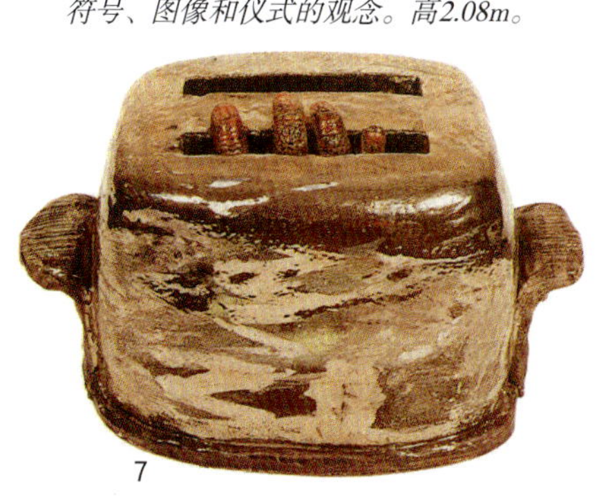
7

8

玻璃制品

新的有机形式

1 哈维·立特尔顿（Harvey Littleton）设计的玻璃制品，1975—1976年出品。立特尔顿是玻璃设计取得创造性发展的关键人物。新配方的发明意味着设计师在家里也可以小规模制作作品。立特尔顿的作品展示了雕塑设计新的可能性。最高33.5cm。

2 塔皮奥·维尔卡拉1947年设计的肯特雷利花瓶。20世纪40—50年代，维尔卡拉设计了一个赢得国际认可的作品。10年后，维尔卡拉的作品变得更加感性，更具雕塑化特征，巩固了他的地位。高8.5cm。

3 古纳·叙伦（Gunnar Cyrén）和卡伊·弗兰克（中）设计的波普高脚杯，1965—1966年出品。叙伦回忆道："1965年，在观赏了几个大型水族馆中所有奇异的鱼类之后，我开始喜欢用多彩的杯脚制作这些高脚杯。我们使用了100种不同的颜色组合。"高（左边的一对）16cm。

第二次世界大战后，玻璃设计变得更具有机性，轮廓往往简单明了，功能性愈加明显。在纽约州康宁镇博物馆举办的"玻璃1959"展览是为了展示玻璃制作的主流趋势，但也是其最后一次作品展。1962年，美国的托莱多艺术博物馆赞助了两个研讨会，研究出一种玻璃吹制的新配方，可以使玻璃在足够低的温度下熔化，由此在工作室或教室里就可以操作。很快，设计师就可以自己制作玻璃了。

20世纪60—70年代出现了一次工作室玻璃的复兴。设计师不再注重要求作品形式和清晰的轮廓，而是转向更不规则、破碎、颜色和质感不均匀的古怪形式以及丰富多样的装饰元素。由于玻璃被视为艺术表现的媒介，甚至是20世纪50年代名义上是为功能服务的形式也被装饰性或雕塑型的试验性作品所取代。典型的新趋势是新艺术运动风格的再现，特别是路易斯·康福特·蒂芙尼和艾米尔·葛莱的设计。新艺术运动风格具有弯曲、性感且另类的形状，经常极度不对称，被认为唤醒了20世纪60年代反叛和颓废的风潮。在玻璃中，与新艺术运动风格相联系的脱蜡铸造工艺被重新挖掘出来，达姆兄弟玻璃厂出品了萨尔瓦多·达利和塞萨尔等许多当代雕塑家的作品。

斯堪的纳维亚的设计在20世纪60年代得到蓬勃发展。芬兰设计师塔皮奥·维尔卡拉和提莫·萨帕涅娃创造了一种自由流动的冒险风格，体现了个人主义和试验性风潮。在瑞典的科斯塔玻璃厂，贝迪勒·瓦莱安（Bertil Vallien）和戈兰（Goran)以及安妮·瓦尔夫(Ann Warff）在色彩和流动的形式方面开创了新的审美鉴赏品位。但是新的玻璃设计理念在美国才最为突出。萨姆·赫尔曼（Sam Herman）的作品范围广泛，从简洁而正式的吹制铅玻璃，到雕塑般的抽象镜面玻璃形式，再到受到波普艺术影响的玻璃雕塑，不一而足。在20世纪60年代，玻璃提供了许多创造的可能性，1968年在第八届国际玻璃大会上发表的一篇论文为这个时代做了总结，题目为"艺术家制作的玻璃：现代革命"。

4

5

6

4 提莫·萨帕涅娃1964年设计的芬兰迪亚竹形花瓶。作为几个主要奖项的获得者，萨帕涅娃设计了许多不同的器皿——从铁制烹饪器皿到包装纸。但是他在20世纪60年代制作的极其精密的玻璃器皿尤其值得铭记。高15cm。

5 卡伊·弗兰克制作的瓦锡兰-努达亚维碗，1967年出品。可以看出这件玻璃制品有机的本质，几乎是活生生的实体。弗兰克想要这件作品“靠自己的长处说话”。

6 奥伊瓦·托伊卡（Oiva Toikka）制作的“棒棒糖岛”，1969年出品。作为阿拉伯陶器公司的艺术总监，他为工厂设计生产家用器皿，但也使用玻璃作为雕刻材料用于一次性的艺术创作。高38cm。

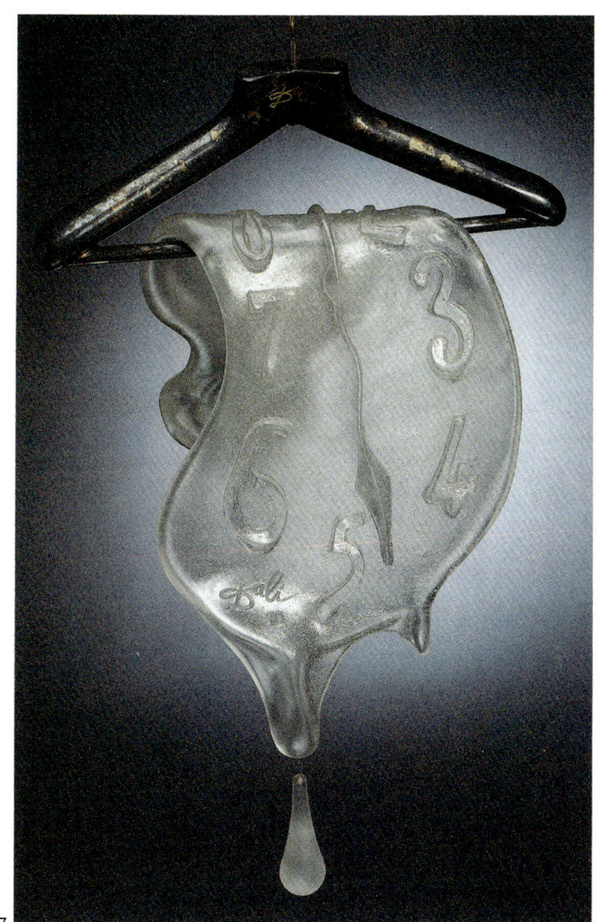

7

8

7 萨尔瓦多·达利为达姆兄弟玻璃厂制作的脱蜡铸造雕塑，1970年出品。正如罗森泰瓷器公司委托艺术家为其制作的工作室系列，达姆兄弟玻璃厂雇用萨尔瓦多·达利在内的许多雕塑家来设计“具有艺术性的”玻璃器皿。高76cm。

8 萨姆·赫尔曼在1970年制作的一组镜像式器皿。这些作品主要都是雕塑，与20世纪60年代美术领域的试验性创作有密切关系。高39cm。

金属制品

不锈钢

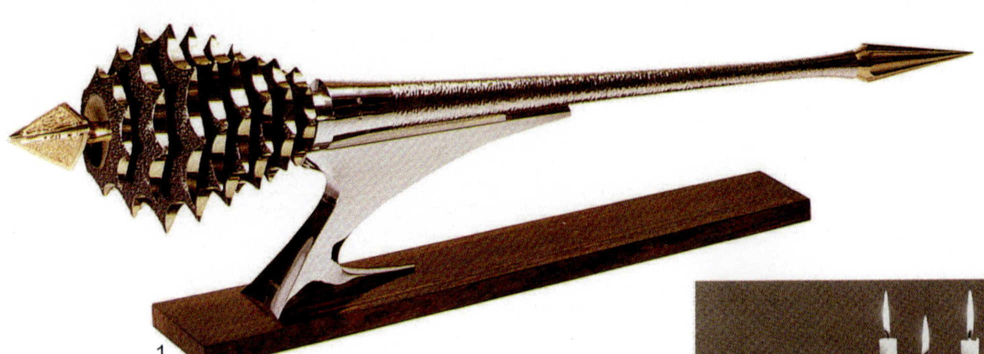

1 局部镀金的银权杖，斯图尔特·德芙林1966年的作品。由虔诚金匠公会委托制成的权杖是送给巴斯大学的礼物，这根权杖结合了传统和对现代责任的追求，后者是20世纪60年代负责扩大高等教育的人所探索的事业。长85cm。

2 不锈钢咖啡套具，罗伯特·韦尔奇约1966年的作品。韦尔奇和美国、欧洲等地其他设计师一样，在中产阶级市场中致力于推广一种保守的现代主义风格。咖啡壶高27cm。

3 基思·泰森（Keith Tyssen）于1966年设计的银制枝状大烛台。与权杖类似，仍然是受虔诚金匠公会的委托，但这次是送给埃克塞特大学的礼物，也在传统的基础上结合了一定程度的创新。

“由古老的银匠工艺所生产的银器，无论在设计上是多么现代，无论如何追求优雅，相对于金属制品设计的主流演变来说可能都是微不足道的，由此这种银器本质上也就成了一种过时的奢侈品。”装饰艺术专家菲利普·加纳（Philippe Garner）在总结了20世纪60—70年代银器行业状况时这样写道。丹麦的詹森公司或英国的虔诚金匠公会出于自身的喜好，20世纪60年代确实还在生产现代风格的优雅银器。这些银制品在针对传统仪式性场合进行设计时发挥了最佳效果。例如，为现代大学设计的权杖或枝状大烛台，还有为教堂设计的银碗或银杯。与玻璃器皿的情况类似，20世纪60年代，银器设计也受到了新艺术运动的影响，但银制品行业很少生产出像陶瓷制品和玻璃制品那样打破行业界限和传统的作品。

然而，中大型制造商对不锈钢的利用和开发对于面向一个新的社会设计作品的设计者来说则是一种激动人心的进展。在这个社会中，大众财富与日俱增，且开始关注与日常生活相关的风格。尽管不锈钢自20世纪20年代起就开始使用，但一直被认为是一种“现代”材料，更适合于技术时代。扁平餐具行业出现了各种竞赛，比如当代工艺博物馆于1960年在纽约组织的比赛，由此再一次引起了大众对不锈钢的关注。

在20世纪60年代，罗伯特·韦尔奇、杰拉德·本尼、大卫·梅勒、福克·安斯特姆（Folke Arnstöm）和卡尔·波特（Carl Pott）等设计师为博达·诺娃、波特和维恩斯这样的公司进行设计，在金属制品设计中引入了现代性美学。这些设计师的作品风格简约而厚重，带有无可争议的现代风格，同时又辅以一系列相对新颖的美化和装饰，与“保守”的银器形成了对比。正如卡尔·波特所言：“在一个更为现代的社会中，人们追求迅捷和方便，因此要求材料‘更加结实，器皿要能够经得起更频繁粗暴的使用。为了满足这些需要，引入了不锈钢以及混入了镍和铬等特殊合金的钢。’”

4 大卫·梅勒于1965年设计的“节俭”系列不锈钢餐具。这些餐具由公共建筑和工程部委托制作，证明在那个时代，公共部门是一个重要的委托代理方。该五件套系列专为生产相对节约成本的产品而设计。

5 塔皮奥·维尔卡拉于1963年设计的“组合”系列餐具。该系列有一种现代的雕塑感，尤其是餐刀，看起来就像一件立体主义风格的雕塑，与该系列其他餐具的圆形形成对比。

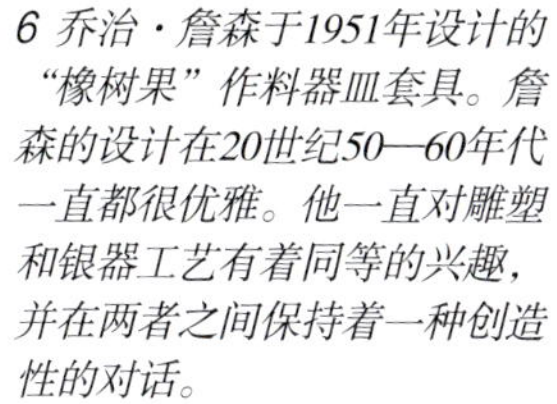

6 乔治·詹森于1951年设计的“橡树果”作料器皿套具。詹森的设计在20世纪50—60年代一直都很优雅。他一直对雕塑和银器工艺有着同等的兴趣，并在两者之间保持着一种创造性的对话。

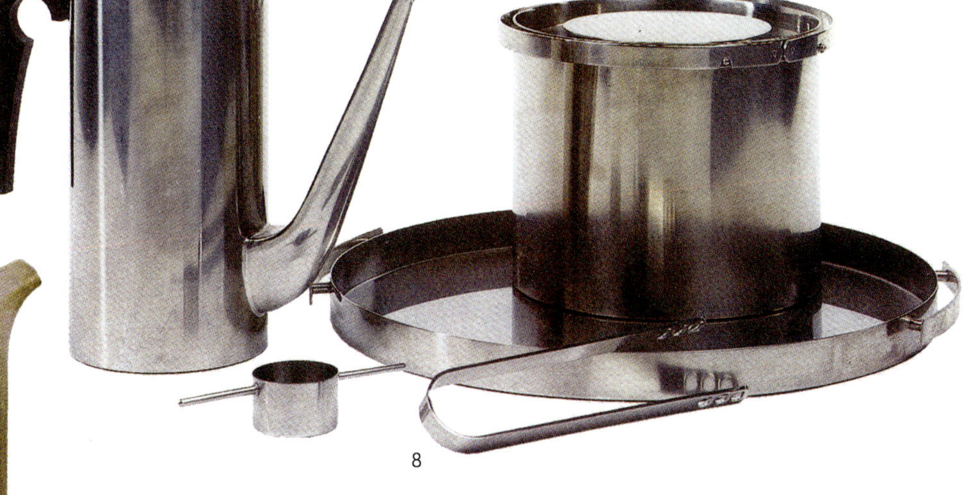

7 大卫·梅勒1965年设计的不锈钢茶壶，由公共建筑和工程部委托制作。它将现代风格、设计精美的功能性器皿引入政府的食堂和监狱中。高14cm。

8 阿诺·雅各布森于1967年设计的“柱状线形”系列餐具，结合了传统和创新，赢得了包括1968年国际工业设计师设计奖在内的多个奖项。茶壶高17cm。

时装和纺织品

形状和风格

1

2

3

1 尼娜·里奇（Nina Ricci）的时装，1962年出品。20世纪60年代初，高级时装对社会和文化变迁的方兴未艾缺乏充分认识。这件来自1962年秋季系列的服饰是前一个时代的风格。

2 由约翰·麦康奈尔（John McConnell）设计的彼芭时装商标明显源自新艺术运动风格，但无可否认它是20世纪60年代的象征。1969年推出了新版装饰艺术运动风格的标志。

3 玛丽·匡特（中间位置）与身着其“活力集团”服装的模特，服装是简单却夸张的式样。再加上维达·沙宣（Vidal Sassoon）的厚重粗剪短发，“风貌”就出现了。

“时尚代表什么？”《时尚》杂志在1959年问道。“装饰？盔甲？社会风气？”无论答案如何，该杂志认为毫无疑问的是：“现在，对数百万工作着的青年人来说，服饰……是生活中最大的消遣，是独立的象征以及同龄人友爱的标志。”从20世纪60年代开始，青春成为时尚的核心，时尚灵感的来源开始发生变化，风格从街头走向主流商店。在这方面，年轻的时尚消费者拒绝了“好品位”和高格调，巴黎高级女装设计与制作店不再享有无与伦比的权威。

为了迎合青春和变革的风气，1963年兴起“腿从没感觉这么好过”的潮流，时尚成为激起国民兴趣和引起讨论的话题。超短裙的出现凸显了腿的重要意义，同时裙子被撑开或者加上许多褶皱方便行动。这一事件的重要性在于这是第一个真正属于年轻人的大众时尚——显然这并不适合老一辈。

在公众的眼中，玛丽·匡特（Marc Quant）是时尚界这一新风气的集大成者。她1962年的美国之行非常成功，帮助英国在青年时尚界树立了领导地位。匡特认识到，现在她正在设计的衣服类型有着广阔的市场：“……年轻人对自己同龄人选择设计的时尚配饰有着实际的需求。年轻一代厌倦了穿得和母亲那一代人基本一样。”玛丽昂·福尔（Marion Foale）和萨莉·塔芬（Sally Tuffin）是新一代年轻设计师的典型代表，她们在1962年和1963年迅速成名。两人在离开伦敦的皇家艺术学院时留下了这样的宣言：“我们不想追求时髦别致，只想追求不可理喻。”她们并不为消费者规定新的时尚潮流，而是自身就是时尚的一部分——与时尚融为一体，以至她们可以说：“我们只设计自己想穿的衣服。”不久之后，劳拉·阿什莉（Laura Ashley）和她的碎花服饰和室内装饰横空出世，其影响持续了至少20年。

同时用作名词和形容词的“摩登”成为这些年轻风格设计的总称。国际时装协会于1964年承认，青年市场

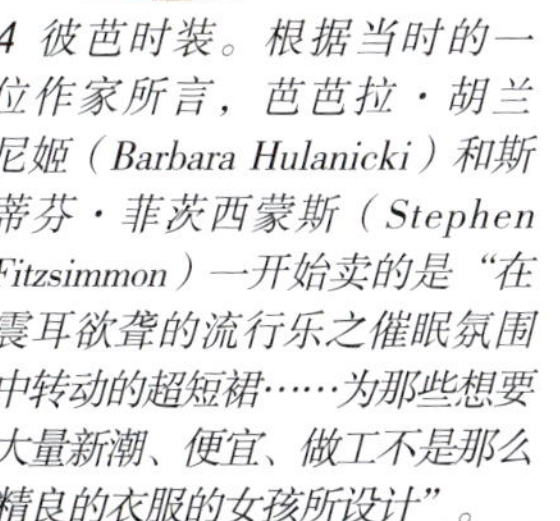

4 彼芭时装。根据当时的一位作家所言，芭芭拉·胡兰尼姬（Barbara Hulanicki）和斯蒂芬·菲茨西蒙斯（Stephen Fitzsimmon）一开始卖的是“在震耳欲聋的流行乐之催眠氛围中转动的超短裙……为那些想要大量新潮、便宜、做工不是那么精良的衣服的女孩所设计”。

5 超短连衣裙。到了20世纪60年代中期，超短裙越来越短，成为新时代最明显的表达方式。由阶级和财富决定的时尚正在被由年龄决定的时尚所取代。

6 这个时代最引人注目的对比之一就是迷你超短裙或超短裙搭配超长外套——内敛和张扬的经典之作。超长外套的灵感部分源自军队服饰的时尚设计。

7 库雷热1965年出品的“太空时代”系列。库雷热是第一个在20世纪60年代重新思考时尚的高级时装公司，转向更年轻的时尚——“适合年龄的新式着装方式”，其创始人如是说。

9 奥西尔·克拉克（Ossie Clark）和阿曼达·波洛克（Amanda Pollock）设计的吉卜赛风格时装，1968年出品。这是20世纪60年代后期对民族风格的重新挖掘。除了华丽的外观，民族风格也表达了这个时代对“地球村”的思考。

8

8 皮尔·卡丹（Pierre Cardin）1965年设计的带有皮毛装饰的羊毛格子大衣，搭配羊毛高筒靴、深色手套和帽子。卡丹可以驾驭从端庄高雅到张扬而哗众取宠的作品风格，从图中这件作品和受太空影响的头盔可以看出端倪。

9

是“时尚的风尚”，《缝纫师与裁剪师》杂志说：“这是有史以来第一次，时尚潮流来自25岁以下的人群。”时尚可能已经打破阶级障碍，但正在创造一个新的入会条件：年龄。

活力和运动成为青春的早期象征。《时尚》杂志在1962年呼吁：“太空时代投入市场的衣服可以塞进行李箱，为长途旅行节省空间，最后拿出来时像刚从研究室制作出来一样簇新。”引文充分体现了当时时代风气的几个层面，涉及太空（其技术上的冒险）、旅程（“奔波”带来的兴奋与“安居”相对）、高节奏的生活（没时间收拾）以及科学（技术富有魅力且在发展中）。新的时尚必须服务于当今的生活方式，没有时间遵循传统习俗为不同的场合换装。现在的年轻女性被告知她们需要这样的衣服：“……早上穿的衣服到午夜活动时依然觉得不错；适合去咖啡馆的衣服也一样适合去参加晚宴。”据说当代的生活节奏忙乱，同时也很有趣——如果人们相信时尚作家言辞的话。

活力和乐趣与性感密切相关。匡特表示在女装设计中“性感是重中之重”。最极端的例子之一是1964年哗众取宠的“袒胸”风尚，但也有只裸露部分区域的性感时装和网状三点式时装，在社交场合更容易为人所接受。这些时装几乎始终比一开始看上去裸露得要少，有时搭配肉色的紧身衣。

新风潮的冲击对男性时尚产生了最大的影响。在波普时代之前，男性的服饰一直都黯淡而严肃。任何外向的表达都被视为对稳重得体和高雅品位的怠慢。如果说女性的服饰应该让她对异性产生吸引力，那么男性时尚背后的传统诱因则是显示身份。然而，现在却出现了红色牛仔裤、紫色衬衫、绿色毛衣，甚至色彩鲜艳的鞋子，同时《时尚》杂志报道了大量从女性时尚中借用过

1

2

3

1 琼·施林普顿（Jean Shrimpton）作为模特身着羊毛开衫和相配的紧身衣，1965年出品。20世纪60年代，厚实的布料重新用于服装制作，由于其视觉和触觉的吸引力，在年轻人中广受欢迎。

2 1967年库雷热出品的日礼服。时装通常经过特殊的裁剪，或者穿着方式颇具挑逗性。内搭连裤紧身衣保证服装的得体。

3 帕科·拉巴纳（Paco Rabanne）1965年设计的金属连衣裙。来自20世纪60年代的时尚，采用了"扩展领域"的创新材料。金属连衣裙传达了现代性、进步主义和并不柔软的形象，或许相当于粗蛮主义建筑风格。

4 丹尼尔·埃什特（Daniel Hechter）1966年设计的塑料连衣裙。埃什特的连衣裙应该是一次性的，符合波普风的理念，即"大量的初始冲击加上少量的支撑力量"。非传统的面料表现出其致力于投身快速变化的技术时代。

5 埃马纽埃尔·温加罗（Emmanuel Ungaro）1968年设计的铝制胸罩和超短裙。温加罗设计的衣服既是服饰，又是雕塑和首饰。实验创新和极端主义在那个年代被视为时尚的一部分。

4

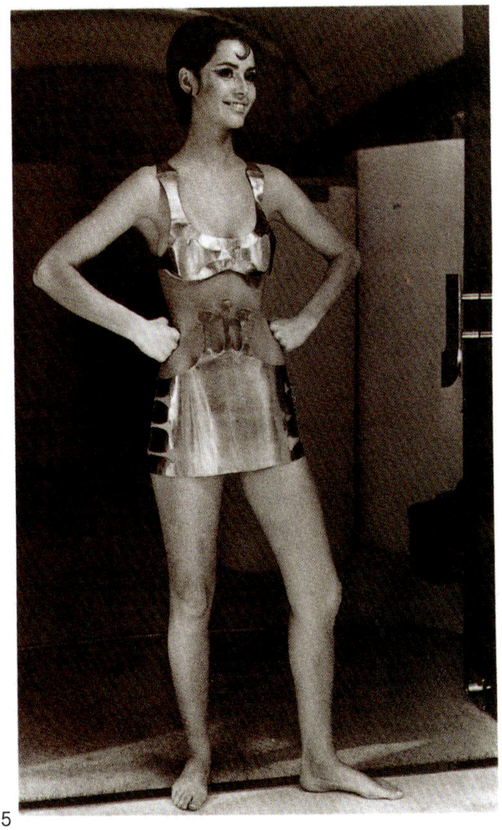

5

1 埃迪·斯夸尔斯（Eddie Squires）1969年设计的“登月火箭”印花棉布。设计大胆多彩，太空是直接灵感，旨在“庆祝人们期望的人类登月”。

2 休·撒切尔（Sue Thatcher）1969年设计的“太空漫步”。埃迪·斯夸尔斯说其受到的影响主要来源于“试图将人类送上月球的科技。在20世纪60年代有着重大影响的科幻小说也发挥了作用”。

3 芭芭拉·布朗（Barbara Brown）1966年设计的名为“扩张”的家具装饰织物。这件为伦敦希尔公司所创作的欧普艺术作品，展现了20世纪60年代中期的欧普艺术热潮如何从绘画转向制图和家具装饰与纺织品设计。

4 迈娅·伊索拉1963年设计的名为“瓜”的织物。伊索拉对芬兰纺织业产生了重大影响。大胆的比例和鲜艳的几何图案反抗了之前斯堪的纳维亚设计的中规中矩。

5 埃迪·斯夸尔斯1968年设计的名为“拱道”的纺织品。斯夸尔斯称“拱道”的灵感来自“20世纪30年代电影里的建筑、画家罗伊·利希滕斯坦（Roy Lichtenstein）的作品以及色盲测试图”。到20世纪60年代末，基于装饰艺术运动的复古风格正在成为纺织品设计的重要组成部分。

6 皮尔·卡丹约1968年设计的羊毛地毯。地毯设计师受到波普颜色和形状的影响。此时的地毯要求得到与置于其上的家具一样多的关注。

7 彼得·科林伍德（Peter Collingwood）1960年设计的织物作品。科林伍德的纺织品呈现出对色彩的敏感性和对材料的精细使用。

8 安·萨顿（Ann Sutton）1969年设计的织物作品。萨顿提到，在20世纪60年代早期，“许多织工看似疯狂地破除陈规，随后却成了关键的影响因素，促进了工业纺织品设计中更灵活的思维发展”。

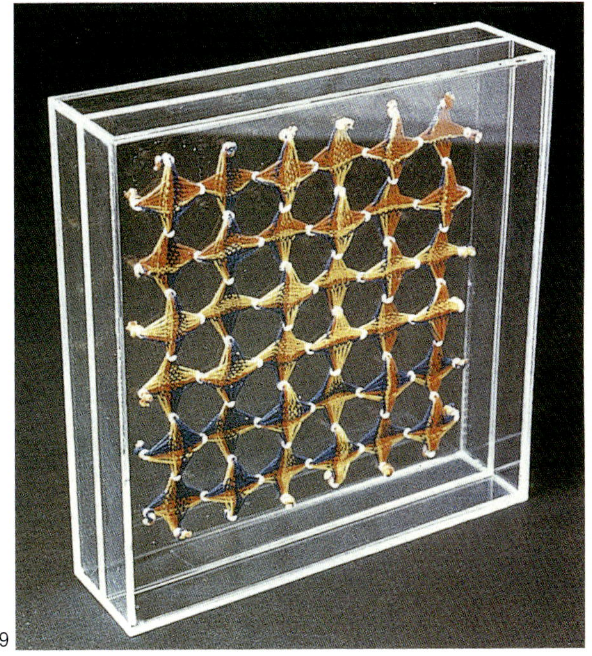

9 欧普装饰性织物，1966年出品。这一由芭芭拉·布朗为希尔公司设计的织物展示了20世纪60年代中期的欧普艺术热潮如何从绘画转向制图和家具装饰纺织品设计。

来的理念。一位评论员惋惜道：“新时代对视觉冲击的聚焦是以彻底牺牲品质为代价的。”但消费能力和市场环境的变幻莫测就是波普的本质。

毫无疑问，太空竞赛影响了时尚设计。PVC是一种必须以现代方式使用的材料——正如设计师萨莉·杰丝（Sally Jess）所说：“它是一种不能用于怀旧的材料，只能做成现代的风格。”各种设计形式，如透明的面罩，通常来自太空的意象。PVC经常制作成“炫目明亮的颜色”、欧普艺术和花卉图案、“干净的白色”和透明设计。但只有银色PVC是太空时尚的最佳代表。1964年，库雷热推出了“月亮女孩”银色裤装，到了1965年，奎因（Queen）认为，银色服饰“……像宇航员适应太空舱一样适应当今的时尚”。

超短裙崛起的势头不可阻挡，一直在继续，在1967年变成了“迷你超短裙”，只是略长于胯部，根据匡特的说法，“……女性掌控了她们的性生活”。1967—1969年，每年秋天都有预测说超短裙潮流撑不过当年冬天，但是这种对服饰的功利主义看法忽视了流行服装更重要的功能性。在这个时代的末期，超长款成为时尚，但超短裙也没有因此黯然失色。应对冬季气温的一个解决方式是超长加上超短，即超长外套内搭超短裙。其他的解决方式还有超短裙下着裤装，超短裙后来也被做成裙裤和再之后的“热裤”。

设计评论家肯（Ken）和凯特·贝恩斯（Kate Baynes）概述了流行时尚所取得的历史性成就。他们认为，20世纪60年代时尚界视觉创新的流行程度意味着“有一天卡纳比街可以作为设计风格的描述性短语，并可以与‘包豪斯’这样的词汇比肩”。

工业设计

干净的现代线条

1 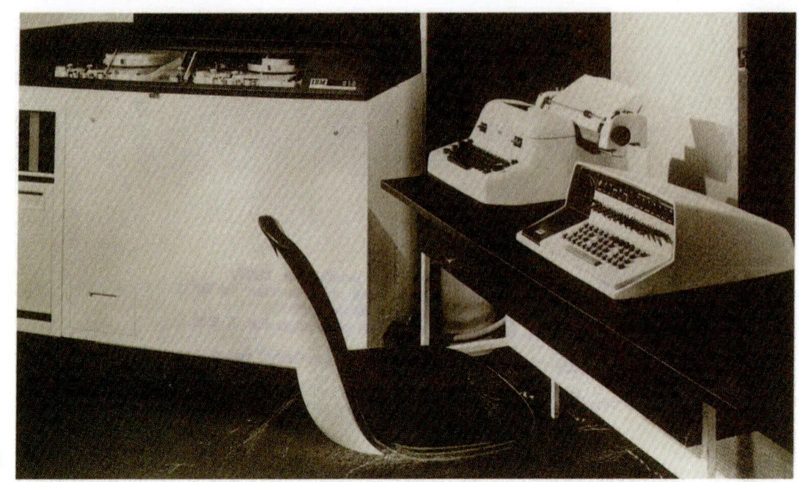

2 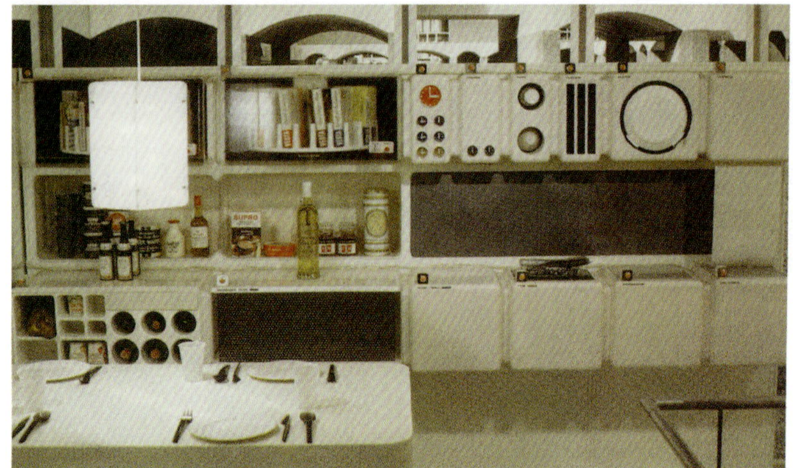

4 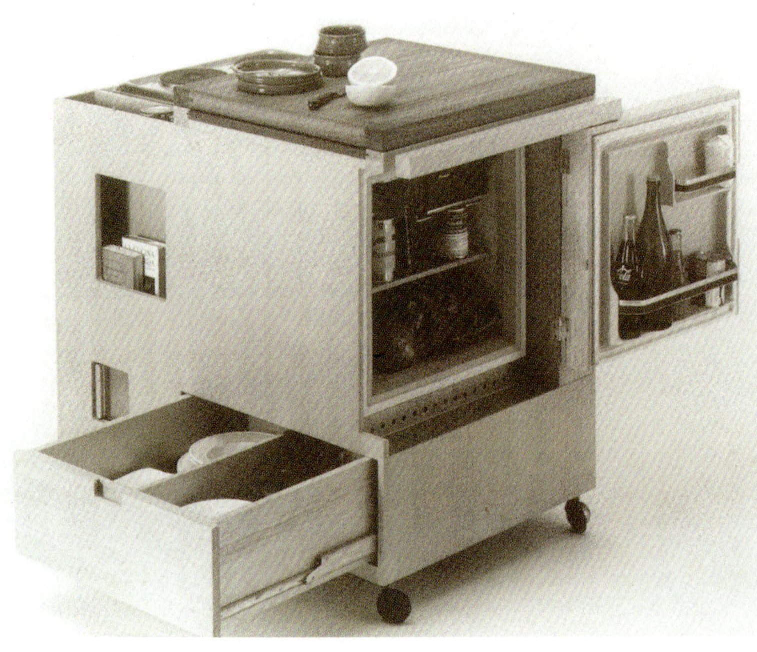

3 

1 办公室内部设计。随着人们对日常用品外观的意识日益增强，企业也开始传达自己的时代感、现代感和进步主义，重新设计企业形象的案例也随之增多。

2 伦敦设计中心的胶囊厨房，1968年的作品。这个厨房相当于太空时代的组合厨房，太空竞赛的影响在其中显而易见。该厨房使用了模压塑料而不是木材或饰面来让每一寸空间最大化。

3 AEI公司生产的“1501型热点全自动”洗衣机，1966年出品。“1501型”是20世纪60年代白色家电设计中使用“干净线条”的一个范例，外观很时尚。

4 居奥·科伦波1963年设计的脚轮上的小厨房。在20世纪60年代，甚至厨房都可以移动。紧凑、高效和小型的设计对60年代的人们有着深刻的吸引力。宽113cm。

5 肯尼斯·格兰奇1968年设计的蛋形桌面打火机。这款打火机是为朗森公司设计的，集中体现了20世纪60年代设计的3个特点：由塑料制成，颜色为白色；材质和色彩都带有现代化的意味；圆形的外形是那个年代的典型特征。高5cm。

5 

交通工具的创新

1 莫尔顿自行车，1964年出品。因为对自行车设计的彻底反思而制作了莫尔顿自行车，其后又出现了一系列带弹簧的小轮自行车。重新考虑自行车的设计——之后的60年里这一理念都没有改变——是20世纪60年代的典型特征。

2 福特公司的野马汽车，1966年出品。野马汽车以人们能负担得起的价格带来激情和吸引力——高速又时尚。

3 迷你汽车，英国汽车公司制造，1959年出品。迷你汽车由亚历·伊西戈尼斯（Alex Issigonis）设计，从1959年开始生产，成为当时的时尚标志之一，结合了运动的可能性和快乐的承诺。

4 协和式飞机，1956—1962年设计。超音速飞机因其速度被誉为进步的象征，因其噪音被斥责为技术反人文主义的象征。

1

2

3

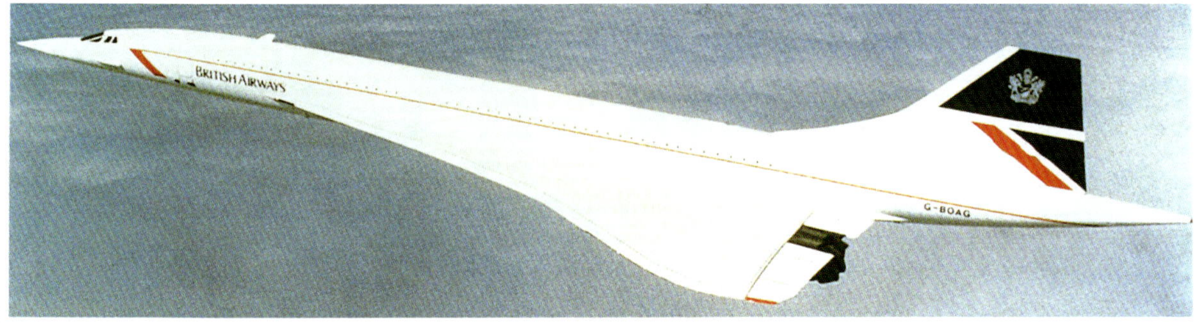

4

20世纪60年代，私人财富的增加和随之增长的消费理念促成了工业设计黄金时代的来临。问题不再是你是否拥有汽车、电视机或冰箱，而是你是否拥有正确的样式和型号。一些公司不再以最低的成本去参与竞争，而是开始追求一种高姿态的设计策略，即用复杂的造型去赋予产品更多的附加值和吸引力。例如，布莱恩公司从20世纪50年代中期开始通过迪特·拉姆斯等设计师的作品来改变自己的形象，创造的产品不仅是顾客渴望拥有的，也让有品位的个人甚至有审美意识的博物馆收藏，其中最有影响力的是纽约现代艺术博物馆。流行艺术家理查德·汉密尔顿（Richard Hamilton）曾完美地总结了这种态度。在写到拉姆斯为布劳恩公司创作的作品时，汉密尔顿宣称："他的消费产品在我内心和意识中已经占据的地位，可以和圣维克托瓦山对于塞尚的意义媲美。"

工业设计在消费领域中占有突出的地位，是具有风格意识的个人审美在生活中反复出现的主题。布莱恩、IBM和奥利维蒂等公司的主流产品设计也许没有直接受到太空旅行的影响，但也肯定带有现代化和进步的内涵。在工业设计中广泛使用不加修饰的塑料、干净利落或新颖的形式，完全不用任何图案和装饰元素，这些特点凸显出20世纪60年代在当时是如何被视为与过去传统发生重大决裂的时代。

形式本身也可以反映现代性的形象。一方面，意大利照明设备和各种物品的创新形式显得极具革新意义，因为其设计彻底打破了传统。另一方面，当设计师以某种特定方式利用材料和颜色时，创新性不那么强的形式看起来也非常现代。肯尼斯·格兰奇（Kenneth Grange）1968年设计的蛋形打火机就是一个很好的例子，集中体现了20世纪60年代后期设计的3个特点。首先，尽管其外观很精致，手感也很温暖，但使用的材料也只是20世纪60年代典型的塑料，而不是其他任何东西。其次，这个作品是白色，一种让人联想到空间的"颜色"，由此也可以拓展联想到卫生、高效、纯净和清晰。最后，从外形来看，这件作品底部较重，比例上也显得厚重，这

1 恩佐·马里（Enzo Mari）1969年设计的帕果帕果花瓶。作为设计上的创新作品，这个花瓶可以倒置，一端是一个小容器，另一端则是一个更大的容器。其形式让人想起20世纪30年代的设计，但保留了60年代的外观。高30cm。
2 《短期设计》，渡渡鸟设计有限公司的作品。这件产品图示抓住了短期设计的折中主义和装饰性特征。
3 大卫·梅勒1969年为克罗斯纸制品公司设计的白色一次性聚苯乙烯餐具。在20世纪60年代的10年间，可抛性（一次性）成为设计的一个特征。人们认为，比起清洁或清洗可重复使用的物品，还有更多有趣和令人愉快的事情可以做。

4 色彩鲜艳的塑料制品。塑料的合成性能已不用再伪装，反而因其现代性、即时性和大胆设计受到人们的歌颂。

种比例可见于许多塑料设计，特别是在当时的家具中。塑料作为一种材料的特性和注塑成型工艺可能促进了这种形式的诞生，但也不仅仅是技术因素决定了其较重的形式。以这个蛋形打火机为例，用既不恰当又不协调的鸡蛋形象作为打火机体现了波普风格的感悟力和智慧，这一点显然对格兰奇很有吸引力，但该作品的比例让人联想起一整个时代。圆形形式对于20世纪60年代后期的意义，就像直线形式对于20世纪20年代以及流线型对于30年代一样。这些形式都象征着现代性，但又引起不同的联想。直线式让人想到大批量工业生产和机器，流线型使人想起水和空气的快速运动，而圆形则涉及结构强度、完整性和完美。连续的圆形看起来就像未来的科技，其强调的重点不再是代表着理性和逻辑的工业生产过程（像现代主义设计那样），而是一种格式塔式的整体形式，就像一件无缝礼服经过神秘的构思和神奇的生产过程制作出来一样。正是这类形式设计上矫揉造作的趋势使得这种20世纪60年代的风格在今天看来外观显得如此过时。

然而，看起来高科技的白色外观只是20世纪60年代产品设计的主要趋势之一，更能让人回忆起那个时代的是各种色彩鲜艳的塑料制品。20世纪早期，由于瑕疵和颜色不一致的问题，塑料制品大多呈深色或斑驳状外观。20世纪30年代，一般使用较淡的色调制作收音机和其他消费品，尽管亮色产品在两次世界大战之间的那段时间也可以制出，但直到20世纪50年代，鲜艳的颜色才广泛用于制作一系列产品。明亮的单色产品也得以生产出来，因其大胆露骨的色彩而适合60年代后期顾客的口味。哲学家兼文化评论家罗兰·巴特（Roland Barthes）在他著名的《神话学》（1957年）一书中对塑料颜色的质量表示了担忧："……它似乎只能保留最具化学性质的外观（颜色）。黄色、红色和绿色这些颜色只保留了积极进取的性质，仅仅是作为名称本身来使用，只能展示

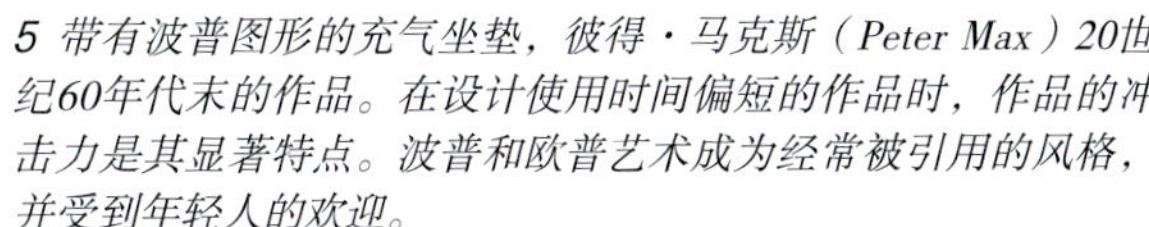

5 带有波普图形的充气坐垫，彼得·马克斯（Peter Max）20世纪60年代末的作品。在设计使用时间偏短的作品时，作品的冲击力是其显著特点。波普和欧普艺术成为经常被引用的风格，并受到年轻人的欢迎。

6 摩飞·理查兹有限公司1961年出品的烤面包机。玛丽·匡特1966年设计的雏菊图案让这款烤面包机成为永恒的经典。

7 肯尼斯·格兰奇1968年设计的剃须刀。这把安全剃须刀是为威金森刀具有限公司设计的，使用方便，美观大方。与格兰奇设计的柯达小型相机一样，这款剃须刀时尚感强，却价格适中。长13cm。

5

6

9

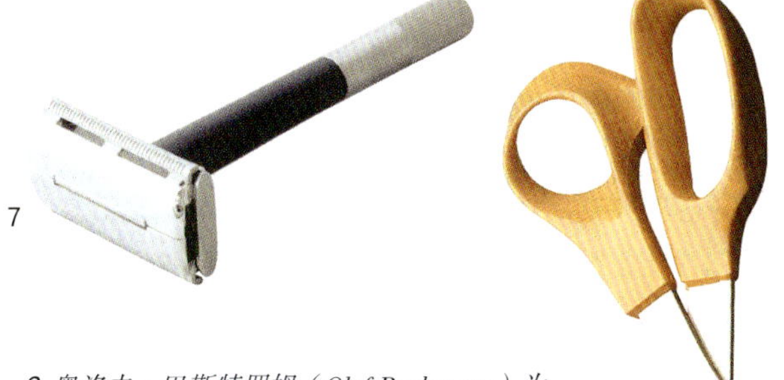

7

8

10

11

8 奥洛夫·巴斯特罗姆（Olof Backstrom）为菲斯卡公司设计的O系列剪刀。这一人性化的设计基于典型的斯堪的纳维亚人体工程学以及设计师对形式的敏感。长22cm。

9 朗森公司的便携式吹风机，20世纪60年代中期出品。这款便携式吹风机让人想起太空中宇航员的维生系统和头盔，其满足了人们对动态设计的向往。

10 保罗·克拉克（Paul Clark）设计的透视设计时钟，20世纪60年代晚期出品。与这些新颖钟表的时尚冲击力相比，其功能性几乎没什么意义，作品借鉴了当时的时尚潮流和大胆的图形设计。高23cm。

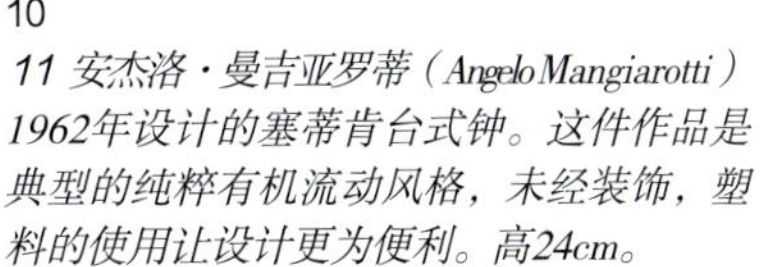

11 安杰洛·曼吉亚罗蒂（Angelo Mangiarotti）1962年设计的塞蒂肯台式钟。这件作品是典型的纯粹有机流动风格，未经装饰，塑料的使用让设计更为便利。高24cm。

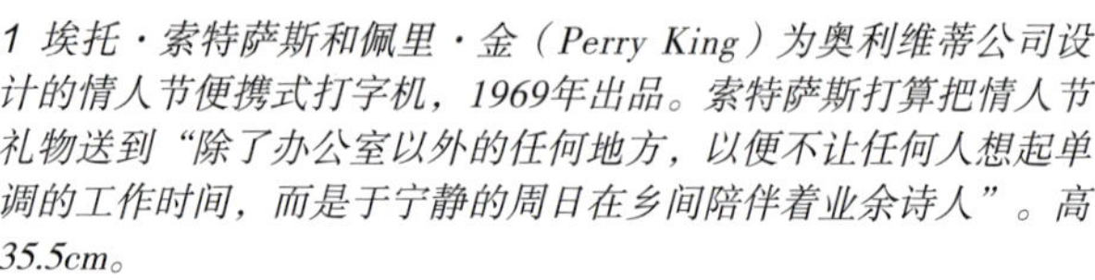

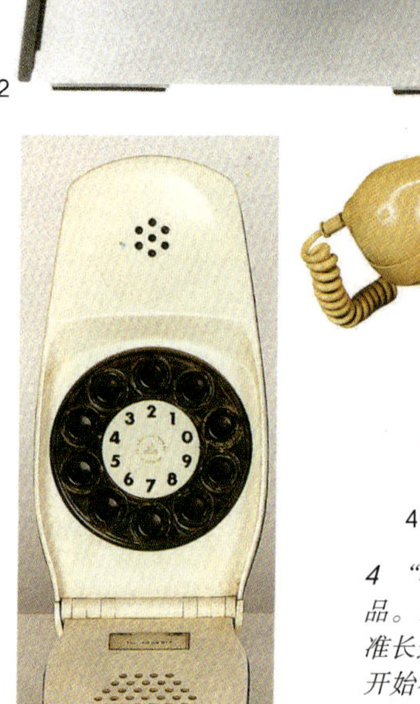

1 埃托·索特萨斯和佩里·金（Perry King）为奥利维蒂公司设计的情人节便携式打字机，1969年出品。索特萨斯打算把情人节礼物送到“除了办公室以外的任何地方，以便不让任何人想起单调的工作时间，而是于宁静的周日在乡间陪伴着业余诗人”。高35.5cm。

2 奥利维蒂公司生产的泰克尼3号打字机，1965年出品。奥利维蒂将自己打造成一家致力于追求时尚和效率的公司。

3 马可·扎努索和理查德·萨珀（Richard Sapper）设计的Grillo电话，1965年出品。Grillo——意为“蟋蟀”——在不牺牲功能的前提下，结合了技术和柔和的动物造型。长（打开时）22cm。

4 “标准”电话机，1963年出品。1959年英国引入STD（标准长途电话拨号）之后，人们开始有意识地将电话系统变得更为现代化。高12cm。

颜色的概念。”然而，巴特眼中塑料的“失败之处”，恰恰是20世纪60年代美学的核心部分。

鲜红色、紫色、橙色、绿色、黄色等各种颜色鲜艳的塑料被用在椅子、休闲桌、电视机和录音机的外壳、灯座、餐具、玻璃杯、珠宝和许多其他物品上。鲜艳的色彩完美地表达了那“十年”大众的心情。人们不仅不加掩饰地使用聚氨酯（无论是水性的还是泡沫型的）、带光泽的ABS塑料、闪亮或透明的丙烯酸以及PVC材料，而且更凸显了“可塑性”。这一趋势超越了现代主义“忠于材料”的原则，进入另一个阶段。在这一阶段，塑料所引起的联想成为产品“意义”的一部分：从某种意义上说，塑料既是形式又是内容。

这一趋势源于波普文化中的双向交流。设计不再只是受高雅文化影响的流行工艺品。在波普文化中，“高雅文化”大量借鉴了“低俗文化”。最明显的例子是在艺术领域：罗伊·利希滕斯坦的作品借鉴了漫画，而安迪·沃霍尔则从超市货架上获得灵感。

20世纪50年代，人们以各种“廉价和低劣”的方式来使用塑料制作玩具和小饰品。因此，在眼光敏锐的消费者眼中，塑料已变得不可信，常常与远东制造的劣质、易碎、外观俗丽的商品联系在一起。然而，这些观点都将发生变化。消费者在20世纪60年代中期开始更看重可消耗性而不是耐用性。特别是在那个年代的后半段，当一种自觉的做作和半开玩笑式的媚俗成为时尚时，塑料引起的其他联想就受到了热烈的欢迎。塑料制品价格便宜，让人想到短暂无常。最重要的是，它给人一种直接、青春、缺少微妙感和好玩的感觉。结果是出现了各种各样搞噱头的、抓人眼球的、引人注目的新奇塑料制品，从塑料涂层纸裙到印有“POP”纹章图案的充气PVC靠垫——这些东西都有可能最终被扔进塑料涂

1 Acrylic Shades. A simple shade, ideally hung low over a table. 14 ins diameter complete with flex and lampholder. 60–100 watt. Can be used with the rise-and-fall unit shown on page 57.
L21101–Red
L21102–Orange
L21103–Blue
L21104–Opal white Each **£4·10**

2 Orb Light. A two-part acrylic shade especially designed as a centre pendant where only one lighting point is available. Gives a soft diffused light. Complete with flex and lampholder. 12 ins diameter. Can be used with the rise-and-fall unit shown on page 57. 60–100 watt.
L21105–White/white
L21106–Smoke/white
L21107–Orange/white
Each **£6·97**

3 Polyhedron do-it-yourself card shade. 12 ins diameter. Each kit makes up into several shapes; two or more kits can be joined together to form additional designs. Price is for one kit.
L07106–White **80p**
L07107–Blue **90p**
L07108–Orange **90p**
L07109–Red **90p**

4 Japanese paper lanterns. The most versatile and cheapest form of lampshade. They fold flat when not in use, and are a very effective fitting when only one central lighting point is available. The wattage shown is the *maximum* recommended.
L22109–14 ins shade, white (100 watt) **82p**
L22101–14 ins shade, orange (100 watt) **82p**
L22102–14 ins shade, yellow (100 watt) **82p**
L22103–14 ins shade, green (100 watt) **82p**
L22107–14 ins shade, blue (100 watt) **82p**
L22104–16 ins orange (150 watt) **£1·10**
L22105–16 ins yellow (150 watt) **£1·10**
L22106–16 ins green (150 watt) **£1·10**
L22108–16 ins blue (150 watt) **£1·10**
L22110–19 ins white (150 watt) **£1·30**
L22126–24 ins white (200 watt) **£2·55**

5 Spun aluminium shades 17 ins diameter. Six stunning colour combinations, crisp white interiors. Complete with white 3-core flex and lampholder. 100–150 watt. Use low over a table.
L19101–Mustard/white band
L19102–Coral/light orange band
L19103–Mustard/coral band
L19104–Blue/white band
L19105–Purple/red band
L19106–Blue/green band
Each **£6·97**

1

2

1 爱必居灯具1971年出品。这一页来自爱必居公司的商品目录，显示了60年代这"十年"间各种各样的新颖灯具。灯具设计在20世纪60年代变得完全风格化。

3

4

5

2 阿切勒·卡斯蒂格利奥尼设计的托伊奥落地灯，1965年出品。这件作品高科技的外观看起来似乎不那么有前途。在20世纪70年代末至80年代初，它成为高科技爱好者的最爱。高1.65m。

3 受太空时代影响的金属灯，盖·欧伦蒂（Gae Aulenti）1969年的作品。像欧伦蒂这样的设计师很欣赏塑料的一些特征，如重量轻、强度高且带反射，这种材料可以塑造出复杂的雕塑形式。高27.7cm。

4 阿切勒·卡斯蒂格利奥尼和皮埃尔·贾科莫·卡斯蒂格利奥尼1967年设计的史努比灯，弗洛斯公司制造。阿切勒承认，当时人们的兴趣"与其说是最大限度地解决照明问题，不如说是强调在没有灯光的情况下灯具的装饰质量"。高40cm。

5 布鲁诺·穆纳里1964年设计的福克兰吊灯。金属框架——用来支撑有弹性的织物——创造出一种独特的雕塑形式，将人们的注意力吸引到设计对象本身。高1.6m。

1 马克·扎努索和理查德·萨珀设计的收音机，1965年出品。这台收音机的巧妙设计意味着它可以折叠成一个盒子，因此对于行进中的男士或女士而言是理想的设计。高13cm。
2 菲利普公司的菲利塔纳晶体管收音机，1963年出品。半导体收音机是那个时代最伟大的标志之一：让十几岁的青少年听遍了所有的流行音乐，让持不同意见的成年人头疼不已。
3 马克·扎努索和理查德·萨珀设计的电视机，1966年出品。这是一个纯技术的“黑匣子”，是20世纪70年代许多类似设计的先驱，对高科技的设计产生了重要影响。

层废纸篓里。

20世纪60年代，针对年轻人充满活力和频繁运动的全动感生活方式，设计师专门设计了一系列物品，其中有两件物品尤其体现了这10年间的波普精神。其中一件是埃托·索特萨斯专为奥利维蒂公司设计的情人节便携式打字机。这款打字机造型时尚，颜色是鲜艳的红色（配以橙色的卷轴），看上去更像是太空时代会享受的人用的周末旅行箱，而不是一件普通的日常办公设备。另一件象征运动和自由的伟大作品是晶体管收音机。随着晶体管变得普及且便宜易得，“半导体收音机”改变了年轻人听收音机的习惯。单一的核心家庭挤在一件无线设备周围听广播的形象，就像定量配给一样成了一个过时的概念。半导体收音机的便携性意味着流行音乐爱好者可以在家中任何一个房间里听音乐：他们不需要远离音乐排行榜前20名，也不需要在陌生的自然或寂静的环境中与其他声音完全隔绝。一些晶体管收音机的样式就强调了其便携性，通常是由塑料制成的。收音机的设计经常借用步话机或陆军战斗电台的形象。

到20世纪70年代初就有了一系列范围极广的工业设计产品美学理念。一端是源自现代主义“少即是多”的原则，崇尚纯洁、效率和卫生的内涵；另一端则来自波普风格的感性，颠覆了“好品位”原则和惯例的影响，追求新奇、青春和乐趣。

太空时代的照相机和电视机

1 马克·扎努索和理查德·萨珀设计的彩色电视机，20世纪60年代末出品。太空时代明显影响了这类消费品的设计。

2 墨菲公司1968年生产的电视机。在20世纪60年代，图形设计有时应用到普通物品之上，比如电视机。这款设计带来的是最新潮的时尚外观。电视机高（不包括机座）53cm。

3 索尼公司1959年生产的便携式电视机。晶体管的使用减小了电器的尺寸和重量，使它们变得更容易携带，从而促进了全动感的生活方式。索尼公司经常在这类产品的创新方面走在前列。高24cm。

4 柯达公司1964年生产的旋转木马幻灯机。旋转木马坚固耐用的“大肚形”外观让人对幻灯机的可靠性和耐用性足够放心。

5 柯达公司1963年生产的傻瓜相机100。摄影在20世纪60年代成为一种流行的大众活动，许多相机被设计得既时尚又专业，很容易操作，同时还有着卓越的性能。

6 肯尼斯·格兰奇设计的柯达布朗尼·维柯塔相机，1966年出品。这款相机面向大众市场，之所以设计成画像式外形，是因为格兰奇说它适合拍摄人像（大多数照片）。

后现代主义时期

1970—2000年

引论

“后现代”一词最初的意思是“晚于现代”，后来有了多种解释。这个词的核心是对现代主义设计理论和方法的不信任，认为它们在视觉语言方面很贫乏，在意义方面也颇受限制。例如，后现代主义建筑师罗伯特·文丘里（Robert Venturi）主张：艺术家应该用一种易于理解，而非深奥难懂的风格来创作，要与流行文化的价值观保持一致。这场运动的一个关键特征是风格兼收并蓄，另一个特征则是有意识地将与20世纪晚期消费主义有关的形象融合进来。

“后现代”一词已经在许多学科中出现，包括社会学、电影、音乐、传播学、文学和文化理论，让·鲍德里亚（Jean Baudrillard）和让-弗朗索瓦·利奥塔（Jean-François Lyotard）等有影响力的学者都探索过它的含义。在其《后现代状况》（1984年）一书中，利奥塔将“后现代”看作一种拒斥现代主义世界普遍确定性，转而注重地方性和暂时性的倾向。其他学者，如马克思主义者弗雷德里克·詹姆逊（Frederic Jameson），则将后现代主义视为美国文化帝国主义的一种形式，或跨国主义和消费资本主义的一种表达。对于后现代主义的多元化世界来说，正确的说法或许是：这个术语显然是以许多不同的方式在不同语境中使用，引起一系列的共鸣，有着各种不同的意义。

在设计领域，后现代主义多种定义的用途各不相同。英国设计史和建筑史学家尼古劳斯·佩夫斯纳（Nikolaus Pevsner）是较早在著作中用到这个词的作者，他著有读者众多的《现代设计的先驱》（1949年）一书。在1961年发表的一篇名为“历史主义的回归”的文章中，佩夫斯纳指出，自己发现了一种他认为不受欢迎但越来越明显的“后现代主义”倾向，即风格的兼收并蓄，这一特征后来成为后现代主义建筑和设计的一个显著特点。

一年后，美国建筑师兼设计师罗伯特·文丘里在其开创性著作《建筑的复杂性与矛盾性》（1966年）中，阐述了其他许多与后现代主义有关的特性。接下来，在视觉艺术领域有关后现代主义的实践和辩论中，本书奠定了文丘里突出的地位。他赞赏“混合而非‘纯粹’的元素，妥协而非‘干净’的元素，扭曲而非‘直接’的元素，模棱两可而非‘清晰’的元素，前后矛盾且模棱两可而非‘直接而清晰’的元素”。在1972年出版的《向拉斯维加斯学习》一书中他进一步坚定地拒绝了现代主义的原则，该书是与建筑师同行丹尼斯·斯

左图：乔治·J.索登（George J. Sowden）和纳塔莉·杜·帕斯奎尔（Nathalie Du Pasquier）1987年设计的雷欧时时钟。该设计利用了索登和帕斯奎尔对颜色和形式的兴趣，通过对形式、颜色和纹理的全新探索，丰富了日常产品设计解决方案的视觉语言。高26.5cm。

对页：阿卡米亚工作室中的设施。这种戏剧性的环境，尤其是枝形吊灯的过度装饰，表明了这个以米兰为基地的实验团体对意大利主流风格之克制优雅和“好品位”的反抗。

Intro: News, Views, Clues
DisINFORMATION for May
David Bowie in The Face Interview
Hollywood Cockney: Michael Caine
Gene Anthony Ray: Kid from Fame
Fashion: Last Daze of the Raj
Singles by Robert Elms
Expo: The Best of The Face
Albums by Paul Rambali
The Cloning of Boy George
James Truman in New York
Style: The Other French Designers
Style: Notes, Alix Sharkey
Bob Marley: Jamaica Farewell
Buckets and Spandaus
John Waters: Mondo Video
Julie Burchill on A.J.P. Taylor
Subscriptions advice
Tracing Tracey Ullman
Back Issues
Films: Tootsie, Eureka, Clinic
D'Offay & the Art of Commerce
Letters

INTRO

EDITED/COMPILED BY LESLEY WHITE

37

MAY 1983

The World's Best Dressed Magazine

1 内维尔·布罗迪（Neville Brody），1983年5月《面孔》杂志的封面人物。这是一本领先的时尚杂志，杂志页表面被不同风格和尺寸的装饰元素及字体在视觉上分割开来。后朋克时代流行的蜉蝣图形带有一种商业化街头风，该图反映了其中的个人主义趋势。

2 埃托·索特萨斯约1980年为孟菲斯集团设计的莉迪亚玻璃花瓶。这件作品色彩丰富，极具创新性，探索了玻璃的表现力和装饰潜力，表明孟菲斯集团的成员将工艺品视为探索新理念的实验室。高49cm。

3 亚历山德罗·门迪尼（Alessandro Mendini）1979年设计的坎迪斯沙发。这款沙发融合了丰富的色彩、图案和非功能性元素，表明门迪尼致力于探索设计的可能性，不受大规模生产技术和传统解决方案的限制。长1.25m。

科特·布朗（Denise Scott Brown）及史蒂文·伊泽诺（Steven Izenour）合著完成的。文丘里从拉斯维加斯休闲娱乐建筑立面的视觉表达中借鉴了丰富的霓虹灯、折中主义和日常用语，主张建筑师使用易于理解的风格，并与流行文化的价值观保持一致。

事实上，后现代主义设计的定义在很大程度上掌握在建筑师、建筑学领域的写作者、历史学家和理论家手中。例如，查尔斯·詹克斯（Charles Jencks）和美国建筑师兼作者文丘里一样，一直在关于后现代主义的各种讨论中发出决定性的声音。他在各种文章和图书中阐述了自己的观点，包括《后现代建筑语言》（1977年）和《后现代古典主义》（1983年），他还参与了许多后现代主义建筑、室内设计、家具等产品的设计。

后现代主义的许多倡导者认为，这是一股激进的潮流，为建筑和工业设计领域的实践开辟了新的表达可能性。英国著名工业设计师杰夫·霍尔灵顿（Geoff Hollington）在20世纪70年代晚期将其视为“一种极为惊人的折中主义，涵盖大众媒体中的意象、工艺美术运动、新艺术运动和装饰艺术运动、流行图像和药物体验”。

然而，到了20世纪80年代，人们越来越怀疑这个新术语的用处。美国作家汤姆·沃尔夫（Tom Wolfe）在1983年批判了从包豪斯学派到“我们的房子”等现代主义建筑美学，同时将其尖锐抨击的焦点也扩展到了后现代主义，暗示这个词“自现代主义自身普遍衰竭以来，一直用来为所有的发展趋向命名，其论述或许具有某种寓言色彩。正如詹克斯本人比较恰当的说法，后现代主义这个词或许太具安慰性了。它告诉你，你要告别的是什么，却没有把你带到某个特定的目的地。詹克斯说得很对。这个新术语本身会给人一种现代主义已经结束的印象，因为它已经被一些新的东西取代了”。

在20世纪60年代后期之前的几十年里，现代主义曾一直是先锋派设计的主要表现形式。先锋派最初的起源是20世纪先锋派的国际美学，拥抱新材料和新技术，与社会乌托邦精神相结合。然而，这种风格如今却已经发展到日益与跨国公司暗示的效率联系在一起。在一个全球市场不断扩张的时代，这些包括IBM在内的公司的企业形象在艾略特·诺伊斯（Eliot Noyes）和保罗·兰德（Paul Rand）等设计师的产品设计和视觉传达设计中得到了展现。

现代主义已经越来越与“好的设计”这一概念相等同，从纽约现代艺术博物馆的设计藏品或官方机构（如英国的工业设计委员会和德国的设计委员会）对工业领域“更高”设计标准的展望中都可以看出这一点。然而，从20世纪50年代后期开始，这种本质上清教徒式的展望被一个日渐倾向消费主义的社会所削弱：人们有充足的可支配收入，越来越渴望发生快速的变化，同时电视节目和境外旅游的增长也提供了更广阔的文化视野。此外，波普艺术在设计中出现，意大利爆发了“反设计”运动，再加上人们对符号学和流行文化的重要性越来越关注，这些也都破坏了现代主义的原则。吉罗·多弗莱斯（Gillo Dorfles）和罗兰·巴特等作家对现代主义视觉语言词典中受限制的句法提出了大量挑战意见。他们为迷人的色彩、图案和装饰元素开辟了空间，也提供了流行的、异国情调的、偶尔博学多识的文化影响，对建筑师和设计师越来越有吸引力。

尽管后现代主义设计的历史往往集中在诸多美国建筑师兼设计师的作品上，如罗伯特·文丘里和迈克尔·格雷夫斯（Michael Graves）的作品或者顶级意大利设计师，如埃托·索特萨斯和亚历山德罗·门迪尼的作品，但这种趋势也体现在许多其他国家的设计之中，包括西班牙和捷克斯洛伐克。后现代主义的丰富色彩、异国情调以及文化表达的自由以多种方式生动表现了这些国家获得的民主自由，而这种自由在法西斯主义中曾受到很大约束。事实证明，后现代主义对日本和澳大利亚的先锋派设计师也很有吸引力，因为它彻底背离了流行的商业风格。

朋克的反传统思想进一步激发了后现代主义的活力，人们开始在视觉和设计媒介的各个领域探索后现代主义的可能性，从时装到家具、从室内设计到平面设计、从餐具到水壶。然而，薇薇恩·韦斯特伍德（Vivienne Westwood）等设计师最初激进而又易于接受的时尚观点，以及内维尔·布罗迪（其作品曾出现在《面孔》杂志上）等印刷设计师的平面创意，很快就被博物馆收藏和展览会所代表的保守世界所吸收和同化。在20世纪后期，越来越由大众媒体所主导的世界被互联网所呈现的全景进一步打开。此外，随着境外旅游业的迅猛发展，人们对多元文化和风格的一手材料越来越熟悉，由此出现了文化折中主义和视觉引用的盛行，这种氛围可能像维多利亚时期的设计风格一样普遍。然而，20世纪晚期后现代主义设计中折中主义的不同之处在于，它是（在其最有效的情况下）一种新式与旧式、传统与民族、深奥与流行、廉价与昂贵等不同风格与材料之间的汇合，这种汇合是人们心照不宣的，有时也带有讽刺或诙谐的色彩。

4 奥地利旅游中心的室内设计，汉斯·霍林（Hans Hollein）1975年的作品。设计师用棕榈树等装饰暗示异域旅行，由此照顾到了室内设计的功能，这件作品表现了后现代主义设计师如何寻求将设计和意义联系起来。

4

家具

国际后现代主义

1

2 水晶桌，米歇尔·德·卢基的作品，1981年出品。采用层压塑料、木材和金属制成，为孟菲斯集团设计。卢基为一个小桌子采用了色彩鲜艳、富于原创性的设计方案，反映了意大利前卫艺术的创新风格，他从20世纪60年代开始就参与了前卫风格设计。高62cm。

3 斯坦霍普床，迈克尔·格雷夫斯的作品，1982年出品。该作品的形状反映了格雷夫斯在建筑设计领域的底蕴。不同材料的组合和不同风格的来源赋予了该作品新的表达潜力。

2

1 公园桌，埃托·索特萨斯的作品，1983年出品。设计师索特萨斯开发了桌"腿"装饰性形式在"功能"方面的潜力，他是1970年后意大利前卫设计活动的主要发起人。然而，与现代主义风格的同类设计不同，桌子的"形式"显然并不"服从功能"。直径1.3m。

3

20世纪70年代末和80年代，越来越多的美国建筑设计师转向家具设计领域，许多与后现代主义家具有关的思想都源于这些设计师的实验。同样起重要作用的还有意大利的设计师，如亚历山德罗·门迪尼、埃托·索特萨斯和米歇尔·德·卢基（Michele De Lucchi），他们从位于米兰的阿基卡米亚工作室和孟菲斯集团的实验性设计活动中脱颖而出。卢基支持当时的"新设计"风潮，安德里亚·布兰齐（Andrea Branzi）认为这一趋势"能够同时影响生产领域和理论发展"，也打破了他所说的将主流设计与前卫实验分离开来的"障碍"。博雷克·西派克（Borek Sípek）（曾在布拉格学习家具设计，在汉堡和代尔夫特学习建筑）等设计师也探索了在东欧实现后现代主义设计的可能性。

索特萨斯认为后现代主义本质上是美国式的，具有学院派特色，并且受限于它所依赖的各种文化差异。尽管如此，后现代主义的特点是既能吸收高雅的文化资源，又能接受平凡和平庸，展现出智慧、讽刺和嬉闹的品质，这就意味着它成为一种共同的国际设计语言。后现代主义设计师将昂贵的材料和饰面与廉价的层压材料和塑料相混合，将工业技术与来自工艺品的灵感相结合，同时将各种多样化的来源杂糅在一起，如非洲和美国土著风格、巴洛克和比德迈式风格，或古典风格和咖啡吧，以此提供了新的美学前景。

由于后现代主义设计越来越频繁地出现在博物馆收藏、展览馆和时尚杂志中，同时又与设计师名流有着紧密联系，其在大多数工业化国家被当作一种日益时尚的商品来研究。后现代主义出现在美国、日本和澳大利亚等在地理位置上分散的国家，给许多日用家具设计带来了翻天覆地的变化。

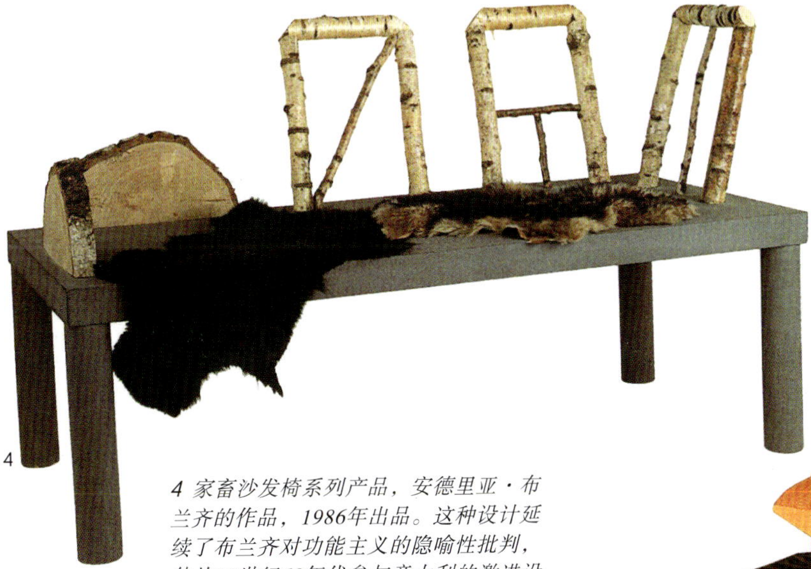

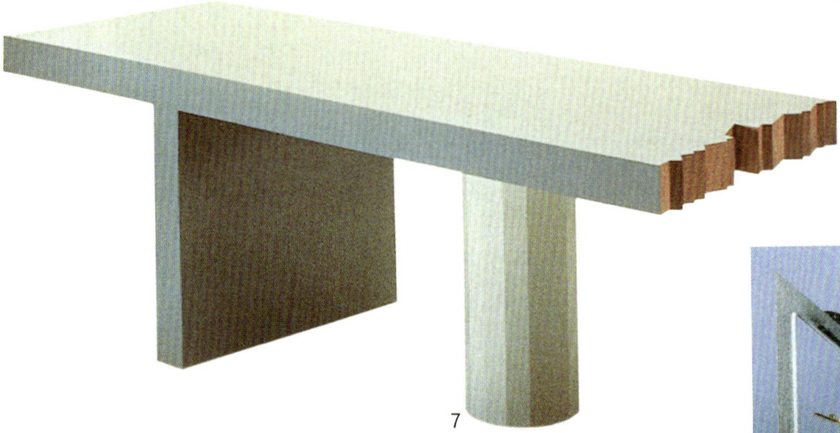

4

4 家畜沙发椅系列产品，安德里亚·布兰齐的作品，1986年出品。这种设计延续了布兰齐对功能主义的隐喻性批判，他从20世纪60年代参与意大利的激进设计开始就一直批判功能主义。高1.05m。

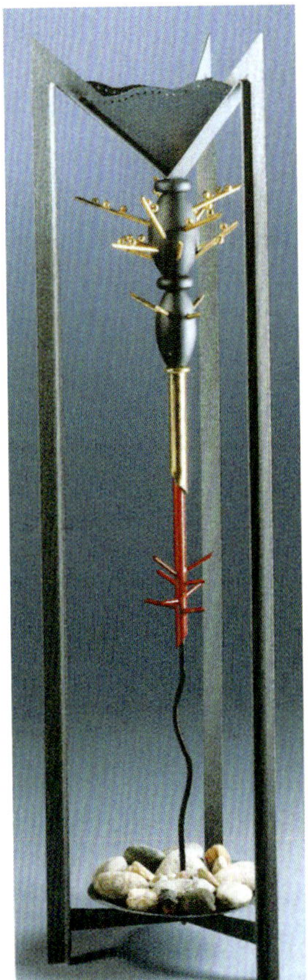

5

6

7

5 诺尔公司生产的喜来登椅，罗伯特·文丘里的作品，1982年出品。文丘里从1984年起为诺尔公司设计的一系列椅子中借鉴了从安妮女王时代到装饰艺术运动时期的多种设计。这一源于喜来登的作品与当代视觉文化图案相结合，创造了具有独创性的设计解决方案。高85cm。

6 安东·西比克（Aldo Cibic）为孟菲斯集团设计的写字桌，1982年出品。不同材质、不同表面和不同颜色加以组合，融合了意大利的“新设计”，同时使用富有想象力的方式重铸日常物品，使得这一时期的室内设计充满活力。高75cm。

7 维格尼利联合公司为富米家公司设计的断裂式长桌，1982年出品。桌子的断口标志着20世纪后期许多激进设计师放弃了现代主义的确定性，转而使用更有语言学意义的设计词汇。

8

9

8 亚历山德罗·门迪尼1985—1987年为诺亚·阿基米亚（Nuova Alchimia）设计的卡拉莫比欧橱柜。门迪尼的设计从功能约束中解放出来，这个作品就是很好的证明，它有着丰富的图案和色彩斑斓的表面。

9 博雷克·西派克为维特拉公司设计的带灯衣柜，1989年出品。西派克的原创设计脱离了实用主义的原则，通常使用奇特而又富于感官刺激的形式和材料。高2m。

英国家具

“拾来”的材料、工艺和新的可能

1

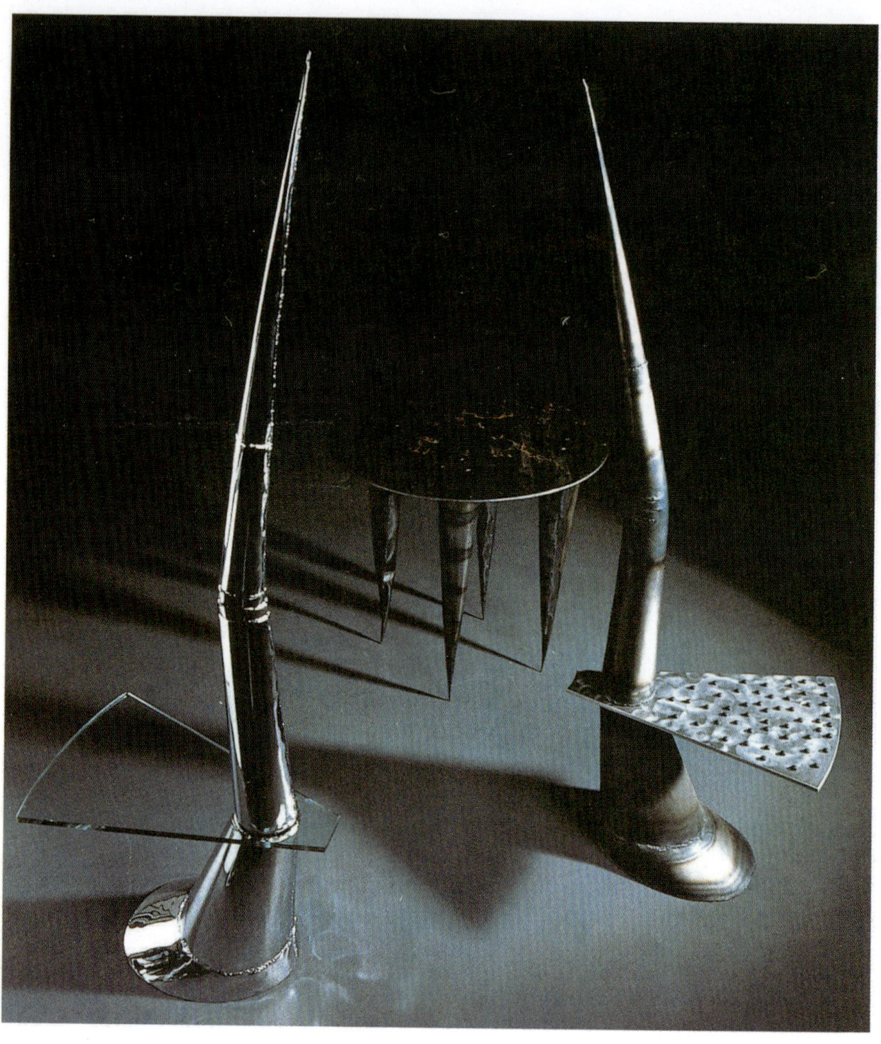

2

1 乐谱架，弗里德·贝尔（Fred Baier）的作品，1968年出品。贝尔想要“让装饰回归家具”，因而赋予了这个乐谱架新的角色。设计师希望他的作品“是结构性的，而不仅仅是表面装饰”。高1.24m。

2 锥形桌和椅子，“一次性”有限公司创始人罗恩·阿拉德的作品，1986年出品。这件家具使用高科技材料钢铁、玻璃和铝制作，似乎是过去时代的遗物，是城市衰败的象征。

20世纪70—80年代，一些家具设计师通过融合新的想法，大胆地开发挑战家具制造思维的新材料、形式和颜色，重振了英国家具设计行业。

著名的一批新设计师中，有出生于以色列的罗恩·阿拉德（Ron Arad），他与卡罗琳·托尔曼（Caroline Thorman）于1981年在伦敦创立了“一次性”有限公司。阿拉德早期作品的典型特点就是使用“拾来”的材料，例如他的罗孚椅（1981年）和空中灯具（1981年）就是从剩余的汽车坐面和丢弃的汽车收音机天线中取材。这些东西可能被视为对大规模工业生产和现代主义偏爱新材料和尖端技术的批评。的确，阿拉德公司的名称“一次性”表明了对现代主义和传送带模式生产的反抗。阿拉德1986年用钢铁、玻璃和铝制作了锥形椅，打破了对座椅设计传统的期望，即将舒适度和人体工程学视为重中之重的看法。相反，锥形椅似乎是一个独立的、雕塑般的（几乎是图腾般的）来自衰败城市的考古遗迹。此外，圆锥桌子也与对其功能的日常预期相矛盾，它的隐性重量通过细尖腿的支撑来抵消。

阿拉德后来对探索大规模生产的可能性产生了兴趣，并为德里亚德、艾烈希、维特拉和卡特尔等公司设计了产品，同时制作了一些惊人的室内设计作品。

汤姆·迪克森（Tom Dixon）是另一个喜欢把“拾来”的材料用于家具设计，同时也取材于废金属的英国设计师。他的作品在20世纪80年代末变得广为人知。与该时期包括丹尼·莱恩（Danny Lane）在内的其他设计师一样，迪克森探索了工艺的美学可能性，与更完善的批量生产和制造业的主流形式形成对立。他1986年设计的S椅就是一个很好的例子，这是对维奈·潘顿著名的注塑模压椅作品诙谐的批评，带有后工业化风格。潘顿设计的这款椅子创作于1960年，并由维特拉公司为赫尔曼·米勒公司批量生产。

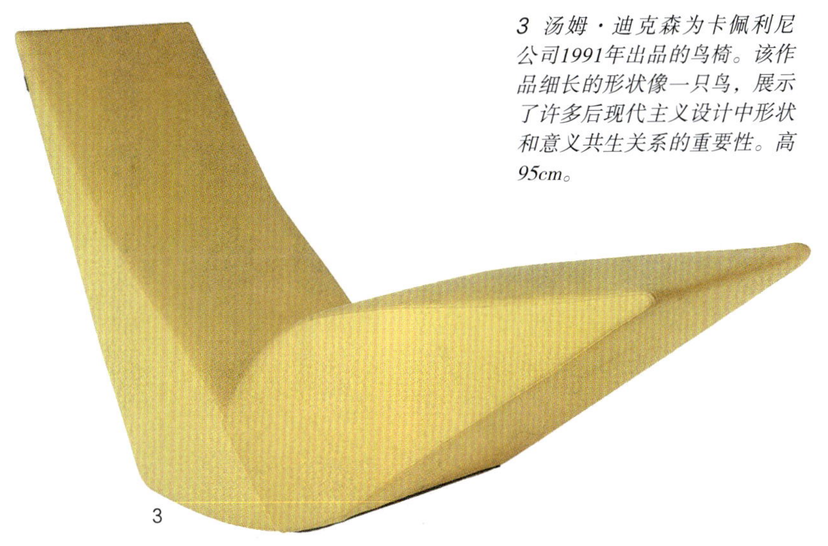

3 汤姆·迪克森为卡佩利尼公司1991年出品的鸟椅。该作品细长的形状像一只鸟，展示了许多后现代主义设计中形状和意义共生关系的重要性。高95cm。

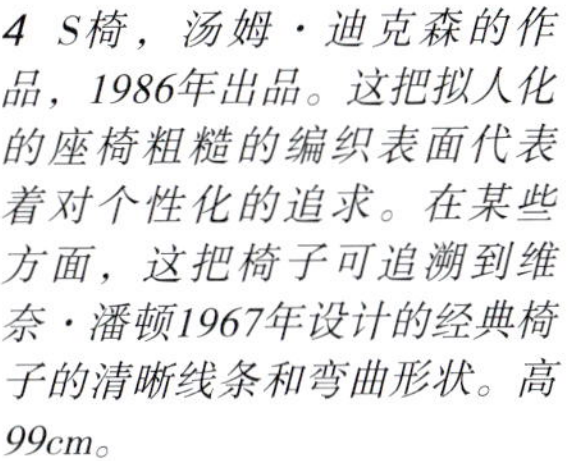

4 S椅，汤姆·迪克森的作品，1986年出品。这把拟人化的座椅粗糙的编织表面代表着对个性化的追求。在某些方面，这把椅子可追溯到维奈·潘顿1967年设计的经典椅子的清晰线条和弯曲形状。高99cm。

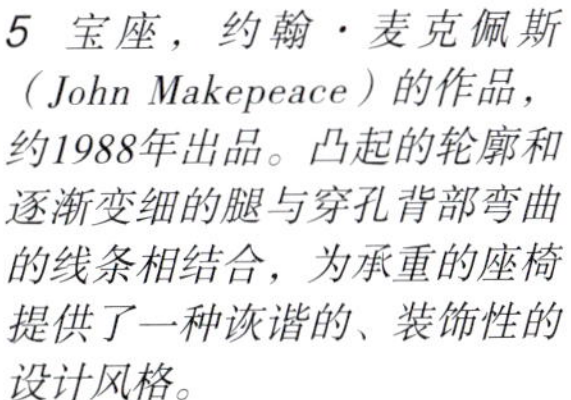

5 宝座，约翰·麦克佩斯（John Makepeace）的作品，约1988年出品。凸起的轮廓和逐渐变细的腿与穿孔背部弯曲的线条相结合，为承重的座椅提供了一种诙谐的、装饰性的设计风格。

6 伊特鲁里亚椅，丹尼·莱恩的作品，1992年出品，厚板玻璃作为桌面。玻璃和腿的粗糙形状几乎违背了它们的功能，揭示了一种以工艺为导向的材料开发如何为日常用品提供新的装饰可能。高85cm。

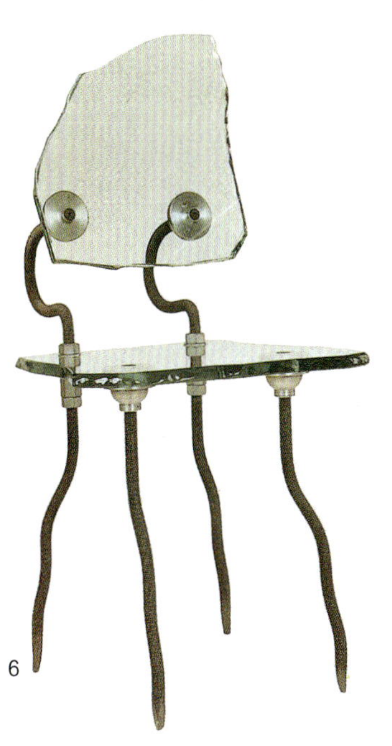

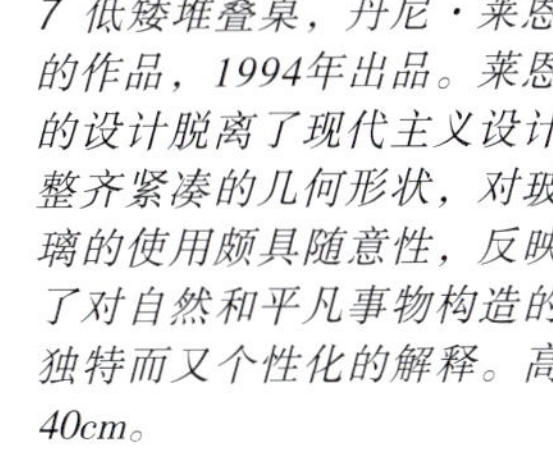

7 低矮堆叠桌，丹尼·莱恩的作品，1994年出品。莱恩的设计脱离了现代主义设计整齐紧凑的几何形状，对玻璃的使用颇具随意性，反映了对自然和平凡事物构造的独特而又个性化的解释。高40cm。

8 胖女士椅，卡尔·哈恩（Carl Hahn）的作品，约1992年出品。这个设计与现代主义和高科技相关的时髦“机器美学”形成对比，展示了许多被其名称所暗示的特征，可能被认为是对“设计师”时代精神的一种诙谐反应。

其他欧洲国家或地区及日本家具

审美和政治自由

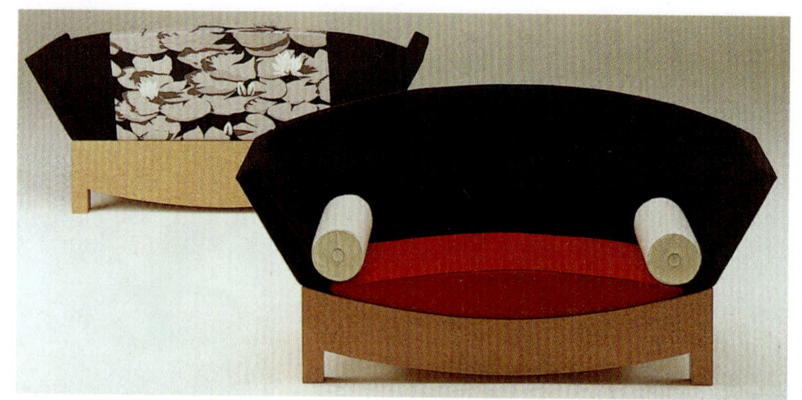

1 米茨沙发，汉斯·霍林的作品，1981年出品。这个沙发是由意大利波尔特洛诺瓦公司生产的，是霍林设计的系列产品之一，吸取了装饰艺术和好莱坞的辉煌传统与魅力。长2m。

2 菲利普·斯塔克约1985年设计的椅子。这个诙谐而又创新的混合设计综合了多种风格的特点，利用了多种材料。高83cm。

3 温克躺椅，喜多俊之的作品，1980年出品。喜多俊之参考了多种设计来源，其中，耳朵状的头垫模仿的是米老鼠的外形。长1.23m。

4 Zao凳，五十岚威畅（Takenobu Igarashi）的作品，约1990年出品。该作品蔑视关于形状的假设，其有机表面看似很脆弱，无法承受使用者的重量。高46cm。

这里提到的许多设计师和作品反映了这一时期的民族多样性、世界性精神和文化折中主义。例如，日本设计师喜多俊之（Toshiyuki Kita）在大阪和米兰都设立了工作室，捷克斯洛伐克出生的博雷克·西派克在布拉格、汉堡、斯图加特和代尔夫特学习后，在荷兰设立了工作室。设计师吸收不同的设计来源并相互影响，例如，西派克与在前东欧和西欧集团关系解冻的“新欧洲”中重新出现的前卫设计联系紧密。1988年，捷克斯洛伐克阿提卡集团（包括杰里·帕瑟）在他们的画廊Dílo展览中抨击了功能主义、保守主义的风气，这次展览主要以后现代主义展品为特色。这些设计师受到了西派克的影响，尽管西派克在1968年的政治动乱中离开了捷克斯洛伐克，但从20世纪80年代中期开始，他再次与家乡建立了联系。

1976年，法西斯独裁者佛朗哥将军去世后，西班牙出现了类似的新设计语汇同样令人振奋，在巴塞罗那的哈维尔·马里斯卡尔（Javier Mariscal）的作品和设计观点中表现得很明显。法国的菲利普·斯塔克（Philippe Starck）在20世纪80年代成为国际知名的设计师。尽管他的作品并不总是能很容易地融入任何简单的设计范畴，但他坚持认为直觉和感觉优于功能，再加上他永不满足的风格、象征主义和文化折中主义，使他与后现代设计的许多关键方面保持一致。

在喜多俊之为卡西纳公司设计的多功能温克躺椅中，能看到一件后现代主义产品中受到的多元影响。该作品用途广泛，很容易从扶手椅转换成躺椅，与许多其他后现代主义作品一样，受到了广泛设计来源的影响。椅子调低时，暗指日本人坐在地板上的传统；当扶手椅调成躺椅

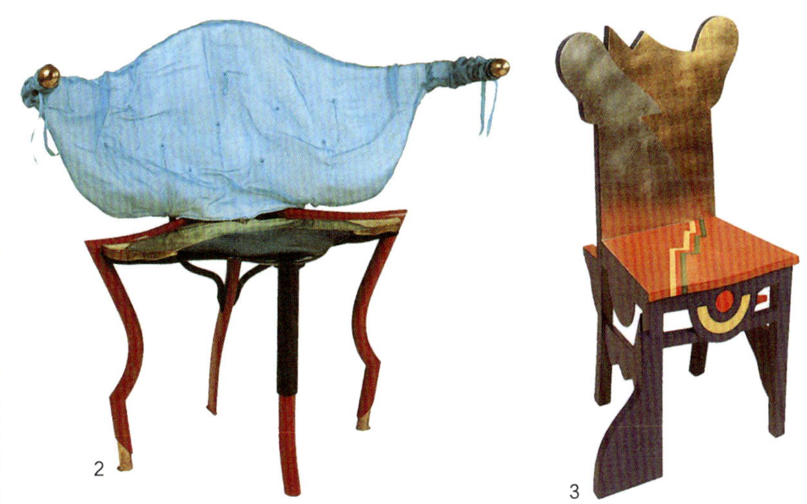

1 仓右史朗（Shiro Kuramata）1990年设计的凳子。使用半透明材料制作坚实的表面，针对现代主义“形式服从功能”的理念做了令人耳目一新的回应。其形状几乎“溶解”在材料的诗意探索中，因使用了透明介质，其功能也受到了挑战。高54cm。

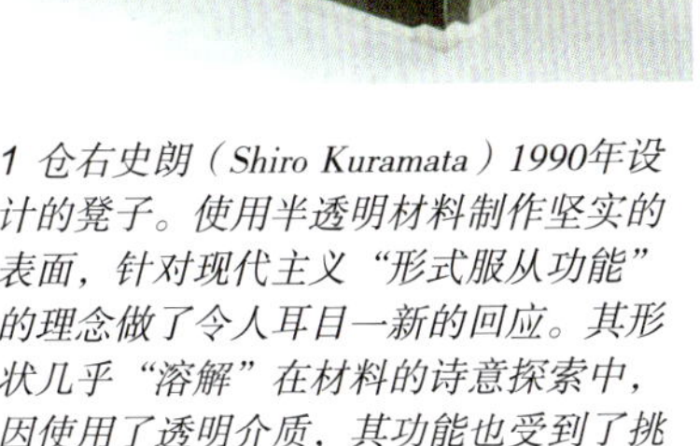

2 小鹿凳，博雷克·西派克的作品，1983—1986年出品。西派克结合了西方后现代主义设计和捷克斯洛伐克的前卫设计。在这一作品的设计中，他利用不同材料和非功能主义的形式，探索了美学方面的新突破。高76cm。

3 变形系列的西尔维娅椅，托马斯·塔费拉（Tomas Taveira）的作品，1990年出品。葡萄牙建筑设计师在设计该作品时，挑战了对形式、功能、颜色和形状的传统期望。高74cm。

4 托马斯·塔费拉1990年设计的桌子。塔费拉对图案、色彩和表达形式进行了个性化探索，挑战了假想的直线形桌面和支撑腿的基本功能，在某些方面与20世纪70—80年代早期意大利进步主义设计师的关注重点相呼应。

5 阿勒桑德拉扶手椅，哈维尔·马里斯卡尔的作品，1995年出品。色彩缤纷的设计呼应了马里斯卡尔平面设计作品的自由流动形式，并探索了注塑聚氨酯的雕塑可能性。高1.12m。

6 阿提卡集团展览，杰里·帕瑟尔的作品。20世纪80年代末，引起诸多争议的阿提卡集团推崇西方后现代主义设计理念。

偶像破坏主义设计

1 粉色椅，福里斯特·格尔斯（Forrest Myers）的作品，约1995年出品。形式和功能在非常规的构造中溶解，与意想不到的色彩搭配相辅相成。这是一种视觉上的表现手法，反映了这位美国雕塑家的艺术背景。高76cm。

2 乞力马扎罗床，福里斯特·格尔斯的作品，艺术与工业公司生产，约1995年出品。该作品模仿四脚床，但没有四角柱的承重功能。该床明显地"飘浮"于地面，用于睡眠的表面没有常规的稳固性。

3 雕塑椅，比约恩·诺加德（Bjørn Norgaard）的作品，1995年出品。这种拟人化的设计体现了20世纪后期艺术与设计之间的密切关系。这是与瑞典卡勒莫公司合作的作品，该公司的产品强调艺术内容而不是实用性。

4 铁板轻便椅，马兹·塞瑟琉斯的作品，1994年出品。尽管这款椅子由工业材料制成，但其有意为之的老式设计与现代主义整齐的机器制造形式相比，相去甚远。

时，则意指西方城市生活的复杂性。它还隐藏有旅行方面的功能，从可调节的头垫和可调成躺椅的性能就可以看出，这种设计让人联想起飞机和汽车座椅。随意的、带拉链的椅罩色彩鲜艳，借鉴了流行艺术生机勃勃的风格，有趣的耳朵状头垫则参考了米老鼠的外形。

现代主义设计主张整齐、优雅的形状，尊重传统工艺和强烈的社会民主意识。直到20世纪70年代，北欧设计一直广泛地与现代主义的这个特征联系在一起。然而，在20世纪70年代，北欧设计由于受到工业和经济不确定性的影响，开始出现如瑞典的乔纳斯·波林（Jonas Bohlin）和马兹·塞瑟琉斯（Mats Theselius），以及芬兰的斯蒂芬·林德弗斯（Stefan Lindfors）这样的个人主义设计师。从20世纪80年代初开始，波林设计的家具被证明是对瑞典传统优雅设计的重大挑战，因其有着土木工程和室内设计的背景，他得以有能力大胆研究使用对比材料。瑞典卡勒莫公司由斯文·隆德（Sven Lundh）于1965年创立，制作了一些波林的设计产品。1982年推出的混凝土椅子反映了该公司对限量版独特艺术设计的推崇，这在保守的制造业圈子里引起了相当大的不安情绪。另一位与卡勒莫公司有关的设计师塞瑟琉斯，也在使用传统材料时表现出了打破常规的倾向。例如，他于1994年设计铁板轻便椅时，利用材料，而不是形式，质疑了功能的概念。斯蒂芬·林德弗斯是一位国际公认的但又经常引起争议的芬兰设计师，他于1987年为英戈·毛雷尔（Ingo Maurer）设计了昆虫式的斯卡拉古台灯，探索富于表现力、不注重功能、脱离北欧风格的设计。即使是在全球范围内与价格合理、优雅低调的北欧现代设计联系在一起的大公司，也不受国际发展趋势的影响，试图表现出更具革新意味的一面。例如，宜家公司1995年在米兰家具展上推出的40件PS（*Postscript*）系列产品，就不是用于大批量生产的设计。

1

2

3

1 桌子，阿尔夫·林德（Alf Linder）的作品，1995年出品。该作品由自行车前叉加上托盘式的桌面组成，是对功能主义设计的拙劣模仿，几乎是一件考古遗迹。高56cm。

2 南娜·迪策尔为P.P. Møbler公司设计的贝壳椅，约1995年出品。该作品尝试了新的形式和材料，加上非功能性的扶手和侧边，拓展了与座椅相关的设计词汇。高1.2m。

3 旗帜沙发，杰里·帕瑟尔（Jirí Pelcl）的作品，帕瑟尔工作室1990年制作。捷克斯洛伐克后现代主义设计领军人物帕瑟尔通过非传统的方式操控金属的使用。该作品中沙发背面破碎的国旗图案设计，通过流动的、类似于拉火绳的线性元素得到加强。

4

4 昨日折纸椅，尼尔斯·哈瓦斯（Niels Hvass）的作品，1995年出品。这把椅子由丹麦奥克托集团设计，用胶粘的报纸制成。这件后现代主义作品是对勒·柯布西耶的LC3沙发这件标志性现代主义作品的注解。高75cm。

5 昆虫式的斯卡拉古台灯，斯蒂芬·林德弗斯的作品，1987年出品。这个动物形态的卤钨灯模仿了昆虫的形状。

6 威格椅，宜家公司1995年出品。该系列的40件产品并不是为大众市场而设计的，这对于宜家公司来说不同寻常。高71cm。

6

5

陶瓷制品

美国和欧洲

1 胡萝卜花瓶，纳塔莉·杜·帕斯奎尔于1982年创作。和其他孟菲斯集团的设计师一样，帕斯奎尔使用各种表面图案、颜色和装饰性母题来为作品赋予活力。高30cm。

2 大滤杯，迈克尔·格雷夫斯于1985年为斯维德鲍威尔有限公司创作。与许多其他后现代主义设计师一样，格雷夫斯探索色彩的象征手法。在这个滴滤咖啡壶中，赤陶釉底座代表着热量和咖啡的颜色，蓝色的波浪线则代表水。

3 “乡村茶具”套系，罗伯特·文丘里于1986年制作。这款四件套茶具是为极具创新精神的斯维德鲍威尔有限公司设计的，探索了文化混合风格的桌面或微型建筑这种时尚理念。

4 锡耶纳胡椒罐，海德·沃莱米丝（Heide Warlamis）于1986制作。沃莱米丝在设计具有时尚感的瓷质盐罐和胡椒罐时，探索了微型建筑的概念。这种在小规模层面从视觉上将建筑和设计进行融合的理念体现了后现代主义时期学科边界的模糊。

后现代主义以一种强有力的视觉表现形式体现在我们有时称为“微型建筑”的工艺中——包括用于餐桌或厨房用品表面的玻璃制品、陶瓷制品和金属制品，这方面的花费对于富足家庭而言几乎堪比“聚光灯照耀的博物馆柱基”所起的作用。正如建筑师和历史学家保罗·波多盖希（Paolo Portoghesi）所言：“装修房子的东西和日常生活中使用的物品就像建筑细节一样，给我们所居住的房间营造了一种感觉，而这种感觉拓宽了沟通的路径。”

20世纪70年代末和80年代初，面对先锋派设计师和团体的实验与新思维，如米兰的孟菲斯集团，许多制造商的传统观点遭遇到越来越大的挑战。在新的形势激发下，美国的斯维德鲍威尔有限公司和意大利的艾烈希等创新型公司很快意识到，设计晚餐器具、糖碗以及盐和胡椒研磨器有着巨大的消费市场。拥有大量著名建筑师和设计师的商业公司委托罗伯特·文丘里、迈克尔·格雷夫斯和其他国际知名人士进行设计，让越来越多关注设计的消费者也可以买到这样的产品。

后现代主义设计师通过设计色彩丰富、富于装饰和视觉效果复杂的产品来融入国内环境，其设计旨在既能供人观赏又具有实用性。这些三维作品所起的作用常常类似于早年绘有“交谈画”的瓷器，后者曾出现在有风格意识的富有城市居民家中的餐桌上。许多著名设计师，如矶崎新（Arata Isosaki）、理查德·迈耶（Richard Meier）、保罗·波多盖希、埃托·索特萨斯、菲利普·斯塔克和弗兰克·盖里（Frank Gehry）均受命进行设计，以满足新消费者庞大的需求。此时的消费者喜欢使用——以及被人目睹使用——特定产品，即在许多博物馆的展柜以及关于20世纪后期设计的生活杂志中出现过的作品。

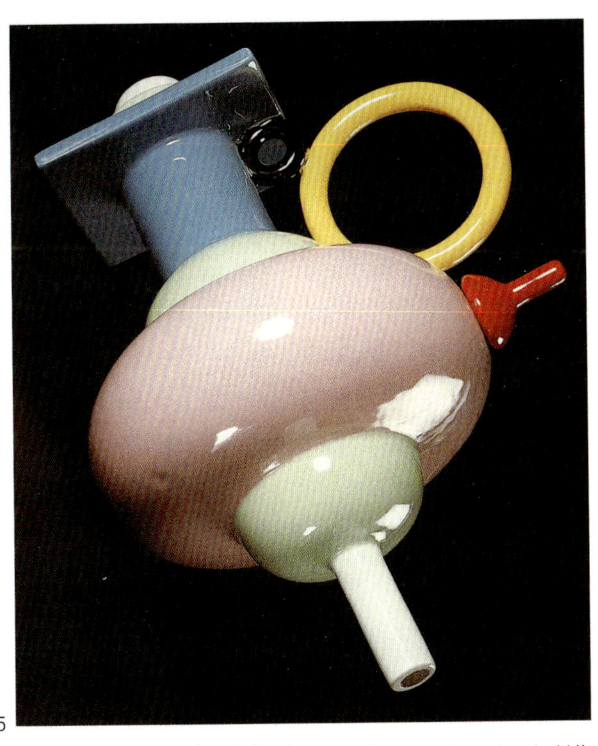

5

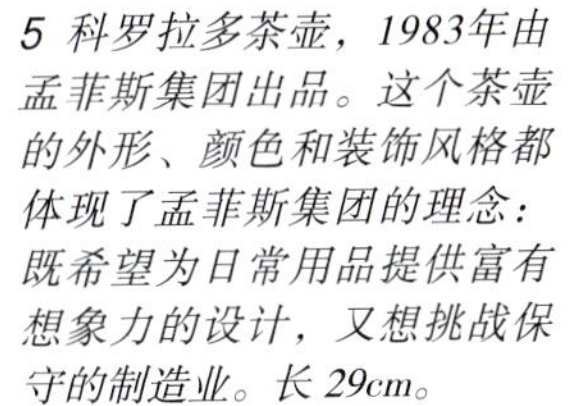

5 科罗拉多茶壶，1983年由孟菲斯集团出品。这个茶壶的外形、颜色和装饰风格都体现了孟菲斯集团的理念：既希望为日常用品提供富有想象力的设计，又想挑战保守的制造业。长 29cm。

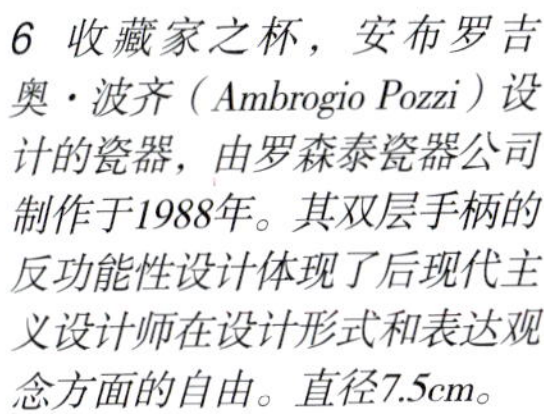

6 收藏家之杯，安布罗吉奥·波齐（Ambrogio Pozzi）设计的瓷器，由罗森泰瓷器公司制作于1988年。其双层手柄的反功能性设计体现了后现代主义设计师在设计形式和表达观念方面的自由。直径7.5cm。

6

7 “环绕”潘趣酒碗，多萝西·哈夫纳（Dorothy Hafner）制作于1986年。这件作品的结构并没有遵守传统的思维惯式。哈夫纳利用了多种视觉素材来成就其独特而风格强烈的设计。碗高21.5cm。

7

8 加利福尼亚桃子杯，彼得·希尔（Peter Shire）于1988年制作。这件作品表明功能性在后现代主义设计中不再受到普遍重视。希尔对颜色和形状的运用不落俗套，埃托·索特萨斯因而邀请他加入孟菲斯集团。高20.5cm。

9 大杜鹃罐，马特奥·图恩于1982年制作，出自为阿列西奥·萨里设计的“稀有鸟类”系列。其动物形态的外观强调意义重于功能。图恩在产品与消费者之间建立了对话，并且尤为推崇文丘里对现代主义的背离。他的名言是“少即无趣”。

9

8

玻璃制品

超越功能

1 希尔顿·麦克康尼科为达姆兄弟玻璃厂制作的内华达碗，1991年出品。麦克康尼科经常利用与其故乡亚利桑那州有关的意向进行创作，比如这个仙人掌。他使用的有机形式让人回想起法国达姆兄弟玻璃厂早期生产的高晶质玻璃制品。

2 理查德·马奎斯（Richard Marquis）和丹特·马里奥尼（Dante Marioni）的作品，饰有茶壶把的高脚杯，1990年出品。高脚杯和茶壶的结合显得荒唐，彰显了想象力和装饰兴趣如何超越了简单的功能。高26cm。

3 博雷克·西派克的作品，为诺维·博尔玻璃厂和阿杰托玻璃厂制作的玻璃器皿。这样的设计表明个性、特质和艺术表现力如何贯穿于东欧的后现代主义风格作品，图中作品是典型西派克风格富有想象力的玻璃制品。高（左）28cm。

4 博雷克·西派克的作品，为德里亚德公司制作的哈伯特水晶花瓶。这一奇妙作品中，旋涡形装饰元素具有强烈的新巴洛克风格，展示了西派克广为人知的独特活力和视觉创造力。高25cm。

1

2

3

4

具有革新精神的玻璃设计师从20世纪60年代的波普时代开始摆脱传统和现代主义图案与形式的控制。例如，古纳·叙伦设计的“波普”眼镜从1966年开始在瑞典欧瑞诗玻璃厂生产，从中可以看到强烈色彩的可能性。后现代主义设计师进一步采用这类冒险的做法。其作品涵盖大型和小型玻璃制品，既有面向赶时髦的国内环境、收藏家和博物馆的装饰性器皿，又有极具创新性的家具设计（如丹尼·莱恩的作品）。

一些小型的设计作品来自孟菲斯集团的设计师，如埃托·索特萨斯和马可·萨尼尼（Marco Zanini），其作品包括多彩的吹制玻璃碗、饮用玻璃器皿和玻璃容器。这些玻璃制品于20世纪80年代初在慕拉诺岛的托索艺术玻璃厂生产。不过20世纪90年代更为流行的是法国时装设计师让·保罗·戈蒂耶（Jean Paul Gaultier）设计的金属色紧身胸衣香水瓶，使用异国情调的玻璃制作而成。

受马赛国际玻璃研究中心等众多制造商和组织的委托，多才多艺的博雷克·西派克在玻璃设计方面探索了一些奢侈的奇思妙想。继20世纪80年代初的几年合作后，西派克又与年轻而有天赋的玻璃吹制工匠切赫·诺沃特尼（Petr Novotny）合作，于1989年创立了阿杰托玻璃厂。这家富有冒险精神的企业力图进一步开发玻璃制造工艺，加强设计中的想象力，致力于为意大利的德里亚德公司以及位于荷兰和美国的海牙画廊等公司制作一系列限量版设计。

法国的达姆兄弟玻璃厂等也采取了类似的举措，邀请了菲利普·斯塔克和美国设计师希尔顿·麦克康尼科（Hilton McConnico）等顶尖设计师为其晶质玻璃产品提出新的设计理念。由于艺术玻璃运动的兴起以及对美国工作室玻璃有了更多了解，斯堪的纳维亚在玻璃设计领域的探索也更为自由，由此部分远离了其独特的现代主义清晰形式，影响了科斯塔玻璃厂和其他斯堪的纳维亚玻璃厂的制品。

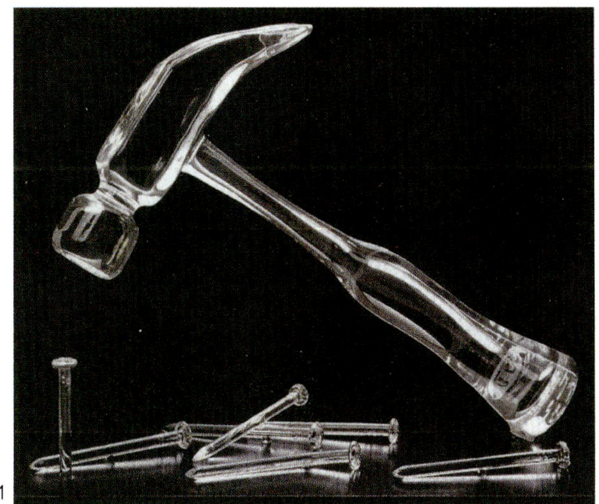

1 汉斯·戈多·弗拉贝尔（Hans Hanso Frabel）1980年设计的锤子。弗拉贝尔制作的玻璃锤子和玻璃钉子表明后现代主义者拒绝“形式听从功能”的理念。这件作品体现了视觉艺术的智慧，脆弱的材质根本不能实现锤子的功能。

2 来自“獾和蛇”系列的罗迪欧碗，詹姆斯·哈蒙（James Harmon）的作品，1981年出品。这位美国玻璃设计师延续了设计碗的意义和功能。工艺品的实验为新一代设计的可能性提供了温床。高56cm。

3 “老妇人的拜访”，奥伊瓦·托伊卡的作品，1995年出品。托伊卡是一位芬兰设计师，设计玻璃、纺织品和陶瓷，曾受雇于阿拉伯陶器公司、罗斯兰陶瓷厂和玛丽美歌公司，因其作品的创意、复杂的视觉效果和隐喻而广为人知。

4 “特洛伊之旅”，马尔库·萨罗（Markku Salo）的作品，约1988年出品。这些富于装饰性的独特拟人化作品有着远古时代考古发现的风味，以某种方式展现了20世纪后期艺术和设计活动的融合。

5 “巨像”，马尔库·萨罗的作品，1989年出品。这件五彩缤纷的作品在芬兰制作，与意大利和美国正在探索的微观建筑和“桌面景观”的理念相呼应。这幅“巨像”实际上是一个微雕。

6 紧身胸衣香水瓶，让·保罗·戈蒂耶的作品，考瓦尔香水玻璃厂1991年制作。时尚设计师戈蒂耶在这个紧身胸衣香水瓶的连续系列中挑战了传统惯例，他从自己收集的高级时装中得到灵感，以一种意想不到的新奇方式将内衣作为外衣使用，将高端时尚和街头文化相融合。

银制品和其他金属制品

蒸煮制品中的经典

1 菲利普·斯塔克于1989年为艾烈希公司设计的"热贝尔"水壶。这件雕塑铝风格的水壶已经成为设计界的经典之作，反映了后现代主义设计中形式和功能之间的冲突。该设计代表着日常生活用品转化成了一种时尚宣言。高25cm。

2 弗兰克·盖里于1992年为艾烈希公司设计的"皮托"水壶，来自艾烈希公司的水壶系列。该系列水壶既是烧水的器皿，又是不同寻常的谈资。鱼主题的水壶使用飞鱼设计来用作水壶的鸣笛，是一种双关。作品外形的设计主要是以风格为依据而不是局限于功能。高18.5cm。

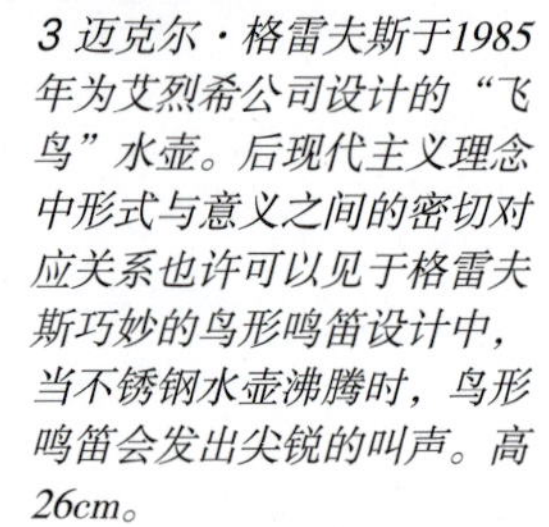

1

3 迈克尔·格雷夫斯于1985年为艾烈希公司设计的"飞鸟"水壶。后现代主义理念中形式与意义之间的密切对应关系也许可以见于格雷夫斯巧妙的鸟形鸣笛设计中，当不锈钢水壶沸腾时，鸟形鸣笛会发出尖锐的叫声。高26cm。

2　　3

与陶瓷和玻璃材料类似，后现代主义设计师也发现了白银和金属制品中的潜力，以进一步探索家用景观中的小规模照明和桌面微型结构。典型代表是艾烈希公司的"茶和咖啡广场"系列，于1983年推出。在亚历山德罗·门迪尼的领导下，12位著名国际设计师包括格雷夫斯、霍林·詹克斯、波多盖希、图斯凯兹·布兰卡（Tusquets Blanca）、图恩、泰格曼（Tigerman）和山下（Yamashita）被委任设计一组灵感来源于建筑学的茶和咖啡套具。设计出的这一系列作品是真正的后现代主义风格，取材于各种风格和文化。按照那个年代设计师名流一贯的风气，这套作品最初只生产100件限量版（主要是为收藏家和博物馆设计），同时在国际设计中心同步推出。

台灯设计也探索了小规模建筑风格设计的理念，比如20世纪80年代中期马特奥·图恩为贝夫普雷特公司设计的台灯，以钢和玻璃制成，饰以绘画装饰。其他家用工艺品的美学界限也进一步扩展，尤其是在家用水壶领域，理查德·萨珀、迈克尔·格雷夫斯、菲利普·斯塔克、弗兰克·盖里等设计师都为艾烈希公司提供过设计。

就连冰箱也采用了建筑学的外形，比如罗伯托·佩泽塔（Roberto Pezetta）1987年为扎努西公司提供的奇特设计（见p.502）。许多曾经平凡无奇的家庭用品也从20世纪80年代开始受到设计师的关注，包括门用配件。在这一领域，德国制造商FSB公司委任亚历山德罗·门迪尼、马里奥·波塔（Mario Botta）、汉斯·霍林，以及阿拉托·伊泽崎（Arato Isozaki）等设计师集中设计手柄和旋钮。

当然，崭新的理念也再次振兴了诸多其他领域银器和金属制品的设计活动，例如，西班牙设计师罗门·皮格·库亚斯（Ramon Puig Cuyás）在设计珠宝首饰时，经常将白银这样的贵重材料和更普通的材料，如彩色层压材料混合在一起。在同一设计领域，挪威设计师托内·维格兰（Tone Vigeland）也以新颖而巧妙的方式运用各种材料。

从微型结构到麦当娜

1 保罗·波多盖希于1983年为艾烈希公司设计的“茶和咖啡广场”系列套具。该六件套限量版反映了对微型结构的关注，同时呼应了20世纪早期维也纳工作坊的装饰风格。

2 马特奥·图恩设计的“向麦当娜致敬”系列餐具，来自1986年加莱里亚设计公司国际系列，采用黑色尼龙和镀金装饰来展现美国明星麦当娜极具魅力的世界。长20cm。

3 “合唱的美人鱼”胸针，罗门·皮格·库亚斯1989年设计的作品。西班牙设计师库亚斯结合白银和彩色层压材料，探索了诗意标题与作品外形，以及色彩和材料强烈对比之间的张力，强调了美人鱼半人半鱼的混杂本性。长15.5cm。

1

2

3

4

5

6

4 托内·维格兰1982年设计的“钉子项链”。维格兰在作品中创造性地运用了工业元素，将功能转化为装饰性的组件，同时探索了将日常材料与更昂贵的材料相结合的美学可能性。直径21cm。

5 汤姆·萨丁顿（Tom Saddington）在20世纪70现代末期设计的珠宝。与同时期许多尝试新风格的宝石匠一样，萨丁顿用一种图像式的手法对材料、装饰和视觉参照系进行了探索，不同于主流珠宝设计优雅的抛光式形式。

6 图斯凯兹·布兰卡设计的“萨尔瓦多”烛台，由德里亚德公司于20世纪90年代生产。这些不对称的烛台有一种原始的、几乎是古迹式的特征，其风格看起来像滴入水池的蜡。高46cm。

纺织品和地毯

文化多样性

1 纳塔莉·杜·帕斯奎尔为孟菲斯派设计的"加蓬"纺织品，1982年出品。这一印花棉纺织品的设计利用了帕斯奎尔源自多种文化的经验，包括丰富的图案和几何式设计。其鲜艳、繁杂的表面装饰表明孟菲斯派注重激发日常生活中设计的活力。

2 孟菲斯派地毯，1986年出品，威尔顿地毯的样品。孟菲斯派的成员从各式各样的来源中吸取灵感。这里花哨和朴素的对比模糊了庸俗和高雅的界限。

3 海伦·利特曼（Helen Litmann）为英国怪人公司所做的设计，名为"高迪"的印花丝绸，1985年出品。这种拼贴形式、表面繁杂的设计反映了同时代的人对引用和重新诠释历史上的设计很感兴趣。

4 菲奥鲁奇围巾。埃利奥·菲奥鲁奇（Elio Fiorucci）开创了与伦敦20世纪60年代街头时尚相关的意大利设计，从只有一家米兰商店发展成为一个国际化的时尚企业。色彩、图案和原材料的兼收并蓄是后现代主义这一短暂发展时期的典型特征。

纺织品和地毯设计为探索与后现代主义风格相关的鲜艳色彩、丰富装饰和文化多样性提供了重要平台。芭芭拉·雷迪斯（Barbara Radice）是孟菲斯派设计的主要编年史作者，她将这一派别创始人之一纳塔莉·杜·帕斯奎尔的纺织品设计描述为，囊括了"非洲、立体主义、未来主义和装饰艺术运动风格；印度、涂鸦、丛林和城镇；科幻小说、讽刺画和日本漫画"。

在20世纪70—80年代意大利的许多前卫设计中，可以看到不同视觉效果和文化背景的结合，这也是许多时尚工作者的标志。代表作是英国设计师薇薇恩·韦斯特伍德具有影响力的作品，这位设计师正处于后朋克时期，在20世纪80年代早期的时装系列设计中吸收了海盗形象和少数民族文化特征，以及来自阿巴拉契亚山脉地区的图案。英国的公司如1982年建立的人体地图公司、1983年成立的布衣公司，以及1984年建立的英国怪人公司，都探索了在纺织品设计中使用新颖装饰图案的可能性。

平面设计师也对平面图案进行了探索，包括很有影响力的内维尔·布罗迪。布罗迪因其为英国时尚杂志《面孔》所做的创新版面设计而闻名。印刷品界的快速变化为设计师探索新的想法提供了广阔的空间，包括唱片封套、杂志封面和版式，以及广告。同样，在美国，加利福尼亚的新浪潮制图法大大影响了二维平面图案的设计，丰富了相关的视觉词汇。事实上，其他国际知名的平面设计师也探索了一系列包括纺织品在内的承载图案的媒介，以作为扩展设计领域的手段，如巴塞罗那的哈维尔·马里斯卡尔。

像其他许多与后现代主义设计活动相关的设计领域一样，迈克尔·格雷夫斯和罗伯特·斯特恩（Robert Stern）这样的建筑师也非常热衷于转向纺织品和地毯设计。

1 亚历山德罗·门迪尼为阿卡米亚博物馆设计的墙幔，20世纪80年代出品。门迪尼将自己的设计与20世纪70年代的“重新设计”概念紧密结合，认为实际上设计出全新的形式是不可能的。这件作品明显呼应了装饰艺术运动风格的几何图案和波普风格的扁平特征。

2 罗伯特·勒·埃罗斯（Robert le Héros）设计的装饰性织物墙帷，名为“劫掠者”，法国的诺比利斯·丰坦公司20世纪80年代末出品。这件纺织设计品灵活的图形和视觉内容强调了叙事在当今设计中的重要性。

3 海伦·亚德利（Helen Yardley）设计的地毯，1985年出品。亚德利的作品使用三角形、矩形和柔和色调，使人们回想起一些现代主义设计的元素，但其形状却处理得很松散，几乎是随便画画，表现了一种个性化的语言，与机器时代的客观性大相径庭。

4 Timney & Fowler公司的作品，“皇帝的头颅”，来自“新古典主义系列”，1985年出品。Timmey&Fowler公司使用了从古罗马取材的碎片化图案，通过对半身像的拼接形成一幅装饰性的作品集锦。

5 哈维尔·马里斯卡尔设计的“娃娃”织物，由西班牙特拉菲卡·德莫达斯公司20世纪90年代初出品。马里斯卡尔使用粗略描绘的卡通人物，充分利用流行文化，创造出了生动活泼的时尚纺织品。

工业设计

打破模具

1

2

3

4

5

1 真板亚（Aki Maita）设计的“电子鸡”，日本万代公司1996年出品。这个互动式电子玩具是关于如何照顾一个虚拟宠物或“电子宠物”的产品。该公司生产了多种颜色和图案的外壳，在投放到市场的两年内就在全球销售了4000万件。高5cm。

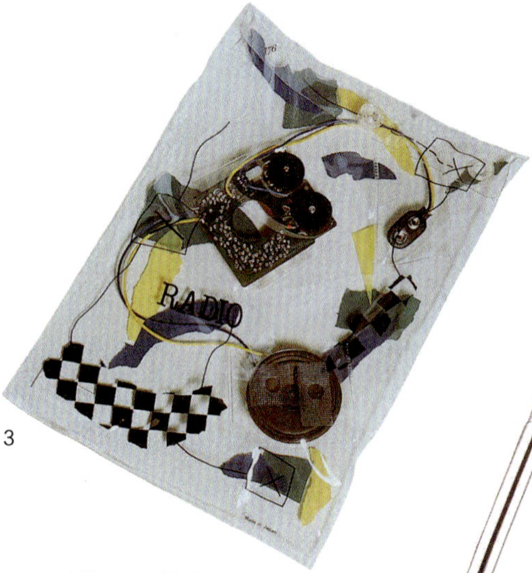

2 罗恩·阿拉德设计的“混凝土音响”系统，1985年出品。与许多当代音像产品的现代主义美学风格不同，这件作品的转盘、扩音器和扬声器都放在“破旧的”钢筋混凝土中。外露的金属丝网表明了技术的短暂性。宽50cm。

3 丹尼尔·韦尔设计的“袋式收音机”，1981年设计，1983年制造。透过半透明的装饰性塑料外壳可以看到收音机的各个元件，排列似乎很随意，但却富有诗意。

4 詹姆斯·戴森设计的DC02型荷兰风格派真空吸尘器，1996年出品。戴森用原色代替了普遍的审美，将吸尘器从实用的物件变成了时尚的标杆。高约50cm。

5 罗伯托·佩泽塔设计的“魔法师”冰箱，扎努西公司1986年生产。佩泽塔的设计脱离了许多厨房电器更具功能性的形式，成为一种建筑隐喻，冰箱顶上插着一面独特的旗帜。高2m。

功能上的奇思妙想

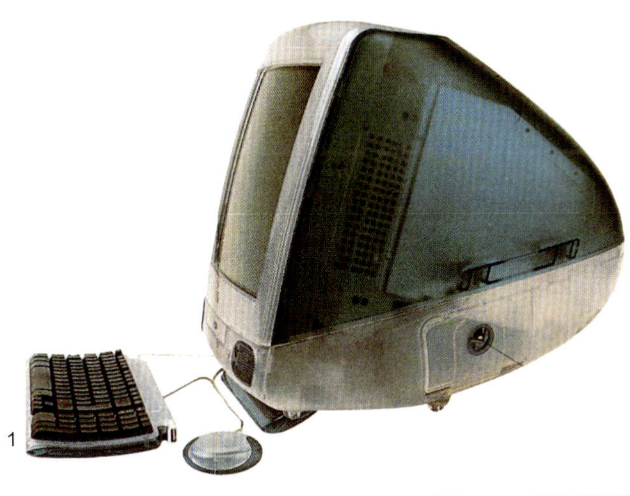

1 乔纳森·伊夫（Jonathan Ive）和苹果设计团队设计的i-mac电脑，1998年出品。i-mac代表了一种人性化的设计解决方案，此前电脑仅仅是一个功能性的物品。苹果公司的设计通过引入流线型的形式和可供选择的颜色改变了普遍笨重的桌面电脑，成为一种时尚标杆。显示器高30.5cm。

2 高松正雄设计的"泉"厨房，东芝公司制造，20世纪90年代初出品。

3 Oral-B壁球握把牙刷，生产于20世纪80—90年代。牙刷把流动的"S"造型和牙刷头的角度都符合人体工程学，颜色的使用赋予这件功能性用具有趣、时尚、短暂的吸引力等特征。高22cm。

4 菲利普·斯塔克设计的氟卡利牙刷，古比尔实验室1989年生产。经由斯塔克对康斯坦丁·布兰库西鸟雕作品的诠释，这个功能性用具已经成为一个立在其"底座"上的设计标杆。高25cm。

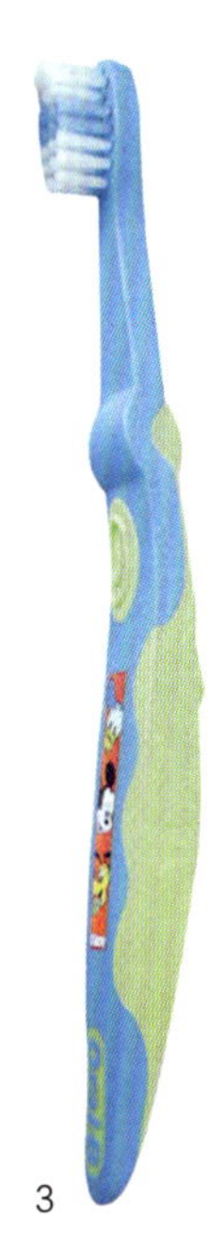

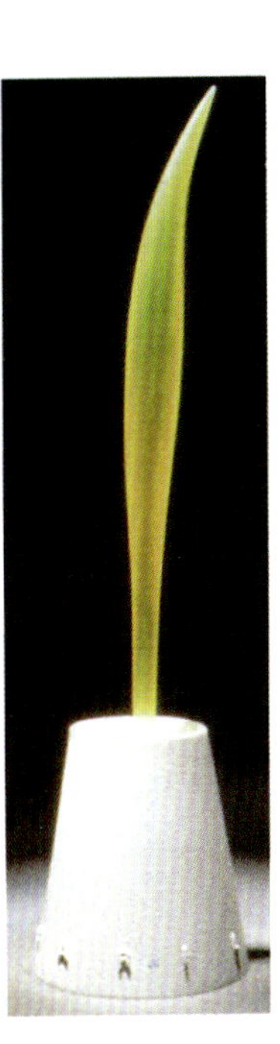

随着第二次世界大战后一系列技术的发展，工业设计师越来越摆脱"形式服从功能"的现代主义理念约束。由于晶体管的出现、微电子技术的重大发展以及硅芯片的发明，设计师可以自由探索多种作品形式，因为不再需要在其中放入笨重的设计部件。索尼公司的日本设计师用创新的微型化产品来回应这一趋势，比如袖珍晶体管收音机（如1958年的610型号）、便携式电视机（包括1960年的80301型号）和无处不在的随身听（1979年推出）。与此同时，后现代主义设计师则能够在当代产品设计中探索非常不同的品质。丹尼尔·韦尔设计的"袋式收音机"最初构思于1981年，用透明的装饰性PVC外壳展示了收音机的部件，非常富有诗意。这件作品机智而含蓄地批判了现代主义的传统，接受了时尚消费品的本质。罗恩·阿拉德设计的"混凝土音响"是另一种设计，抨击了由当代高保真音响系统组成的模块化黑匣子元件清晰的直线线条。"混凝土音响"的电子元件都装在似乎正在分解的粗糙混凝土中，看起来似乎是福特主义生产时代的考古遗迹，包含了后现代主义设计的许多特征，如模糊性、反讽性和短暂性。这种试验性设计出现的时期，正值罗兰·巴特、文丘里、艾柯（Eco）、吉罗·多弗莱斯等对视觉语言的文化意义感兴趣的人士在大西洋两岸发表各种理论性和批评性的设计类文献。

事实证明，既将流行文化视为一种新生力量又排斥现代主义经典的设计语汇，对许多设计师和消费者都具有吸引力。事实上，后现代主义工业设计在整个家庭环境中可以无处不在，无论是在浴室（会出现菲利普·斯塔克的氟卡利牙刷）还是厨房（意大利的艾烈希公司很快意识到厨房的文化意义，即对于越来越富裕的城市精英而言可以作为家庭画廊）。在许多工业化国家的厨

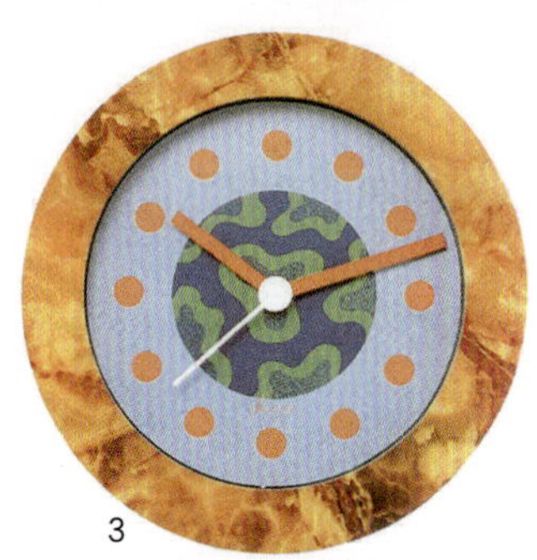

2 朱利安·布朗（Julian Brown）设计的韦辛格托里克斯闹钟，意大利Rexite公司1994年生产。这款时钟的设计参考了古代高卢酋长韦辛格托里克斯的故事，他曾经奋起反抗恺撒大帝。高9cm。

3和4 乔治·J.索登和纳塔莉·杜·帕斯奎尔设计的雷欧时时钟，1986—1987年出品。这些时钟类似图腾般的外观与其对微型建筑风格和桌上风景的探索相呼应。整个结构和钟面上使用的色彩与装饰是孟菲斯派设计师典型的风格。直径（图3）34.5cm。

1 配有合适表盒的斯沃琪手表，包括“蛋的梦想”“魔法咒语”“好莱坞之梦”“咒语”“叶子”“魔法师”。斯沃琪这个名字是由“瑞士”（Swiss）和“手表”（watch）两个词组合而成的混合产物，这个名字也给手表带来了某种后现代主义的格调。从20世纪80年代末开始，斯沃琪凭借其花样繁多的表壳和表带成为非常受欢迎的时尚配饰。

房里，除了艾烈希公司的设计师设计的水壶系列（见p.498）之外，还经常展示着色彩鲜艳又好玩的煤气点火器、蛋杯、开瓶器和其他家用设备。

甚至像吸尘器这样的日常清洁设备，在人们心目中也越来越具有时尚地位。设计师将其设计成具有装饰功能的物品，而不必在不用的时候就放在看不见的地方。英国设计师詹姆斯·戴森的设计在技术上富于创新，受荷兰风格派运动启发设计出了“版本”真空吸尘器，将后现代主义风格轻松地用于实现装饰效果，在更广泛的社会范围内极大地推动了这一趋势。

许多其他家用产品的表面都有着丰富多样的装饰。这一领域的标志性产品是1983年推出的斯沃琪手表。到21世纪初，斯沃琪已经成为史上最畅销的手表，销量超过2亿块。每块手表都有相同的机械装置，因此只能通过表盘和表带的设计来区分。手表的价格便宜到坏了不用修理可以直接扔掉。从20世纪80年代末开始，斯沃琪就成为一种时尚配饰，位于米兰的斯沃琪设计实验室每年生产70多种产品，经常聘用马特奥·图恩和亚历山德罗·门迪尼等知名设计师。类似理念在其他产品的设计领域也有涉及，例如，诺基亚等公司生产的手机盖极具装饰性，带有鲜艳的色彩和不同图案，可以替换。

20世纪70—80年代，美国和意大利的一些前卫设计师也表现出对这种图案的兴趣，尤其是那些与阿卡米亚工作室和孟菲斯集团有联系的设计师。然而，意大利先锋派20世纪70年代在设计中奠定的自由基调，在当下创造了一种氛围，即几乎任何东西都可以随心所欲，使用各种图案、色彩和新奇设计往往是为了设计本身考虑，因此缺少了20年前后现代主义文化的深度。

1 埃内斯托·斯皮乔拉托（Ernesto Spicciolato）和但丁·多内加尼（Dante Donegani）设计的剃须刀，克里佐尼·卡瓦里公司1987年制造。就像斯塔克的氟卡利牙刷一样，这把剃须刀呈现出雕塑般的光滑外观，由此成为一件有风格的商品，而不是针对某种日常生活功能而设计的解决方案。形式很时尚。长19cm。

2 圭多·文丘里（Guido Venturini）为艾烈希公司设计的“火鸟”煤气点火器，1993年出品。带有鲜艳色彩的奇特设计以及几乎不同寻常的形式是艾烈希公司的典型风格，为家庭厨房而设计的功能性用具风格普遍简朴，艾烈希公司却对此类设计持戏谑的态度。高26.5cm。

3 玛丽美歌公司和图尔库电视公司生产的“樱花平面50型”电视机，2001年出品。芬兰玛丽美歌公司与图尔库电视公司合作，生产色彩鲜艳的电视机外壳，让电视机成为室内装饰品，而不是默默无闻的技术设备。

4 东芝牌轻薄型便携式立体声收录机。产品色彩多样，其表面装饰显示出主流的生产公司如何接受了意大利、美国以及其他国家和地区先进设计师对于表面设计和装饰的前卫探索。

附录

作者简介

诺埃尔·赖利（Noël Riley），本书总编，装饰艺术领域专业作家、讲师，伦敦苏富比艺术学院兼职导师，工人教育协会特聘讲师，《历史古宅》杂志专栏定期撰稿人。著有《瓷砖艺术》《维多利亚时代的设计资料汇编》《给好孩子的礼物：儿童视角的中国史（1790—1890年）》和《斯通斯茶叶罐袖珍手册》。参与编写《苏富比简明家具百科全书》和《米勒古董百科全书》。

帕特丽夏·拜耳（Patricia Bayer），本书顾问编辑，同时负责早期现代主义时期与装饰艺术运动时期相关内容。作为19—20世纪欧美装饰艺术与设计领域专家，著有《装饰艺术运动时期的内饰》《装饰艺术运动时期的建筑》《装饰艺术运动资料汇编》《拉立克香水瓶》《勒内·拉立克的艺术》和《苏富比新艺术运动和装饰艺术运动藏家指南》。参与编写《索斯比银器简明百科全书》和《自由之家》。自1993年以来一直担任《美国百科全书》的艺术编辑。

海伦·克利福德（Helen Clifford，负责本书新古典主义时期的银制品和其他金属相关内容），曾在剑桥大学学习历史，之后在皇家艺术学院获得博士学位。曾任埃塞克斯大学课程总监、牛津大学贝利奥尔学院的利华休姆研究员（即利华休姆信托基金，英国最大的全学科基金会——译者注）以及华威大学研究员。目前担任维多利亚与艾伯特博物馆和伦敦皇家艺术学院的课程导师。

马克斯·唐纳利（Max Donnelly，负责本书唯美主义运动时期相关内容），1988年在伦敦索斯比学院获美术和装饰艺术硕士学位，是伦敦美术协会的注册登记员和19世纪装饰艺术领域专家，最近新任纽约冬季古董展装饰艺术展厅的策展人。任现职以前在纽约赫施勒和阿德勒画廊工作，负责19世纪美国和欧洲的装饰艺术研究与编目工作，之后为苏格兰国民信托基金担任维多利亚时代地产顾问。唐纳利一直为美术协会的展览目录供稿，同时也担任各种期刊的撰稿人，包括《古董杂志》《纽约》杂志以及家具历史协会的杂志《家具史》。

简·加德纳（Jane Gardiner，负责本书文艺复兴、巴洛克和洛可可时期的陶器相关内容）是早期欧洲陶瓷和玻璃制品、17—18世纪建筑和设计、路易十四宫廷艺术和中国外销瓷器领域的专家，其教学和讲演所涉范围极广。其职业生涯始于伦敦的维多利亚和阿尔伯特博物馆，后来在苏富比学院讲授17—18世纪装饰艺术课程，现担任高级讲师。加德纳在几个不同专业协会担任会员，包括法国瓷器协会、宫廷历史学家协会和家具历史协会。

玛丽·格林斯特德（Mary Greensted，负责本书工艺美术运动时期相关内容），拥有画廊研究方向的硕士学位，于1976年成为博物馆协会会员。曾策划多次巡回展览，包括“家具制造师艾伦·彼得斯”以及“阿尔弗雷德·鲍威尔和路易丝·鲍威尔：快乐工艺与优秀理念”。现任切尔滕纳姆艺术博物馆的装饰艺术策展人和游客服务中心经理。

萨莉·凯维尔-戴维斯（Sally Kevill-Davies，负责本书巴洛克、洛可可和新古典主义时期的陶瓷和瓷器相关内容），常驻伦敦的自由作家和研究人员。自1991年以来一直在剑桥的菲茨威廉博物馆从事为英国瓷器重新编撰目录的工作。1997年以来一直担任英国广播公司古董巡回展览的常驻专家。

蕾切尔·莱顿·埃尔威斯（Rachel Layton Elwes，负责本书当代设计时期相关内容），现任大英博物馆中世纪和现代欧洲展厅策展人，伦敦吉尔伯特收藏馆策展助理。曾任匹兹堡卡内基艺术博物馆装饰艺术部助理策展人，在这期间负责的展览包括“三个当代金属匠人：联系紧密的传统”和“对物的追求：向装饰艺术收藏家致敬”。在此之前曾在大都会艺术博物馆和费城艺术博物馆担任研究助理。埃尔威斯一直讲授装饰艺术方面的多种课程。

J.R.列夫克斯（J.R. Liefkes，负责本书文艺复兴和巴洛克时期的玻璃制品相关内容），1986年在莱顿大学获得艺术史硕士学位。1990—2002年任海牙市立博物馆玻璃与金属工艺馆策展人，现为伦敦维多利亚与阿尔伯特博物馆陶瓷与玻璃部首席策展人。自1995年以来一直担任ICOM国际玻璃委员会主席，1998年以来担任康宁玻璃博物馆玻璃研究杂志的编辑顾问。列夫克斯定期为《火的形式》（一本关于陶瓷和玻璃的荷兰季刊）杂志撰稿，曾多次在文艺复兴时期玻璃和陶器领域的国际研讨会中担任发言人。

安迪·麦康奈尔（Andy McConnell，负责本书洛可可和新古典主义时期的玻璃制品相关内容），专业作家、研究员和讲师，专门研究古董玻璃制品。本人拥有大量收藏，且定期为大西洋两岸的杂志撰稿。著有《醒酒器：图绘历史》一书，由古董收藏家俱乐部出版。

艾伦·鲍尔斯博士（Dr. Alan Powers，负责本书现代主义时期相关内容），曾在剑桥大学学习艺术史，1983年获得博士学位。1995—1999年担任“二十世纪学会”副会长。策划过多场展览，包括“现代英国：1929—1939年”（设计博物馆，任顾问策展人）、“阿尔伯特·理查森爵士：1880—1964年”（里巴·海因茨画廊）以及“塞尔吉·切尔马耶夫”（剑桥的凯特尔院子博物馆和贝克斯希尔的德拉沃馆）。鲍尔斯博士一直为《阿波罗》《时尚》《RIBA》和《室内世界》等杂志撰稿，1999年至今任格林威治大学高级讲师。

达吕·鲁克（Daru Rooke，负责本书历史复兴时期相关内容），专门研究维多利亚时期的艺术、工业和社会历史，获得曼彻斯特大学美术馆和博物馆研究方向的硕士学位，自1996年以来一直担任利兹工业博物馆的高级策展人。曾为英国广播公司第四频道做过广播演讲，为英国广播公司的《后方》节目撰稿，还策划并推出了第四频道的纪录片《1900号住宅》。

玛丽·舍塞尔（Mary Schoeser，负责本书文艺复兴、巴洛克、洛可可和新古典主义时期的纺织品相关内容），曾在加利福尼亚大学学习设计，在加利福尼亚州立大学完成了博物馆研究方向的研究生课程，之后在伦敦考陶德艺术学院获得艺术史硕士学位。作为一名纺织专家，现任伦敦学院和伦敦利伯缇公司版画的顾问档案员和策展人。在伦敦中央圣马丁艺术与设计学院从事研究工作期间，在该学院策划举办了其最新一次的展览“留下印记（1896—1966年）”。舍塞尔是RAE艺术与设计小组的成员，也是英国多所大学的审查员，同时还担任北卡罗来纳比尔特莫尔庄园、英国遗产和国家信托基金的纺织品专业顾问。

蒂莫西·施罗德（Timothy Schroder，负责本书文艺复兴、巴洛克和洛可可时期的银器相关内容），1976—1984年在伦敦佳士得拍卖行任职，后来担任银器部主任，之后成为洛杉矶郡艺术博物馆装饰艺术部策展人。1989—1991年自己创业，经营银器和艺术品，将产品卖给帕特里奇美术公司之后，帮助该公司成立了专门的银器部门。1997—2000年，施罗德曾先后担任伦敦吉尔伯特收藏馆的策展顾问和馆长。他是金匠同业公会的会员，也是银器协会的前任主席。

阿德里安娜·特平（Adriana Turpin，负责本书文艺复兴、巴洛克、洛可可和新古典主义时期的欧洲家具相关内容），曾在牛津大学学习历史，之后在伦敦考陶德艺术学院研习中世纪艺术。现任苏富比欧洲部副总监，在伦敦苏富比学院教授17—18世纪装饰艺术课程，专攻家具和设计。

丽莎·怀特（Lisa White，负责本书洛可可风格和新古典主义风格家具的英国相关内容），曾在牛津大学学习现代史，后来在伦敦的维多利亚和阿尔伯特博物馆任职，专攻英国家具和室内装潢。之后，怀特又在布里斯托尔大学教授装饰艺术史。自1994年以来一直在巴斯博物馆工作，目前任霍尔本艺术博物馆的装饰艺术策展人。

奈杰尔·怀特利（Nigel Whiteley，负责本书太空时代相关内容），兰开斯特大学艺术系教授，最近刚结束在洛杉矶盖蒂研究所的短期研究。一直在艾哈迈达巴德国家设计学院、孟买印度理工学院和中央工艺美术学院（现清华大学美术学院）担任客座教授。

乔纳森·M. 伍德姆（Jonathan M. Woodham，负责本书后现代主义时期相关内容），曾在爱丁堡艺术学院学习美术，之后在伦敦考陶德艺术学院攻读硕士学位。自1987年《设计史》期刊创刊以来，一直担任这家国际著名期刊编委会成员，同时在《设计问题》等主要期刊的国际咨询委员会任职。伍德姆经常外出讲课，目前任布莱顿大学设计史教授和设计历史研究中心主任。

吉莱纳·伍德（Ghislaine Wood，负责本书新艺术运动时期相关内容），在伦敦大学伯克贝克学院获得硕士学位。作为新艺术和装饰艺术领域的专家，曾在奥斯陆建筑学院和皇家学院以及伦敦的维多利亚和阿尔伯特博物馆讲学，自1993年以来一直担任该博物馆研究部的策展人。现任维多利亚和阿尔伯特博物馆装饰艺术展的策展人。

延伸阅读

文艺复兴时期

Ovid, Metamorphoses, Venice, 1497; p.20

Pellegrino, Francesco, La Fleur de la Science de Pourtraicture, Venice, 1530; p.10

Picolpasso, Cipriano, Three Books of the Potter's Art, Italy, c.1557; p.22, p.23, p.24

Sambin, Hugues, Oeuvre de la diversite des ter tries, Burgundy, 1572; p.16

Vasari, Giorgio, Lives of the Artists, Italy, 1550; p.12

Zoppino, Gli Universali di tutti e bei dissegni, raccami e moderno lavori, Venice, 1532; p.39

巴洛克时期

Chippendale, Thomas, The Gentleman & Cabinet-Maker's Director, England, 1754 (further eds 1755 and 1762); p.94, p.95, p.98, p.98, p.99

Gribelin, Simon, New Book of Ornaments, London, 1704; p.72

Marot, Daniel, Nouveau Livre d'Orfevrerie, The Hague, 1712; p.73

Moelder, C. de, Proper Ornaments to be Engraved on Plate, London, 1694; p.73

Rabel, Daniel, Cartouches de differentes inventions, c.1625; p.70

Stalker, John and Parker, George, Treatise of Japanning and Varnishing, England, 1688; p.58

Vianen, Christian van, Modelli Artificiosi, Utrecht, 1650; p.70

洛可可时期

Blondel, Jacques-Franqois, De la distribu¬tion des maisons de plaisance et de la decora¬tion des edifices en general, France, 1737; p. 82

Decker,Paulus,Chinese Architecture,Civil and Ornamental and Gothic Architecture Decorated,London;p.108

Darly, Matthias and Edwards, George, A New Book of Chinese Designs, London,1754; p.95

Germain, Pierre, Elements d'Orfevrerie, France, 1748; p.117

Ince, William and Mayhew, John, The Universal System of Houshold Furniture, London, 1762; p.94, p.94, p.97

Johnson, Thomas One Hundred and Fifty New Designs, London, 1761; p.95

Lock, Matthias, Six Sconces, London,1744; p.94

Manwaring, Robert, The Chair-Maker's Guide, London, 1766; p.96

Mariette, Jean, Architecture Frangais, Paris, 1727; p.84

Meissonnier, Juste-Aurele, Oeuvre, France, 1748; p.114, p.115, p.116

Roubo, Andre-Jacob, I'Art du Menuisier, Paris, 1772.; p. 85

Rudolph, Christian Friedrich, Einige Vases, Augsburg, p. 118

Saint-Auban, Charles Germain de, L'Art du Brodeur, France, 1770; p.125

Sayer, Robert, The Ladies' Amusement or, the Whole Art of Jappanning made Easy, London, 1762; p.110

Upholsterers, Society of, Genteel Houshold Furniture, London, 1760-2; p.94

Vardy, John, Some Designs of Mr Inigo Jones and Mr William Kent, London, 1744; p.121

新古典主义时期

Ackermann, Rudolph, Repository of Arts, London, 1809-28; p.139, p-142, p.156

Adam, Robert and James, The Works in Architecture, London, 1773-1822; p.140, p.140, p.177, p.177, p.189

Beunat, Joseph, Designs for Architectural Ornaments, Paris, c.1813; p.203; p.208, p.209

Carter, J., The Builder's Magazine, England, 1774-78; p.140

Catalogo degli Antichi Monumenti, Italy, 1759; p.149

Chambers,William,A Treatise on Civil Architecture,London,1759;p.177

Cochin, Charles-Nicolas, Supplication aux Orfevres, Paris, 1754; p.192

Della Bella, Stefano, Raccolta di Vasi Diversi, Paris, 1639M8; p.188

Delafosse, Jean Charles, Nouvelle Iconologie Historique, Paris, 1768; p.130

Delle Antichita di Ercolano Esposte, Italy, 1755-92; p.152

Denon, Vivant, Voyage dans la Basse et la Haute Egypte, Paris, 1802; p.161

Diderot, Denis, Encyclopedic ou Dictionnaire Raisonne des Sciences, Paris, 1771; p.159

Dugourc, Jean-Demosthene, d'Arabesques, France, 1782; p.206

Hepplewhite, A. (George Hepplewhite), The Cabinet-Maker's and Upholsterer's Gidde, George Hepplewhite, England, 1788 (first edition); p.134, p.140, p.141, p.142, p.143, p.145, p.154

Hope, Thomas, Household Furniture and Interior Decoration, London, 1807; p.129, p.142, p.143, P-156,; p.183, p.183

Hugues, Pierre Francois, Baron d'Hancarville, Antiquites Etrusques, Grecques et Romaines, Naples,1766-67; p.177

Ideen zu geschmackvollen Mobeln, Leipzig, 1805, p.147

Laugier, Abbe, Essai sur I'Architecture, Paris, 1753; p.126

Meissonnier, Juste-Aurele, Oeuvre (Livre des Legumes), France, c.1750; p.188

Mesangere, Pierre La, Collection de Meubles et Objets de Gout, France, 1802-35; p.136, p.156

Neufforge, Jean Francois, Receuil Elementaire d'Architecture, Paris, 1757-80; p.126

Pastorini, B., A New Book of of Designs for Girandoles and Glass Frames, England, 1775; p.140

Percier, Charles and Fontaine, Pierre-Franqois-Leonard, Recueil de decorations interieures, Paris, 1801; p.128, p.135, p.193

Piranesi, Giovanni Battista, Le Antichita Romane and Vedute di Roma, Italy, 1756 and 1748-78; p. 126

Richardson, George, Nezo Designs for Vases and Tripods, London, 1793; p.139

Sheraton, Thomas, Cabinet Dictionary, London, 1803; p.142

Sheraton, Thomas, The Cabinet-Maker and Upholsterer's Drawing Book, London,1791-4; p.142, p.143, p.145, p.154

Smith, George, A Collection of Designs for Household Furniture and Interior Decoration, London, 1808; p.141, p.142

Tatham, C.H., Etchings of Ancient Ornamental Architecture, England, 1799; p.139

Tatham, C.H., Designs for Ornamental Plate, England, 1806; p.191, p.191'

Vien, Joseph-Marie, Suite de Vases, Paris,

1760; p.192

Winckelmann, Johann Joachim, History of Ancient Art, Rome, 1764; p.126

Wood, Robert and Dawkins, James, Ruins of Palmyra and Ruins ofBaalbeck, London, 1753 and 1757; p.126

历史复兴时期
Arrowsmith, A. and H.W., House Decorator's and Painter's Guide, London, 1840; p.210

Bridgens, Richard, Furniture with Candelabra and Interior Decoration, London, 1838 (2nd ed); p.213

Conner, Robert, Cabinet-Maker's Assistant, U.S., 1842; p.214

Dolmetsch, Heinrich, Omamentenschatz, Stuttgart, 1887; p.213

Downing, A.J., The Architecture of Country Houses, New York, 1850, p.210

Gleason, Pictorial Drawing-Room Companion, U.S., 1854; p.212

Jones, Owen, The Grammar of Ornament, London, 1856; p.213, p.250

King, Thomas, The Modern Style of Cabinet Work Exemplified, London, 1829; p.220,p.220

Loudon, J.C., Encyclopaedia of Cottage, Farm and Villa Architecture and Furniture,London, 1833, p.210

Journal of Design, London, 1849-52; p.210

Knight's Vases and Ornaments, c.1833; p.242

Rickman, Thomas, An Attempt to Discriminate the Styles of English Architecture, London, 1817; p.210

Shaw, Henry, Specimens of Ancient Furniture, London, 1836; p.216

Viollet-le-Duc, Eugene, Dictionnaire du Mobilier Franqaise, Paris, 1858-75; p.214

唯美主义运动时期
Booth, Charles, Modern Surface Ornament, New York, 1877; p.269

Cook, Clarence, The House Beautiful and What Shall We Do With Our Walls?, New York, 1878 and 1880; p.250, p.253; p.250

Eastlake, Charles Locke, Hints on Household Taste, London, 1868; Boston,1872; p.252, p.254

Edis, Robert W., Decoration and Furniture of Town Houses, London, 1881; p.256

Talbert, Bruce, Gothic Forms applied to Furniture, Birmingham, 1867; Boston, 1873; p.252, 254, p.254

Watt, William, Art Furniture, London, 1877; p.258, p.259

工艺美术运动时期
Cabinet Maker and Art Furnisher, The, England, 1880-89; p.284

Cobden-Sanderson, A.T.J., Ecce Mundus: Industrial Ideals and the Book Beautiful, England, 1904; p.276

Craftsman, The US, 1901-1916; p.284

Studio, The, England, established 1893; p.284

新艺术运动时期
L'Art decoratif Paris, 1898-1914; p.301

Art et Decoration, Paris, 1897-1938; p.301

L'Art moderne, Brussels, 1881-1914; p.301

Dekorative Kunst, Munich, 1897-1927; p.301
L'Emulation, Brussels, 1874;. p.294

Kunst und Kunstandwerk, Vienna, 1898-1924; p.308

Grasset, Eugene, Plants and their Applica¬tions to Ornament, London, 1897; p.301

Haeckel, Ernst, Kunstform der Natur, Leipzig and Vienna, 1898; p.301

Jugend, Die, Munich, 1896-1920; p.301

Moser, Kolomon, Die Quelle, Germany, 1901; p.326

Pan, Berlin, 1895; p.301

Ver Sacrum, Vienna, 1898-1903,; p.301

现代主义时期
Pilgrim, Dianne, The Machine Age in America, U.S., 1988; p.388

太空时代
Sunday Times Colour Supplement, Britain, launched 1962; p.453, p.456

Spectator, The, Britain; p.454

Tailor and Cutter; Britain, p.470

Vogue, U.S.; p.452, p.470

后现代主义时期
Face, The, Britain; p.500

Jencks, Charles, Architecture, The Language of Postmodern Architecture and Postmodern Classicism, 1977 and 1983; p.484

Lyotard, Jean-Francois, The Post-Modern Condition, France, 1984; p.482

Pevsner, Nikolaus, Pioneers of Modern Design, 1949; p.482

Venturi, R., Complexity and Contradiction in Architecture, U.S., 1966; p.482

Venturi, R., Scott Brown, Denise, and Izenour, Steven Learning from Las Vegas, U.S.; p.482

Wolfe, Tom, From Bauhaus to Our House, U.S.; p.484

术语解释

抽象表现主义 Abstract Expressionism：一种绘画艺术运动，将抽象艺术与表现主义融合在一起，让潜意识表达出来——这是一种自发的绘画形式。

茛苕叶形装饰 acanthus：一种基于地中海植物刺叶蓟的风格化的叶饰，在古典建筑中经常出现，是装饰艺术中使用最为广泛的一种形式。

酸蚀刻工艺 acid etching：用盐酸将设计图案刻画在玻璃上的工艺——容器接触酸的时间越长，浮雕越深。

亚当复兴风格 Adam Revival：18世纪新古典主义风格在19世纪晚期的复兴。

亚当风格 Adam Style：18世纪英国的新古典主义形式，由苏格兰建筑师罗伯特·亚当和詹姆斯·亚当在18世纪下半叶引入。

唯美主义运动 Aesthetic Movement：设计改革运动在19世纪60—70年代的发展，其中"为艺术而艺术"的理念是其发展的主要推动力。该风格受到的影响主要来自日本的装饰艺术、17世纪末至18世纪初英国的本土设计和中国的青花瓷。当时的主流品位偏好做工极为精致的维多利亚风格作品，而唯美主义运动风格是一种反抗，形式简洁，表面装饰利落而不累赘，往往是不对称设计。典型的图案包括向日葵、扇形、孔雀羽毛和竹子。

空心螺旋 air twist：一种18世纪中期使用的装饰元素，在英国尤为常见。将玻璃制品茎部内的气泡拉长，形成一个或多个扭曲或螺旋状的空管；还有的螺旋装饰是拧在一起的白色或彩色玻璃丝。

"大教堂椅" *à la cathèdrale*：1825年左右出品的法式椅子，刻有哥特式建筑细节，如锯齿状的顶部横档、卷叶形凸雕、尖顶和叶状拱肩。

古代风格（或译"古风"——译者注）*all'antica*：源自意大利语，指"效仿古物"，即受古典风格启发的装饰元素。

阿帕卡 alpaca：一种合金，在标准纯银中加入镍以增加强度。

紫心木 amaranth：也称为紫心苏木或蔷薇木，一种纹理细密的热带木材，产于中美洲和南美洲，自18世纪以来用于制作饰面和镶嵌装饰。初切开时呈紫红色，风干后变成浓郁的深褐色。

双耳细颈瓶 amphora：一种双耳瓶，瓶口和瓶座均呈张开状，瓶颈狭窄，瓶体为圆形，在古希腊和古罗马时期用来存放葡萄酒或橄榄油，新古典主义时期设计师模仿了这种形式。

花状平纹 anthemion：一种基于忍冬的风格化的花卉图案，见于古典设计之中，在新古典主义时期广泛使用。该词经常和与之极为类似的棕榈叶装饰（palmette）互换使用。

贴花 applique：源自法语，意为"应用的"，是一种单独制作后再用到物品之上的装饰。在织物上，常常使用装饰性的缝线或接缝来隐藏贴花的边缘部分。

裙板 apron：与箱式家具底部、桌面或椅座横档相连的木制"短裙"，可以打造出某种形状或者加上装饰，也可以只是环绕一圈。

阿拉伯风格 arabesque：一种复杂的风格化的图案，由树叶和旋涡饰相互交缠构成，起源于近东地区，流行于16—17世纪的欧洲，又在19世纪得到复兴。在18世纪的法国，这个词用来形容带有人像和卷叶饰图案的奇异风格设计。

树状图案 arborescent design：纺织品中使用的一种图案，与树类似或以树为基础设计而成。

连拱饰 arcading：源于建筑的装饰，由一系列相连的拱门组成，常见于16世纪末和17世纪的家具和镶板中。

大衣橱 armoire：来自法语，指有两扇门的大柜子，通常配有一两个架子，用来存放家庭日用织品或衣物。

盾形徽章 armorial：带盾形的徽章或纹章的装饰涂层。

装饰艺术运动 Art Deco：约1910—1940年间流行的一种设计风格，以其大胆的色彩和几何形状而闻名，得名于1925年在巴黎举行的国际装饰艺术和现代工业博览会。

手工瓷器 artificial porcelain：软质瓷或仿制瓷的另一种说法。

新艺术运动 Art Nouveau：19世纪90年代到约1910年之间流行的一种装饰艺术风格，以起伏的曲线、流动的线条、不对称设计和有机的形式为基础，常以花卉、树叶、昆虫为图案主题。

工艺美术运动 Arts and Crafts Movement：19—20世纪初由艺术家发起、英国设计师威廉·莫里斯领导的一场运动，提倡在设计中回归简约性和功能性，重新开始强调材料和工艺的品质。

耳式风格 Auricular style：最初被认为是根据人类耳朵的形状而设计的，风格呈起伏的波浪状，见于16世纪末和17世纪北欧的银器和家具设计中。

砂金玻璃 aventurine（也译作"金星玻璃"——译者注）：源自意大利语avventura，意为"偶然"。这是一种半透明带金色斑点的深褐色玻璃，在熔融玻璃中加入铜晶体而制成。该词也用来指具有类似斑点及金属外观的釉面，如漆器。

栏柱形 baluster：可能来源于花瓶的形状，指桌子腿或椅子腿这样的柱状支撑物，或饮水杯的杯柄，由一系列的曲线或球形装饰组成，形成装饰性的波浪形轮廓。

边框 banding：在家具中，用珍珠母或金属等颜色或材质有明显差异的材料制成的装饰性饰面或镶条，用在抽屉面板、桌面或镶板的边缘。木纹的方向决定了边框的类型，如直条纹、交叉条纹或人字形（或羽毛）条纹。

巴洛克风格 Baroque：起源于意大利，是一种基于古代作品、带有繁复雕刻的装饰风格。常见于17世纪末至18世纪初的建筑、家具和其他物品的设计中，大量使用叶形装饰等植物图案、丘比特裸像等人物形象以及其他与优美曲线外形相结合的图案，通常采用对比强烈的色调和色彩。

巴洛克式 *Baroquetto*：流行于意大利的一种装饰风格，以洛可可风格为基础，但受到巴洛克风格的影响。

矮橱柜 *bas armoire*：一种低矮的书柜或橱柜，出现于18世纪早期。

贱金属 base metal：贵金属之外的任何金属，如黄铜、青铜、铁和钢。

浅浮雕 bas-relief：或称为低浮雕。一种雕塑形式，仅稍稍从表面凸出，无须进行底部内切（参见高浮雕）。

包豪斯学院 Bauhaus：1919年由瓦尔特・格罗皮乌斯创立的德国建筑与应用艺术学院，致力于为大批量生产的日常用品创作原型设计，使用朴素的几何形式和钢管、塑料等现代材料。其功能主义的手法植根于工艺美术运动，并促成了现代主义的产生。

串珠和卷轴 bead and reel：一种经典的镶边装饰元素，由串珠和长方形纺锤或涡卷图案交替组合而成。

珠饰 beading：一种装饰性饰边，用铸造或压花的串珠制成，珠子大小相同或从小到大依次排列，多用于18—19世纪的陶瓷和金属制品。

大口杯 beaker：一种圆筒状的饮水容器，有时呈锥形或边缘外翻，不带把手或杯柄，杯脚通常有边框。

风铃草图案 Bellflower：见“谷壳状图案”。

曲木 bentwood：用蒸汽将轻质、实心或层压的木材弯曲后制成家具，这种弯曲后的材料称为曲木。奥地利人迈克尔・索耐特于19世纪30—40年代开发了这种工艺。在此之前，美国波士顿的塞缪尔・格拉格已经发明了一种将实木弯曲制成椅子框架的方法并申请了专利。后来，约翰・亨利・贝尔特尔也充分利用了一种层压的曲木来打造其精心雕刻的家具。

高背扶手椅 *bergère*：源自法语*bergerie*，意为“羊圈”，指一种深扶手椅。靠背和扶手通常都由藤条或皮革包裹。有时，扶手和顶部横档连在一起组成一个弧形的外围。

柏林绒绣 Berlin woolwork：19世纪流行于欧洲和美国的一种帆布刺绣，使用的染色羊毛和图案最初从柏林引入。制造商提供图案，然后在帆布上刺绣，以此作为一种营销羊毛的方式。

比德迈式风格 Biedermeier：一种资产阶级风格的装饰艺术，约1810—1850年在奥地利、德国和东欧其他地区盛行。其特点是造型大胆、古典，装饰淡雅，做工精细。这种风格对后来的设计产生了很大影响，尤其是在20世纪初。

素坯（也译作“无釉坯”——译者注）biscuit：烧制过但没有上釉的陶瓷坯体。素坯瓷用来制作雕像和雕塑，涂层干燥易碎。

德化白瓷 *blanc-de-Chine*：中国白瓷的一种，通常是瓷偶的形式，未上色但覆盖了一层厚厚的白釉。从17世纪开始出口到欧洲，在18世纪早期对欧洲瓷器的发展产生了影响。

普伊亚白瓷 *blanc de Pouyat*：19世纪中期，法国利摩日普伊亚瓷器厂生产的一种白色硬质瓷器。

火焰形装饰 blaze：一种扇形雕花玻璃装饰。

木刻板印花 block print：一种将图案印在织物或纸上的方法，历史悠久。具体做法是将设计图案反向雕刻在木板上，使图案凸出，再用染料涂抹木板，然后确定好位置将木板压在织物上，重复该过程可以扩展图案。

蓝萤石 bluejohn：法语*bleu-jaune*的缩写，指18世纪在德比郡开采的装饰性萤石，颜色主要是紫色和蓝色，有些带有棕色或黄色条纹，在法国也很流行，许多出口到国外。金属工匠马修・博尔顿将这种材料与仿金铜结合起来，用来制作烛台、香炉和其他装饰性物品，效果惊人。

梭结花边 bobbin lace：一种17—18世纪见于欧洲各地的花边，尤其是在低地国家。用线梭上的线绕着硬枕上凸出的大头针来回穿梭而织成。

树木花草背景 bocage：源自法语，意为“灌木丛”，指环绕或支撑瓷偶或陶偶的树木或树叶。

曲形面板 *bombé*：法语词，意为“凸起”，指洛可可时期家具（特别是斗橱和抽屉柜）上膨出的凸面设计。在美国，类似的形状被称为“壶形”。

骨瓷 bone china：一种耐用的英国瓷器，由高岭土（中国黏土）、瓷土（瓷石）和干骨粉制成。从1794年起，斯波德工厂用它来与中国进口的硬质瓷器竞争，骨瓷至今仍在使用。

女用写字台 *bonheur du jour*：女式写字台，创始于18世纪晚期，通常带有盥洗配件，后面有架子和搁板，前面有一个平整的写字台，下面带一个抽屉。

“腰果花” *boteh*：源自17世纪波斯和印度纺织品的叶状或松果图案，是欧洲佩斯利花纹的灵感来源。

布勒镶嵌 Boullework：一种镶嵌装饰，得名于其发明者安德烈・夏尔・布勒。从17世纪晚期开始，布勒镶嵌用来装饰高质量的家具，用乌木或玳瑁以及黄铜雕刻成复杂精细的图案。作品中有时会加入锡、珍珠母和象牙，也可加上鲜艳的颜色，尤其是红色、蓝色或绿色，可以直接上色或者在玳瑁壳背面染色。这种技艺在18世纪仍继续使用，又在19世纪初复兴，当时偶尔称其为布尔镶嵌。

断层式家具 breakfront：指中间部分凸出的箱式家具。

亮切雕刻 bright-cut engraving：新古典主义时期流行的一种雕刻工艺，在金属表面以一定角度切割，形成反射光线的小平面。

（玻璃）磨光刻花法 brilliant cut：源于钻石切割工艺的术语，指的是一种复杂的高度抛光深切割玻璃雕花工艺，创始于19世纪下半叶的美国。得益于当时出现的新工艺和新材料，再加上来自欧洲的技术移民，玻璃雕花工艺得以长足发展，创造出了一种以清晰度和光亮度而闻名的材料，同时因为有了新的技术，雕花玻璃图案中还出现了曲线设计。

凸花厚缎 brocatelle：17世纪的法语词，源自意大利语brocatello，指某种织物，通常是丝绸或羊毛材质，光滑的背景上有凸起的图案。或指18世纪用来制作桌面的彩色大理石。

古铜制品 broncit：（又称为古铜辉石）一种玻璃，主要于1910年前后在维也纳的J.&L.Lobmeyr公司生产。这种产品通过在透明或亚光玻璃上加入动物、花朵、人像和几何形状的亚光黑色金属装饰制成。

餐具柜 buffet：餐柜的早期形式，最初为陈列贵重物品而设计成分层结构。16—17世纪的英国餐柜可能包含一个封闭部分或抽屉，称为陈列矮柜。该词也可用作餐具柜或餐具橱的通称。

彩旗 bunting：一种结构松散的轻质棉织物，通常用来制作垂花饰状或悬挂式的旗子或节日装饰。

办公桌 bureau：18世纪早期出现的一种写字台，正面向前倾斜，内层有文件格和抽屉，通常抽屉在下。

卷盖式桌子 *bureau à cylindre*：（或前盖式写字台 ）一种写字台，带有板条制成的圆筒状前盖，翻转即露出扁平桌面。很可能由让-弗朗索瓦·奥本首创。18世纪后期流行于英国和法国。

写字台橱柜 bureau cabinet：写字区域上方装有带门橱柜的写字台（见上一词条）。

马萨林办公桌 *bureau Mazarin*：17世纪晚期出现的一种写字台，在19世纪以路易十四首席大臣、红衣主教马萨林的名字命名。这种写字台有8条桌腿，由多条横档连接在一起，用布勒镶嵌加以装饰。

写字台 *bureau plat*：法语词，指平面写字台，通常用皮革覆盖，下面的饰带部分配有一个抽屉。

圆宝石 Cabochon：光滑的圆顶形宝石，也指凸起的圆形或椭圆形图案。

卡布里弯腿 cabriole：17世纪晚期欧洲家具的一种腿形设计，轮廓呈微微弯曲、逐渐变小的S形，顶部较宽，底部逐渐变细。

茶叶罐 caddy：一种用于存放茶叶的装饰性容器，材料可以是木质、金属、陶瓷或玻璃。

人造玉髓玻璃 *calcedonio*：一种模仿玉髓（或玛瑙）和其他半宝石颜色及纹理的玻璃，最早产于15世纪的意大利，在文艺复兴时期很受欢迎，在18世纪又一次流行起来，19世纪在英国和波希米亚生产，在德国称为*Schmelzglas*。

单色绘画 *camaïeu*：法语词，指模仿浮雕的绘画作品，用同一种颜色的不同色调绘制而成。

浮雕 cameo：以文艺复兴风格和新古典主义风格复兴的一种古典装饰元素，由宝石、硬石或贝壳雕刻而成，在对比鲜明的背景下凸显出浮雕设计，如古典人物组合、侧面头像、风景或神灵。

浮雕玻璃 cameo glass：套色玻璃，由两层或两层以上颜色对比鲜明的玻璃构成，带有雕刻或蚀刻而成的浮雕图案。这种工艺在古代已为人所知，又在19世纪重新流行起来。

家具框架 carcase（在美国写作carcass）：一件箱式家具的基本结构，常作为饰面装饰的基础。

涡卷饰 cartouche：源自法语，意为“涡卷”，是一种装饰性图案。其形状是一张两端呈涡卷状的纸，中间有字母组合、题词或图画，形式可以是带装饰框的盾牌或牌匾，在洛可可时期尤为流行。

女像柱 caryatid：用作支撑柱的穿长袍女性人像，来源于希腊古典作品，可见于新古典主义风格和帝政风格的家具。

套色玻璃 cased glass：一种颜色的玻璃上覆盖一层或多层不同颜色的玻璃，表面可以加上雕刻或部分切开，露出下面的分层。这种工艺于19世纪早期在波希米亚发展起来，后来其他地方也跟着效仿。

箱式家具 case furniture：带有框架结构的家具制品，可以配上抽屉、架子或门，包括抽屉柜、碗橱、书架和写字台。

卡索奈长箱 *cassone*：文艺复兴时期的意大利柜子，通常饰有精致的雕刻、绘画或镶嵌。往往成对制作，用作结婚礼物。

凯尔特风格 Celtic style：一种与凯尔特民族有关的装饰风格，约公元前250年从中欧传到西班牙、意大利和英国。这种风格是新艺术运动时期许多设计的灵感来源，尤其是格拉斯哥学派。

独立百年纪念 centennial：见“殖民复兴”。

中心装饰物 centrepiece：为装饰餐桌中心而设计的物品。见“分层饰盘”。

陶瓷制品 ceramics：源自希腊语的“黏土”，该词用于描述在高温下加热硬化的黏土制品，包括陶器、瓷器、炻器和骨瓷。

倒角 chamfered：以一定角度切割或刨平边缘而形成的表面，尤指木制品和石制品中的这种设计。

敞篷椅 （**或敞篷扶手椅**）*chair en cabriolet*：有软垫和弯曲靠背的扶手椅。

雕刻内填珐琅工艺 *champlevé*：一种上釉工艺，将金属的某些部分掏空或蚀刻出来，用珐琅瓷填充，然后放入窑中，最后抛光至与金属齐平。

雕镂工艺 chasing：一种在金属（特别是银器）上制出浮雕装饰的工艺，用锤子和冲床在金属上压制图案而成。与雕刻不同的是，金属完全没有减少。压花/纹和凸纹制作都是雕镂的形式。

小天使 cherub：自15世纪开始使用的一种建筑主题，包括带翅膀的小童或小童的头像，是家具、银器、陶瓷制品流行的装饰主题，特别是在巴洛克时期。

V形图案 chevron：锯齿形的图案。

明暗对照 *chiaroscuro*：源自意大利语，意为“光明”和“黑暗”，指一幅图画作品中灯光和阴影的分布。

小柜 chiffonier：源自法语，指创始于19世纪初的一种小抽屉柜或边柜，在柜子上方有一个或多个架子，通常饰带部分配有一个抽屉，下方还有一个橱柜。

中国风 chinoiserie：西方对中国装饰元素的奇特解释，由人像和宝塔、鸟、龙、回纹等图案组成，从17世纪起应用于各种装饰艺术，在洛可可时期尤为盛行。

熔模铸造法 *cire-perdue*：见“脱蜡铸造”。

古典的 *classical*：见“新古典主义”。

景泰蓝 *cloisonné*：一种上釉工艺，将细金属丝紧贴到金属表面，形成一个由金属细线组成的网状结构（分区），再用珐琅瓷加以填充，随后入窑烧制。

咖啡杯 coffee can：一种圆柱形的直边咖啡杯，产于18世纪末、19世纪初。

殖民复兴风格 Colonial Revival：在美国也称为“独立百年纪念”，指1776年《独立宣言》签署100年后的一段时期，在此期间，美国家具真实地复制了质量上乘的殖民时期风格家具，其中爱国主题包括水牛头和美洲鹰。“独立百年纪念”也可以指专门为1876年庆祝活动而制作的物品。

即兴喜剧角色 *commedia dell'arte*：意大利民间剧院中活泼而又时而粗俗的角色，包括哈勒昆、科伦拜恩、潘塔洛内、普尔奇内拉和皮埃罗，这些角色在迈森、宁芬堡和其他欧洲工厂被制成了瓷器制品模型。

斗柜 commode：法语词，指抽屉柜，尤指大型或装饰性的抽屉柜，也可指一种用来存放夜壶的家具。

组合原料 composition：由白垩和浆料或胶水（或树脂、锯末或碎布）制成的一种廉价石膏状材料，用来在家具上制出浮雕和雕刻装饰效果。

执政府时期风格 Consulate style：新古典主义时期的一种法国风格，盛行于执政府时期（1799—1804年，拿破仑统治前期的共和制政府），且引发了之后的帝政风格 。

碎蛋壳镶嵌装饰 *coquille d'oeuf*：法语词，意为蛋壳，详见“薄胎瓷”。

蔓越莓色玻璃 cranberry glass：（又称为红宝石玻璃）19世纪英国或美国生产的一种玻璃，通过在玻璃中添加氧化铜或氯化金而形成粉红色。

餐具橱 credenza：意大利语，指餐具柜。在19世纪，常用来指带有一个中央橱柜、两侧配有开放式橱架的边柜。

印花棉布 *cretonne*：一种厚重的无光棉布或亚麻织物，表面有轻微的棱纹，带有印花图案，用来制作窗帘和家具。

绒线刺绣 crewelwork：用松捻双股细绒线织出的刺绣，通常以亚麻为底，17—18世纪在床帷上尤其盛行，19世纪得到复兴。

克里斯塔洛玻璃 *cristallo*：14世纪在威尼斯发明的一种苏打玻璃，加热后可以长时间保持可塑性，可打造成各种复杂的形状。这种玻璃可以加上珐琅、镀金、泥浆彩饰或进行雕刻，但因太脆而无法切割。

裂子 crizzling：一种由细裂纹网络构成的瑕疵，由旧玻璃老化而引起。

卷叶形凸雕 crocket：一种装饰元素，形状类似哥特式建筑山墙、尖顶上伸出的弯曲叶子或尖塔，常用于哥特式家具和金属制品中。

水晶玻璃 crystal glass：一种无色透明的铅玻璃，因其反光特性又称“石英晶体”，常带有繁复的切割和雕刻装饰。

带盖杯形支腿 cup and cover supports：一种球茎状支柱，类似于深碗状的杯子和圆顶的盖子，可见于16世纪中期家具的支撑腿中。

雕花玻璃 cut glass：（又译作“刻花玻璃”——译者注）在玻璃器皿中用手工或工具轮切割出凹槽和切面制成的装饰。发明于古埃及，16—17世纪被波希米亚的玻璃制造师采用，后来得益于软铅玻璃的发展，雕花玻璃在18—19世纪的英格兰和爱尔兰颇为流行。其切割样式包括火焰形、凹槽、裂纹形、平头钉形和钻石形。

捷克立体派风格 Czech Cubism：20世纪早期的一种建筑风格，布拉格的建筑师和设计师受立体主义几何式布局、尖角和扭曲设计的影响而开发了这种风格。一些设计师曾尝试使用棱柱形、三角形和锥形。

锦缎 damask：一种带图案的织物，正反两用，通常由丝绸或亚麻布制成。

法国王储 dauphin：法国国王的长子。

齿形装饰 dentil：源自拉丁语dens（牙齿），一种可见于古典建筑飞檐之下的装饰元素，由一排小矩形组成，看起来像牙齿。

黄铜器皿 *dinanderie*：最初指产自迪南特的铜器，此地靠近列格斯。但在装饰艺术运动时期，该词用来指经锤击和镂刻而制成的所有装饰性金属制品，材质可以是银、铜、锡或钢。

督政府时期风格 Directoire style：法国新古典主义风格，尤指家具，反映了1795—1799年法国的政治风格，以朴素的古典形式为特征，有时饰以表示革命的标志，如束棒（一根绑着斧头的木棒）和自由帽。

安乐躺椅 *duchesse*：一种带圆形靠背和软垫的长扶手椅，是躺椅的早期版本，由坐卧两用床演变而来，后者有一个单独分开的部分，可以独立为座椅，称作脚凳。

陶器 earthenware：陶器由陶土制成，在窑中低温烧制而成，因为有孔，需要上釉才能防水。

饰面工 *ébéniste*：源于“乌木”（ebony）一词，指专门制作饰面家具的法国细木工。

仿乌木 ebonized：染成黑色以模仿黑檀木的木头。

折中主义 eclecticism：19世纪对历史复兴风格不加选择的滥用。

薄胎瓷 eggshell porcelain：一种细薄而精致的中国瓷器，19世纪在日本、英国（明顿）和爱尔兰（贝尔里克）被仿制。

电镀 electroplating：1840年获得专利的一种方法，用电流将银镀在贱金属上，如铜或镍（EPNS），从而生产出一种价格适中但看起来更昂贵的金属。

伊丽莎白复兴风格 Elizabethan Revival：19世纪20—50年代在英国流行的一种风格，其灵感来自所谓的伊丽莎白风格 。

伊丽莎白风格 Elizabethan style：伊丽莎白二世统治时期（1558—1603年）英国盛行的建筑和家具风格。实际上它是文艺复兴风格的延续，其特点是对称的外观、拱形饰带、纽带装饰、奇异风格、阿拉伯风格、纹章图案和球形支撑。

压花/纹 embossing：用机器或手工在金属（或皮革）上制作凸起图案的工艺，可以通过雕刻、镂刻或凸纹制作制成。

帝政风格 Empire style：指法国的晚期新古典主义风格，深受拿破仑的设计师佩西耶和方丹的影响，反过来又影响了欧洲和美国其他地区的风格。

珐琅 enamel：一种装饰，通过加热将带有金属氧化物的玻璃状物质熔合到金属表面，工艺包括内填珐琅和景泰蓝。

珐琅色 enamel colours：由金属氧化物和玻璃粉末混合而成的颜料，用于装饰瓷器、陶器、玻璃和金属制品，经低温烧制或在马弗窑中烧制而固定。

琉璃瓦 encaustic tile：用颜色不同的黏土镶嵌而成的黏土砖。这是一种发明于中世纪的工艺，19世纪中期得到复兴，在赫伯特·明顿手中尤其突出。

雕刻 engraving：用金刚石尖或旋转轮等锋利工具在金属或玻璃表面切割细线或小点来作为装饰的工艺。印花制作也涉及类似的过程，需先在金属板上雕刻图案，然后再将其转印到纸上。

室内设计师 *ensemblier*：法语词，指室内设计师。

分层饰盘 epergne：餐桌上精致的中心装饰品，由银或玻璃制成，配有一个中心碗和几条伸出的支臂，支臂用来放置可以移动的碗碟，从18世纪中期开始用于盛放水果、糖果和调味品。

伊特鲁里亚风格 Etruscan style：约1760—1800年期间的新古典主义风格，基于古希腊花瓶的装饰，当时认为起源于伊特鲁里亚。

波希米亚 façon de Bohème：源自法语，意为“波希米亚风格”，指波希米亚风格的玻璃，通常色彩鲜艳。

彩陶 faience：法语词，指锡釉陶。此词来源于法恩扎，即早期意大利马略尔卡陶器（锡釉陶）的发源地。德语是Fayence，荷兰语是Delft，英语对应的是delftware。

前盖式写字台 fall-front sécretaire：橱柜、书桌或写字台的一扇门或用来闭合的部分，在底部铰接，向下延伸形成用来书写的桌面，有以下几种支撑方式：可以是侧面的绳子，可以是从底架拉出的木闩或支杆，也可以是装在侧面的金属弧形板。

太师椅 *fauteuil*：法语词，指18世纪初出现的扶手椅。

联邦风格 Federal style：美国新古典主义风格，流行于约1789—1830年。

花彩 festoon：由花卉、水果、树叶或打褶装饰等主题构成的环状装饰，通常末端悬垂，有时点缀有狮面像、玫瑰花饰或其他古典图案。

蕾丝工艺 filigree：类似花边的装饰性透雕细工，用细银丝或金丝捻成。

尖顶饰 finial：家具、金属制品、陶瓷制品和玻璃上的球形装饰，有时用作把手。流行的形状包括橡子、松果、瓮形，其他做工更精细的形式有动物、水果和鲜花。

火焰形针迹 flame stitch：详见“巴杰罗针迹”。

闪光玻璃 flashed glass：19世纪早期在波希米亚发明的一种工艺，通过浸渍给容器加上一层彩色玻璃薄膜，然后用少量雕刻进行装饰。红宝石是常见的颜色，但也用琥珀色和绿色。

燧石玻璃 flint glass：指英国铅玻璃，由乔治·雷文斯克罗夫特于17世纪70年代发明，用磨碎的燧石或沙子加上氧化铅制成。

凹槽 fluting：柱子或其他器物表面上的一种垂直凹槽图案，与凸嵌相反，有时用错视法绘制或镶嵌在物品表面。

浮雕细工 fretwork：由相交的线制成的镂空几何形状装饰，通常通过重复图案来打造出饰带或边框。如果作品没有镂空，则称为“素压印”浮雕细工。

雕带 frieze：狭义上指家具外壳下面的横条；广义上指家具、银器或陶瓷制品上的任何横条装饰。

凸嵌线装饰 gadrooning：由垂直排列或呈对角排列的凸出曲线或凸片构成的连续图案，常见于家具、银器和陶瓷制品。其中一种不规则的样式称为滚花饰。

小玩意儿 *Galanteriewaren*：源自德语，意为“谦恭有礼”，指小而珍贵的私人配件，如香水瓶和小盒子 。

粗面皮革 galuchat：法语词，指鲨革，以M. 加卢卡特的名字命名。加卢卡特在18世纪用这种材料来包裹刀鞘。

装饰品 garniture：通常指花瓶，但有时也指用于陈列的其他装饰品，一般成套制作，一套3件、5件或7件。

煤气吊灯 gasolier：一种用煤气来照明的装饰性设施，从19世纪20年代开始使用，直到19世纪80年代引入了电力照明。这种装置通常由黄铜制成，看起来像枝形吊灯，有一个中心轴用来通煤气，伸出的支臂上放置着用来遮盖煤气灯的素色或彩色灯罩。

“如画”风格 *genre pittoresque*：1730年前后开始发展为成熟的洛可可风格，以夸张的不对称设计和涡卷形装饰为特征，融合了贝壳、岩石、季节或伊索寓言等自然主义主题。

乔治时代风格 Georgian style：基本无甚意义的一个术语，指乔治一世在位期间（1714—1727年）、乔治二世在位期间（1727—1760年）、乔治三世在位期间（1760—1820年）和乔治四世在位期间（1820—1830年）的家具和其他装饰艺术。

石膏 gesso：巴黎灰浆或白垩与胶水的混合物，制造出光滑的表面用来装饰彩绘和镀金，也可涂抹多层，有时用雕刻工艺打造浮雕装饰。

芝麻金 *giallo antico*：源自意大利语，意为“古黄色”，是一种类似大理石的物质，含有方解石或霰石，可见于洞穴或泉水附近，其在加入氧化铁后呈黄色。在18—19世纪，这种材料用来制作斗柜和桌子的桌面。铜绿石（*verde antico*）是一种绿色的芝麻金。

镀金 gilding：在金属、陶瓷、木材或玻璃上涂上一层薄金。方法如下：家具使用水法贴金和油面涂金；陶瓷制品使用酸性镀金和涂料镀金；玻璃制品应用蜂蜜镀金；金属制品则采用水银镀金、火法镀金、无光泽镀金以及电镀金。

枝形烛台 girandole：源自意大利语“凯瑟琳车轮式焰火”，指烛台、做工精致的壁灯，或背面是镜子的雕花支架。

格拉斯哥学派 Glasgow school：一群19世纪末20世纪初的建筑师和设计师组成的学派，由查尔斯·雷尼·麦金托什和妻子玛格丽特·麦克唐纳领导，总部设在格拉斯哥艺术学院。这一学派使用直线设计或柔和的曲线设计，以其特有的新艺术运动风格而闻名，包括凯尔特风格装饰和风格化的花卉图案，在欧洲尤其具有影响力。

釉 glaze：一种涂在多孔陶瓷坯体上的类玻璃涂层，用来防水，也让表面光滑而有光泽。铅釉透明，锡釉则为不透明质地。可以通过添加其他物质（如木灰、盐或金属氧化物）或在烧制时改变窑温来实现特定的装饰效果。

金箔 gold leaf：镀金用的超薄金片。

哥特式风格 Gothic：基于中世纪建筑的一种风格，其特征是有尖拱、圆拱、窗饰、尖顶、尖端、卷叶形凸雕、三叶式装饰和四叶式装饰 。

哥特式装饰 Gothick：一种18世纪的洛可可风格装饰，灵感来自哥特式建筑，但不考虑历史考证的准确性。

哥特复兴风格 Gothic Revival：（也称为新哥特式）哥特式风格于19世纪20年代在欧洲复兴，19世纪40年代又在美国复兴。这一风格被称为经过改良的哥特式，由A.W.N.普金引领，对工艺美术运动产生了深远的影响。

希腊风格 Goût Grec：源自法语，18世纪60年代在法国使用的术语，指早期的新古典主义风格，强调几何形和基于古希腊建筑的装饰。图案包括螺旋形 、月桂叶垂花饰、波状涡纹、棕榈叶装饰以及扭索饰。有时也被称为路易十六风格 。

游学旅行 Grand Tour：富裕的英国男性在完成正式教育后经历的欧洲之行，有时旅程更远，通常持续一年或两年。经由这种旅行，他们能够了解欧洲主要城市的文化和历史，特别是意大利的城市，同时也收集艺术品和古董，此种做法在18世纪最为流行。

万国工业博览会 Great Exhibition：第一次国际展览“世界工业博览会”的简称，1851年5—10月在伦敦水晶宫举行，展出了世界各地生产的工业产品。这次展览旨在促进贸易、提升公众审美。

希腊回纹 Greek key：一种基于古希腊装饰元素的图案，由连锁的直角线条组成。在源自古典作品的装饰图案中，通常用于连续的饰带。

狮鹫 griffin or gryphon：新古典主义时期的流行图案，带有鹰头、鹰翅、鹰爪、狮身的一种神话动物。起源于古代东方，与太阳神阿波罗有关，因此经常出现在烛台等照明物上作为装饰。

浮雕式灰色装饰画 grisaille：一种绘画装饰，其色彩仅限于黑色、白色和灰色，看起来像是线条清晰的石头浮雕。

提花 gros point：源自法语（point指“针”），十字针法刺绣，通常用在帆布上。

奇异风格 grotesque：一种精巧的装饰元素，由相连的人像、动物、神话中的野兽或鸟类组成，涡卷饰和叶形装饰缠绕其间，通常呈垂直结构，包含烛台的形状。该元素源自在意大利岩洞或地下废墟中发现的古罗马彩绘装饰，文艺复兴时期首次流行起来。

小圆桌 *guéridons*：带柱脚的小桌子或置物架，用来放置烛台、托盘或篮子，17世纪在法国出现。路易十四风格的作品有时会雕刻成一个非洲人像，头顶着一个圆形托盘。

扭索饰 guilloche：一种连续缠绕的带状图案，形成相互交错的圆圈，有时环绕着玫瑰花饰或其他图案。这种装饰衍生自古典建筑，在文艺复兴时期复兴，又在新古典主义时期广泛流传。

杜仲胶 gutta-percha：一种橡胶材料，19世纪中叶由马来西亚某种树的树脂制作而成，塑模成型后制成可以用来代替雕刻图案的家具装饰，也可用来制作玩具娃娃的头以及高尔夫球。

硬质瓷器 hard-paste porcelain：（或真瓷）中国人从8世纪开始使用的高温焙烧半透明陶瓷坯体，1709年左右在迈森瓷器厂重新制出。

硬石 Hardstone：见“硬石镶板”。

家庭画师 *Hausmaler*：源自德语“家庭装饰师”，指不依附于任何工厂、有自己工作室的自由职业瓷器画师或彩陶画师。

纹章装饰 heraldic decoration：纹章元素的装饰，如盾形纹章、盾形徽章、徽章和饰章。

粗麻布 hessian（在美国称burlap）：用作座椅家具的衬套。

高脚橱 highboy：带脚高柜的美式变体，通常带有弯脚和断山花，整个18世纪一直都在生产。另有一种橱柜称为矮脚橱，带有一个配抽屉的边桌，也有类似的桌脚作为支撑。

高浮雕 high relief：从作品表面凸出的装饰，需要进行底部内切。

历史主义 Historicism：以学术和求真精神对历史风格进行的再创造。

木刻花朵 Holzschnittblumen：源自德语，指“木刻花卉”。迈森瓷器厂1740年左右使用的一种花卉装饰，带有从植物版画中复制的单支花朵图案。

公馆 *hotel*：法语词，指大型宅邸。

胡格诺派教徒 Huguenots：法国新教徒，1685年允许宗教自由的南特敕令被废除后，许多法国新教徒选择出逃。胡格诺派难民通常都是技艺高超的工匠，在英国等其他国家也很有影响力，尤其是在银器和纺织品领域。

谷壳状图案 husk：一种新古典主义风格的图案，以风格化的玉米外壳或钟形花为基础，用于饰带、垂花饰或垂直的水滴状装饰，有时交替穿插着串珠设计。

玉滴石玻璃 Hyalith glass：一种不透明的波希米亚玻璃，制成深红色或黑色，19世纪初发明。

雕刻装饰 incised decoration：用锋利的工具在作品表面刻画而形成的图案或铭文。

仿印度 Indiennes：来自印度的绣花和印花棉布风靡17世纪的法国和英国，又在18世纪继续影响着欧洲的纺织品设计。典型元素包括花瓣上带有风格化图案的花朵和舒展开的蕨类叶子。

镶嵌 inlay：一种装饰工艺，通常用在家具的实木表面，将某样材料，如骨头、角、象牙、大理石、金属、珍珠母、玳瑁或彩色木材，嵌在另一种材料制成的表面凹槽中。

细木镶嵌装饰 intarsia：意大利语，指一种镶嵌装饰或早期的镶嵌细工形式，其中不同颜色的木材（有时也用其他材料）构成一幅现实主义的建筑式图画或静物，常见于15—16世纪的镶板和家具中。

伊斯托里亚多风格 *istoriato*（又译"故事画装饰"——译者注）：源自意大利语，意为"有故事的"，指意大利锡釉陶上的绘画装饰，包括神话、圣经故事或风俗画。

日本风格 Japanesque：指1862—1900年受日本艺术启发、流行于欧洲的装饰风格，参见日式风格。

涂漆 japanning：17世纪开发的一种欧洲工艺，用来装饰箱式家具或小物件，如盒子或托盘，表面涂上模仿中国漆和日本漆的清漆，通常为黑色、绿色或鲜红色，偶尔也有白色。不同于真正的东方漆，清漆是由虫胶、树脂虫胶或虫胶（紫胶虫分泌）制成的。浮雕装饰则用锯屑和阿拉伯树胶混合制成，部分镀金。

日式风格（或日本风）*Japonisme*：受日本艺术和设计启发的风格。西方与日本恢复贸易，国际展览会上也出现了大量日本展品，受此影响，日式风格从19世纪60年代开始在欧洲和美国蓬勃发展。这种风格对唯美主义运动时期的设计师影响尤为深刻，他们在家具、陶瓷和金属制品上使用日本的图案，如鸟类、向日葵、菊花、梅花、竹子、扇子和家族徽章 。

青年风格 *Jugendstil*：字面意思为"青年的风格"，在德国和奥地利指代新艺术运动的术语，源自慕尼黑的艺术出版物《青年》（1896年首次出版）。

柿右卫门风格瓷器 Kakiemon：源自17世纪一位日本陶艺师的名字，是一种精致的白色瓷器，上面零散装饰着开花的树枝、小鸟和岩石，呈不对称分布。其色彩独特鲜明，包括铁红色、蓝色、绿松石色、黄色和黑色。18世纪上半叶，这种从日本进口的瓷器在欧洲被大量仿制。

衣柜 Kas：源自荷兰语kast，是一种用来存放衣服的橱柜或衣柜，起源于17世纪的荷兰，在17—18世纪经由纽约和新泽西的美国移民引进。

基里姆地毯 *kilim*：一种没有绒毛的织锦地毯，颜色鲜艳，图案夸张。

克里斯莫斯椅 *klismos*：古希腊出现的一种椅子，有着凹进去的椅背和向内弯曲张开的弯刀形椅腿。19世纪早期的新古典主义风格采用了这种形式。

把手 knop：盖子上的装饰性把手，通常用作手柄或用在匙柄末端。该词也用来指酒杯柄上的装饰性凸起。

容膝桌 kneehole desk：一种写字台，中央带凹槽供使用者放腿，侧面通常配有抽屉，凹槽处有时装有浅柜。

京象嵌工艺 Komai：日本的一种装饰工艺，将几何造型、比例纹饰各异的不同金属与其他图案组合在一起，形成拼贴效果。19世纪70年代唯美主义运动的高潮时期，英、美两国仿制了这种工艺。

双耳喷口杯 krater：古希腊的一种双耳宽口陶器，用来混合酒和水，在18世纪作为一种合适的古典形状被采用。

基里克斯陶杯 kylix：古希腊的陶器，是一种饮用器皿，带有两个手柄、一个浅碗和一个杯柄。这种形式在18—19世纪成为新古典主义装饰词汇的一部分。

贫穷艺术 *lacca povera*：源自意大利语，意为"穷人的漆器"（又称 "穷人的艺术"，或 "仿制漆器"），是18世纪50年代起源于威尼斯的一种剪纸装饰。当时的艺术家无法满足大众对漆器作品的需求，所以印刷工人制出一页一页的版画，经上色和切割后粘贴到现成的家具上，然后再涂上数层清漆，模拟出漆器装饰上的高光泽。法国人后来照抄了这项工艺，将其重新命名为decoupage，源自法语*couper*，意思是"剪切" 。

漆器制作 lacquerwork：一种来自中国和日本的工艺，使用漆树的汁液制成清漆，形成坚硬、光滑、有光泽的表面，用来保护和装饰木材和织物制品。这种漆可涂多达100层的薄层，可以有不同颜色，尤其是红色和黑色，还可加入人像、来自自然的图案或带有象征意义的设计。欧洲的仿制品被称为涂漆或马丁漆 。

梯背椅 ladder-back：指背部有一排水平横木的椅子。

垂纬 lambrequin：源自法语中的pelmet（窗帘帷幔），最初是一个纹章学术语，指骑士戴在头盔上的围巾或斗篷。该词逐渐用来形容一种花边状的扇形镶边图案，由垂花饰和流苏组成，常用于奇异风格的装饰中，在18世纪早期也很流行。

层压 lamination：将纹理朝着同一方向的薄木条夹在一起的过程，以此制作出一种更为结实的家具材料。托马斯·谢拉顿发明了这一工艺，迈克尔·索耐特、约翰·亨利·贝尔特尔、查尔斯·伊姆斯和阿尔瓦·阿尔托将其发扬光大。

天青石 lapis lazuli：一种半宝石，上面带有黄铁矿（或愚人金）斑点的不透明蓝色石头，用来制作硬石镶板。

掐丝雕琢 *latticino*：源自意大利语的latte （牛奶），是一种嵌有不透明白色玻璃线的透明玻璃，始创于16世纪。

乳浊玻璃 *lattimo*：在德语中称为Milchglas，指一种不透明的白色玻璃，或用这种玻璃装饰的物品。

仿皮纸 Leather paper：顾名思义，一种具有皮革质地和光泽的纸。日本制造的纸举世闻名，日本人把皮革纸称为*yookanshi*和*takeya shibori*。仿皮纸足够结实，可以用来做袋子和盒子内衬。日本的纸有时会上漆以增加其强度。在江户时代，日本将皮革纸出口到欧洲，欧洲人将其当作壁纸挂在墙上。

柠檬榨汁机形 lemon squeezer：玻璃器皿上柱脚的形状，类似于榨柠檬的厨房用具。

布褶纹雕饰 linenfold：一种木雕，类似于悬挂织物的褶皱，常见于15—16世纪北欧房间的镶板和家具。

宝石玻璃 lithyalin：一种仿宝石制成的不透明大理石玻璃，波希米亚玻璃制造商弗里德里希·埃格曼于1830年左右发明。

凉廊 loggia：有屋顶的开放式门廊，通常能俯瞰庭院；平台（loggetta）是小型的凉廊。

脱蜡铸造 lost-wax casting：利用置于黏土模具中的蜡制模型来铸造玻璃或银和青铜等金属制品的方法。蜡熔化后经模具上的洞孔溢出或“丢失”，给熔化的金属或玻璃留出空间。金属或玻璃冷却硬化后，分离模具移出物体。这种工艺在法语中称为“蜡失落”（*cire perdue*）。

路易十四风格 Louis XIV style：路易十四统治时期（1643—1715年）法国流行的建筑和装饰艺术风格，强调宏伟、对称、正式和奢华，使用的图案受到古典艺术的启发。

路易十五风格 Louis XV style：路易十五统治时期（1715—1774年）以及国王本人还未成年的摄政时期（1715—1723年）法国流行的建筑和装饰艺术风格，其特点是形式更小巧轻便，采用贝壳和岩石装饰等自然主义图案，正逐步发展成为成熟的洛可可风格。

路易十六风格 Louis XVI style：见“希腊风格”。

锡釉陶器 maiolica（也可音译为“马略卡陶器”——译者注）：意大利锡釉陶器，开发于14世纪，在15世纪末16世纪初达到巅峰。该词首次出现在14世纪的意大利，得名于意大利从马略卡岛进口的西班牙摩尔风格陶器，这些陶器给意大利陶工带来了灵感。

马略尔卡陶器 majolica：maiolica一词的变体，指19世纪英国和美国的铅釉陶器，仿照意大利锡釉陶器浓烈而丰富的色彩精心制作和装饰而成。

莳绘 *maki-e*：源自日语，意为“喷洒插图”，是一种装饰工艺，即将金粉或彩色饰片撒在湿漆设计图案之上。

经销商 marchand mercier（又译“奢侈品经销商”——译者注）：巴黎独立行会的成员，集家具商人、艺术品商人和室内装潢师的角色于一身，通过赞助设计师和工匠，对品位和时尚产生了巨大的影响，在18世纪尤为突出。

矫饰主义风格 Mannerist style：源自意大利语maniera，意指精湛或复杂，是一种始创于16世纪的文艺复兴晚期装饰风格。其大量使用透视法和渐变的形式，融入夸张、扭曲和幻想的动物、海洋生物和鸟类，饰于奇异风格的图案和纽带装饰之中。这种对传统风格的改进在佛罗伦萨和枫丹白露宫中发展到了巅峰。该风格后来演变成耳式风格，其后又促进了巴洛克风格的出现。

镶嵌细工 marquetry：家具上的装饰性饰面，用不同颜色的木材排列成图案或图案母题，如花卉或绘画式主题，有时也可使用其他材料，如象牙、金属或珍珠母。

玛丽·格雷戈里玻璃 Mary Gregory glass：指19世纪70年代开发出的一种彩色玻璃，以白色或粉白色为底色，绘有儿童图案，以一位在Boston & Sandwich Glass公司工作过的玻璃装饰师命名。这种玻璃起源于波希米亚，也在美国和英国生产。

波形 meander：纺织品中的波浪形图案。

实木工 *menuisier*：法语词，指实木家具木匠或制造师，与制作镶面家具的饰面工不同。

微型马赛克 micromosaic：一种用小块彩石或彩石镶片制成的硬石镶板装饰，19世纪流行用这种装饰制作意大利的纪念品，小到胸针，大到描绘罗马景色的整个桌面。该词也用来指坦布里奇制品中使用的木材镶嵌工艺。

千花玻璃 *millefiori*：源自意大利语，意为“千朵花”，是一种玻璃制造工艺，即将不同颜色的玻璃丝嵌入玻璃体内，使其横截面形成某种图案。这项工艺起源于古罗马，16世纪在意大利复兴，但自19世纪以来，人们常常将其与玻璃镇纸联系在一起。

新艺术 Moderne：同时代的法语词，指现在（自20世纪60年代以来）称为装饰艺术运动的风格。

现代主义 Modernism：20世纪早期的一种风格，由于要摆脱之前过度装饰的倾向，采用了机械技术，且偏好几何形式和光滑整洁的表面。

新艺术运动 Modernismo：西班牙语中的“新艺术运动”。

家族徽章 *mon*：一种日本徽章，最初用于在战场上识别或区分不同家族，但后来用作出口制品的装饰，成为了唯美主义运动中的一个图案母题。

蒙泰钵 monteith：一种大型陶瓷、玻璃或银制容器，边缘有圆齿或缺口，用来挂住玻璃酒杯的杯柄，同时杯碗可以悬在冷水中保持低温。

摩尔风格装饰 Moresque decoration：见“阿拉伯风格”。

全玻璃膜压成型工艺 *moule en plein*：19世纪早期出现的法国装饰性玻璃器皿模压工艺。

南锡学派 Nancy School：由埃米尔·安德烈、路易斯·马若雷勒和维克多·普鲁夫领衔的法国艺术家群体，在19世纪末主导了法国的新艺术运动。

船形 navette：源自法语中的“梭子”一词，但通常翻译成“船形”，指一种两头尖的水平形式。

新古典主义 Neoclassism：基于古希腊与罗马形式和装饰的风格，从约1760年持续到1830年左右，这期间强调的元素有不同变化。

乌银 niello：一种由银、铅、铜和硫组成的化合物，镶嵌在金属（通常是银）中，加热后在表面形成图案。这种工艺创始于文艺复兴时期的意大利，在19世纪的俄罗斯非常流行。

水中仙女 nymph：古典神话中的一

个小自然神，形象通常为住在山中、树上、森林或水中的美丽少女。

S形曲线 ogee（又译“双弯曲线”——译者注）：一种弧度不大的S形曲线，如模压剖面中的曲线，也用于形成哥特式尖顶拱尖端两侧的反弧形。

欧米茄工作坊 Omega Workshops：1913—1920年总部设在伦敦的一家设计公司，由艺术评论家罗杰·弗莱领导，旨在鼓励年轻艺术家以及提高整体设计质量。该工作坊深受野兽派、立体主义和非洲艺术的影响，虽然在商业上并不成功，但引领了抽象设计在家具、陶瓷和纺织品上的应用。

乳白玻璃 opaline：一种半透明的白色或彩色玻璃，因含有氧化锡或骨灰而不再透明。这种玻璃于19世纪20年代在法国开发，后来也在波希米亚和英国生产。乳白玻璃可以制成一系列新奇的颜色，经常饰以彩绘或镀金。

透雕细工 openwork：镂空装饰的通称。

仿金铜 ormolu：法语*moulu*的派生词，意为“地上的黄金”，即镀银青铜，在18—19世纪用于装饰家具底座和钟表等物品。

白铜 paktong：一种铜、锌和镍的合金，在18—19世纪早期的中国用于制作小型家用物品，如钟和门铰链，在英国则作为银的替代品用于制作烛台、托盘和壁炉装饰。价格更便宜的镍银开发出来后，这种合金即不再使用。

黑黄檀木 palisander：见“紫心木”。

帕拉弟奥风格 Palladian style：18世纪上半叶的欧洲古典建筑风格，灵感源自16世纪意大利建筑师安德烈亚·帕拉弟奥的作品，尤其影响了英国的家具。当时伯灵顿公爵和建筑师科林·坎贝尔（Colin Campbell，1673—1729年）引领了家具领域的运动，威廉·肯特是首席设计师。这种建筑风格以其坚固、对称的形式为人所知，带有三角墙、立柱和涡卷形托架，雕刻着叶形装饰、垂花饰图案、面具、狮爪，以及其他来源于古典建筑的图案。家具通常高大华丽，大量使用镀金，在椅子、窗间矮几和镜框上尤为常见。

棕榈叶装饰 palmette：由风格化的棕榈叶衍生出的一种古典装饰图案，类似于花状平纹 ，在新古典主义时期很常用。

巴黎安瓷 parian：一种有纹理的白色瓷器，以希腊帕罗斯岛命名（此地以白色大理石闻名），在19世纪用于制作半身像和人像，也称为雕塑瓷。

镶木细工 parquetry：几何形式的镶嵌细工 。

圆盘饰 patera：装饰性的古典圆牌图案或玫瑰花饰，呈圆形或椭圆形。

瓷浆堆叠工艺 *pâte-sur-pâte*：源自法语，意为“瓷浆堆叠瓷浆”，始创于1850年前后的方法，低浮雕装饰是通过在陶瓷制品上堆积不同颜色层，然后将图案雕刻在陶瓷表面。

铜绿（亦称绿锈）patina：家具表面的光泽，来自老化和使用过程中形成的一层污垢和抛光层，也可出现在金属表面，比如青铜经氧化而生成的铜锈。

三角墙 pediment：橱柜、书架、落地钟等家具上方的三角山墙。可以是“断口”式设计，即在顶端有一个缺口，也可设计成S形涡卷相反的“天鹅颈”样式。

折叠桌 pembroke table：带有两片活动翻板的小桌子，可以制成方形、椭圆形或圆形，中间有一个中楣抽屉，据说是以彭布罗克伯爵夫人的名字命名。产于18世纪中叶。

窗间壁 pier：同一面墙上两扇窗户之间的一段墙。窗间镜是一种高而窄的镜子，专门为这个空间而设计，通常置于边桌或窗间矮几上方。

硬石镶板 *pietre dure*：源自意大利语，意为“坚硬的石头”，是由玛瑙、玉髓、缟玛瑙、碧玉、天青石和孔雀石等半宝石和大理石镶嵌而成的一种装饰形式。佛罗伦萨的美第奇工厂以绘画形式闻名，但它也在罗马生产。这种工艺主要用来制作桌面和嵌在橱柜中的镶板，由玛瑙、玉髓、碧玉和天青石等半宝石制成的小片构成，形状各异。

长柄杓/碗 piggin：一种小型木制、陶制、银制或玻璃容器，有杆状的手柄，最初用于传递奶油或牛奶。

尖塔 pinnacle：一种细长的直立结构，位于扶壁、山墙或塔的顶部，末端通常呈尖顶状，常见于哥特式建筑中。

餐具 plate：家用或重大仪式中使用的金银制品。

空窗珐琅 *pliqueàjour*：（又译“镂空珐琅”“透花珐琅”——译者注）一种类似景泰蓝的珐琅工艺，但没有金属衬底，所以珐琅看起来是透明的。

长绒毛针迹 plush stitch：（又译“毛圈组织”——译者注）19世纪流行的一种刺绣针法，通过裁剪针迹来塑造动物、花卉或其他物体以制作凸起的图案。

石榴图案 pomegranate：一种广泛用于石膏装饰、家具、银器、纺织品和木雕的装饰图案，象征丰饶和富裕。

波普艺术 Pop Art：20世纪50年代中期在英国兴起的一种风格，20世纪60年代在纽约达到顶峰。在纽约，日常用品和大批量生产的产品和独一无二的作品一样受到认可。广告、产品包装和连环漫画也都是审美的一部分。

斑岩 porphyry：源自希腊词*porphyros*，意为“紫色”，指一种坚硬的火山岩，通常是偏红的紫色，用于制作桌子和斗柜的桌面。

门帘 *portière*：法语词，指门帷。

波特兰花瓶 Portland vase：公元前100年前后，波特兰公爵夫人曾拥有一个蓝白相间的罗马浮雕玻璃花瓶。这件作品既为韦奇伍德制作碧玉细炻器带来了启发，也是19世纪玻璃和陶瓷制造商制造仿制品的灵感来源。

后现代主义 Post-Modernism：20世纪70—80年代的一场运动，最初是对现代主义的一种回应，提倡使用明亮的色彩以及借鉴过去和当代的装饰元素。

压制玻璃 pressed glass：一种用于大规模生产的玻璃制造工艺，将熔融玻璃挤压到带有图案的模具中。

该工艺创始于19世纪20年代中期的美国，19世纪30年代开始在欧洲应用。

祈祷椅 *prie-dieu*：源自法语“向上帝祈祷”，一种供下跪使用的低矮软垫椅，椅背的式样可以作为带软垫的桌子或扶手。

印章（图案） printie：玻璃上的装饰，由浅切割形成的凹椭圆形或圆形图案构成。

粘花装饰 prunt：用熔化的玻璃液滴在玻璃容器上制成的装饰性图案。

紫心苏木 Purpleheart：见“紫心木”。

丘比特裸像（复数putti）putto：一个小天使像或带翅膀的幼儿头像，是从15世纪开始流行的装饰图案，经常出现在带有花彩的涡卷形树叶中，或者出现在奇异风格的镶板中。

镂空花边 *punto in aria*：源自意大利语，是一种早期的针绣花边，图案由细小的扣眼绣针法织成。

四叶式装饰 quatrefoil：一种由4片叶子构成的装饰图形，见于哥特式窗饰。

安妮女王风格 Queen Anne style：淡雅版的巴洛克古典风格，18世纪早期出现在家居设计中，19世纪后期又作为唯美主义运动的一部分而复兴。

横档 rail：家具中用来支撑垂直构件的水平构件，如箱式家具框架内的横档或椅子上的座椅横档。

红陶 redware：17—18世纪的美国乡村炻器，一种表面涂满铅釉的红色土坯。

法国摄政风格 Régence：约1720—1730年的法国风格，奥尔良公爵摄政期间（1715—1723年）初期的路易十五风格，即早期的洛可可风格。

英国摄政风格 Regency style：1811—1820年，英国摄政王即后来的乔治四世代父摄政，以其命名的风格成为英国约1800—1830年间新古典主义风格的通称。

浮雕 relief：高于表面背景的任何装饰，见“浅浮雕”或“高浮雕”。

文艺复兴 Renaissance：源自意大利语，意为“重生”，指希腊、罗马古典艺术和思想的复兴，14世纪始于佛罗伦萨并最终传遍整个欧洲。这种风格以对称的建筑和雕塑形式为基础，饰以奖杯、莨苕叶形装饰、人类和神话生物形象以及奇异风格的图案。

重复 repeat：一种连续的图案设计，旨在使织物或壁纸上某一部分的图案与相邻部分的图案相吻合，以此实现图案的无缝连接。

凸纹制作工艺 repoussé：法语词，意为“向后推”，指金属上的浮雕装饰，从背面锤打而成，让设计图案从正面凸出来。

预留分区 reserve：设计时在整体装饰中留出的一个区域，通常用于陶瓷制品，可以另外选用图案或场景来进行装饰。

嵌网玻璃 *reticello glass*：源自意大利语，意为“网络”，是一种掐丝雕琢玻璃，不透明的线在其中形成交叉或网状的精美图案。

叶形涡卷饰 rinceau：法语词，指一种连续的涡卷形图案，通常由莨苕叶形装饰或藤叶组成，用于新古典主义时期的雕刻、模塑和彩绘装饰。

岩状装饰 *rocaille*：来源于法语，意为“岩石装饰”，源自岩石和贝壳形状的不对称装饰图案，最初用于石窟装饰，在洛可可时期特别流行。

水晶石 rock crystal：一种由纯二氧化硅构成的矿物，世界各地都有发现，许多世纪以来一直用作装饰材料，19世纪在高浮雕玻璃雕刻中得到了仿制。

岩石装饰 rockwork：见岩状装饰。

洛可可风格 Rococo：18世纪早期法国巴洛克式正式风格经弱化后逐渐演变出的一种风格，更偏向于自然主义和非古典主义的装饰元素，其特点是不对称设计、涡卷饰、异国情调（如中国风）、岩状装饰和浅淡色调。该风格影响了欧洲和美国的所有装饰艺术，其影响力至少持续到了18世纪70年代。

洛可可复兴风格（又称为新洛可可风格）Rococo Revival：洛可可风格的复兴。

锥脚球形酒杯 Roemer：一种德国酒杯，杯柄粗且中空，通常饰有由森林玻璃制成的粘花装饰。从15世纪开始生产，是英式大酒杯的灵感来源。

圆形装饰 roundel：一种扁平的圆形图案母题。

大酒杯 rummer：一种英国短柄酒杯，杯口较大，杯脚是实心（有时呈方形），约1780年开始制作。

弯刀形椅腿 sabre leg：一种形状像弯刀刃的椅子腿，呈凹形，常见于18世纪末欧洲帝政风格和英国摄政风格的椅子以及19世纪初美国联邦风格的椅子，见“克里斯莫斯椅”。

沙龙 *salon*：法语词，意为“客厅”或“会客室”。

萨摩斯陶器 Samian ware：或称红棕色陶器，一种有红色光泽的罗马陶器，17世纪早期在西里西亚得到仿制，18世纪又由韦奇伍德制出了仿制品。

牛血红 *sang-de-boeuf*：源自法语“牛血”一词，是一种梅红色的陶瓷釉料，创始于18世纪初的中国，19世纪在欧洲得到仿制。

绸缎木 *satiné*：或称 *bois satiné*，一种产于圭亚那和瓜德罗普岛的热带木材，颜色介于灰红色和红褐色之间，且带有一种纹理细密的绸缎光泽，常用于18世纪的法国家具。

仿云石 *scagliola*：一种抛光的人造大理石，由粉末状或碎裂的石头、熟石膏和着色剂混合制成，最早用于古罗马，16世纪在意大利发展起来，在18世纪广泛用于仿制桌面和镶板上的硬石装饰。

舒尔茨手稿 Schulz codex：约翰·格雷戈尔·赫罗尔特创作的设计速写本。赫罗尔特在迈森瓷器厂任职，是一位以中国风和图案设计而闻名的设计师。其手稿在约1720—1740年是迈森瓷器厂中国风装饰的主要来源，之后一直在该工厂继续使用，直到19世纪末。

石墨瓷漆 *Schwartzlot*：源自德语的“黑铅”，一种装饰在玻璃和陶瓷制品上的黑色或棕色珐琅，流行于约1650—1750年，又在19世纪末得到复兴。

壁式烛台 sconce：一种为挂在墙上而设计的烛台，由支架或托架、蜡烛槽以及增强和反射光线的背板组成。在洛可可时期，有时将其称为枝形烛台。

写字台 secrétaire：法语词，指写字台；在英语中也用来指抽屉面板后面隐藏着桌子设计的橱柜。

蛇形装饰 serpentine：一种弯曲的波浪形，见于箱式家具、桌子和椅子的设计中，盛行于洛可可时期。

高背长椅 settle：早期供两人或更多人坐的座椅，由靠背、扶手和长凳组成。自中世纪至19世纪都在使用，常见于农舍和酒馆。后来工艺美术运动时期的设计师将其作为家居用品加以复兴。

分离派风格 Sezessionstil：见“维也纳分离派”。

矮木椅 *sgabello*：一种起源于文艺复兴时期的意大利椅子，带雕刻装饰的结实椅背和面板取代了椅子腿，起到了支撑作用。

鲨革 shagreen：鲨鱼、鳐鱼及其他鱼类的颗粒状表皮，通常染成绿色，用来包裹盒子、茶叶罐等小物件或书桌的写字台面。这种材料在装饰艺术运动时期发挥了巨大的作用。

覆银铜板 Sheffield plate：将一层薄银与一层铜板熔合在一起后（或将铜板夹在两层银之间）再制成实用的物品，约1742—1840年作为纯银的廉价替代品在英国制造，直到对技术和劳动力要求更低的电镀工艺将其取代。

边椅 side chair（又译为“无扶手椅”——译者注）：一种没有扶手的椅子，不用时靠墙放置，通常是一套家具的一部分。

猴戏图 singerie：由猴子构成的装饰性主题，见于18世纪装饰艺术的大部分领域。

鼻烟盒 snuffbox：一种带盖的小盒，由金、银、瓷器、象牙、玳瑁或其他贵重材料制成，往往装饰精美，用来保持鼻烟（一种研磨成细粉状、带香味的烟草）的新鲜干燥。

皂石 soapstone：或称soaprock，表面光滑可用于雕刻的滑石，外观略偏蜡质，是18世纪一种制作某些英国瓷器的原材料。

沙发桌 sofa table：一种长而窄的桌子，用来与沙发配套。19世纪早期开始出现，通常带有两个装饰着雕带的抽屉，两端各有一个挡板。早期的款式末端带有装饰性的支撑部分，后来的款式则配有底座。

软质瓷 soft-paste porcelain：又称作仿制瓷（法语称为*pâte tendre*）。在硬质瓷器的秘密广为人知以前，欧洲制出了软质瓷作为一种替代品。

炻器 stoneware：一种无孔的硬质陶器

纽带装饰 strapwork：一种装饰元素，以缎带或皮质带状设计为基础，由交错的带子和涡卷组成，有时结合奇异风格图案，或与“叶状和带状装饰”一起使用。从文艺复兴时期开始就是常见的装饰图案，在北欧尤其如此。

餐桌中心摆件 *surtout de table*：法语词，指餐桌上的分层饰盘或中心装饰品。

垂花饰 swag：模仿打褶挂帘的花彩或由花、果或叶组成的花环，是流行的新古典主义装饰元素。

甜食碟/杯 sweetmeat dish：盛果脯、蜜饯和糕点的浅盘/杯，由银、玻璃或陶瓷制成。

浅酒杯 tazza：一种古已有之的浅碗，带有源自东方陶器的碗柄，由20世纪欧洲陶艺工作室的陶工制作。

斜向平行针法（也称为点针绣法）tent stitch：一种普通的斜纹针法，在底布（通常是帆布）的一根或多根线上穿过而织成。

胸像 term：男性或女性的半身像，置于一根逐渐变细的柱子顶端作为支撑或仅用作装饰，从文艺复兴时期开始使用。

赤陶 terracotta：源自意大利语，意为“烧过的土”，一种未上釉的低温陶器，因使用富含铁的黏土呈现出红色。

窗饰 tracery：带有交错线条的精致格网形状，衍生自哥特式建筑和装饰，19世纪哥特式风格复兴时期用于建筑和家具设计中。

转印工艺 transfer printing：18世纪中期开发的一种工艺，先在带有雕刻图案的铜板上涂满油墨，再将花纹转印到一张纸上，然后把图案压制在陶瓷制品上作为装饰。

三叶式装饰 trefoil：一种哥特式装饰图案，由3个叶片组成，类似三叶草。

错视法 *trompe l'oeil*：源自法语，意为“眼睛的错觉”，一种意在模仿三维图像的二维绘画或镶嵌装饰，有时也模拟另一种表面类型，如仿大理石、乌木或木纹的装饰。

游吟诗人风格 Troubadour style：法国版的哥特式复兴风格，但属于更地道的哥特式风格，约1815年到19世纪40年代非常流行。

屏风柜 *trumeau*：法语词，指窗间壁或窗间镜，在意大利语中指上部带有高柜的写字台。

小夜灯 *veilleuse*：法语词，一种置于床头柜上的茶或食物加热器。

饰面 veneer：一层薄的装饰性木材或其他材料，用于较便宜的普通木材家具。从17世纪晚期开始，饰面制作和装配工艺得到了广泛应用。19世纪初首次开始使用机器切割饰面。

马丁漆 *vernis Martin*：一种法国涂漆工艺，以纪尧姆·马丁及其兄弟的名字命名。

夹金玻璃画屏 *verre eglomisé*（或译“玻璃镜画”——译者注）：得名于法国画框制作师让·巴普蒂斯特·格鲁米，是一种玻璃装饰工艺，即将金箔或油漆涂在背面，然后雕刻图案，再用另一层玻璃、金属箔或清漆加以保护。制作于古罗马、中世纪和文艺复兴时期，在18世纪又再次流行起来。

维也纳分离派 Vienna Secession：一个由先锋艺术家、设计师和建筑师组成的反主流团体，成立于1897年，成员包括维也纳工作坊的创始人约瑟夫·霍夫曼和科罗曼·莫塞尔。

波状涡纹 vitruvian scroll：一种由重复螺旋形构成的波状图案，常用于古典装饰。

螺旋形图案 volute：螺旋形的涡卷或

线圈，可能是受公羊角形状的启发，例如用在爱奥尼亚式柱头上的装饰，是一种常见的古典图案。

森林玻璃 Waldglas：或forest glass（英语的“森林玻璃”），一种带有绿色色调的早期玻璃，中世纪时期在东欧开发。

陈设架 Whatnot（法语*etag è re*“古玩架”）：19世纪流行的一种展示架，由开放式的架子组成，有时配有1～2个抽屉。

轮雕 wheel engraving：从罗马时代开始就为人所知的一种玻璃装饰工艺，使用配备石盘或铜盘和研磨膏的小型转轮。

维也纳工作坊 Wiener Werkstätte：由约瑟夫·霍夫曼、科罗曼·莫塞尔和弗里茨·沃恩多弗创立的分离派工作坊（1903—1932年），旨在将建筑和室内设计融合成一整件“艺术品”。家具、金属制品、玻璃制品、陶瓷制品、珠宝和图形设计都按照维也纳分离派艺术家独特的功能主义理念制作，常以直线风格为主。

工作台 worktable：一种带浅抽屉或架子的小桌，下面有一个装缝纫器具的袋子。

动物形态/形象 zoomorphic：基于动物形式的装饰。

玻璃夹金 Zwischengoldglas：源自德语“玻璃之间的金子”，是18世纪波希米亚玻璃制造师发明的一种古老工艺，由两层玻璃与夹在中间带雕刻图案的金箔构成。

索引

D

E

F

G

M

N

O

P

S

T

U

附录 | 索引

图片来源

Key: b bottom, c centre, 1 left, r right, t top

Ajeto: 496 be; Albany Institute of History and Art: 54 below 1,157 bl; Apple Macintosh: 503 t; Airstream Inc: 423; AKG-Images, London: 15 b, 35 tr, 45 tl, 65 cr, 67 tl, 166 bl, 322 tr, 417 bl, photos S Domingie 26 bl, S Domingie- M Rabatti 30 1 below, Udo Hesse 165 br, Erich Lessing 10 bl, 32 tl, 52 tr, 83, 88 tl, 100 tr, 103 br, 164 tc, tl, Joseph Martin 322 tl, Visioars 59 tl; A La Vieille Russie, New York: 170 br, 171 tr, c, & b; Alessi: 4981 & bl, 499 t, 505 c; Alscot Park: 224 tl; Amsterdams Historisch Museum: 69 be; Antikvarisk Tografiska Archvet, Stockholm: 77 c below; Antique Collectors Club: Spode Museum, Stoke on Trent 168 cl; Antique Trader: 395 tr; AP Skyscraper, NY: 460 cl; Apter-Fredericks, London: 183 bl; Arabia Museum, Helsinki: 434 br; Ron Arad Associates: 488 r, 502 cr; Arcaid: photo Richard Bryant 285br; Archivio Fotografico del Comune di Genova: 45 br; Arflex International SpA: 431 tr; Art Archive: photo Dagli Orti 219 tc, © ADAGP, Paris and DACS, London 2003 417 tl, Musee des Arts Decoratifs, Paris 350, 355 tr, © ADAGP, Paris and DACS, London 2003 363 cl, 364 tr, 365 cl, Musee du Chateau de Versailles, photo Dagli Orti 131 bl, Musee National de Ceramiques, Sevres, photo Dagli Orti 314 bl, Museo di Palazzo Venezia, Rome 22 tl, Museo Vetriano de Murano, photo Dagli Orti 236 b; Art Resource: 174 br; Artek: 386 tl, tr, cl, bl, & br, 387 tc, 387 tr; Ashmolean Museum, Oxford: 71 tr, 72 bl, 73 cl; Asprey & Garrard: 176 br, 183 cr; Association Willy Maywald, © ADAGP, Paris and DACS London 2003 421; Associazione Bancaria Italiana, Palazzo Altieri, Rome: 150 br; Aurelia PR: 443 bl; Fred Baier: 488 1; Badisches Landesmuseum, Karlsruhe: 344 bl; G P & J Baker: 203 bl; Bandai UK Ltd: 502 tl; Galleria Marina Barovier: 407 b; Bastin & Evrard, Brussels: © DACS 2003 323 tl, 323 tc, © DACS 2003 299; Bauhaus-Archiv, Berlin: 382 tl, 398 bl & br, 399 tc, © DACS 2003 418 r, photos Firma van Delden 415 tl, Photostudio Bartsch 398 br, Gunter Lepowski 399 tc, 418 c; Patricia Bayer: 376 tl, cr & br, 377 cl, cr, bl & br; Bayerisches Nationalmuseum, Munich: 308 cl, photo Marianne Franke 28 tl; Bayerische Verwaltung der Staatlichen Schlosser, Garten und Seen, Munich: Photo BSU 89 bl, Residenz, Wurzburg 90 bl, Residenzmuseum, Munich: 31 br, 35 bl, 74 br, 88 b; Beaute Prestige International: 497 br; Beaverbrook Art Gallery, New Brunswick: 68 c; Bernard Quaritch Ltd: 184 tc; Birmingham City Library, Boulton Archive: 190 br, 196 bl; Birmingham Museums & Art Gallery: 201 tr, 288 tl; H Blairman & Sons, London: 250, 254 tr, 257 tr, cl, & bl, 269 cr, bl, & br; Bolton Museum and Art Gallery: 205 br; Bonhams, London: 64 tl, 101 tc, 161 be, 162 br, 163 tr, 168 be & br, 169 c, 280 tr, 290 tl, 293 bl, 376 tr, 388 tl, 389 t, 393 tr, bl & br, 404 br, 408 b, 409 br, 411 cbl, 425 cl, 426 ter & tr, 428 r & bl, 429 tr, 439 cl, 440 tl & b, 447 bl, br, cl, cr & br; 457 bl, 460 bl, 479 be, 487 tl, 489 tl, cr & bl, 491 tc; Bottcherstrasse GmbH, Bremen: 380 tr; Boughton House, The Living Landscape Trust, by kind permission of his Grace the Duke of Buccleuch and Queensberry, KT: 47 br, 49 b, 59 cr; Bradbury & Sheffield Assay Office Library: 180 1; Braun GmbH: 448 tr, c, & br; Christine Bridge: 177 r, 178 tr, 179 cl, 182 cl; Bridgeman Art Library, London: American Museum, Bath 233 tr, 236 tl, 475 b, Ashmolean Museum, Oxford, UK 31 bl, Badisches Landesmuseum, Karlsruhe 398 tl, Bethnal Green Museum, London, 231 br, © ADAGP, Paris and DACS, London 322 be, 341 bcr, Birmingham Museums and Art Gallery 198 c, Bonhams, London 319 tr, Giraudon/Bibliotheque Nationale de France, Paris 46 1, British Museum, London 26 tl, Ca' Rezzonico, Museo del Settecento, Venice 45 bl, Chateau de Versailles, France 132 b, Cheltenham Art Gallery & Museums, Gloucestershire, 278 c, bl, & br, 279 be, 282 1, 286 br, 287 tr, 289 tr, 290 br, 291 br, 295 tr, 336 br, 413 tl &tr, Corning Museum of glass, New York, USA 237 t, Design Library, New York 326 tr, Detroit Institute of Arts 193 br, Dreweatt Neate Fine Art Auctioneers © ADAGP, Paris and DACS, London 2003 364 tel, Editions Graphiques, London 317 cl, Fitzwilliam Museum, University of Cambridge, UK 20 tc, 63 tl, 107 tl, 168 t, Galleria dell' Accademia, Venice 11, Glasgow University Art Gallery 325 br, Guildhall Library, Corporation of London 211, Henry Francis Dupont Winterthur Museum, Delaware 154 tr, Harold Samuel Collection, Corporation of London 51 bl, The Fine Art Society, London 335 be, 410 t, Haworth Art Gallery, Accrington, Lancashire 321 tr, Hermitage, St.Petersburg 91 tr, 160 tr, 247 bl, Hotel Solvay, Brussels © DACS 2003 306 tl, Kedleston Hall 198 r, Kunstgewerbe Museum, Zurich 327 t, Leeds City Art Galleries 191 br, Leeds Museum and Art Galleries, Temple Newsam House 60 b, 189 be, 199 tc, 243 br, Musee Conde, Chantilly 130 br, 153 tr, Musee d'Orsay, Paris 303 tl, Musee de la Revolution Franqaise, Vizille 134 tl, National Gallery, London 130 1, Nationalmuseum, Stockholm 283 br, New York Historical Society 212 b, 321 cr, Oakland Museum, California 337 br, Chateau de Fontainebleau, Seine-et-Mame, photo Peter Willi 13, Prado, Madrid 26 br, 28 bl,

Private Collection 102 1,103 t, 189 br, 197 tl, 240 r, 245 tr, 300 r, 380 tl, 394 tl, 412 1, 453 r, 457 br, Royal Pavilion, Libraries & Museums, Brighton & Hove 358 b, 392 t, Saatchi Collection, London © The Andy Warhol Foundation for the Visual Arts, Inc./DACS, London 2003. Trademarks Licensed by Campbell Soup Company. All Rights Reserved 452 bl, Schloss Charlottenburg, Berlin 59 bl, The Stapleton Collection 296 t, Stevens and Williams Ltd, Brierley Hill 235 tr, Strawberry Hill, Middlesex 214 tl, Tabley House Collection, University of Manchester 245 tl, Torre Abbey Museum, Devon 239 tl, Victoria & Albert Museum, London 189 bcr, 216 tc, 243 tc, 248 tr, 397 br, 412 tr, Villa Farnesina, Rome 141, Wallace Collection, London 199 ccr, Whitney of American Art, New York, © Estate of Robert Arneson / VAGA, New York/DACS, London 2003 463 bl, Worshipful Company of Clockmakers Collection 49 tr; British Architectural Library, RIBA, London: 42 b, 274, 2971; British Museum, London: 12 br, 20 tl, tr & bl, 21 bl, 22 bl & br, 24 tr, 25 br, 26 ter, 28 tc, 34 tl & c, 63 cl & br, 76 br, 167 cl, 202 tc; Broadfield House Glass Museum: 234 tl & br, 235 tl, 239 cl, be & r, 240 tl, 367 br; Brohan Museum, Berlin: photo Martin Adam © DACS 2003 308 tr, 309 tr, 322 bl; The Brooklyn Museum, New York: 409tl, Gift of Carll and Franklin Chace, in memory of their mother Pastora Forest Smith Chace, daughter of Thomas Carll Smith, the founder of the Union Porcelain Works 43.25 233 tl, Gift of Mrs Franklin Chase 233 be, Gift of Miss Mary Lever and Mr Randolph Lever 44.40.2 237 be, Gift of Mrs William Greig Walker by subscription 40.226.2a-b. 237 bl, Gift of the Estate of May S Kelley, by exchange 81.179.1. 242 tl, Gift of Edgar O Smith 83.227 284 br, Purchased with funds given by The Walter Foundation 85.9 377 tl, Designated Purchase Fund 85.159.2 388 b, 86.18 389 c, Gift of Nathan George Horwitt 85.155 390 1, Gift of Paul F. Walter 84.178.11 400 tl, 83.108.44 401 185.158.1a-b 401 cbl, 1992.98.9a-b 401 cbr, 84.124.1 408 tr,Gift of Della Petrick Rothermel in memory of John Petrick Rothermel 1994.61.13 401 ctl, 1994.61.12a-b 401 ct, 1994.61.14 401 ctr, Gift of Dianne Hauserman Pilgrim 1991.96 408 tl, Marie B Bitzer Fund 1992.247a-g409 tc, 83.108.22a-b 409 tr, 85.109.1a-d 411 ter, H. Randolph Lever Fund. 84.180 391 bl, 85.164.2 419 bcl, Modernism Benefit Fund 87.123.1-2 390r, 391bl, 87.121 419 br; Bianca Brown/Gregory Estate: 352 b; Bill Brown: 183 tr; Neill Bruce: 475 cr; Burton Agnes Hall: 19 bl; Carnegie Museum of Art, Pittsburgh: 187 br, Decorative Arts Purchase Fund 424 tc, Museum purchase: Gift of Richard King Mellon Foundation 99 cr; Cassina SpA: photos Mario Carrieri © FLC ADAGP, Paris and DACS, London 2003 383 tl, © DACS 2003 384 tr, Oliviero Venturi © FLC ADAGP, Paris and DACS, London 2003 383 tr, © FLC ADAGP, Paris and DACS, London 2003 383 br, © DACS 2003 384 tl, Andrea Zani 490 bl; Cecil Higgins Art Gallery, Bedford: 279 br; Centraal Museum, Utrecht: 323 br; The Charleston Trust, Firle: 336 cl; Christchurch Picture Gallery: 32 tc; Cheltenham Art Gallery and Museum: 286 tc, 277 r, photo Michel Focard 286 tr; Christie's Images, London: 21 cr & br, 22 be, 55 tr, 56 cl, 62 r & c, 63 tc, 65 tl, tc, tr & cl, 84 tr, 85 tl & tr, 86 br, 87 tr, cl, cr, bl & br, 90 br, 93 br, 98 bl, 99 br, 100 tc, bl, 103 c & cr, 104 tl, c & bl, 105 tl & bl, 107 br, 130 tr, 131 cl, cr & br, 132 tr, 133 t, 137 br, 141 cr, 142 t, 145 tr, 149 cl, 150 bl, 157 tl, 160 tl & bl, 161 tc, tr, bl & br, 162 tl & bl, 163 tc & bl, 164 tr, bl & br, 165 tl, tr, c & bl, 167 tc & c, 168 cr & bl, 169 tl, tr, bl & br, 170 t, 171 tl, cl & cr, 172 br, 173 tr, cl, bl & br, 188 tl, 192 tr, bl & r, 193 cl, cr & bl, 194 tl, tr, bl, be & br, 195 tl, tr, cl & bl, 200 br, 201 cr, 215 b, 218 tr, 219 cl & br, 226 br, 229 cr & br, 231 cl, 235 bl, 243 tl & bl, 256 tr, 266 tl & tc, 270 tl, 277 1, 278 tl, 280 tl, bl & br, 281 tl, 283 tl, ©DACS 2003 283 cr, 287 tl, 289 bl, 291 tr, 292 tl, 293 br, 305 be, 306 cl, © DACS 2003 306 c, 310 tl, 318 1, 334 tr, © ARS, NY and DACS, London 2003 337 tl, © DACS 2003 338 tl & tr, 346 tc, 347 tl, 356 br, © ADAGP, Paris and DACS, London 2003 357 tr, © ADAGP, Paris and DACS, London 2003 357 bl, 357 be, 361 bl, © ARS, NY and DACS, London 2003 361 br, 362 tl, 362 bl, 362 br, © ADAGP, Paris and DACS, London 2003 364 bcl, © ADAGP, Paris and DACS, London 2003 364 bcr, 365 tr, 368 tl, © ADAGP, Paris and DACS, London 369 tr, © ADAGP, Paris and DACS, London 369 br, 370 b, 371 tl, © ADAGP, Paris and DACS, London 2003 371 tc, 377 tr, © DACS 2003 382 br, © DACS 2003 384 bl, 385 385 tr, cl, 387 tl, 389 bl, 393 c, 394 cr, 404 tl, 420, 422 tl & br, 428 tl & c, 429 tl & bl, 431 bl & be, 435 t, © Succession Picasso DACS 2003 437 br, 438 1, 439 tc, tr & cc, 449 tl & tr, 455 cr, 457 c, 459 be & cr, 461 tc & br, 462 bl, 462 t & bl, 463 cl & cr, 464 tl & b, 465 tl, © Salvador Dali, Gala-Salvador Dali Foundation, DACS, London 2003 465 bl, 467 br, 472 cr & br, 477 br, 479 tr, 486 tl, 487 tr, 489 tr, 491 tl, 496 bl, 501 tl, 502 tr, 504 tl; Christopher Farr: © DACS 2003 413 b; Christopher Wood Gallery, London: 252 t; Cincinnati Art Museum: 261 cr, Gift of Mary Louise McLaughlin 269 tr, Gift of Miss Bertha Pfirrmann in memory of Miss Emma Hoeller 317 cr, the Folgers Coffee Silver Collection, Gift of the Procter & Gamble Company 121 br; ClassiCom GmBH: 385 b, 490 br; The Cleveland Museum of Art: Leonard C Hanna, Jr Fund 115 bl; Joe Colombo Studio: 474 bl; Colonial Williamsburg Foundation: 55 cc, 196 tl, 244 tl; Conner Rosenkranz, New York: 369 tc; Cooper Hewitt, National Design Museum, Smithsonian Institution/Art Resource, NY: 473 tr, 495 cr, photo Dave King 495 bl, 496 t, 499 bl, Bequest of May Sarton, 1996-9-1 photo Matt Flynn 333 r, Gift of Donald Deskey, 1975-11-56 photo Matt Flynn 372 bl, Gift of Eleanor and Sarah Hewitt 1928-2-75 206 bl, Gift of Josephine Howell 1972-42-187 204 cl, 1972-42-189 208 tr, 1972-42-2, -71, -7, -72 209 c, Gift of James M Osborn, 1969-97-7-a,b 359 b; Gift of Donald Vlack, 1971- 49-1 photo Matt Flynn 310 cl; Corbis: 453 I, 475 cl, photo Angelo Hornak 225 tr, KEA Publishing Services © DACS 2003 380 b; Coming Museum of Glass: 28 br, 68 be, 409 bl, Gift of Louise Esterly 187 t & c, Gift of Jerome Strauss © ADAGP, Paris and DACS, London 2003 365 tl, Gift of J & L Lobmeyr © DACS 2003 405 bl; Corsham Court Collection, courtesy Jarrold Publishing: 95 tr, 144 b; Country Life Picture Library: 216 b, 351; Courtauld Institute Galleries, Somerset House, London: 15 tl, 336 tl & cr; Cowan Pottery Museum at the Rocky River Public Library, Ohio: photo Larry L Peltz 361 cr; Crafts Council, London: 279 tl, 473 br, photos Paul Highnam 276 1, Jonathan Morris 489 br; Currier Gallery of Art, Manchester, NH: Museum Puchase by exchange and with funds provided by the John H Morison Acquisition Fund and Ronald Bourgeault, 2000 155 tl; Dartington Hall Trust: 395 cl; David Rago Auctions Inc, Lambertville: 294 b, 359 tl, 360 b, 373 tl; Delomosne: 110 br, 111 tc & bl, 112 tr, lower c, cr and tr, 113 bl, 176 cl & cr, 1771 & c, 178 tl, 182 bl; Bert Denker: 286 cl, Greg and Kate Johnson Collection 286 bl; Derby Museum: 167 be; Design Council Slide Collection at the Manchester Metropolitan University: 385 tl, © DACS 2003 418 1,419 tl, 425 b, 466 bl, 467 bl, 474 tr & c, 475 t, 477 bl, 481 br, courtesy of The Warner Archive 375 cl; Designmuseo, Helsinki: 313 tc, 328 tr, photo Auvo Lukki 433 cc, 459 bl, photo Jean Barbier 433 cr, 444 tl, 465 tr, 467 tr, 477 bcl; Design Council DHRC, University of Brighton 467 tl, © IBM 474 t, © Olivetti 478 tr, © Murphy 481 tr, © Kodak 481 bl; Design Museum, London: photo Claire Aho 422 bl; Designor AB: 315 tl; Deutsches Porzellanmuseum, Hohenberg: 434 tl, 437 bl; Devonshire Collection, Chatsworth. By permission of the Duke of Devonshire and the Chatsworth Settlement Trustees: 32 tr, 71 br; Diplomaticreception Rooms, United States Department of State: 154 1; Nanna Ditzel: 493 cl; Driade: 496 br, 499 br; Dyson Appliances Ltd: 502 bl; Eames Office: © 2002 photo Neuhart 426 tl; Electrolux Zanussi: 502 br; The Masters and Fellows of Emmanuel College, Cambridge: 34 tr, photo Jeremy Richards 124 br; English Heritage Photo Library: 125 bl, photo Jeremy Richards 205 cr; Eton College Library, Windsor: 74 tr; Eva Zeisel: 434 bl & be; Everson Museum of Art, Syracuse: 317tr, Museum Purchase, 317 br, The Mary and Paul Branwein Collection, photo Hugh Tifft 361 cl; Courtesy of The Fine Art Society PLC, London: 252 r & bl, 255 tl, tc & tr, 257 cr, be & br, 258 tr, 259 cl, cr, bl & br, 261 tr & bl, 262 tl, tc, tr & bl, 263 cr, 264 tl, tr & br, 266 tr & be, 2671 & c, 268 tr & b, 269 tr & be, 270 tr, bl & br, 271 tr & br, 273 tl, 286 tl, 294 1, photo Turner Antiques 260 1; The Fishmonger's Company, London: 119 tc; Fitzwilliam Museum, University of Cambridge: 23 bl; Focus PR: 422 tr; Fondazione Thyssen Bornemisza Collection, Lugano: 35 bcl; Frabel Studio and Gallery: 497 tl; Francesca Galloway: 38 tr, 122 tel; Frick Museum, New York: 15 tr above; Fundacao Calouste Gulbenkian, Lisbon: photo Catarina G Ferreire 86 t, © ADAGP, Paris and DACS, London 2003 322br; Fundacao Ricardo do Espirito Santo Silva, Lisbon: 53 tl, tr & bl; Galerie bei der Albertina, Vienna: 362 be; Gallen-Kallela Museo, Helsinki: 313 tr; Philippe Garner: 81, 260 r, 263 br, 265 bl, 306 tr, 318 r, 319 tl, 378, 385 cr, 455 tl & tr, 456 br, 458 ! & r, 459 br, 461 tl, 464 tr, 476 tl, tc & b, 479 bl, 481 tl, cl & r, 483, 500 br; Gemeentemuseum, Tire Hague: 69 tr, 307 tr & br; Germanisches Nationalmuseum, Nuremberg: 18 b, 52 tl & br, 124 tl; Gilbert Collection, Somerset House, London: 31 cl, 32 cr, 36 br, 37 tl, bl & be, 73 br, 74 tl, 119 tl, tr & b, 121 cl, 124 tl, 189 tr, 191 tr, 193 tl; Gillette: 503 be; Glasgalerie Michael Kovacek, Vienna: 67 br, 108 c & r, 111 tl, 184 bl & br, 185 tr, c & bl; Glasgow Museums: Burrell Collection 48 br, Art Gallery and Museum, Kelvingrove 279 bl, 308 bl; Goldfinger Ltd: 395 tl; The Gordon Russell Trust: 291 bl; Glasgow School of Art Collection: 278 tr, 282 r, 329 br; Michael Graves: 486 b, 494 tr, 498 br; Mary Greensted: 279 tr; Hadeland Glassverk: 406 c, photo Andvord/Bjorn Stokke 441 tc; Halpern Associates, London: © ADAGP, Paris and DACS, London 2003 364 br, © ADAGP, Paris and DACS, London 2003 365 br; Harewood House, Leeds: 143 bl, 144 tr; Winnie Harmon: 497 tr; State Hermitage Museum, St Petersburg: 35 br; Hida-Takayama Museum of Art, Gifu: 302 tr; High Museum of Art, Atlanta: Virginia Carroll Crawford Collection 2531,261 br, 265 tc, tr & br, 269 tel; Historical Design, Inc, New York: © 2002 332 tr, 341 tl; Historical Society of Western Pennsylvania: 445 c; HK Furniture Ltd: 425 tr; Studio Hollein: photo Jerry Surwillo 485, 490 tl; Homer Laughlin China Collector's Club: 400 bl & br; Angelo Hornak: 331, © ARS, NY and DACS, London 2003 337 tr, 356 tr, 358 cr, 360 tl & tc, 361 t, 364 bl, 365 cr, courtesy of Broadfield House Glass Museum 234 bl; The Hudson River Museum, New York: photo Peter Daly 263 tr; Hulton Archive: 468 1 & br, 469 bl, 470 r, 471 tc, bl & r; Hunterian Art Gallery, University of Glasgow: 258 br, 309tc; ICN, Rijskwijk, Amsterdam: photo Tim Koster 307 bl; IKEA: 493 br; Index, Florence: 316 cbl, photos Orsi Battaglini 30 c, Pizzi 419 cl, Tosi 30 r; Institut Mathildenhohe, Darmstadt: © DACS 2003 283 bl, 286 cr, 293 cr; Iparm?veszeti Muzeum, Budapest: photo Agnes Kolozs 313 br, 326 ter, 328 tc, bl & br; The Interior Archive: photo Fritz von der Schulenburg 152 1, 153 cr, bl, & br;

Instituto Portugues de Museus, Divisao de Documentaqao Fotografica, Lisbon: Museu Nacional de Arte Antiga, photo Luis Pavao 116 bcl, be & br; Lesley Jackson: 407 tl; Richard Jess: 291 tl; Kallemo AB: 492 bl & br, 493 tl; Kalmar Konstmuseum: 444 b; Kantonsarchaologie Schaffhausen: 29 tl; Kaplan Collection: 112 b & cl; Kartell: 446 br; David King Collection: 414 1; Klaber & Klaber: 102 r; Knoll International: 382 cl, © DACS 2003 382 cr, 427 b; Balthazar Korab Ltd: 359 tr; Kunsthistorisches Museum, Vienna: 31 cr, 33 tc; Kunstindustrimuseet, Copenhagen: photos Pernille Klemp 304 tr, 315 tr & be, 433 bl & br, © DACS 2003 436 tl, Ole Woldbye 146 tr, 152 r, 315 bl, 320 tl, 387 cl, 406 tl, 493 c; Kunstindustrimuseet, Oslo: 312 br & cr, 315 tc, 320 br, 369 tl, © DACS 2003 399 c; Kunstsammlungen, Chemnitz: photo May Voigt 399 bl; Kunstsammlungen zu Weimar: photo Atelier Louis Held © DACS 2003 410 bl; Leeds Museums and Galleries: Lotherton Hall 215 tl & cr, 221 cr, 225 bl, Temple Newsam House 19 tl, 217 bl, 225 tl, 226 tr, 244 tr; Collection of Christie Mayor Lefkowith & Edwin F Lefkowith: photo Skot Yobbagy from The Art of Perfume, 1994, Thames & Hudson, London and New York 352 tl; Massimo Listri: 43; Livrustkammaren, Stockholm: 57 cl, © LSH photo Goran Schmidt 61 br; Los Angeles County Museum of Art: Costume Council Fund 39 b, 79 t, Gift of Mrs Ramona de Jongh 76 bl; John Makepeace Furniture Studio: photo Mike Murless 489 cl; MAK- Osterreichisches Museum fur angewandte Kunst, Vienna: 90 tl, 125 tl, 148 tr & bl, 320 tr, 320 bl, 340 r & c, 343 cr, bl & tl, 344 t & br, 346 tl, © DACS 2003 348 tl, 348 tc, tr & br, 349 tl, tr, ctl & ctr; Mallett and Son (Antiques) Ltd: 111 tr, 112 tl, 177 1,178 bl & br, 179 t, cr & bl, 180 br, 181 tl, tr, lc, cr & bl, 182 tc, 183 cl & br, 184 tl; Manchester City Art Galleries: 289 br, 290 tc, 292 bl, 293 tl, 293 cl, 3401,415 bl, 427 t, 430 b,_437 tl, From the Collection of the Manchester Metropolitan University 276 r; Estudio Mariscal: 501 br; Maryland Historical Society, Baltimore: 157 br; Mathsson International AB: 387 cr & b; Andrew McConnell: 109 c, 178 tc, 181 cl; Ingo Maurer: 493 bl; Memphis srl: 484 tr, 486 tr, 487 cr, 494 tl, 500 tl; The Metropolitan Museum of Art, New York: Harris Brisbane Dick Fund, 1953 12 1, Gift of Mr and Mrs James B Tracy, 1966 226 bl; Herman Miller Inc: 445 tr, 460 t; Minneapolis Institute of Arts: Gift of Mr and Mrs Sheldon Sturgis, Mr and Mrs Henry Hyatt, and the Anne and Hadlai Hall Fund 284 tr, The Modernism Collection, Gift of Norwest Bank Minnesota 285 tl, © ARS, NY and DACS, London 2003 285 cr, 290 tr, 325 tr, 332 tl, 341 ter, 347 br, 352 r, 363 bl & br, 388 r, 389 tl, & br, 391 tl, 399 tr, 400 tr, Gift of Della Petrick Rothermel in memory of John P Rothermel 401 ct, 410 cl & cr, 411 bl, bcr & br, 416 1, cr & br, 417 br & tr, © DACS 2003 419 cr, 419 cbr, 426 br; Mobilier National, Paris: 135 tl, 204 cr, 208 br, 209 tl, bl & br; Moffatt-Ladd House, Portsmouth, NH: 202 tl; The Montreal Museum of Fine Arts: Liliane and David M Stewart Collection, Gift of Geoffrey N. Bradfield photo Denis Farley (Montreal) 455 b, Liliane and David M Stewart Collection, photo The Montreal Museum of Fine Arts, Giles Rivest 499 cr; Moroso: 491 cr; Mount Vernon Ladies' Association, Virginia: 155 br; Musee Baccarat: 238 r, photos Jacques Boulay 240 bl, J M Tardy 241 br; Musee Bouilhet-Christofle, Paris: 371 tr, 443 br; Musee Conde, Chateau de Chantilly: photo Giraudon 215 tr; Musee de la Mode et du Textile, Paris: photo Laurent Sully-Jaulmes 326 tl, © ADAGP, Paris and DACS, London 2003 326 tel, 372 cl; Musee de l'Ecole de Nancy: 302 br, 303 cr, bl & br, 319 tc, photo Cliche Studio Image © ADAGP, Paris & DACS, London 2003 319 be, F Brabant 326 br; Musee de l'Impression sur Etoffes, Mulhouse: 203 br, 206 br, 209 tr, 247 br; Musee des Annees 30, Boulogne: photo Philippe Fuzeau 356 tl; Musee des Arts Decoratifs, Paris: 85 br, 215 cl, 221 tc, 357 ctl, 372 tl, photo Laurent Sully-Jaulmes 115 br, 212 tl, 304 cr, 305 br, © ADAGP, Paris and DACS, London 2003 353, © ADAGP, Paris and DACS, London 2003 355 cr, 370 ctr; Musee des Beaux-Arts de Nancy: photo G Mangin 319 bl; Musee des Tissus de Lyon: 76 tr, 77 above c, 78 r, 122 tr & b, 123 tl & br, 204 t, 205 tr, 206 tl, 207 tc, bl, bcl & br, 208 cl, photo Pierre Verrier 79 be; Musee du Papier Peint, Rixheim: 249 tc & tr; Musees de Strasbourg: 305 tl; Musees Royaux d'Art et d'Histoire, Brussels: 323 tr & bl; Museo Nacional de Artes Decorativas, Madrid: 17 tl & tr, 289 cl, 342 tl, tc, tr, bl, be & br, 343 tr & br, 366 tr & bl, 367 cr & be; Museu Nacional dos Coches, Lisbon: 45 tr; Museum fur Kunst und Gewerbe, Hamburg: 52 bl, 89 tc, 328 tl; Museum Kunst Palast, Dusseldorf, Glasmuseum Hentrich: 67 bl; Museum of the City of New York: 157 tl, presented to Jenny Lind by the Fire Department of New York City 1850, Gift of Arthur S Vernay, photo Helga Photo Studio, 217 tr; Museum of Domestic Design & Architecture, Middlesex University: 297 cr & bl; Museum of Early Southern Decorative Arts, Old Salem: 55 cl, 99 tl & 99 bl, 174 tl, Courtesy of Old Salem Inc, Collection of the Wachovia Historical Society 186 tl; Museum voor Sierkunst & Vormgeving, Ghent: photo Studio Claerhout nv 306 bl & r; Forrest W Myers: 492 tl & tr; Lillian Nassau Ltd, New York: 321 cl; National Archives, London: 244 c, 273 br; National Gallery, London: 63 bl, 70 br;

National Gallery of Art, Washington DC: Samuel H Kress Collection, photo Lorene Emerson 127; National Monuments Record: reproduced by permission of English Heritage, 221 b; National Museum of American History, Smithsonian Institution, Washington DC: 174 tr & bl, Electricity Collections 448 bl; National Museum of Ireland, Dublin: 295 bl; National Museums of Scotland: 25 tr; National Museum of Wales: 121 bl; National Museums & Galleries on Merseyside: 96 bl, 291 tc; Nationalmuseum, Stockholm: 50 t, 61 tl, 82 tl, © DACS 2003 437 tr, 446 tr, photo SKM 60 tr, photo Hans Thorwald 312 bl, 313 tl, © DACS 2003 399 cr; National Trust, East Midlands: photo Mike Williams 199 tr; National Trust Photographic Library, London: 103 cl, 220 tl, photos John Bethell 142 bl, Jonathan Gibson 65 b, 167 br, Angelo Hornak 95 cr, Nadia MacKenzie 198 1, Andreas von Einsiedel 47 tl, 48 1, 60 tc, 61 tr, 96 below r, 217 tl; Necchi SpA: 448 tl; Neue Galerie, New York 346 tr; Die Neue Sammlung, Munich: © DACS 2003 406 tr, photos A Brohan 398 bl, 399 tl, Bungartz 327 bl, C Hansmann 410 br; New Jersey State Museum, Trenton: The Brewer Collection, photo Joseph Crilley 233 bl; Newark Museum: Gift of the Museum of the City of New York 1934, 220 tr, Gift of Mrs W Clark Symington, 1965, 233 br; Nobilis Fontan: photo Yves Duronsoy 501 tr; Octopus Publishing Group Ltd: 68 br, photos lan Booth 432 tl, 439 br, Ian Booth/Alfie's 439 bl, 442 tr, 443 tr, 455 cl, 478 bl, Ian Booth/Bonhams 431 cl, 432 tr, 433 tl & tr, 461 bl, 469 tl & r, Ian Booth/Christie's South Kensington 424 br, © ARS, NY and DACS, London 2003 426 cl, 431 tl, 433 cl, 471 tr, Fay Lucas 467 c, Premier Photography 403 cr & tr, Tim Ridley 396 tl & cr, Tim Ridley/20th Century Design 426 cr, 431 cr, Tim Ridley/Neil Bingham 424 tl, Tim Ridley/Delta of Venus 477 t, Tim Ridley/Flying Duck Enterprises 447 t, Tim Ridley/Target Gallery 457 tl, tr, 477 bcr, Tim Ridley/Twenty Twenty One 454 t, 460 br & 478 br, 479 br, Tim Ridley/Zambesi 463 t, Steve Tanner 403 bl & br, Steve Tanner/Nigel Benson 439 cr, Steve Tanner/Jeannette Hayhurst 440 tr, John Webb 234 be; Orrefors Glasbruk: 438 r, 441 tl, photo Per Larsson 439 tl; Patrimonio Nacional, Madrid: 128 tr, 149 tr; Palacio Nacional da Ajuda. Lisbon: 149 tl; Partridge Fine Arts, London: 37 br, 121 cr; Jiri Pelcl: 491 b, photo Jaroslav Prokop 493 tr; Pentagram Design Ltd: 474 br; Penthouse Highpoint: 395 b; Philadelphia Museum of Art: photo Gavin Ashworth 54 t, Private Collection 55 br, purchased with the Elizabeth S Shippen Fund, photo Graydon Wood 55 bl, Purchased with Museum funds from the Edmond Foulc Collection, 1930 56 tl, 56 cl, Purchased: Art in Industry Fund 124 br, Gift of Simon Gratz in memory of Caroline S Gratz 157 cl, Gift of Mrs Alex Simpson Jnr and A Carson Simpson (by exchange) and funds contributed by various donors 157 cr, Purchased: The Baugh-Barber Fund, the Thomas Skelton Harrison Fund, the Elizabeth Wandell Smith Fund, and funds given in memory of Sophie E Pennebaker, and funds contributed by the Barra Foundation, Mrs Henry W. Breyer, Mr and Mrs M Todd Cooke, The Dietrich American Foundation, Mr and Mrs Anthony N B Garvan, the Philadelphia Savings Fund Society and Andrew M Rouse 175 t, Gift of John T Morris 175 c, Exchanged with the Franklin Institute 175 bl, Gift of the Dorflinger Glass Company, photo Graydon Wood 237 br, Gift of George Wood Furness,1974 255 bl, Gift of Mr and Mrs Benjamin Bloom, 1983, © DACS 2003 436 b, Gift of Chemex 441 bl, Gift of Bonnie Cashin, photo Lynn Rosenthal 444 tc, Gift of Jacqueline and Bruno Danase 446 tc, Gift of Tupperware Home Parties 446 bl; Phototheque des Musees de la Ville de Paris: photo Daniel Lifermann 132 1; Porzellan-Manufaktur, Nymphenburg: 341 tr; Alan Powers: WSCAD Collection 414 tr, cr & br; PP Mobler ApS: 459 cl; Public Museum of Grand Rapids: 219 bl; Peter Reischer: 494 br; Reunion des Musees Nationaux, Paris: 16 bl, 133 c, 134 tr, 135 cl, 136 br, 231 tl, Photos Arnaudet 16 tr, 82 br, 85 cr, 87 tl, 106 bl, 133 bl & r, 134 bl & br, 137 cr, ArnaudetSchorma 136 1, M Beck-Coppola 230 I and br, 232 tl, 263 bl, 363 cr, Gerard Blot 15 br above, 60 cl, 129, 135 cr, Blot- Lewandowski 47 bl, Chuzeville 116 tr, Gendraud 231 cr & bl, Vivien Guy 137 cl, Jean Hutin 306 cr, Lagiewski 151 cr, Jean Lavialle 231 tr, Herve Lewandowski 314 tl, R G Ojeda 24 bl, Popovitch 137 tr, Reverscment OA 57 b, Routhier 230 tr, 232 tr, Jean Schormans 41; Rex Features: 469 br; Rexite SpA: 504 tr; Rhode Island School of Design, Museum of Art: Ida Ballou Littlefield and Mary B Jackson Funds and additional funds provided by Mr and Mrs George Kaufman and J J Smortchevsky, photo Erik Gould 154 below c, Bequest of Martha B Lisle, by Exchange, photo Erik Gould 155 bl, Gift of the Wunsch Americana Foundation Inc, photo Erik Gould 156 tr, Gift of Mrs Gutstave Radeke, photo Erik Gould 175 b, Gift of Textron, Inc, photo Cathy Carver 370 cbl; Richard Dennis Publications: 263 tl, 402 t, c & b; Rijksmuseum, Amsterdam: 18 tr, 29 br, 35 tc, 40, 42 tl, 46 br, 51 tl, cl & br, 56 tl, 57 tr, 67 tr, 69 tl, bl & br, 70 bl, 90 tr, 91 cl, 153 tl; Noel Riley: 355 br, ©ADAGP, Paris and DACS, London 2003 364 tl, © ADAGP, Paris and DACS, London 2003 364 ter; Roger-Viollet, Paris: 300 1; Rohsska Museet, Goteborg: copyright Alf Bokgren 436 tr; Rotherham Museum, © V&A Images: 228 tc; The Rose Family Collection: 368 tr, on loan to the Cleveland Museum of Art. Photograph provided courtesy of the Cleveland Museum of Art 368 b; Rosenthal AG: 495 tr; Rosti Housewares ApS: 446 tl; The Royal Collection © 2001, Her Majesty Queen Elizabeth II: 45 cl, 56 b, 57 tl, 58 b, 66 tc, 131 tc, 244 b; The Royal Collections, Rosenborg Castle, Copenhagen: 44 bl, 66 r, 91 cr; The Royal Cornwall Museum, Truro:

287 br; Royal Pavilion Libraries & Museums, Brighton & Hove: 309 br; Royal Scandinavia Ltd: 170 bl; Royal Society of Arts, London: 138 tr; Roycroft Shops Inc, East Aurora, NY: © 1995 285 tr; Tom Saddington: 499 cb; St Barnabus, Hengoed. 266 bl; St James's Square Publishing Ltd: 44 br; The Saint Louis Art Museum: 261 cl; Roberto Sambonet: 443 b; Sammlungen des Regierenden F?rsten Von Liechtenstein, Vaduz: 66 be; Scala: 149 b; Photoarchive C Raman Schlemmer, 1-28824 Oggebbio (VB), Italy: 379; Schloss Fasanerie, Hessische Hausstiftung, Eichenzelle: 89 br; Science & Society Picture Library: 224 r, 416 tr, 417 cl & cr; Seattle Art Museum: Thomas W and Ann M Barwick, the Virginia Wr Fund, Ann H and John H Hauberg, the Margaret E Fuller Purchase Fund and the 19^ early 20th Century American Art Purchase/Deaccession Fund, photo Paul Macapia 321 br; Segretario Generale della Presidenza della Repubblica, Palazzo Quirinale, Rome: 93 tl; Sheffield City Libraries: 190 bl, 197 b; Sheffield City Museum and Gallery: 196 c; Simon Ray, London: 38 tl & br, 39 tr, 77 tl, 78 1, 79 ct, b, bcl, & bcr, 123 c & bl, 124 tr; Borek Sipek: photo Studio Frei, Weil am Rhein: 489 br; Skinner Inc, Auctioneers and Appraisers of Antiques arid Fine Art, Boston, MA: 321 bl; Bruce Smith, The Arts & Crafts Press, Olalla, WA: 285 bl; The Trustees of the Sir John Soane's Museum, London: 128 b, 139 tl & c, 144 tl; Sotheby's Picture Library, London: 15 tr below, 16 tl, 23 tr, 47 tr, 48 tc, 49 cl, 51 cr, 57 cr, 62 1 & tr, 63 cr & be, 64 tc, tr, bl, be & br, 89 be, 91 tl & b, 92 tl, tr, bl, & br, 93 tr & bl, 96 tl, 97 bl, 100 tl & br, 101 tl, tr, cl, cr & b, 104 tr & br, 105 tr & br, 106 tl & be, 108 1,109 tl, be & tr, 110 1, 111 cl, cr & br, 113 tl, 116 c cr, 117 cr, 133 be, 135 b, 136 tr, 137 tl, 139 below cl, 140 tr, 141 bl, 143 cl & c, 145 tl, 148 tl & tc, 150 tl, tc, tr & cr, 151 bl, 153 cl & c, 160 br, 162 tr, 163 tl & br, 167 tl, 172 1 & t, 173 tl, 182 tl, cr & br, 236 cr, 241 c, 293 tr, 330, 334 tl, 334 bl, 335 tl, 335 tc, 335 tr, © DACS 2003 338 bl, © DACS 2003 339 cl, 339 cr, 345 tc & tr, © DACS 2003 345 bl & br, 347 tr, © DACS 2003 349 bcl, © ADAGP, Paris and DACS, London 2003 354 b, 357 cr, 359 tc, © ADAGP, Paris and DACS, London 2003 364 tr, 365 bl, 367 bl, 369 bl, © DACS 2003 370 ctl, 371 bl, 374 1 & c, © ADAGP, Paris and DACS, London 2003 384 br, 393 tl, 399 br, 401 b, © DACS 2003 404 tr, © DACS 2003 404 bl, 411 tl, 419 tr, 450,454 br, 459 t, 463 br, 480 t; Sotheby's New York: 344 be, © DACS 2003 339 t & bl, 345 tl, 346 b, 347 cl, 355 cl, 357 tl, 362tc, © ADAGP, Paris and DACS, London 2003 363 tl & tr, 366 tc, © ADAGP, Paris and DACS, London 2003 368 tc, © ADAGP, Paris and DACS, London 2003 369 cl, 375 br, 376 bl; George Sowden: 504 b, photo Ilvio Gallo 482; Ernesto Spicciolato: 505 t; Staatliche Kunstsammlungen, Kunstgewerbemuseum, Dresden: photo Hans-Peter Klut 39 tl, 76 tl, 77 br, 79 tel, 122 tl, photo S Schmidt, Leipzig 18 tl; Staatliche Museen, Kassel: 58 t; Staatliche Museen zu Berlin, Bildarchiv Preussischer Kulturbesitz: Kunstgewerbe Museum 50 b, photo Saturia Linke 78 c, photo Psille 323 c, photo Steinkopf 35 bcr, Kupferstichkabinett, photo Reinhard Saczewski 147 1 & r; Staatliche Porzellan-Manufaktur, Meissen: 232 be; The Society of the Preservation of New England Antiquities, Boston: 202 tr, 203 t, 205 cl, 207 tl; Stad Antwerpen: Museum Smidt van Gelder, Antwerp © Fotodienst Louis De Peuter 59 br, 60 tl; Stad Brugge: 51 tr, photo Jan Termont, Dirk Van der Borght 17 b; Stadtmuseum, Munich: © DACS 2003 303 cl, 345 c & 349 cbr, Dauerleihgabe des Ernst von Siemens Kunstfonds © DACS 2003 338 br, photo Wolfgang Pulfer 308 tl & br, 341 cl, photo Wolfgang Pulfer © DACS, London 2003 288 tr; Philippe Starck: 503 br; Stead McAlpen, John Lewis Partnership, Carlisle: 205 br; Stedelijk Museum, Amsterdam: on loan from Nederlandse Maatschappig voor Nijverheid en Handel 327 br; Stiftung Schlosser, Burgen und Garten des Landes Sachsen-Anhalt, Leitzkau: 146 br; Stiftung Preussischer Schlosser und Garten Berlin-Brandenburg, Potsdam: photo Roland Handrick 146 cr; Suomen Lasimuseo, Riihimaki: 497 cl, cr, & bl; Surrey Institute of Art and Design: 415 tr; The Target Gallery, London: 424 bl, 425 tr & cr; Thonet GmbH, Frankenberg: 382 tr, © DACS 2003 382 bl; Matteo Thun: 495 br, 499 cl; Timney & Fowler: 501 bl; Toledo Museum of Art: Mr and Mrs George M Jones, Jr Art Fund acc.no 1997.302 322 tc, Purchased with funds from the Florence Scott Libbey Bequest in Memory of her Father Maurice A Scott 325 be, Gift of William E Levis, acc.no. 1936.36 366 tl; Toshiba Design C: 504 bl, 505 br; Tomas Taveira: 491 tr, 491 cl; Tracks, Liverpool: 463 be; Treadway Toomey Gallery: 284 tl, tc & bl; Collection of Robert Tuggle and Paul Jeromack: 264 tl, tr, bl & br, 265 tl & bl; Turku TV Operations Ltd: 505 bl; University of East Anglia, Norwich: 381, 394 tr, 394 cl & br, 395 cr; University College of Wales, Aberystwyth: photo Robert Greetham, 1997 397 bl, 426 bl, 432 c, 456 1; Um?leckopr?myslove museum v praze, Prague: 67 be, 236 cl, photos Miroslav ?ebek 339 br, Gabriel Urbanek 341 bcl, 343 cl, 405 t, cl, br & cr; Vatican Sacristy: 30 1 above; Victoria & Albert Museum, London © V&A Images: 12 tr, 14 r, 15 bl, 19 tr, cr & br, 20 br, 211 & cl, 22 tr, 23 cl, c, cr, be & br, 24 tl & br, 25 tl & bl, 26 tel, 271, tr & br, 28 tr, 29 tr & bl, 31 tr, 32 cl & be, 37 tr, 42 tr, 44 t, 46 tr, 49 tl & cr, 53 br, 56 tr, 59 tr, 61 bl, 66 tl, 68 t & bl, 72 t, cl & cr, 73 tl & tr, 77 tr & bl, 79 tr, 89 tl & 89 tr, 95 cl, 103 bl, 106 tc, tr & cr, 107 tr & cbr, 114 r, 117 br, 120 t, br, be & bl, 121 tl & tr, 123 tr, 124 bl, 125 cl, 139 b, 141 cl, 142 be, 145 b, 148 br, 151 tl, 158 tr, 166 br, 167 tr, 173 cr, 188 tr & b, 189 tl & cr, 190 c, tl & tr, 191 tl & bl, 193 be, 196 tr, 197 tr & cr, 199 tl & br, 200 tl, tc, tr & bl, 201 tl, cl, bl & br, 202 bl & c, 203 cl & r, 206 tr, 207 tr & bcr, 208 tl, 216 tl, 221 tl, 222 r & bl, 225 tc & br, 226 tl, 227 tl, 228 tl, tr, bl & br, 229 tl, r & bl, 232 br, 234 tr, 235 br, 236 tr, 2381,239 tr, cr & bl, 241 bl, 242 b, 245 b, 246 bl, 247 tl, r & c, 248 tr & bl, 249 bl & br, 253 r, 254 1 & br, 255 br, 256 tl, 257 tl & c, 258 1, 260 c, 262 br, 263 cl, 266 br, 271 tl & bl, 272 1 & r, 273 tr, cr & bl, 279 tc, 281 tr, 288 b, 289 tl, 290 bl, 291 c, 292 br, 294 tr, 295 tel & br, 296 b, 297 br, 298, 301 1, tr & br, 302 1, 303 tc & tr, 304 br, 305 bl & tr, 308 tl, © DACS 2003 308 be, 309 bl, 313 br, 314 tr & br, 315 br, © DACS 2003 316 t,tcl, cr, be & br, 317 tl, 319 bl, 320 be, 321 tl, 325 bl, 326 bl, © DACS 2003 327 cr, 329 tl, tr, cl & bl, 333 1, 334 br, 335 cr & br, 336 tr & bcr, 341 b, 349 b, 358 tl, tr & cl, 360 tr, 362 tr, 366 br, © DACS 2003 367 t, 370 b, 372 br, 373 tr, bl & br, 374 bl, 3751, cr &bl, © FLC ADAGP, Paris and DACS, London 2003 383 bl, 391 tr, © ARS, NY and DACS, London 2003 391 c, 392 bl & br, 394 bl, 396 tr, cl, & b, 397 tc, 398 tr, 403 tl & cl, 406 bl & br, 412 b, 413 cl & cr, 415 cr, 417 be, 424 tr, 426 tel, 429 br, 430 1 & r, 434 tr, 435 bl & r, 437 c & be, 438 c, 441 tr, br & tr, 445 tl, 449 c, bl, c & be, 452 t, 454 bl, 456 tr, 460 cr, 462 br, 465 c & br, 470 1,471 tl, 472 cl & bl, 473 1,478 tl, 480 bl & r, 490 tr, 495 tl, 500 tr & bl, 502 cl, loan from Anglepoise Ltd 419 tc; Venturi, ScottBrown and Associates Inc: 494 bl; Vignelli Associates: 487 cl; The Vintage Magazine Company: 484 tl; Virginia Museum of Fine Arts, Richmond: Gift of Miss Mary Sue Dew and Mrs Betsy Fauntleroy Foulds, in memory of Dr Samuel Griffin Fauntleroy, Jr, and Mrs Frances Elizabeth Claybrooke Fauntleroy and their family, of Marialva, King and Queen County, Virginia, photo Katherine Wetzel 210, Gift of Sydney and Frances Lewis, photo Katherine Wetzel 283 tc & tr, 312 tr, 317 bl, 324 bl, 335 cl, 337 bl, 354 tl & tr, 355 tl, © ADAGP, Paris and DACS, London 355 bl, 356 bl, 357 tel & br, © DACS 2003 370 t, 371 br, © ADAGP, Paris and DACS, London 2003 372 tr, Gift of the Sydney and Frances Lewis Foundation, photo Katherine Wetzel 332 br, 347 bl, 359 c, Museum Purchase, with funds provided by an anonymous donor, photo Katherine Wetzel 269 tc, The Adolph D and Wilkins C Williams Fund, photo Katherine Wetzel 261 tl, The Sydney and Frances Lewis Art Nouveau Fund, photo Katherine Wetzel. 304 tl, 310 tr, 321 tc, 347 cr, Bequest of Florence H Lawler 325 tl; Vitra Ltd 484 b; Vitra Design Museum, Weil am Rhein 391 br; Vittorio Bonacina: 431 br; Wadsworth Atheneum, Hartford: Purchased from the David Harris Cohen Estate through the J Herbert Callister Fund 372 cr; The Wallace Collection, London, reproduced by kind permission of the Trustees: 26 tr, 80, 84 b, 86 bl, 126, 131 t, 146 tl & cl, 158 br; The Warner Archive: 125 cr & br, 205 tl; Trustees of The Wedgwood Museum, Barlaston, Staffordshire: 107 bl, 166 tl & tr, 167 cr & bl; The Wellington Museum, London: © V&A Images 161 tl; Wendell Castle, Inc: 461 tr; The Whitworth Art Gallery, University of Manchester: 2481 & c, 249 tl, 294 tc, 445 bl & br, 472 tl & tr; William Morris Gallery, The London Borough of Waltham Forest: 295 cbl; Winterthur Museum, Delaware: 55 tl & cr, 98 tl & br, 154 tl, 156 tl, bl & r, 186 tr, 204 be, Partial funds for purchase Gift of two anonymous donors 99 tr, Gift of Mrs E du Pont Irving 186 tc, Gift of Mrs Titus Bupey 186 below 1, Gift of Mrs Harry W Lunger 186 below r, Gift of Mrs Charles K Davis 187 br, 187 bl; Worshipful Company of Goldsmiths, London: 189 cl, 243 be, 411 tel & tr, 442 tl, 442 tc & b, 443 tl & c, 466 t & br; Helen Yardley: 501 c; York City Art Gallery: 397 tl & tr; Zanotta SpA: 487 bl.

译者后记

很早就开始了对建筑历史的讲授与研究，2015年，承符宁先生之托，得以翻译《世界建筑细部风格设计百科》(修订版)（*The Elements of Style*，4th Edition），书未付梓，符宁先生便拿来了这本书的姊妹卷，《世界室内装饰元素设计百科》（*The Elements of Design*）。两部鸿篇巨制在设计史上举足轻重，比肩齐声，共同构成了建筑、室内装饰、陈设、部品、器物等完整内容，两方相比，后者的文字量更大，涉及的知识领域更广，图文也更多，又是一个巨大的挑战。虽然称为姊妹篇，但编撰的方式各异，内容组成不同，两本书之间几乎没有可相互资借之处。

经过近一年的初译发现，所译文稿无论在内容的准确程度还是文体修辞的优美程度上均未能达到原书的学界地位和专业水准，遂决定向外语学院专业的翻译教师求助，在陈宏俊院长的安排下，组成了以邱进老师为首的专家团队，以其极具水准的翻译技巧和文学功底，进行了重译、补译、校改与润色。经过专业人士和语言专家的通力合作，才有了今天的呈现。

虽然希望能够符合原著的学界地位和专业水准，但本书跨越了太多的专业领域，涉及太多的专业知识。翻译团队在对应知识的再学习和专业词汇的精准阐释上煞费苦心，因书中很多词汇来自法语、意大利语、德语和其他语种，以及各种专业的生僻词和特定时期的用语，需要查阅的资料很多，但许多都不易找到，面临的困难可谓前所未有。通过各种途径查找比对语句文意，相关文献的互证、互补，甚至是逐字逐句地推敲和揣摩，两类专业人士通力合作，力求得到准确的阐释与解读。为了尽量求得准确，在齐康院士的总体把握下，又拜请了几方面的专家审阅，陈健、胡文荟、张滨、陈鹤升等诸位教授都曾审阅了书稿中的若干章节，并且提出了切实而中肯的意见。

但愿我们的努力能使读者通过此书接通古今，寻觅、寻找、追问前人的贡献，有助于为今天的设计创新提供历史的凭借。更希望能不拘泥于历史的既往，横看成峰侧成岭，有不一样的获得。

大连理工大学建筑与艺术学院和外语学院的师友给予了大力支持，而这样的支持，是完成这部译稿的基本条件。感谢陈宏俊教授，3年间温暖深厚的关心和无私的友情。感谢建筑与艺术学院的尹成、杨茗涵、孟丹、陶冶、曲美玲在最初的工作中提供的帮助和贡献，外语学院的李准、王世超、林天颖、柏松子、黄荷、赵靓也参与了部分内容的初译和术语比对工作，在此表示特别感谢。最后，还要感激编辑闻通先生的热诚鼓励、督促支持和坚持不懈。

仍然不免遗憾：经冬历春，3年苦作，译意未达，现在呈现给大家的，肯定存在着很多的谬误。恳请大家原谅并在阅读中指正，以便我们在今后进行修订。

唐建 记于大连理工大学建筑与艺术学院

2020年10月